畜禽营养与健康养殖前沿丛书

丛书主编：印遇龙　杨汉春

畜禽肉品质与营养调控

尹　杰　单体中　印遇龙　主编

湖南科学技术出版社 | 科学出版社

长沙　　北京

内 容 简 介

随着改革开放40多年的发展，人民生活水平不断提高，对畜禽肉品质也有了更高的要求。因此，畜禽肉品质研究成为21世纪畜牧行业的重点课题。本书围绕肉用畜禽品种、畜禽肉品质评价、畜禽肌肉品质形成和脂肪生成的分子基础及遗传基础、畜禽肉品质的营养调控进展、饲养模式和畜禽应激与畜禽肉品质及其安全与卫生等方面进行了系统阐述和总结，对后续科学研究和生产均具有重要的指导意义。

本书重点面向从事畜牧行业的科研工作者，因此在编写过程中，从畜禽肉品质研究重点和热点出发，力图体现创新性、引领性和应用性，做到既反映学科创新性成果和现实成就，又把握好生产发展需求，对行业起到积极、重要的推动作用。

图书在版编目（CIP）数据

畜禽肉品质与营养调控 / 尹杰，单体中，印遇龙主编. -- 北京 : 科学出版社 ; 长沙 : 湖南科学技术出版社，2025. 3

（畜禽营养与健康养殖前沿丛书 / 印遇龙，杨汉春 主编）

国家出版基金项目

ISBN 978-7-03-077584-9

Ⅰ. ①畜… Ⅱ. ①尹… ②单… ③印… Ⅲ. ①畜禽–肉类–动物营养–营养素–研究 Ⅳ. ①S8

中国国家版本馆CIP数据核字（2024）第016074号

责任编辑：王 静 李秀伟 欧阳建文 付丽娜 闫小敏 薛 丽

责任校对：严 娜

责任印制：肖 兴 / 封面设计：无极书装

湖南科学技术出版社 和 **科学出版社** 联合出版

北京东黄城根北街16号

邮政编码：100717

http://www.sciencep.com

北京中科印刷有限公司印刷

科学出版社发行 各地新华书店经销

*

2025年3月第 一 版 开本：787×1092 1/16

2025年3月第一次印刷 印张：26

字数：617 000

定价：268.00元

（如有印装质量问题，我社负责调换）

“畜禽营养与健康养殖前沿丛书”编委会

《畜禽肉品质与营养调控》编委会

主　　编：尹　杰　单体中　印遇龙

副 主 编：方正锋　闫素梅　张　鑫

编写人员（按姓氏汉语拼音排序）：

陈　洪　陈　渠　陈美霞　陈小玲　段叶辉

高春起　郭秋平　郭咏梅　韩　琦　郝力壮

贺　喜　胡胜兰　黄世猛　黄兴国　黄艳娜

黄志清　惠　腾　江为民　康　萌　兰心怡

李凤娜　李一星　李云霞　刘光芒　刘冉冉

刘秀斌　马　杰　马灵燕　冉茂良　邵长轩

沈清武　宋泽和　苏　勇　孙铝辉　汤善龙

万发春　王　波　王　晶　王　帅　王　祚

王晓鹃　吴彩梅　吴买生　夏嗣廷　肖　昊

肖定福　肖英平　熊　燕　胥　蕾　有文静

余凯凡　张明亮　张跃博　钟儒清　周　磊

丛 书 序

在全球人口持续增长、资源环境约束加剧的背景下，畜牧业作为保障粮食安全和民生福祉的重要支柱产业，正面临着前所未有的转型升级压力。从饲料资源短缺到气候变化对养殖环境的深刻影响，从非洲猪瘟疫情的跨境传播到抗生素滥用引发的耐药性危机，现代畜牧业发展已进入风险与机遇交织的关键阶段。如何突破传统养殖模式的瓶颈，构建安全、高效、可持续的现代畜牧业体系，成为全球农业领域亟待解决的重大命题。

我国作为世界畜牧业生产与消费大国，始终将保障畜禽产品质量安全、促进养殖业绿色发展作为国家战略重点。《“十四五”全国畜牧兽医行业发展规划》围绕保障供给安全、提升生产效率、推进绿色发展和加快智能化转型等方面，提出了一系列重点任务，以推动畜牧兽医行业高质量发展。在此进程中，畜禽营养科学与健康养殖技术的创新突破，既是破解资源环境约束的核心路径，也是防控动物疫病、保障公共卫生安全的重要防线。丛书的编纂恰逢其时，既呼应了国家战略需求，也为全球畜牧业可持续发展提供了中国视角与实践方案。

本丛书首次创新性地将“畜牧学”与“兽医学”两大学科深度融合，系统整合了畜禽营养科学、畜禽疫病防治、饲料资源利用及畜禽养殖技术等多个学科方向的内容，聚焦行业研究重点及国际前沿热点，立足于创新性、应用性和引领性，共形成 17 个主题分册，全面呈现了畜牧兽医领域从基础研究到应用实践的系统性知识体系，为畜牧兽医领域的理论与实践提供了全新的视角和方法。同时，丛书通过系统梳理行业关键问题，深入剖析了当前面临的挑战，提出了前瞻性解决方案。

衷心希望本丛书能够成为广大科研工作者、政策制订者和养殖从业者的重要参考用书。同时，期待更多的研究者和实践者积极参与这一领域的探索与实践中，共同为构建安全、高效、可持续的现代畜牧业体系贡献智慧与力量。

丛书主编
2024 年 12 月 1 日

丛书序

前　言

我国既是生猪养殖大国，也是猪肉消费大国。随着改革开放 40 多年的发展，人民生活水平不断提高，对畜禽肉产品的需求发生了从数量到品质上的转变。2024 年我国畜禽肉总产量达 9663 万 t，人均 68kg。近几十年来为了提高生产性能而进行的遗传选择及集约化饲养，虽大幅度提高了畜禽产肉率和生长速度，但降低了畜禽肉品质。因此，畜禽肉品质研究成为 21 世纪畜牧行业的重点课题。

畜禽肉品质的形成是一个复杂的生物学过程，主要包括肌纤维发育和肌内脂肪沉积，受遗传、营养、环境等多种因素的影响。近十年来，随着组学和分子生物学技术的快速发展，畜禽肉品质的相关研究取得了丰富的成果，尤其是在优质肉品质形成的分子生物学基础解析以及营养调控方面。因此，全面系统地分析畜禽肉品质的形成机理和营养调控措施对后续科学研究与生产均具有重要的指导意义。

通过前期编辑委员会的调研和讨论，确定本书内容包括肉用畜禽品种、畜禽肉品质评价、畜禽肌肉品质形成的分子基础、畜禽脂肪生成的分子基础、畜禽肉品质形成的遗传基础、畜禽肉品质的营养调控进展、饲养模式与畜禽肉品质、畜禽应激与肉品质以及畜禽肉品质安全与卫生，从畜禽肉品质表观现象到形成基础，从营养调控到卫生安全，全面总结了国内外畜禽肉品质与营养调控研究领域的最新成果，期望为读者提供有益的借鉴。当然，鉴于编者水平有限，书中难免有不妥之处，敬请广大读者批评指正。

本书是“畜禽营养与健康养殖前沿丛书”的组成部分，受到了丛书主编和同行的广泛关注与支持。在此，向参与本书各章节撰写和审阅的所有学者表示衷心的感谢，他们在百忙之中抽出时间为本书贡献了高质量的章节。此外，还要特别感谢科学出版社的王静副总编辑和李秀伟编辑在本书撰写过程中给予的大力支持。

编　者

2024 年 12 月 31 日于长沙

目 录

第一章 肉用畜禽品种……1
第一节 猪……1
一、地方品种简介……1
二、国外品种简介……9
三、培育品种简介……12
第二节 肉鸡……20
一、地方品种简介……20
二、国外品种简介……24
三、培育品种简介……26
第三节 牛羊……30
一、牛品种简介……30
二、羊品种简介……32
参考文献……33
第二章 畜禽肉品质评价……37
第一节 常规评价……37
一、外观评价……37
二、理化评价……38
三、感官评价……39
第二节 常规营养价值评价……40
一、粗脂肪……40
二、脂肪酸……40
三、粗蛋白……40
四、氨基酸……41
第三节 分子感官评价……41
一、气味物质分析……41
二、滋味物质分析……43
三、分子感官评价的应用前景……46
参考文献……46
第三章 畜禽肌肉品质形成的分子基础……49
第一节 骨骼肌的发生和发育……49
一、胚胎期骨骼肌的形成及其调节机制……49

二、成年期骨骼肌的再生与调控……53
第二节 肌纤维类型的形成与转化……57
一、肌纤维类型的形成……57
二、肌纤维类型的转化……61
第三节 肌内脂肪沉积……65
一、肌内脂肪的概念……65
二、脂肪细胞的分化与脂质沉积……66
三、雪花肉的生产……70
第四节 肌肉的化学组成与结构……72
一、肌肉的化学成分……72
二、肌肉的结构……73
第五节 肌肉能量代谢……82
一、肌肉的能量系统……83
二、畜禽宰后肌肉能量代谢与肉品质……84
三、畜禽宰前饲养管理对宰后肌肉糖酵解潜力和肉质性状的调控……86
四、影响肌肉能量代谢的主要因素……88
参考文献……89
第四章 畜禽脂肪生成的分子基础……103
第一节 畜禽脂肪的分类……103
一、按颜色、形态、结构和功能分类……103
二、按沉积部位分类……106
第二节 脂肪细胞分化与调控……108
一、FOXO1 参与脂肪分化调控……109
二、p53 参与脂肪分化调控……110
三、TNAP 参与脂肪分化调控……111
四、HAT 参与脂肪分化调控……111
五、METTL3 及 miRNA 参与脂肪分化调控……113
六、维生素 D 参与脂肪分化调控……115
第三节 脂肪细胞分泌功能……116
一、成熟脂肪细胞分泌因子……116
二、FAP 细胞分泌因子……124
第四节 畜禽脂肪代谢与调控……127
一、脂肪的合成代谢……127
二、脂肪的分解代谢……130
三、脂肪代谢的遗传调控……133
四、脂肪代谢的营养调控……140
五、肠道微生物对脂肪代谢的影响……141

第五节　畜禽脂肪代谢对肉品质的影响……144
一、脂肪沉积对猪肉品质的影响……145
二、脂肪沉积对鸡肉品质的影响……146
三、脂肪沉积对牛肉品质的影响……148
四、脂肪沉积对羊肉品质的影响……149
参考文献……151
第五章　畜禽肉品质形成的遗传基础……173
第一节　品种与畜禽肉品质的形成……173
一、品种对猪肉品质的影响……173
二、品种对羊肉品质的影响……178
三、品种对牛肉品质的影响……182
四、品种对鸡肉品质的影响……185
五、品种对鸭肉品质的影响……187
第二节　基因与畜禽肉品质的形成……187
一、主效基因……187
二、候选基因……189
第三节　性别与畜禽肉品质的形成……191
一、不同性别畜禽肉品质感官指标分析……191
二、不同性别畜禽肉脂肪酸分析……193
三、不同性别畜禽肉氨基酸分析……193
第四节　屠宰日龄与畜禽肉品质的形成……194
一、屠宰日龄与猪肉品质的关系……194
二、屠宰日龄与鸡肉品质的关系……194
三、屠宰日龄与羊肉品质的关系……195
参考文献……195
第六章　畜禽肉品质的营养调控进展……205
第一节　猪肉品质与营养调控……205
一、蛋白质和氨基酸……205
二、脂肪酸……209
三、矿物元素……211
四、维生素……214
五、日粮纤维组成……217
六、植物提取物……219
七、益生菌……222
第二节　家禽肉品质与营养调控……223
一、蛋白质和氨基酸……223

二、脂肪酸 ······226
三、矿物元素 ······227
四、维生素 ······230
五、日粮纤维组成 ······231
六、植物提取物 ······231
第三节　牛肉品质与营养调控 ······233
一、牛肉品质的形成规律 ······233
二、影响牛肉品质的主要营养因素 ······235
参考文献 ······238
第七章　饲养模式与畜禽肉品质 ······263
第一节　不同畜禽的肉品质 ······263
一、感官品质与理化特性 ······263
二、脂肪酸和氨基酸含量 ······264
第二节　饲养方式对畜禽肉品质的影响 ······266
一、饲养方式对草食家畜肉品质的影响 ······266
二、饲养方式对猪肉品质的影响 ······270
三、饲养方式对禽肉品质的影响 ······272
第三节　饲养密度对畜禽肉品质的影响 ······275
一、饲养密度对草食家畜肉品质的影响 ······275
二、饲养密度对猪肉品质的影响 ······276
三、饲养密度对禽肉品质的影响 ······277
第四节　饲喂方式对畜禽肉品质的影响 ······278
一、饲喂方式对草食家畜肉品质的影响 ······279
二、饲喂方式对猪肉品质的影响 ······281
三、饲喂方式对禽肉品质的影响 ······285
第五节　饲养水平对畜禽肉品质的影响 ······286
一、饲养水平对草食家畜肉品质的影响 ······286
二、饲养水平对猪肉品质的影响 ······290
三、饲养水平对禽肉品质的影响 ······292
参考文献 ······293
第八章　畜禽应激与肉品质 ······305
第一节　温热应激与畜禽肉品质 ······305
一、温热环境因子 ······305
二、温热环境因子的互作 ······308
三、温热环境应激对畜禽肉品质的影响 ······309
四、温热环境应激影响肉品质的机制研究 ······312

第二节　运输应激与畜禽肉品质……314
一、畜禽宰前运输与肉品质……314
二、宰前运输影响肉品质的潜在机制……316
第三节　屠宰应激与畜禽肉品质……318
一、屠宰应激的来源……318
二、屠宰应激对肉品质的影响……324
三、屠宰应激影响肉品质的机制……329
四、调控屠宰应激对肉品质影响的营养措施……335
五、调控屠宰应激对肉品质影响的管理措施……335
参考文献……337
第九章　畜禽肉品质安全与卫生……352
第一节　霉菌毒素与畜禽产品……352
一、霉菌毒素在畜禽产品中的污染现状……353
二、肉品中霉菌毒素的污染途径……355
三、肉品中霉菌毒素污染的防控措施……358
第二节　重金属与畜禽肉品质安全……359
一、镉与畜禽肉品质安全……360
二、铅与畜禽肉蛋奶品质安全……362
三、汞与畜禽肉品质安全……364
四、砷与畜禽肉品质安全……367
五、铬与畜禽肉品质安全……369
第三节　抗营养因子与肉品质……371
一、植酸……372
二、棉酚……373
三、单宁……375
四、异黄酮……377
五、皂苷……379
六、抗性淀粉……380
七、阿拉伯木聚糖……382
八、β-葡聚糖……383
九、粗纤维……385
十、甘露聚糖……387
十一、大豆球蛋白……388
十二、大豆低聚糖……389
参考文献……390

第一章　肉用畜禽品种

第一节　猪

一、地方品种简介

我国地域辽阔，地形复杂，气候多变，各地区的生活习惯、社会经济发展水平存在差异，因此各地区对生猪养殖和选种的要求也各不相同，从而形成了特性各异的地方生猪品种。我国地方猪种丰富，2011 年出版的《中国畜禽遗传资源志・猪志》中收录了 76 个地方猪种。根据分布地域，地方品种习惯上被分为华北型、华南型、华中型、西南型、江海型和高原型六大类群。地方品种一般具有以下几方面特点，一是繁殖力强，性成熟早，产仔多；二是抗逆性强，抗寒耐热，耐粗饲；三是肉质优良，保水力好，肉色鲜红，没有苍白松软渗水（pale, soft and exudative，PSE）劣质肉，肌内脂肪含量高，肌纤维较细。

（一）荣昌猪

荣昌猪属肉脂兼用型猪种，原产于重庆市荣昌区和四川省隆昌市，主要分布于重庆市永川区、大足区、铜梁区、江津区、璧山区等和四川省隆昌市。截至 2017 年，荣昌猪推广到中国 20 多个省（自治区、直辖市）（肖勇，2017）。荣昌猪具有肉色红亮鲜艳、系水力强、肉质细嫩等特点，是优良的地方种质资源（张伟力等，2014）。

荣昌猪头大小适中，面微凹，额面有皱纹和漩毛，耳中等大、下垂；体形较大，结构匀称；背腰微凹，腹大而深，臀部稍倾斜；四肢细致坚实；乳头 6～7 对；毛稀，鬃毛洁白、粗长、刚韧；全身绝大部分被毛以白色为主，仅两眼四周或头部有大小不等的黑斑；少数在尾根及体躯有黑斑。按毛色特征分为“单边罩”、“金架眼”、“小黑眼”、“大黑眼”、“小黑头”、“大黑头”、“飞花”、“两头黑”、“铁嘴”和“洋眼”等。

荣昌猪性成熟早，公猪 60 日龄即可采出含有成熟精子的精液；母猪初情期较早，平均日龄为（106.1±18.7）天，体重为（26±10.2）kg，最佳配种月龄为 6 月龄（朱丹等，2017）。初产、经产母猪总产仔数分别为 9.19 头和 10.85 头，产活仔数分别为 7.59 头和 9.60 头，初生窝重分别为 6.25kg 和 8.25kg（张亮等，2015）。体重 20～90kg 阶段日增重 542g，料重比 3.48∶1。体重（84.6±0.66）kg 的荣昌猪，屠宰率 73.8%±0.7%，胴体重（62.4±0.3）kg，背膘厚（39.6±0.95）mm，眼肌面积（19.83±0.43）cm^2，瘦肉率 41.8%±0.39%，背最长肌失水率 16.58%±0.68%，滴水损失 2.54%±0.04%，肌内脂肪含量 3.12%±0.16%、干物质含量 27.49%±0.27%、水分含量 75.35%±0.17%、蛋白质含量 17.38%±0.16%（薛梅等，2011）。

（二）成华猪

成华猪属平原型猪种，原产于成都平原，以成都市金牛区、郫都区、温江区等为中心产区，现主要分布于成都市青白江区、新都区、郫都区和德阳市绵竹市、广汉市、旌阳区、什邡市、罗江区。成华猪是优良黑色猪种，在四川饲养已有千年历史，是成都平原地区的代表猪种，体形外貌一致性好，具有早熟、储脂力强、皮薄、肉质细嫩、肥肉部分“肥而不腻”等特点（罗长荣等，2017），但其体躯较短、生长速度较慢。目前，已培育出成华猪新品种——天府黑猪，并在四川省建立了多个标准化示范基地和示范场（2022 年）。

成华猪体形中等，头方正，额面皱纹少而浅，耳较小、下垂，嘴筒长短适中；颈粗短，背腰较宽、微凹，腹圆、稍下垂，臀部较丰满，四肢较短、结实、直立；乳头 6～7 对，排列均匀；被毛黑色。

成华猪性成熟早，公猪 60 日龄有爬跨行为，能排出精液；母猪 90 日龄出现发情症状。母猪发情周期 17～24 天，平均 19.8 天，发情持续期 4～5 天，妊娠期 114.2 天。初产母猪平均总产仔数 9 头，产活仔数 8 头，窝重 7.5kg，60 日龄窝重平均 106kg；成年母猪平均总产仔数 12 头，产活仔数 11 头，窝重 10.5kg，60 日龄窝重平均 145kg。育肥猪日增重 464g，料重比 4.1∶1，200 日龄体重可达 85～90kg（王海明和田晓初，2018）。体重（74.29±3.55）kg 的成华猪，屠宰率 68.55%±2.79%，胴体斜长（77.56±7.38）cm，瘦肉率 44.35%±1.60%，脂肪率 28.62%±3.72%；体重（90.00±3.74）kg 的成华猪，屠宰率 70.60%±1.56%，胴体斜长（76.71±1.5）cm，瘦肉率 43.86%±1.25%，脂肪率 29.78%±3.05%（陶璇等，2019）。

（三）梅山猪

梅山猪属肉脂兼用型猪种，由长江下游南部地区的一个古老猪种大花脸猪演变而来，原分为大梅山猪、中梅山猪和小梅山猪。目前大梅山猪已绝迹；中梅山猪中心产区在江苏昆山和上海嘉定等地区；小梅山猪中心产区在江苏太仓的浏河两岸。梅山猪以其优异的高繁殖性能，即产仔多、乳头数多、母性好、性成熟早、发情症状明显、配种受胎率高而享誉全球，且其适应性强、耐粗饲、肉质鲜美、杂种优势明显。

小梅山猪以其体形略小、皮薄、早熟、繁殖力高、泌乳力强、使用年限长和肉质鲜美而闻名。其身体紧凑细致。被毛以黑毛为主，四肢及鼻吻为白色，俗称“四脚白”。乳头 9 对以上。中梅山猪体形较大，毛呈浅黑色、较稀、皮肤微紫或浅黑，躯干和四肢的皮肤松弛，面部有深的皱纹，耳大、下垂，胸深目窄，腹部下垂，腰线下凹，斜尻，大腿欠丰满，四脚有白毛，腿较短。

梅山猪的产仔数较多，性成熟早，母猪初情期为 73.4～85.2 日龄，5～6 月龄性成熟，适宜配种月龄为 6 月龄；公猪第一次爬跨射精平均为 78.6 日龄，4～5 月龄性成熟，适宜配种月龄为 8 月龄。公猪精液中快速精子占 74.69%，前向性运动精子占 61.45%（郭苹等，2019）。母猪全年发情，且发情明显，发情周期约 19 天，易配种，妊娠期约 114 天。母猪总产仔数和产活仔数集中在 14～16 头（陈瑜哲，2020）。体重（87.73±

4.57）kg 的中梅山猪，屠宰率 66.97%±3.79%，瘦肉率 50.03%±3.57%，眼肌面积（21.56±3.44）cm^2，肌内脂肪 3.44%±1.33%（陆雪林和吴昊旻，2020）。宰前活重（57.32±4.35）kg 的小梅山猪，胴体重（38.75±2.80）kg，屠宰率 67.60%±1.08%，平均背膘厚（30.5±1.7）mm，眼肌面积（9.10±048）cm^2，瘦肉率 45.59%±1.50%，板油率 5.23%±0.54%，肉色 L 值（亮度值）41.29、a 值（红绿值）9.68、b 值（黄蓝值）6.56，肌肉嫩度（60.07±2.65）N，系水力 63.87%±1.66%，肌内脂肪含量 6.37%±0.46%。

以梅山猪为母本的二元、三元商品猪，其育肥性能优于太湖猪其他类群杂交后代。梅山猪已遍布我国除台湾、西藏之外的所有省（自治区、直辖市），母猪群体数量大，并出口到日本、美国、法国等，国外对其高繁殖性能进行了深入的研究。

（四）二花脸猪

二花脸猪属肉脂兼用型猪种，中心产区在江苏省无锡市、常州市、靖江市和苏州市，多集中在无锡市江阴市的申港、利港、夏岗、西石桥、南闸等乡镇或街道，常州市武进区的焦溪、郑陆、三河口等乡镇。主要分布于锡山、常熟、张家港、丹阳、宜兴等区市。二花脸猪是目前世界上繁殖力最高的猪种之一，虽胴体瘦肉率低，皮肤既重又厚，但具有肌纤维细、肌内脂肪含量适中、细嫩多汁、香浓美味、富含胶原蛋白等优点（李齐贤等，2016）。该品种的高繁殖性能和优异的肉质特性引起中外畜牧界的高度关注。

二花脸猪全身被毛为黑色，毛稍密而短，皮肤呈紫红色；体形中等，体质结实，结构匀称；头大额宽，头部面额皱纹清楚，分“古寿字形”和“蝙蝠形”两类；鼻额间有一突起横肉；嘴筒稍长且微凹，上有 2～3 道横纹；耳大而软、垂过下颌；中躯稍长，背腰较软、微凹，腹大、下垂；母猪乳头 9～11 对，分“葫芦形”和“丁香形”两类；四肢稍高，后腿有皱褶，部分卧系；臀部宽而倾斜，肌肉欠丰满。

二花脸猪性成熟早，公猪 90 日龄性成熟，母猪 70 日龄达初情期，5 月龄猪排卵数已超过 20 个，此时体重在 40～45kg 即可进行初配，头胎产仔数 12 头左右（李齐贤等，2016）。经产母猪窝产仔数（15.91±1.28）头，窝产活仔数（14.17±1.05）头。180 日龄去势育肥猪平均体重公猪 63.7kg、母猪 59.6kg，育肥期平均日增重 350g；180 日龄去势育肥猪平均胴体重公猪 41.6kg、母猪 38.7kg，平均屠宰率 65.3%，净肉率 58.3%，第 6～7 肋背膘厚 3.67cm 左右，眼肌面积 19.1cm^2，瘦肉率 42.8%，肌肉干物质含量 27.47%，其中粗蛋白 20.77%，粗脂肪 4.48%，粗灰分 1.05%。

（五）金华猪

金华猪属肉脂兼用型猪种，原产于浙江省金华市东阳县（现为东阳市）画水、湖溪，义乌县（现为义乌市）义亭、上溪、东河，以及金华县（现为婺城区和金东区）孝顺、澧浦、曹宅等地。现主要分布于东阳市画水、南市，义乌市上溪，兰溪市梅江，永康市石柱、前仓，浦江县岩头、郑宅，婺城区新狮、沙畈和苏孟，以及金东区孝顺、多湖、澧浦。金华猪是我国著名的优良地方品种，是适于腌制优质火腿的宝贵猪种资源。

金华猪的毛色以中间白、两头黑为基本特征，头颈部和臀尾部为黑皮、黑毛，胸腹部和四肢为白皮、白毛，在黑白相交处有明显黑皮、白毛的“晕”带；鬃毛较粗，多数斜竖，少数平伏；肤色为两头黑、中间白；体形中等偏小，头小颈短，额部皱纹多少不等，耳中等大、下垂或前倾；背平直或微凹，腹大、微下垂，臀部多倾斜；四肢偏细、直立，有正常和卧系两种，肢势正常或外展；皮薄、毛疏、骨细；乳头多为 7～8 对、结实而有弹性，乳房发育良好；肋骨数 14 对，生长到一定年龄会出现獠牙。金华猪头型有两种：一种为“寿字头”，额部皱纹多且深；一种为“老鼠头”，额部皱纹少，嘴筒平直且狭长。母猪背腰平直或微凹，腹部略下垂，尻斜，尾根偏低；公猪背腰和腹部平直，尻斜，尾根比母猪略高一些。小型的金华猪四肢细而长，大型的金华猪四肢粗壮稍短。公猪尾长 39.18cm，母猪尾长 34.10cm。

金华猪具有早熟、母性好、产仔率高等特点。3.5 月龄达性成熟，初产母猪平均产活仔数 10.13 头，3 胎以上经产母猪平均产活仔数 13 头（胡旭进等，2021）。6 月龄平均体重达（48.92±1.15）kg，日增重 410g 左右。体重（60.25±1.5）kg 的金华猪，胴体重（43±1.22）kg，屠宰率 71.13%±0.33%，背膘厚（30.9±0.6）mm，眼肌面积（22.25±0.72）cm^2，瘦肉率 47.7%±0.75%。

（六）西藏藏猪

西藏藏猪属高原型猪种，主要分布于我国青藏高原的农区和半农半牧区。至 2007 年我国有西藏藏猪 3 万多头，主要集中在林芝、昌都及那曲以东的巴青、索县、比如等地，其中林芝是西藏藏猪现存数量较多的地区，有 1 万多头。该品种能适应低氧的高原寒冷气候和以放牧为主的饲养条件，是世界上分布海拔最高的猪种之一。西藏藏猪的特点是体格小，四肢结实，肉质好，皮薄，脂肪沉积力弱，胴体中瘦肉比例较高，鬃毛粗长，产量高，是我国高海拔地区发展养猪业的重要品种资源，但存在体形小、生长缓慢、育肥期长、产仔少等缺点。

西藏藏猪头狭浅，额短鼻长，颜面较直，无皱纹；耳小而立，耳郭开张，耳毛稀薄，耳根转动灵活；眼细长，嘴呈尖筒形，端部脊侧有两三道纵纹、1～3 道横纹；颈浅、窄而较短，与头、肩结合良好；躯干较短，背线平直，少数个体稍凹；腹圆，腹线较直；肩立，前躯深短；肷部小，肷窝不明显；尻斜而窄，尾下垂、长及后管；四肢粗壮，管部稍细，系部坚强、蹄质坚硬；全身肌肉发育良好，体形紧凑，体质结实；全身被毛为淡黑色或黑灰色，少数个体为棕色；额、颊、颈、背、腹侧和四肢管部以上被毛较长，混生白色长毛，毛梢往往泛红，部分个体额部有白章；从两眼之间到颞颥部及顶部有密而长的倒生毛丛，与鬃毛相续；尾帚束状、高及飞节，皮肤为浅黑色。

西藏藏猪 4～6 月龄性成熟，母猪发情周期 13～24 天，发情持续期 3～4 天，妊娠期 111～118 天，一般一年一胎。初生体重一般为 0.4～0.6kg，初产母猪产仔数为（4.47±0.08）头，第 2 胎和第 3 胎平均产仔数分别为（5.40±0.23）头和（5.58±0.23）头（张建和曾勇庆，2012）。体重（28.5±1.18）kg 的西藏藏猪，屠宰率 58.85%±7.96%，胴体斜长（53.45±1.51）cm，眼肌面积（10.09±1.07）cm^2，瘦肉率 59.98%±3.96%（徐海鹏，2015）。

（七）八眉猪

八眉猪属肉脂兼用型猪种，中心产区为陕西省泾河流域、甘肃省陇东和宁夏回族自治区固原地区，海拔一般为1000～2000m。主要分布于陕西、甘肃、宁夏、青海4省（自治区），在邻近的内蒙古和山西亦有分布。20世纪80年代以来，分布区域主要在陕西省榆林市定边县及周边县区、延安市部分县，甘肃省环县、泾川、灵台，青海省西宁市和海东地区，以及宁夏固原地区。八眉猪是一个历史悠久的古老品种，具有适应性强、母性好、耐粗饲、肉质细嫩和杂交配合力强等特点，但也存在生长慢、瘦肉率低、卧系、皮厚等缺点。

八眉猪头较狭长，耳大、下垂，额有纵行八字皱纹；被毛黑色，按体形外貌和生产特点可分为大八眉、二八眉和小伙猪三种类型，现大八眉和小伙猪已消失，仅存二八眉一种类型。二八眉猪体格中等，结实匀称，体躯呈长方形；头较狭长，额有八字纹，纹细而浅；耳大、下垂，耳长与嘴齐或超过鼻端；鬃坚硬、黑色、长10cm左右，背腰窄长，腹大、下垂，臀斜；大腿欠丰满，后肢多卧系，有效乳头6～7对。

八眉猪性成熟较早，30日龄左右即有性行为，（121.67±4.82）日龄性成熟，300日龄配种，发情周期（20.93±0.44）天，发情持续期（65.3±9.9）h，妊娠期（113.93±2.00）天。母猪产仔数多，平均12头（杜文国，2021）。二八眉成年体重公猪平均88.40kg，母猪平均74.67kg。八眉猪生长慢，其中二八眉猪肥育期短，10～14月龄体重达75～85kg即可出栏。体重（89.78±0.57）kg的八眉猪，胴体重（64.69±0.78）kg，屠宰率72.05%±0.4%，背膘厚（34.6±1.1）mm，瘦肉率44.87%±0.66%。

（八）马身猪

马身猪属马身猪型猪种，是山西省的地方黑猪品种，按照体形大小可分为大马身猪、二马身猪和钵盂猪三种。大马身猪主要分布在山西省北部的边远山区；二马身猪遍布于山西全省，尤以丘陵山区居多，如山西北部的神池、灵丘等地；钵盂猪则产于平川地区，现在已经灭绝。目前，马身猪中心产区主要位于山西省北部，主要集中于大同等地区。马身猪具有繁殖力高、肉质优、抗病性强、抗寒性好等显著特点，缺点为生长发育较慢、瘦肉率低。马身猪还有良好的鬃毛等优良经济特性，具有较高的经济价值。

马身猪体形较大，体质偏细致疏松型，属脂肪型猪种；全身皮、毛为黑色，皮厚，毛粗而密，冬季密生棕红色绒毛；头形粗重，耳大、下垂超过鼻端，嘴筒粗而长直，面微凹，额部皱纹较深；颈长短适中，背腰稍凹，腹大、下垂，臀部倾斜，四肢坚实有力；尾根粗，尾尖稍扁；乳头7～9对，排列均匀。

马身猪性成熟早，公、母猪在4月龄左右（体重25～35kg）开始有发情表现，适当加以利用，可以加快世代更替。初产母猪窝产仔数11.4头，经产母猪窝产仔数13.6头。马身猪的适应性和抗病力都很强，可以在高寒地区正常生长、发育和繁殖，且生长性能不受低营养水平影响。马身猪的肉质优良，生猪肉色血红，水分少，大理石纹适中，肌肉细嫩多汁，肉香浓郁。

（九）民猪

民猪属华北型猪种，原名东北民猪。1982 年开始，将分布于辽宁、吉林、黑龙江、河北以及内蒙古东北部的东北民猪统称为民猪（孙志茹和刘娣，2013；张冬杰等，2015）。民猪是在东北和华北地区寒冷条件下形成的一个历史悠久的地方猪种，具有抗寒能力强、体质强健、产仔较多、脂肪沉积能力强和肉质好的特点，适于放牧和粗放管理，但其胴体脂肪率高、皮较厚、后腿肌肉不发达、增重较慢。

民猪头中等大，颜面直长，面部与额部有皱纹，耳大、下垂；体质强健，体躯扁平，背腰窄狭，腹大、下垂但不拖地，臀稍斜；四肢粗壮，后腿稍弯，多卧系，飞节上部和腋侧部有皱褶；全身被毛黑色，鬃长密，冬季密生绒毛，尾粗长、下垂，有效乳头 7 对以上、排列整齐，乳腺发达。

民猪平均窝产仔猪数 13.3 头，平均窝断奶仔猪成活数 10.44 头（金鑫等，2017）。民猪生长速度缓慢，体重 85～100kg 的中型民猪育肥平均日增重 326g（王文涛等，2019），眼肌面积 20.89cm^2，屠宰率 72.14%，瘦肉率 47.65%，背膘厚 37.3mm（赵思思等，2017）。

（十）河套大耳猪

河套大耳猪属平原型猪种，因主产于内蒙古自治区河套平原而得名，主产区在巴彦淖尔市五原县，黄河南北两岸、阴山以南河套平原和鄂尔多斯市南部也有分布。河套大耳猪适应性强，抗寒、抗病，耐粗饲，在饲养水平低、管理粗放的条件下仍能正常繁殖生产，不足之处是腹脂多、晚熟、生长发育慢。

河套大耳猪分为长头型与短头型。短头型猪额面部稍凹；头中等大，面直而长、圆桶状、有倒八字皱纹；耳大、下垂过嘴；背腰平直，腹大、下垂，体窄胸深，尻斜，四肢粗壮，尾粗长；乳头一般 7 对；被毛全黑（有的鼻镜、系部、额部有少量白斑或白毛），鬃毛良好，冬季密生棕色绒毛；皮厚、有皱褶，后躯大腿皱褶明显。

河套大耳猪母猪 4 月龄体重可达 10.80kg；6 月龄体重达 16.00kg，体长 69.0cm；8 月龄相应为 38.7kg、87.0cm；12 月龄相应为 56.70kg、99.0cm。成年公猪体重 149.10kg，体长 141.70cm；成年母猪相应为 103.00kg、126.10cm。河套大耳猪性成熟早，公猪在 5～6 月龄即可参加配种，睾丸的相对增长以 2～4 月龄最大。母猪于 4～5 月龄开始发情，发情持续期 3～6 天，发情周期 21 天（18～23 天），卵巢的相对增长以 4 月龄最大，妊娠期头胎为 114 天，产仔数头胎为 8.3 头、3 胎以上为 10.5 头，20 日龄窝重头胎为 21.64kg、3 胎以上为 24.41kg，乳头平均 14.42 个。母猪 7 胎产仔数达到高峰，以后呈逐年下降趋势（敖明和乌达巴拉，2013）。

（十一）宁乡猪

宁乡猪属肉脂兼用型猪种，原产于湖南省宁乡市流沙河、草冲一带，原称为流沙河猪或草冲猪，后种群逐步扩大而散布于宁乡全县，故名宁乡猪，除湖南益阳、娄底、邵阳、湘潭等地有较多分布外，湖北、江西、广西、贵州、重庆、四川等地也有分布。宁乡猪具有早熟易肥、性情温驯、耐粗饲、适应性强和肉质细嫩、肉味鲜美等特点，但存在体形不大、瘦肉率不高等缺点。

宁乡猪体形中等，躯干较短，结构疏松，清秀细致，体躯矮短圆肥、圆筒状；两耳下垂，背腰平直，腹大、下垂但不拖地，臀斜，多卧系；被毛粗稀而短，皮肤白色，有的地方有黑晕，成年公猪鬃毛粗长；尾根低，尾尖及帚扁平，俗称“泥鳅尾”；乳头7对以上，肋骨14对。毛色为黑白花，一般分为三种。①乌云盖雪：体躯上部为黑色，下部为白色，有的在颈部有一道宽窄不等的白色环带，称为“银项圈”；②大黑花：头尾为黑色，四肢为白色，体躯中上部黑、白相间，形成两三块大黑花；③小散花：体躯中部散布数目不一的小黑花，又称“金钱花”“烂布花”，这种毛色的猪为产区群众所忌讳。

宁乡猪性成熟较早，公猪30～45日龄开始有性行为，55～60日龄爬跨时能伸出阴茎，90日龄产生大量成熟精子，有较强的交配欲；母猪45日龄有初级卵母细胞，90日龄有成熟卵细胞，平均窝产仔数10.9头，窝产活仔数10.1头。14.02～71.13kg体重阶段日增重达530.25g。体重81.54kg的宁乡猪，膘厚47.35mm，眼肌面积20.68cm^2，瘦肉率38.51%。

（十二）沙子岭猪

沙子岭猪属肉脂兼用型猪种，因产于湖南省湘潭市城郊沙子岭一带而得名，中心产区在湘潭市湘潭县的姜畲、云湖桥、花石、青山桥和石鼓，湘乡市的月山、金石、白田和龙洞；分布于韶山市的大坪、杨林和如意等乡（镇）以及衡阳市祁东县的过水坪和风石堰，衡阳县的洪市、大安和曲兰等乡（镇），娄底、长沙、常德、株洲和湘西的部分地区亦有分布。沙子岭猪抗逆性强、肉质优良、肉味鲜嫩，母猪对青绿多汁饲料的消化吸收率高，但存在大腿欠丰满、体形外貌一致性较差、腹部脂肪较多、皮和膘较厚等缺点。

沙子岭猪毛色为“点头黑尾”，即头和臀部为黑色，其他部位均为白色，背部间有黑斑或隐花（占17%）。其中，头部黑斑以两额角为中心分为两块连于头顶，其遗传性能稳定，有未越耳根和越过耳根两种表现型；臀部黑斑绕尾根呈圆形或椭圆形。成年猪皮肤较厚，肤色淡白；体长中等，体躯较宽，颈短粗，背腰平直的占76%、微凹的占24%，腹大而不拖地，臀部发育一般，大腿欠丰满；四肢粗壮结实，前肢正直，后肢微弯、开张；蹄甲坚实，蹄系正直，趾甲不落地；乳房发育良好，乳池宽大，乳头多在14个以上。

沙子岭猪性成熟早，产仔多，在较低的饲养水平条件下仍能保持良好的繁殖性能。公猪30日龄即有爬跨行为，55～60日龄能伸出阴茎，100日龄已有配种能力，5月龄可正式配种；母猪第一次发情的时间平均为106日龄，最早71日龄，60日龄有早期成熟卵泡，90日龄有成熟卵泡，初产母猪平均排卵数10.25个，经产母猪平均排卵数19个，有123日龄母猪配种受胎的，初产母猪产仔数8.62头，经产母猪产仔数12.39头。沙子岭猪适应性强，耐粗饲，具有较强的耐寒耐热能力，适应我国南方亚热带气候，在日粮粗纤维含量为15.3%的情况下，日增重达420.39g，料重比4.42∶1。沙子岭猪肉质好，熟肉率较高（72.29%～73.62%），失水率较低（10.87%～11.77%），贮存损失较少（2.05%～2.53%），pH 值、肉色、大理石纹处于正常范围，无 PSE、DFD（dark, firm and dry，暗、硬、干）劣质肉，肌肉粗蛋白含量 22.45%～23.08%、粗脂肪含量 2.84%～3.25%、氨基酸总含量 318.99～329.66mg/g，肌纤维直径 47.39～48.09μm，肌纤维密度 344.00～361.50 根/μm^2。沙子岭育肥猪 74kg 屠宰时，屠宰率 72.32%、眼肌面积 22.27cm^2、后腿比例 26.00%，瘦肉率 42.71%；88kg 屠宰时，屠宰率 70.67%、眼肌面积 22.90cm^2、后腿比例 27.00%，瘦肉率 41.05%（吴买生等，2013）。

（十三）五指山猪

五指山猪属肉脂兼用型猪种，因原产于海南省五指山区而得名，由于体小、灵活、头尖长、体形似鼠，俗称“老鼠猪”。主要分布于海南省中南部的东方、白沙、保亭、五指山、乐东、三亚、琼中等市县少数民族（黎族、苗族）居住的山区。根据 2006 年年底的调查，海口市的海南五指山猪原种场和保亭县的少数村落也饲养有五指山猪。五指山猪是我国著名的小型猪之一，遗传特性明显、体形小、耐粗饲、早熟、耐近交、放牧性好，是中国猪种多样性的重要组成部分，但存在生长慢、饲料利用率低等问题。

五指山猪全身被毛大部分为黑色或棕色，腹部和四肢内侧为白色，大多有鬃毛且呈棕褐色，公猪特别明显；皮肤为白色；体形小，体质细致，结构紧凑；头小、稍长、似老鼠头，鼻直长，额部皱纹不明显、有白三角或流星，嘴尖、嘴筒直或微弯；耳小而尖，桃形，向后紧贴颈部；颈部紧凑，躯干长短适中，背腰平直或微凹，胸窄，腹大而不下垂，肋骨 13～14 对，臀部肌肉不发达、稍前倾；乳头 5～7 对；四肢细短、白色，蹄踵长；尾较细、长过飞节，尾端毛呈鱼尾状。五指山猪野性较大，跳跃能力强。成年公猪獠牙较长，睾丸较小，阴囊不明显。

五指山猪性成熟早，母猪最早 61 日龄有发情表现，公猪 6～7 月龄、母猪 5～6 月龄初配。原产区农户大多采取“子配母”的自由配种方式，公猪的初配月龄一般不超过 3 月龄。母猪发情周期 19～21 天，妊娠期 112～115 天。仔猪初生体重（449.00±8.18）g、断奶体重（3.12±0.08）kg，断奶仔猪成活数（4.89±0.18）头，仔猪成活率 90.56%。母猪窝产仔数（6.58±0.31）头，窝产活仔数（6.47±0.29）头，初生窝重（3.36±0.09）kg。60～180 日龄日增重公猪 47.33g、母猪 49.75g。体重（10.98±0.55）kg 的五指山猪，胴体重 6.57kg，屠宰率 59.84%，第 6～7 肋背膘厚 48mm，眼肌面积 6.31cm^2，瘦肉率 55.85%，脂率 7.81%，皮率 16.06%，骨率 20.25%，肉色评分 3.0 分，大理石纹评分 3.0 分，宰后 24h pH 值 5.91，失水率 19.56%，水分 77.56%，粗脂肪 1.63%。

（十四）陆川猪

陆川猪属肉脂兼用型猪种，因主产于广西东南部的陆川县而得名，陆川县各地均有分布，其中大桥镇、乌石镇、清湖镇、良田镇、古城镇 5 个乡镇为中心产区，分布于陆川县周边地区的公馆猪、福绵猪等也统称为陆川猪。陆川猪是一个优良的地方品种，饲养历史悠久、性能独特、数量较多、分布广阔，久负盛名，具有耐热性好、耐粗饲、早熟易肥、个体较小及皮薄、骨细、肉质优良等优点，但生长速度慢、泌乳力不高、饲料利用率较低、脚矮身短、背腰下陷、腹大拖地、臀部欠丰满。

陆川猪头短、中等大，颊和下颊肥厚，嘴长中等，上下唇吻合良好，面略凹或平直；额较宽，有“丫”形或菱形皱纹，中间有白毛；耳小、直立、略向前向外伸，颈短，脚矮；腹大，体躯宽深，体长与胸围基本相等，整个体形矮、短、宽、圆、肥，胸部较深，背腰较宽而多数下陷，腹大、下垂而常拖地；大腿欠丰满，尾根较高，尾较细；四肢粗短健壮、有很多皱褶，前肢直立，后肢稍弯曲，多呈卧系；蹄较宽，蹄质坚实；全身被毛短、细、稀疏，呈黑白花色，其中头、前颈、背、腰、臀、尾为黑色，额中多有白毛，其他部位如后颈、肩、胸、腹、四肢为白色，黑白交界处有4～5cm的浅灰色带；鬃毛稀而短，多为白色；乳头平均13.76个，乳房结构合理，乳腺发育良好。

陆川猪是一个早熟品种，公猪21日龄即有爬跨行为，2月龄睾丸组织中有精子细胞，3月龄已有少量成熟精子；母猪5.5月龄有少量卵子产生和排出，126日龄第一次发情。母猪初配年龄5～8月龄，平均6.52月龄；公猪初配年龄5～8月龄，平均6.13月龄。母猪妊娠期110～115天，平均113.29天。公猪平均4月龄、体重35kg开始配种，一般利用2～3年，长的4～5年。母猪与外来品种公猪配种，其利用年限一般为5～6年，与陆川公猪配种的利用年限为7～8年。母猪窝产仔数（12.76±0.2）头，仔猪初生体重（5.71±0.1）kg、初生窝重（7.79±0.2）kg、断奶体重6.34kg，断奶仔猪成活数（11.45±0.3）头，仔猪成活率89.7%±0.1%。陆川猪早期增重较快，后期增重缓慢，生长拐点在8月龄。屠宰时平均体重（65.0±2.81）kg，胴体重（44.67±1.78）kg，屠宰率68.72%±1.63%，眼肌面积（15.61±0.77）cm^2，第6～7肋背膘厚（38.70±1.40）mm，平均背膘厚（32.40±1.20）mm，第6～7肋皮厚（4.40±0.20）mm，瘦肉率41.37%±0.65%，脂率37.35%±0.99%，皮率11.79%±0.35%，骨率8.51%±0.26%。

二、国外品种简介

国外商业猪种主要产于欧美，包括英国、美国、丹麦等。目前国际上分布广而影响大的主要有杜洛克猪、长白猪、大白猪、皮特兰猪、汉普夏猪等几个品种。

（一）大白猪

大白猪（Large White pig）亦称约克夏猪（Yorkshire pig），原产于英国的约克郡及其邻近地区，是18世纪用北英格兰土产大白猪和体形较小较肥的中国白猪杂交而成的瘦肉型猪种，1852年被正式确定为新猪种。

大白猪全身被毛白色，偶有少量暗黑斑点，头较长，鼻面直或微凹，耳中等大而竖立，前胛宽，背腰平直，背阔，后躯丰满，四肢强壮结实，体形长方形，乳头平均7对，具有良好的肉用型体态。成年公猪体重为300～450kg，母猪为200～350kg。成年公猪体长、胸围、体高分别约为170cm、155cm和92cm；成年母猪分别约为168cm、150cm和87cm。

母猪性成熟较晚，5月龄出现第一次发情，一般在8月龄体重达125kg以上时初配，

10 月龄后配种产活仔数多，发情周期 18～22 天，发情持续期 3～4 天，妊娠期平均 115 天。初产母猪平均产仔数 9.0 头，经产母猪平均产仔数 11.0 头。初产母猪总产仔数 9.72 头，产活仔数 8.78 头，健仔数 8.38 头；第 3～4 胎繁殖性能达到最佳状态，总产仔数 10.60 头，产活仔数 9.81 头，健仔数 9.58 头；第 5 胎开始死胎数 0.75 头、死仔数 0.84 头、弱仔数 0.23 头。季节效应对大白猪繁殖性能影响显著，春季分娩时产仔数最多，冬季分娩时死胎数、死仔数、弱仔数等损失仔数最少（张蕾等，2021）。大白猪生长速度快，150 日龄左右体重可达 100kg，100kg 体重活体背膘厚 13mm 以下，生长育肥期平均日增重 900g，料重比 2.5∶1。大白猪平均屠宰率为 75.11%，胴体斜长为 82.19cm，背膘厚为 2.36cm，皮厚为 0.32cm，眼肌面积为 59.08cm^2，后腿比例为 31.69%，瘦肉率为 67.05%（陈辉和陈斌，2018）。

20 世纪 80 年代后，我国从国外引入了大量的大白猪，由于引入时间、来源不一，这些猪在性能上差异较大。近年来引入的大白猪比早期引进的生长速度快，产仔数也有所增加。大白猪经风土驯化已基本适应我国的生态环境。

国外在猪三元杂交生产中常用大白猪作母本或第一父本；国内多用大白猪作父本，与地方猪种杂交，在日增重等方面取得很好的杂交效果，二元杂种后代的眼肌面积增大、瘦肉率亦有所提高，以大白猪作三元杂交中第一或第二父本，如大白猪×（长白猪×通城猪）、长白猪×（大白猪×太湖猪）、长白猪×（大白猪×金华猪），能取得较高的日增重和瘦肉率。

（二）长白猪

长白猪原名兰德瑞斯猪，原产于丹麦，由当地猪与大白猪杂交育成，遍布世界各地，是世界上分布最广的瘦肉型猪种之一，我国于 1964 年开始引入。

长白猪头小，嘴长而尖，耳下垂、前倾，下颌无赘肉；眉清目秀，眼珠有天蓝色（玉石眼）和灰褐色 2 种；颈部细长，肩部丰满，身腰细长，脊椎骨较一般猪种多 2 节，后臀丰满，四肢细巧；腹平修长，乳头 7 对以上；全身白色，偶有青斑。成年公猪体重 400～500kg，成年母猪体重 300kg 左右。

母猪初情期 170～200 日龄，达 230～250 日龄、体重 120kg 以上时适宜配种。母猪总产仔数，初产 9 头以上，经产 10 头以上；21 日龄窝重，初产 40kg 以上，经产 45kg 以上。长白猪生长速度快，生长肥育期平均日增重 900g，公猪达 100kg 体重需 168.37 天，达 100kg 体重背膘厚为 11.20mm，30～100kg 阶段料重比为 2.51∶1；母猪达 100kg 体重需 171.71 天，达 100kg 体重背膘厚为 12.23mm，30～100kg 阶段料重比为 2.60∶1（赵剑洲和谢水华，2016）。长白猪屠宰率为 72.57%，瘦肉率为 61.44%，肉色评分为 3.75，大理石纹评分为 2.25，失水率为 6.21%。长白猪泌乳性能优秀，但四肢软弱，肢蹄病发生率较高，对营养和温度较为敏感。

国外在猪三元杂交生产中常用长白猪作母本或第一父本；在我国猪杂交繁育体系中，长白猪多作为父本，或在引入品种三元杂交中用作母本或第一父本。在较好的饲料条件下，长白猪与我国地方猪种杂交效果显著，在提高我国商品猪瘦肉率方面，长白猪将成为一个重要的父本品种。但是长白猪存在体质较弱、抗逆性较差、对饲养条件要求较高等缺点。

（三）杜洛克猪

杜洛克猪（Duroc pig）产于美国，于19世纪60年代在美国东北部由纽约的红毛杜洛克猪、新泽西的泽西红毛猪以及康涅狄格的红毛巴克夏猪育成。这个猪种1880年建立了品种标准，是当今世界著名的瘦肉型猪种之一。

杜洛克猪全身被毛呈棕色，深浅不一，无任何白斑，体侧或腹下有少量小暗斑，但不大于 $2cm^2$；头中等大，颜面稍凹，嘴短直，耳中等大、略向前倾，背腰平直，腹线平直，体躯较宽，肌肉丰满，后躯发达，四肢粗壮结实。成年公猪体重300～420kg，成年母猪体重250～370kg。成年公猪体高80～95cm，体长130～165cm；成年母猪体高70～90cm，体长120～160cm。

经产母猪总产仔数11.16头，产活仔数10.66头，21日龄窝重53.56kg，28日龄育成数9.81头（武蕾蕾和袁震，2020）。从生长肥育方面来看，平均日增重889g，达100kg体重需163天，100kg活体背膘厚10.24mm，料重比2.33∶1。从胴体性状方面来看，100kg体重屠宰率75.52%、瘦肉率67.11%、后腿比例35.09%。丹麦杜洛克猪肉色评分3.7分，pH值5.97，肌内脂肪含量1.88%，贮存损失2.09%，失水率16.48%，大理石纹评分2.8分。

杜洛克猪已引入我国各地，用作父本与地方猪种进行经济杂交，其后代的生长速度、饲料转化率及瘦肉率比地方猪种显著提高。

（四）汉普夏猪

汉普夏猪（Hampshire pig）属瘦肉型猪种。原产于美国南部，由美国选育而成，现已成为美国三大瘦肉型品种之一，20世纪70年代引入我国。

汉普夏猪颜面长而挺直，耳直立，体侧平滑，腹部紧凑，后躯丰满，呈现良好的瘦肉型体态；被毛黑色，肩胛、前胸和前肢有一白带环绕；头中等大，耳中等、直立，嘴长直，体躯较长，肌肉发达，背腰呈弓形，后躯臀部肌肉发达。成年公猪体重315～410kg，成年母猪体重250～340kg；窝平均产仔数10头，料重比2.53∶1。汉普夏猪母性良好，体质强健，生长性状一般，性情活泼，稍有神经质，但并不构成严重缺点，仔猪壮硕而均匀。

汉普夏猪繁殖力不高，初产母猪平均窝产仔数7.63头，初生体重1.33kg；经产母猪窝产仔猪数一般9～10头，初生体重1.4kg。汉普夏猪日增重（722.91±14.230）g，屠宰率74.80%，瘦肉率56.87%±0.33%，背膘厚（2.25±0.16）cm，眼肌面积（36.34±1.08）cm^2。

比较多品种杂交试验结果发现，用汉普夏猪作父本的杂交后代具有胴体长、背膘薄和眼肌面积大等优点。国外利用汉普夏猪作父本与杜洛克猪母本杂交生产的后代公猪为父本，与母本长白×大白 F_1 代杂交生产四元杂交猪。用汉普夏猪作第一父本或第二父本时，杂交效果均较明显，能显著提高商品猪的瘦肉率（吕政海，2018）。但汉普夏猪与其他瘦肉型猪种相比生长速度慢、饲料报酬稍差、酸肉基因频率高，故在我国商品猪的杂交生产中应用较少。

（五）皮特兰猪

皮特兰猪（Pietrain pig）原产于比利时的布拉班特省，是由法国的贝叶杂交猪与英国的巴克夏猪进行回交，再与英国的大白猪杂交育成的。20 世纪 80 年代，我国开始引进皮特兰猪进行选育和利用。

法国皮特兰猪毛色灰白，夹有黑白斑点，有的夹杂有红毛；头部、颈部清秀，耳小、直立或前倾；体躯宽，背沟明显，尾根有一深窝，前后躯丰满，臀部特发达，为双肌臀；后躯、腹部血管清晰，露出皮肤表层；乳头排列整齐，有效乳头 6 对。皮特兰猪的饲料转化率为（2.8～3.0）∶1，平均日增重 750g，成年公猪体重达 300kg，母猪达 250kg（何鑫淼等，2013）。母猪平均窝产仔数 11 头，但后期（90kg 后）生长缓慢。皮特兰猪以其非常突出的高瘦肉率闻名于世，在所有的知名品种中，其瘦肉率最高，肌肉最丰满，具有发达的背腰肌和腿肉。在当今瘦肉率与体形受到极大关注的养猪市场，皮特兰猪是极具利用价值的品种。

皮特兰公猪达性成熟就有较强的性欲，采精调教通常一次成功，射精量 250～300mL，精子数达 3 亿个/mL；母猪母性较好，初情期一般在 190 日龄，发情周期 18～21 天。62.74%的法系皮特兰母猪在断奶后 0～7 天就发情配种，平均间隔 4.98 天，平均分娩胎次 4.23 胎（郭建凤等，2017），窝产活仔数 9 头以上，断奶仔猪数 9.80～10.67 头，21 日龄断奶窝重 59.80～64.01kg，哺乳成活率 97.42%～100%，最高可达 100%。育肥期平均日增重 720g，料重比 2.8∶1。皮特兰猪屠宰率 73.79%±1.24%，平均背膘厚（2.45±0.16）cm，眼肌面积（43.27±1.67）cm^2，瘦肉率 52.93%±1.21%（涂尾龙等，2012）。皮特兰猪肉质较差，PSE 肉（表现为肌肉苍白、松软、多汁）发生率几乎 100%，属应激敏感型品种。近年我国引进的皮特兰专门化品系，商品代猪可不产生 PSE 肉。

在猪配套系选育方面，皮特兰猪的高瘦肉率等特性得到很好的利用，如中育猪配套系和‘华农温氏Ⅰ号’猪配套系是四系杂交，都可用皮特兰猪作为父系父本，利用它与杜洛克猪等杂交，以杂种一代公猪作为终端父本，既可提高瘦肉率，又可防止 PSE 肉的出现，但该猪种在体重 100kg 以后生长速度减慢、耗料多。

三、培育品种简介

培育猪种是指养猪育种专家利用我国的优秀地方猪种与国外引进的良种猪进行杂交、选育，最终形成适宜我国各地区养殖的新品种。

（一）新淮猪

新淮猪是用江苏省淮阴区的淮猪与大白猪杂交育成的肉脂兼用型猪种，主要分布在江苏省淮阴和淮河下游地区，具有适应性强、生长快、产仔多、耐粗饲、杂交效果好等特点。1997 年通过江苏省科学技术委员会组织鉴定。

新淮猪被毛黑色，允许体躯末端有少量白斑；头稍长，嘴平直或微凹，耳中等大、向前下方轻垂；背腰平直，腹稍大、不下垂，臀略斜；有效乳头不少于7对。

新淮猪性成熟较早，公、母猪均在3月龄左右有性行为。初产母猪产仔数10.5头，经产母猪产仔数13.23头（吴夏，2014）。新淮猪在以青饲料为主的饲养条件下，育肥猪2～8月龄全期日增重490g，每千克增重耗混合料3650g、青料2470g。育肥猪最适屠宰体重80～90kg；体重87kg时，屠宰率71%，膘厚3.5cm，腿臀比例25%，胴体瘦肉率45%左右。

新淮猪在淮安地区的适应性及抗病力较强，是含有50%大白猪血液的黑毛猪，肉质较好，是生产优质猪肉的原料猪，可作为配套系母本或在新品种培育中发挥较好的作用。

（二）上海白猪

上海白猪主要分布于上海市近郊，是在太湖猪和国外猪种杂交的基础上，通过多年选育而成的白猪品种，为肉脂兼用型品种（赖以滨，2011）。1978年通过上海市鉴定。

上海白猪全身被毛白色；头中等大，头面平直或微凹，耳中等大、略向前倾，嘴筒中等长；体躯较长，背平直，腹部不下垂，臀丰满；四肢粗壮，偶有卧系；乳头7对。

公猪8～9月龄、体重在100kg以上时开始初配；母猪6～7月龄发情，发情周期19～23天，发情持续期2～3天，多在8～9月龄初配。初产母猪产仔数9头左右，经产母猪（3胎及3胎以上）产仔数11～13头。在良好的饲养条件下，上海白猪170日龄体重可达90kg，体重20～90kg阶段日增重615g，料重比3.62∶1；成年公猪体重250kg，成年母猪体重180kg。用杜洛克猪或大白猪作父本与上海白猪杂交，一代杂种猪在良好的饲养条件下，体重20～90kg阶段日增重700～750g，料重比（3.1～3.5）∶1。90kg的上海白猪，屠宰率70.55%，眼肌面积26cm^2，腿臀比例27%，胴体瘦肉率52.5%（赖以滨，2011）。

上海白猪产仔数较高、瘦肉率适中、生长较快，作为母本配套生产杜洛克×长白猪×上海白猪三元杂交商品猪受到消费者欢迎。

（三）北京黑猪

北京黑猪分布于北京市朝阳区、海淀区、昌平区、顺义区、通州区等京郊各区，在北京市北郊农场和双桥农场用巴克夏猪、大白猪、苏白猪及定州黑猪杂交而成，属肉脂兼用型。1982年通过农业部鉴定。

北京黑猪全身被毛黑色，结构匀称；头中等大，面微凹，嘴中等长，耳直立、微前倾；颈肩结合良好，背腰平直，腹部不下垂，后躯发育良好，四肢健壮结实，乳头7对以上。北京黑猪性情温驯，母性强。

母猪初情期198～215日龄，年产2.2窝，窝产仔数12头以上，年提供10周龄仔猪数22头以上；公猪3月龄出现性行为，8月龄、体重100kg左右可参加配种。北京黑猪猪肉为鲜红色，pH值为5.68～6.32，肉色评分为2.75，瘦肉率为69.47%，系水率为72.7%，肌肉脂肪含量为3.48%，肌肉嫩度、剪切值等肉质指标均优于长白猪和大白猪等外来瘦肉型猪种。育肥测定结果表明，平均日增重578g，北京黑猪165～170日龄体重达90kg，每千克增重耗料 3.14～3.53kg。北京黑猪母本与外来优良猪种杂交，商品猪日增重 750g 以上，胴体瘦肉率 58%以上（汪志铮，2010）。

北京黑猪体质结实、抗病力强、哺乳性能好，特别是肉质好，与外来猪种如杜洛克猪、长白猪、大白猪进行二元、三元杂交，均表现出良好的配合力，也能用于改良地方猪种，既可作父本又可作母本。同时，北京黑猪瘦肉率为 56%～58%，能直接作为优质肉生产用种。

（四）山西黑猪

山西黑猪是由巴克夏猪、内江猪和山西本地马身猪培育而成的，中心产区位于山西中北部的大同地区及忻州地区。1983 年通过山西省科学技术委员会组织鉴定。

山西黑猪全身被毛乌黑，头大小适中，额宽、有皱纹，嘴中等长而粗，面微凹，耳中等大；体形匀称，背腰平直宽阔，腹较大、不下垂，臀宽、稍倾斜；乳头 7 对以上。

公猪 4 月龄左右开始出现性行为，6～7 月龄性欲最旺，8 月龄、体重 80kg 左右开始配种，繁殖利用年限 4～6 年；母猪初情期平均为 156 日龄，发情周期 20 天，发情持续期 3.3 天，断乳后 7～10 天再发情，妊娠期 115.5 天，情期受胎率 98%，繁殖利用年限 6～8 年。宰前体重 89.35kg 的育肥猪，屠宰率 72.72%，胴体瘦肉率 43.63%，腿臀比例 22.56%，花板油比例 9.16%（苏向花等，2010）。

山西黑猪繁殖力较高、抗逆性强、生长速度快，与长白猪和大白猪杂交效果较好，但体质较疏松，早期屠宰率稍低，胴体瘦肉率不高。

（五）湖北白猪

湖北白猪是由地方良种（湖北省农业科学院培育的Ⅰ、Ⅱ、Ⅴ系用荣昌猪，华中农业大学培育的Ⅲ、Ⅳ系用通城猪）和长白猪以及大白猪杂交而成的瘦肉型猪种，分布于华中、华东和华南等地区，含 5 个品系（Ⅰ系、Ⅱ系、Ⅲ系、Ⅳ系、Ⅴ系）。1986 年通过湖北省科学技术委员会组织鉴定。

湖北白猪被毛白色，头中等大，嘴直长，两耳略向前倾或稍下垂；背腰平直，前躯较宽，中躯较长，腿臀丰满；四肢粗壮，肢蹄结实；有效乳头 12 个以上（倪德斌，2009）。成年公猪体重 250～300kg，母猪 200～250kg。

湖北白猪性成熟早，母猪 121～130 日龄初次发情，7～8 月龄初配，发情持续期 3～5 天；公猪 120 日龄具有性行为，8～9 月龄、体重 100kg 左右初配。初产母猪窝产仔数 9.5～10.5 头，经产母猪 12 头以上。6 月龄公猪体重达 90kg，25～90kg 阶段平均日增重 0.6～0.65kg，料重比 3.5∶1 以下，达 90kg 体重需 180 天。湖北白猪作为母本与杜洛克猪和汉普夏猪杂交均有较好的配合力，特别是与杜洛克猪杂交效果明显，该杂交种一代育肥猪 20～90kg 阶段日增重 0.65～0.75kg，杂交种优势率 10%，料重比（3.1～3.3）∶1，胴体瘦肉率 62%以上（宗禾，2014）。

湖北白猪是生产瘦肉型商品猪的优良母本。湖北白猪及其品系作为母本进行二元与三元杂交均表现出良好的配合力，特别是与杜洛克猪杂交效果更为明显，杂交种具有增重快、肉质好等优点。

（六）浙江中白猪

浙江中白猪由中型约克夏猪、金华猪和长白猪通过杂交选育培育而成，主要分布于浙江省湖州、杭州、宁波等市及台州、舟山等地区所属的县。1980年12月通过浙江省科学技术委员会组织鉴定。

浙江中白猪被毛全白，体形中等大；头颈较轻，面部平直或微凹，耳中等大、稍前倾或稍下垂；腹线平直，腿臀部肌肉丰满，体质结实；乳头多为7对以上。成年公猪体重200kg，母猪150～180kg。

母猪初情期（157.2±3.9）日龄，一般8月龄即可配种。初产母猪产仔数9头，经产母猪产仔数12头。以浙江中白猪为母本与杜洛克、汉普夏、丹麦长白、大白猪杂交，平均产仔数12头以上。商品猪190日龄体重达90kg，平均日增重0.52～0.6kg，料重比3.6∶1，胴体瘦肉率达57%（赖以斌，2010）。

浙江中白猪具有胴体瘦肉率高、泌乳力强、哺乳性能好、胴体品质好、体质健壮、繁殖力高、杂交利用效果好的特点。杜洛克猪×浙江中白猪的杂种母猪作为母本有优良的繁殖性能，同时克服了增重速度慢和瘦肉率低的缺点。大白猪×杜浙猪杂交组合完全可以与杜×长大媲美。

（七）苏太猪

苏太猪是由杜洛克猪作父本、太湖猪作母本，经过12年8个世代，通过杂交、横交固定选育出的一个产仔数多、瘦肉率高、生长速度快、耐粗饲、肉质鲜美的新瘦肉型猪种（庄庆士等，2007）。1999年通过国家家畜禽遗传资源管理委员会审定。

苏太猪全身被毛黑色；耳中等大、前垂；四肢结实，背腰平直，腹较小，后躯丰满；平均乳头15.31枚（10～20枚），其中14～17枚乳头占91%左右，乳头上下、左右排列整齐、均匀（庄庆士等，2007）。

苏太猪初产母猪平均产仔数11.68头，产活仔数10.84头，断奶成活数10.06头，60日龄窝重184.3kg；经产母猪窝平均产仔数14.45头，产活仔数13.26头，断奶成活数11.8头，60日龄窝重216.25kg。苏太猪平均（177.4±1.60）日龄屠宰，宰前活重为（89.87±0.18）kg，胴体重（66.77±0.17）kg，屠宰率72.07%±0.20%，背膘厚（22.6±0.2）mm，皮厚（27.1±0.3）mm，眼肌面积（29.92±0.27）cm^2，瘦肉率56.18%±0.11%。

苏太猪是定型的二元合成品种，可以避免普通二元母猪制种这一环节和三元猪生产中的种质退化和配种困难等问题，一次杂交可以达到一般三元杂交的效果，给杂交瘦肉型猪种推广带来很多方便。

（八）南昌白猪

南昌白猪是由中型约克夏公猪和南昌市周边的含地方品种滨湖黑猪血缘的杂种母猪育成的瘦肉型品种，中心产区为南昌市的南昌、新建、进贤、安义4县区，并分布到萍乡、吉安、赣州、抚州、鹰潭等市的农村和广东、福建等省。1996年通过国家家畜禽遗传资源管理委员会审定。

南昌白猪毛色全白，体形中等大，结构匀称；头中等大、较宽；背腰平直，腹部较平，肋骨 15 对，臀部丰满；有效乳头 7 对以上。

南昌白猪繁殖性能好，初产母猪产仔数 10.28 头，经产 12.36 头，母猪发情症状明显（赖以斌，2010）。商品猪胴体瘦肉率高达 58.59%，膘薄；肉质好，肌纤维嫩，肌内脂肪含量丰富，达 3.21%；增重速度快，饲料转化效率好。在中等营养条件下饲养，后备公猪日增重 630.9g，料重比 2.9∶1，后备母猪日增重 560.3g；育肥猪日增重 651g，料重比 3.21∶1（赖以斌，2010）。

南昌白猪母猪和杜洛克公猪杂交，杂种优势明显，日增重 697g，料重比 3∶1，胴体瘦肉率 62.41%。杜长（白）南三元杂交，日增重和瘦肉率接近杜长（白）大（约克夏）三元杂交，且肉质优于后者。南昌白猪已向江西、广东、福建、湖南、广西等省（自治区）推广，经济效益显著（赖以斌，2010）。

（九）军牧 1 号白猪

军牧 1 号白猪中心产区为吉林省，是以三江白猪为母本和施格公猪为育种素材杂交而成的。1999 年通过国家家畜禽遗传资源管理委员会审定。

军牧 1 号白猪全身被毛白色，眼眶边缘允许有少量黑斑；头中等大、前倾或微立，嘴直、中等长；体形较大，体躯较长，背腰平直，体质结实；腿臀丰满突出，四肢粗壮；有效乳头 7 对。

军牧 1 号白猪平均窝产仔数（13.00±0.15）头，窝产活仔数（12.53±0.13）头；对 35 窝仔猪进行统计，仔猪初生体重（1.48±0.02）kg，35 日龄断奶体重（11.17±0.23）kg，断奶成活数 10.16 头，成活率 81.09%，母猪泌乳力 80kg。体重 25～96kg 阶段，平均日增重（743.73±0.60）g，料重比 3.11±0.05。体重（96.93±1.05）kg 的军牧 1 号白猪，胴体重（67.93±0.72）kg，屠宰率 70.10%±0.28%，第 6～7 肋背膘厚（17.80±0.42）mm，眼肌面积（45.71±0.39）cm^2，瘦肉率 63.90%±0.32%。

军牧 1 号白猪生长速度快，饲料利用率高，胴体瘦肉率高，肉质良好，抗病性和适应性强，综合生产性能良好。不论作为父系还是母系，杂交效果均较好，尤其是与大白猪进行正反杂交，杂种后代生长速度快、臀部突出、瘦肉率高，深受饲养场欢迎。

（十）大河乌猪

大河乌猪是以大河猪和引进的杜洛克猪为亲本，经 7 年（1995～2002 年）6 个世代的持续选育、扩群中试培育而成的。2002 年通过国家家畜禽遗传资源管理委员会审定。

大河乌猪体形中等大，全身被毛、鬃毛、肤色乌黑，少数毛尖略带褐色；头大小适中，嘴直长，耳中等大；体躯较长，腰部宽深，后躯丰满，腹部紧凑微垂；乳头 6～7 对。

大河乌猪性成熟早，公猪 3 月龄、母猪 4 月龄就可以配种受胎，适宜初配期均为 6 月龄、体重 70kg 左右。仔猪 42 日龄断奶后窝重 56kg。经产母猪窝平均产仔数 10 头，初生窝重 8kg，20 日龄窝重 35kg，42 日龄窝重 64kg（朱小乔，2009）。90kg 体重的大河乌猪，屠宰率 74%，膘厚 3.3cm，后腿比例 29%，眼肌面积 27cm^2，皮厚 0.32cm，胴体瘦肉率 54%以上，肌肉脂肪含量 7%，pH 值 6.2，大理石纹和肉色评分均为 3.1（朱小乔，2009）。

以大河乌猪作母本与英系大白猪杂交生产的肉猪 170 日龄体重达 90kg，耗料指数 3.2。90kg 体重的大河乌猪，后腿比例 30%，眼肌面积 32cm^2，瘦肉率 57%，肌肉脂肪含量 4%（朱小乔，2009）。

（十一）鲁莱黑猪

鲁莱黑猪是由莱芜猪与大白猪通过杂交、横交固定培育而成的，中心产区为山东省莱芜市（现为莱芜区）。2006 年 6 月通过国家家畜禽遗传资源管理委员会审定。

鲁莱黑猪被毛黑色，头中等大，嘴直、中等大，育成期耳直立，成年猪耳根软、下垂，中等偏大；背腰平直，臀部丰满；公猪头颈粗，前躯发达；母猪头颈稍细、清秀，腹较大、不下垂，乳头 7～8 对。

经产母猪平均产仔数 14.5 头，产活仔数 12.5～13 头，初生仔猪平均体重 1.2kg，60 日龄断奶窝重约 150kg（赵淑琴，2012）。25～90kg 体重阶段，鲁莱黑猪平均日增重（598.0±0.38）g，料重比（3.25±0.03）∶1。鲁莱黑猪屠宰率 73.55%±0.63%，眼肌面积（29.50±0.31）cm^2，后腿比例 29.9%±0.36%，瘦肉率 53.2%±0.34%。

鲁莱黑猪具备繁殖力高、耐粗饲、抗病力强、瘦肉率适中、肌内脂肪含量高、肉质好等特点，是生产高档特色猪肉的优良品种，具有良好的市场开发前景。

（十二）豫南黑猪

豫南黑猪是以淮南猪作母本、杜洛克猪作父本，自 1995 年开始，通过杂交和横交固定，经 13 年 9 个世代培育而成的，现主要分布在固始、光山、商城、新县 4 县。2008 年 5 月通过国家畜禽遗传资源委员会审定。

豫南黑猪体形中等大，被毛黑色，头中等大，颈粗短，嘴较长直，耳中等大，耳尖下垂，额部较宽、有少量皱纹；背腰平直，腹稍大，臀部丰满；乳头 7 对以上。

豫南黑猪遗传性能稳定，育种核心群初产母猪产仔数 10.68 头，产活仔数 10.22 头；经产母猪产仔数 12.44 头，产活仔数 12.62 头（李鹏飞和任广志，2014）。后备猪 45 日龄开始至 90kg 左右结束，平均日增重公猪 632g、母猪 623g；育肥猪 30～90kg 阶段平均日增重 650g，料重比 3.22∶1；胴体瘦肉率公猪平均 54.56%，母猪平均 57.66%（李鹏飞和任广志，2014）。

豫南黑猪与国外长白猪、大白猪的配合力较好，其中以长白猪为父本的杂交效果最优。豫南黑猪适合大中小型猪场（户）饲养，要求营养水平和管理水平中上等（李鹏飞和任广志，2014）。

（十三）松辽黑猪

松辽黑猪是以吉林本地猪为母本，丹系长白猪为第一父本、美系杜洛克猪为第二父本，从 1985 年开始，经过杂交、横交、选育等阶段，历经 9 个世代培育成的品种，主要分布在以四平市为中心的周边地区。2009 年 11 月通过国家畜禽遗传资源委员会审定。

松辽黑猪全身被毛纯黑色，头大小适中，耳前倾；体质结实，结构匀称；背腰平直，中躯较长，腿臀较丰满，腹部不下垂，四肢粗壮、结实；乳头7对以上。

初产母猪平均窝产仔数（10.6±0.19）头，产活仔数（9.3±0.13）头，21日龄窝重（34.6±0.74）kg，育成仔猪数（8.4±0.13）头；经产母猪平均窝产仔数（12.7±0.07）头，产活仔数（11.9±0.09）头，21日龄窝重（47.9±0.31）kg，育成仔猪数（10.6±0.06）头。25～90kg体重阶段，松辽黑猪平均日增重（692.50±5.12）g，料重比2.80±0.03。对42头松辽黑猪进行了屠宰性能测定，宰前活重（91.8±0.66）kg，屠宰率69.9%±0.62%，平均背膘厚（25.3±0.40）mm，眼肌面积（30.88±0.41）cm^2，瘦肉率57.2%±0.54%，肌内脂肪含量3.52%±0.05%。

松辽黑猪具有母性好、繁殖力较高、瘦肉率适中、耐粗饲、耐寒等特点，但种群内在外形及产仔数等生产性能上还存在较大差异，需进一步加强选育。

（十四）苏淮猪

苏淮猪主要分布于江苏省淮阴、涟水、盱眙、高邮等地区，是以新淮猪为母本、大白猪为父本，经杂交、横交、继代选育而成的，含新淮猪、大白猪血统各50%。2011年3月通过国家畜禽遗传资源委员会审定。

苏淮猪全身被毛黑色；头中等大，额宽；面微凹，耳中等大、略向前倾；背腰平直，腹部下垂；后躯较丰满，四肢结实；乳头7对以上。

苏淮猪初产母猪窝产仔数平均（10.34±0.11）头，3胎以上产仔数（13.26±0.08）头（变异系数CV=10.56%），产活仔数（12.66±0.11）头，断乳成活数11.29头，40日龄断乳窝重101.55kg。25～90kg育肥猪平均日增重662g（CV=8.89%），料重比3.09∶1。肥育期（100～180天）日增重（637.9±105.3）g，饲料转化率3.50%±0.77%。阉公猪宰前活重（84.35±5.89）kg，胴体重（59.34±3.99）kg，屠宰率70.37%±1.21%，胴体长（87.26±3.22）cm，平均背膘厚（29.20±3.78）mm，眼肌面积（31.76±3.44）cm^2，胴体瘦肉率59.59%±7.59%；阉母猪宰前活重（92.57±9.02）kg，胴体重（65.60±3.14）kg，屠宰率71.13%±1.76%，胴体长（90.65±3.43）cm，平均背膘厚（24.49±4.31）mm，眼肌面积（37.82±7.64）cm^2，胴体瘦肉率57.15%±8.23%。

苏淮猪和外国猪种杂交，具有较好的杂交效果。以苏淮猪为母本，与长白公猪杂交，杂种肉猪为白色毛，头和后躯带有黑斑，日增重约可提高11%；与杜洛克公猪杂交，杂种肉猪毛色全黑，日增重比苏淮猪提高约13%。

（十五）湘村黑猪

湘村黑猪中心产区位于湖南省娄底市娄星区，是以桃源黑猪为母本、杜洛克猪为父本，经杂交和继代选育培育而成的瘦肉型新品种。2012年通过国家畜禽遗传资源委员会审定。

湘村黑猪被毛黑色，体质紧凑结实；背腰平直，胸宽深，腿臀较丰满；头大小适中，面微凹，耳中等大；乳头细长，排列匀称，有效乳头12个以上。

湘村黑猪繁殖力高、哺育性能好，仔猪生命力较强。初产母猪平均产仔数11.1头，经产母猪平均产仔数 13.3 头，产活仔数 12.9 头，70 日龄育成仔猪数 11.8 头，21 日龄窝重 48kg，育成仔猪数 10.9 头，哺育率 96.6%。育肥猪在体重 25～90kg 阶段，平均日增重 696.6g，料重比 3.34∶1。体重 90kg 的湘村黑猪，屠宰率 74.6%，平均背膘厚 29.21mm，胴体瘦肉率 58.8%，肌内脂肪含量 3.8%，大理石纹丰富，pH 值较高，肌肉保水力强，保持了桃源黑猪肉质优良的特性。

湘村黑猪保持了地方猪种桃源黑猪适应性强的特点，对湖南的湿冷、湿热气候具有较强的适应性，因此在推广上不受地域生态和气候条件限制，同时其性能指标优，推广前景广阔。

（十六）苏姜猪

苏姜猪主要分布于江苏省泰州、盐城、无锡、南通、扬州、徐州等地区，是以姜曲海猪、枫泾猪、杜洛克猪为亲本，经过 6 个世代继代选育而成的新品种。2013 年 8 月通过国家畜禽遗传资源委员会审定。

苏姜猪全身被毛黑色，头中等大，耳中等大略向前倾，嘴筒中等长而直，背腰平，腹线较平，体躯丰满，四肢结实，乳头 7 对以上。

正常饲养条件下，初产母猪平均总产仔数（10.92±1.70）头，平均产活仔数（10.38±1.71）头，经产母猪平均总产仔数（13.90±1.53）头，平均产活仔数（13.15±1.50）头。30～100kg 阶段苏姜猪平均日增重（700±43）g，料重比 3.2∶1。苏姜猪胴体瘦肉率 56.6%±3.5%，屠宰率 72.4%±2.9%，肉色鲜红，肌内脂肪含量 3.2%±0.3%，无 PSE 肉。

以苏姜猪作为母本，与大白公猪和长白公猪杂交，杂交后代在 25～90kg 阶段平均日增重分别为（711.61±70.92）g 和（697.13±69.34）g，料重比分别为 2.92∶1 和 2.99∶1。苏姜猪已在江苏全省中试推广，在规模化和农户饲养条件下，取得良好的效果，开发的特色优质黑猪肉市场前景广阔。在规模化养殖和农户饲养中，苏姜猪用作母本生产优质商品猪，开发特色黑猪肉及其产品。

（十七）湘沙猪

湘沙猪配套系是由湖南省湘潭市家畜育种站主持，联合湖南省畜牧兽医研究所、伟鸿食品股份有限公司和湖南农业大学等单位经过十多年培育而成的优质瘦肉型猪种。2020 年，湘沙猪配套系通过国家畜禽遗传资源委员会审定，列入《国家畜禽遗传资源品种名录》（2021 年版）。

湘沙猪配套系由母系母本（XS3 系）、母系父本（XS2 系）和终端父本（XS1 系）三个专门化品系组成。三个专门化品系各具特点，通过三系配套生产优质瘦肉型猪种。湘沙猪父母代全身被毛以黑色为主，少数个体腹、蹄部为白色，头中等大，脸直、中等长，耳直立、中等大，背腰较平直，后躯丰满，四肢粗壮结实，乳头 7 对以上。父母代经产母猪总产仔数 12.4 头，21 日龄窝重 49.6kg；商品代全身被毛白色，少数个体皮肤上有黑斑或两眼角有黑毛，头中等大，脸直、中等长，耳中等大、向前倾，背腰平直，后躯丰满，四肢粗壮结实。30～100kg 体重阶段湘沙猪平均日增重（832.4±59.0）g，料重比 3.16∶1。湘沙猪屠宰率 73.0%±1.9%，胴体瘦肉率 58.2%±2.8%，肉色评分 3.5±

0.2，系水力 93.26%±1.46%，肌内脂肪含量 2.90%。

湘沙猪配套系具有体形外貌一致性好、生长较快、瘦肉率较高、肉质佳且风味好、养殖效益高等综合优势，既适合集约化规模养殖，也适合农村家庭农场养殖。

第二节 肉 鸡

一、地方品种简介

我国是世界上地方鸡种资源最丰富的国家之一，2021 年出版的《国家畜禽遗传资源品种名录》显示，我国现有地方鸡种 115 个。地方鸡种大多具有外貌特征多样、适应性强、肉质风味独特等特点，符合我国传统消费习惯，为培育地方特色黄羽肉鸡新品种积累了丰富的育种素材。

（一）北京油鸡

北京油鸡又称中华宫廷黄鸡，原产于北京近郊一带，是北京地区特有的肉蛋兼用型鸡种，距今已有 300 余年历史，以外形独特、肉质鲜嫩、肉香浓郁而著称，是我国优质的地方鸡种。北京油鸡 2000 年被列入《国家级畜禽品种资源保护名录》，2001 年被列为国家级畜禽品种资源重点保护品种。

北京油鸡相貌奇特、肉质细腻、蛋香浓郁，是我国的肉蛋兼用兼观赏型黄羽地方鸡种。该鸡外貌有如下特征：体躯中等，具备羽黄、喙黄、胫黄的“三黄”特征，以及凤头（冠羽）、胡须（髯羽）和毛腿（胫羽和趾羽）的“三羽”特征，还具备“五趾”特征，通常将“三羽”及“五趾”作为主要特征。

经过多年的系统选育，北京油鸡的外貌特征更趋于稳定一致，生产性能也有了较大提高。北京油鸡 90 日龄平均体重公鸡为 1400g，母鸡为 1200g；料重比（3.2～3.5）∶1；种母鸡 500 日龄产蛋量 120～130 枚，开产期 180 日龄，高峰产蛋率 50%～58%，种蛋受精率 90%以上（刘华贵和徐淑芳，2001）。18 周龄的北京油鸡，屠宰率 88.16%，半净膛率 65.27%，腹脂率 1.09g/kg（赵丹阳等，2022）。肉品质方面，巨晓军等（2018）研究表明，相比于其他品种（安卡鸡、文昌鸡），北京油鸡的胸肌 pH 值较高、失水率最低，必需脂肪酸含量显著高于安卡鸡、文昌鸡。

北京油鸡的屠宰性能和肉品质与饲养方式、饲粮添加剂构成、饲养日龄等因素有关。其中，放养方式可提高北京油鸡的腿肌率、胸肌率；在饲粮中加入不同的添加物，如复合益生菌、亚麻籽、硒、新鲜菊苣等能够改善北京油鸡的屠宰性能，改变鸡肉的化学组成，提高鸡肉的营养价值（赵灵改等，2021）。

（二）黄郎鸡

黄郎鸡又名湘黄鸡，属肉蛋兼用型，原产地为湖南省衡阳市衡南县，是湖南的优良地方鸡种。黄郎鸡以“三黄”（羽黄、喙黄、脚黄）为特征，又名三黄鸡，躯体大小适中，胫较短而无毛，呈黄色，少数青色。黄郎鸡性子急躁，可以短距离飞行，活动范围大，最适合的养殖方式是山林原生态散养，自由采食、自由饮水，尤其不适合笼养。衡阳当地利用山地、田园进行中小规模养殖，以五谷杂粮为主，青饲和野虫为辅。成年鸡一般重 1600g，结构匀称，头小，单冠，脚矮，颈短。公鸡前胸宽阔，毛色金黄带红，躯体秀丽而英武，啼声响亮而清脆；母鸡躯体较短，背宽，后躯浑圆，腹部柔软而富弹性，产蛋性能好（廖晓君，2013）。

黄郎鸡的平均体重：初生 30g；30 日龄 180g；60 日龄公鸡 420g、母鸡 400g；90 日龄公鸡 770g、母鸡 680g；120 日龄公鸡 1200g、母鸡 1000g；成年期公鸡 1700g、母鸡 1600g。黄郎鸡早期羽毛生长速度较快，出壳后 4 天开始长翼羽，20 天长尾羽，40 天长齐羽毛的占 90%，尚有 10%为光背秃尾。150 日龄的黄郎鸡，平均全净膛率公鸡为 75%，母鸡为 68%（廖晓君，2013）。

黄郎鸡性成熟早，平均 125 日龄即性成熟。母鸡平均开产期为 170 日龄，500 日龄平均产蛋 130 枚，年平均产蛋 165 枚，平均蛋重 42g。公鸡性成熟期为 80～100 天（廖晓君，2013）。

（三）桃源鸡

桃源鸡为我国著名的肉蛋兼用型地方良种鸡，因原产湖南省桃源县而得名。桃源鸡产区多为野外放养，早晚适当补充以稻谷为主的饲料，经过长期的人工选择和传统饲养，逐步形成了个体高大、肉质细嫩、味道鲜美、觅食力强的优良地方鸡种。桃源鸡体形高大，体质结实，胸较宽，背稍长；喙坚实，呈黑褐色；单冠直立，大而肥厚，呈红色，冠齿 5～8 个；眼大有神，稍凹陷；公鸡体羽金黄色，尾羽黑色，母鸡体羽以麻黄色为主；肤色以白为主，极少数呈黑灰色；胫较长，黑而透明。

成年体重公鸡 3500～4000g，母鸡 2500～3500g。桃源鸡成活率一般为 50%左右，料重比为 5∶1（李丽生等，1996）。曾宝莉等（1994）研究表明，180 日龄桃源鸡空嗉屠宰后，公鸡半净膛率为 83.7%，全净膛率为 75.5%；母鸡半净膛率为 81.5%，全净膛率为 68.7%。公鸡胸肌重平均 350g，占屠体重的 19.13%；母鸡胸肌重平均 270g，占屠体重的 20.78%。

桃源鸡 177 日龄产蛋率达 5%，种蛋受精率达 95%左右，孵化率达 87%左右。桃源鸡有较强的就巢性，多在初春至入秋季节（4～8 月），每年就巢 1～2 次较多见，换羽时间多在开产后的次年 9～10 月，换羽期 1～2 个月（高惠林等，2008）。

随着经济的发展和生活水平的提高，鸡肉消费逐渐由数量型转向质量型和营养型。桃源鸡肉嫩脂丰，营养丰富，风味浓郁，肌肉蛋白质中谷氨酸含量达 6%，比其他地方鸡种高出两个百分点，具有良好的开发和利用前景。

（四）固始鸡

固始鸡原产河南省固始县，分布于河南商城、新县、淮滨等。固始鸡属黄鸡类型，具有产蛋多、蛋大壳厚、遗传性能稳定等特点，为蛋肉兼用型地方优良品种，被称为中国土鸡之王，是国家重点保护的家禽品种资源之一。

固始鸡体形中等大，体躯呈三角形，外观清秀灵活，体形细致紧凑，结构匀称，羽毛丰满，尾形独特；背部沿脊柱有深褐色绒羽带，两侧各有 4 条黑色绒羽带，初生雏绒羽黄色；成鸡冠型分为单冠与豆冠两种，以单冠者居多；冠直立，冠齿6个，冠后缘冠叶分叉；冠、肉垂、耳叶和脸均呈红色；眼大、略向外突起，虹彩浅栗色；喙短、略弯曲、青黄色，胫靛青色，四趾，无胫羽。母鸡毛有黄、麻、黑等不同色，公鸡毛色多为深红或黄红，尾羽多为黑色，尾形有佛手尾、直尾两种，以佛手尾为主，尾羽卷曲飘摇、别致、美观。鸡嘴青色或青黄色，腿、脚青色，无脚毛。固始鸡与其他品种杂交，青嘴、青腿的特征便消失，因此青嘴、青腿是固始鸡的天然防伪标志。

固始鸡耐粗饲，抗病力强，适宜野外放牧散养，具有肉质细嫩、营养丰富、产蛋率高等优良性状。与快速生长的鸡种相比，慢速生长的固始鸡具有较低的代谢能和粗蛋白沉积效率，较低的肌肉滴水损失、羟脯氨酸含量及较细的肌纤维，但具有较高的肌肉抗氧化水平（王志祥等，2006）。

母鸡性成熟较晚，长到170～180日龄开产（姬杰菲等，2020），年平均产蛋150.5枚，平均蛋重50.5g，蛋壳质量很好，蛋黄呈鲜红色（李连任，2006）。从商品蛋中随机取样测定500个蛋，平均蛋重51.4g，蛋壳褐色，蛋壳厚0.35mm，蛋形指数1.32（潘继兰，2010）。李连任（2006）研究发现，繁殖种群公母配比为1∶（12～13），平均种蛋受精率90.4%，受精蛋孵化率83.9%。150日龄半净膛率公鸡为81.76%，母鸡为80.16%；全净膛率公鸡为73.92%，母鸡为70.65%。

（五）藏鸡

藏鸡，又名藏原鸡，是分布于我国青藏高原海拔2200～4100m半农半牧区、雅鲁藏布江中游河谷区和藏东三江中游高山峡谷区的数量最多、分布范围最广的高原地方鸡种，素有“高原珍禽”的美称。其中，青藏高原农区和半农半牧区是经济发达地区，也是藏鸡的主要产地。

藏鸡能适应高寒恶劣多变的气候环境，体形轻小、较长而低矮，但匀称紧凑，头高尾低、呈船形，胸肌发达，向前突出，性情活泼，富有神经质，好斗性强，翼羽和尾羽发达，善于飞翔，公鸡大镰羽长达40～60cm。

藏鸡头部清秀；冠多为红色单冠，少数为豆冠和有冠羽，公鸡的单冠大而直立，冠齿4～6个，母鸡冠小，稍有扭曲；肉垂红色；喙多呈黑色，少数呈肉色或黄色；耳叶多呈白色，少数红白相间，个别红色；胫黑色者居多，少数有胫羽。公鸡羽毛颜色鲜艳，色泽较一致，主、副翼羽、主尾羽和大镰羽黑色带金属光泽，胫羽、蓑羽红色或金黄色留黑边；母鸡羽色较复杂，主要有黑麻、黄麻、褐麻等色，少数白色，纯黑较少。藏鸡的羽毛生长迅速，初生雏的主、副翼羽均比覆翼羽长，尾羽10日龄左右长出，主翼羽长至尾部，可以看出藏鸡属快羽型。

强巴央宗等（2008）研究发现，成年藏鸡体重公鸡为1146～1385g，母鸡为860～1046g。藏鸡觅食力强，体小肉多，据当地完全放养条件下屠宰测定资料，成年公鸡半净膛率平均为79.89%～84.87%，全净膛率平均为72.17%～78.91%；成年母鸡分别为71.43%～77.97%和68.25%～70.34%。对150日龄藏鸡的产肉性能、肉质指标、氨基酸和肌苷酸含量进行测定，藏鸡公、母屠体率分别为88.95%和88.74%，半净膛率分别为

75.55%和 74.65%，全净膛率分别为 56.30%和 55.34%，胸肌率分别为 15.00%和 15.97%，腿肌率分别为 23.69%和 23.09%，胸肌滴水损失分别为 2.68%和 2.62%，剪切力值分别为 2.95kg 和 3.08kg，熟肉率分别为 72.03%和 71.12%，氨基酸含量分别为 20.67%和 19.78%，肌苷酸含量分别为 2.32mg/g 和 2.50mg/g。与其他地方鸡种比较，藏鸡屠宰性能低，但胸肌率和腿肌率高，氨基酸含量高，人体必需氨基酸和鲜味氨基酸比例高。对低海拔饲养条件下藏鸡屠宰性能和肉质进行分析，结果表明，公鸡屠宰性能总体优于母鸡。相对于其他地方鸡种，藏鸡腿肌率高，肌间脂肪和水分含量高，肌肉含多种人体必需氨基酸，且必需氨基酸所占比例大。同一性别中，胸肌肌苷酸含量高于腿肌，腿肌粗蛋白含量高于胸肌，且差异显著（李富贵等，2017）。

藏鸡不仅对高原高寒山区恶劣气候有良好的适应能力，且体形轻小，胸腿发达，觅食力强，极耐粗放，是我国高海拔高寒地区发展养鸡业的主要品种资源。长期以来，我国对藏鸡重视程度不足，今后应加强对其生物学和经济学特性的研究，利用其体形轻小、胸腿肌发达、快羽等性状，选育开发适应高寒地带的优良品种。

（六）瑶鸡

瑶鸡生活于海拔 800～1000m 的广西河池南丹县里湖乡，属高寒山区肉蛋兼用型优良鸡种，以耐粗饲、觅食力强，适应性广及肉质鲜美等特性，1981 年被评定为广西地方优良品种，是广西四大名鸡之一，选入《广西家畜家禽品种志》。

瑶鸡单冠直立，冠齿 6～8 个，喙黑色或石板青色，脸、冠、肉垂均为红色，耳叶红色或蓝绿色；胫细长，胫、脚趾为石板青色，脚距发育较早，约有 40%具有胫羽，少数有趾羽；体躯呈梭形，胸骨突出。公鸡羽色以金黄色、棕红色、黄黑色较多，母鸡以麻黑色、黑白花、土黄色较多。瑶鸡羽毛漂亮、体形紧凑、耐粗饲、适应性好、觅食力强和抗病能力高，皮肤多为白色，少数为乌皮，按体重大小分为大型和小型，以小型白皮为代表。

成年公、母鸡平均屠宰率分别为 88.69%、87.05%，半净膛率分别为 79.09%、72.64%，全净膛率分别为 75.79%、69.58%。优质鸡种的屠宰率一般为 85%～91%，全净膛率在 60%以上，而瑶鸡的平均屠宰率为 88%，平均全净膛率为 73%（杨秀荣等，2020），表明其产肉性能良好，为优质鸡种。18 周龄瑶鸡屠体重为 1600～1900g，屠宰率在 87%～91%，胸肌率、腿肌率为 21%～27%，均高于黄羽肉鸡标准（唐燕飞等，2020）。

公鸡性成熟期为 90～100 日龄，母鸡开产期为 180～210 日龄，成年母鸡年均产蛋 100 枚，蛋壳褐色，蛋重 41～54g，种蛋合格率 97%，种蛋受精率 93%，受精蛋孵化率 91%（陈胜国，2012）。瑶鸡的蛋重较小、蛋壳较薄、蛋形规则、蛋白浓稠、蛋黄比例高且颜色较深（王娟等，2019），同时肉质细嫩，结实不韧，味道鲜美、清甜，皮脆肉香且脂肪少，口感好，富含人体需要的多种氨基酸，具有极高的食疗保健和滋补作用。瑶鸡产肉性能良好，公鸡与母鸡在体尺性状、屠宰性状以及相关性上存在差异，母鸡的髋宽和腹脂率要显著高于公鸡，因此在进行选育时要针对性别差异制定不同的选育方法。

二、国外品种简介

肉鸡国外品种主要包括科尼什鸡、白洛克鸡、安卡鸡、隐性白鸡等。其中，以科尼什鸡和白洛克鸡为素材育成爱拔益加、罗斯（Ross）308、科宝500、艾维茵、哈伯德等快大型白羽肉鸡商用配套系；以安卡鸡与隐性白鸡为素材育成狄高、红宝、海波罗等快大型有色羽肉鸡商用配套系。

（一）爱拔益加肉鸡

爱拔益加肉鸡又称AA肉鸡，有肉鸡之王的美誉，是原美国爱拔益加育种公司通过大型基础群的纯化、定向特色品系的选择和众多配合力的测定而筛选出的优秀四系配套鸡种，四系均为白洛克型，羽毛均为白色，单冠。

AA肉鸡体形较大，商品代肉用仔鸡羽毛为白色，皮肤为浅黄色，具有生长速度快、饲养周期短、饲料转化率高、耐粗饲、胸肉率高、羽毛丰满、适应性和抗病力较强、成活率高等优点。该鸡胸肌发达、肉质细嫩、屠宰率高、肉质在白鸡中为上乘，尤以早期长肉快而博得肉鸡经营者青睐。

商品代肉鸡公母混养35日龄体重1770g，成活率97%，饲料利用率1.56∶1；42日龄体重1360g，成活率96.5%，饲料利用率1.73∶1，胸肉率16.1%；49日龄体重2940g，成活率95.8%，饲料利用率1.90∶1，胸肉率16.8%。

AA肉鸡在1～8周龄体重分别为185g、474g、923g、1495g、2136g、2793g、3427g、4010g，料重比分别为0.88∶1、1.12∶1、1.27∶1、1.41∶1、1.55∶1、1.69∶1、1.83∶1、1.97∶1（王刚等，2009）。

AA肉鸡为现今世界饲养面最广、饲养量最多的肉鸡品种之一。我国从1980年开始引进，目前已有十多个祖代和父母代种鸡场，是白羽肉鸡中饲养量较多的品种。该肉鸡可在全国绝大部分地区饲养，适宜集约化养鸡场、规模鸡场、专业户和农户饲养，一般以分割肉上市，或经“烧、烤、炸”等加工成产品后销售。

（二）罗斯（Ross）308肉鸡

罗斯308肉鸡是美国安伟捷育种公司培育的肉鸡新品种，20世纪90年代引入我国，属快大型四系配套优良肉用品种，是从白洛克鸡中选育出来的隐性白羽肉鸡。

罗斯308以其体质健壮、生长速度快、抗病能力强、饲料报酬高、屠宰率和胸肌率高等特点充分满足了生产多用途肉鸡系列产品的需求。罗斯308商品肉鸡适合全鸡、分割和深加工后销售，产品畅销世界市场，是我国重要的引进品种。其外貌特征与许多快大型肉鸡配套系的母本甚为相似：全身羽毛均为白色，体形呈丰满的元宝形；单冠，冠叶较小，冠、脸、肉垂与耳叶均为鲜红色；皮肤与胫部为黄色；眼睛虹膜为褐（黑）色，这一点是区别隐性白羽和白化变异的重要特征。

罗斯308肉鸡父母代种用性能优良，种鸡产合格种蛋量多，受精率与孵化率高，能产出最大数量的健雏；商品代生产性能卓越，尤其适应东亚环境特点，商品代雏鸡可以根据羽速自别雌雄。商品代适应性和抗病力都较强，在良好的饲养管理条件下，前期增重比较快，育雏成活率可达98%以上。

42日龄罗斯308肉鸡全净膛率为69.01%，半净膛率为84.78%，胸肌率为13.14%，腿肌率为9.78%，宰后 45min胸肌、腿肌的pH值分别为6.17和6.77，胸肌、腿肌的失水率分别为27.04%和24.40%（李利，2011）。

（三）哈伯德（Hubbard）肉鸡

哈伯德肉鸡是原美国哈伯德家禽育种公司培育的白羽四系配套肉鸡品种，具有胸宽、出肉率高的特点。1981年，我国引进哈伯德家禽育种公司培育的常规型肉鸡。

哈伯德肉鸡在生产上具备三大优势，一是种鸡产量高；二是饲料报酬高、生长发育均匀、出栏率高；三是屠宰率高，可提高屠宰厂经济效益。

哈伯德肉鸡商品代羽毛白色，生长速度快，抗逆性强，出肉率高，胸肉率高，适合深加工和生产高附加值产品，而且具有快慢羽伴性遗传的特点，可根据初生雏鸡羽毛生长速度辨别雌雄，即母雏为快羽型，公雏为慢羽型。出壳时雏鸡主翼羽与覆主翼羽长度相等，或者短于覆主翼羽为公雏，若主翼羽长于覆主翼羽为母雏，有利于分群饲养。商品仔鸡的生长速度快，出肉率高，适宜深加工和生产高附加值产品，由于其体形适中，也适合全鸡市场出售。

哈伯德商品代肉用仔鸡3周龄体重1140g，料重比0.93∶1，存活率97.44%；7周龄体重2770g，料重比2.17∶1，存活率98.84%（蔡鹤峰等，2016）。

（四）科宝（Cobb）500肉鸡

科宝肉鸡是白羽肉鸡品种。其中，科宝500肉鸡配套系是一个较为成熟的配套系，曾在丹麦、日本等地进行过测定，在我国的广东省和河南省有一定的饲养规模。

科宝500肉鸡体形大，鸡头大小适中，单冠直立，冠髯鲜红，胸深背阔，脚高而粗，全身白羽，生长快，均匀度好，肌肉丰满，肉质鲜美。该肉鸡生长快、饲料报酬高、适应性与抗病力较强、全期成活率高。

科宝肉鸡1～21日龄平均日增重26.83g，平均日采食量69.61g，料重比2.63∶1；21～42日龄平均日增重60.70g，平均日采食量140.78g，料重比2.34∶1；1～42日龄平均日增重43.76g，平均日采食量82.67g，料重比1.84∶1（魏莲清等，2019）。

科宝肉鸡商品代胸肌丰满、腿短、耐热不耐寒，但有杂毛鸡，其中科宝500肉鸡商品代5%～10%羽毛带有不同大小的黑斑点。

（五）艾维茵（Avian）肉鸡

艾维茵肉鸡是原美国艾维茵农场育种公司培育的四系配套白羽肉鸡，最早是美国艾维茵国际家禽育种有限公司培育的白羽肉鸡良种。随后由北京市大发畜产公司、美国艾维茵和泰国正大三方合资成立的北京家禽育种有限公司专门从事艾维茵肉鸡的选育，2003年艾维茵超级 2000以其商品代超级增重的特性推向市场。

艾维茵肉鸡是由增重快、成活率高的父系和产蛋量高的母系经杂交选育而成的，特点是繁殖力强、抗逆性强、死淘率低，从父母代的入舍母鸡中能得到较多的健壮后代。

该品种的仔鸡增重快、饲料转化率高、成活率高、增重快、耗料少。肉鸡羽毛为白色，羽根细小，体形饱满，胴体美观，皮肤黄色，肉质细嫩，适于各种方法烹调、加工。

艾维菌肉鸡商品代生产性能：6～8周龄出栏，42日龄平均体重1979g，料重比1.72∶1；49日龄平均体重2542g，料重比1.89∶1；56日龄平均体重2924g，料重比2.08∶1；63日龄平均体重3369g，料重比2.27∶1。

艾维茵肉鸡1～21日龄平均日增重25.26g，平均日采食量46.02g，料重比1.82∶1；22～42日龄平均日增重71.69g，平均日采食量217.52g，料重比3.04∶1；1～42日龄平均日增重48.48g，平均日采食量131.77g，料重比2.72∶1（余祖华等，2016）。

（六）狄高（Digtalis）肉鸡

狄高肉鸡又名特格尔肉鸡，是由澳大利亚培育的三系杂交有色羽肉鸡配套系。其中，黄羽肉鸡生产性能优于红布罗、海佩科等红羽肉鸡，生长速度、饲料转化率与爱拔益加等白羽肉鸡近似。我国1982～1985年先后从国外引进该肉用种鸡，父本有2个，一个是TM70，为白色，另一个是TR83，为黄色；母本只有1个，颜色为浅褐色。商品代的颜色、命名皆随父本，雏鸡母鸡为黄羽，公鸡为红羽。

狄高黄鸡同我国地方良种鸡杂交，其后代生产性能高，肉质好，生长速度快，饲养周期短，饲料投入回报率高。

狄高肉鸡1～21日龄平均日增重17.83g，平均日采食量28.96g，料重比1.62∶1；22～42日龄平均日增重46.2g，平均日采食量96.64g，料重比2.1∶1；43～56日龄平均日增重41.15g，平均日采食量121.11g，料重比2.94∶1；1～56日龄平均日增重34.30g，平均日采食量77.38g，料重比2.26∶1（马黎和郭荣富，2008）。

三、培育品种简介

（一）新广铁脚麻鸡

新广铁脚麻鸡是由广东佛山市新广农牧有限公司培育而成的快速型黄羽肉鸡配套系。

新广铁脚麻鸡母系选用广西土鸡，父系选用生长速度较快的法国洛克型隐性白羽肉鸡，培育品种保留了土鸡黑嘴黑脚、肉质好的特性，还提高了生长速度、出肉率等指标。一般50日龄体重达到2000g，料重比在2.2∶1左右。

新广铁脚麻鸡父母代公鸡体形高大，羽毛呈深黄色，尾部带少量黑羽，身体呈方形，胸宽，背阔，脚筋为青黑色，单冠直立；母鸡羽毛都为麻黄色，体形矮小紧凑，胸肌丰满，头部清秀。

新广铁脚麻鸡可以散养，其自由采食，日粮粗蛋白要求18%～19%，可喂快大中鸡饲料，后期可喂一些青菜或青草，一般占总饲料的20%左右，30日龄后如留种鸡，采用定量喂料，防止早熟与过肥，种鸡每群可养100～200只，每日搭配喂4～6次青饲料（李农科，2017）。

（二）温氏天露麻鸡

温氏天露麻鸡是由温氏食品集团股份有限公司应消费者偏好经长期封闭繁育育成的优质鸡配套系。

温氏天露麻鸡原产地位于 21.51°N～22.38°N、108.44°E～109.35°E，地形以丘陵为主，地势东北略高、西南部略低，东北部为山地，中部为平原，西南部为丘陵，海拔 30～100m。年平均气温 21.5℃，最高气温 40.1℃，最低气温–0.7℃；无霜期 350 天，年降水量 1600～1700mm，年均日照时数 1600h。冬暖夏凉，属亚热带季风气候。农作物主要有水稻、玉米、小麦等。

温氏天露麻鸡外貌特征可概括为“一麻、两细、三短”。一麻是指母鸡体羽以棕黄麻羽为主；两细是指头细、胫细；三短是指颈短、体躯短、胫短。公鸡头昂尾翘，片状羽，羽色以棕红为主，其次为棕黄色或红褐色；颈羽呈棕红色或金黄色，体羽以棕红色、深红色为主，其次为棕黄色或红褐色；主翼羽以黑羽镶黄边为主，少数全黑，副翼羽呈棕黄色或黑色；腹羽呈棕黄色，部分红褐色，有黑斑；主尾羽和镰羽呈墨绿色，有光泽。母鸡羽色多为黄红或酱红，有光泽；颈羽呈金黄色，较体躯背部浅；主尾羽呈黑色，主翼羽、镰羽呈黑色；腹羽有黄色和黑色两种。当地的母鸡尾羽呈黑色，主翼羽黑色或带黑斑。黄羽鸡的头颈羽呈棕黄色，与浅黄的体躯毛色界限明显；麻羽鸡胸、腹部为浅黄色，颈、背及两侧羽毛镶黑边。

温氏天露麻鸡适应性广，野性，抗逆性强，育成的公鸡善走易飞，枝头树下常有其栖息的踪迹，所以山坡、果园、树丛等幽静的环境均是理想的饲养场所。麻羽黄脚，脚胫健壮有力，冠头鲜艳，经过选育，温氏天露麻鸡同时具有三黄土鸡类的柔嫩口感和麻鸡类的浓郁香味，是新生代优质高档鸡种。

（三）岭南黄鸡

岭南黄鸡是黄羽肉鸡新品种，由广东省农业科学院畜牧研究所培育，主要配套系：1 号中速型、2 号快大型、3 号优质型，1 号商品代初生雏自辨雌雄准确率达到 99%以上，2 号生长速度和饲料转化率极佳，达到国内领先水平。

岭南黄鸡 1 号配套系父母代公鸡为快羽、金黄羽、胸宽背直、单冠、胫较细、性成熟早；母鸡为快羽（可以羽速自别雌雄）、矮脚、“三黄”（羽黄、喙黄、脚黄）、胸肌发达、体形浑圆、单冠、性成熟早、产蛋性能高、饲料消耗少；商品代为快羽、“三黄”、胸肌发达、胫较细、单冠、性成熟早。岭南黄鸡 2 号配套系父母代公鸡为快羽、“三黄”、胸宽背直、单冠、快长；母鸡为慢羽、“三黄”、体形呈楔形、单冠、性成熟早、生长速度中等、产蛋性能高；商品代为黄胫、黄皮肤、体形呈楔形、单冠、快长、早熟，并可以羽速自别雌雄，公鸡为慢羽，羽毛呈金黄色，母鸡为快羽，全身羽毛黄色，部分鸡颈羽、主翼羽、尾羽为麻黄色。岭南黄鸡 3 号配套系父母代公、母鸡均为慢羽、正常体形、“三黄”、含胡须髯羽、单冠红色、早熟、身短、胸肌饱满；公鸡羽色为金黄，母鸡羽色为浅黄。

岭南黄鸡 1 号配套系父母代种鸡 23 周龄开产，开产体重 1600g，29～30 周龄是产蛋高峰，高峰期周平均产蛋率 82%，68 周龄入舍母鸡产种蛋 183 枚，产苗 153 只，育雏育成期成活率 90%～94%，20～68 周龄成活率大于 90%；商品代公鸡 45 日龄体重 1580g，母鸡体重 1350g，公、母鸡平均料重比 2.00∶1。岭南黄鸡 2 号配套系父母代种鸡 24 周龄开产，开产体重 2350g，30～31 周龄是产蛋高峰，高峰期周平均产蛋率 83%，68 周龄入舍母鸡产种蛋 185 枚，产苗 150 只，育雏育成期成活率 90%～94%，20～68 周龄成活率大于 90%；商品代 42 日龄公鸡体重 1530g，母鸡体重 1275g，公、母鸡平均料重比 1.83∶1。岭南黄鸡 3 号配套系 1～19 日龄成活率为 95%，平均开产期为 161 日龄，平均开产体重 1500g，29～30 周龄达产蛋高峰，高峰期周平均产蛋率为 85%，68 周龄入舍母鸡平均产蛋 180 枚，平均产雏 142 羽；商品代 1～21 日龄平均日增重 10.29g、平均日采食量 30.99g、料重比 3.02∶1，22～35 日龄平均日增重 12.89g、平均日采食量 42.35g、料重比 3.00∶1，1～35 日龄平均日增重 10.98g，平均日采食量 35.47g，料重比 2.99∶1。

（四）新浦东鸡

新浦东鸡由上海市农业科学院畜牧兽医研究所培育而成，如今在江苏、浙江、广东一带，以及福建、江西、湖南、湖北、广西、安徽等地都有饲养。上海属北亚热带季风性气候，雨热同期，日照充分，雨量充沛，气候温和湿润，极端最高气温 40.2℃，极端最低气温–12.1℃，具有春秋较短、冬夏较长的特点，良好的地理环境条件为新浦东鸡创造了良好的生长环境。

新浦东鸡保持了原浦东鸡“三黄”的特色，单冠直立，体躯较长而宽，胫部略粗短且无胫羽。成年公鸡体重、体斜长、胸宽、胸深、胫长分别为（4000±290）g、（23.94±0.71）cm、（9.33±0.70）cm、（9.68±1.01）cm、（13.96±0.62）cm，成年母鸡分别为（3260±280）g、（20.65±0.59）cm、（8.16±0.47）cm、（8.35±0.60）cm、（10.86±0.63）cm（王忠华等，1992）。新浦东鸡的开产期平均为 184 日龄，达 50%产蛋率时平均为 197.8 日龄。入舍母鸡 300 日龄产蛋量平均为 78 个，500 日龄为 163 个，年产蛋量为 177 个，平均蛋重为 60.45g。蛋壳浅褐色。一般的鸡群 500 日龄产蛋量平均为（142.0±4.0）个，年产蛋量平均为（152.5±4.6）个。新浦东鸡种蛋受精率 90%以上，受精蛋孵化率 70%以上。成年公、母鸡体重分别为（4000±290）g、（3260±280）g；10 周龄公、母鸡平均体重分别为 2172.1g、1703.9g（翁志龙等，1990）。新浦东鸡对解决黄羽肉鸡种源问题起到良好的示范作用，在我国南方许多省市已被大量推广。上海市农业科学院畜牧兽医研究所“六五”至“九五”期间都将新浦东鸡作为育种素材，杂交推广应用，配套商品代有海新 1 号、海新 2 号和浦江肉鸡（花桂珍等，1990）。

（五）小型白羽肉鸡

小型白羽肉鸡又称 817 肉鸡或肉杂鸡，是我国独有的具有地方特色的一种特殊肉鸡，1988 年 8 月 17 日由山东省农业科学院家禽研究所推出。

小型白羽肉鸡的生产过程为用大型肉鸡父母代的公鸡（AA+、罗斯 308 等）与常规商品代的褐羽、粉羽蛋鸡（海兰、罗曼、尼克等）进行人工授精，获取的受精蛋即小型白羽肉鸡种蛋，然后孵化产出肉鸡苗，一般饲养 5～7 周，出栏前一周料重比可达到

2.02∶1，体重达到1300～1800g即可出栏。817肉鸡养殖周期短、生产效率高、全过程投资较少、产出利润较高，且肉质口感好，可用于扒鸡、烤鸡、熏鸡等多种肉食品的制作，市场需求量大。当养殖蛋鸡的利润低迷时，小型白羽肉鸡种鸡的饲养在蛋鸡养殖区更易形成规模（雷秋霞等，2019）。小型白羽肉鸡的生产门槛低、易操作、投入少、收益高，因此在生产环节存在一定疾病高发等问题。2018年，我国自主培育的首个小型白羽肉鸡新品系——WOD168肉鸡配套系通过国家审定，标志着小型白羽肉鸡制种已形成完整的配套杂交体系。2021年又有沃德158和益生909两个小型白羽肉鸡新品种通过国家审定。经过30余年发展，从解决扒鸡生产鸡源不足的难题，到成功开发出白条鸡、西装鸡、调理鸡、烤鸡等几十个深加工产品销往全国各地，小型白羽肉鸡现已成为我国肉鸡产业的三大主导类型之一。据中国畜牧业协会统计，小型白羽肉鸡2018年出栏量为12.8亿只（白羽肉鸡和黄羽肉鸡分别为39.41亿只和39.64亿只），约占全国肉鸡出栏量的13.94%，产肉量超过122万t（白羽肉鸡和黄羽肉鸡分别为759.8万t和571万t），占鸡肉总产量的8.4%（蒋磊和陈杰，2019）。

我国自主培育的第一个小型白羽肉鸡品种WOD168全身白羽，单冠，喙、胫为浅黄色；鸡群性能稳定，42天出栏，成活率99%以上，出栏体重可达1500g，料重比1.7∶1。与快大型白羽肉鸡相比，小型白羽肉鸡鸡肉的口感和风味更加符合我国消费者的要求，其屠宰率高于黄羽肉鸡，适合生产深加工产品。WOD168无论是生长性能、肉品质，还是饲料转化率，都显著优于传统的杂交817肉鸡。

（六）快大型白羽肉鸡

福建圣泽生物科技发展有限公司、东北农业大学和福建圣农发展股份有限公司联合培育的圣泽901，中国农业科学院北京畜牧兽医研究所和广东佛山市新广农牧有限公司联合培育的广明2号，北京市华都峪口禽业有限责任公司、中国农业大学和思玛特（北京）食品有限公司联合培育的沃德188 3个快大型白羽肉鸡品种于2021年12月通过国家审定，自此我国肉鸡市场拥有自主培育的白羽肉鸡品种，填补了国内快大型白羽肉鸡自主品种的空白。

这3个白羽肉鸡品种的特点是体形大、生长速度快、饲料转化率高，适合生产分割鸡，方便制作快餐、团餐及深加工制品，这将丰富国内肉鸡市场品种，以更好地满足人们的多样化生活需求。其是我国畜禽企业与科研机构在国家有关方面的支持下，经十余年深度融合、协同创新、潜心躬耕的初步成果，表明我国畜禽育种迈出重要一步。

以沃德188为例，该品种是沃德公司创新运用基因组育种技术和智能化信息技术，对高产蛋鸡、白羽肉鸡和黄羽肉鸡素材进行科学选育、标准配套育成的，品种性能优异。商品鸡42天出栏，平均体重2800g以上，料重比1.6∶1以下，可满足分割鸡市场需求。全程成活率达96%以上，成活率高，生产中应用了肉鸡“两白一支”（“两白”指白羽肉鸡品种和鸡白痢防控，“一支”指鸡毒支原体感染防控）的净化流程，严格开展垂直传播性疾病净化，以保障种源纯净，商品代体质健康、适应能力强。种鸡繁殖效率高，融合了蛋鸡繁殖性能优和肉鸡生长速度快等优势，鸡苗成本低，父母代66周龄可提供140

只雏鸡。通过目标区域测序，创新鉴定出快慢羽基因位点，实现种源羽速纯化，通过科学配套，实现雏鸡1日龄羽速自别，同时种源疾病净化彻底，母源抗体保护时间长，适合立体平养福利养殖模式，公母可分饲，饲料转化率更高，鸡群均匀度超过80%（焦宏和赵炜，2022）。

第三节　牛　　羊

一、牛品种简介

（一）荷斯坦牛

荷斯坦牛（Holstein-Friesian）又称黑白花牛，德国和荷兰均为原产地。荷斯坦牛是历史最悠久的乳牛品种，早在1876年注册荷斯坦品种前已有约140年育种历史，在15世纪就以产奶量高而闻名于世，后输往很多国家，占全世界奶牛总头数的80%～90%，甚至以上（徐迪，2018；周玲，2017），最具代表性的是乳用型的美国、加拿大系荷斯坦牛。我国从18世纪90年代开始引入西方优质的奶牛品种，伊利牧场主要引进的是纯正的美加系荷斯坦奶牛。

荷斯坦奶牛是最为典型的奶牛品种，体形健硕，乳房发育良好，且产奶量很大。荷斯坦牛出生时重约41kg，健康的成年荷斯坦牛体重约680kg，体高约1.47m（于永生，2005）。成年母牛的乳房体积庞大，静脉粗壮弯曲，生理功能十分发达。荷斯坦奶牛结构匀称，皮下脂肪较少，被毛比较细短，被毛上有界限分明的黑白花图案，额部有白斑，且四肢的下部、腹下部和尾巴为白色毛。

荷斯坦牛年注册奶牛单产7895kg，乳脂287kg，乳蛋白250kg；平均含脂率3.6%～3.8%，乳脂产量≥1.29kg/d；乳蛋白率≥3.14%，乳蛋白产量≥1.34kg/d；乳糖率≥5.09%，乳糖产量≥2.04kg/d；乳尿毒氮含量≥15.2mg/dL；总固形物含量≥12.5%；体细胞≥4.76×10^4个/mL（许芮婷等，2022）。

（二）中国荷斯坦奶牛

荷斯坦奶牛于20世纪90年代末期引入我国，我国育种家通过将其与国内本地的黄牛交配，在不断选育后逐渐形成适合本地养殖环境的品种，称为中国荷斯坦奶牛。中国荷斯坦奶牛是目前我国最主要的奶牛品种，1997年前被称为“黑白花奶牛”，属于肉乳兼用型品种，也是我国饲养最多的奶牛品种。其属大型乳用牛品种，体格较大，毛色以黑白花为主，黑白花的多少不一，也有少量黄白花或红白花，额部多白星。

成年母牛头清秀狭长，眼大有神，鼻镜宽广，颌骨坚实，前额宽而微凹，鼻梁平直；一般有角，多由两侧向前、向内弯曲，角体蜡黄；体形清秀，背线平直，腰角宽，尻长而平，棱角分明，结构匀称；被毛细而短，皮薄有弹性，皮下脂肪少，体形前望、上望、侧望均呈楔形；后躯宽深，腹大而不下垂；四肢端正结实，肢势良好，结实有力，飞节轮廓明显，系部有力，蹄形正、质坚实，蹄底呈圆形；乳房发达且结构良好，乳静脉粗大而多弯曲，前延后伸，附着较好，质地柔软，乳头大小分布适中。

成年公牛头短，宽而雄伟，头颈结合良好，额有卷毛；角短粗，多数向两侧延伸，角体蜡黄；前躯发达，体躯长、宽、深；肋骨间距宽，长而开张；腹大小适中，胸深、宽，背线平直，尻部长、平、宽；四肢结实，蹄质坚实，蹄底呈圆形；雄伟特征明显。

中国荷斯坦奶牛虽然是通过引种，将原荷斯坦牛和我国黄牛交配一代，实现既有荷斯坦牛的高产性能，又有黄牛适应我国饲养环境养殖的特点，但是随着交配基因的杂合子不断增多，中国荷斯坦奶牛不同个体之间的生产性能差异明显，产奶量会因诸多因素发生变化，如不同年龄、胎次的成年奶牛，其产奶量具有很大差异，但在 6～9 岁时可达到产奶高峰，而养殖环境、饲养方法等诸多因素会对奶牛的产奶量产生明显影响（程光民等，2019）。

中国荷斯坦奶牛生产性能数据：乳脂率≥3.00%，乳蛋白含量≥2.98%，乳糖含量≥4.48%，产奶量≥12.24kg/(头·d)。随着我国育种工作的不断进步，到 2020 年，中国荷斯坦奶牛的生产性能数据已经提高到：乳脂率≥4.65%，乳蛋白含量≥3.5%，乳糖含量≥4.77%，单日产奶量≥27.35kg/(头·d)（赵新宇和冯登侦，2016）。

（三）西门塔尔牛

西门塔尔牛是我国常见的肉牛品种，原产地位于瑞士西部的阿尔卑斯山区，主要产地为西门塔尔平原和萨能平原，在法、德、奥等国边邻地区也有分布。西门塔尔牛具有良好的泌乳性能，属于肉乳兼用型品种，我国 20 世纪曾多次从国外引入该品种在国内进行遗传和繁育工作，并于 1981 年成立了西门塔尔牛育种委员会，以指导西门塔尔牛的培育和育种工作。中国西门塔尔牛根据培育地点的生态环境不同，分为平原、草原、山区三个类群。

西门塔尔牛眼大有神，毛色主要为黄白花或淡红白花，头、胸、腹下、四肢及尾帚多为白色，皮肤为粉红色，头较长，面宽；角较细而向外上方弯曲，尖端稍向上，呈白色；颈长中等，体躯长、呈圆筒状，肌肉丰满；前躯较后躯发育好，胸深，尻宽平，四肢结实，大腿肌肉发达；乳房发育中等，泌乳能力很好。

成年公牛平均体重为 800～1200kg，母牛为 650～800kg。一般屠宰率为 55%～60%，经育肥后公牛屠宰率可达 65%（周姵诺等，2021）。西门塔尔牛产奶量比一般肉牛高，平均每头每年产奶量可达 4070kg，乳脂率 3.9%（张爽等，2021）。我国主要将西门塔尔牛作肉牛使用，其肉品质性状的测定按照《鲜、冻分割牛肉》（GB/T 17238—2022）中的方法，主要有屠宰率、肾脂肪、屠宰酸度、胴体长、胴体深、胴体胸深和腰部肉厚等指标。

目前，有关西门塔尔牛的研究显示普通基因型各项监测数据平均值为：屠宰率 50.31%、肾脂肪 1.53kg、屠宰酸度 6.81、胴体长 145.86cm、胴体深 65.52cm、胴体胸深 66.14cm、腰部肉厚 5.98cm；基因突变型各项监测数据平均值为：屠宰率 50.66%、肾脂肪 2.08kg、屠宰酸度 7.04、胴体长 151.20cm、胴体深 68.60cm、胴体胸深 69.60cm、腰部肉厚 5.6cm（阮梦茹等，2021）。

二、羊品种简介

（一）新疆细毛羊

新疆细毛羊在新疆巩乃斯种羊场育成，是以高加索细毛羊和泊列考斯细毛羊为父本、当地蒙古羊和哈萨克羊为母本，采用复杂育成杂交培育而成的，是我国育成的首个细毛羊品种，属于肉毛兼用型品种。

公羊大多数有螺旋形角，鼻梁稍隆起，颈部有1～2个完全或不完全的横皱褶；母羊无角，鼻梁较平直，颈部有一个横皱褶或发达的纵皱褶。体躯无皱褶，皮肤宽松，体质结实，结构匀称，颈短而圆，胸部宽深，背直而宽，腹线平直，体躯长深，后躯丰满，四肢结实，蹄质致密，肢势端正。少数个体眼圈、耳、唇部皮肤有小的色素斑点。

新疆细毛羊全身被毛白色，闭合性良好，密度中等以上。被毛有明显的正常弯曲，细度为60～64支。体侧部12个月毛长在7cm以上，密度中等以上，各部位毛的长度和细度均匀。油汗呈白色、乳白色或淡黄色，分布均匀，含量适中。净毛率在42%以上。细毛着生于头部两眼连线，前肢至腕关节，后肢达飞节或飞节以下，腹毛着生良好。羊毛呈毛丛结构，无环状弯曲。

成年公羊体重93.6kg，平均剪毛量12.42kg，净毛率50.88%，折合净毛重9.32kg，平均毛长11.2cm；成年母羊体重48.29kg，平均剪毛量5.46kg，净毛率52.28%，折合净毛重2.95kg，平均毛长8.74cm。屠宰率48.61%，净肉率31.58%。经产母羊产羔率130%左右（刘蕾，2022）。

（二）东北细毛羊

东北细毛羊于辽宁、吉林、黑龙江3省的西北部平原和部分丘陵地区育成，是用苏联美利奴羊、高加索细毛羊、斯塔夫洛波尔细毛羊、阿斯卡尼细毛羊和新疆细毛羊等公羊与当地杂种母羊进行复杂育成杂交，经多年精心培育而成的，是我国育成的第2个细毛羊品种，属于肉毛兼用型品种。

公羊有螺旋形角，颈部有1～2个完全或不完全的横皱褶；母羊无角，颈部有发达的纵皱褶。体质结实，体格大，结构匀称；体躯长而无皱褶，皮肤宽松，胸宽深，背平直，体躯长，后躯丰满，肢势端正。

东北细毛羊全身被毛白色，闭合良好，密度中等以上。被毛细度为23.00～27.00μm，为60～64支，羊毛长约13cm。细毛着生于两眼连线，前肢到腕关节，后肢达飞节，腹毛着生良好，长度与体侧毛相差不少于2cm。羊毛呈毛丛结构，无环状弯曲。

东北细毛羊肉用类型的羊毛细度平均为23.17μm、长度平均为13.64cm，屠宰率45.93%，净肉率35.61%（马惠海等，2011）。

（三）小尾寒羊

小尾寒羊属于我国本土的优质肉裘兼用型品种，是于河北、河南、皖北、苏北和山东一带经长期繁育所形成的混型毛地方良种羊，中心产区在山东菏泽、济宁的汶上、梁山等县及苏北、皖北和河南的部分地区。小尾寒羊一年可以多次发情，具有多胎和早熟的特性，是用于经杂交生产肉羊的好母体。

小尾寒羊体态分布均匀，四肢较长且灵活发达，胸部宽深，背腰平直，脖颈修长，身体大多呈圆筒状，头大小适中，鼻梁稍微隆起，耳朵自然下垂、可以灵活转动、中等大小，眼睛炯炯有神。成年体重可达 140～200kg（王赛赛，2019）。

大多数小尾寒羊是有角的，没有角的十分少见。小尾寒羊角的形态不统一，公羊大多为半螺旋状向外弯曲，质地坚硬，母羊有镰刀状、鹿角状、月牙状等。小尾寒羊的尾巴不大，一般不超过飞节，母羊的尾巴有的稍长、有斑点，但最长不超过 25cm。小尾寒羊全身超过 70%是白色羊毛，其余为黑色或者黑褐色羊毛；被毛密度小，有一些干死毛，一般可以分为裘毛型、细毛型和粗毛型三类。

小尾寒羊具有成熟早、早期生长发育快、体格高大、肉质好、四季发情、繁殖力强，以及遗传稳定等特性。小尾寒羊的繁殖能力极强，可以做到两年三产甚至一年两产，通常达到 6 月龄就可以配种，当年产羔，产后 70 天左右又可发情配种。小尾寒羊的平均产羔率在 260%～280%，一般双胎，最多可以 8 或 9 个羔羊一胎（苏和巴特尔等，2021）。

参 考 文 献

敖明, 乌达巴拉. 2013. 内蒙古河套大耳猪品种资源调查及保种建议. 当代畜禽养殖业, (11): 47-49.

本刊编辑部. 2022. 八眉猪. 甘肃畜牧兽医, 52(5): 76.

蔡鹤峰, 王益军, 周明, 等. 2016. 不同饲养方式对哈伯德肉鸡生产和健康的影响. 中国畜禽种业, 12(1): 126-127.

陈辉, 陈斌. 2018. 大白猪主要胴体性能测定及相关性分析. 养猪, (5): 67-70.

陈胜国. 2012. 地方鸡品种: 南丹瑶鸡. 农村百事通, (6): 49-81.

陈瑜哲. 2020. 梅山猪纯繁和杂交利用的繁殖性能及发情配种时生殖激素水平与产仔数相关性分析. 扬州大学硕士学位论文: 52.

陈玉连. 2016. 817 肉杂鸡、AA 肉鸡和海兰褐蛋鸡的加工特性研究. 南京农业大学硕士学位论文.

程光民, 陈凤梅, 伏桂华, 等. 2019. 不同蛋白质水平日粮对中国荷斯坦奶牛生产性能、氮消化和血液生化指标的影响. 畜牧与兽医, 51(1): 35-39.

程郁昕, 王燕. 2013. AA 肉鸡屠宰性状的主成分分析. 畜牧与兽医, 45(12): 61-63.

杜文国. 2021. 八眉猪养殖及杂交利用. 农家参谋, (18): 131-132.

高惠林, 王前光, 田科雄, 等. 2008. 桃源鸡开发利用前景研究. 中国畜牧兽医, 35(5): 157-158.

郭建凤, 牛月波, 成建国, 等. 2017. 断奶至配种间隔时间对法系皮特兰母猪繁殖性能影响. 养猪, (1): 49-51.

郭苹, 吴庆, 陈永霞, 等. 2019. 应用计算机辅助精液分析系统对梅山猪公猪精子运动特征的研究. 江苏农业科学, 47(2): 165-168.

何鑫淼, 吴赛辉, 王文涛, 等. 2013. 皮特兰猪与民猪杂交猪肉质性能分析. 中国猪业, 8(S1): 53-54.

胡旭进, 黄剑锋, 胡斌, 等. 2021. 金华猪研究进展. 养猪, (5): 57-60.

花桂珍, 陶永辉, 顾朝旭. 1990. 新浦东鸡杂交配套系产蛋性能的观察分析. 上海畜牧兽医通讯, (5): 10-11.

姬杰菲, 陈青, 臧卉, 等. 2020. 固始鸡与矮脚鸡/瑶鸡的杂交对后代鸡冠发育及性成熟的影响. 河南农业大学学报, 54(1): 64-68.

蒋磊, 陈杰. 2019. 817 肉鸡生长规律的探析. 家禽科学, (4): 22-24.
焦宏, 赵炜. 2022. 中国白羽肉鸡自主育种记. 中国食品工业, (2): 21-27.
金鑫, 刘庆雨, 李兆华, 等. 2017. 吉林民猪保种选育报告. 猪业科学, 34(8): 132-134.
巨晓军, 束婧婷, 章明, 等. 2018. 不同品种、饲养周期肉鸡肉品质和风味的比较分析. 动物营养学报, 30(6): 2421-2430.
赖以斌. 2010. 介绍四个国内培育的优良白猪品种. 农村百事通, (3): 42-43, 81.
赖以滨. 2011. 优良白猪品种: 上海白猪. 农村新技术, (13): 28-29.
雷秋霞, 逯岩, 曹顶国. 2019. 817 肉鸡在我国肉鸡生产中的地位和作用. 家禽科学, (7): 3-5.
李富贵, 刘嘉, 穆晓鹏, 等. 2017. 低海拔饲养条件下藏鸡屠宰性能及肉品质分析. 四川农业大学学报, 35(4): 562-567.
李丽生, 邢廷铣, 肖征林. 1996. 平养桃源鸡生长性能与肉质营养成份分析. 中国家禽, (3): 31-32.
李利. 2011. 太行鸡、罗斯 308 和肉杂鸡肌肉品质的比较研究. 河北农业大学硕士学位论文.
李连任. 2006. 我国优质土鸡品种介绍. 北京农业, (3): 29-30.
李农科. 2017. 岭南黄鸡 3 号配套系. 农村百事通, (23): 27.
李鹏飞, 任广志. 2014. 豫南黑猪. 农家顾问, (4): 36.
李齐贤, 顾岳清, 黄媛. 2016. 对二花脸猪种质特性及其利用的认识与思考. 养猪, (1): 55-56.
廖晓君. 2013. 湘黄鸡品种介绍与养殖. 湖南畜牧兽医, (6): 14-16.
廖晓君. 2021a. 衡阳湘黄鸡. 湖南农业, (3): 29.
廖晓君. 2021b. 衡阳湘黄鸡品种性能与养殖管理技术. 养禽与禽病防治, (9): 5-8.
刘华贵, 徐淑芳. 2001. 北京油鸡及其开发利用. 家畜生态, (224): 50-52.
刘蕾. 2022. 我国主要细毛羊品种简介. 农村新技术, (1): 45-46.
陆雪林, 吴昊旻, 薛云, 等. 2020. 上海 4 个地方猪种的肥育性能和肉质特性分析. 养猪, (4): 65-69.
罗长荣, 李永青, 刘欢. 2017. 四川成都成华猪种发展迅速扩繁场建设稳步推进. 猪业观察, (6): 25-26.
吕政海. 2018. 我国猪的引进品种和部分地方品种介绍. 现代畜牧科技, (6): 24.
马惠海, 赵玉民, 金海国, 等. 2011. 东北细毛羊肉用类型群性能测定. 吉林农业大学学报, 33(2): 210-213.
马黎, 郭荣富. 2008. 大麻籽粕对狄高肉鸡生长发育的影响. 黑龙江畜牧兽医, (1): 49-52.
倪德斌. 2009. 湖北白猪选育简史. 猪业科学, 26(8): 104-105.
潘继兰. 2010. 介绍九种肉鸡优良品种. 养禽与禽病防治, (6): 30-31.
强巴央宗. 2008. 西藏藏鸡种质资源特性研究. 南京农业大学博士学位论文.
强巴央宗, 张浩, 商鹏, 等. 2008. 藏鸡屠宰性能及肉质特性. 中国农业大学学报, 13(1): 47-50.
阮梦茹, 陆惠娴, 谢涛, 等. 2021. 中国西门塔尔牛 *MAT2B* 基因多态性及其与肉品质性状的关联分析. 黑龙江畜牧兽医, (15): 12-16, 151.
苏和巴特尔, 殷海霞, 李秀男, 等. 2021. 提高小尾寒羊养殖效益的措施. 当代畜禽养殖业, (6): 46-47.
苏向花, 田晓丽, 张凤. 2010. 地方猪种: 山西黑猪. 中国猪业, 5(10): 21.
孙皓. 2018. 肉鸡产业新时代小优鸡产业可持续发展的实践//中国畜牧业协会. 第五届(2018)全球肉鸡产业研讨会暨第六届中国白羽肉鸡产业发展大会论文集. 北京: 北京市华都峪口禽业有限责任公司: 22.
孙志茹, 刘娣. 2013. 东北地区养猪史与民猪的发展演化分析. 农业考古, (1): 235-238.
唐燕飞, 巨晓军, 章明, 等. 2020. 瑶鸡生长发育规律、屠宰性能及肉品质评价的研究. 中国畜牧杂志, 56(6): 39-44.
陶璇, 顾以韧, 杨雪梅, 等. 2019. 四川省 6 个地方猪种胴体性能研究. 养猪, (5): 49-50.
涂尾龙, 曹建国, 胡志刚, 等. 2012. 皮特兰及其杂交猪屠宰性能测定. 国外畜牧学(猪与禽), 32(2): 56-57.
魏莲清, 牛俊丽, 赵官正, 等. 2019. 添加不同水平的发酵棉粕对科宝肉鸡生长性能、屠宰性能和血清生化指标的影响. 中国畜牧兽医, 46 (7): 1953-1961.
汪志铮. 2010. 北京黑猪一枝独秀. 当代畜禽养殖业, (8): 28.
王刚, 郑江霞, 侯卓成, 等. 2009. AA 肉鸡与北京油鸡部分肉质指标的比较研究. 中国家禽, 31(7): 11-14, 18.
王海明, 田晓初. 2018. 地方特色猪品种: 成华猪. 农村百事通, (6): 24-25.
王娟, 邓继贤, 杨祝良, 等. 2019. 南丹瑶鸡产蛋期蛋品质变化分析. 中国家禽, 41(17): 54-57.
王赛赛. 2019. 东佛里生、杜泊羊与小尾寒羊杂交一代羊生产性能的初步分析//中国畜牧业协会. 第十六届中国羊业发展大会暨庆阳农耕文化节论文集. 甘肃庆阳: 111-114.
王文涛, 何鑫淼, 吴赛辉, 等. 2019. 中型民猪育肥猪日体重变化情况的研究. 黑龙江动物繁殖, 27(5): 3-4.
王晓楠, 霍清合. 2016. 如何提高爱拔益加肉种鸡均匀度. 养禽与禽病防治, (1): 27-30.
王志祥, 张建云, 陈文, 等. 2006. 固始鸡、罗曼蛋雏鸡和艾维茵肉仔鸡生长、养分沉积、肉质特性的比较研究. 动物营养学报, 18(2): 117-121.
王忠华, 孙玉民, 谢幼梅, 等. 1992. 新浦东、AA 肉鸡肉用性能的比较. 山东农业大学学报, (4): 368-374.
翁志龙, 花桂珍, 陶永辉. 1990. 新浦东鸡种群保存和选育. 上海农业学报, (2): 70.
吴买生, 肖太湘, 左晓红, 等. 2013. 沙子岭猪种质特性保护与杂交利用研究//中国畜牧业协会. 中国地方猪种保护与利用协作组第十届年会论文集. 广西贵港: 124-126.
吴夏. 2014. 肉猪良种: 新淮猪. 农村百事通, (20): 35, 73.
武蕾蕾, 袁震. 2020. 杜洛克猪新品系选育研究. 中国畜禽种业, 16(12): 102-103.
肖勇. 2017. 荣昌猪的历史及发展策略的若干研究. 农技服务, 34(10): 119.
徐迪. 2018. 世界著名奶牛品种及其生产性能的分析. 现代畜牧科技, (12): 24.
徐海鹏. 2015. 西藏藏猪胴体及肉质特性的研究. 山东农业大学硕士学位论文: 52.
许芮婷, 王姗姗, 李妍, 等. 2022. 不同酵母培养物对泌乳早期荷斯坦奶牛生产性能和瘤胃发酵参数的影响. 中国畜牧杂志, 58(10): 258-263.
薛梅, 李大军, 黄微. 2011. 荣昌猪肉质风味性状浅析. 畜禽业, (7): 36-37.
荀文娟, 施力光, 周汉林, 等. 2013. 五指山猪与长白猪胴体性状和肉品质的比较研究. 中国畜牧兽医, 40(5): 93-96.
杨秀荣, 肖聪, 曾令湖, 等. 2020. 南丹瑶鸡体尺性状与屠宰性状的测定及相关性分析. 黑龙江畜牧兽医, (6): 27-31.
于永生. 2005. 荷斯坦牛. 当代畜牧, (1): 51.
曾宝莉, 龙凡生, 罗中汉. 1994. 桃源鸡. 湖南农业, (3): 26.
张冬杰, 刘娣, 何鑫淼, 等. 2015. 中国地方猪品种的遗传多样性与聚类分析. 畜牧与兽医, 47(10): 1-4.
张建, 曾勇庆. 2012. 西藏藏猪的生物学特性、传统养殖与特色产业的发展. 猪业科学, 29(5): 128-130.
张蕾, 孙敬春, 肖锦红, 等. 2021. 胎次、年份和季节对大白母猪繁殖性能的影响. 中国畜牧杂志, 57(S1): 57-59, 68.
张亮, 陈四清, 王可甜, 等. 2015. 荣昌猪杂交组合测定及分析. 广东农业科学, 42(13): 109-113.
张爽, 梁怡, 段忠意, 等. 2021. 德系西门塔尔牛 F_1 代的生产性能初步调查. 北京农学院学报, 36(3): 41-49.
张伟力, 王金勇, 郭宗义, 等. 2014. 荣昌猪肉切块品质点评. 养猪, (5): 65-68.
赵丹阳, 李香月, 姚婷, 等. 2022. 膨化亚麻籽对北京油鸡生长性能、屠宰性能、血浆生化指标、抗氧化能力和肌肉 n-3 多不饱和脂肪酸沉积量的影响. 动物营养学报, 34(1): 274-284.
赵剑洲, 谢水华. 2016. 丹系长白猪在华南地区生长性能与繁殖性能的初步观察. 养猪, (1): 41-43.
赵灵改, 吕学泽, 刘毅, 等. 2021. 北京油鸡遗传育种与品质研究进展. 肉类研究, 35(4): 57-63.
赵淑琴. 2012. 鲁莱黑猪. 农村百事通, (7): 55, 81.
赵思思, 贾青, 胡慧艳, 等. 2017. 华北型猪品种资源变化状况分析. 黑龙江畜牧兽医, (19): 111-115.

赵新宇, 冯登侦. 2016. 引进澳大利亚荷斯坦奶牛与本地荷斯坦奶牛生产性能比较. 黑龙江畜牧兽医, (4): 68-70.
余祖华, 丁轲, 孔志园, 等. 2016. 产植酸酶芽孢杆菌对艾维茵肉鸡生产性能、免疫器官指数和肠道菌群的影响. 湖北农业科学, 55 (15): 3942-3944, 3949.
周玲. 2017. 广西地区奶水牛及娟姗奶牛生产性能、乳中氨基酸和脂肪酸的比较研究. 广西大学硕士学位论文.
周姵诺, 蔡文涛, 陈燕, 等. 2021. 中国肉用西门塔尔牛场间遗传联系分析. 畜牧兽医学报, 52(6): 1563-1570.
朱丹, 王金勇, 张亮, 等. 2017. 荣昌猪后备母猪发情规律的研究. 猪业科学, 34(11): 134-135.
朱小乔. 2009. 优质地方猪种: 大河乌猪. 农村百事通, (3): 42, 81.
庄庆士, 梁伟东, 丛树发, 等. 2007. 中国瘦肉型猪新品种: 苏太猪. 现代化农业, (12): 27-28.
宗禾. 2014. 湖北白猪. 农村百事通, (24): 34, 73.

第二章　畜禽肉品质评价

第一节　常 规 评 价

一、外观评价

（一）肉色

在众多品质指标（包括肉色、嫩度和风味等）中，肉色是影响消费者购买与否的重要指标。消费者往往将肉色作为衡量肉品新鲜与否的标志（Ponnampalam et al.，2017），并认为明亮的樱桃红色或者真空包装的紫红色表示肉制品新鲜可放心食用（Faustman and Cassens，1990）。然而在销售、贮藏过程中，鲜肉的颜色极易变为暗红、苍白或暗绿，通常被消费者认为不健康而拒绝（刘文轩等，2022）。

肉色虽然对肉质的嫩度、口感风味等食用品质没有直接影响，但其是肌肉复杂成分变化的外部表现，也是判断肉质新鲜度和影响消费者接受程度的主要依据，因而将其作为肉品质判定的一项重要指标（王敏，2020）。肉色测定除目测法外，还有肉色比色板色差法、化学测定法等，其中肉色比色板色差法可对肉色进行检测评分，使肉色检测更为实用、高效（管鹏宇等，2019）。肉色是由肉品中的肌红蛋白及血液中的血红蛋白产生的，也受细胞色素、维生素等有色物质的影响，如维生素 E 可以提高牛肉色泽，改善牛肉风味（王喆等，2011）。此外，所有影响肌肉中血红蛋白含量的因素，也都对肉色有影响，如畜禽的品种、性别、屠宰日龄以及饲料等。

（二）大理石纹

大理石纹是指脂肪沉积在肌肉结缔组织内而形成的大理石样的花纹，一般通过肉眼观察判定，与肉品的嫩度、多汁性、口味等有直接关系，反映了肌内及肌间脂肪的含量，是肉品质判定的重要指标。

一般由经过专业训练的肉色评分员和大理石纹评分员，分别以标准肉色评分板和标准大理石纹评分板为标准，分别对肉样进行肉色评分和大理石纹评分（郑浩等，2019）。标准肉色评分板由 6 块组成，分别对应 1 至 6 分，颜色由浅到深：1 分为灰白色，2 分为淡粉红色，3 分为粉红色，4 分为深红色，5 分为紫红色，6 分为暗紫红色。标准大理石纹评分板由 10 块组成，分别对应 1 至 10 分，大理石纹由少至多，1 分=微量，10 分=极丰富。如果肉色或大理石纹介于 2 块标准板之间，可以评为这 2 块板的平均分值。

（三）脂肪颜色

脂肪颜色也是直接观察的肉质性状，主要与年龄、品种及饲养条件有关。一般来说，牛的年龄越大，其脂肪颜色越黄。但脂肪颜色也受饲养条件的影响，当饲喂胡萝卜素含量高的玉米等饲料时，肌肉脂肪也会呈现为黄色。因此牛肉的脂肪颜色黄，可能说明牛的年龄大，或者以草料对牛进行饲喂，原因是草料中含有大量的胡萝卜素物质（史新平等，2018）。

二、理化评价

（一）pH 值

pH 值是指肌肉酸碱度，是衡量肉品质的重要指标之一，会受到品种、环境、屠宰方式等因素影响（李亚妮，2017）。动物被屠宰后还在进行新陈代谢，肌肉中的糖发生酵解使肌肉的 pH 值降低。刚屠宰后，肉的 pH 值一般在 6.0～7.0，新陈代谢还在不断消耗能量，大约 1h 后慢慢下降，尸僵时 pH 值一般在 5.4～5.6，达到最低值，尸僵解除后 pH 值又缓慢上升。pH 值的大小是由肌肉中乳酸含量决定的，随着乳酸含量的上升，肉的品质急剧下降。因此 pH 值能很好地反映肉品质的优劣。过高的 pH 值对正常肌肉转为食用肉的过程不利，过低的 pH 值可能会导致异常肉的产生，肉品的 pH 值究竟应以多少为优，目前还未研究出统一的标准。

pH 值的常用测定方法有：①采用便携式 pH 计的电极头直接插入肌肉进行测定（沈晓晖等，2009）；②将肌肉样品和碘乙酸钠溶液匀浆，再用 pH 计测定混合溶液的 pH 值（杨小娇等，2011）；③根据测定的肌肉中的糖原和乳酸盐含量间接地估测肌肉的变化。前两种是 pH 值比较常用的测定方法，操作简便快速，但结果会受到各种客观因素的影响，第三种方法的测定值相对较为准确，但是测定过程比较复杂（张惠，2012）。

（二）系水力

系水力是检测肉品质的一项重要指标，是指肌肉在外力，如压力、切碎、加热、冻融等作用下，保持原有水分的能力。肉品失水率越高，则系水力越低，保水性越差。系水力高的肉质能减少水分损失，提高熟肉率，保持肉品的滋味、香气、嫩度、颜色等食用品质，还可提高肉质的经济效益。系水力检测方法有滴水法、加压法、离心法等（Modzelewska-Kapituła et al.，2019）。蒸煮损失也是表征肉品系水力的指标，是指肉品在加热过程中对水分的保持能力。研究表明，温度和时间对肉的剪切力、黏着性、弹性和咀嚼性等品质有显著影响（刘晶晶，2018）。蒸煮损失率大也是导致肉品剪切力增大的原因之一。此外，pH 值、蛋白质和脂肪含量、屠宰后的储藏时间等都可以影响肌肉的系水力。例如，宰前长途运输的应激会引起肉品质发生显著变化，表现为肌肉 pH 值显著升高、系水力显著降低，肉品质显著降低（雷元华等，2018）。宰后冻融可明显使肉品蒸煮损失增加、蛋白质降解率增高（Modzelewska-Kapituła et al.，2019）。

（三）嫩度

嫩度是反映肉质口感适宜度的重要指标。从形态结构来说，肌纤维是组成肌肉的基本单位，肌纤维与肌肉的嫩度存在着一定的相关性。肌纤维组成的肌束越细、肌间结缔组织越少、肌内脂肪越多，肌肉就越嫩。嫩度的检测方法有主观评定和客观评定两种，主观评定是通过评定人员的咀嚼来进行判定，优点是最接近正常的食用条件，缺点是受评定者主观因素影响较大。客观评定是利用肌肉嫩度计来测定剪切肉品时的剪切力。

（四）肌内脂肪

脂肪沉积是一个受多种因素调控的复杂过程，脂肪组织尤其是肌内脂肪组织对畜禽肉品质有重要影响。肌内脂肪（intramuscular fat，IMF）又称为大理石纹脂肪，位于肌纤维旁及肌束膜结缔组织中，主要由甘油三酯（triglyceride，TAG）和磷脂构成，其含量影响肉的嫩度、多汁性和风味，含量低会导致肉质口感变干。猪肉 IMF 含量为 2.0%～3.0%时，胴体瘦肉率适中，肌肉呈现较为理想的大理石纹，嫩度显著提高，口感也有所改善（尤瑞国，2021）。

（五）肌内氨基酸

氨基酸（amino acid，AA）含量和组成是影响肉品质与营养价值的重要因素。肉香味形成所必需的前体氨基酸主要包括丝氨酸、谷氨酸、甘氨酸、丙氨酸、异亮氨酸和脯氨酸等（杨静，2014）。

氨基酸是构成动物蛋白质的最基本物质。肌肉 AA 的组成比例及含量是评价猪肉品质和营养价值的重要参考指标。AA 与猪肉品质的关系主要取决于其所含人体或动物必需氨基酸和非必需氨基酸的含量。必需氨基酸（essential amino acid，EAA）指的是机体自身不能合成或合成速度不能满足需要，必须从食物中摄取的氨基酸。EAA 不仅为机体提供了合成蛋白质的重要原料，而且为人类（或其他脊椎动物）提供了正常生长发育、生理代谢平衡和维持生命所需的物质基础。精氨酸、谷氨酸、丙氨酸、天冬氨酸和甘氨酸等是重要的鲜味氨基酸，其中谷氨酸是使猪肉呈现鲜味的主要物质，具有缓冲酸味和咸味等不良味道的特殊作用。烹饪时，猪肉中氨基酸及肽类物质受热分解并与碳水化合物相互作用形成不饱和羰基化合物，从而产生香味。郭金枝和李藏兰（2012）研究表明，猪肉的鲜味氨基酸含量在一定程度上决定了肌肉的鲜美程度，还可能与猪肉清爽香嫩、味道鲜美的口感有关。

三、感官评价

感官评价是以人的视觉、嗅觉、触觉、味觉等感觉为基础，对产品进行评价的方法，是评价肉品质优劣最直接的方法，也是消费者判断肉品质的主要依据。肉品的外观、风味和口感等特点一般采用感官评定进行评价。感官评定简单、直接，结果是肉制品感官特性的综合反映，符合消费者对肉制品的认知和消费习惯，在实际生产中的应用较为广泛。这种方法的缺点在于测定结果容易受肉制品本身、感官评定人员嗜好以及外界环境等因素的影响而产生偏差，因此，实际应用过程中常使用双盲法对样品进行处理以提高结果的准确性。感官评价常用方法很多，肉制品评定通常使用评分检验法。

（一）胴体外观评分

对消费者而言，胴体的表面和切面分数一直是非常重要的畜禽质量分级评价指标。

鸡胴体的表面和胸部切面分数可通过《鸡肉质量分级》（NY/T 631—2002）进行评估，该分级标准主要包含了鸡胴体的完整性、肤色、胸部的形态、皮下脂肪沉积和散布的状态，模仿土生动物种类和其他土生动物种类的羽毛残留状态，以及分割肉的形态、肉色和脂肪沉积程度等指标，以便对鸡胴体和分割肉进行评定分级。

（二）品尝评定

品尝评定主要是指经过严格检验和专业训练的肉类品尝感官评定人员对已经煮熟的肉和肉汤在气味、香味、多汁性、口感和嫩度各方面进行综合性评定。《肉与肉制品感官评定规范》（GB/T 22210—2024）对感官评定实验室、评定职员、评定样品和感官评定方式是否规范提出了要求。

第二节　常规营养价值评价

一、粗脂肪

脂肪是生物体的组成部分和重要储能物质，在畜禽体内分解后能产生热量，用于维持体温和供给体内各器官运动所需，热量是碳水化合物或蛋白质的2.25倍。肉品脂肪含量不同会导致肌肉品质的不同，脂肪和瘦肉的平衡决定了肉质的基本风味和特殊风味（Mottram et al.，1982；李鹤琼和罗海玲，2019）。研究表明，脂肪可以作为挥发性风味物质的溶剂，能抑制风味挥发，使肉的风味持久保留（Chevance and Farmer，1999）。粗脂肪参照《食品安全国家标准 食品中脂肪的测定》（GB 5009.6—2016）中的方法进行检测分析。

二、脂肪酸

肉品风味的差异主要来源于脂肪的氧化，因此脂肪酸在肉品整体的风味中承担着重要的作用（Mottram，1998）。脂肪酸根据碳链长度的不同可分为：①短链脂肪酸，碳链上的碳原子数小于6，也称作挥发性脂肪酸；②中链脂肪酸，碳链上的碳原子数为6～12，主要成分是辛酸（C8）和癸酸（C10）；③长链脂肪酸，碳链上的碳原子数大于12。脂肪酸根据碳氢键的饱和程度又可分为饱和脂肪酸、单不饱和脂肪酸和多不饱和脂肪酸，其中不饱和脂肪酸是肉食香味的重要前体物质，是不同肉品具有独特风味的关键（Kouba et al.，2008；Zhao et al.，2017）。脂肪酸参照《食品安全国家标准 食品中脂肪酸的测定》（GB 5009.168—2016）中的方法进行检测分析。

三、粗蛋白

粗蛋白是各种含氮物质的总称，包括真蛋白和非蛋白含氮物（氨化物），是构成细胞、血液、骨骼、肌肉、抗体、激素、酶、乳、毛及各种器官组织的主要成分，对机体生长、发育、繁殖及各种器官的修补都是必需的，是生命活动必需的基础养分。蛋白质含量不仅是评价肉品质营养价值的重要指标，而且会影响肉品的风味、口感及色泽等（陈艳珍，2011；袁立岗等，2010；栗敏杰等，2020）。粗蛋白参照《食品安全国家标准 食品中蛋白质的测定》（GB 5009.5—2016）中的方法进行检测分析。

四、氨基酸

氨基酸含量及组成是评价蛋白质营养价值的主要指标，直接影响肉品蛋白质的营养价值。氨基酸分为两大类：必需氨基酸和非必需氨基酸，其中必需氨基酸有 8 种，分别是苏氨酸（Thr）、缬氨酸（Val）、蛋氨酸（Met）、亮氨酸（Leu）、异亮氨酸（Ile）、苯丙氨酸（Phe）、赖氨酸（Lys）和色氨酸（Trp），其余的都是非必需氨基酸。

氨基酸在食品风味的形成过程中，不仅作为滋味的贡献者，和肽相互协同平衡提供其自有滋味，还作为风味前体物质，与糖类发生美拉德反应，与油脂发生交互作用，生成香味物质，其中半胱氨酸和蛋氨酸等含硫氨基酸对熟肉风味产生起重要作用（Methven et al.，2007）。研究认为，氨基酸与肉制品鲜味的形成有直接关系，通过氨基酸组成比例可以有效地评价肉制品质量的优劣（巨晓军等，2019；Oike et al.，2006）。氨基酸参照《食品安全国家标准 食品中氨基酸的测定》（GB 5009.124—2016）中的方法，用氨基酸自动分析仪进行测定。

第三节 分子感官评价

风味是评价食品质量的重要指标之一，其直接影响肉的品质、价值及消费者的可接受度。分子感官科学（molecular sensory science）是近年来提出来的，是在分子水平上研究食品感官质量的多学科交叉技术，定义是在食品风味物质（包括气味物质和滋味物质）提取分离分析的每一步，将仪器分析方法与人类对风味的感觉相结合，最终得到已确定成分的风味重组物，即风味化合物与人类气味及滋味受体（嗅觉上皮细胞、味蕾）作用，在人类大脑中形成的食品风味印象。分子感官科学也称为感官组学（sensomics），是食品风味化学、分析化学、感官鉴评科学多学科交叉形成的系统科学，核心内容是在分子水平上定性和定量地描述风味，精确地构建食品的风味重组物（周光宏等，2007），即将最为重要的风味化合物以精确的浓度添加，重组和构建与原样品几乎相同的风味模型物。

风味化合物的提取、筛选排序、定性、精确定量是分子感官科学应用的四大基础，在此基础上应用重组及缺失试验的思维，从而实现建立食品风味全模拟模型及化合物风味映射关系的目标。

一、气味物质分析

（一）分离提取技术

常用的食品气味化合物提取技术有：溶剂萃取法（SE）、蒸馏萃取法（SDE）、固相微萃取法（SPME）、固相萃取法（SPE）、吹扫捕集法（P&T）、搅拌子吸附萃取法（stir bar sorptive extraction，SBSE）以及液液分配法（LLP）等。

同一溶剂中不同的物质有不同的溶解度，同一物质在不同的溶剂中溶解度也不同。溶剂萃取法是利用样品中各组分在特定溶剂中溶解度的差异使其完全或部分分离的方法。

蒸馏萃取法的原理是让样品和萃取剂的蒸汽在密闭装置中充分混合，各组分在低于各自沸点时能蒸馏出来。蒸馏时混合物的沸点保持不变，当其中某一组分完全蒸馏后，温度才上升到留在瓶中组分的沸点。挥发性成分会首先蒸馏出来，然后和萃取剂在螺旋形冷凝管中完成萃取，根据萃取剂与水相对密度的差异将两者分开，最后回收萃取剂。

固相萃取法是根据液相色谱法的原理，利用组分在溶剂与吸附剂间选择性吸附和选择性洗脱的过程，达到提取分离、富集的目的，即样品通过装有吸附剂的小柱后，目标产物保留在吸附剂上，先用适当的溶剂洗去杂质，然后在一定的条件下选用不同的溶剂将目标产物洗脱下来。

固相微萃取法是采用涂有固定相的熔融石英纤维来吸附、富集样品中的待测物质。固相微萃取法的原理与固相萃取法不同，固相微萃取不是将待测物全部萃取出来，而是建立在待测物在固定相和水相之间达成平衡分配的基础上。

吹扫捕集法从理论上讲是动态顶空技术，是用流动气体将样品中的挥发性成分“吹扫”出来，再用一个捕集器将吹扫出来的有机物吸附，随后经热解吸将样品送入气相色谱仪进行分析。通常，称动态顶空技术为吹扫捕集进样技术。

搅拌子吸附萃取法是在固相微萃取基础上发展起来的一种新型被动采样技术，利用玻璃棒表面涂渍的高吸附性能材料对环境介质中目标化合物进行吸附，之后利用与检测仪器直接相连接的热解吸仪器进行脱附、检测，或通过溶剂对搅拌子洗脱后进样。与SPME 相比，SBSE 涂层体积比较大，兼具采样无需动力、体积微小、方便携带、无需前处理过程等优点，适于野外采样。

液液分配法的原理是利用样品中各组分同时共存又不相溶的溶剂分配系数差异，使某种溶质在分液漏斗中从一种溶剂进入另一种溶剂，借此达到分离纯化的目的。液液分配分为等体积的一次分配或者多次分配，以及不等体积的一次分配或者多次分配。

（二）气相色谱-质谱联用技术

气相色谱-质谱联用（gas chromatography-mass spectrometry，GC-MS）技术自诞生以来，已鉴定出各种食品中的挥发物 10 000 余种，其将气相色谱的快速、高效分离与质谱的专一性、高灵敏性结构鉴定相结合，使气相色谱和质谱技术的各自优点得到充分利用，是分析复杂混合样品的一种高效、高灵敏性的方法。

（三）气相色谱-嗅闻

气相色谱-嗅闻（gas chromatography olfactometry，GC-O）技术是一种人机结合方法，现已广泛使用，其将气相色谱的分离能力与人类鼻子敏感的嗅觉联系在一起，对食品香气研究特别有用和有效。在仪器分析技术中，GC-O 技术的发明是风味化合物感官介入直接鉴定的里程碑，一些技术如精灵分析、香气提取物稀释分析（aroma extract dilution analysis，AEDA）、OSME 分析以及检测频率（detection frequency）分析被用来对食品中气味化合物进行鉴定和重要性排序。感官鉴评科学中，AEDA 技术的日趋成熟为食品中关键香味成分的分析提供了高效准确的方法。

（四）电子鼻

电子鼻（e-nose）是传感器发展领域的一项创新应用，是模拟动物嗅觉器官开发出的一种非特异性化学传感器阵列系统，又称气味扫描仪，广泛应用在快速检测食品特征气味领域，通过显示样品的整体信息，指示其中的隐含特征。电子鼻由 3 个部分组成，分别为采样系统、检测系统和数据处理系统，通过机器内部多个气敏传感器阵列识别挥发性气味，然后将化学信号转化为电信号得到挥发性气体的响应值，从而对风味进行识别、检测和分析。电子鼻在肉制品的质量控制、过程检测、新鲜度和成熟度检测、掺假识别等领域均有广泛应用。

（五）气相色谱-离子迁移谱

气相色谱-离子迁移谱（gas chromatography-ion mobility spectrometry，GC-IMS）将气相色谱（GC）的高分离度与离子迁移谱（IMS）的高灵敏度相结合，可对单一化合物/标志物进行定性定量分析。在食品风味方面，CG-IMS 与顶空萃取等技术结合开发出风味检测仪，用于快速灵敏检测食品风味特征成分，是目前应用较广的一门分析检测技术，主要应用于白酒、肉制品、乳品等诸多产业中，通过制造电场区分不同的气相离子，具有较高的特异性检测能力，可以根据迁移速率的不同快速检测区分不同目标成分。气相色谱离子迁移谱技术对高质子亲和力或高电负性的化合物具有很高的响应灵敏度，可以检测食品风味物质中的小分子基团、醛、酮、醚等不饱和化合物以及芳香族化合物等。因此，利用气相色谱离子迁移谱技术对食品风味物质进行分析具有快速准确、灵敏度高的优势。

（六）香气重组及缺失试验

香气重组及缺失试验可筛选出与食品香气轮廓非常相似的香气重组物，从分子层面揭示食品特征气味的化学本质。将所有已知的滋味活性化合物以其“自然的”浓度进行重组后，把一些风味化合物去除，再评价去除这些化合物之后对风味的影响，这种试验通常称为“缺失试验”。香味化合物的缺失试验往往为最后一步，用来验证风味化合物的独特感官性质，以及探究模拟食品风味所需的最小化合物数量及其结果。风味化合物缺失试验对食品风味分子本质的精确探究、食品感官特性与风味化合物映射关系的建立具有重要的意义。

二、滋味物质分析

（一）分离提取技术

常用的食品滋味化合物提取技术有：固相萃取法（SPE）、固相微萃取法（SPME）、超临界流体萃取法（SFE）、液液萃取法、QuEChERS 法、微波萃取法、衍生化法、磁性固相萃取法（magnetic-solid phase extraction，M-SPE）、分散液液微萃取法、加速溶剂萃取法（ASE）、超声萃取法、分散基质固相萃取法等。

固相萃取、固相微萃取技术同前文。

超临界流体萃取技术既是提取技术，又是较理想的分离技术。超临界流体萃取技术的原理是超临界流体对溶质有很强的溶解能力，且在温度和压力变化时，流体的密度、马赫数和扩散系数随之变化，溶质的亲和力随之变化，从而使不同性质的溶质分段萃取出来，达到萃取、分离的目的。流体可以是单一的，也可以是复合的，添加适当的夹带剂可以大大增加其溶解性和选择性。可作为超临界流体的物质很多，但最常用的是 CO_2，利用超临界 CO_2 萃取技术提取功能食品的功效成分，对提高功效成分的提取纯度和活性具有重要的作用。

微波萃取技术是利用微波能来提高提取率的一种新技术。微波萃取过程中，微波辐射导致植物细胞内的极性物质，尤其是水分子吸收微波能而产生大量热量，使细胞内温度迅速上升，液态水汽化产生的压力将细胞膜冲破而形成微小的孔洞，进一步加热后导致细胞内部水分减少，细胞收缩，表面出现裂纹。孔洞和裂纹的存在使胞外溶剂容易进入细胞内，从而溶解并释放出胞内产物。

水蒸气蒸馏技术是利用被分离物质与水不相混溶，使被分离物质能在比其沸点低的温度下沸腾，生成的蒸气和水蒸气一同逸出，经冷凝、冷却收集到油水分离器中，利用被分离物质不溶于水的性质以及与水的相对密度差将其分离出来，达到分离的目的。

生物酶解提取技术是利用酶反应具有高度专一性等特性，根据细胞膜的构成，选择相应的酶将细胞膜的组成成分水解或降解，破坏细胞膜结构，使有效成分充分暴露出来并溶解、混悬或胶溶于溶剂中，从而提取细胞内有效成分的一种新型提取方法。由于提取过程中的屏障——细胞膜被破坏，因而酶法提取有利于提高有效成分的提取效率。此外，由于许多植物含有蛋白质，因而采用常规提取法的，在煎煮过程中蛋白质遇热凝固，影响有效成分的溶出。

液液萃取又称溶剂萃取或抽提，是用溶剂分离和提取液体混合物中组分的过程，即在液体混合物中加入与其不相混溶（或稍相混溶）的选定溶剂，利用各组分在溶剂中的不同溶解度而达到分离或提取的目的。例如，以苯为溶剂从煤焦油中分离酚，以异丙醚为溶剂从稀乙酸溶液中回收乙酸等。

QuEChERS 的原理与高效液相色谱和固相萃取相似，都是利用吸附剂填料与样品基质中杂质的相互作用来吸附杂质，从而达到除杂净化的目的。均质后的样品经乙腈（或酸化乙腈）提取后，采用萃取盐盐析分层，再利用基质分散萃取机理，采用变压吸附（pressure swing adsorption，PSA）或其他吸附剂与基质中绝大部分干扰物（有机酸、脂肪酸、碳水化合物等）结合，通过离心方式去除干扰物后达到净化的目的。

对于食品安全分析中一些发色团较少且含量低的待测物，高效液相色谱法（high performance liquid chromatography，HPLC）常用的紫外（UV）和荧光（FL）检测器由于灵敏度低而无法满足检测要求，可对这类目标物进行衍生化以提高 HPLC-UV（FL）检测灵敏度，达到检测要求。在色谱检测中对分析物进行衍生化的主要目的有如下几个：

①改善挥发性，提高热稳定性，利于 GC 检测；②降低极性，利于反相色谱分离；③增强检测灵敏度；④提高萃取回收率；⑤去除杂质，消除干扰等。

磁性固相萃取技术是以磁性或可磁化的材料作为吸附剂基质的一种分散固相萃取技术。

分散液液微萃取技术是一种新型的基于分散液液微萃取的样品前处理技术，相当于微型化的液液萃取，其原理是萃取剂在分散剂的作用下形成分散的细小有机液滴，均匀地分散在水样中，从而形成水/分散剂萃取剂乳浊液体系，目标分析物不断地被萃取到有机相中，最后在水样及小体积萃取剂之间达到萃取平衡。

加速溶剂萃取或加压液体萃取（pressurized liquid extraction，PLE）技术是在较高的温度（50～200℃）和压力（1000～3000PSI[①]）下，用有机溶剂萃取固体或半固体的自动化方法。提高温度能极大地减弱由范德瓦耳斯力、氢键、目标物分子和样品基质活性位置的偶极吸引所引起的相互作用力。液体的溶解能力远大于气体的溶解能力，因此增加萃取池中的压力可使溶剂温度高于其常压下的沸点。该方法的优点是有机溶剂用量少、提取快速、基质影响小、回收率高和重现性好。

超声萃取技术是利用超声波的空化作用、机械效应和热效应等加速胞内有效物质的释放、扩散与溶解，能显著提高提取效率。超声萃取的主要理论依据是超声的空化效应、热效应和机械作用。当大能量的超声波作用于介质时，介质被撕裂成许多小空穴，这些小空穴瞬时闭合，并产生高达几千大气压的瞬间压力，即空化现象。超声空化中微小气泡的爆裂会产生极大的压力，使细胞膜及整个生物体的破裂在瞬间完成，缩短了破碎时间，同时超声波产生的振动作用加强了胞内物质的释放、扩散和溶解，从而显著提高提取效率。

分散基质固相萃取技术是一种快速的样品处理技术，原理是将涂渍有 C18 等多种聚合物的材料与样品一起研磨，得到半干状态的混合物，将其作为填料装柱，然后用不同的溶剂淋洗柱子，将各种待测物洗脱下来。

（二）高效液质联用技术

高效液质联用（high performance liquid chromatography-mass spectrometry，HPLC-MS）技术根据质量分析器可分为四极杆、飞行时间（TOF）、傅里叶变换质谱等，是新近发展起来的一种高分辨、高灵敏度的分离鉴定技术，具有分辨率高、灵敏度好、峰容量大、分析速度快以及定性更有规律可循等特点，因而在复杂体系的分析方面具有其他方法无法比拟的优势，食品中一些长期难以分离、鉴定的微量成分随着此技术的应用得以解决。

（三）核磁共振

核磁共振（nuclear magnetic resonance，NMR）技术是基于具有自旋性质的原子核在核外磁场作用下吸收射频辐射而产生能级跃迁并产生共振吸收信号的一种波谱技术，可用于鉴定化合物结构。核磁共振技术在医学上已经获得广泛运用并取得巨大成功。而

① 1 PSI=6894.76 Pa。

在食品上，主要用于对食品中蛋白质、脂肪、碳水化合物及一些微量元素进行分析检测，通过测定分析食品中化学物质的变化来探寻风味物质、颜色、肉品嫩度等变化的机理及原因。在肉品风味方面，NMR 则主要用于测定风味化合物。

（四）滋味稀释分析

滋味稀释分析（taste dilution analysis，TDA）是把人的舌头作为生物感应器来检测食品中某种滋味化合物的阈值，然后通过计算滋味活性值（TAV）来评价其贡献。该方法可以筛选出食物中的主要滋味活性物质，并根据其对某种滋味影响的大小来为之排序，找出对滋味影响最大的那种化合物，然后运用仪器分析技术来确定这种活性物质的结构和性质。用这种方法可以拓展滋味化合物的现有知识，并且可以更有效地控制食物中已知或未知成分的浓度。

（五）比较滋味稀释分析

比较滋味稀释分析（comparative taste dilution analysis，CTDA）是一种重要的分析滋味增强剂的方法，是在 TDA 基础上发展起来的，在分析过程中两者有一些差别：①通过活性向导检测技术（即 TDA 技术）确定具有浓烈滋味的化合物；②通过 CTDA 技术筛选具有滋味增强效果的化合物。

（六）电子舌分析

电子舌是一种分析、识别液体“味道”的仿生检测装置，采用类脂膜作为味觉传感器，通过模拟人的味觉感受来识别液体中的味觉物质，并对样品整体滋味进行评价。

三、分子感官评价的应用前景

分子感官科学的发展，使得系统地研究食品感官品质的内涵、理化测定技术、工艺形成过程、消费嗜好等食品科学和消费科学的基本问题成为可能。应用分子感官科学技术对畜禽肉产品中关键性风味化合物进行鉴定和模拟，可以更高效和科学地评价畜禽肉品质；研究畜禽肉产品中风味化合物的组成与含量变化，可以通过指导畜禽育种、营养调控等手段定向改进畜禽肉品质。总之，分子感官科学在畜禽肉品质评价中的应用对畜禽育种、营养调控、畜禽肉产品加工、畜禽养殖提质增效和市场预测等具有重大的推动意义。

参考文献

陈艳珍. 2011. 羊肉品质的评定指标及影响因素. 黑龙江畜牧兽医, (7): 53-54.

管鹏宇, 张爱忠, 姜宁. 2019. 牛肉品质影响因素的研究进展. 黑龙江畜牧兽医, (11): 39-43.

郭金枝, 李藏兰. 2012. 多不饱和脂肪酸在养猪生产中应用的研究进展. 中国畜牧杂志, 48(11): 76-78.

黄阿根, 董瑞建. 2006. 功能性成分提取与分离纯化方法研究进展. 扬州大学烹饪学报, 23(1): 59-62.

黄嘉丽, 黄宝华, 卢宇靖, 等. 2019. 电子舌检测技术及其在食品领域的应用研究进展. 中国调味品, 44(5): 189-193, 196.

巨晓军, 刘一帆, 章明, 等. 2019. 鸡肉品质性状评价指标与方法研究进展. 中国家禽, 41(2): 44-48.
雷元华, 杨媛丽, 张松山, 等. 2018. 长途运输应激对西门塔尔牛不同部位肉品质指标的影响. 肉类研究, 32(12): 31-35.
李鹤琼, 罗海玲. 2019. 反刍动物肌内脂肪及脂肪酸调控研究进展. 中国畜牧杂志, 55(8): 1-5, 12.
李亚妮. 2017. 边鸡不同品系肉用性能和肉品质的研究. 山西农业大学硕士学位论文.
栗敏杰, 张花菊, 赵佳浩, 等. 2020. 尧山白山羊肌肉蛋白质含量及其相关基因表达分析. 中国草食动物科学, 40(5): 6-11.
刘晶晶. 2018. 结缔组织热变化对牛肉嫩度影响的研究. 中国农业科学院硕士学位论文.
刘文轩, 罗欣, 杨啸吟, 等. 2022. 脂肪含量对雪花牛排在高氧气调包装贮藏期间肉色稳定性的影响. 现代食品科技, 38(2): 110-118.
罗夏琳, 李攻科, 胡玉斐. 2016. 衍生化技术在食品安全色谱分析中的应用. 中国科学: 化学, 46(3): 243-250.
罗湛宏. 2018. 鸡肉香精中关键香味成分的分析及其风味的分子感官研究. 华南理工大学硕士学位论文.
牟心泰, 杜险峰. 2020. 电子鼻与电子舌在食品行业的应用. 现代食品, (5): 118-119, 126.
沈晓晖, 刘炜, 吴昊昊. 2009. 不同肉鸡品种肉质性状的比较. 上海畜牧兽医通讯, (6): 50-51.
史新平, 陈燕, 徐玲, 等. 2018. 肉用西门塔尔牛与和牛杂交群体的肉品质分析. 中国畜牧兽医, 45(4): 953-960.
宋焕禄. 2011. 分子感官科学及其在食品感官品质评价方面的应用. 食品与发酵工业, 37(8): 126-130.
王春叶, 童华荣. 2007. 滋味稀释分析及其在食品滋味活性成分分析中的应用. 食品与发酵工业, 33(12): 117-121.
王敏. 2020. 放牧与舍饲对肉牛生产性能和肉品质影响的比较研究. 吉林大学博士学位论文.
王喆, 袁希平, 王安奎, 等. 2011. 牛品种和性别对牛肉脂肪及脂肪酸含量的影响. 西北农林科技大学学报(自然科学版), 39(4): 24-28.
肖智超, 葛长荣, 周光宏, 等. 2019. 肉的风味物质及其检测技术研究进展. 食品工业科技, 40(4): 325-330.
许宇振. 2021. 肉品中挥发性与非挥发性风味成分检测技术研究进展. 肉类工业, (9): 40-45.
杨静. 2014. 饲料桑粉的营养价值评定及在生长育肥猪日粮中的应用研究. 河北农业大学硕士学位论文.
杨小娇, 许静, 宗凯, 等. 2011. 不同温度热应激对肉鸡血液生化指标及肉品质的影响. 家禽科学, (3): 10-14.
叶丹, 王传明, 刘鹏, 等. 2021. 分子感官科学技术在调味品上的应用研究进展. 中国调味品, 46(5): 198-200.
尤瑞国. 2021. PPARα 促进 A-FABP 表达及肌内脂肪沉积的作用研究. 河南农业大学硕士学位论文.
袁立岗, 蒲敬伟, 姜广礼. 2010. 杂交麻羽肉鸡肌肉粗蛋白、脂肪含量比较分析. 国外畜牧学(猪与禽), 30(6): 65-67.
张惠. 2012. 饲养方式对雪山草鸡肉品质的影响. 南京农业大学硕士学位论文.
张燕红, 尹军峰, 刘政权, 等. 2018. 分子感官科学技术在茶叶风味上的应用研究进展. 食品安全质量检测学报, 9(22): 5922-5929.
郑浩, 季久秀, 周李生, 等. 2019. 猪肉肉色评分与色度值、大理石纹评分及肌内脂肪含量回归模型的建立. 江西农业大学学报, 41(1): 124-131.
周光宏, 李春保, 徐幸莲. 2007. 肉类食用品质评价方法研究进展. 中国科技论文在线, 2(2): 75-82.
朱莹莹, 赵瑜, 张丽, 等. 2020. 低场核磁共振技术对驴肉食品的掺伪鉴别. 苏州市职业大学学报, 31(4): 16-19.
Byrne D V, Bredie W, Mottram D S, et al. 2002. Sensory and chemical investigations on the effect of oven cooking on warmed-over flavour development in chicken meat. Meat Science, 61(2): 127-139.

Cartoni Mancinelli A, Di Veroli A, Mattioli S, et al. 2022. Lipid metabolism analysis in liver of different chicken genotypes and impact on nutritionally relevant polyunsaturated fatty acids of meat. Scientific Reports, 12: 1888.

Chen Z, Jia J P, Wu Y, et al. 2022. LC/MS analysis of storage-induced plasmalogen loss in ready-to-eat fish. Food Chemistry, 383: 132320.

Chevance F F, Farmer L J. 1999. Release of volatile odor compounds from full-fat and reduced-fat frankfurters. Journal of Agricultural and Food Chemistry, 47(12): 5161-5168.

Faustman C, Cassens R G. 1990. The biochemical basis for discoloration in fresh meat: a review. Journal of Muscle Foods, 1(3): 217-243.

Fga B, Mas A, Na B, et al. 2021. Proteomic pipeline for biomarker hunting of defective bovine meat assisted by liquid chromatography-mass spectrometry analysis and chemometrics. Journal of Proteomics, 238: 104153.

Geletu U S, Usmael M A, Mummed Y Y, et al. 2021. Quality of cattle meat and its compositional constituents. Veterinary Medicine International, 2021: 7340495.

Khaled A Y, Parrish C A, Adedeji A. 2021. Emerging nondestructive approaches for meat quality and safety evaluation—A review. Comprehensive Reviews in Food Science and Food Safety, 20(4): 3438-3463.

Kouba M, Benatmane F, Blochet J E, et al. 2008. Effect of a linseed diet on lipid oxidation, fatty acid composition of muscle, perirenal fat, and raw and cooked rabbit meat. Meat Science, 80(3): 829-834.

Methven L, Tsoukka M, Oruna-Concha M J, et al. 2007. Influence of sulfur amino acids on the volatile and nonvolatile components of cooked salmon (*Salmo salar*). Journal of Agricultural and Food Chemistry, 55(4): 1427-1436.

Modzelewska-Kapituła M, Pietrzak-Fiećko R, Tkacz K, et al. 2019. Influence of sous vide and steam cooking on mineral contents, fatty acid composition and tenderness of semimembranosus muscle from Holstein-Friesian bulls. Meat Science, 157: 107877.

Mottram D S. 1998. Flavour formation in meat and meat products: a review. Food Chemistry, 62(4): 415-424.

Mottram D S, Edwards R A, Halliday Macfie J H. 1982. A comparison of the flavour volatiles from cooked beef and pork meat systems. Journal of the Science of Food and Agriculture, 33(9): 934-944.

Oike H, Wakamori M, Mori Y S, et al. 2006. Arachidonic acid can function as a signaling modulator by activating the TRPM5 cation channel in taste receptor cells. Biochimica et Biophysica Acta, 1761(9): 1078-1084.

Ponnampalam E N, Hopkins D L, Bruce H, et al. 2017. Causes and contributing factors to "dark cutting" meat: current trends and future directions: a review. Comprehensive Reviews in Food Science and Food Safety, 16(3): 400-430.

Setyabrata D, Kim Y H B. 2019. Impacts of aging/freezing sequence on microstructure, protein degradation and physico-chemical properties of beef muscles. Meat Science, 151: 64-74.

Wu X, Tahara Y, Yatabe R, et al. 2019. Taste sensor: electronic tongue with lipid membranes. Analytical Sciences, 36(2): 147-159.

Zhao J, Wang M, Xie J C, et al. 2017. Volatile flavor constituents in the pork broth of black-pig. Food Chemistry, 226: 51-60.

第三章　畜禽肌肉品质形成的分子基础

第一节　骨骼肌的发生和发育

全球的人口增长对畜牧业的生产效率提出了更高的要求，生产优质肉是肉类行业面临的重大挑战。肉的生产既要满足全球的巨大需求，又要减少对环境的影响，实现这一目标的重要方法是缩短动物的生产周期。骨骼肌含有600多块单独的肌肉，是机体最大的组织，对维持机体的运动和支撑功能至关重要。对于产肉动物而言，骨骼肌是畜禽胴体的重要组成部分，占胴体重量的50%～70%。由于骨骼肌在胚胎期形成，动物出生时肌纤维的数量已经确定，出生后的肌肉生长主要是通过肌纤维的增粗来实现的。因此，充分认识骨骼肌的发生和发育对提高畜禽肉的生产效率具有非常重要的意义。

一、胚胎期骨骼肌的形成及其调节机制

（一）胚胎期骨骼肌的形成和发育

骨骼肌起源于轴旁中胚层（paraxial mesoderm），后者是原肠胚形成期间在原条/胚孔中形成的组织，随后在胚胎轴伸长期间于尾芽中形成。新生的轴旁中胚层构成胚胎后尖端的体前中胚层。体前中胚层是一种短暂的组织，可以进一步细分为未成熟的后部和固定的前部区域，后者形成块状细胞团，称为体节。骨骼肌的生成是从体节定向分化为成肌祖细胞和成肌细胞开始的（Chal and Pourquié，2017）。中胚层细胞经过成肌命运决定依次形成$Pax3^{+}$细胞和$Pax7^{+}$细胞，随后表达Myf5使这些细胞进入成肌谱系。在成肌细胞分化过程中，*MyoD*、*Myogenin*和*MRF4*规律性表达（Buckingham et al.，2003；Collins et al.，2009），随后这些成肌调节因子起始胚胎期肌球蛋白重链（eMyHC）等成肌特异性基因的表达。在胚胎发育阶段，$Myf5^{+}$细胞也可以形成棕色脂肪细胞（Seale et al.，2008）。从个体发育角度来看，早期骨骼肌的发育可以分为初级成肌和次级成肌两个阶段。胚胎阶段首先形成的是初级肌纤维，随后形成次级肌纤维。次级肌纤维是成年期肌纤维的主要组成部分（Beermann et al.，1978）。卫星细胞起源于胚胎期成肌细胞，在动物出生后的骨骼肌中定位在成熟肌纤维的周围并处于静息状态。卫星细胞的不对称分裂、成肌分化以及与已有的肌纤维融合对动物出生后肌肉的生长有重要意义（Kuang et al.，2007）。

胚胎期骨骼肌的形成需要大量的营养，母体营养的缺乏对骨骼肌发育影响很大（Zhu et al.，2004）。值得注意的是，在胚胎期，与脑、心脏和肝等器官相比，肌肉在营养分配方面的优先级比较低。对于肉牛而言，初级肌纤维主要在妊娠后2个月内形成，数量非常有限，次级肌纤维是在妊娠后2～7个月形成的（Russell and Oteruelo，1981）。在

此阶段抑制肌纤维的形成会减少其数量和肌肉重量，对后代的生长性能产生负面影响（Stannard and Johnson，2004；Zambrano et al.，2005；Zhu et al.，2006）。在妊娠后期限制母体营养的摄入会使肌纤维直径变小，但对肌纤维数量没有影响（Du et al.，2013）。但是在啮齿动物上的研究表明，妊娠后期母体营养不足会减少卫星细胞的数量，影响后代出生后的肌肉生长和肌肉再生（Woo et al.，2011）。

（二）胚胎期骨骼肌形成和发育的分子调节机制

在胚胎发育过程中，大量的信号分子会控制骨骼肌形成和发育的各个阶段。这些信号激活细胞表面受体，诱导细胞内信号通路，最终汇聚到一系列特定的转录因子和染色质重塑因子上。这些因子将细胞外信号转化为基因和 microRNA 表达程序，从而赋予成肌祖细胞肌源性特征。本部分重点从转录因子（成肌调节因子）、胞外信号分子（Wnt 信号通路）和表观遗传修饰等不同角度介绍骨骼肌形成和发育的分子调节机制。

1. 成肌调节因子

胚胎期骨骼肌的发育受到外在因素和内在因素的双重调节。成肌调节因子通过影响下游的基因表达网络来控制肌肉的形成过程。1987 年，具有开创性意义的消除杂交试验通过使用成肌细胞的互补 DNA（cDNA）文库鉴定了碱性螺旋-环-螺旋因子——成肌分化因子 *MyoD*，将其转移进入成纤维细胞可以使其形成肌管（Davis et al.，1987）。随后，另外三种肌源性的螺旋-环-螺旋因子 *Myf5*、*Myogenin* 和 *MRF4*（也称为 *Myf6*）也被发现，它们同样可以使非肌肉细胞具有成肌细胞的特征。高度保守的 *MyoD*、*Myf5*、*Myogenin* 和 *MRF4* 选择性地在骨骼肌谱系中表达，因此被命名为成肌调节因子（MRF）。肌肉形成的过程受到基因调节网络的层级控制，在每个特定的时间和空间发育阶段都会受到一个主调节因子的精确控制（Buckingham and Rigby，2014）。每一个成肌调节因子都可以作为肌肉形成的主要调节因子，它们表达的位置、时间以及水平都会受到精细调节，以确保发育过程的准确进行。

Myf5 是在胚胎发育中最早表达的成肌调节因子，首先在轴旁中胚层中转录水平升高，随后和其他成肌调节因子一起参与肌节的形成（Ott et al.，1991；Buckingham，1992）。在小鼠上，*Myf5* 和 *MRF4* 首先在胚胎期第 8 天表达，*Myf5*/*MRF4* 表达的细胞分层并迁移至生皮肌节的下部形成肌刀（Kassar-Duchossoy et al.，2004；Summerbell et al.，2002）。在 *MRF4* 和 *Myogenin* 的控制下，表达 *Myf5*/*MRF4* 的细胞分化形成未融合的单核肌细胞，用来形成胚胎期的第一块骨骼肌。胚胎期第 10.5～11.5 天，来源于生皮肌节中心区域的表达 *Pax3*/*Pax7* 的干细胞进入肌刀。*MyoD* 首先在胚胎期第 10.5 天下轴和上轴的祖细胞中表达，与 *Myf5* 的表达重合，这些祖细胞和表达 *Pax3*/*Pax7* 的干细胞一起共同促进肌刀的发育。MRF4 的表达在胚胎期第 11.5 天受到抑制，因此 *MyoD* 和 *Myogenin* 在随后的初级肌纤维生成中直接调节成肌细胞融合形成成熟肌刀的多核初级肌纤维。小鼠的初级肌纤维生成在胚胎期第 14.5 天结束，所有的肌肉群基本建立起来。次级肌纤维生成大约在胚胎期第 16.5 天开始，表达 *Myf5*/*MyoD* 的成肌细胞增殖，其中大多数在 *Myogenin* 的直接控制下进入分化阶段并重新表达 MRF4。这些分化的细胞与已经存在的初级肌纤维融合或者以

初级肌纤维为支架重新形成次级肌纤维（Ontell and Kozeka，1984）。次级肌纤维构成了骨骼肌的主体，在小鼠出生时次级肌纤维的生成结束（Ontell and Kozeka，1984）。

基因缺失研究表明，*Myf5* 和 *MRF4* 的同时缺失会使肌刀的形成推迟 1～2 天，随后 *MyoD* 可以拯救肌生成过程（Tajbakhsh et al.，1997）。在同时缺失 *Myf5* 和 *MyoD* 的情况下，*MRF4* 只能在胚胎发育阶段启动有限的肌生成（Kassar-Duchossoy et al.，2004）。同时缺失 *Myf5*、*MyoD* 和 *MRF4*，会导致成肌细胞和肌肉完全丧失（Rudnicki et al.，1993）。因此，在胚胎和胎儿发育期间，这些因子在部分冗余的转录调控网络中协同调节成肌细胞的"命运"。相反，*Myogenin* 在胎儿期肌生成中的作用独一无二，在 *Myogenin* 缺失的小鼠中，胎儿肌生成基本完全失败，分化的肌纤维形成很少（Hasty et al.，1993；Nabeshima et al.，1993；Venuti et al.，1995）。值得关注的是，除 *Myf5* 之外失活其他的成肌调节因子基因，成肌细胞仍然可以命运定向，但是不能分化（Valdez et al.，2000）。在 *MyoD* 缺失的小鼠中，用 *Myogenin* 代替 *Myf5* 可以引起成肌细胞的分化，但是不能增加成肌细胞的数量，从而导致肌肉营养不良（Wang and Jaenisch，1997）。

2. Wnt 信号通路

Wnt 配体属于保守的富含半胱氨酸的糖蛋白家族，在众多生理过程中具有重要作用。人类共有 19 个 Wnt 基因，每一个都有不同的表达模式和功能（Nusse and Varmus，2012；Clevers and Nusse，2012；Gordon and Nusse，2006）。Wnt 信号通路主要包括经典的依赖 β 联蛋白（β-catenin）的信号通路和非经典的不依赖 β-catenin 的信号通路（图 3-1）。

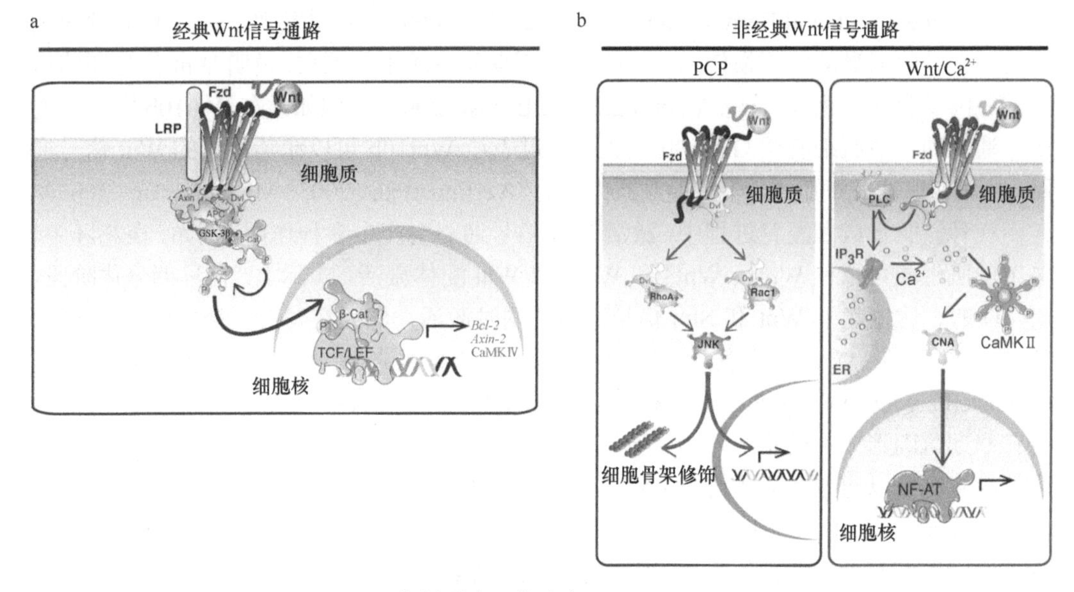

图 3-1　Wnt 信号通路（修改自 Cisternas et al.，2014）

a. 在缺少 Wnt 的情况下，GSK-3β 促进 β-catenin（β-Cat）的磷酸化，导致其降解。在经典的 Wnt 信号通路中，Fzd 和 LRP5/6 的激活引起 β-catenin 聚集、入核，并在细胞核中与转录因子 TCF/LEF 结合，增强 *Bcl-2*、*Axin-2* 和 *ECM* 等 Wnt 靶基因的转录。b. Wnt 配体与受体的结合引起 Fzd、Dvl 激活，促进 JNK 信号通路激活以及 JNK 与细胞骨架结合。此外，Fzd-Dvl 复合体促进 IP_3 的产生，而 IP_3 激活 IP_3 受体（IP_3R），促进胞内 Ca^{2+}的释放。这个过程会激活 CaMKⅡ和钙调磷酸酶等蛋白质，从而通过转录因子 NF-AT 调节基因表达。ER：内质网；PLC：磷脂酶 C；CNA：胶原黏附素；LRP：低密度脂蛋白受体相关蛋白；PCP：平面细胞极性；TCF/LEF：T 细胞特异性转录因子/淋巴增强子结合因子经典的 Wnt 信号通路中，Wnt 配体与广泛表达的卷曲（fizzled，Fzd）受体结合。在脊椎动物中，总共发现了 10 个 Fzd 受体成员（Wang et al.，2006）。Wnt 与 Fzd 的结合需要 LDL 受体相关蛋白 5/6（LRP5/6）作为 Fzd 的共受体发挥作用（Niehrs，2012）。经典的 Wnt 信号通路需要胞内蛋白 β-catenin。在缺少 Wnt 配体的情况下，β-catenin 水平比较低，由支架蛋白 Axin、APC 和糖原合成激酶 3β（GSK-3β）组成的“破坏复合体”会磷酸化 β-catenin，通过蛋白酶体途径促进其降解（Niehrs，2012）。Wnt 与 Fzd 结合之后，支架蛋白 Dvl 富集，破坏复合体分解，β-catenin 在胞质中聚集，随后进入细胞核与 T 细胞特异性转录因子（TCF）和淋巴增强子结合因子（LEF）结合，诱导 Wnt 靶基因的表达（Clevers and Nusse，2012；Arrázola et al.，2009；Hödar et al.，2010）。至少有两条非经典的信号通路可以被 Wnt 配体激活。在平面细胞极性通路（Wnt/PCP）中，Dvl 引起 Rho、Rac 等小 GTPase 的激活，随后激活 c-Jun N 端激酶（JNK），后者既可以向细胞核发出信号，也可以改变骨架蛋白的稳定性。这是因为 JNK 可以影响微管相关蛋白的磷酸化，也可以与肌动蛋白调节蛋白相互作用（Rosso et al.，2005）。反过来，在 Wnt/Ca^{2+}通路中，Dvl 下游信号激活三聚体 G 蛋白和磷脂酶 C，从而增加三磷酸肌醇（IP_3）的合成，引起细胞内 Ca^{2+}水平的升高，蛋白激酶 C（PKC）、Ca^{2+}-钙调蛋白依赖的蛋白激酶Ⅱ（CaMKⅡ）以及钙调磷酸酶等 Ca^{2+}依赖的蛋白质被激活。这些酶可以调节转录因子 NF-AT，从而促进特定靶基因的表达（Nusse and Varmus，2012；Inestrosa et al.，2012；Varela-Nallar et al.，2010）。

在体内研究中，利用 Fzd 受体突变鼠以及 Wnt 配体研究 Wnt 信号和肌肉形成的关系（van Amerongen and Berns，2006；Chien et al.，2009）。结果发现，关键 Wnt 效应因子的缺失导致明显的组织损伤以及肌肉发育不良而造成小鼠死亡，说明 Wnt 信号通路对产前肌肉发育非常重要（van Amerongen and Berns，2006）。例如，在 Wnt10b 突变研究中，通过抑制成肌细胞中 GSK-3β 表达或者过表达 Wnt10b 可以激活经典的 Wnt 信号通路，从而加速成肌细胞的分化，促进肌肉发育（Vertino et al.，2005；Miyoshi et al.，2002）。

在骨骼肌形成和发育过程中，激活 Wnt 信号通路会产生多种作用。例如，在鸡胚中，体节的肌生成可以被 Wnt1、Wnt3 和 Wnt4 等 Wnt 配体激活。实际上，在早期分化阶段，MyoD 的表达依赖于 Wnt 和 Shh 信号通路的同时激活，然而在发育后期，仅 Wnt 的激活就可以诱导 MyoD 的表达，说明 Wnt 信号是引起晚期产前分化的关键因素（Münsterberg et al.，1995）。Fzd 和 Wnt 配体在鸡胚不同部位的分布模式说明了 Wnt 信号在早期肌肉形成中的重要作用，但是在体节、近轴中胚层等胚胎区域存在明显重叠的表达模式，可以通过激活经典和非经典的 Wnt 信号通路调节肌肉的形成（Borello et al.，1999；Cauthen et al.，2001）。从这个角度来看，虽然 Wnt/β-catenin 信号通路在肌肉形成的不同阶段都有非常关键的作用，但有证据表明非经典的信号通路在这个过程中也会发挥作用（von Maltzahn et al.，2012a）。不同 Wnt 配体和信号通路互相作用调控肌肉形成的确切机制还需要进一步研究。

3. 肌肉生长发育的表观遗传修饰

在真核细胞中，染色质以多种形式存在，由基因组 DNA、蛋白质和 RNA 组成。染色质中的蛋白质主要是核心组蛋白，后者组装成核小体，导致 DNA 浓缩。许多表观遗传机制可调节核小体的稳定性以及蛋白质-蛋白质之间的相互作用，从而改变 DNA 的转录活性。表观遗传是基因表达的可遗传变化，可能会导致表型差异，但不会改变 DNA 序列。表观遗传机制对营养变化非常敏感，包括但不限于 DNA 甲基化、组蛋白修饰和微 RNA 等（图 3-2）。

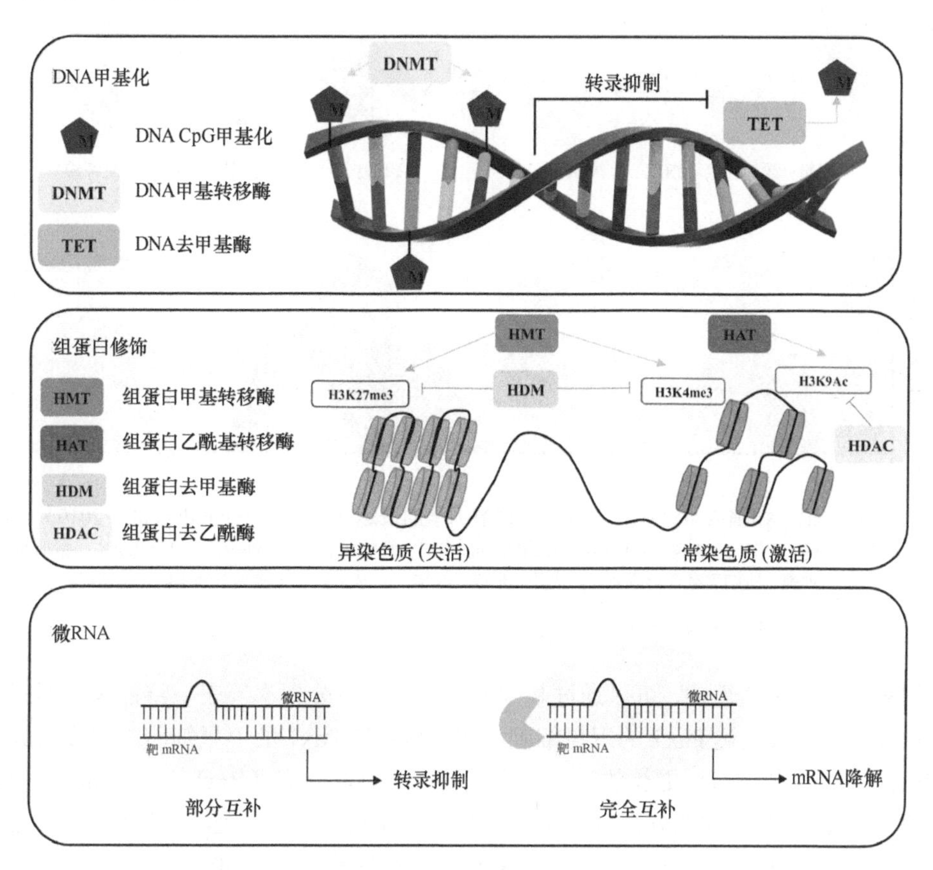

图 3-2　表观遗传修饰（修改自 Costa et al.，2021）

DNA 甲基化是在基因启动子区域 CpG 岛胞嘧啶残基的 5 号碳位添加一个甲基基团，通过阻断转录因子的结合来抑制基因的转录。

二、成年期骨骼肌的再生与调控

骨骼肌通过高效的干细胞修复系统来确保自身的健康状态。在肌肉损伤的情况下，骨骼肌的修复能力依赖于骨骼肌干细胞（卫星细胞）在不同细胞命运之间的转换。在健康的骨骼肌中，卫星细胞位于肌纤维和基底膜之间，主要处于静息状态（Chargé and Rudnicki，2004）。卫星细胞的静息状态会被周期性地中断以维持肌纤维的稳态（Pawlikowski et al.，2015）。在这种情况下，卫星细胞进行不对称分裂，分裂得到的一个细胞定向成为成肌祖细胞，经过终末分化形成单核肌细胞，单核肌细胞相互融合形成新的肌纤维，损伤的肌纤维得到修复（图 3-3）；另外一个细胞继续以卫星细胞的形式存在，用来维持卫星细胞的总体数量（Holterman and Rudnicki，2005）。本部分主要从卫星细胞的特征和肌肉再生过程的调控角度深入阐述成年期骨骼肌的发生特点和过程。

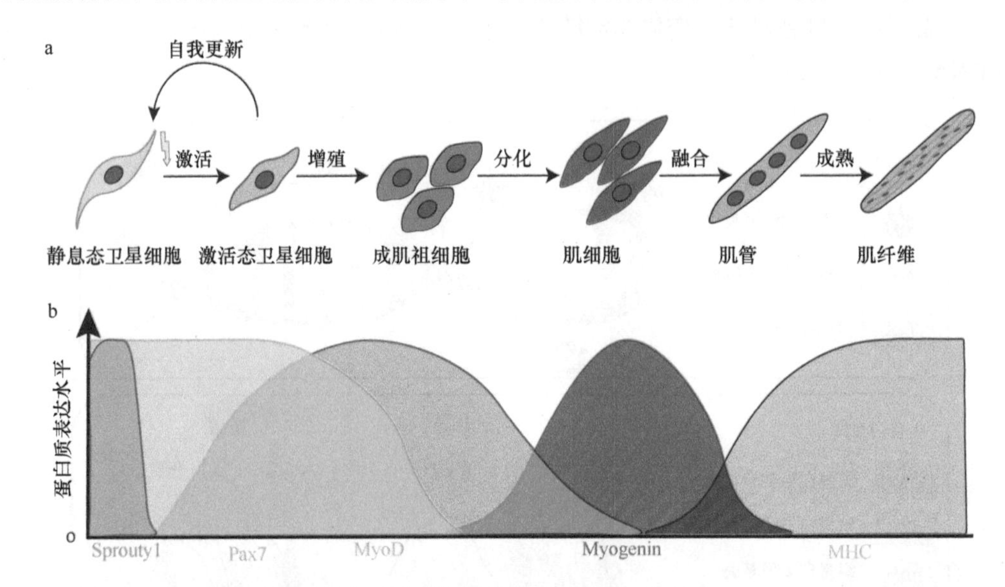

图 3-3　卫星细胞成肌过程和关键成肌调节因子的表达（修改自 Schmidt et al.，2019）

a. 成肌系谱细胞进程示意图：在肌肉损伤的情况下，卫星细胞激活、增殖产生成肌祖细胞，经过分化之后，成肌祖细胞形成肌细胞，肌细胞融合形成肌管，成熟后形成肌纤维。b. 成肌过程关键调节因子的表达情况

（一）卫星细胞的异质性和不对称分裂

卫星细胞是异质性的，可以通过基因表达水平或者分裂率等表型特征区分不同的卫星细胞亚群。与低表达 Pax7 的卫星细胞相比，高表达 Pax7 的卫星细胞定向成为成肌祖细胞的能力比较弱，需要更长的时间来完成第一次有丝分裂（Rocheteau et al.，2012）。这些细胞分裂后不对称地分离 DNA，所以后代细胞也仍然表达干细胞的标志性蛋白（Shinin et al.，2006，2009）。基于 Myf5-Cre 报告小鼠系统（R26R-YFP/Myf5-Cre）研究卫星细胞的异质性，可以发现大约有 10%的 $Pax7^+$细胞不表达报告基因黄色荧光蛋白（YFP），说明这些细胞从未表达 Myf5。YFP^+卫星细胞可以形成新的肌纤维，不能再变成静息态的卫星细胞（Kuang et al.，2007）。

不对称分裂是干细胞适度更新的先决条件。Shinin 等（2006）首次利用溴脱氧尿苷（BrdU）掺入试验证明了卫星细胞不对称分裂的存在。卫星细胞的不对称分裂受到 Notch 等多种信号的调节（Wen et al.，2012）。在 R26R-YFP/Myf5-Cre 报告小鼠系统中，Notch 信号影响 YFP^-卫星细胞的不对称分裂，Notch 效应分子 Notch3 和 Delta1 在分裂后的子细胞中不对称分布，YFP^-细胞表达 Delta1，YFP^+细胞表达 Notch3（Kuang et al.，2007）。Notch 的拮抗剂 Numb 在用于区分不同卫星细胞亚群的小鼠模型中也存在不对称分布，进一步证实了 Notch 信号对卫星细胞不对称分裂的重要性（Shinin et al.，2009；Conboy et al.，2007；Conboy and Rando，2002）。除信号分子和受体的不对称分布外，在卫星细胞分裂的过程中，DNA 双链也存在不对称的分离。保留模板 DNA 链的子细胞显示出更强的干性特征，从而减少了 DNA 在复制过程中错误的累积（Rocheteau et al.，2012）。此外，细胞极性对卫星细胞的不对称分裂也会产生影响。例如，Par 复合体是一种位于顶膜的进化保守复合体，是成肌细胞不对称分化启动的先决条件（Troy et al.，2012）。激活 Par 复合体会导致 p38 MAPK 细胞的选择性激活，从而直接调节 MyoD 的转录（Palacios et al.，2010）。肌营养不良蛋白 Dystrophin 对稳定肌纤维功能有重要作用，在卫星细胞不对称分裂过程中是调节细胞极性的重要辅助因子（Dumont et al.，2015），也就意味着迪谢内肌营养不良不仅影响肌纤维，也会影响卫星细胞的功能。在人类或者动物中，营养不良都会引起肌肉的再生，因此认识 Dystrophin 在卫星细胞不对称分裂中的作用对利用营养手段改善成年期肌肉功能具有重要的意义。

（二）骨骼肌的再生过程

如图 3-4 所示，骨骼肌的再生过程分为三个阶段：炎症阶段、卫星细胞的激活/分化阶段以及成熟阶段，在成熟阶段形成新的肌纤维。

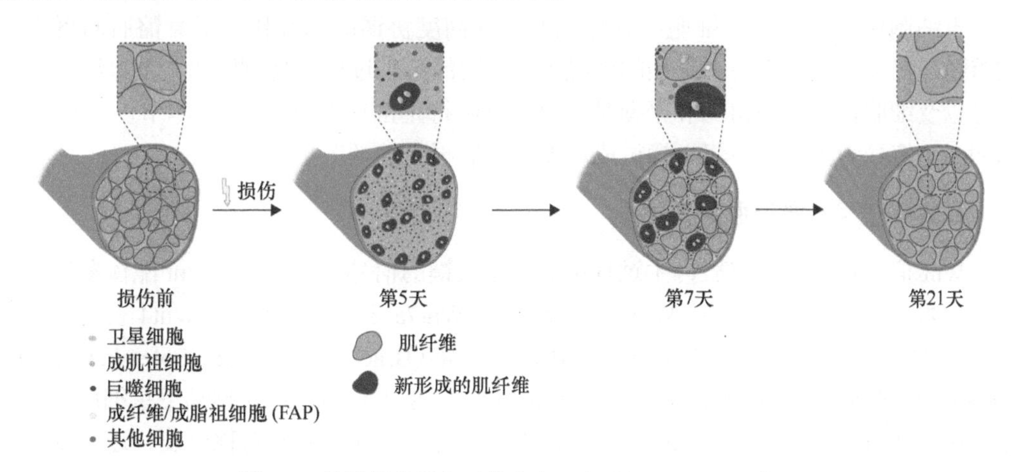

图 3-4 骨骼肌的再生（修改自 Schmidt et al.，2019）

在正常状态的骨骼肌中，卫星细胞处于静息状态；在心脏毒素损伤后的第 5 天，再生的肌肉细胞大部分变成了卫星细胞、免疫细胞等单核细胞，但是在第 7 天可以形成新的肌管，肌管成熟之后形成多核肌纤维。值得注意的是，完整的肌纤维细胞核位于周围，新生的肌纤维细胞核位于中心，在肌纤维成熟的过程中，细胞核向肌纤维的外周迁移

肌肉损伤后的退化始于受损肌纤维的坏死。这个过程中，Ca^{2+}流动增强，从受损肌纤维的肌浆网中释放，引起受损组织的蛋白质水解和变性。肌纤维的坏死会招募白细胞，引发炎症反应（Yin et al.，2013；Tidball，1995）。首先招募到受损肌肉的炎症细胞是中性粒细胞，招募过程发生在损伤后的 6h 内（Fielding et al.，1993），随后受损部位出现巨噬细胞浸润。在肌肉中，早期浸润的巨噬细胞是促炎的 $CD68^{+}/CD163^{-}$巨噬细胞，之后是抗炎的 $CD68^{-}/CD163^{+}$巨噬细胞（Cantini et al.，2002；Chazaud et al.，2009；Merly et al.，1999）。早期浸润的巨噬细胞在肌肉损伤后 24h 数量达到峰值，主要用来吞噬损伤的肌肉碎片，分泌肿瘤坏死因子 α（TNF-α）和白细胞介素 1（IL-1）等促炎因子。随后出现的 $CD68^{-}/CD163^{+}$巨噬细胞分泌白细胞介素 10（IL-10）等抗炎因子，促进卫星细胞的增殖和分化（Arnold et al.，2007；Heredia et al.，2013；Saclier et al.，2013）。在肌肉损伤后 2～4 天，抗炎巨噬细胞的数量达到最大值。

肌肉再生的第2阶段出现卫星细胞的激活和分化（图3-4）。卫星细胞在静息状态下表达Pax7，不表达MyoD（von Maltzahn et al.，2013；Bentzinger et al.，2012）。损伤之后，静息态的卫星细胞进入细胞周期，开始表达MyoD，并迁移进入损伤位置，与损伤的肌纤维融合或者变成成肌祖细胞。卫星细胞的迁移受到肝配蛋白和Wnt7a等来自肌纤维的多种信号的调控（Bentzinger et al.，2014；Stark et al.，2011）。成肌祖细胞增殖速度快，MyoD和Myf5的表达水平高。而转录因子Pax3和Pax7可以促进细胞增殖，引起成肌系谱细胞定向基因的表达，抑制分化相关基因的表达。从形态上看，成肌祖细胞可以形成拉长的肌细胞，肌细胞融合形成多核肌管。新形成的肌纤维细胞核位于中央，表达发育肌球蛋白重链（devMyHC），后者仅在胚胎发育过程中表达（von Maltzahn et al.，2013；Yin et al.，2013；Bentzinger et al.，2012）。之后是肌纤维的成熟阶段，即肌肉再生的第3阶段。

（三）骨骼肌再生的调节机制

干细胞微环境和卫星细胞与其他细胞之间高度协调的相互作用对骨骼肌的再生至关重要。在衰老等肌肉稳态受损的情况下，肌肉的再生过程会受到阻碍。卫星细胞外的信号以及细胞内信号的协调和平衡是卫星细胞维持正常功能所必需的。本节以Wnt信号和Notch信号为例进一步深入探讨成年期骨骼肌再生的调节机制。

1. Wnt信号与骨骼肌的再生

Wnt信号通路是骨骼肌再生过程中的一条关键的信号通路，多种Wnt配体参与了骨骼肌的再生。在再生的早期，Wnt5a、Wnt5b和Wnt7a表达水平升高，Wnt4表达水平降低。在再生的后期，Wnt3a和Wnt7b表达水平升高（Brack et al.，2008；Polesskaya et al.，2003）。在成年期骨骼肌中，依赖配体Wnt3a的经典Wnt信号通路推动卫星细胞分化，依赖配体Wnt7a的非经典Wnt信号通路主要参与卫星细胞的不对称分裂、迁移以及肌纤维的生长（Brack et al.，2008；Bentzinger et al.，2013，2014；Le Grand et al.，2009；Otto et al.，2008；von Maltzahn et al.，2011，2013；Girardi and Le Grand，2018）。在骨骼肌中，Wnt7a通过卷曲蛋白受体Fzd7发挥作用。在卫星细胞和肌纤维中，Wnt7a和Fzd7的结合可以激活平面细胞极性通路（planar cell polarity pathway，PCPP）和Akt/mTOR信号通路等多条通路（von Maltzahn et al.，2012a），使得Wnt7a成为治疗肌肉萎缩疾病的有效候选（von Maltzahn et al.，2012b）。也有研究报道了经典Wnt信号调节剂R-spondin对肌肉再生过程中成肌祖细胞分化的重要性，进一步证明了Wnt信号对骨骼肌再生的重要意义（Girardi and Le Grand，2018；Lacour et al.，2017；Huels and Sansom，2017）。相反，破坏卫星细胞中β-catenin的活性会阻碍骨骼肌的再生过程（Rudolf et al.，2016）。

2. Notch信号与骨骼肌的再生

不同信号通路的激活达到平衡是骨骼肌有效再生的先决条件。如图3-5所示，Notch信号向经典Wnt信号的瞬时转换是卫星细胞分化所必需的。经典的Wnt信号会抑制Notch信号的作用，从而推进成肌系谱细胞的定向和成肌分化（Brack et al.，2008）。

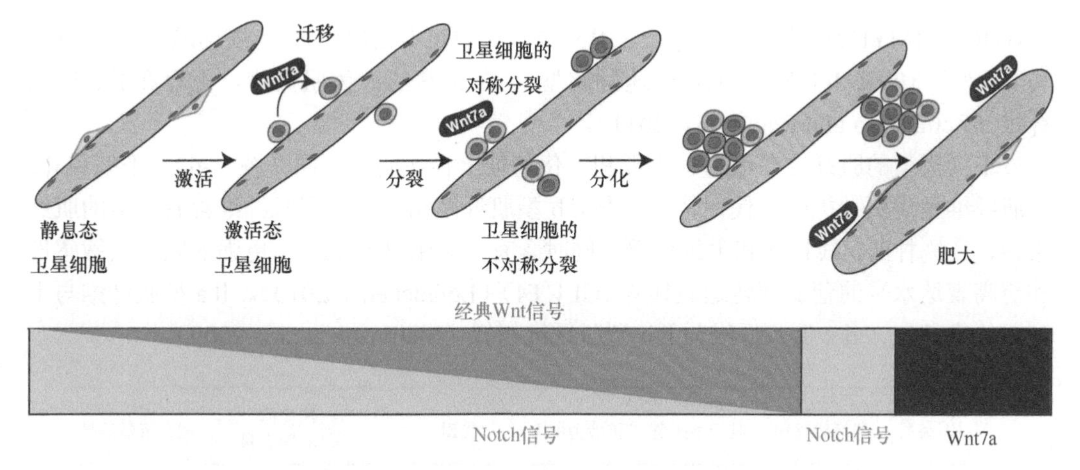

图 3-5　卫星细胞分化过程中 Notch 信号向 Wnt 信号的转变（修改自 Schmidt et al.，2019）

卫星细胞通过表达高水平的 Notch 信号使自身维持在静息状态，被激活后经典的 Wnt 信号水平升高；依赖配体 Wnt7a 的非经典 Wnt 信号通路促进卫星细胞的对称分裂以及卫星细胞的迁移；在卫星细胞回归静息态之后，Notch 信号水平回升，Wnt7a 继续促进肌管和肌纤维肥大

信号接收细胞上的 Notch 受体作为异二聚体在细胞表面表达，对应的 Notch 配体则定位在发送信号细胞上。对于骨骼肌而言，Notch 配体在肌纤维表面表达，进而控制卫星细胞的增殖和分化。Notch 配体与卫星细胞表达的跨膜受体 Syndecan3 相互作用，用于维持卫星细胞池以及肌肉再生之后肌纤维的大小（Pisconti et al.，2010）。对于缺失 Notch1 和 Notch2 的小鼠卫星细胞，不能维持静息状态，较早地进入细胞周期，导致卫星细胞数量的减少（Fujimaki et al.，2018）。Notch 信号和血管微环境的互作对卫星细胞静息状态的调节也有重要的影响，如钙黏蛋白等细胞黏附因子通过与肌纤维的微环境相互作用来控制卫星细胞由静息态向激活态转换（Goel et al.，2017）。

第二节　肌纤维类型的形成与转化

骨骼肌肌纤维的特征在胚胎发育阶段形成，受到体内成肌调节因子的控制，并在成年期肌肉中受到神经因子和激素因子等的调节，这两个调控特征称为肌肉特定化和肌肉可塑性。近年来，肌肉特定化与可塑性的分子机制受到越来越多的关注。本节主要讲述胚胎期肌纤维类型形成以及成年期肌纤维类型转化过程中的生物学事件和调控途径。

一、肌纤维类型的形成

（一）肌纤维类型及其与肉品质的关系

1. 肌纤维类型的定义

根据肌纤维的组织化学染色特征，传统意义上将其分为慢收缩氧化型、快收缩氧化酵解型和快收缩酵解型三种类型。目前，根据肌球蛋白重链（MyHC）亚型的表达情况，肌纤维一般分为 4 种类型：Ⅰ型（MyHCⅠ[MYH7]，慢速氧化型）、Ⅱa 型

（MyHC Ⅱa[MYH2]，快速氧化型）、Ⅱx 型（MyHC Ⅱx[MYH1]，快速氧化酵解型）和Ⅱb 型（MyHC Ⅱb[MYH4]，快速酵解型）。在正常的人体肌肉中，不存在Ⅱb 型肌纤维（Schiaffino and Reggiani，2011）。

不同类型的肌纤维在形态、生理和生化特征上存在明显不同（图 3-6）。Ⅰ型和Ⅱb 型肌纤维呈现两种极端的代谢特征。与Ⅱb 型肌纤维相比，Ⅰ型肌纤维含有丰富的肌红蛋白、三酰甘油、线粒体和毛细血管，同时含有更高浓度的 Ca^{2+}、更强的胰岛素敏感性和更高表达水平的葡萄糖转运载体 4（GLUT4）（Lefaucheur，2010）。Ⅱa 型肌纤维与Ⅰ型肌纤维相似，Ⅱx 型肌纤维与Ⅱb 型肌纤维相似（Mallinson et al.，2009）。

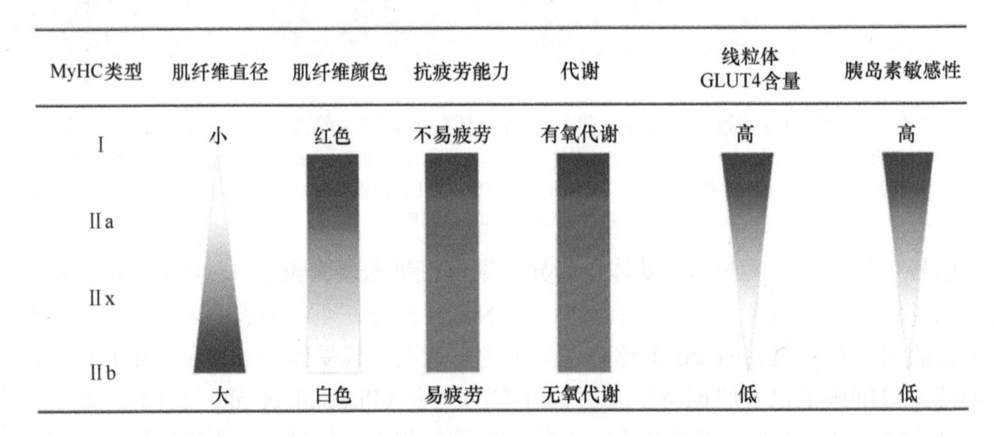

图 3-6　哺乳动物 4 种肌纤维类型的主要特征

动物出生前肌纤维的数目已经确定，但是肌纤维类型的组成在整个生命过程中会不断变化以适应生命活动的需要，这个过程称为肌纤维类型转化或者肌肉可塑性。在医学研究中，肌纤维类型转化是很多肌肉疾病和代谢综合征治疗的生理基础。

2. 肌纤维类型与肌肉生长和肉品质的关系

肌肉的整体特性是由肌纤维的种类和比例共同决定的。肌纤维类型的组成在不同肌肉部位和不同动物之间存在显著差异（Lee et al.，2010），并受到品种（Ryu et al.，2008；Wright et al.，2018）、年龄（Jurie et al.，1999）、性别（Hawkins et al.，1985）、营养（Apaoblaza et al.，2020；Jeong et al.，2012）、运动（Petersen et al.，1998）、生长速度（Kim et al.，2013）和肌肉解剖位置（Kirchofer et al.，2002）等众多因素的影响。

肌纤维类型对全身肌肉生长的重要性最早是在野猪和家猪的对比研究中提出的。野猪的肌肉含有较多红色、氧化、慢速收缩的肌纤维，肌肉的生长潜力低，表明肌肉生长与肌纤维类型有关。Karlsson 等（1993）发现家猪的选育过程提高了Ⅱb 型肌纤维的比例，进一步证实了肌纤维类型与肌肉生长之间的关系。同样，与较少被选择的脂肪型猪种相比，被高度选择的猪种含有 50%以上的Ⅱb 型肌纤维，Ⅰ型肌纤维的比例则相应减少（Depreux et al.，2000）。按纤维直径排序，肌纤维的顺序与肌纤维收缩速度、糖酵解代谢速度相一致，即Ⅰ<Ⅱa<Ⅱx<Ⅱb，也就意味着增加Ⅱ型 MyHC 的表达会推动肌肉的生长，引起肌肉肥大。

肌纤维类型组成和肉品质之间存在密切关联。肌纤维类型在很大程度上反映了肌肉转化为肉品过程中的生化特点，从而反映了肉品质（Apaoblaza et al.，2020；Ryu and Kim，2005）。肌纤维类型与畜禽屠宰后 pH 值下降速率之间的关系已被证实，下降速率与糖酵解潜力（glycolytic potential，GP）以及Ⅱ型肌纤维，尤其是Ⅱx 型和Ⅱb 型肌纤维的比例正相关（Bowker et al.，2004）。屠宰后肌纤维 pH 值的下降速度取决于 ATP 的水解速度，因此Ⅱ型肌纤维 pH 值的快速下降主要归因于其具有较高的 ATP 水解速度（Stienen et al.，1996）。鸡胸肉全部由Ⅱb 型肌纤维组成，牛骨骼肌中不存在Ⅱb 型肌纤维，因此屠宰后鸡胸肉 pH 值的下降速度要远远快于牛背最长肌（Kim et al.，2017）。从代谢角度看，酵解型肌纤维中有更多的糖酵解酶和肌浆网，均促进了畜禽屠宰后酵解型肌纤维的无氧代谢。Baylor 和 Hollingworth（2012）发现，在存在应激的情况下，酵解型肌纤维释放的 Ca^{2+}是氧化型肌纤维的 3～4 倍，导致了以酵解型肌纤维为主的肌肉 pH 值下降更快，更易引起 PSE 肉的产生。线粒体是细胞质中 Ca^{2+}的一个重要来源，在调节细胞 Ca^{2+}稳态中发挥重要作用（Baughman et al.，2011），因此可以将线粒体作为靶细胞器，通过控制线粒体释放 Ca^{2+}的速度来延缓屠宰后肌肉 pH 值的下降。屠宰后早期由于肌肉中仍然有氧气的残留，线粒体可能会通过与乳酸脱氢酶竞争丙酮酸来降低 pH 值下降的速度（Tang et al.，2005）。

肌纤维类型组成是决定肉色的基础。动物不同部位肌肉的颜色以及不同动物肌肉的颜色都与肌纤维类型有直接关系（Ramanathan et al.，2020）。Ⅰ型肌纤维的肌红蛋白含量是Ⅱb 型肌纤维的 4 倍，Ⅱa 型肌纤维介于Ⅰ型和Ⅱb 型之间，因此提高Ⅰ型和Ⅱa 型肌纤维的比例可以提高肉的红度值。以生长性能和产肉量为目的的选育，导致畜禽肌纤维向酵解型转变，给肉色稳定性带来了不利影响（Ruusunen and Puolanne，2004）。酵解型肌纤维有较高含量的不饱和脂肪酸，容易发生脂质氧化。而脂质氧化的反应产物（醛类）和血红蛋白共价加合，导致血红素基团暴露，从而促进氧化和变色（Suman et al.，2007）。肌肉 pH 值的加速降低通常会伴随肌肉系水力的变差，导致肉表面血红蛋白和光反射率的损失（Honikel and Kim，1986）。在猪的背最长肌中，提高Ⅰ型肌纤维的比例可以延缓 pH 值的下降速度，提高肉的 pH 值、系水力和亮度（Ryu et al.，2008）。因此，提高氧化型肌纤维的比例对维持猪肉和鸡肉货架期的稳定性是有利的。但是对于肉牛而言，氧化型肌纤维的比例越高肌肉越容易氧化和变色。例如，以Ⅰ型肌纤维为主的牛的腰大肌肉色不稳定，氧化型肌纤维比例低的腰最长肌肉色稳定（Suman and Joseph，2013；Belskie et al.，2015）。深入研究发现，与腰最长肌相比，腰大肌脂质氧化过程强，正铁血红蛋白还原能力低，抗氧化酶含量低，均导致牛的腰大肌肉色不稳定（McKenna et al.，2005；Seyfert et al.，2007；Joseph et al.，2012）。

肌纤维类型组成和嫩度之间的关系比较复杂，存在争议。有研究发现肉的嫩度和氧化型肌纤维的比例存在正相关关系（Hwang et al.，2010；Calkins et al.，1981；Picard et al.，2014），但是也有研究认为两者没有关联或者存在负相关关系（Totland et al.，1988；Seideman et al.，1986）。以氧化型肌纤维为主的肌肉通常具有较高的脂肪含量（Calkins et al.，1981），而脂肪含量与肌肉嫩度呈正相关关系。此外，肌纤维直径是肌肉嫩度的重要决定因素，嫩度随肌纤维直径的增加而降低，而与其他类型的肌纤维相比，Ⅰ型肌纤维直径最小（Jeong et al.，2010；Renand et al.，2001）。同时，氧化型肌纤维的胶原含量高，屠宰后的蛋白质水解慢，两个因素又增加了氧化型肌纤维的韧性（Totland et al.，1988）。

（二）肌纤维类型形成的机制

在胚胎发育阶段形成不同类型的肌纤维，肌纤维类型的形成受到许多信号通路和转录因子的调节。Hedgehog 信号通路和 Wnt 信号通路等控制慢肌纤维的形成，成纤维细胞生长因子、Sox6、Six1、Pbx 等控制白肌纤维的形成。

1. 调节慢肌纤维形成的信号通路

在斑马鱼等模式动物上的研究发现，Hedgehog 信号参与了肌肉前体细胞向慢肌命运的定向，在胚胎中激活 Hedgehog 信号能够使大部分肌肉前体细胞出现慢肌纤维的特征（Kim et al.，2010）。相反，胚胎中缺少 Hedgehog 信号影响慢肌谱系细胞的发育，慢肌纤维的标志性基因慢 MyHC 亚型和 prospero 相关同源异形盒蛋白 1（Prox1）的表达消失（Roy et al.，2001）。Prox1 的缺失会引起小鼠肌肉的重编程，肌纤维从慢收缩的表型向快收缩的表型变化（Petchey et al.，2014）。因此，Hedgehog 信号是慢肌纤维形成的必要条件。包含 SET 结构域的转录因子 Blimp1（也称为 Prdm1）是 Hedgehog 信号的靶基因。在慢肌成肌细胞中，表达 Blimp1 能够促进慢肌特异性分化基因的表达，在近轴细胞中 Hedgehog-Blimp1 通路可以起始慢肌纤维的分化（Roy et al.，2001）。

Wnt 蛋白在肌纤维类型形成中也发挥关键作用。研究人员利用基因编辑、细胞培养和分子生物学手段研究发现，经典的 Wnt 信号通路在胚胎肌肉形成过程中激活。在胚胎期成肌细胞分化的过程中，稳定 β-catenin 可以激活经典的 Wnt 信号通路，并通过激活 BMP4 等 TCF/LEF 家族基因的转录促进成肌细胞分化（Kuroda et al.，2013）。经典的 Wnt 信号也可以影响家禽、鱼等动物胚胎慢肌纤维的命运，进一步证实了经典 Wnt 信号在控制慢肌纤维表型中的重要作用（Tee et al.，2009；Hutcheson et al.，2009；Anakwe et al.，2003）。此外，在胚胎成肌祖细胞中，Wnt 信号能够调节成肌决定基因 D（MyoD）、Myf5 和 Pax3/7 等成肌关键转录因子的表达（Abu-Elmagd et al.，2010）。

2. 调节快肌纤维形成的信号通路

成纤维细胞生长因子对快肌纤维的终末分化至关重要，侧体节细胞（lateral somite cell）缺少成纤维细胞生长因子 8 信号，不能激活 MyoD、肌细胞生成素（myogenin）和快肌基因的表达（Groves et al.，2005）。与成纤维细胞生长因子类似，核转录因子 Sox6 在快肌纤维祖细胞中表达。在小鼠和鱼中的很多研究发现，Sox6 参与肌纤维类型的形成。在 Sox6 突变鼠的胚胎期骨骼肌中，慢肌纤维特异性基因的表达升高 25 倍，快肌纤维特异性基因的表达显著下降（Hagiwara et al.，2005）。在突变小鼠来源的成肌细胞分化形成的肌管中，慢 MyHC 亚型和慢肌钙蛋白的表达水平非常高，与野生型肌管的结果恰好相反（Hagiwara et al.，2007）。因此，在胚胎肌纤维中，Sox6 以减少慢肌纤维为代价促进快肌纤维的分化。与在小鼠中的作用相一致，在斑马鱼胚胎中过表达 Sox6 能诱导近轴细胞分化以形成快肌纤维（von Hofsten et al.，2008）。综上所述，Sox6 主要通过抑制慢肌纤维基因的表达来调节快肌纤维的表型，并在胚胎肌肉发育的晚期促进快肌纤维的形成。

在同源异型盒 Six 家族中，*Six1* 和 *Six4* 参与早期发育过程中快肌纤维的确定（Bessarab et al.，2008）。在斑马鱼的胚胎中，仅能在快型肌刀中检测到 *Six1* 的表达，缺少 *Six1* 和 *Six4* 会使快肌纤维基因无法表达（Bessarab et al.，2008）。*Six1* 是初级肌纤维形成以及后肢中 MyoD 和 Myogenin 激活所必需的，在 *Six1* 缺失小鼠中开展的研究进一步验证了 *Six1* 基因对肌肉分化的重要性（Laclef et al.，2003）。此外，*Six* 转录复合体能够抑制慢肌纤维基因的表达（Richard et al.，2011）。Six 蛋白能够通过提高 Sox6 和 HDAC 等信号分子的活性抑制慢肌纤维形成，通过上调 *Wnt* 和 *MyoD* 等的表达调节快肌基因的表达，从而精准调节快肌纤维的分化。Pbx 对快肌纤维的分化进程也是非常重要的。虽然 Pbx 蛋白在快肌和慢肌纤维中都有表达，但降低 *Pbx2/4* 的表达会降低快肌纤维基因的表达，对慢肌纤维基因的表达没有影响。同时，Pbx 是 *MyoD* 激活快肌纤维基因表达所必需的，也意味着 Pbx 通过调节 *MyoD* 的活性促进快肌纤维特异性分化（Maves et al.，2007）。Pbx 也可以通过对抗 *Prdm1a* 的抑制作用促进快肌纤维特异性分化（Yao et al.，2013），但是这些研究仅在斑马鱼中得到了体现。综上所述，Pbx 对促进快肌纤维的分化是非常重要的。

二、肌纤维类型的转化

（一）影响肌纤维类型转化的因素

品种、发育阶段、性别、激素水平、运动状态和日粮营养等因素都会影响动物骨骼肌肌纤维类型的组成和转化。

1. 品种

不同品种的畜禽由于遗传因素存在差异，骨骼肌的肌纤维类型组成也存在较大差异。研究发现，双肌臀公牛背最长肌中Ⅱb 型肌纤维的比例是正常牛的 2 倍，肌纤维的数量也显著多于正常牛（Danieli-Betto et al.，1990）。对于相同日龄的大白猪和二花脸猪，二花脸猪Ⅰ型和Ⅱa 型肌纤维的比例均显著高于大白猪（Oksbjerg et al.，1995）。

2. 发育阶段

对于猪而言，在胚胎期第 90 天其肌纤维的数目就已经确定，但是肌纤维类型在出生后一直发生变化。出生后早期是肌纤维类型转化的关键时期。新生猪肌纤维以氧化型为主，酵解型极少，随着年龄的增长，酵解型肌纤维的比例逐渐升高（李忠秋，2021）。育肥期猪骨骼肌 MyHCⅡx 和 MyHCⅡb 的表达水平显著高于保育期与生长期（杨晓静，2004）。

3. 性别

雄鼠和雌鼠的咬肌中含有较多数量的Ⅱx 型肌纤维，雌鼠Ⅱb 型肌纤维的数量是雄鼠的 3 倍，同时Ⅱa 型肌纤维的数量高于雄鼠（Eason et al.，2000）。公兔的咬肌由接近 80%的Ⅱa 型肌纤维组成，而母兔的咬肌仅含有 50%的Ⅱa 型肌纤维（English et al.，1999）。对人的股外侧肌进行分析发现，与男性肌肉相比，女性肌肉中 MyHC Ⅰ的表达水平高 35%，MyHC Ⅱa 的表达水平低 30%，MyHC Ⅱx 的表达水平低 15%（Welle et al.，2008）。在人肌肉的活检切片中，Ⅰ型肌纤维在女性中占 44%，在男性中占 36%，Ⅱa 型肌纤维在女性中占 34%，在男性中占 41%，同时男性肌纤维的横截面积大于女性（Staron et al.，2000）。

4. 激素水平

激素对骨骼肌的发育和收缩功能有重要影响，不同激素对肌纤维类型的调节作用不同。骨骼肌是甲状腺激素的主要靶组织，而甲状腺激素（T_3）可以调节 MyHC 基因的表达。甲状腺功能的减退通常会伴随快肌纤维向慢肌纤维的转化，导致Ⅱ型肌纤维的比例降低（Ianuzzo et al.，1977）。用 T_3 处理甲状腺功能正常的动物会引起甲状腺功能亢进，MyHC 由Ⅰ型向Ⅱa 型、Ⅱx 型和Ⅱb 型依次转化（Schiaffino and Reggiani，1996）。在 T_3 处理之前，雄鼠和雌鼠比目鱼肌的肌纤维几乎全是Ⅰ型，T_3 处理 4 周后显著提高了Ⅱa 型肌纤维的比例、降低了Ⅰ型肌纤维的比例（MacLean et al.，2008；Yu et al.，1998）。与比目鱼肌不同，趾长伸肌主要由快肌纤维组成。甲状腺功能减退能够提高 MyHC Ⅱa 的 mRNA 表达水平（Kirschbaum et al.，1990），长期使用 T_3 处理可以降低趾长伸肌中 MyHC Ⅱa 和 MyHC Ⅱb 的表达水平（Vadászová et al.，2006）。

雌激素能够影响肌纤维的大小、整体肌肉的重量、肌肉的再生能力以及肌纤维类型的分布。切除卵巢后，小鼠肌肉重量升高（Moran et al.，2006），雌激素受体 α（ERα）的 mRNA 水平升高 70%（Baltgalvis et al.，2010）。切除卵巢会减少大鼠比目鱼肌和趾长伸肌中Ⅰ型、Ⅱa 型和Ⅱb 型肌纤维的直径，添加雌激素又可以增加肌纤维的直径（Suzuki and Yamamuro，1985）。切除卵巢对小鼠比目鱼肌的肌纤维类型组成没有影响，但是对于小鼠的跖肌而言，Ⅱx 型肌纤维的比例由 38%降低至 33%，添加雌激素又可以使Ⅱx 型肌纤维的比例回升至 42%（Piccone et al.，2005）。

（二）肌纤维类型转化的分子机制

动物在出生时肌纤维数目已经确定，但是各种肌纤维类型的比例不是一成不变的。肌纤维通过类型转化和重塑来响应生理与病理信号，以适应环境变化的需要。这种适应是通过信号转导完成的，即细胞外信号与细胞表面受体相互作用，激活信号通路中的关键因子，最终通过改变基因的表达重塑肌纤维。细胞内有多条调控肌纤维类型转化的信号通路，包括钙调磷酸酶-活化 T 细胞核因子（NFAT）信号通路、AMPK 信号通路、Ras/MAPK 信号通路以及多种转录调节因子。此外，表观遗传修饰在肌纤维类型转化中也发挥着非常关键的作用。

1. 钙调磷酸酶-NFAT 信号通路

钙调磷酸酶-NFAT 信号通路由持续的高浓度胞内 Ca^{2+} 激活，通过底物 NFAT 在慢肌纤维转化中发挥重要作用（Chin et al.，1998）。在小鼠 C2C12 成肌细胞分化形成的肌管中，激活钙调磷酸酶会促进肌红蛋白和慢肌钙蛋白等慢肌纤维特异性基因的表达。与之相反，使用环孢霉素 A 对钙调磷酸酶-NFAT 信号通路进行药理学干预，肌纤维恢复到一种快速活动、弱氧化的状态（Chin et al.，1998）。从这些研究可以看出，钙调磷酸酶-NFAT 信号通路对维持 I 型肌纤维的特征非常关键。

在钙调磷酸酶激活的情况下，NFAT 去磷酸化并激活，由细胞质进入细胞核，与成肌增强因子 2（MEF2）和其他转录因子结合激活慢肌纤维特异性基因的启动子（Wu et al.，2001；Bassel-Duby and Olson，2006）。MEF2 是一种在肌肉中富集的转录因子，与众多肌肉特异性基因控制区域富含 A/T 碱基的 DNA 序列结合（Black and Olson，1998）。脊椎动物中存在 MEF2A、MEF2B、MEF2C 和 MEF2D 4 种 MEF2 基因，其中 MEF2 的活性受到Ⅱ类组蛋白去乙酰化酶（HDAC）的抑制。在 Ca^{2+}信号的影响下，HDAC 磷酸化并从 MEF2 上解离，从而对 MEF2 产生抑制。除了转录因子 NFAT 和 MEF2，钙调磷酸酶也可以使 PGC-1α 等共激活因子去磷酸化（Bassel-Duby and Olson，2006）。值得注意的是，钙调磷酸酶需要与 Ca^{2+}/钙调蛋白依赖的蛋白激酶、蛋白激酶 C、蛋白激酶 D1 等协同作用来共同维持氧化型肌纤维的表型（Mallinson et al.，2009）。

2. AMPK 信号通路

单磷酸腺苷（AMP）激活的蛋白激酶（AMPK）是由 α、β 和 γ 组成的异三聚体。人和动物在运动与肌肉收缩的情况下，AMP 水平升高，AMPK 被激活。而提高 AMPK 的活性能够增加氧化型肌纤维的比例。小鼠缺失 AMPK-α2 会抑制Ⅱb 型肌纤维向Ⅱa/x 型肌纤维的转化，与之相反，在肌肉中特异性表达 AMPK-γ1 能够提高肱三头肌中Ⅱa/x 型肌纤维的比例（Röckl et al.，2007）。在研究中也可以看到，AMPK 的激活不会使得肌纤维完全向 I 型转化，而是向Ⅱa 和Ⅱx 氧化型转化（Röckl et al.，2007）。需要注意的是，AMPK 是通过影响线粒体的氧化能力而不是线粒体的数量来调节肌肉代谢的（Lantier et al.，2014）。

3. Ras/MAPK 信号通路

丝裂原活化蛋白激酶（MAPK）包括 ERK1/2、p38 MAPK 和 JNK。在高强度训练和电刺激的情况下，Ras/MAPK 信号通路被激活，引起肌纤维类型的改变（Murgia et al.，2000）。成年期肌肉去除神经后，用低频脉冲模式（20Hz）刺激 24h 来模拟慢速运动神经元的放电模式，可以发现，与不电刺激相比，电刺激能够使 ERK 活性提升 6 倍。相反，对原代肌肉培养物使用药物抑制 ERK 通路能够提高 MyHC Ⅱx 和 MyHC Ⅱb 的表达，降低 βMyHC 的表达（βMyHC 主要限于在 I 型肌纤维中表达）（Higginson et al.，2002）。MAPK 能够调节 MEF2 转录激活区域的磷酸化，因此 MEF2 可能参与了 Ras/MAPK 通路（Bassel-Duby and Olson，2006）。这些发现说明了 MEF2 是 MAPK 和钙调磷酸酶等信号通路的终点蛋白，但是关于 MAPK 和钙调磷酸酶激活 MEF2 的相互作用方式还需要进一步阐释。

4. 过氧化物酶体增殖物激活受体（PPAR）δ 和 PPARγ 共激活因子 1α（PGC-1α）

运动之后，线粒体含量的提高使得骨骼肌有氧代谢增强。PGC-1α 是线粒体基因表达的关键调节因子，能够激活线粒体的生物合成和氧化代谢（Puigserver et al.，1998；Wu et al.，1999；Vega et al.，2000）。PGC-1α 优先在 I 型肌纤维中表达。在人及其他啮齿动物中的研究发现，耐力运动能够提高 PGC-1α 的 mRNA 和蛋白质表达水平，在骨骼肌中特异性过表达 PGC-1α 能够提高股肌和跖肌中 I 型肌纤维的比例，增强小鼠肌肉功能和抗疲劳能力（Lin et al.，2002）。PGC-1α 可以和 MEF2 共同激活肌纤维特异性启动子的转录。这些发现都表明 PGC-1α 是调节肌纤维类型的主要因子，多信号通路的组合作用对骨骼肌的重塑非常重要。

在脂肪组织中，PPARδ 能够激活参与长链脂肪酸 β 氧化的酶，是脂肪利用的关键转录因子（Wang et al.，2003），同时是骨骼肌中主要的 PPAR 亚型。在骨骼肌中过表达 PPARδ 可以引起肌纤维类型的转化，提高氧化型肌纤维的比例（Grimaldi，2003）。PPAR 家族成员可以与 PGC-1α 结合，因此可以推测，PGC-1α 的激活可能会激活 PPARδ，引起肌纤维的重塑。

5. 表观遗传修饰

表观遗传修饰研究主要集中在骨骼肌发育方面，在肌纤维类型转化方面还比较缺乏。DNA 是高度浓缩的，其装配的紧密程度受到 DNA 甲基化以及组蛋白 N 端和 C 端转录后修饰的调节。常见的组蛋白修饰是甲基化修饰和乙酰化修饰，二者能够影响核小体的稳定性，调节蛋白质之间的相互关系，改变相关 DNA 的转录活性。

DNA 甲基化是最稳定的染色质结构修饰，但是在发育、胚胎形成和衰老等特定时期，环境因子会改变 DNA 甲基化模式，引起基因表达的变化。乙酰化是组蛋白最常见的翻译后修饰。在乙酰化过程中，乙酰基团从乙酰-CoA 转移至组蛋白尾巴的赖氨酸残基上，乙酰基团的加入使得赖氨酸的碱性侧链转变为中性残基，引起组蛋白尾巴结构的构象变化，改变 DNA 和组蛋白的相互作用以及核小体之间的关联（Grewal and Jia，2007）。组蛋白的乙酰化修饰提高了染色质结构的开放程度，提高了转录活性。与组蛋白乙酰化修饰相比，组蛋白甲基化修饰更复杂。这是因为甲基化可以发生在赖氨酸和精氨酸残基上，赖氨酸最多可以接受三个甲基基团，精氨酸可以接受两个甲基基团。同时，甲基基团的加入不会改变氨基酸的电荷，因此也就不会直接改变染色质的装配（Fuchs et al.，2009）。此外，组蛋白甲基化对转录活性的影响也是双向的，可以激活转录，也可以抑制转录。

在家禽、鹌鹑、大鼠和小鼠中的研究都发现，从慢肌纤维中分离的肌细胞在体外培养的情况下虽然没有受到神经的支配和激素的影响，但仍然表达高水平的慢肌纤维 MyHC（Matsuda et al.，1983；Feldman and Stockdale，1991；Huang et al.，2006；Rosenblatt et al.，1996），说明快肌纤维和慢肌纤维肌细胞的差异在进化中是保守的。组蛋白的乙酰化和去乙酰化主要通过成肌调节因子 MyoD 和 MEF2 影响肌肉发育与可塑性。MEF2 受到 II 类 HDAC 的调节，缺失 HDAC5 和 HDAC9 能够提高比目鱼肌中 MyHC I 与 MyHC

Ⅱa 的表达水平，表明Ⅱ类 HDAC 抑制慢肌纤维的形成（Potthoff et al.，2007）。耐力运动和慢肌纤维的形成具有相同的表观调节机制，即增强 MEF2 的活性，去除依赖 HDAC 的 MEF2 抑制，进而提高线粒体和慢肌纤维相关基因的表达（McGee，2007）。除了组蛋白的甲基化修饰和乙酰化修饰，最新研究发现，组蛋白的赖氨酸残基存在乳酸化修饰。乳酸和乙酰-CoA 主要来源于丙酮酸，乳酸在胞质中产生，为组蛋白乳酸化提供乳酰基-CoA。乙酰-CoA 在线粒体内生成，为乙酰化提供乙酰基团，同时是三羧酸循环的底物。乳酸和乙酰-CoA 将糖酵解过程与组蛋白的表观遗传修饰（乳酸化和乙酰化）紧密联系在一起，是理解组蛋白乳酸化和乙酰化内在联系的关键（Dai et al.，2022）。组蛋白乳酸化修饰受到葡萄糖代谢以及乳酸水平的影响。抑制糖酵解过程、减少乳酸产生会降低赖氨酸乳酸化修饰，而抑制线粒体功能或者形成缺氧环境可以增强赖氨酸乳酸化修饰，敲除乳酸脱氢酶可以完全去除赖氨酸乳酸化修饰（Zhang et al.，2019）。氧化型肌纤维和酵解型肌纤维在葡萄糖的代谢方式以及乳酸的产生能力上有明显不同，因此组蛋白乳酸化修饰可能在肌纤维类型转化中发挥重要作用，值得深入研究。

第三节　肌内脂肪沉积

一、肌内脂肪的概念

肉用动物在很长一段时间内的育种与饲养目标是提高动物的产肉率和生产效率，即提高肌肉的生长速率。但是，随着经济水平的提高，肉的品质越来越受到消费者的关注。肌内脂肪俗称大理石纹脂肪，因为镶嵌在肌肉中的白色脂肪组织使得肉的切面呈现大理石样的花纹。肌内脂肪含量增加可以改善肉的嫩度和多汁性，增加肉的风味，是影响肉品质的重要因素。被日本视为国宝的和牛就是以产出大理石纹十分丰富的雪花牛肉而闻名于世，经济价值远高于普通牛肉。牛、猪和羊能够产出肌内脂肪含量较高的雪花肉。家禽由于生产周期短难以积累肌内脂肪，并且鸡肉本身质地较软，因此通常较少关注家禽的肌内脂肪。相对于牛、羊肉，猪和家禽肉中肌内脂肪含量较低，鸡胸肉中肌内脂肪含量低于 1%，而牛肉中肌内脂肪含量变化幅度很大（3%～11%）。

中文讲的“脂肪”通常会包含脂肪细胞和脂质两层含义。动物屠宰后肉块中肉眼可见的是脂肪细胞，包括肌间脂肪细胞和肌内脂肪细胞。在畜牧学和肉品科学中，肌内脂肪是指整条肌肉中的脂肪细胞，包括肌纤维和肌束之间的脂肪细胞，通常形成的脂肪组织面积较小，分散在肌肉之中，肌间脂肪则是指肌肉之间的脂肪组织，通常会与皮下脂肪相连，脂肪块较大。在分类上，有别于人类医学健康领域的划分，医学领域的肌间脂肪细胞是指肌外膜以内、肌束之间的脂肪细胞；肌内脂肪细胞则是指肌束内肌纤维之间的脂肪细胞。因此，畜牧学中的肌内脂肪其实是包含医学概念的肌内脂肪和肌间脂肪的。本书不讨论医学领域的肌内或肌间脂肪，以畜牧领域的定义为准。因此，对于牛肉来说肌间脂肪通常是要剔除的，不会对肉品质产生影响。此外，每根肌纤维（细胞）内还会存在一定量的脂质，称为肌纤维（细胞）内脂滴。虽然肌纤维内脂滴肉眼难以看到，也不会影响肉的大理石纹评分，但会影响肌肉脂肪的含量，对肉的风味产生一定的影响。

二、脂肪细胞的分化与脂质沉积

绝大多数关于脂肪细胞分化规律的研究是通过小鼠进行的，正常条件下小鼠是难以出现肌内脂肪细胞的，因而此处关于脂肪细胞分化与脂质沉积规律的介绍多基于小鼠白色脂肪细胞。脂肪分化过程是指脂肪细胞形成并填充甘油三酯的过程。脂肪细胞分化可以简单分为定向分化（directed differentiation）和终末分化（terminal differentiation）两个阶段（MacDougald and Mandrup，2002）。定向分化是指多能间充质干细胞变成单一分化潜能的脂肪前体细胞的过程，终末分化（成熟分化）则是指脂肪前体细胞分化并沉积脂质成为成熟脂肪细胞的过程。

（一）脂肪定向分化

间充质干细胞具备分化成成肌细胞、成骨细胞、成脂肪细胞、成软骨细胞等多种类型细胞的潜能，而脂肪定向分化过程则使间充质干细胞在一些定向因子的作用下失去多分化潜能，成为只能分化成脂肪细胞的脂肪前体细胞。体外试验表明，骨形态发生蛋白（bone morphogenetic protein，BMP）2 和 4 在脂肪细胞定向分化过程中起到重要作用。BMP2/4 通过 BMP 受体激活 SMAD4，SMAD4 通过激活过氧化物酶体增殖物激活受体γ（PPARγ）的表达来启动成脂分化。锌指蛋白 423（zinc finger protein 423，ZFP423）是调控脂肪前体细胞形成的转录因子，可提高成体干细胞对 BMP 信号的敏感性，促进其向脂肪前体细胞分化（Gupta et al.，2010）。同样，ZFP423 可促进 PPARγ 的表达（Gupta et al.，2010，2012），在肉牛脂肪前体细胞形成过程中同样起到重要作用（Huang et al.，2012）。但是，ZFP423 是皮下白色脂肪细胞分化却不是内脏脂肪细胞分化所必需的（Shao et al.，2017）。另外一些锌指蛋白也在脂肪分化过程中起到重要作用，如 ZFP467 通过促进 C/EBPα 的表达来抑制成骨分化而促进脂肪分化（Quach et al.，2011）；KLF5 辅助 C/EBPβ 激活 PPARγ 和 C/EBPα 表达；GATA2 和 GATA3 抑制 PPARγ 的转录从而抑制脂肪分化（Tong et al.，2000）。此外，环磷酸腺苷（cAMP）反应元件结合蛋白 CREB 调控 C/EBPβ 的转录，虽然已经找到一些与间充质干细胞定向分化相关的因子，但是这些因子的调控机制尚不清楚。

多能间充质干细胞可以往肌肉细胞、脂肪细胞和成纤维细胞多个方向分化。脂肪前体细胞往往有成纤维细胞的形态和特性，被称为成纤维/脂肪前体细胞（fibro/adipogenic progenitor，FAP）（Du et al.，2013）。因此，肌肉和脂肪细胞定向分化可能存在竞争关系。在发育过程中，营养等因素导致的脂肪增加和纤维化增强往往伴随肌肉量的下降（Zhu et al.，2006，2004）。相对于安格斯肉牛，和牛拥有更强的肌内脂肪沉积能力，相应的和牛肌内脂肪分化能力更强，肌肉中卫星细胞数量下降更少且成肌能力更低（Fujimaki et al.，2018）。但肌肉生长与肌内脂肪沉积并不总是对立的。在初生期对肉牛进行维生素 A 注射，既可以增加肌内脂肪细胞数目，又可以促进肌肉生长（Harris et al.，2018；Wang et al.，2018）。

PDGFRα 是脂肪前体细胞的一个重要标志蛋白，而成熟的脂肪细胞则不表达 PDGFRα。在脂肪组织中，表达 PDGFRα 的细胞存在于血管附近（Lee et al.，2010）。除了 PDGFRα，αSMA 和 PDGFRβ（Vishvanath et al.，2016）也是脂肪前体细胞的标志蛋白，这一类细胞存在于血管周围，又称为血管周细胞。因此，在脂肪组织增大和脂肪细胞新生的过程中，血管充当着脂肪前体细胞库的作用（Cao，2013）。除了 PDGFRα，在不同的阶段脂肪前体细胞还表达其他的标志蛋白。例如，成年期脂肪前体细胞来源于表达平滑肌肌动蛋白（SMA）的血管壁细胞，而胚胎脂肪前体细胞则不是。发育过程中，胚胎干细胞形成脂肪组织后，表达 SMA 的脂肪前体细胞在成年期会进入已形成的脂肪组织中，作为脂肪细胞的来源。

通常来说，脂肪细胞从代谢特点上可以分为白色脂肪细胞和褐色脂肪细胞两种。白色脂肪细胞由 $Myf5^-$干细胞分化而来；褐色脂肪细胞由 $Myf5^+$干细胞分化而来，细胞内有多个小脂肪滴，线粒体较多（Rosen and Spiegelman，2014）。虽然在胚胎期进行的一些研究发现，肌肉中的脂肪细胞既有白色脂肪细胞又有褐色脂肪细胞，但是以白色脂肪细胞为主（Taga et al.，2011，2012）。普遍认为，肌内脂肪细胞是从间充质干细胞分化而来的（Hocquette et al.，2010），但体外试验则发现肌肉卫星细胞也可以分化成脂肪细胞（Kook et al.，2006）。肌内脂肪细胞比皮下、内脏等其他部位的脂肪细胞要小，其在结缔组织缝接近毛细血管的地方生长出来（Harper and Pethick，2004）。在肌肉损伤再生的过程中，只有 $PDGFR\alpha^+$间充质细胞可以分化成脂肪细胞，但肌纤维的存在会抑制 $PDGFR\alpha^+$细胞的成脂分化（Uezumi et al.，2010）。虽然 $PDGFR\alpha^+$细胞也在血管周围，但其不表达 NG2，所以不同于血管周细胞。$PDGFR\alpha^+$细胞也被证明是褐/米色脂肪细胞的前体（Lee et al.，2010）。维生素处理可以增加肉牛肌肉中 $PDGFR\alpha^+$细胞数目，促进肌内脂肪沉积。

（二）脂肪细胞成熟分化

脂肪细胞成熟分化的规律大部分是利用 3T3-L1 脂肪前体细胞系研究获得的。在脂肪细胞成熟分化过程中，C/EBPβ/δ 在分化早期开始表达，促进 PPARγ 的表达（Fajas et al.，2001）。PPARγ 是一个细胞核激素受体，是脂肪成熟分化的核心调控蛋白（Rosen and Spiegelman，2014）。PPARγ 可调控 C/EBPα 的表达（Wu et al.，1999），PPARγ 和 C/EBPα 作为转录因子结合到与脂肪细胞成熟相关的基因上，如 *FABP4*、胰岛素受体等激活其表达，从而促进脂质在脂肪细胞的沉积（Lefterova et al.，2008）。需要注意的是，C/EBPα 在成年期脂肪分化过程中是必需的，但在胚胎期不是必需的，可能是 C/EBPβ 在胚胎期可以代替 C/EBPα 的功能。

在所有的脂肪细胞分化调控因子中，PPARγ 无疑是最关键的，大部分与脂肪细胞分化相关的调控最终会直接或间接通过 PPARγ 来实现。PPARγ 属于类固醇核受体，在没有与配体结合的情况下通过与辅助抑制因子结合来抑制基因的表达，在有配体激活的情况下则与类视黄醇 X 受体（retinoid X receptor，RXR）形成异二聚体，同时招募辅助促进因子来促进基因的表达。与大多数受单一配体激活的核受体不同，PPARγ 可以与多种天然或者合成的亲脂性酸结合，尤其是脂肪酸及其衍生物。因此，饲粮中添加油脂能够迅速地促进动物脂肪的沉积。ω-6 脂肪酸中的亚油酸（linoleic acid，LA）及其多种衍生物，ω-3 脂肪酸中的 α-亚麻酸（α-linolenic acid，ALA）、二十碳五烯酸（EPA），花生四烯酸的衍生物前列腺素，以及共轭亚油酸（conjugated linoleic acid，CLA）等都可以激活 PPARγ，从而调控相关基因的表达。但是，相对于合成的 PPARγ 配体如罗格列酮、曲格列酮等，内源配体与 PPARγ 的亲和力较低（Bishop-Bailey and Wray，2003），而具有高亲和力的内源 PPARγ 配体还没有找到。

RXR 不仅与 PPARγ，也会与其他核受体如维生素 D 受体（vitamin D receptor，VDR）、视黄酸受体（retinoic acid receptor，RAR）等形成二聚体，以调控基因的表达。例如，1,25-二羟维生素 D_3 通过 VDR 降低 C/EBPα、C/EBPβ 和 PPARγ 的表达，从而抑制 3T3-L1 细胞的成熟分化（Blumberg et al.，2006；Kong and Li，2006）。在 3T3-L1 细胞中过表达 VDR 可抑制 PPARγ 和下游基因的表达，而过表达 RXR 可抵消 VDR 对成脂基因的抑制作用，因此，VDR 有可能通过与 PPARγ 竞争 RXR 来抑制成脂基因的表达（Kong and Li，2006）。维生素 A 的代谢产物视黄酸（retinoic acid，RA）也在脂肪细胞的成熟分化过程中起到重要的调控作用。与 PPARγ 和 VDR 类似，RAR 与 RXR 形成异二聚体，RA 作为配体与 RAR 结合后使得与 RAR/RXR 二聚体结合的辅助促进因子和辅助抑制因子发生变化，进而调控基因的表达（Kashyap and Gudas，2010）。RA 抑制白色脂肪细胞的成熟分化，一方面 RA 上调 *Pref-1*、*Sox9* 和 *Klf2* 等基因的表达来维持脂肪前体细胞的状态（Berry et al.，2012），另一方面则会抑制 C/EBPβ 对下游成脂基因的调控（Schwarz et al.，1997）。RA 还通过控制 DNA 的表观遗传修饰来调控脂肪细胞分化。在脂肪细胞分化早期，ING1 识别 Zfp423 启动子上的 H3K4me3 位点，并招募 GADD45A 进行 DNA 去甲基化，从而提高 Zfp423 启动子活性，促进 Zfp423 的表达（Wang et al.，2017b）。RA 与 RAR 结合后，招募 GADD45A 使其无法对 Zfp423 启动子进行去甲基化（Wang et al.，2017b），从而抑制脂肪细胞分化与脂质沉积。此外，RA 还通过激活成熟脂肪细胞中的 RAR 和 PPARδ 来提高脂质过氧化与能量消耗（Berry and Noy，2009），从而抑制脂肪细胞中甘油三酯的积累（Berry et al.，2012）。

很多研究试图找到肌内脂肪细胞与其他部位脂肪细胞的差别。肌内脂肪细胞分化与皮下脂肪细胞分化的调控因子基本一致，PPARγ 和 C/EBPα 的表达模式相似（Poulos et al.，2010），但肌内脂肪血管基质细胞中这些蛋白质的表达水平低于皮下脂肪血管基质细胞，说明皮下脂肪细胞的分化程度高于肌内脂肪细胞（Hausman and Poulos，2004）。在体外诱导过程中，皮下脂肪血管基质细胞对地塞米松诱导作用的反馈强于肌内脂肪血管基质细胞（Grant et al.，2008）。总体而言，虽然肌内脂肪细胞与其他部位脂肪细胞的发育时间不一样，但现阶段认为肌内脂肪细胞与皮下脂肪细胞的分化和脂质沉积规律是相似的。

脂肪细胞体积的增大受到细胞外基质的限制。脂肪细胞生成后通过释放细胞外基质蛋白和蛋白降解酶对细胞外基质进行重塑，因此细胞外基质随着脂肪细胞的大小变化而进行调整以适应营养供应的变化（Maquoi et al.，2002）。脂肪细胞体积的增大会加大细胞外基质的张力使其变硬失去延展性，当脂肪细胞体积达到细胞外基质延展的临界值就会导致炎症、脂肪细胞缺氧等代谢障碍（Rosen and Spiegelman，2014）。胶原蛋白Ⅵ是脂肪细胞分泌的重要细胞外基质蛋白，敲除 *Col6a1* 基因可以提高脂肪细胞体积的阈值并维持代谢健康（Khan et al.，2009）。相对于小公牛来说，成年公牛背最长肌中胶原蛋白含量更高而基质金属蛋白酶（matrix metalloproteinase，MMP）9 的表达量更低（Park et al.，2018）。背最长肌中 MMP9 的表达量与肌内脂肪含量成正相关，同时研究发现在体外抑制 MMP 活性会促进 3T3-L1 细胞的分化（Chavey et al.，2003）。因此，脂肪细胞外基质的重塑能力控制着脂肪细胞脂质沉积的潜力。相比于安格斯牛，和牛肌肉中胶原蛋白含量和成纤维细胞生长因子表达量更高。肌内脂肪细胞的增长伴随肌肉结缔组织中细胞外基质结构的破坏，和牛从 20 月龄开始伴随肌内脂肪细胞体积的增长，肌束膜内部胶原纤维结构被破坏，使得肌肉的剪切力下降，嫩度提高（Nishimura et al.，1999）。

（三）不同部位脂肪的发育与沉积规律

脂肪组织按部位可以分为皮下脂肪、内脏脂肪、肌间脂肪、肌内脂肪和骨髓脂肪。如图 3-7 所示，皮下脂肪最早沉积，之后是内脏脂肪、肌间脂肪，最晚沉积的是肌内脂肪。肌内脂肪细胞形成晚，脂质沉积也晚（Hausman et al.，2014）。对于肉牛而言，妊娠中期开始可以观察到明显的脂肪组织（Bonnet et al.，2010），怀孕 80 天后即可以检测到肾周脂肪，而肌内脂肪细胞则在怀孕 180 天后开始形成。各种动物脂肪的发育时间点并没有明确，通常认为在出生前后皮下和内脏等部位的脂肪前体细胞数目已基本稳定，并在生长过程中逐步沉积脂质。动物脂肪组织的生长是通过细胞数目增加和细胞体积增长两个方面来实现的（Gesta et al.，2007）。虽然成年动物脂肪细胞会不断地更新，但脂肪细胞的数目基本稳定（Goessling et al.，2009）。在育肥过程中，脂肪组织以增加脂肪细胞体积为主，脂肪细胞新生数量很少。肌内脂肪细胞的发育相对较晚，出生前脂肪前体细胞开始大量生成。据估计，对于肉牛来说一直到 250 日龄仍有新的脂肪细胞生成。

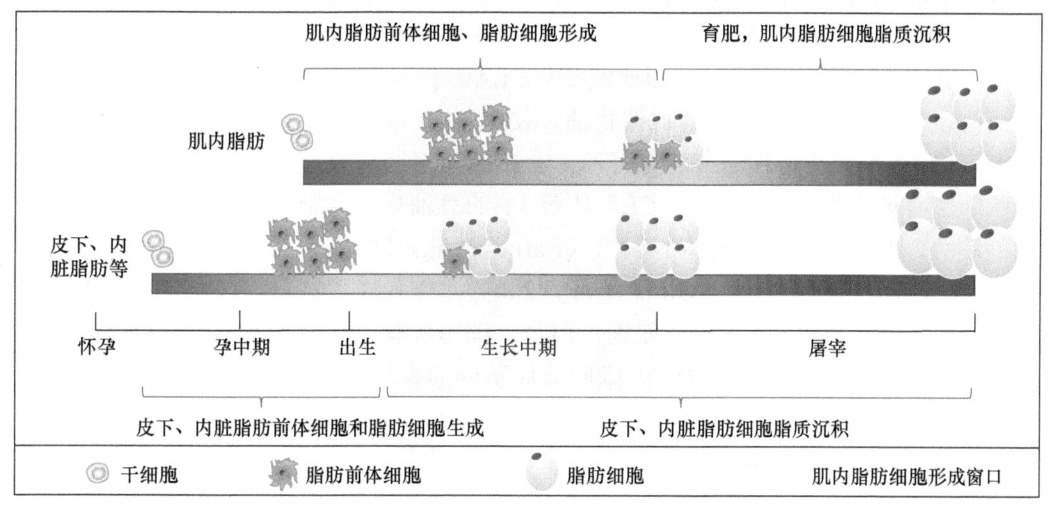

图 3-7　脂肪细胞分化与脂质沉积规律

因此，断奶到250日龄是调控大理石纹牛肉形成的一个窗口期（Wertz et al., 2002；Du et al., 2013；Wang et al., 2016）。在这一窗口期，由于皮下和内脏脂肪前体细胞数目已经稳定，肌内脂肪前体细胞和脂肪细胞正在生成，可利用一定的营养手段提高肌内脂肪细胞的数目而不影响皮下和内脏等其他部位的脂肪细胞数目，从而针对性地提高肌内脂肪的沉积潜力。

三、雪花肉的生产

雪花牛肉的高品质和高经济价值激发了行业与消费者对肌内脂肪的追求。肌内脂肪沉积是选育的结果（da Costa et al., 2013）。日本和牛是最为成功的生产雪花肉的肉牛品种，是雪花牛肉的代名词，有着极为优秀的肌内脂肪沉积能力。和牛经过系统的选育，其遗传基础决定了其具有较多的肌内脂肪细胞和较高的细胞分化、脂质沉积能力。因此，品种是决定肌内脂肪沉积能力的最重要因素，除了日本和牛，安格斯、墨累灰、赫里福、短角牛等肉牛品种，以及娟姗、荷斯坦、瑞士褐等奶牛品种也均能产出较高质量的大理石纹牛肉。前文提到，在干细胞分化路径上，肌内脂肪细胞与肌肉细胞存在竞争关系。经过高度选育的肉牛品种如夏洛莱牛、西门塔尔牛等瘦肉率高，肌内脂肪沉积困难。相反，我国地方品种瘦肉率不高，具有生产雪花肉的潜力，但优秀品种的形成是无法一蹴而就的。在我国，也有一些企业用本地牛种育肥生产雪花牛肉，但距较优势品种的形成还有很远的距离。

从营养的角度来说，为了沉积肌内脂肪，在屠宰前饲喂谷物日粮进行一段时间的育肥是必要而有效的（Vasconcelos et al., 2009）。饲喂高能量饲料，甚至填饲（如鸭和鹅）均可显著增加肌内脂肪含量，但是往往除肌肉之外的皮下和内脏等部位脂肪沉积比例更高（Chartrin et al., 2007）。体外试验很早就发现，相较于乙酸（瘤胃发酵产物），肉牛的肌内脂肪组织更倾向于使用葡萄糖（谷物消化产物）来合成脂肪（Smith and Crouse, 1984），但没有动物试验表明淀粉能使能量更多地向肌内脂肪沉积。脂肪酸、氨基酸、维生素、植物提取物等多种营养素均会对肌内脂肪沉积产生影响。在动物试验中，添加共轭亚油酸（CLA）使育肥猪的肌内脂肪和皮下脂肪含量同时增加。不过，相较于其他植物油，使用CLA的育肥猪皮下脂肪沉积量更低。例如，以CLA代替菜籽油或葵花籽油，公猪的皮下脂肪厚度降低，但对肌内脂肪无影响。也有研究发现，用1%的CLA代替1%的豆油后，育肥猪的大理石纹评分有增加的趋势，且肌内脂肪细胞直径较大（Barnes et al., 2012）。然而在肉牛饲料中添加CLA对脂肪沉积并无影响（Gillis et al., 2004）。作为能量饲料，没有证据表明各部位脂肪组织对CLA的利用存在差别。但是，细胞实验发现共轭亚油酸（CLA）能够促进猪肌内血管基质组分（SVF）细胞成脂基因的表达，而抑制皮下脂肪SVF细胞成脂基因的表达。作为一项营养手段，CLA有增加肌内脂肪细胞、减少皮下脂肪细胞的潜力，但尚未经过动物试验验证。值得注意的是，以往关于CLA的添加试验都是在育肥期进行的，此时脂肪组织的增加主要依靠脂肪细胞体积的膨大而不是数目的增长，因此新的脂肪细胞形成是很少的。

饲料中添加某些植物提取物会对肌内脂肪沉积产生影响，若主要成分为油脂如紫苏籽（张海波，2019）、亚麻籽提取物等，由于能量效应，可以提高育肥动物肌内脂肪含量，而多酚类化合物如比较常见的各种黄酮类物质等则会抑制脂肪沉积。限制蛋白质摄入的方法可以有针对性地增加肌内脂肪。Castell 等（1994）发现在生长和育肥期饲喂低蛋白日粮可以提高肌内脂肪含量。后续研究也验证了低赖氨酸（Witte et al.，2000；Wang et al.，2017c）或者低蛋白饲料可提高猪肌内脂肪含量。虽然饲喂低蛋白或低氨基酸饲料的方法可以在增加肌内脂肪含量的同时不增加皮下和内脏等部位的脂肪，但是蛋白质不足会抑制肌肉的生长，以损失肌肉为代价来提升肌内脂肪含量是得不偿失的。

其他微量营养素如维生素 A、维生素 D、维生素 C 等由于具有调控脂肪细胞分化的作用，也被认为可以影响肌内脂肪含量（Park et al.，2018），但只有维生素 A 在肉牛生产实践中得到了运用。在动物育肥阶段，各类脂肪细胞数目基本已经稳定。通常，为了增加肌内脂肪含量，在屠宰前给肉牛饲喂精料（Vasconcelos et al.，2009），可达到在肌内脂肪细胞中迅速沉积脂质的目的。这是一个增大脂肪细胞体积的过程，不会改变肌内脂肪细胞的数目。维生素 A 及其代谢产物视黄酸（RA）可以抑制脂质在成熟脂肪细胞中的沉积，在家畜育肥期可通过减少维生素 A（vitamin A）的摄入来达到增加脂肪的目的。有研究表明，屠宰前 243 天内限制肉牛饲料中维生素 A 的含量可以提高肌内脂肪含量（Gorocica-Buenfil et al.，2007）。与此一致的是，成年和牛血清中维生素 A 的含量与大理石纹指数是呈负相关关系的（Adachi et al.，1999；Oka et al.，1998）。但是，RA 具有促进脂肪组织中血管发育、增加脂肪前体细胞数目的作用（Wang et al.，2017a）。因此，在初生期提供维生素 A 可以增加脂肪前体细胞的数目，提高肌肉中血管基质细胞的脂肪分化能力，增加肌内脂肪细胞能量沉积的位点，从而提高肉牛屠宰时肌内脂肪含量和大理石纹指数（Harris et al.，2018）。因此，不同于育肥期通过增加能量摄入的办法来增加脂肪沉积，在生长早期添加维生素 A 可以增加肌内脂肪细胞的数目，增强后期育肥过程中脂肪沉积的能力。更为重要的是，通过早期维生素 A 干预来增加脂肪细胞的方法并不会抑制肌肉的生长，相反会促进肌肉的生长（Wang et al.，2018）。无论生产还是科学研究，现阶段绝大多数目光集中在育肥期。育肥期的高能饲料是动物脂肪沉积的保证，但是显然无论从脂肪细胞的分化与脂质沉积规律来看，还是从各种营养干预的实际效果来看，动物生长早期才是利用营养素改变肌内脂肪沉积效率的最佳时期。

在雪花牛肉的生产过程中，除品种外，还有两个生产要点是普遍受到重视的：①选用母牛或者去势的公牛；②高能谷物育肥。雄性激素会促进肌肉的生长、抑制机体各部位脂肪的沉积，因此选用母牛或者去势公牛可以提高牛肉对脂肪的沉积效率。谷物饲喂则以高能量的饲料供给促进动物脂肪的沉积。对于和牛来说，其本身的遗传特征加上全生产过程的均衡营养供给使其肌内脂肪细胞充足，能量沉积能力强，在经历育肥后，能量可以均匀而充沛地沉积到肌纤维之间的肌内脂肪细胞内，从而形成雾状的大理石纹。受养殖条件和成本等多方面因素的限制，我国肉牛、肉羊生产企业很少能够实现从繁殖母牛、母羊到育肥牛、育肥羊全周期覆盖。为降低成本和资金周转周期，大多数肉牛、肉羊企业选择从农户收购营养状况较差的架子牛、架子羊进行高能精料育肥。架子牛、架子羊在生长早期营养条件普遍较差，肌肉中脂肪细胞发育不良、数目较少。虽然高能精料育肥能迅速提高家畜的体脂率，但是能量沉积于数量有限的脂肪细胞之中。使得肌内脂肪呈条状或块状聚集，与“雪花”形态相差甚远（图 3-8）。

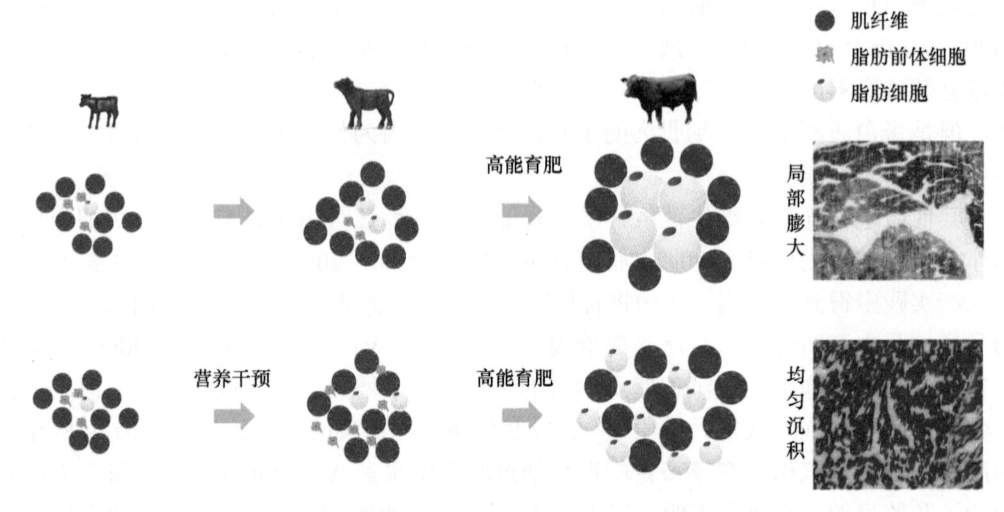

图 3-8　反刍家畜脂肪分化与沉积调控

高能精料育肥的另外一个问题是会导致皮下和内脏等部位的脂肪含量很高，降低胴体的利用率，造成饲料的浪费。因此，通过营养手段提高肌内脂肪沉积并减少或者至少不显著增加皮下和内脏脂肪沉积，仅从育肥期着手是难以实现的。营养对动物生长早期甚至胚胎期脂肪前体细胞和脂肪细胞发育规律的影响还需要大量的研究工作。

相对于雪花牛肉，雪花羊肉在国内外很少见。在生产中，对两岁左右的绵羊进行育肥可以沉积一定的肌内脂肪。相对于绵羊，山羊由于生性活泼好动，瘦肉率高，肌内脂肪沉积的难度更大。从另一个角度来说，山羊肉由于肉质较粗、口感较柴，提升肌内脂肪含量对口感的改善效果会更明显。猪的肌内脂肪含量同样是影响消费者喜好的重要因素。相对于瘦肉型猪种，我国地方猪种普遍具有较高的肌内脂肪沉积能力。

第四节　肌肉的化学组成与结构

一、肌肉的化学成分

动物肌肉组织根据结构和功能不同分为心肌、平滑肌和骨骼肌。骨骼肌是畜禽胴体的主要组成部分，肌纤维占肌肉体积的 75%～92%，其余包括结缔组织、血管、神经纤维和细胞外液等。畜禽肌肉组织占胴体重的 35%～65%，其中约含 75%（65%～80%）的水分、19%（16%～22%）的蛋白质、1%～13%的脂肪、1%的糖原以及少量的无机成分。

水分是肌肉的主要成分，根据存在形式可分为结合水、不易流动水和自由水（Bertram et al.，2001）。结合水约占肌肉水分的 5%，通常位于蛋白质等分子周围，借助分子表面分布的极性基团与水分子之间的静电引力形成水分子层，不易受肌肉的蛋白质结构或电荷影响，施加外力，也不能改变其状态。不易流动水约占肌肉水分的 80%，存在于肌原纤维蛋白如肌球蛋白、肌动蛋白的三级、四级结构及结构域中，对肌肉持水力起决定性作用，其影响因素包括肌原纤维蛋白静电荷的改变以及肌纤维的结构、肌原纤维蛋白和细胞骨架蛋白的变化以及肌肉内部肌原纤维外空间的大小（Huff-lonergan and Lonergan，2005）；不易流动水状态改变能形成自由水，导致肌肉持水力下降。自由水约占肌肉水分的 15%，是存在于细胞外间隙中能自由流动的水，是流失汁液的来源。

蛋白质约占肉中固形物的 80%，是固体物质的主要成分，其中 60%为肌原纤维蛋白，20%为肌浆蛋白，20%为基质蛋白。肌纤维蛋白组成复杂，主要有肌球蛋白、肌动蛋白和肌钙蛋白等盐溶性蛋白，其中肌球蛋白和肌动蛋白约占肌纤维蛋白重量的 65%。肌浆蛋白包括肌红蛋白和与糖酵解、三羧酸循环以及电子传递链有关的酶类。其中，肌红蛋白是肌浆蛋白的主要组成成分，与肉色直接相关；基质蛋白包括结缔组织中的胶原蛋白、网状蛋白和弹性蛋白。此外，肌肉中还包含大量的酶类，主要是肽酶，包括钙蛋白酶、组织蛋白酶、蛋白酶体、羧肽酶、氨肽酶和脂肪酶等。除蛋白质外，肌肉中还存在其他一些含氮化合物，统称为非蛋白含氮物，包括游离氨基酸、肌肽、鹅肌肽、肌酐、维生素等。

肌肉中的脂肪根据沉积部位分为肌内脂肪、肌间脂肪和脂肪组织。脂质包括甘油三酯、磷脂和游离脂肪酸，含量变化很大，占肌肉的 1%～13%。肌内脂肪脂质主要包括甘油三酯和磷脂，肌间脂肪和脂肪组织脂质主要包括甘油三酯和少量的胆固醇。动物脂肪沉积具有时序性和组织特异性，大部分肌肉中脂肪沉积在肌束间及与疏松结缔组织相连的脂肪组织中，肌内脂肪占比较少。

肌肉中的碳水化合物占肌肉重量的 0.5%～2%，主要包括乳酸、6-磷酸葡萄糖、糖原、葡萄糖和其他糖酵解中间产物。其中，乳酸的含量与肌肉组织 pH 值变化相关。

此外，肌肉中约含 1.5%的无机物，包括磷、钠、钾、钙、镁、铁、锌等。其中，钙离子、镁离子主要以游离状态存在，硫、磷主要与糖蛋白和酯等结合存在。

二、肌肉的结构

骨骼肌是动物机体最大的组织，常见家畜的肌肉数量约 300 块，占产肉动物胴体重的 35%～65%。组成肌肉的结构顺序为：肌丝→肌原纤维→肌纤维→肌纤维束→肌肉。完整的肌肉通常被结缔组织肌外膜包裹，肌外膜富含血管和神经，可以为肌肉块的收缩传递信号和提供能量。肌肉内部是由结缔组织肌束膜包裹 50～150 根肌纤维形成的肌束（图 3-9），肌束可以分为初级肌束、次级肌束和第三肌束。肌纤维是组成骨骼肌的基本单位，每根肌纤维即为一个肌细胞，直径 10～100μm，长度从几毫米到几厘米不等，最长可达 34cm。

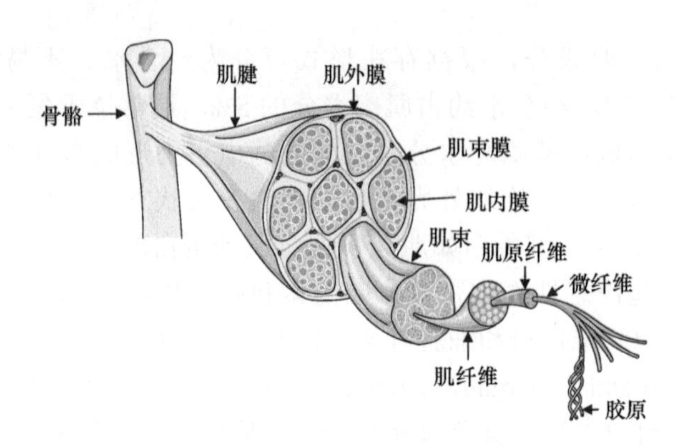

图 3-9　肌肉宏观和微观结构示意图

肌纤维的质膜称为肌膜，细胞质称为肌浆，肌浆内含有细胞核、线粒体、肌红蛋白、ATP 和糖原、脂肪等。肌细胞在胚胎发育过程中由多个前体细胞融合而成，因此通常为长圆柱形，细胞核众多且位于肌细胞外周、肌膜内。肌原纤维与肌核间的细胞质称为肌浆，肌浆中含有丰富的线粒体和溶酶体，可进行钙离子的释放和摄取，肌浆的发育状况在很大程度上会影响肌纤维的代谢特性和收缩能力。肌原纤维被包围在由肌质网（sarcoplasmic reticulum）和 T 小管（T tubule）组成的细胞内膜网络之中，肌质网和 T 小管统称为肌管系统。

（一）肌原纤维

肌纤维由大量的肌原纤维组成并被肌内膜所包裹，肌原纤维在肌细胞内呈细丝状，沿肌纤维平行排列，纵贯肌纤维全长，每根肌纤维含有 1000～2000 根肌原纤维（图 3-10）。

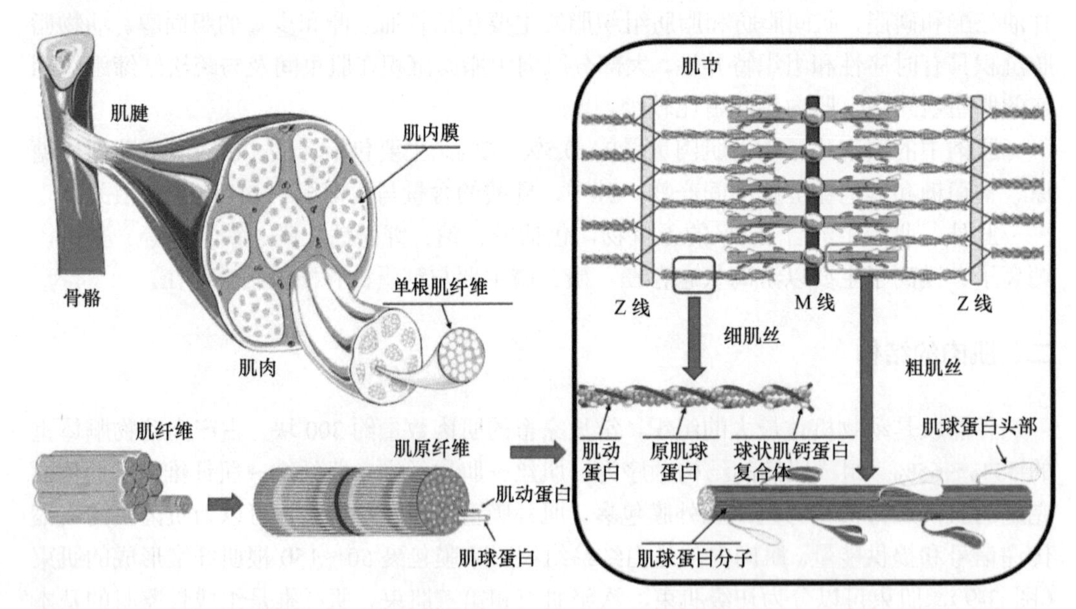

图 3-10　骨骼肌组织的层次结构（Liu et al.，2021）

在光学显微镜下，每一条肌纤维中明带和暗带交替出现，具有明显的条纹状外观。

明带较窄，又称Ⅰ带（Ⅰband）（图 3-11），暗带较宽，又称 A 带（A band）。暗带的中央有一条较明的窄带，称为 H 带（H zone），只存在粗肌丝而无细肌丝，因此又称为裸区，中央为 M 线（M line）。在Ⅰ带中央有一条深色的细线称为 Z 线（Z line）或 Z 盘（Z disk）。

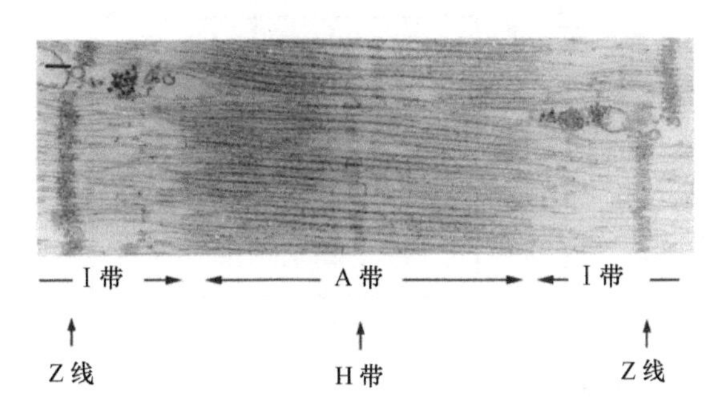

图 3-11　电镜下的肌节组成（Ertbjerg and Puolanne，2017）

肌原纤维每相邻的两条 Z 线之间的部分构成肌节，包括中间的 A 带和两侧 1/2 的Ⅰ带，是肌肉收缩和舒张的最小运动单元，同时肌节为其他参与能量代谢或信号转导的蛋白质结合提供了支架（Henderson et al.，2017）。宰后僵直测定的肌节长度能够反映肌肉的收缩状态，与肉品质关系密切。肌节长度对肌肉嫩度和持水力具有显著影响，一般来说，肌节越长，肌肉越细嫩（Ertbjerg and Puolanne，2017）。

肌原纤维蛋白是肉类蛋白质的主要成分，其中肌球蛋白（myosin）、肌动蛋白（actin）、肌联蛋白（titin）、原肌球蛋白（tropomyosin）、肌钙蛋白（troponin）和伴肌动蛋白（nebulin）占 90%以上。肌原纤维蛋白根据功能分为收缩蛋白、收缩调控蛋白和细胞骨架蛋白。收缩蛋白包括肌球蛋白和肌动蛋白；收缩调控蛋白包括原肌球蛋白和肌钙蛋白；细胞骨架蛋白包括肌联蛋白、伴肌动蛋白等。

（1）肌球蛋白

肌球蛋白（myosin）超家族是一个庞大而多样的蛋白质家族，其成员可分为许多类，不同成员通常用罗马数字表示，如肌球蛋白Ⅰ、肌球蛋白Ⅱ等。其中，肌球蛋白Ⅱ是骨骼肌的主要分子马达，也是目前研究最多的分子马达之一。

肌球蛋白分子量约为 500 000，长度和直径比为 100∶1，因为含有大量的谷氨酸和天冬氨酸，而且具有双碱性氨基酸，对钙离子、镁离子具有一定的亲和力。肌球蛋白约占肌原纤维蛋白总量的 45%，是由 2 条肌球蛋白重链（myosin heavy chain，MyHC）亚基（200kDa）和 4 条轻链（light chain，LC）亚基（17～23kDa）构成的复合物。用胰蛋白酶可将肌球蛋白在杆状部分分为两部分，其中带头部的为重酶解肌球蛋白（heavy meromyosin，HMM），另一部分为轻酶解肌球蛋白（light meromyosin，LMM）。重酶解肌球蛋白可进一步被分为 S1（subfragment 1）区和 S2（subfragment 2）区。肌球蛋白轻链均以非共价键与肌球蛋白头部结合，两条轻链位于 S1 区和 S2 区连接处，在巯基特异性反应剂 DTNB 作用下被释放，称为 DTNB 轻链，又称为调节轻链（regulatory light chain，RLC）（图 3-12）。必需轻链（essential light chain，ELC）因能够经碱处理后被释放，又称为碱性轻链。

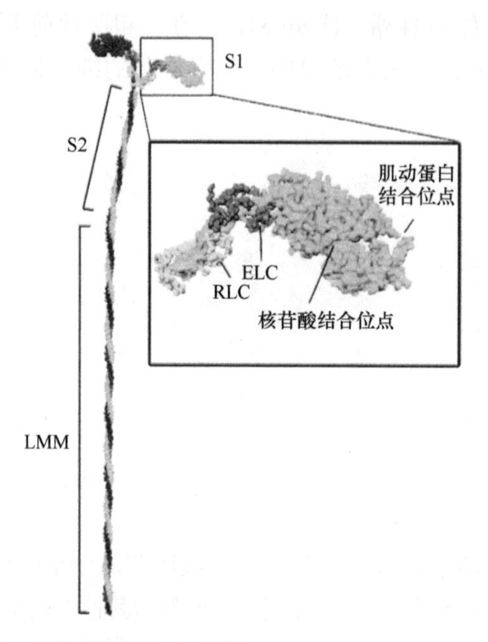

图 3-12 肌球蛋白分子示意图（Du and McCormick，2009）

S1 区为肌球蛋白马达功能域，具有肌动蛋白结合位点、ATP 作用位点以及轻链结合位点，主要含有 60%的 α 螺旋结构以及 15%的 β 折叠结构。肌球蛋白水解 ATP 将化学能转化为机械能以产生张力促进肌动蛋白丝在真核细胞中滑动，为细胞运动、细胞内物质运输、信号转导以及肌肉收缩提供动力。S1 的颈区与特定的钙调蛋白或相关轻链以非共价形式结合，能够传导和放大马达功能域受 ATP 影响发生的构象变化。肌球蛋白尾部则是由 α 螺旋构成的超螺旋结构，其中 α 螺旋占 90%，结构域中含有介导其与“货物”分子或其他肌球蛋白相互作用的位点，通过直接作用或接头蛋白来识别各种“货物”，决定肌球蛋白的细胞定位（靶向）和功能（Heissler and Sellers，2016）。

由于多种肌球蛋白同工型基因的共同表达，肌纤维呈现多样性，而肌球蛋白重链基因的特异性表达与不同类型肌纤维是相对应的。目前，在哺乳动物骨骼肌和心肌中共发现 8 种 MyHC 异构体，但在哺乳动物成年骨骼肌中表达的只有 4 种（Ⅰ、Ⅱa、Ⅱb 和Ⅱx），这 4 种肌纤维在不同种动物、同一物种不同肌肉组织、同一肌肉组织不同区域的表达均有差异性。当骨骼肌受外界刺激发生改变时，肌球蛋白重链的组成也会发生相应的变化，导致肌纤维的收缩特性发生显著改变。

（2）肌球蛋白结合蛋白

肌球蛋白结合蛋白（myosin binding protein C，MyBP-C）家族属于免疫球蛋白超家族，约占肌原纤维蛋白总量的 2%。肌肉中的 MyBP-C 有 3 个亚型，分别为 MyBP-C1（慢骨骼肌型）、MyBP-C2（快骨骼肌型）和 MyBP-C3（心肌型）。3 种不同的亚型都为一条多肽链，含有 10 个从 N 端向 C 端依次命名为 C1～C10 的结构域，其中 7 个为免疫球蛋白（immunoglobulin，Ig）结构域，其余 3 个为纤维连接蛋白（fibronectin Ⅲ，FN3）样结构域。MyBP-C 的 C7～C10 结构域与肌球蛋白的 LMM 链和肌联蛋白结合。MyBP-C1 与肌球蛋白 LMM 链结合，结合位点位于 C10 结构域，是 3 个亚型中保守的结构域。MyBP-C 对快速收缩肌肉的最大收缩速度和收缩力、肌节的完整性和钙敏感性至关重要（Song et al.，2021）。MyBP-C 的 C 端与肌联蛋白相互作用可以促进粗肌丝的组装并提高其稳定性。

（3）肌动蛋白

肌动蛋白是细肌丝的主要结构蛋白，约占肌原纤维蛋白总量的 20%，单体呈球状，又称为球状肌动蛋白（globular actin，G-actin）（图 3-13）。肌动蛋白具有 4 个结构域，子域 2 位于右上方，顺时针依次为子域 1、3，然后是左上方的子域 4，其中子域 1、2 和子域 3、4 可被视作两个大的结构域，分别称为外域和内域。外域和内域之间形成两个缝隙，子域 2 和 4 之间的缝隙结合 ATP/ADP 和相关的二价阳离子，子域 1 和 3 之间的缝隙包含疏水性残基 Try143、Ala144、Gly146 等，构成肌动蛋白相关蛋白的主要结合位点，又称为靶结合缝隙或疏水缝隙。肌动蛋白单体结构中的缝隙使肌动蛋白产生极性，子域 2 和 4 之间的缝隙朝向的一端为（–）端。球状肌动蛋白可以聚合成纤维状肌动蛋白（fibrous actin，F-actin），当 G-actin 组装为 F-actin 时，一个单体的（–）端与另一个单体的（+）端通过非共价键结合。

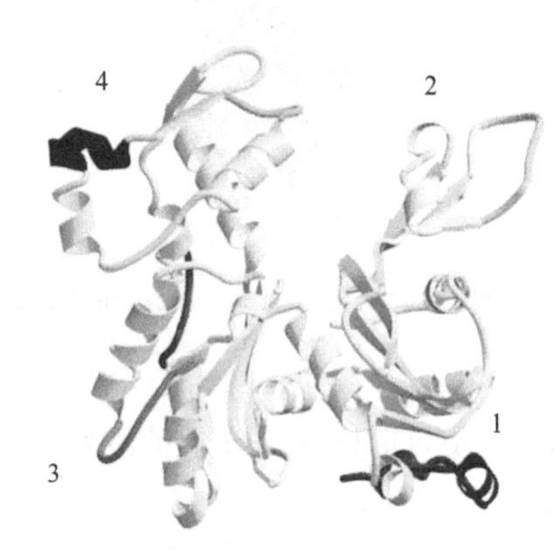

图 3-13　G 肌动蛋白结构（Galkin et al.，2002）

F-actin 直径为 6～8nm，螺距为 36nm（图 3-14），又称为肌动蛋白丝（actin filament）。纤维状肌动蛋白的装配过程复杂，受盐、二价阳离子、肌动蛋白和 ATP 浓度等多种因素的影响，组装和分解平衡的改变，导致 F-actin 重组和功能变化。肌动蛋白装配过程主要是位于顶部的一肌动蛋白分子的子域 1 和 3 与另一分子的子域 2 和 4 相互作用，形成二聚体。另一肌球蛋白分子的子域 3 和 4 绕纵轴旋转 170°，其中子域 3 与二聚体的子域 4 结合，子域 4 与二聚体中位于顶部的子域 3 结合，形成肌动蛋白三聚体。此过程不断重复，最后形成右手双螺旋结构的纤维状肌动蛋白。肌球蛋白多聚体两端均可进行延长，（+）端延长速度远大于（–）端。当肌动蛋白组装和去组装速度相同时，F-actin 长度维持不变，这一现象称为“踏车现象”。

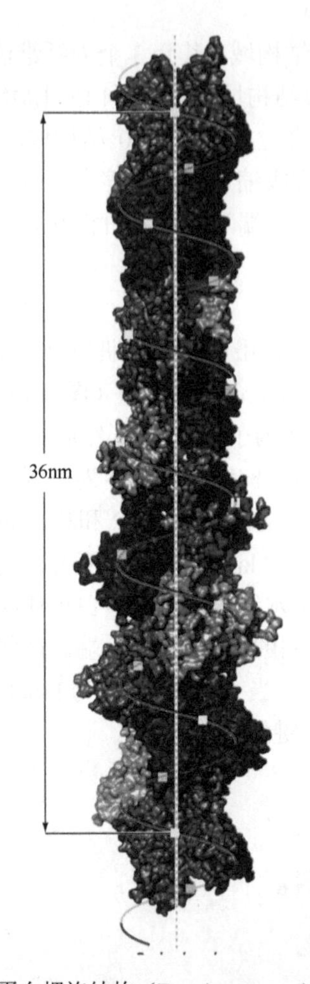

图 3-14　F 肌动蛋白螺旋结构（Dominguez and Holmes，2011）

（4）肌联蛋白

肌联蛋白又称为连接蛋白，是目前已知的分子量最大的蛋白质，单体大小超过 300 万 Da，主要存在于脊椎动物的骨骼肌、心肌中，在平滑肌中少有发现。在骨骼肌中，肌联蛋白是继肌球蛋白和肌动蛋白后含量位居第三的肌原纤维蛋白，占肌原纤维蛋白总量的 8%～12%，长度约为 1μm。

肌联蛋白的分子结构非常复杂，包括超过 300 个免疫球蛋白（immunoglobulin，Ig）结构域和 FN3 结构域。此蛋白质含有 3 个主要子域：①不同数量的 Ig 区；②N2 区域，即同时含有 Ig 区和独特区，两者相互交替出现；③独特的 PEVK 区域，含有丰富的脯氨酸（P）、谷氨酸（E）、缬氨酸（V）和赖氨酸（K）。

在肌原纤维中，肌联蛋白的 C 端起始于 M 线（羧基端），沿粗肌丝伸展，通过 A 带到达 Z 线（氨基酸），形成肌原纤维（粗肌丝和细肌丝外）第三肌丝。由于肌联蛋白与 Z 线和 M 线都有连接，因此要求其具有一定的弹性。肌联蛋白的弹性主要有两个来源：①当肌肉拉伸时，超卷曲的肌联蛋白被拉直；②随着肌肉拉伸力增加，PEVK 区域延伸。PEVK 区域主要位于 I 带，在拉伸过程中提供被动张力，而位于 A 带的部分含有 Ig 和

FN3 结构域，没有弹性。

（5）肌钙蛋白

肌钙蛋白（Tn）是肌肉组织收缩的调节蛋白，位于收缩蛋白的细肌丝上，约占肌原纤维蛋白总量的 5%。肌钙蛋白由 TnC、TnI 和 TnT 三个亚基组成，分子量分别为 18kDa、24kDa 和 37kDa，每个亚基对应相应的功能，TnC 与 Ca^{2+}结合，TnI 能抑制 ATP 酶活性，TnT 能与原肌球蛋白结合。肌钙蛋白的主要功能是利用依赖 Ca^{2+}的方式调控原肌球蛋白在肌动蛋白微丝上的位置，从而调控肌球蛋白和肌动蛋白之间的相互作用。

TnC 包含 4 个螺旋-环-螺旋模体，即 EF-hand，是 EF-hand 家族中的一员，具有其典型结构，即含有的结构域具有一个由 12 个氨基酸残基组成的 Ca^{2+}结合环，富含酸性氨基酸，且处于一对 α 螺旋中，能够与 Ca^{2+}结合。当 Ca^{2+}浓度增加，肌钙蛋白与 Ca^{2+}结合，分子构型改变，从而改变原肌球蛋白分子结构，且肌动蛋白上的活性位点暴露，与横桥结合，发生肌肉收缩。TnI 包含 181～211 个氨基酸残基，是一种极性蛋白，含有较多带正电荷的残基。TnI 包含两个 TnC 结合位点：肌动蛋白和 TnC 共同的结合位点以及近 N 端的 TnC 结合位点。TnT 蛋白含有 233～305 个氨基酸残基，具有不同亚型，其保守区分为两部分：①C 端的 T2 区域，能够与原肌球蛋白中央区域结合，同时与肌动蛋白、TnC、TnI 发生作用；②N 端的 T1 区域，能够与原肌球蛋白的羧基端相互作用，此作用不依赖 Ca^{2+}。三者相互结合，通过调节肌纤维细肌丝和粗肌丝的滑动，参与肌肉收缩的调节。

（6）原肌球蛋白

原肌球蛋白为细肌丝蛋白，约占肌原纤维蛋白总量的 5%。原肌球蛋白和肌钙蛋白是协同肌动蛋白形成细肌丝的两个关键蛋白。原肌球蛋白由两条几乎相同的多肽亚基组成，两条平行的多肽链依靠多肽链一级结构中七肽重复序列间的疏水作用形成 α 螺旋。原肌球蛋白头尾相连形成原肌球蛋白丝，两条原肌球蛋白丝正好装配在肌动蛋白微丝双螺旋沟槽中，原肌球蛋白丝的极性与肌动蛋白微丝的极性相反，每条肌球蛋白丝只能与两条肌动蛋白微丝中的一条相接触。每个原肌球蛋白能够与 7 个 G 肌动蛋白结合，从而阻断粗肌丝横桥与肌动蛋白结合。当肌肉收缩时，原肌球蛋白可轻微移动至肌动蛋白微丝双螺旋沟槽内侧，露出肌动蛋白上的肌球蛋白结合位点，激活肌肉收缩。原肌球蛋白位置的移动与 Ca^{2+}浓度有关。

（7）伴肌动蛋白

伴肌动蛋白是重要的肌动蛋白结合蛋白之一，约占肌原纤维蛋白总量的 5%，主要功能是维持细肌丝蛋白长度，称为“分子尺”。伴肌动蛋白在肌细胞（骨骼肌、心肌和平滑肌细胞）中表达，其中骨骼肌细胞中表达量最高。

伴肌动蛋白是一种巨大的肌节蛋白，分子量为 600～900kDa。单个的伴肌动蛋白与细肌丝相连并延伸至整个细肌丝长度。伴肌动蛋白分子的中间为约含 35 个氨基酸残基的重复功能域，其两侧分别由氨基端（N 端）与羧基端（C 端）构成。N 端延伸到细肌丝的（+）端，与原肌球调节蛋白相作用；C 端延伸至 Z 盘，与 α 辅肌动蛋白等蛋白质相互作用。伴肌动蛋白整个分子螺旋缠绕在细肌丝上，从 A 带到 Z 带，横跨整个细肌丝。在肌肉发育过程中，伴肌动蛋白具有维持和调节细肌丝长度的作用，并且参与维持肌细胞正常的形态结构。

（8）肌中线蛋白

肌中线蛋白（myomesin）基因家族编码的蛋白是目前已知的心肌和骨骼肌中肌原纤维肌节 M 线的主要组成部分。肌中线蛋白约占肌原纤维蛋白总量的 2%，有肌中线蛋白 1、肌中线蛋白 2 和肌中线蛋白 3 三个成员，其中肌中线蛋白 1 几乎在所有横纹肌中都表达，而其余两个蛋白质因发育阶段、肌肉种类不同而差异表达。这三个蛋白质在结构上高度相似，都是由一个独特的 N 端（NH_2）结构，紧随其后的 Ig 样结构域与 5 个纤连蛋白结构域（Fn）以及另外 5 个 Ig 样结构域组成。两分子的肌中线蛋白 1 能够通过羧基端形成二聚体。肌中线蛋白是将肌球蛋白、肌联蛋白、遮蔽蛋白（obscurin，OBSCN）靶向至 M 线的交联剂，遮蔽蛋白作为桥梁可以将肌节 M 线与肌质网进行对接，参与调控肌质网 Ca^{2+}的释放。肌中线蛋白的 NH_2 端锚定在肌球蛋白上，靠近 N 端的 3 个 Fn 结构域与肌联蛋白 C 端结合。在 M 线中，肌中线蛋白 1 通过二聚体交联粗肌丝。肌中线蛋白还具有分子弹簧功能，其功能实现依赖相互串联的 Fn/Ig 结构域或变异剪切的 EH 片段（Schoenauer et al.，2005）。当肌肉松弛时，肌中线蛋白 1 二聚体处于压缩状态，当肌肉收缩时，肌球蛋白头部向 M 线转动，导致 Fn/Ig 结构域与变异剪切的 EH 片段延伸。

（9）肌间线蛋白

肌间线蛋白（desmin）是一种重要的细胞骨架蛋白，主要以 150kDa 的形式存在，少量为较大的 180kDa 形式。肌间线蛋白缠绕在肌原纤维的 Z 盘上并与肌细胞膜直接相连，是维持肌纤维网状结构有序性和肌细胞稳定性的重要骨架蛋白。肌间线蛋白连接于 Z 线之间，在稳定肌纤维的横向结构中起着重要的作用。肌间线蛋白能通过与基质相互作用分子 1 相互作用影响骨骼肌的 Ca^{2+}信号（Zhang et al.，2021）。

（10）其他蛋白

肌酸激酶（creatine kinase，CK）为二聚体酶，可逆地催化磷酸和 ADP 之间的转磷酰基反应，由两个相同或相近的亚基组成。骨骼肌中为 MM-CK，能特异性结合肌原纤维 M 线，并与肌动蛋白激活的肌球蛋白 ATP 酶相关，作为肌原纤维内 ATP 再生器。MM-CK 与 M 线的结合受到 pH 值、底物和酶的氧化状态精确调节。α-辅肌动蛋白和加帽蛋白（CapZ）分别占肌原纤维蛋白总量的 2%和<1%：CapZ 在 Z 线为肌动蛋白微丝的（+）端加帽，同时与 α-辅肌动蛋白结合，将细肌丝锚定在 Z 线上；α-辅肌动蛋白存在于肌小节的 Z 线中，是由两个相同的亚基在分子中反向平行排列构成的同源二聚体，两端均存在肌动蛋白结合位点，并与肌球蛋白和原肌球蛋白竞争性结合肌动蛋白。

（二）肌节

在肌原纤维中，两条相邻 Z 线之间的一段肌原纤维称为肌节，每个肌节由 1/2 Ⅰ带+A 带+1/2 Ⅰ带组成，是骨骼肌纤维结构和功能的基本单位。肌节又可以进一步分为不同的亚肌节结构，包括粗肌丝、细肌丝、Z 线、Ⅰ带、M 线、A 带。

（1）粗肌丝

粗肌丝又称为肌球蛋白微丝，主要由 250～300 个肌球蛋白和其他蛋白质构成。粗肌丝长度为 1.5～1.6μm，主干直径为 13～18nm，具有直径为 3～5nm 的小孔。在肌球蛋白形成粗肌丝的过程中，首先是两分子的肌球蛋白纵向反平行排列，形成二聚体，然后在二聚体两端添加更多二聚体进而延长。肌球蛋白杆状的尾部分别沿两个方向平行排列，聚集成粗肌丝的主干，而具有 ATP 酶活性的头部由粗肌丝骨干向外伸出。粗肌丝只分布在高电子密度的 A 带，并贯穿 A 带全长。A 带中央的 H 区边缘直至 A 带两端是粗肌丝和细肌丝重叠的部分。

（2）细肌丝

细肌丝主要由纤维状肌动蛋白构成，直径为 6～9nm，长度因物种而异，为 1.0～1.3μm，沿肌动蛋白纤维全长与肌动蛋白结合的有伴肌动蛋白、原肌球蛋白和肌钙蛋白。细肌丝倒钩状的尾部通过与 Z 线的 CapZ 和 α-辅肌动蛋白结合而固定在 Z 线上；在 A 带，原肌球调节蛋白与细肌丝尖端结合。原肌球蛋白由两条不同的 α 螺旋肽链缠绕而成，全长沿细肌丝长轴与肌动蛋白丝结合，作用是增加细肌丝长度并帮助肌钙蛋白复合体结合到肌动蛋白丝上。

（3）Z 线/Z 盘

Z 线是细肌丝、肌动蛋白和伴肌动蛋白的锚定位点，是横纹肌肌节单元的关键元素，参与调控肌肉发生与肌肉收缩过程的各种细胞信号通路。Z 线的横切面呈圆形或盘形，因此又称为 Z 盘。相邻肌原纤维的 Z 线是对齐的，有利于协调单个肌原纤维的收缩。Z 线是一个复杂的蛋白质网络结构，主要由肌动蛋白丝和 α-辅肌动蛋白层交联而成。α-辅肌动蛋白的层数决定了 Z 线的宽度，层数越多，Z 线越宽，心肌和慢肌的 Z 线宽达 100～130nm，快肌的 Z 线宽约 50nm。α-辅肌动蛋白作为肌动蛋白交联蛋白，在肌肉收缩时帮助稳定肌节结构。其他的 Z 线相关蛋白包括肌 LIM 蛋白（23kDa）、丝状蛋白（约 300kDa）、连续蛋白（19kDa）和 MURF-3。中间丝及相关蛋白充当与 Z 线细胞骨架网络的连接，并且相关蛋白如肌间线蛋白存在于 Z 线的外围成为相邻肌原纤维之间的连接。因此，Z 线在稳定肌节抵抗横向剪切力以及沿肌纤维传递轴向力方面起着重要作用。

不同类型肌纤维 Z 线具有差异性，一般来说，慢肌纤维 Z 线较粗，富含毛细血管和线粒体，由于纤维内线粒体嵴十分密集，因此具有较高的酶活性，其能量代谢以脂滴和碳水化合物为原料，依赖氧化磷酸化产生能量；而快肌纤维 Z 线较细，线粒体较少且周围的毛细血管数量少于慢肌纤维，导致肌纤维中脂滴含量、肌红蛋白储量较少，因此须依靠糖原进行厌氧代谢。

（4）Ⅰ带

Ⅰ带是光学或电子显微镜下肌节最亮的区域，被 Z 线分为两部分，包括一条 Z 线和 Z 线两侧非重叠区的细肌丝。每个Ⅰ带一半属于一个肌节，另一半属于相邻的肌节。在肌肉收缩时，Ⅰ带随着肌节收缩而缩短，但 A 带宽度保持不变。

（5）M 线

在电子显微镜下，M 线主要由 5 条相距 22nm 的 M 桥构成，分别标记为 M6′、M4′、M1、M4 和 M6。其中，M4 和 M4′存在于所有肌肉中，M6′、M6 和 M1 在不同肌肉类型中含量差异较大。在 M 线，肌中线蛋白与肌联蛋白结合，靠近肌联蛋白的激酶域。此外，M 线的肌酸激酶能促进肌肉收缩期间被消耗的 ATP 快速再生。

（6）A 带

粗肌丝在 A 带呈平行排列，形成显微镜下观察到的暗区。A 带是细肌丝与粗肌丝重叠的区域。

（三）肌管系统

肌管系统是与肌纤维收缩功能密切相关的重要结构，是由肌细胞质膜和肌浆网组成的肌膜凹入细胞内部形成的小管，穿行于肌原纤维之间。骨骼肌中有横管（T tubule）和纵管（L tubule，又称肌浆网）两种肌管系统。

横管是细胞质膜向细胞内延伸形成的管状结构，与肌纤维方向垂直。骨骼肌的横管一般位于 A 带和 I 带交界处，包裹着肌原纤维，横管的重要作用是将细胞膜的兴奋迅速传递给肠道细胞内所有肌节，保证肌肉收缩的同步性。

肌浆网由特化的滑面内质网构成，是与肌原纤维走向平行的膜性管道。相邻横管间的整个肌浆网的管腔相通，但整体结构是一个封闭的囊。肌浆网是 Ca^{2+}的贮存库，其浓度是细胞质的数千倍。肌浆网可分为纵行肌浆网（longitudinal SR，LSR）和连接型肌浆网（junctional SR，JSR），其中 JSR 又称终池（terminal cisterna）。LSR 呈网状包围每个肌小节的肌原纤维，有大量的肌浆网钙泵（sarcoplasmic reticulum Ca^{2+} ATPase，SERCA）。纵行肌浆网延伸到横管附近时横向膨大，过渡为连接型肌浆网，即终池。骨骼肌肌浆网发达，横管两侧形成连续的囊状结构，从而产生肌浆网-横管-肌浆网的三联体（triad）结构。三联体是横管和纵管的衔接部位，能将横管系统传递的膜电位变化与纵管终池释放回收 Ca^{2+}的活动偶联。

（四）其他结构

骨骼肌细胞为多核细胞，每个细胞含有 100 个以上的细胞核，其数量与肌纤维长度有关。肌细胞上有神经肌肉接头，兴奋在神经肌肉接头处从神经细胞传递给肌细胞。骨骼肌细胞核分为两类：有 3～8 个细胞核锚定在神经肌肉接头下，称为突触下细胞核；其他细胞核则以一定间距均匀排列在细胞膜下，称为非突触下细胞核。

线粒体为膜结合细胞器，称为“细胞能量工厂”，主要功能是氧化有机物为细胞提供能量（ATP）。慢肌纤维中线粒体含量丰富，体积也大于快肌纤维。线粒体在肌细胞内主要存在于两个部位：①细胞核附近；②肌原纤维间靠近 Z 线、Ⅰ带或 A-Ⅰ带连接处。肌细胞中线粒体处于动态变化中，随着肌细胞 ATP 和耗氧需求变化，其自身形态、结构、功能均会发生适应性变化。

第五节　肌肉能量代谢

能够为动物提供营养的物质如蛋白质、脂肪、糖类等均含有能量，然而机体的肌肉细胞并不能直接利用饲料中的能量，须通过细胞内一系列的化学反应，释放出饲料贮存的能量，并将其以能够被细胞利用的形式捕获、贮存起来，以满足肌细胞的各种功能需要，既往研究表明宰后肌肉能量代谢与肉品质直接相关，在很大程度上直接决定肉的品质的关系。本节主要论述了肌肉能量代谢的方式，宰后肌肉能量代谢与肉品质，以及影响宰后肌肉能量代谢的因素等。

一、肌肉的能量系统

（一）即时能量系统

即时能量系统即能够直接迅速为肌细胞提供能量的物质，包括腺苷三磷酸（adenosine triphosphate，ATP）和磷酸肌酸（phosphocreatine，PC）。

腺苷三磷酸通常指腺嘌呤核苷三磷酸，简称 ATP，分子式为 A-P～P～P，A 为腺苷，P 为磷酸基团，“～”为高能磷酸键。高能磷酸键水解时释放出的能量多达 30.54kJ/mol，是肌肉收缩的直接能量来源。

磷酸肌酸又称肌酸磷酸，虽不能直接提供肌细胞生命活动所需的能量，但可看作是 ATP 的贮存库。当 ATP 在肌细胞内被分解时，PC 在肌酸激酶（creatine kinase，CK）的催化下将贮存的能量转给 ADP，生成 ATP（图 3-15）。

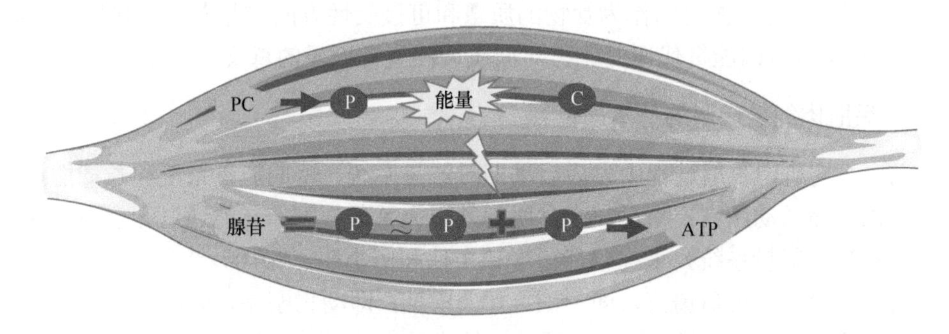

图 3-15　磷酸肌酸为 ATP 合成提供高能磷酸键

即时能量系统的供能特点为，供能快速，总量少，持续时间短，功率输出快速，不需要氧气，不产生乳酸等中间产物，是短时间、高强度运动的主要供能系统。

（二）短期能量系统

短期能量系统即糖酵解系统，是肌肉细胞内 ATP 与 PC 即将耗尽且肌肉运动持续进行时启动的能量系统，此时葡萄糖经由糖酵解作用分解为丙酮酸（pyruvic acid）或乳酸（lactic acid），不仅可以快速地为肌细胞提供 ATP，而且在肌细胞内发生代谢的位置与需要 ATP 的地方非常近。

短期能量系统为高等动物提供的能量实际非常有限，1mol 的葡萄糖经糖酵解途径释放的能量只能合成 2mol 的 ATP。当机体突然需要大量的能量而又供氧不足时，短期能量系统能暂时满足能量消耗的需要，但在有氧条件下，肌肉内糖原的酵解作用受到抑制。

由于即时能量系统和短期能量系统都不需要氧气的参与，因此两者又合称为无氧系统。

（三）长期能量系统

长期能量系统即有氧氧化系统，指在有氧状态下，碳水化合物、脂肪和蛋白质经过一系列代谢作用，完全氧化生成 CO_2 和 H_2O，并产生能量来促进 ATP 合成，是肌肉长时间运动时的能量供应途径。

长期能量系统的供能特点是，ATP 生成总量很大，1mol 葡萄糖完全氧化所释放的能量可供合成 38mol ATP，但 ATP 生成的过程需要经过柠檬酸循环（又称为三羧酸循环），过程复杂，因此速率很低，需要花费较长时间。

上述三种系统均能产生能量供肌肉生命活动所需，但三种系统并非绝对分割的状态，换句话说，在进行任何一种运动时，有可能以其中一种系统为主，但其他两种系统可能同时会进行少量的产出。

二、畜禽宰后肌肉能量代谢与肉品质

（一）宰后肌肉能量代谢概述

畜禽宰后，肌肉经过一系列的生理生化变化最终转化为食用肉，这一过程伴随肌肉能量代谢的变化，且在决定肉作为食物的质量和可接受性方面也起着重要作用（郭谦等，2020）。了解宰后肌肉能量代谢变化，对肉质调控具有积极的意义。

1. 宰后肌肉能量代谢的基本途径

宰前，畜禽肌肉收缩过程中先后启动即时能量系统、短期能量系统和长期能量系统来满足肌肉生命活动所需；宰后，畜禽肌肉处于无氧条件下，只能通过无氧系统（即时能量系统和短期能量系统）来提供能量（徐子伟和门小明，2010）。

畜禽宰后会发生死后僵直，即尸僵。尸僵前期，即动物刚宰，肌肉细胞中氧气停止供应，ATP 和 PC 含量下降，糖酵解系统开始启动，细胞的呼吸方式转变为无氧呼吸；随着时间推移，PC 逐渐消失、ATP 含量不断下降以及乳酸不断积累，致使肌肉 pH 值快速下降，肌动蛋白与肌球蛋白相结合使肌纤维发生延伸，形成尸僵强直状态；随后组织蛋白酶开始释放并活化，部分蛋白质被水解成水溶性肽、氨基酸等，肉的食用品质逐渐达到最佳状态（徐子伟和门小明，2010）。

2. 宰后肌肉能量代谢与劣质肉

畜禽宰后肌肉组织发生生物化学变化的一个重要结果就是快速或过度糖酵解引起 pH 值降低和胴体温度升高。较低的 pH 值和较高的温度会使肌肉蛋白质变性、肌原纤维收缩、肌丝间距缩小，导致肌肉颜色苍白、质地松软、系水力降低，从而产生 PSE 肉。猪和家禽宰后比较容易产生 PSE 肉，而牛宰后不易产生 PSE 肉，因为牛肉中发生快速糖酵解的肌纤维比例相对较低。然而，在宰后糖酵解过程中，牛的腰大肌、臀肌等肌肉因散热较慢而处于较高的温度下，可能会变成 PSE 肉（郭谦等，2020）。因此，阻止 PSE 肉产生的关键在于减缓宰后初期糖酵解。

畜禽宰后肌肉组织发生生物化学变化的另一种结果是糖酵解不足，因而其产物乳酸含量相对较少，导致宰后肌肉 pH 值在 24h 后依然维持在 6.0 以上。在高 pH 值状况下，线粒体呼吸消耗氧气，产生脱氧血红蛋白，使肌肉呈现深红色，且肌肉蛋白质变性程度较低，不易流动水没有渗出，肌肉表面失水较少，导致肉质坚硬，产生 DFD 肉（Chauhan and England，2018）。研究表明，出现 DFD 肉的门槛是糖酵解潜力为 100μmol/g（Wulf et al.，2002）。因此，阻止 DFD 肉产生的关键在于增加肌肉中糖原含量。

（二）宰后肌肉能量代谢对肉质性状的影响

1. 肌肉中糖原储备及可能的代谢机制

畜禽宰后，肌肉糖原经糖酵解作用产生乳酸，在这一过程中，作为原料出现的“糖”加上“乳酸”的含量就是糖酵解潜力。有研究进一步指出，此处所指的“糖”具体是指糖原、葡萄糖和 6-磷酸葡萄糖（Monin and Sellier，1985）。

动物肌肉中糖原的储蓄池主要为糖原前体和大分子糖原。碳水化合物与蛋白质比值相对较低的称为糖原前体（分子量低于 400kDa），糖蛋白含量约为 10%；比值相对较高的称为大分子糖原（最高分子量约为 104kDa），糖蛋白含量为 0.35%（Lomako et al.，1993）。畜禽宰后，糖原前体和大分子糖原这两个糖原储蓄池消失，不直接参与糖酵解过程，其含量不断降低，逐渐分解为不含蛋白质的糖原或单糖（如葡萄糖），糖原和单糖浓度可直接影响 GP 的大小（Lomako et al.，1993；Rosenvold et al.，2001；Hamilton et al.，2002；Bee et al.，2006；Ylä-Ajos et al.，2007）。

2. 糖酵解潜力对肉质性状的影响

在一定程度上，GP 通过调节生成乳酸的糖原量来影响 pH 值，也可影响系水力、肉色、嫩度等肉质性状指标（Hamilton et al.，2002；Bee et al.，2006；朱康平，2012）。

（1）pH 值

宰时肌肉中糖原储备水平可影响 pH 值大小，GP 大小对肌肉 pH 值变化的贡献度为 40%（YIä-Ajos et al.，2007）。畜禽宰后肌肉所含糖原越多，能转化为乳酸的原料越多，GP 越大，乳酸浓度越大，肌肉 pH 终值就越低（Monin and Sellier，1985；Rosenvold et al.，2001）。活体和宰后肌肉 GP 与游离葡萄糖浓度均呈显著正相关关系，相关系数均为 0.47～0.7，宰后肌肉 GP 和游离葡萄糖浓度与肌肉 pH 值均呈显著负相关关系，相关系数分别为–0.49 和–0.62（Hamilton et al.，2002）。pH 值作为反映肉质性状的一个重要指标，其大小变化决定了是否产生异质肉。如前所述，若宰后肌肉中糖原储备不足，糖酵解程度不够，则易导致 DFD 肉产生；若宰后肌肉中糖原储备充足，糖酵解充分，pH 值快速下降，则易导致 PSE 肉产生。因此，糖酵解的程度与速率对畜禽肉质性状有着重要的影响。

（2）系水力

肌肉中的水分主要以吸附态与高度带电的蛋白质相结合，而蛋白质带电情况受 pH 值的影响，进而影响肌肉系水力。畜禽宰后，在无氧系统作用下肌肉 pH 值不断下降，致使肌动蛋白、肌球蛋白等蛋白质变性，肌原纤维收缩，游离水渗出，最终导致肌肉系水力下降（雷剑等，2010）。研究显示，滴水损失与宰后 GP、游离葡萄糖浓度和 pH 终值均显著相关，相关系数分别为 0.43、0.55 和–0.76（Hamilton et al.，2002）。

（3）肉色

当光线照射到猪肉表面时，一部分光线被表面的水分反射回来，反射回来的光线越多，猪肉越显苍白；另一部分光线则直接进入肌肉中，肌红蛋白能吸收部分光线而使肌肉呈现颜色（雷剑等，2010）。据此可知，肉色与其表面水分息息相关。肌肉 GP 与系水力呈显著负相关关系，肌肉中糖原储备越充足，GP 越大，系水力越弱，致使肌肉表面水分越多，L^*值越大，肉色则越苍白（Miller et al.，2000a，2000b；Huff-Lonergan et al.，2002）。宰后肌肉 GP、游离葡萄糖浓度及 pH 终值与 L^*值均极显著相关，相关系数分别为 0.43、0.55 和–0.75（Hamilton et al.，2002）。PSE 猪肉表面水分较多，因此肉色苍白；DFD 猪肉表面较为干燥，照射到表面的光线大部分被肌红蛋白所吸收，因此肉色深暗（雷剑等，2010）。

（4）嫩度

除 pH 值、系水力和肉色外，GP 水平亦可影响肉质嫩度。在肉的熟化过程中，嫩度受肌纤维蛋白降解的影响，常见的肌纤维蛋白有结蛋白（desmin）和踝蛋白（talin）等。此外，肌纤维蛋白的降解需要钙激活蛋白和组织蛋白酶的参与，而钙激活蛋白活性受宰后肌肉 pH 值的影响，pH 值降低导致肌纤维蛋白 desmin 和 talin 降解量增加，从而改善猪肉嫩度（Bee et al.，2007）。

三、畜禽宰前饲养管理对宰后肌肉糖酵解潜力和肉质性状的调控

（一）饲粮

肌肉中的两个糖原储蓄池，即糖原前体和大分子糖原受饲粮调控，进而可影响肉质性状（Rosenvold et al.，2003）。

（二）碳水化合物来源与水平

饲粮中碳水化合物的来源与水平可通过调节肌肉中糖原储备情况来影响肌肉 GP 和肉质性状。

在碳水化合物来源方面，育肥猪采食由不同碳水化合物消化率的原料（如大麦、小麦、甜菜浆干、马铃薯淀粉、草粉、糖蜜等）配制而成的饲粮 3 周，结果显示：随着碳水化合物消化率的降低，背最长肌中大分子糖原含量、总糖原含量以及钙激活蛋白活性不断降低，钙蛋白酶抑制蛋白活性得以提高，提示嫩度降低（Rosenvold et al.，2001）。用两种碳水化合物消化率不同的饲粮（等能等蛋白质）饲喂育肥猪 21 天，发现育肥猪采食低消化率碳水化合物饲粮后，半腱肌 GP 降低、乳酸产生量减少、pH 终值升高，伴随半腱肌肉色改善（L^*值和 b^*值均降低）、滴水损失降低，肉品质得到改善（Bee et al.，2006）。

在碳水化合物水平方面，随着饲粮中碳水化合物水平的降低，肌肉中大分子糖原含量不断减少（Hansen et al.，2000）。育肥猪连续 3 周分别采用低水平可消化碳水化合物

（由6%马铃薯粉为能量原料配制而成）日粮和高水平脂肪（由8%动植物油脂为能量原料配制而成）日粮，结果显示，宰前未经运输时，猪背最长肌中大分子糖原和总糖原含量均显著降低，宰后45min时，背最长肌中糖原前体含量显著下降，提示碳水化合物水平对糖原储备量的影响具有阶段性，宰前主要影响大分子糖原，宰后主要影响糖原前体，亦说明大分子糖原和糖原前体是肌肉中两个功能相异的糖原储蓄池（Rosenvold et al.，2003）。

（三）宰前禁食

动物宰前禁食，不仅影响肝糖原储备量，对肌肉糖原储备量也有影响。宰前禁食时间长短不同，对肌肉糖原储备量的影响程度不同。宰前禁食5h，肉鸡肝糖原消耗增加，但不影响肌肉糖原储备量和肉质性状（Savenije et al.，2002）。宰前禁食19h，动物肝和肌肉糖原储备量分别损失64%和36%（Sugden et al.，1976）。宰前禁食24h，猪肌肉糖原储备量显著降低，pH值显著提高（Warriss，1982）。宰前禁食43h，动物肝和肌肉糖原储备量分别损失61%和39%（Sugden et al.，1976）。宰前禁食48h，动物背最长肌GP显著下降，pH终值增加，24h滴水损失和蒸煮损失下降，7天时肉质渗出率降低（Leheska et al.，2003）。由此可知，动物宰前禁食后，首先动用肝糖原储备，其次消耗肌肉糖原储备，进而影响肉质性状。

（四）镁

动物宰前补饲镁对肌肉GP亦有影响，从而影响肉质性状。猪宰前补饲镁（天冬氨酸镁、七水硫酸镁等），降低了宰后肌肉糖酵解速度，提高了肌肉pH值、钙激活蛋白与组织蛋白酶mRNA比值，从而改善了嫩度，且降低了L^*值和滴水损失，最终改善了肉质性状（Shechter et al.，1992；Hamilton et al.，2002；唐仁勇等，2008）。

（五）糖酵解抑制剂

丙酮酸激酶作为糖酵解的关键酶，可被柠檬酸循环的中间产物草酸所抑制。动物宰前在饲料中添加草酸钠，可有效抑制肌肉糖酵解，致使pH值下降速度减缓，滴水损失降低，从而改善肉品质（Kremer et al.，1998a）。维生素C在机体内可代谢成草酸，具有类似草酸的功能，宰前在饲料中添加维生素C可增加宰后肌肉pH值，并降低滴水损失（Tonon et al.，1998；Kremer et al.，1999；Pion et al.，2004）。与草酸和维生素C一样，动物宰前在饲粮中添加栎精（乳酸脱氢酶的抑制剂），亦能提高宰后肌肉pH值，并降低滴水损失（Kremer et al.，1998b）。此外，柠檬酸钠和氟化钠也具有抑制糖酵解的功能，由而可增加肌肉糖原浓度、提高pH值，从而改善肌肉嫩度（Jerez et al.，2003）。

（六）运输过程

在运输过程中，运输时间、运输密度和运输人员都对肌肉糖酵解过程有影响，进而影响肉质性状。

就运输时间而言，运输15min，肌肉GP增加，肉质变差（Pérez et al.，2002）。运输 1.5h，不影响猪肌肉糖原储备量，但会增加肝糖原消耗（Savenije et al.，2002）。当运输时间延长至 2.5h，肌肉 GP 略有降低，若延长至 8h，可显著降低猪肌肉 GP 值，提高背最长肌 pH 值，致使肉色发黑（Leheska et al.，2003）。因此，运输时间不同，对动物肌肉 GP 和肉质性状的影响也不同。

就运输密度而言，在猪只可以躺下休息的密度下，且运输时间小于 3h，肌肉糖原储备量和肉质性状未受显著影响，不易产生 PSE 肉（Savenije et al.，2002；Guàrdia et al.，2004）。在运输密度为 0.67m^2/头的条件下运输 3h，可显著降低半腱肌 GP 以及肌肉 L^* 值和 b^*值，增加肌纤维蛋白水解，从而改善嫩度（Bee et al.，2006）。由上可知，短时间内猪若受到强烈的应激，糖酵解过程会加速，pH 值会快速降低，进而对宰后肉质造成不良影响；若宰前提供适度的运输时间和运输密度，则猪可在一定程度上动用糖原储备，致使宰后肌肉 GP 下降，pH 值增加，从而改善肉质（Pérez et al.，2002；Bee et al.，2006）。

与运输时间和运输密度一样，运输人员亦可影响畜禽肌肉糖原消耗程度以及宰后肉质性状，如运输人员对肉牛采取积极行为，可减轻肉牛对人的惧怕程度，更容易对肉牛进行装载上车和卸载下车，提高宰后肉中糖原水平和 GP，从而改善肉质（Lensink et al.，2000）。

（七）宰前电击处理

畜禽宰后尸僵过程中肌肉内能源物质（如 PC、ATP 和糖原等）不断消耗，随后启动短期能量系统（即无氧糖酵解）产生 ATP，导致乳酸不断积累、pH 值降低，进而影响肉质性状，而宰前电击处理能影响这一过程（雷剑等，2010）。研究显示，火鸡胸大肌糖原储备量经宰前电击处理后显著降低，且降低程度随着电击频率的增加而增加，从而降低胸肌 pH 值、增加蒸煮损失（Sante et al.，2000）。对公羊进行宰前电击处理亦发现类似的现象（Solomon et al.，1986）。

由上可知，宰后肌肉糖原储备量在肉质性状的形成中发挥重要作用，而宰前饲喂、运输和电击等可通过调控肌肉糖原储备量来影响肉质性状。

四、影响肌肉能量代谢的主要因素

由前文可知，即时能量系统、短期能量系统以及长期能量系统是能为肌肉代谢提供能量的 3 种主要途径。肌肉的能量代谢类型根据能量提供方式可分为以下 3 种类型：氧化型、中间型以及酵解型。影响肌肉能量代谢的因素众多，主要包括肌糖原含量、AMP 活化蛋白激酶（AMP-activated protein kinase，AMPK）活性等。

（一）肌糖原

糖原作为动物体内含量最丰富的多糖，是糖的主要储存形式，也是肌肉组织的主要能量来源。肌糖原在肌肉中所占的比例只有 1%～2%，但畜禽宰后肌糖原的代谢变化在很大程度上决定了肌肉的 pH 值，从而直接或间接地影响其他肉质指标，如肉色、系水力等（Immonen et al.，2000；马现永等，2017）。研究显示，肌糖原代谢受肌纤维类型、遗传等因素的影响，进而影响肉质性状。

（1）肌纤维类型

不同类型骨骼肌肌纤维的糖原储备量不同，酵解型肌纤维的糖原含量高于氧化型肌纤维，氧化型肌纤维主要利用有氧途径产生 ATP，酵解型肌纤维主要利用糖酵解途径产生 ATP，当肌肉以酵解型肌纤维为主时，pH 值下降速度较快，容易产生 PSE 肉（Renou et al.，1986）。在牛和绵羊中同样发现，酵解型肌纤维占比越大，肌肉 pH 值下降越快（Ferguson et al.，2008）。pH 终值与肌肉中氧化型肌纤维所占比例呈正相关关系。

（2）遗传因素

酸肉基因（rendement napole，*RN*）是一种控制肌糖原含量的基因，携带 *RN* 基因的猪体内肌糖原含量和 GP 均较高，pH 终值较低，易导致肉色苍白和滴水损失增加（Monin and Sellier，1985；尹靖东，2010；Li et al.，2015）。糖原是 GP 的重要组成部分，可用其含量来估算 GP。通过测定猪肉的 GP，可确定猪是否携带 *RN* 基因，即当 GP≥185μmol/g 时，被认为是携带 *RN* 基因的猪，当 GP＜185μmol/g 时，则认为猪不携带 *RN* 基因（Miller et al.，2000b）。

（二）AMPK 活性

AMPK 是一种丝氨酸/苏氨酸激酶，由一个起催化作用的亚基（α）和两个起调节作用的亚基（β 和 γ）组成。作为细胞的“能量监测器”，AMPK 通过感受细胞内 ATP 水平的变化来调控宰后肌肉能量代谢过程。当畜禽被宰时，氧气停止供应，无氧糖酵解被启动，AMP/ATP 快速增加，AMPK 被激活。AMPK 被激活后通过以下两种途径影响糖酵解过程：①AMPK 通过先后激活磷酸化酶激酶和糖原磷酸化酶来促进糖原分解；②AMPK 通过磷酸化磷酸果糖激酶来促进果糖 2,6-二磷酸形成，进而促进糖酵解（Nascimben et al.，2004；Li and Mccullough，2010）。据此可知，活化的 AMPK 可间接促进糖酵解，进而影响肉质性状，提示 AMPK 可作为调控肉质性状的靶点。

综上可知，肌肉中存在三种能量供应系统：即时能量系统、短期能量系统和长期能量系统，三者相互协调，共同提供肌肉组织维持生命活动、代谢所需的能量。畜禽宰后氧气停止供应，先后启动即时能量系统和短期能量系统为肌肉提供能量，导致乳酸不断积累，pH 值快速下降，进而影响肉色、系水力、嫩度等其他肉质指标。影响糖酵解过程的因素均可通过调节肌肉能量代谢来影响肉质性状，深入了解这一调控过程，可实现从宰后肌肉能量代谢层面精准调控肉质性状。

参 考 文 献

郭谦，沈清武，罗洁. 2020. 畜禽宰后肌肉能量代谢与肉品质研究进展. 食品工业科技, 41(9): 357-361.

雷剑，冯定远，左建军. 2010. 宰后糖酵解潜力对肉质的影响及宰前饲养管理调控. 中国饲料, (4): 26-30.

李忠秋. 2021. 猪肌纤维类型与肉品质特性及影响猪肌纤维类型转化的研究进展. 中国畜牧杂志, 57(10): 40-45.

马现永，胡友军，王丽，等. 2017. 肌肉糖原代谢调控对猪肉品质的影响. 广东畜牧兽医科技, 42(2): 1-4.

唐仁勇, 陈代文, 张克英, 等. 2008. 宰前短期添加天冬氨酸镁和维生素D_3对育肥猪肉品质及*μ-Calpain*与*Calpastatin*基因表达的影响. 中国畜牧杂志, 44(5): 28-32.

万海峰. 2016. 母猪饲粮添加 β-羟基-β-甲基丁酸对后代生长和肌纤维发育的影响及机制. 四川农业大学博士学位论文.

徐子伟, 门小明. 2010. 动物肌肉能量代谢特点及其与肉质性状的相关性//中国畜牧兽医学会. 2010 中国畜牧兽医学会动物营养学分会第六次全国饲料营养学术研讨会论文集. 陕西杨凌: 87-94.

杨晓静. 2004. 猪骨骼肌生长及肌纤维类型分布的分子机理研究. 南京农业大学博士学位论文.

尹靖东. 2010. 动物肌肉生物学与肉品科学. 北京: 中国农业大学出版社: 197-214.

张海波. 2019. 紫苏籽提取物对育肥牛肌内脂肪沉积的影响. 动物营养学报, 31(4): 1897-1903.

朱康平. 2012. 猪肌肉糖酵解潜力及几个重要代谢调控基因的表达与肉质性状关联性分析. 四川农业大学硕士学位论文.

Abu-Elmagd M, Robson L, Sweetman D, et al. 2010. Wnt/Lef1 signaling acts via Pitx2 to regulate somite myogenesis. Developmental Biology, 337(2): 211-219.

Adachi K, Kawano H, Tsuno K, et al. 1999. Relationship between serum biochemical values and marbling scores in Japanese black steers. The Journal of Veterinary Medical Science, 61(8): 961-964.

Anakwe K, Robson L, Hadley J, et al. 2003. Wnt signalling regulates myogenic differentiation in the developing avian wing. Development, 130(15): 3503-3514.

Apaoblaza A, Gerrard S D, Matarneh S K, et al. 2020. Muscle from grass- and grain-fed cattle differs energetically. Meat Science, 161: 107996.

Arnold L, Henry A, Poron F, et al. 2007. Inflammatory monocytes recruited after skeletal muscle injury switch into antiinflammatory macrophages to support myogenesis. The Journal of Experimental Medicine, 204(5): 1057-1069.

Arrázola M S, Varela-Nallar L, Colombres M, et al. 2009. Calcium/calmodulin-dependent protein kinase type IV is a target gene of the Wnt/beta-catenin signaling pathway. Journal of Cellular Physiology, 221(3): 658-667.

Baltgalvis K A, Greising S M, Warren G L, et al. 2010. Estrogen regulates estrogen receptors and antioxidant gene expression in mouse skeletal muscle. PLoS One, 5(4): e10164.

Barnes K M, Winslow N R, Shelton A G, et al. 2012. Effect of dietary conjugated linoleic acid on marbling and intramuscular adipocytes in pork. Journal of Animal Science, 90(4): 1142-1149.

Bassel-Duby R, Olson E N. 2006. Signaling pathways in skeletal muscle remodeling. Annual Review of Biochemistry, 75: 19-37.

Baughman J M, Perocchi F, Girgis H S, et al. 2011. Integrative genomics identifies MCU as an essential component of the mitochondrial calcium uniporter. Nature, 476(7360): 341-345.

Baylor S M, Hollingworth S. 2012. Intracellular calcium movements during excitation-contraction coupling in mammalian slow-twitch and fast-twitch muscle fibers. The Journal of General Physiology, 139(4): 261-272.

Bee G, Anderson A L, Lonergan S M, et al. 2007. Rate and extent of pH decline affect proteolysis of cytoskeletal proteins and water-holding capacity in pork. Meat Science, 76(2): 359-365.

Bee G, Biolley C, Guex G, et al. 2006. Effects of available dietary carbohydrate and preslaughter treatment on glycolytic potential, protein degradation, and quality traits of pig muscles. Journal of Animal Science, 84(1): 191-203.

Beermann D H, Cassens R G, Hausman G J. 1978. A second look at fiber type differentiation in porcine skeletal muscle. Journal of Animal Science, 46(1): 125-132.

Belskie K M, Ramanathan R, Suman S P, et al. 2015. Effects of muscle type and display time on beef mitochondria. Meat Science, 101: 157-158.

Bentzinger C F, von Maltzahn J, Dumont N A, et al. 2014. Wnt7a stimulates myogenic stem cell motility and engraftment resulting in improved muscle strength. The Journal of Cell Biology, 205(1): 97-111.

Bentzinger C F, Wang Y X, Rudnicki M A. 2012. Building muscle: molecular regulation of myogenesis. Cold

Spring Harbor Perspectives in Biology, 4(2): a008342.
Bentzinger C F, Wang Y X, von Maltzahn J, et al. 2013. Fibronectin regulates Wnt7a signaling and satellite cell expansion. Cell Stem Cell, 12(1): 75-87.
Berry D C, DeSantis D, Soltanian H, et al. 2012. Retinoic acid upregulates preadipocyte genes to block adipogenesis and suppress diet-induced obesity. Diabetes, 61(5): 1112-1121.
Berry D C, Noy N. 2009. All-trans-retinoic acid represses obesity and insulin resistance by activating both peroxisome proliferation-activated receptor beta/delta and retinoic acid receptor. Molecular and Cellular Biology, 29(12): 3286-3296.
Bertram H C, Karlsson A H, Rasmussen M, et al. 2001. Origin of multiexponential T_2 relaxation in muscle myowater. Journal of Agricultural and Food Chemistry, 49(6): 3092-3100.
Bessarab D A, Chong S W, Srinivas B P, et al. 2008. Six1a is required for the onset of fast muscle differentiation in zebrafish. Developmental Biology, 323(2): 216-228.
Bishop-Bailey D, Wray J. 2003. Peroxisome proliferator-activated receptors: a critical review on endogenous pathways for ligand generation. Prostaglandins Other Lipid Mediators, 71(1-2): 1-22.
Black B L, Olson E N. 1998. Transcriptional control of muscle development by myocyte enhancer factor-2(MEF2)proteins. Annual Review of Cell and Developmental Biology, 14: 167-196.
Blumberg J M, Tzameli I, Astapova I, et al. 2006. Complex role of the vitamin D receptor and its ligand in adipogenesis in 3T3-L1 cells. The Journal of Biological Chemistry, 281(16): 11205-11213.
Bonnet M, Cassar-Malek I, Chilliard Y, et al. 2010. Ontogenesis of muscle and adipose tissues and their interactions in ruminants and other species. Animal, 4(7):1093-1109.
Borello U, Buffa V, Sonnino C, et al. 1999. Differential expression of the Wnt putative receptors Frizzled during mouse somitogenesis. Mechanisms of Development, 89(1/2): 173-177.
Bowker B C, Grant A L, Swartz D R, et al. 2004. Myosin heavy chain isoforms influence myofibrillar ATPase activity under simulated postmortem pH, calcium, and temperature conditions. Meat Science, 67(1): 139-147.
Brack A S, Conboy I M, Conboy M J, et al. 2008. A temporal switch from notch to Wnt signaling in muscle stem cells is necessary for normal adult myogenesis. Cell Stem Cell, 2(1): 50-59.
Buckingham M. 1992. Making muscle in mammals. Trends in Genetics, 8(4): 144-148.
Buckingham M, Bajard L, Chang T, et al. 2003. The formation of skeletal muscle: from somite to limb. Journal of Anatomy, 202(1): 59-68.
Buckingham M, Rigby P W J. 2014. Gene regulatory networks and transcriptional mechanisms that control myogenesis. Developmental Cell, 28(3): 225-238.
Calkins C R, Dutson T R, Smith G C, et al. 1981. Relationship of fiber type composition to marbling and tenderness of bovine muscle. Journal of Food Science, 46(3): 708-710.
Cantini M, Giurisato E, Radu C, et al. 2002. Macrophage-secreted myogenic factors: a promising tool for greatly enhancing the proliferative capacity of myoblasts *in vitro* and *in vivo*. Neurological Sciences, 23(4): 189-194.
Cao Y H. 2013. Angiogenesis and vascular functions in modulation of obesity, adipose metabolism, and insulin sensitivity. Cell Metabolism, 18(4): 478-489.
Castell A G, Cliplef R L, Poste-Flynn L M, et al. 1994. Performance, carcass and pork characteristics of castrates and gilts self-fed diets differing in protein content and lysine: energy ratio. Canadian Journal of Animal Science, 74(3): 519-528.
Cauthen C A, Berdougo E, Sandler J, et al. 2001. Comparative analysis of the expression patterns of Wnts and Frizzleds during early myogenesis in chick embryos. Mechanisms of Development, 104(1/2): 133-138.
Chal J, Pourquié O. 2017. Making muscle: skeletal myogenesis *in vivo* and *in vitro*. Development, 144(12): 2104-2122.
Chargé S B P, Rudnicki M A. 2004. Cellular and molecular regulation of muscle regeneration. Physiological Reviews, 84(1): 209-238.
Chartrin P, Bernadet M D, Guy G, et al. 2007. Do age and feeding levels have comparable effects on fat deposition in breast muscle of mule ducks? Animal, 1(1): 113-123.

Chauhan S S, England E M. 2018. Postmortem glycolysis and glycogenolysis: insights from species comparisons. Meat Science, 144: 118-126.

Chavey C, Mari B, Monthouel M N, et al. 2003. Matrix metalloproteinases are differentially expressed in adipose tissue during obesity and modulate adipocyte differentiation. The Journal of Biological Chemistry, 278(14): 11888-11896.

Chazaud B, Brigitte M, Yacoub-Youssef H, et al. 2009. Dual and beneficial roles of macrophages during skeletal muscle regeneration. Exercise and Sport Sciences Reviews, 37(1): 18-22.

Chien A J, Conrad W H, Moon R T. 2009. A Wnt survival guide: from flies to human disease. Journal of Investigative Dermatology, 129(7): 1614-1627.

Chin E R, Olson E N, Richardson J A, et al. 1998. A calcineurin-dependent transcriptional pathway controls skeletal muscle fiber type. Genes & Development, 12(16): 2499-2509.

Cisternas P, Henriquez J P, Brandan E, et al. 2014. Wnt signaling in skeletal muscle dynamics: myogenesis, neuromuscular synapse and fibrosis. Molecular Neurobiology, 49(1): 574-589.

Clevers H, Nusse R. 2012. Wnt/β-catenin signaling and disease. Cell, 149(6): 1192-1205.

Collins C A, Gnocchi V F, White R B, et al. 2009. Integrated functions of Pax3 and Pax7 in the regulation of proliferation, cell size and myogenic differentiation. PLoS One, 4(2): e4475.

Conboy I M, Rando T A. 2002. The regulation of Notch signaling controls satellite cell activation and cell fate determination in postnatal myogenesis. Developmental Cell, 3(3): 397-409.

Conboy L, Seymour C M, Monopoli M P, et al. 2007. Notch signalling becomes transiently attenuated during long-term memory consolidation in adult Wistar rats. Neurobiology of Learning and Memory, 88(3): 342-351.

Costa T C, Gionbelli M P, Duarte M S. 2021. Fetal programming in ruminant animals: understanding the skeletal muscle development to improve meat quality. Animal Frontiers, 11(6): 66-73.

da Costa A S H, Pires V M R, Fontes C M G A, et al. 2013. Expression of genes controlling fat deposition in two genetically diverse beef cattle breeds fed high or low silage diets. BMC Veterinary Research, 9(3): 118.

Dai X F, Lv X Y, Thompson E W, et al. 2022. Histone lactylation: epigenetic mark of glycolytic switch. Trends in Genetics, 38(2): 124-127.

Danieli-Betto D, Betto R, Midrio M. 1990. Calcium sensitivity and myofibrillar protein isoforms of rat skinned skeletal muscle fibres. Pflugers Archiv, 417(3): 303-308.

Davis R L, Weintraub H, Lassar A B. 1987. Expression of a single transfected cDNA converts fibroblasts to myoblasts. Cell, 51(6): 987-1000.

Depreux F F S, Okamura C S, Swartz D R, et al. 2000. Quantification of myosin heavy chain isoform in porcine muscle using an enzyme-linked immunosorbent assay. Meat Science, 56(3): 261-269.

Dominguez R, Holmes K C. 2011. Actin structure and function. Annual Review of Biophysics, 40: 169-186.

Du M, Huang Y, Das A K, et al. 2013. Meat science and muscle biology symposium: manipulating mesenchymal progenitor cell differentiation to optimize performance and carcass value of beef cattle. Journal of Animal Science, 91: 1419-1427.

Du M, McCormick R J. 2009. Applied Muscle Biology and Meat Science. Boca Raton: CRC Press.

Du M, Tong J, Zhao J, et al. 2010. Fetal programming of skeletal muscle development in ruminant animals. Journal of Animal Science, 88(Suppl 13): E51-E60.

Dumont N A, Wang Y X, von Maltzahn J, et al. 2015. Dystrophin expression in muscle stem cells regulates their polarity and asymmetric division. Nature Medicine, 21(12): 1455-1463.

Eason J M, Schwartz G A, Pavlath G K, et al. 2000. Sexually dimorphic expression of myosin heavy chains in the adult mouse masseter. Journal of Applied Physiology, 89(1): 251-258.

English A W, Eason J, Schwartz G, et al. 1999. Sexual dimorphism in the rabbit masseter muscle: myosin heavy chain composition of neuromuscular compartments. Cells, Tissues, Organs, 164(4): 179-191.

Ertbjerg P, Puolanne E. 2017. Muscle structure, sarcomere length and influences on meat quality: a review. Meat Science, 132: 139-152.

Fajas L, Debril M B, Auwerx J. 2001. Peroxisome proliferator-activated receptor-gamma: from adipogenesis to carcinogenesis. Journal of Molecular Endocrinology, 27(1): 1-9.

Feldman J L, Stockdale F E. 1991. Skeletal muscle satellite cell diversity: satellite cells form fibers of different types in cell culture. Developmental Biology, 143(2): 320-334.

Ferguson D M, Daly B L, Gardner G E, et al. 2008. Effect of glycogen concentration and form on the response to electrical stimulation and rate of post-mortem glycolysis in ovine muscle. Meat Science, 78(3): 202-210.

Fielding R A, Manfredi T J, Ding W, et al. 1993. Acute phase response in exercise. III. Neutrophil and IL-1 beta accumulation in skeletal muscle. American Journal of Physiology, 265(1 Pt 2): R166-R172.

Fuchs S M, Laribee R N, Strahl B D. 2009. Protein modifications in transcription elongation. Biochimica et Biophysica Acta, 1789(1): 26-36.

Fujimaki S, Seko D, Kitajima Y, et al. 2018. Notch1 and Notch2 coordinately regulate stem cell function in the quiescent and activated states of muscle satellite cells. Stem Cells, 36(2): 278-285.

Galkin V E, VanLoock M S, Orlova A, et al. 2002. A new internal mode in F-actin helps explain the remarkable evolutionary conservation of actin's sequence and structure. Current Biology, 12(7): 570-575.

Gesta S, Tseng Y H, Kahn C R. 2007. Developmental origin of fat: tracking obesity to its source. Cell, 131(2): 242-256.

Gillis M H, Duckett S K, Sackmann J R, et al. 2004. Effects of supplemental rumen-protected conjugated linoleic acid or linoleic acid on feedlot performance, carcass quality, and leptin concentrations in beef cattle. Journal of Animal Science, 82(3): 851-859.

Girardi F, Le Grand F. 2018. Wnt signaling in skeletal muscle development and regeneration. Progress in Molecular Biology and Translational Science, 153: 157-179.

Goel A J, Rieder M K, Arnold H H, et al. 2017. Niche cadherins control the quiescence-to-activation transition in muscle stem cells. Cell Reports, 21(8): 2236-2250.

Goessling W, North T E, Loewer S, et al. 2009. Genetic interaction of PGE2 and Wnt signaling regulates developmental specification of stem cells and regeneration. Cell, 136(6): 1136-1147.

Gordon M D, Nusse R. 2006. Wnt signaling: multiple pathways, multiple receptors, and multiple transcription factors. Journal of Biological Chemistry, 281(32): 22429-22433.

Gorocica-Buenfil M A, Fluharty F L, Reynolds C K, et al. 2007. Effect of dietary vitamin A restriction on marbling and conjugated linoleic acid content in Holstein steers. Journal of Animal Science, 85(9): 2243-2255.

Grant A C, Ortiz-Colòn G, Doumit M E, et al. 2008. Optimization of *in vitro* conditions for bovine subcutaneous and intramuscular preadipocyte differentiation. Journal of Animal Science, 86(1): 73-82.

Grewal S I S, Jia S T. 2007. Heterochromatin revisited. Nature Reviews Genetics, 8(1): 35-46.

Grimaldi P A. 2003. Roles of PPARdelta in the control of muscle development and metabolism. Biochemical Society Transactions, 31(Pt 6): 1130-1132.

Groves J A, Hammond C L, Hughes S M. 2005. Fgf8 drives myogenic progression of a novel lateral fast muscle fibre population in zebrafish. Development, 132(19): 4211-4222.

Guàrdia M D, Estany J, Balasch S, et al. 2004. Risk assessment of PSE condition due to pre-slaughter conditions and *RYR1* gene in pigs. Meat Science, 67(3): 471-478.

Gupta R K, Arany Z, Seale P, et al. 2010. Transcriptional control of preadipocyte determination by Zfp423. Nature, 464(7288): 619-623.

Gupta R K, Mepani R J, Kleiner S, et al. 2012. *Zfp423* expression identifies committed preadipocytes and localizes to adipose endothelial and perivascular cells. Cell Metabolism, 15(2): 230-239.

Hagiwara N, Ma B, Ly A. 2005. Slow and fast fiber isoform gene expression is systematically altered in skeletal muscle of the Sox6 mutant, p100H. Developmental Dynamics, 234(2): 301-311.

Hagiwara N, Yeh M, Liu A. 2007. Sox6 is required for normal fiber type differentiation of fetal skeletal muscle in mice. Developmental Dynamics, 236(8): 2062-2076.

Hamilton D N, Ellis M, Hemann M D, et al. 2002. The impact of longissimus glycolytic potential and short-term feeding of magnesium sulfate heptahydrate prior to slaughter on carcass characteristics and pork quality. Journal of Animal Science, 80(6): 1586-1592.

Hansen B F, Derave W, Jensen P, et al. 2000. No limiting role for glycogenin in determining maximal attainable glycogen levels in rat skeletal muscle. American Journal of Physiology-Endocrinology and Metabolism, 278(3): E398-E404.

Harper G S, Pethick D W. 2004. How might marbling begin? Australian Journal of Experimental Agriculture, 44(7): 653-662.

Harris C L, Wang B, Deavila J M, et al. 2018. Vitamin A administration at birth promotes calf growth and intramuscular fat development in Angus beef cattle. Journal of Animal Science and Biotechnology, 9(1): 55.

Hasty P, Bradley A, Morris J H, et al. 1993. Muscle deficiency and neonatal death in mice with a targeted mutation in the myogenin gene. Nature, 364(6437): 501-506.

Hausman G J, Basu U, Du M, et al. 2014. Intermuscular and intramuscular adipose tissues: Bad vs. good adipose tissues. Adipocyte, 3(4): 242-255.

Hausman G J, Poulos S. 2004. Recruitment and differentiation of intramuscular preadipocytes in stromal-vascular cell cultures derived from neonatal pig semitendinosus muscles. Journal of Animal Science, 82(2): 429-437.

Hawkins R R, Moody W G, Kemp J D. 1985. Influence of genetic type, slaughter weight and sex on ovine muscle fiber and fat-cell development. Journal of Animal Science, 61(5): 1154-1163.

Heissler S M, Sellers J R. 2016. Various themes of myosin regulation. Journal of Molecular Biology, 428(9 Pt B): 1927-1946.

Henderson C A, Gomez C G, Novak S M, et al. 2017. Overview of the muscle cytoskeleton. Comprehensive Physiology, 7(3): 891-944.

Heredia J E, Mukundan L, Chen F M, et al. 2013. Type 2 innate signals stimulate fibro/adipogenic progenitors to facilitate muscle regeneration. Cell, 153(2): 376-388.

Higginson J, Wackerhage H, Woods N, et al. 2002. Blockades of mitogen-activated protein kinase and calcineurin both change fibre-type markers in skeletal muscle culture. Pflugers Arch, 445(3): 437-443.

Hocquette J F, Gondret F, Baéza E, et al. 2010. Intramuscular fat content in meat-producing animals: development, genetic and nutritional control, and identification of putative markers. Animal, 4(2): 303-319.

Hödar C, Assar R, Colombres M, et al. 2010. Genome-wide identification of new Wnt/beta-catenin target genes in the human genome using CART method. BMC Genomics, 11: 348.

Holterman C E, Rudnicki M A. 2005. Molecular regulation of satellite cell function. Seminars in Cell & Developmental Biology, 16(4/5): 575-584.

Honikel K O, Kim C J. 1986. Causes of the development of PSE pork. Fleischwirtschaft, 66: 349-353.

Huang Y, Das A K, Yang Q Y, et al. 2012. Zfp423 promotes adipogenic differentiation of bovine stromal vascular cells. PLoS One, 7(10): e47496.

Huang Y C, Dennis R G, Baar K. 2006. Cultured slow vs. fast skeletal muscle cells differ in physiology and responsiveness to stimulation. American Journal of Physiology Cell Physiology, 291(1): C11-C17.

Huels D J, Sansom O J. 2017. R-spondin is more than just Wnt's sidekick. Developmental Cell, 41(5): 456-458.

Huff-Lonergan E, Baas T J, Malek M, et al. 2002. Correlations among selected pork quality traits. Journal of Animal Science, 80(3): 617-627.

Huff-Lonergan E, Lonergan S M. 2005. Mechanisms of water-holding capacity of meat: the role of postmortem biochemical and structural changes. Meat Science, 71(1): 194-204.

Huff-Lonergan E, Parrish F C Jr, Robson R M. 1995. Effects of postmortem aging time, animal age, and sex on degradation of titin and nebulin in bovine longissimus muscle. Journal of Animal Science, 73(4): 1064-1073.

Hutcheson D A, Zhao J, Merrell A, et al. 2009. Embryonic and fetal limb myogenic cells are derived from developmentally distinct progenitors and have different requirements for beta-catenin. Genes & Development, 23(8): 997-1013.

Hwang Y H, Kim G D, Jeong J Y, et al. 2010. The relationship between muscle fiber characteristics and meat quality traits of highly marbled Hanwoo(Korean native cattle)steers. Meat Science, 86(2): 456-461.

Ianuzzo D, Patel P, Chen V, et al. 1977. Thyroidal trophic influence on skeletal muscle myosin. Nature, 270(5632): 74-76.

Immonen K, Ruusunen M, Hissa K, et al. 2000. Bovine muscle glycogen concentration in relation to finishing diet, slaughter and ultimate pH. Meat Science, 55(1): 25-31.

Inestrosa N C, Montecinos-Oliva C, Fuenzalida M. 2012. Wnt signaling: role in Alzheimer disease and schizophrenia. Journal of Neuroimmune Pharmacology, 7(4): 788-807.

Jeong D W, Choi Y M, Lee S H, et al. 2010. Correlations of trained panel sensory values of cooked pork with fatty acid composition, muscle fiber type, and pork quality characteristics in Berkshire pigs. Meat Science, 86(3): 607-615.

Jeong J Y, Kim G D, Ha D M, et al. 2012. Relationships of muscle fiber characteristics to dietary energy density, slaughter weight, and muscle quality traits in finishing pigs. Journal of Animal Science and Technology, 54(3): 175-183.

Jerez N C, Calkins C R, Velazco J. 2003. Prerigor injection using glycolytic inhibitors in low-quality beef muscles. Journal of Animal Science, 81(4): 997-1003.

Joseph P, Suman S P, Rentfrow G, et al. 2012. Proteomics of muscle-specific beef color stability. Journal of Agricultural and Food Chemistry, 60(12): 3196-3203.

Jurie C, Picard B, Geay Y. 1999. Changes in the metabolic and contractile characteristics of muscle in male cattle between 10 and 16 months of age. The Histochemical Journal, 31(2): 117-122.

Karlsson A, Enfält A C, Essén-Gustavsson B, et al. 1993. Muscle histochemical and biochemical properties in relation to meat quality during selection for increased lean tissue growth rate in pigs. Journal of Animal Science, 71(4): 930-938.

Kashyap V, Gudas L J. 2010. Epigenetic regulatory mechanisms distinguish retinoic acid-mediated transcriptional responses in stem cells and fibroblasts. The Journal of Biological Chemistry, 285(19): 14534-14548.

Kassar-Duchossoy L, Gayraud-Morel B, Gomès D, et al. 2004. Mrf4 determines skeletal muscle identity in Myf5: Myod double-mutant mice. Nature, 431(7007): 466-471.

Khan T, Muise E S, Iyengar P, et al. 2009. Metabolic dysregulation and adipose tissue fibrosis: role of collagen VI. Molecular and Cellular Biology, 29(6): 1575-1591.

Kim G D, Jeong T C, Cho K M, et al. 2017. Identification and quantification of myosin heavy chain isoforms in bovine and porcine longissimus muscles by LC-MS/MS analysis. Meat Science, 125: 143-151.

Kim G D, Kim B W, Jeong J Y, et al. 2013. Relationship of carcass weight to muscle fiber characteristics and pork quality of crossbred (Korean native black pig × Landrace) F_2 pigs. Food and Bioprocess Technology, 6(2): 522-529.

Kim H R, Richardson J, van Eeden F, et al. 2010. Gli2a protein localization reveals a role for *Iguana*/DZIP1 in primary ciliogenesis and a dependence of Hedgehog signal transduction on primary cilia in the zebrafish. BMC Biology, 8: 65.

Kirchofer K S, Calkins C R, Gwartney B L. 2002. Fiber-type composition of muscles of the beef chuck and round. Journal of Animal Science, 80(11): 2872-2878.

Kirschbaum B J, Kucher H B, Termin A, et al. 1990. Antagonistic effects of chronic low frequency stimulation and thyroid hormone on myosin expression in rat fast-twitch muscle. The Journal of Biological Chemistry, 265(23): 13974-13980.

Kong J A, Li Y C. 2006. Molecular mechanism of 1,25-dihydroxyvitamin D_3 inhibition of adipogenesis in 3T3-L1 cells. American Journal of Physiology-Endocrinology and Metabolism, 290(5): E916-E924.

Kook S H, Choi K C, Son Y O, et al. 2006. Satellite cells isolated from adult Hanwoo muscle can proliferate and differentiate into myoblasts and adipose-like cells. Molecules and Cells, 22(2): 239-245.

Kremer B T, Stahly T S, Ewan R C. 1999. The effects of dietary vitamin C on meat quality of pork. Journal of Animal Science, 77(Suppl.1): 46.

Kremer B T, Stahly T S, Sebranek J G. 1998a. Effect of dietary sodium oxalate on pork quality. Iowa State Swine Report, Iowa Sate University, USA: 25-29.

Kremer B T, Stahly T S, Sebranek J G. 1998b. Effect of dietary quercetin on pork quality. Iowa State Swine Report, Iowa Sate University, USA: 30-34.

Kuang S H, Kuroda K, Le Grand F, et al. 2007. Asymmetric self-renewal and commitment of satellite stem cells in muscle. Cell, 129(5): 999-1010.

Kuroda K, Kuang S H, Taketo M M, et al. 2013. Canonical Wnt signaling induces BMP-4 to specify slow myofibrogenesis of fetal myoblasts. Skeletal Muscle, 3(1): 5.

Laclef C, Hamard G, Demignon J, et al. 2003. Altered myogenesis in Six1-deficient mice. Development, 130(10): 2239-2252.

Lacour F, Vezin E, Bentzinger C F, et al. 2017. R-spondin1 controls muscle cell fusion through dual regulation of antagonistic Wnt signaling pathways. Cell Reports, 18(10): 2320-2330.

Lantier L, Fentz J, Mounier R, et al. 2014. AMPK controls exercise endurance, mitochondrial oxidative capacity, and skeletal muscle integrity. FASRB Journal: Official Publication of the Federation of American Societies for Experimental Biology, 28(7): 3211-3224.

Le Grand F, Jones A E, Seale V, et al. 2009. Wnt7a activates the planar cell polarity pathway to drive the symmetric expansion of satellite stem cells. Cell Stem Cell, 4(6): 535-547.

Lee S H, Joo S T, Ryu Y C. 2010. Skeletal muscle fiber type and myofibrillar proteins in relation to meat quality. Meat Science, 86(1): 166-170.

Lefaucheur L. 2010. A second look into fibre typing: relation to meat quality. Meat Science, 84(2): 257-270.

Lefterova M I, Zhang Y, Steger D J, et al. 2008. PPARgamma and C/EBP factors orchestrate adipocyte biology via adjacent binding on a genome-wide scale. Genes Development, 22(21): 2941-2952.

Leheska J M, Wulf D M, Maddock R J. 2003. Effects of fasting and transportation on pork quality development and extent of postmortem metabolism. Journal of Animal Science, 80(12): 3194-3202.

Lensink B J, Fernandez X, Boivin X, et al. 2000. The impact of gentle contacts on ease of handling, welfare, and growth of calves and on quality of veal meat. Journal of Animal Science, 78(5): 1219-1226.

Li H, Gariépy C, Jin Y, et al. 2015. Effects of ractopamine administration and castration method on muscle fiber characteristics and sensory quality of the longissimus muscle in two Piétrain pig genotypes. Meat Science, 102: 27-34.

Li J, McCullough L D. 2010. Effects of AMP-activated protein kinase in cerebral ischemia. Journal of Cerebral Blood Flow and Metabolism, 30(3): 480-492.

Lin J D, Wu H, Tarr P T, et al. 2002. Transcriptional co-activator PGC-1 alpha drives the formation of slow-twitch muscle fibres. Nature, 418(6899): 797-801.

Liu H T, Zhang H, Liu Q, et al. 2021. Filamentous myosin in low-ionic strength meat protein processing media: assembly mechanism, impact on protein functionality, and inhibition strategies. Trends in Food Science & Technology, 112: 25-35.

Lomako J, Lomako W M, Whelan W J, et al. 1993. Glycogen synthesis in the astrocyte: from glycogenin to proglycogen to glycogen. FASEB Journal, 7(14): 1386-1393.

MacDougald O A, Mandrup S. 2002. Adipogenesis: forces that tip the scales. Trends in Endocrinology & Metabolism, 13(1): 5-11.

MacLean H E, Chiu W S, Notini A J, et al. 2008. Impaired skeletal muscle development and function in male, but not female, genomic androgen receptor knockout mice. FASEB Journal, 22(8): 2676-2689.

Mallinson J, Meissner J, Chang K C. 2009. Chapter 2. Calcineurin signaling and the slow oxidative skeletal muscle fiber type. International Review of Cell and Molecular Biology, 277: 67-101.

Maquoi E, Munaut C, Colige A, et al. 2002. Modulation of adipose tissue expression of murine matrix metalloproteinases and their tissue inhibitors with obesity. Diabetes, 51(4): 1093-1101.

Matarneh S K, Silva S L, Gerrard D E. 2021. New insights in muscle biology that alter meat quality. Annual Review of Animal Biosciences, 9: 355-377.

Matsuda R, Spector D H, Strohman R C. 1983. Regenerating adult chicken skeletal muscle and satellite cell cultures express embryonic patterns of myosin and tropomyosin isoforms. Developmental Biology, 100(2): 478-488.

Maves L, Waskiewicz A J, Paul B, et al. 2007. Pbx homeodomain proteins direct Myod activity to promote fast-muscle differentiation. Development, 134(18): 3371-3382.

McGee S L. 2007. Exercise and MEF2-HDAC interactions. Applied Physiology, Nutrition, and Metabolism, 32(5): 852-856.

McKenna D R, Mies P D, Baird B E, et al. 2005. Biochemical and physical factors affecting discoloration characteristics of 19 bovine muscles. Meat Science, 70(4): 665-682.

Merly F, Lescaudron L, Rouaud T, et al. 1999. Macrophages enhance muscle satellite cell proliferation and delay their differentiation. Muscle & Nerve, 22(6): 724-732.

Miller K D, Ellis M, Bidner B, et al. 2000a. Porcine longissimus glycolytic potential level effects on growth performance, carcass, and meat quality characteristics. Journal of Muscle Foods, 11(3): 169-181.

Miller K D, Ellis M, McKeith F K, et al. 2000b. Frequency of the rendement napole RN-allele in a population of American Hampshire pigs. Journal of Animal Science, 78(7): 1811-1815.

Miyoshi K, Rosner A, Nozawa M, et al. 2002. Activation of different Wnt/β-catenin signaling components in mammary epithelium induces transdifferentiation and the formation of pilar tumors. Oncogene, 21(36): 5548-5556.

Monin G, Sellier P. 1985. Pork of low technological quality with a normal rate of muscle pH fall in the immediate post-mortem period: the case of the Hampshire breed. Meat Science, 13(1): 49-63.

Moran A L, Warren G L, Lowe D A. 2006. Removal of ovarian hormones from mature mice detrimentally affects muscle contractile function and myosin structural distribution. Journal of Applied Physiology, 100(2): 548-559.

Münsterberg A E, Kitajewski J, Bumcrot D A, et al. 1995. Combinatorial signaling by Sonic hedgehog and Wnt family members induces myogenic *bHLH* gene expression in the somite. Genes & Development, 9(23): 2911-2922.

Murgia M, Serrano A L, Calabria E, et al. 2000. Ras is involved in nerve-activity-dependent regulation of muscle genes. Nature Cell Biology, 2(3): 142-147.

Nabeshima Y, Hanaoka K, Hayasaka M, et al. 1993. Myogenin gene disruption results in perinatal lethality because of severe muscle defect. Nature, 364(6437): 532-535.

Nascimben L, Ingwall J S, Lorell B H, et al. 2004. Mechanisms for increased glycolysis in the hypertrophied rat heart. Hypertension, 44(5): 662-667.

Niehrs C. 2012. The complex world of WNT receptor signalling. Nature Reviews Molecular Cell Biology, 13(12): 767-779.

Nishimura T, Hattori A, Takahashi K. 1999. Structural changes in intramuscular connective tissue during the fattening of Japanese black cattle: effect of marbling on beef tenderization. Journal of Animal Science, 77(1): 93-104.

Nusse R, Varmus H. 2012. Three decades of Wnts: a personal perspective on how a scientific field developed. The EMBO Journal, 31(12): 2670-2684.

Oka A, Maruo Y, Miki T, et al. 1998. Influence of vitamin A on the quality of beef from the Tajima strain of Japanese Black cattle. Meat Science, 48(1/2): 159-167.

Oksbjerg N, Petersen J S, Sórensen M T, et al. 1995. The influence of porcine growth hormone on muscle fibre characteristics, metabolic potential and meat quality. Meat Science, 39(3): 375-385.

Ontell M, Kozeka K. 1984. Organogenesis of the mouse extensor digitorum logus muscle: a quantitative study. The American Journal of Anatomy, 171(2): 149-161.

Ott M O, Bober E, Lyons G, et al. 1991. Early expression of the myogenic regulatory gene, *myf-5*, in precursor cells of skeletal muscle in the mouse embryo. Development, 111(4): 1097-1107.

Otto A, Schmidt C, Luke G, et al. 2008. Canonical Wnt signalling induces satellite-cell proliferation during adult skeletal muscle regeneration. Journal of Cell Science, 121(Pt 17): 2939-2950.

Palacios D, Mozzetta C, Consalvi S, et al. 2010. TNF/p38α/polycomb signaling to Pax7 locus in satellite cells links inflammation to the epigenetic control of muscle regeneration. Cell Stem Cell, 7(4): 455-469.

Park S J, Beak S H, Jung D J S, et al. 2018. Genetic, management, and nutritional factors affecting intramuscular fat deposition in beef cattle-A review. Asian-Australasian Journal of Animal Sciences, 31(7): 1043-1061.

Pawlikowski B, Pulliam C, Betta N D, et al. 2015. Pervasive satellite cell contribution to uninjured adult muscle fibers. Skeletal Muscle, 5: 42.

Pérez M P, Palacio J, Santolaria M P, et al. 2002. Effect of transport time on welfare and meat quality in pigs. Meat Science, 61(4): 425-433.

Petchey L K, Risebro C A, Vieira J M, et al. 2014. Loss of Prox1 in striated muscle causes slow to fast skeletal muscle fiber conversion and dilated cardiomyopathy. Proceedings of the National Academy of Sciences of the United States of America, 111(26): 9515-9520.

Petersen N, Christensen L O, Morita H, et al. 1998. Evidence that a transcortical pathway contributes to stretch reflexes in the tibialis anterior muscle in man. The Journal of Physiology, 512: 267-276.

Picard B, Gagaoua M, Micol D, et al. 2014. Inverse relationships between biomarkers and beef tenderness according to contractile and metabolic properties of the muscle. Journal of Agricultural and Food Chemistry, 62(40): 9808-9818.

Piccone C M, Brazeau G A, McCormick K M. 2005. Effect of oestrogen on myofibre size and myosin expression in growing rats. Experimental Physiology, 90(1): 87-93.

Pion S J, van Heugten E, See M T, et al. 2004. Effects of vitamin C supplementation on plasma ascorbic acid and oxalate concentrations and meat quality in swine. Journal of Animal Science, 82(7): 2004-2012.

Pisconti A, Cornelison D D W, Olguín H C, et al. 2010. Syndecan-3 and Notch cooperate in regulating adult myogenesis. The Journal of Cell Biology, 190(3): 427-441.

Polesskaya A, Seale P, Rudnicki M A. 2003. Wnt signaling induces the myogenic specification of resident $CD45^+$ adult stem cells during muscle regeneration. Cell, 113(7): 841-852.

Potthoff M J, Wu H, Arnold M A, et al. 2007. Histone deacetylase degradation and MEF2 activation promote the formation of slow-twitch myofibers. The Journal of Clinical Investigation, 117(9): 2459-2467.

Poulos S P, Hausman D B, Hausman G J. 2010. The development and endocrine functions of adipose tissue. Molecular and Cellular Endocrinology, 323(1): 20-34.

Puigserver P, Wu Z D, Park C W, et al. 1998. A cold-inducible coactivator of nuclear receptors linked to adaptive thermogenesis. Cell, 92(6): 829-839.

Quach J M, Walker E C, Allan E, et al. 2011. Zinc finger protein 467 is a novel regulator of osteoblast and adipocyte commitment. The Journal of Biological Chemistry, 286(6):4186-4198.

Ramanathan R, Suman S P, Faustman C. 2020. Biomolecular interactions governing fresh meat color in post-mortem skeletal muscle: a review. Journal of Agricultural and Food Chemistry, 68(46): 12779-12787.

Renand G, Picard B, Touraille C, et al. 2001. Relationships between muscle characteristics and meat quality traits of young Charolais bulls. Meat Science, 59(1): 49-60.

Renou J P, Canioni P, Gatelier P, et al. 1986. Phosphorus-31 nuclear magnetic resonance study of post mortem catabolism and intracellular pH in intact excised rabbit muscle. Biochimie, 68(4): 543-554.

Richard A F, Demignon J, Sakakibara I, et al. 2011. Genesis of muscle fiber-type diversity during mouse embryogenesis relies on *Six1* and *Six4* gene expression. Developmental Biology, 359(2): 303-320.

Rocheteau P, Gayraud-Morel B, Siegl-Cachedenier I, et al. 2012. A subpopulation of adult skeletal muscle stem cells retains all template DNA strands after cell division. Cell, 148(1/2): 112-125.

Röckl K S C, Hirshman M F, Brandauer J, et al. 2007. Skeletal muscle adaptation to exercise training: AMP-activated protein kinase mediates muscle fiber type shift. Diabetes, 56(8): 2062-2069.

Rosen E D, Spiegelman B M. 2014. What we talk about when we talk about fat. Cell, 156(1/2): 20-44.

Rosenblatt J D, Parry D J, Partridge T A. 1996. Phenotype of adult mouse muscle myoblasts reflects their fiber type of origin. Differentiation, 60(1): 39-45.

Rosenvold K, Essén-Gustavsson B, Andersen H J. 2003. Dietary manipulation of pro- and macroglycogen in porcine skeletal muscle. Journal of Animal Science, 81(1): 130-134.

Rosenvold K, Petersen J S, Lwerke H N, et al. 2001. Muscle glycogen stores and meat quality as affected by strategic finishing feeding of slaughter pigs. Journal of Animal Science, 79(2): 382-391.

Rosso S B, Sussman D, Wynshaw-Boris A, et al. 2005. Wnt signaling through Dishevelled, Rac and JNK regulates dendritic development. Nature Neuroscience, 8(1): 34-42.

Roy S, Wolff C, Ingham P W. 2001. The u-boot mutation identifies a Hedgehog-regulated myogenic switch

for fiber-type diversification in the zebrafish embryo. Genes & Development, 15(12): 1563-1576.
Rudnicki M A, Schnegelsberg P N J, Stead R H, et al. 1993. MyoD or Myf-5 is required for the formation of skeletal muscle. Cell, 75(7): 1351-1359.
Rudolf A, Schirwis E, Giordani L, et al. 2016. β-catenin activation in muscle progenitor cells regulates tissue repair. Cell Reports, 15(6): 1277-1290.
Russell R G, Oteruelo F T. 1981. An ultrastructural study of the dufferentiation of skeletal muscle in the bovine fetus. Anatomy and Embryology, 162(4): 403-417.
Ruusunen M, Puolanne E. 2004. Histochemical properties of fibre types in muscles of wild and domestic pigs and the effect of growth rate on muscle fibre properties. Meat Science, 67(3): 533-539.
Ryu Y C, Choi Y M, Lee S H, et al. 2008. Comparing the histochemical characteristics and meat quality traits of different pig breeds. Meat Science, 80(2): 363-369.
Ryu Y C, Kim B C. 2005. The relationship between muscle fiber characteristics, postmortem metabolic rate, and meat quality of pig longissimus dorsi muscle. Meat Science, 71(2): 351-357.
Saclier M, Yacoub-Youssef H, Mackey A L, et al. 2013. Differentially activated macrophages orchestrate myogenic precursor cell fate during human skeletal muscle regeneration. Stem Cells, 31(2): 384-396.
Sante V, Le Pottier G L, Astruc T, et al. 2000. Effect of stunning current frequency on carcass downgrading and meat quality of Turkey. Poultry Science, 79(8): 1208-1214.
Savenije B, Lambooij E, Gerritzen M A, et al. 2002. Effects of feed deprivation and transport on preslaughter blood metabolites early postmortem muscle metabolites, and meat quality. Poultry Science, 81(5): 699-708.
Schiaffino S, Reggiani C. 1996. Molecular diversity of myofibrillar proteins: gene regulation and functional significance. Physiological Reviews, 76(2): 371-423.
Schiaffino S, Reggiani C. 2011. Fiber types in mammalian skeletal muscles. Physiological Reviews, 91(4): 1447-1531.
Schmidt M, Schüler S C, Hüttner S S, et al. 2019. Adult stem cells at work: regenerating skeletal muscle. Cellular and Molecular Life Sciences, 76(13): 2559-2570.
Schoenauer R, Bertoncini P, Machaidze G, et al. 2005. Myomesin is a molecular spring with adaptable elasticity. Journal of Molecular Biology, 349(2): 367-379.
Schwarz E J, Reginato M J, Shao D, et al. 1997. Retinoic acid blocks adipogenesis by inhibiting C/EBPbeta-mediated transcription. Molecular and Cellular Biology, 17(3): 1552-1561.
Seale P, Bjork B, Yang W L, et al. 2008. PRDM16 controls a brown fat/skeletal muscle switch. Nature, 454(7207): 961-967.
Seideman S C, Crouse J D, Cross H R. 1986. The effect of sex condition and growth implants on bovine muscle fiber characteristics. Meat Science, 17(2): 79-95.
Seyfert M, Mancini R A, Hunt M C, et al. 2007. Influence of carbon monoxide in package atmospheres containing oxygen on colour, reducing activity, and oxygen consumption of five bovine muscles. Meat Science, 75(3): 432-442.
Shao M, Hepler C, Vishvanath L, et al. 2017. Fetal development of subcutaneous white adipose tissue is dependent on Zfp423. Molecular Metabolism, 6(1): 111-124.
Shechter M, Kaplinsky E, Rabinowitz B. 1992. The rationale of magnesium supplementation in acute myocardial infarction: a review of the literature. Archives of Internal Medicine, 152(11): 2189-2196.
Shinin V, Gayraud-Morel B, Gomès D, et al. 2006. Asymmetric division and cosegregation of template DNA strands in adult muscle satellite cells. Nature Cell Biology, 8(7): 677-687.
Shinin V, Gayraud-Morel B, Tajbakhsh S. 2009. Template DNA-strand co-segregation and asymmetric cell division in skeletal muscle stem cells. Methods in Molecular Biology, 482: 295-317.
Smith S B, Crouse J D. 1984. Relative contributions of acetate, lactate and glucose to lipogenesis in bovine intramuscular and subcutaneous adipose tissue. The Journal of Nutrition, 114(4): 792-800.
Solomon M B, Lynch G P, Berry B W. 1986. Influence of animal diet and carcass electrical stimulation on the quality of meat from youthful ram lambs. Journal of Animal Science, 62(1): 139-146.
Song T, McNamara J W, Ma W K, et al. 2021. Fast skeletal myosin-binding protein-C regulates fast skeletal

muscle contraction. Proceedings of the National Academy of Sciences of the United States of America, 118(17): e2003596118.

Stannard S R, Johnson N A. 2004. Insulin resistance and elevated triglyceride in muscle: more important for survival than 'thrifty' genes? The Journal of Physiology, 554(Pt 3): 595-607.

Stark D A, Karvas R M, Siegel A L, et al. 2011. Eph/ephrin interactions modulate muscle satellite cell motility and patterning. Development, 138(24): 5279-5289.

Staron R S, Hagerman F C, Hikida R S, et al. 2000. Fiber type composition of the vastus lateralis muscle of young men and women. Journal of Histochemistry & Cytochemistry, 48(5): 623-629.

Stienen G J, Kiers J L, Bottinelli R, et al. 1996. Myofibrillar ATPase activity in skinned human skeletal muscle fibres: fibre type and temperature dependence. The Journal of Physiology, 493(Pt 2): 299-307.

Sugden M C, Sharples S C, Randle P J. 1976. Carcass glycogen as a potential source of glucose during short-term starvation. The Biochemical Journal, 160(3): 817-819.

Suman S P, Faustman C, Stamer S L, et al. 2007. Proteomics of lipid oxidation-induced oxidation of porcine and bovine oxymyoglobins. Proteomics, 7(4): 628-640.

Suman S P, Joseph P. 2013. Myoglobin chemistry and meat color. Annual Review of Food Science and Technology, 4: 79-99.

Summerbell D, Halai C, Rigby P W J. 2002. Expression of the myogenic regulatory factor *Mrf4* precedes or is contemporaneous with that of *Myf5* in the somitic bud. Mechanisms of Development, 117(1/2): 331-335.

Suzuki S, Yamamuro T. 1985. Long-term effects of estrogen on rat skeletal muscle. Experimental Neurology, 87(2): 291-299.

Ţaga H, Bonnet M, Picard B, et al. 2011. Adipocyte metabolism and cellularity are related to differences in adipose tissue maturity between Holstein and Charolais or Blond d'Aquitaine fetuses. Journal of Animal Science, 89(3): 711-721.

Taga H, Chilliard Y, Picard B, et al. 2012. Foetal bovine intermuscular adipose tissue exhibits histological and metabolic features of brown and white adipocytes during the last third of pregnancy. Animal, 6(4): 641-649.

Tajbakhsh S, Rocancourt D, Cossu G, et al. 1997. Redefining the genetic hierarchies controlling skeletal myogenesis: *Pax-3* and *Myf-5* act upstream of MyoD. Cell, 89(1): 127-138.

Tang J L, Faustman C, Hoagland T A, et al. 2005. Postmortem oxygen consumption by mitochondria and its effects on myoglobin form and stability. Journal of Agricultural and Food Chemistry, 53(4): 1223-1230.

Tee J M, van Rooijen C, Boonen R, et al. 2009. Regulation of slow and fast muscle myofibrillogenesis by Wnt/beta-catenin and myostatin signaling. PLoS One, 4(6): e5880.

Tidball J G. 1995. Inflammatory cell response to acute muscle injury. Medicine & Science in Sports & Exercise, 27(7): 1022-1032.

Tong Q, Dalgin G, Xu H, et al. 2000. Function of GATA transcription factors in preadipocyte-adipocyte transition. Science, 290(5489): 134-138.

Tonon F A, Kemmelmeier F S, Bracht A, et al. 1998. Metabolic effects of oxalate in the perfused rat liver. Comparative Biochemistry and Physiology Part B: Biochemistry and Molecular Biology, 121(1): 91-97.

Totland G K, Kryvi H, Slinde E. 1988. Composition of muscle fibre types and connective tissue in bovine *M. semitendinosus* and its relation to tenderness. Meat Science, 23(4): 303-315.

Troy A, Cadwallader A B, Fedorov Y, et al. 2012. Coordination of satellite cell activation and self-renewal by Par-complex-dependent asymmetric activation of p38α/β MAPK. Cell Stem Cell, 11(4): 541-553.

Uezumi A, Fukada S I, Yamamoto N, et al. 2010. Mesenchymal progenitors distinct from satellite cells contribute to ectopic fat cell formation in skeletal muscle. Nature Cell Biology, 12(2): 143-152.

Vadászová A, Hudecová S, Krizanová O, et al. 2006. Levels of myosin heavy chain mRNA transcripts and protein isoforms in the fast extensor digitorum longus muscle of 7-month-old rats with chronic thyroid status alterations. Physiological Research, 55(6): 707-710.

Valdez M R, Richardson J A, Klein W H, et al. 2000. Failure of Myf5 to support myogenic differentiation without myogenin, MyoD, and MRF4. Developmental Biology, 219(2): 287-298.

van Amerongen R, Berns A. 2006. Knockout mouse models to study Wnt signal transduction. Trends in

Genetics, 22(12): 678-689.

Varela-Nallar L, Alfaro I E, Serrano F G, et al. 2010. Wingless-type family member 5A(Wnt-5a)stimulates synaptic differentiation and function of glutamatergic synapses. Proceedings of the National Academy of Sciences of the United States of America, 107(49): 21164-21169.

Vasconcelos J T, Sawyer J E, Tedeschi L O, et al. 2009. Effects of different growing diets on performance, carcass characteristics, insulin sensitivity, and accretion of intramuscular and subcutaneous adipose tissue of feedlot cattle. Journal of Animal Science, 87(4): 1540-1547.

Vega R B, Huss J M, Kelly D P. 2000. The coactivator PGC-1 cooperates with peroxisome proliferator-activated receptor alpha in transcriptional control of nuclear genes encoding mitochondrial fatty acid oxidation enzymes. Molecular and Cellular Biology, 20(5): 1868-1876.

Venuti J M, Morris J H, Vivian J L, et al. 1995. Myogenin is required for late but not early aspects of myogenesis during mouse development. The Journal of Cell Biology, 128(4): 563-576.

Vertino A M, Taylor-Jones J M, Longo K A, et al. 2005. Wnt10b deficiency promotes coexpression of myogenic and adipogenic programs in myoblasts. Molecular Biology of the Cell, 16(4): 2039-2048.

Vishvanath L, MacPherson K A, Hepler C, et al. 2016. Pdgfr β^+ mural preadipocytes contribute to adipocyte hyperplasia induced by high-fat-diet feeding and prolonged cold exposure in adult mice. Cell Metabolism, 23(2): 350-359.

von Hofsten J, Elworthy S, Gilchrist M J, et al. 2008. Prdm1- and Sox6-mediated transcriptional repression specifies muscle fibre type in the zebrafish embryo. EMBO Reports, 9(7): 683-689.

von Maltzahn J, Bentzinger C F, Rudnicki M A. 2011. Wnt7a-Fzd7 signalling directly activates the Akt/mTOR anabolic growth pathway in skeletal muscle. Nature Cell Biology, 14(2): 186-191.

von Maltzahn J, Bentzinger C F, Rudnicki M A. 2014. Characteristics of satellite cells and multipotent adult stem cells in the skeletal muscle//Hayat M. Stem Cells and Cancer Stem Cells. Volume 12. Dordrecht: Springer: 63-73.

von Maltzahn J, Chang N C, Bentzinger C F, et al. 2012a. Wnt signaling in myogenesis. Trends in Cell Biology, 22(11): 602-609.

von Maltzahn J, Renaud J M, Parise G, et al. 2012b. Wnt7a treatment ameliorates muscular dystrophy. Proceedings of the National Academy of Sciences of the United States of America, 109(50): 20614-20619.

von Maltzahn J, Zinoviev R, Chang N C, et al. 2013. A truncated Wnt7a retains full biological activity in skeletal muscle. Nature Communications, 4: 2869.

Wang B, Fu X, Liang X W, et al. 2017a. Maternal retinoids increase PDGFRα^+ progenitor population and beige adipogenesis in progeny by stimulating vascular development. EBioMedicine, 18: 288-299.

Wang B, Fu X, Zhu M J. 2017b. Retinoic acid inhibits white adipogenesis by disrupting GADD45A-mediated Zfp423 DNA demethylation. Journal of Molecular Cell Biology, 9(4): 338-349.

Wang B, Nie W, Fu X, et al. 2018. Neonatal vitamin A injection promotes cattle muscle growth and increases oxidative muscle fibers. Journal of Animal Science and Biotechnology, 9: 82.

Wang B, Yang Q Y, Harris C L, et al. 2016. Nutrigenomic regulation of adipose tissue development-role of retinoic acid: a review. Meat Science, 120: 100-106.

Wang H Y, Liu T, Malbon C C. 2006. Structure-function analysis of Frizzleds. Cellular Signalling, 18(7): 934-941.

Wang T J, Crenshaw M A, Regmi N, et al. 2017c. Effects of dietary lysine level on the content and fatty acid composition of intramuscular fat in late-stage finishing pigs. Canadian Journal of Animal Science, 98(2): 241-249.

Wang Y, Jaenisch R. 1997. Myogenin can substitute for Myf5 in promoting myogenesis but less efficiently. Development, 124(13): 2507-2513.

Wang Y X, Lee C H, Tiep S, et al. 2003. Peroxisome-proliferator-activated receptor delta activates fat metabolism to prevent obesity. Cell, 113(2): 159-170.

Warriss P D. 1982. Loss of carcass weight, liver weight and liver glycogen, and the effects on muscle glycogen and ultimate pH in pigs fasted pre-slaughter. Journal of the Science of Food and Agriculture,

33(9): 840-846.

Welle S, Tawil R, Thornton C A. 2008. Sex-related differences in gene expression in human skeletal muscle. PLoS One, 3(1): e1385.

Wen Y F, Bi P P, Liu W Y, et al. 2012. Constitutive Notch activation upregulates Pax7 and promotes the self-renewal of skeletal muscle satellite cells. Molecular and Cellular Biology, 32(12): 2300-2311.

Wertz A E, Berger L L, Walker P M, et al. 2002. Early-weaning and postweaning nutritional management affect feedlot performance, carcass merit, and the relationship of 12th-rib fat, marbling score, and feed efficiency among Angus and Wagyu heifers. Journal of Animal Science, 80(1): 28-37.

Witte D P, Ellis M, McKeith F K, et al. 2000. Effect of dietary lysine level and environmental temperature during the finishing phase on the intramuscular fat content of pork. Journal of Animal Science, 78(5): 1272-1276.

Woo M, Isganaitis E, Cerletti M, et al. 2011. Early life nutrition modulates muscle stem cell number: implications for muscle mass and repair. Stem Cells and Development, 20(10): 1763-1769.

Wright S A, Ramos P, Johnson D D, et al. 2018. Brahman genetics influence muscle fiber properties, protein degradation, and tenderness in an Angus-Brahman multibreed herd. Meat Science, 135: 84-93.

Wu H, Rothermel B, Kanatous S, et al. 2001. Activation of MEF2 by muscle activity is mediated through a calcineurin-dependent pathway. The EMBO Journal, 20(22): 6414-6423.

Wu Z D, Puigserver P, Andersson U, et al. 1999. Mechanisms controlling mitochondrial biogenesis and respiration through the thermogenic coactivator PGC-1. Cell, 98(1): 115-124.

Wulf D M, Emnett R S, Leheska J M, et al. 2002. Relationships among glycolytic potential, dark cutting (dark, firm, and dry) beef, and cooked beef palatability. Journal of Animal Science, 80(7): 1895-1903.

Yao Z Z, Farr G H, Tapscott S J, et al. 2013. Pbx and Prdm1a transcription factors differentially regulate subsets of the fast skeletal muscle program in zebrafish. Biology Open, 2(6): 546-555.

Ylä-Ajos M, Ruusunen M, Puolanne E. 2007. Glycogen debranching enzyme and some other factors relating to post-mortem pH decrease in poultry muscles. Journal of the Science of Food and Agriculture, 87(3): 394-398.

Yin H, Price F, Rudnicki M A. 2013. Satellite cells and the muscle stem cell niche. Physiological Reviews, 93(1): 23-67.

Yu F S, Degens H, Li X P, et al. 1998. Gender- and age-related differences in the regulatory influence of thyroid hormone on the contractility and myosin composition of single rat soleus muscle fibres. Pflugers Archiv, 437(1): 21-30.

Zambrano E, Martínez-Samayoa P M, Bautista C J, et al. 2005. Sex differences in transgenerational alterations of growth and metabolism in progeny (F_2) of female offspring (F_1) of rats fed a low protein diet during pregnancy and lactation. The Journal of Physiology, 566(Pt 1): 225-236.

Zhang D, Tang Z Y, Huang H, et al. 2019. Metabolic regulation of gene expression by histone lactylation. Nature, 574(7779): 575-580.

Zhang H T, Bryson V G, Wang C J, et al. 2021. Desmin interacts with STIM1 and coordinates Ca^{2+} signaling in skeletal muscle. JCI Insight, 6(17): e143472.

Zhu M J, Ford S P, Means W J, et al. 2006. Maternal nutrient restriction affects properties of skeletal muscle in offspring. The Journal of Physiology, 575(Pt 1): 241-250.

Zhu M J, Ford S P, Nathanielsz P W, et al. 2004. Effect of maternal nutrient restriction in sheep on the development of fetal skeletal muscle. Biology of Reproduction, 71(6): 1968-1973.

第四章　畜禽脂肪生成的分子基础

脂肪组织是动物体内重要的储能和代谢器官，其发育、沉积及代谢与动物的健康、生长、生产以及产品品质密切相关，直接影响畜禽的生产性能、饲料报酬和养殖经济效益。例如，猪背部脂肪和内脏脂肪的过度沉积，大大降低了饲料利用效率；骨骼肌中的脂肪沉积特别是IMF含量直接影响肉品质，与肉的大理石纹、风味、多汁性和嫩度等直接相关。同时，脂肪沉积及代谢也与人类健康密切相关，直接影响肥胖、糖尿病等代谢性疾病的发生发展。因此，调控动物脂肪沉积与脂肪代谢对畜禽健康养殖和优质畜禽产品生产以及人类健康都具有重要的意义。本章主要从脂肪的分类、功能、分化调控、代谢以及其对肉产品品质的影响等几方面做一论述。

第一节　畜禽脂肪的分类

脂肪组织主要由脂肪细胞组成，并含有微血管、神经组织、脂肪前体细胞、成熟脂肪细胞、成纤维细胞、血管内皮细胞及巨噬细胞等，其中成熟脂肪细胞是脂肪组织的主要细胞类型（Ali et al.，2013）。脂肪细胞主要由间充质干细胞（mesenchymal stem cell，MSC）分化而来。猪的脂肪组织发育主要包括脂肪细胞增殖和肥大两方面。多能干细胞定向分化成脂肪母细胞，脂肪母细胞经过分裂增殖形成脂肪前体细胞，脂肪前体细胞经过增殖、分化形成内含大量小脂滴的多室脂肪细胞，多室脂肪细胞进一步分化聚酯形成单室成熟脂肪细胞。在猪刚出生时，脂肪细胞以多室脂肪细胞为主，90日龄以后以单室脂肪细胞为主，成年后单室成熟脂肪细胞为脂肪组织的主要细胞。

一、按颜色、形态、结构和功能分类

根据成熟脂肪细胞的颜色、形态、结构和功能差异，脂肪可分为白色脂肪组织（white adipose tissue，WAT）、棕色脂肪组织（brown adipose tissue，BAT）、米色脂肪组织（Beige fat或brite fat）和粉色脂肪组织（pink adipose tissue），其呈现不同的形态和功能特征（图4-1）。

（一）WAT的特征及生理功能

WAT主要位于腹腔器官周围、皮下和肌肉内（Audano et al.，2022），如猪的背膘、肠系膜脂肪和肾周脂肪等，具有机械保护、保持体温和参与脂肪代谢的特点。WAT中血管和神经分布较少，为白色或黄色。WAT细胞源自肌源性因子5（myogenic factor 5，Myf5）阴性祖细胞（Timmons et al.，2007）。成熟WAT细胞含有单个的大脂肪滴和很少的线粒体，功能是储存脂肪（Frigolet and Gutiérrez- Aguilar，2020）。转录因子

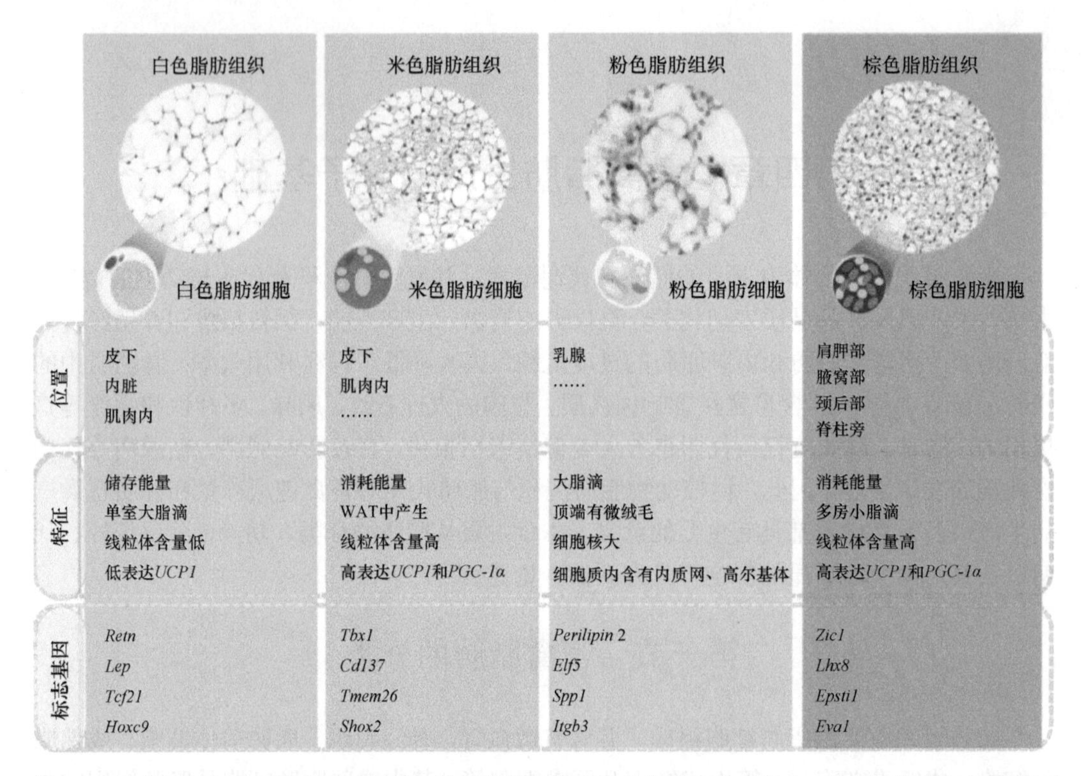

图 4-1　白色脂肪细胞、棕色脂肪细胞、粉色脂肪细胞和米色脂肪细胞的形态、位置、特征与标志基因（Xu et al.，2020；Cinti，2017）

21（transcription factor 21，*Tcf21*）和同源盒 C9（homeobox C9，*Hoxc9*）等基因在 WAT 细胞中高度表达（Waldén et al.，2012）（图 4-1），可以作为 WAT 的标志基因。

WAT 是机体重要的储能器官，脂质主要以甘油三酯的形式储存在成熟 WAT 细胞的脂滴中。WAT 的含量和分布与机体脂肪代谢稳态密切相关，其过度沉积影响饲料转化效率和动物生产性能；而在人中，WAT 过多容易引发肥胖及 2 型糖尿病等代谢性疾病，WAT 缺乏则会引发脂肪代谢障碍及恶病质等代谢性疾病（Morigny et al.，2021）。此外，WAT 具有内分泌器官特性，可分泌一些脂肪分泌细胞因子如瘦素（leptin）、脂联素（adiponectin，AdipoQ）和视黄醇结合蛋白 4（retinol binding protein 4，RBP4）等，参与调节食欲、能量消耗、胰岛素敏感性、炎症和凝血等重要生理功能（Hauner，2005）。

（二）BAT 的特征及生理功能

BAT 在哺乳动物体内主要分布在肩胛部、腋窝部、颈后部、锁骨上部和脊椎上部等（Zhang et al.，2018a）。啮齿动物及小型哺乳动物体内含有更丰富的 BAT，大型哺乳动物及人类的 BAT 在婴幼儿期较为发达，随着年龄的增长其逐渐减少；猪的 BAT 在进化过程中逐渐消失。BAT 的主要细胞类型是成熟 BAT 细胞，源自 $Myf5^{+}$ 前体细胞（Timmons et al.，2007），呈典型的椭圆形，细胞直径在 15～50μm（Ikeda et al.，2018）。BAT 细胞含有多个小脂滴、较多的线粒体及丰富的血管，呈棕色，受交感神经系统支配，可以燃烧分解脂肪，具有巨大的产热潜力。PR 结构域蛋白 16（PR domain-containing 16，PRDM16）对 BAT 细胞的形成至关重要，其通过和 PPARγ 结合并激活其转录功能来调控 BAT 细胞生成（Seale et al.，2008）。PPARγ 共激活因子-1α（peroxisome proliferator-activated receptor γ coactivator-1α，PGC-1α）是 BAT 细胞发育的另一关键调节因子，可以诱导白色脂肪细胞中产热基因的表达（Cheng et al.，2018）。BAT 细胞中高表达的有解偶联蛋白 1（uncoupling protein，*UCP1*）、*PGC-1α*、小脑锌指 1（zinc fingers in the cerebellum，*Zic1*）、LIM 同源盒蛋白 8（lim homeobox protein 8，*Lhx8*）、上皮-基质交感分子 1（epithelial-stromal interaction 1，*Epsti1*）等基因（Waldén et al.，2012；Jespersen et al.，2013；Sharp et al.，2012），这些基因可以作为 BAT 的标志基因（图 4-1）。

BAT 在机体消耗能量产热、调节体温及糖脂肪代谢等方面具有重要意义。其主要功能是通过非颤抖性产热（non-shivering thermogenesis，NST）来调节机体体温和能量平衡，这是一个受冷暴露等因素激活的用于抵抗低温且不涉及肌肉颤抖的生热过程。在冷刺激下，位于皮肤等外周组织中的温度敏感性瞬时受体通道激活，进而提高控制 BAT 的交感神经系统活性，释放去甲肾上腺素并触发 BAT 细胞中 β-肾上腺素能受体介导的细胞内信号通路（Yoneshiro et al.，2019），同时诱导棕色脂肪细胞中的脂肪分解并产生脂肪酸（fatty acid，FA），从而激活 UCP1 促进产热（Heyde et al.，2021）。BAT 介导的生热作用可通过增加机体能量消耗来减少脂肪组织的脂质沉积，对防治肥胖及相关代谢性疾病具有积极作用（Rui，2017）。一些哺乳动物如猪，缺乏功能性 *UCP1* 基因，主要靠颤抖产热等维持自身体温。

（三）Beige 的特征及生理功能

在冷暴露或化学刺激（如 β-肾上腺素能）后，WAT 中的 WAT 细胞会发生棕色化（browning，又称褐变），形成的 BAT 细胞样细胞称为 Beige 细胞（Kiefer，2016）。Beige 细胞是一种特殊类型，即存在于白色脂肪组织中却类似于棕色脂肪细胞的一类脂肪细胞。Beige 细胞在机体中分布广泛，包括小鼠的皮下白色脂肪组织（subcutaneous white adipose tissue，sWAT）、血管周围脂肪组织和骨骼肌，在人类的锁骨、肩胛骨、颈椎中以及育肥牛的 sWAT 中也可检测到（Chang et al.，2012；Crisan et al.，2008；Wu et al.，2012；Asano et al.，2013）。Beige 细胞含有多个小脂滴、较多的线粒体，并表达较高水平的 *UCP1* 和 *PGC-1α* 基因，可以燃烧分解脂肪，为机体提供热量（Harms and Seale，2013）。Beige 细胞高表达 *UCP1*、*PGC-1α* 以及 *T-Box1*（*Tbx1*）、肿瘤坏死因子受体超家族成员 9（tumor necrosis factor receptor superfamily member 9，*Tnfsrf9*/*Cd137*）和跨膜蛋白 26（transmembrane protein 26，*Tmem26*）等（Harms and Seale，2013；Wu et al.，2012；Wang and Seale，2016；Cedikova et al.，2016）（图 4-1），因此上述基因可以作为 Beige 的标志基因。

Beige 细胞与 BAT 细胞相同，可通过 UCP1 依赖的线粒体解偶联呼吸来产热，UCP1、PGC-1α、细胞死亡诱导 DFFA 样效应蛋白 A（cell death inducing DFFA like effector A，CIDEA）、PRDM16 和 PPARα 等在生热过程中发挥关键作用（Wang and Seale，2016）。此外，Beige 细胞可通过独立于 UCP1 的代谢途径如 Ca^{2+} 循环和肌酸循环等增强糖酵解和三羧酸代谢，促进机体 ATP 的产生，增加机体产热。Beige 细胞介导的 UCP1 依赖性和非依赖性生热作用在体温稳态、能量稳态和体重控制中起关键作用（Rui，2017）。猪在进化过程中缺失了功能性 UCP1 和 BAT，导致现代猪种对寒冷敏感。但最近研究发现，中国地方猪如藏猪、闽猪具有良好的抗寒特性，可通过 Beige 细胞中 UCP3 的表达来刺激产热和进行体温调节（Lin et al.，2017）；急性冷刺激可诱导仔猪 sWAT 棕色化，也可通过 Beige 细胞激活剂激活 WAT 褐变来维持仔猪体温，改善养猪业中仔猪因冷应激导致的死亡率（Gao et al.，2018）。同时，WAT 棕色化被认为是治疗肥胖相关代谢性疾病的有效途径。

（四）粉色脂肪组织的特征及生理功能

在妊娠期及哺乳期，雌性哺乳动物乳腺皮下脂肪中的 WAT 细胞会发生转分化，形成的细胞呈现粉色，且细胞质内储存大量脂质，称为粉色脂肪细胞（pink adipocyte）（Morroni et al.，2004）。粉色脂肪细胞的细胞质内有丰富的脂滴，顶端表面有微绒毛，细胞核较大，细胞质内还含粗面内质网、高尔基体和含乳颗粒等（Corrêa et al.，2019）。粉色脂肪细胞高表达围脂滴包被蛋白 2（perilipin 2，*PLIN2*）（Prokesch et al.，2014）、E74 样 ETS 转录因子 5（E74-like ETS transcription factor 5，*Elf5*）、分泌型磷蛋白 1（secreted phosphoprotein 1，*Spp1*）和整合素 β3（integrin beta 3，*Itgb3*）等基因（Prokesch et al.，2014）。

粉色脂肪细胞仅在雌性哺乳动物妊娠期及哺乳期出现，在哺乳后期会转分化为 WAT 细胞并逐渐消失（Cinti，2018a）。粉色脂肪细胞具有乳腺上皮细胞特性，可分泌乳汁，为后代提供营养。此外，粉色脂肪细胞还可分泌瘦素，对预防幼仔肥胖可能起着重要作用（Palou et al.，2009）。哺乳期粉色脂肪细胞的出现，改变了乳房组织的微环境，对局部免疫细胞具有一定的调节作用，可能参与乳腺癌的形成（Corrêa et al.，2019；Cinti，2018b）。目前粉色脂肪细胞的研究主要集中在人和小鼠上，其在畜禽中的功能还有待于进一步研究。

二、按沉积部位分类

根据沉积部位的不同，脂肪组织主要分为皮下脂肪组织（SAT）、分布在腹腔及纵隔内的内脏脂肪组织（visceral adipose tissue，VAT）和沉积在骨骼肌中的肌肉脂肪组织等（Antonopoulos and Antoniades，2017）。

（一）SAT 分布及特征

SAT 位于真皮层以下、深层筋膜以上，主要分布在股臀部、背部及前腹部，具有保持体温和参与脂肪代谢等功能。根据 SAT 在体内存在部位的不同，其可进一步分为腹部皮下脂肪（abdominal subcutaneous adipose，ASA）、背部皮下脂肪内层（inner layer of back fat，ILB）和背部皮下脂肪外层（upper layer of backfat，ULB）（图 4-2）（Li et al.，2012）。SAT 通常被认为是机体内天然的能量存储库，机体内多余的能量会以 TAG

的形式存储于 SAT 中。SAT 中的脂肪细胞直径小，对 TAG 与游离脂肪酸（FFA）有很高的摄取能力（Ibrahim，2010）。因此，SAT 增多是机体应对能量摄入过量但消耗不足时正常的能量缓冲现象（Thalmann and Meier，2007）。但在机体能量摄入过多的情况下，可能会导致 SAT 中的脂肪细胞过度扩张，致使 SAT 能量存储功能受损，并进一步引起 SAT 功能障碍（Tan and Vidal-Puig，2008）。SAT 存储能量的能力不足也会促进 FFA 沉积到其他脂肪组织，甚至发生脂肪在肝、骨骼肌等组织的异位沉积（Fox et al.，2007）。SAT 不仅是机体的能量储库，也在机体脂肪代谢上发挥着重要的作用。SAT 中的脂肪细胞相对更小、分化能力更强，是较为常见的存在 Beige 的脂肪组织（Gustafson and Smith，2015）。

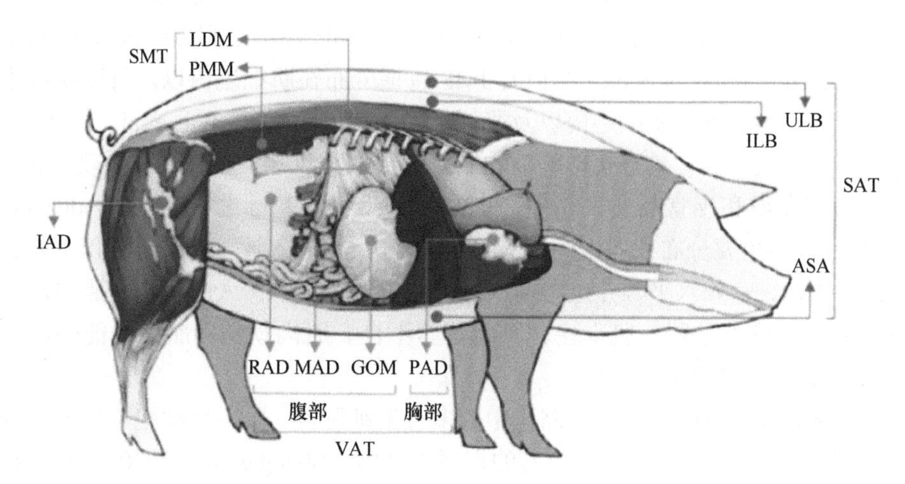

图 4-2 机体中不同白色脂肪组织的分布部位（Li et al.，2012）

IAD. 肌间脂肪；SMT. 骨骼肌组织；LDM. 背最长肌；PMM. 腰大肌

SAT 占猪体脂的 65%～75%，与胴体瘦肉率呈负相关关系（Song et al.，2018）。畜禽生产上，SAT 过度沉积意味着营养更多地转化为脂肪，影响胴体瘦肉率，降低了饲料利用效率、经济效益及生产效益。SAT 的减少往往会伴随 IMF 减少，影响猪肉品质。因此，差异调控 SAT 及其他部位特别是肌肉内的脂肪沉积，对改善畜禽肉品质和畜禽健康养殖具有重要意义。

（二）VAT 分布及特征

VAT 主要分布在腹腔内，沉积在脏器周围，具有稳定、缓冲和保护内脏器官的功能。根据分布位置的不同，VAT 可分为肠系膜脂肪（mesenteric adipose，MAD）、大网膜脂肪（greater omentum adipose，GOM）、腹膜后脂肪（retroperitoneal adipose，RAD）、心包脂肪（pericardial adipose，PAD）等（图 4-2）（Li et al.，2012）。肥大脂肪细胞具有胰岛素抗性和抗胰岛素抗脂解作用，与 SAT 相比，VAT 中肥大脂肪细胞的比例更高（Misra and Vikram，2003），因而 VAT 具有更高的代谢活性及脂肪分解能力，且具有更强的葡萄糖摄取能力及胰岛素抗性（Wajchenberg et al.，2002）。一般认为，VAT 比 SAT 具有更高的血管密度和血液供应、更丰富的神经分布以及更多的免疫细胞等（Ibrahim，2010）。

脂联素（adiponectin，AdipoQ）是一种由脂肪细胞分泌的多效器官保护蛋白，可增强胰岛素敏感性及阻止脂质的异位沉积；血浆中脂联素的水平与体重呈显著负相关关系，而脂联素在 VAT 中的表达水平高于 SAT（Kita et al.，2019）。相比 SAT，VAT 更容易被炎症细胞浸润并产生炎症因子蛋白，增加炎症标志物表达水平，如 TNF-α、CRP 和 IL-6 等（Pou et al.，2007），其中 CRP 的表达水平与腰围（waist circumference，WC）显著相关（Forouhi et al.，2001），表明 VAT 的增加与全身慢性炎症（Zacharia et al.，2020）、机体肥胖及肥胖相关的心脏代谢性疾病相关（Kawai et al.，2021）。

（三）肌肉脂肪组织分布及特征

脂肪异位沉积于骨骼肌中即为肌肉脂肪组织，其主要位于骨骼肌深筋膜之下，又根据分布的位置不同分为肌内脂肪（intramuscular fat，IMF）和肌间脂肪（intermuscular fat）两种（Armamento-Villareal et al.，2014）。IMF 包括分布在肌细胞内以及骨骼肌纤维间的脂质沉积，其增多依赖于肌细胞内以及肌纤维间脂滴的积累（Rivas et al.，2016）。IMF 与肉品质密切相关，其含量直接影响肉的脂肪酸组成和风味、多汁性、嫩度、色泽等，影响肉的营养品质和感官品质，是提高肉品质的生物学基础之一（Fernandez et al.，1999）；肌间脂肪主要分布在肌束间（Waters，2019）。畜禽肌肉内脂肪沉积主要受动物品种、饲养管理、营养水平、养殖周期以及饲养模式等影响；人的肌肉内脂肪沉积主要与胰岛素抵抗、营养过剩、肌少症、肌肉营养不良、肌肉损伤和肌肉功能障碍等有关（Wang and Shan，2021）。

研究发现，IMF 可能来源于骨骼肌中的多种干细胞群。肌卫星细胞（muscle satellite cell，SC）是保证肌肉发育和维持稳态的重要干细胞（Shang et al.，2020），其在特定条件如 *MyoD* 缺失下可以转分化成脂肪细胞（Wang et al.，2017c）。成纤维/脂肪前体细胞（FAP）对 SC 功能以及肌肉再生也有着重要的调节作用（Molina et al.，2021）。FAP 不同于 SC，不表达 Pax7，但表达 PDGFRα 和 CD140a，在肌肉损伤或糖皮质激素等诱导下很容易分化为 IMF（Dong et al.，2014），是 IMF 细胞的主要来源。除 FAP 外，侧群细胞（side population cell）、周细胞（pericyte）以及部分多能间充质干细胞（mesenchymal stem cell，MSC）和祖细胞也可分化成肌肉脂肪细胞（Pannérec et al.，2013；Uezumi et al.，2010）。

第二节　脂肪细胞分化与调控

脂肪细胞来源于多能间充质干细胞（MSC）（Rosen and MacDougald，2006）。MSC 是 1960 年从骨髓中发现并分离出的具有多向分化潜能和自我更新能力的细胞群（Friedenstein et al.，1968）。许多研究表明，MSC 几乎可以从所有类型的组织中分离出来，如脂肪组织和肌肉组织（Mushahary et al.，2018）。MSC 在不同条件的刺激下可分化为成骨细胞、软骨细胞、成肌细胞和脂肪细胞等多种特化的细胞类型（Lin et al.，2010）。MSC 的分化命运调控是目前干细胞领域的研究热点。PPARγ 和 CCAAT/增强子结合蛋白（CCAAT/enhancer binding protein，C/EBP）是脂肪生成的主要调节因子。PPARγ 有两种主要的亚型，即 PPARγ1 和 PPARγ2，其中 PPARγ2 在脂肪生成中起关键作用（Shao et al.，2013）。脂肪细胞分化包括三个明确的阶段：第一步是 MSC 向脂肪细胞谱系的定型；第二步是涉及 DNA 复制和细胞复制的有丝分裂克隆扩增（mitotic clonal expansion，MCE）；第三步是终末分化，涉及转录因子如 C/EBP 家族和 PPARγ，以及脂联素和脂肪酸结合蛋白 4（FABP4，也称为 aP2）等脂肪生成基因的显著表达（Farmer，2006）。3T3-L1 细胞和 3T3-F442A 细胞是目前最常见的脂肪前体细胞，在体外培养条件下具有较好的成脂潜力。目前，脂肪前体细胞分化为脂肪细胞的分子机制比较明确，但对 MSC 定向为脂肪前体细胞的分子机制知之甚少。

在脂肪形成过程中，众多转录因子参与调控这一过程，这种级联反应始于 C/EBPβ 和 C/EBPδ 的早期瞬时表达，导致 PPARγ 和 C/EBPα 被诱导表达，随后促进脂肪合成、转运相关基因表达，如脂肪酸结合蛋白 4（*FABP4*）、乙酰辅酶 A 羧化酶（*ACC*）、脂蛋白脂肪酶（*LPL*）、葡萄糖转运蛋白 4（*GLUT4*）和脂肪酸合成酶（*FASN* 或 *FAS*），最终导致甘油三酯（TAG）积累。*PPARγ* 和 *C/EBPα* 是脂肪生成以及脂肪细胞维持分化状态所必需的基因（Rosen and MacDougald，2006）。另一个转录因子家族 Kruppel 样转录因子（Klfs）在脂肪生成早期高度表达。据报道，该家族成员 Klf4、Klf5 和 Klf15 可促进脂肪细胞分化（Wu and Wang，2013）。重要的是，Klf4 可以与 C/EBPβ 的启动子结合，从而诱导 PPARγ 和 Klf15 的表达（Birsoy et al.，2008）。

一些早期脂肪生成的负调节因子也已被报道。脂肪前体细胞因子 1（Pref-1 或 DLK1）已被确定为间充质前体的早期标志物，可抑制脂肪细胞分化（Hudak et al.，2014）。据报道，转录因子 Klf2、Klf3、Klf7 和 Klf9 也可抑制脂肪细胞分化（Wu and Wang，2013）。Wnt 是高度保守的配体蛋白，通过与其受体结合启动下游信号转导来调节胚胎发育，而脂肪前体细胞中的 Wnt 信号主要起抑制脂肪生成的作用（Bennett et al.，2002）。转化生长因子 β（TGF-β）也可作为脂肪生成的有效抑制因子（Choy and Derynck，2003），其中 TGF-β1 是一种与 TGF 受体结合的分泌蛋白，诱导细胞外基质相关基因（如胶原蛋白）的表达，以限制脂肪生成（Choy et al.，2000）。除上述阐述较清楚的调控通路外，研究者还以细胞系和活体为研究对象，做了大量工作探索参与脂肪分化的新调控因子，以期完善脂肪分化调控的分子机制。

一、FOXO1 参与脂肪分化调控

转录因子 FOXO（forkhead box O）家族成员包括 FOXO1、FOXO3、FOXO4 和 FOXO6（Tzivion et al.，2011）。FOXO1 是 Akt（蛋白激酶 B）的下游靶点之一，参与细胞周期控制、凋亡、代谢和脂肪细胞分化（Battiprolu et al.，2012；Song et al.，2015）。FOXO1 通常在肝、脂肪组织和胰腺等胰岛素反应性组织与器官中表达，小鼠的 *FOXO1* 基因包含三个高度保守的磷酸化位点，即 T24、S253 和 S316（人类中相应的磷酸化位点为 T24、S256 和 S319），其是磷酸化 Akt 的靶点（Asada et al.，2007）。Akt 在这些位点对 FOXO1 的磷酸化抑制了其介导的转录激活。类似地，FOXO1 的乙酰化减弱其 DNA 结合能力，并促进其从细胞核转位到细胞质（Yang and Seto，2008）。其乙酰化还可以增强 Akt 的磷酸化，从而进一步抑制 *FOXO1* 的转录激活。FOXO1 因可调节细胞周期而在癌症中被广泛研究（Song et al.，2015）。基于此，人们普遍认为 FOXO1 参与脂肪细胞分化过程中细胞周期的调节。大量研究表明，PPARγ 是调控脂肪细胞分化的关键因子，而激活的 FOXO1 可通过 PPARγ 抑制脂肪生成（Qiang et al.，2012）。

1996年Kohn等报道，组成型激活的Akt过度表达可促进脂肪细胞分化。此后，Sakaue 等（1998）发现脂肪细胞分化与磷酸肌醇-3-激酶（PI3K）有关。直到 1999 年，Datta 等发现 Akt 可以抑制 FOXO1 的转录活性。2000 年，研究报道 Akt 磷酸化导致 *FOXO1* 转录活性降低（Kaestner et al.，2000）。2003 年，Nakae 等发现 FOXO1 在脂肪细胞中受 PI3K 的调节，组成型激活的非磷酸化 FOXO1 能够抑制脂肪前体细胞的分化。而缺失转录激活结构域的 FOXO1 恢复了从胰岛素受体敲除小鼠中分离的胚胎成纤维细胞的分化能力，并促进了体外脂肪细胞分化（Nakae et al.，2008）。研究报道，*FOXO1* 基因敲除显著抑制脂肪细胞分化（Munekata and Sakamoto，2009）。Nakae 等（2012）进一步发现，小鼠 FOXO1 抑制剂 FCoR 可以通过固有的乙酰转移酶活性直接乙酰化 FOXO1。SIRT1 为 FOXO1 的脱乙酰酶，FCoR 还可以干扰 SIRT1 和 FOXO1 之间的相互作用，以抑制 FOXO1 的脱乙酰化。基于这两种机制，FCoR 可以抑制 FOXO1 活性并促进脂肪细胞分化。Matsumoto 等（2007）证实，在棕色脂肪细胞分化过程中，FOXO1 参与 PGC-1 对 UCP1 翻译的促进作用。Nagashima 等（2010）通过质谱亲和筛选鉴定了许多与纯化的 FOXO1 结合的化合物，其中一种是 AS1842856。研究发现，AS1842856 是一种 FOXO1 抑制剂，可通过阻断 FOXO1 的磷酸化和抑制其与 DNA 结合位点的相互作用来抑制 FOXO1 的转录活性（Zou et al.，2014）。通过这种机制，AS1842856 可以进一步抑制自噬、脂质积累（Liu et al.，2016）和脂肪细胞分化（Zou et al.，2014）。

二、p53 参与脂肪分化调控

多功能蛋白 p53（在人类中由 TP53 编码，在小鼠中由 Trp53 编码）是细胞生存和增殖的调节因子，可对多种应激信号做出反应，以对抗异常细胞生长和肿瘤发生（Horn and Vousden，2007）。除了作为肿瘤抑制因子，p53 还参与调节间充质细胞的分化，抑制白色脂肪细胞的分化（Huang et al.，2014）。在分化的早期，细胞周期停滞的细胞重新进入细胞周期并经历一轮或两轮细胞周期，称为有丝分裂克隆扩增（MCE）。鉴于细胞周期调节与脂肪生成的关联，p53 对白色脂肪细胞分化的抑制作用可能通过调节包括 p21 在内的几个基因的表达而发生（Chang and Kim，2019）。p53 对脂肪细胞分化的抑制作用依赖于其转录活性。脂肪细胞分化受到抑制可能是由 MCE 过程中 p53 的强制表达引起的。p53 抑制脂肪生成的能力可能依赖于其 DNA 结合能力，有报道称 DNA 结合域突变的 p53 不能抑制小鼠胚胎成纤维细胞的脂肪生成（Hallenborg et al.，2014）。Huang 等（2014）报道，p53 在调节脂肪生成基因表达和 Akt 信号转导的过程中部分抑制脂肪前体细胞分化与脂肪形成。因此，p53 蛋白参与白色脂肪组织生成，并在脂肪生成的调节中发挥特定作用。

研究表明，p53 可在体外维持棕色脂肪细胞成熟，并防止小鼠由高脂肪饮食导致的肥胖发生（Molchadsky et al.，2013）。p53 的缺失下调 PRDM16 的表达，而 PRDM16 是决定棕色脂肪细胞谱系及其后续发育的关键转录调节因子（Harms et al.，2014）。PRDM16可以调节棕色脂肪组织发育过程中的转录活动。在小鼠模型中，*PRDM16* 基因敲除可显著降低棕色脂肪组织的发育（Seale et al.，2008）。此外，PRDM16 不仅调节棕色脂肪细胞的分化，还调节其功能性基因表达。体内研究表明，p53 的缺失会导致棕色脂肪细胞异常分化，并且对饮食诱导的肥胖没有保护作用（Molchadsky et al.，2013），出现这种现象可能是由于 p53 的缺失不能抑制白色脂肪组织中 PPARγ 的表达和诱导棕色脂肪组织的能量消耗。

三、TNAP 参与脂肪分化调控

组织非特异性碱性磷酸酶（TNAP）在骨骼和牙齿矿化中发挥重要作用，依赖于矿化抑制剂（无机焦磷酸盐）的水解。编码 TNAP 的基因发生突变将导致严重的低磷酸酯酶症，并导致矿化水平严重降低和围产期死亡。TNAP 已被报道在 MSC 中发挥作用，并且参与 MSC 向其他谱系尤其是脂肪细胞的定型分化（Estève et al.，2016）。然而，公布的研究结果难以协调一致，可能由于这些研究使用的细胞处于不同成熟阶段。例如，来自低磷酸酯酶症患者（*TNAP* 基因突变）的骨髓基质细胞比正常的骨髓基质细胞产生更多的脂肪细胞（Zhang et al.，2021d），表明 TNAP 阻止了 MSC 向脂肪细胞的转化。另外，Estève 等（2015）报道，TNAP 在米色脂肪细胞祖细胞亚群中特异表达，受抑制后降低了与脂肪细胞分化相关的标志物（PPARγ2、ChREBP、UCP1、LPL）水平，并且减少了 TAG 的积累。在脂肪细胞培养中也获得了类似的结果，TNAP 的表达随着 3T3-L1 或原代脂肪细胞的分化而增加，左旋咪唑对 TNAP 的抑制降低了甘油三酯的积累（Estève et al.，2015）。与这些研究相反，另一篇文章报道，在成熟的 3T3-F442A 脂肪细胞中，左旋咪唑对 TNAP 活性的抑制反而降低了脂肪的分解（Hernández-Mosqueira et al.，2015）。总之，以上研究表明 TNAP 可能参与脂肪细胞的分化调控。

四、HAT 参与脂肪分化调控

表观遗传调控已成为基因调控和许多生物过程的研究重点。部分染色质结构是通过组蛋白的动态修饰来调节的。组蛋白乙酰化单独或联合调节许多细胞过程和特定乙酰化标记。组蛋白乙酰化和去乙酰化分别受到组蛋白乙酰转移酶（histone acetyltransferase，HAT）与组蛋白去乙酰化酶（histone deacetylase，HDAC）的严格调控（Peserico and Simone，2011）。HAT 和 HDAC 可调节广泛而复杂的生理过程，如细胞增殖、分化、衰老、凋亡、代谢及葡萄糖稳态、胰岛素分泌等（Qiang et al.，2012；Yang et al.，2013）。

HDAC 是一类从组蛋白或非组蛋白的 ε-*N*-乙酰赖氨酸上去除乙酰基的酶（Reuter et al.，2011）。锌依赖性的经典 HDAC 家族包括三大类。第一类：HDAC1、HDAC2 和 HDAC3；第二类：HDAC4、HDAC5、HDAC6 和 HDAC9；第三类：sirtuin 家族。根据之前的研究，这些酶参与脂肪生成的调节（Haberland et al.，2010）。

研究报道，组蛋白修饰在 MSC 细胞命运决定中发挥重要作用（Yang et al.，2013）。

核小体的结构变化会影响基因的表达，是通过调节特定转录因子启动子区域的可及性来实现的，因此，HAT 介导的组蛋白 H3（Lys9 和 Lys14）和 H4（Lys8 和 Lys12）的乙酰化与转录激活有关。Peserico 和 Simone（2011）总结了 HAT 的发现与研究，并根据催化机制和细胞定位将其分为两组，即 HAT A 和 HAT B。根据与酵母蛋白的同源性，HAT A 家族可进一步分为三个亚类：① GCN5 相关 *N*-乙酰转移酶（GNAT）超家族，包括 GCN5、P300/CREB1 结合蛋白（CBP）相关因子（PCAF）、Elp3 和 Hpa2；② MYST 家族，包括 Tip60、P300/CBP、MORF、MOZ 和 HBO1；③核受体共激活因子，包括类固醇受体共激活因子 1（SRC-1）、甲状腺和视黄酸受体激活因子（ACTR）及转录中间因子 2（TIF-2）（Sterner and Berger，2000）。HAT 是白色脂肪细胞分化过程中的重要因子，通常与转录激活剂相关，转录激活剂可增加靶基因表达，并促进脂肪细胞分化和脂肪生成（Kim et al.，2012）。HAT A 成员如 GCN5、P300/CBP、Tip60 和 PCAF，与转录激活有关；而 HAT B 成员的功能不太明确（Kim et al.，2012）。

（一）GNAT 家族调节脂肪细胞分化

哺乳动物 GCN5 和 PCAF 都是乙酰转移酶 GNAT 家族的成员。PCAF 最初被鉴定为一种 P300/CBP 结合蛋白，在肌丝收缩活动调节、肌肉生成和脂肪细胞增殖中起着关键作用（Chérasse et al.，2007）。在 NIH 3T3 和 3T3-L1 脂肪前体细胞分化过程中，C/EBPβ 的 PCAF/GCN5 依赖性乙酰化是决定该转录因子转录调节潜能的一个重要分子开关（Wiper-Bergeron et al.，2007）。

（二）MYST 家族调节脂肪细胞分化

Tip60 是需要 PPARγ 才能募集至 3T3-L1 脂肪细胞中的 PPARγ 靶基因，是一种新型的脂肪形成正向调节因子（van Beekum et al.，2008）。有研究报道，CBP 和 P300/CBP 对 PPARγ 的激活具有重要作用，而 P300/CBP 表达的下调显著降低了脂肪细胞的分化（Takahashi et al.，2002）。此外，PCAF 和 P300/CBP 可以调节其他转录因子，如 Klf2（脂肪生成的负效应因子）（Ahmad and Lingrel，2005）。*HBO1* 基因的敲除通过抑制有丝分裂克隆扩增，损害了 3T3-L1 细胞分化为成熟脂肪细胞的能力。此外，脂肪细胞分化因子 24 与 HBO1 相互作用，通过控制 DNA 复制促进脂肪生成（Johmura et al.，2008）。

（三）核受体共激活因子调节脂肪细胞分化

SRC-1、ACTR 和 TIF2 是三种重要的核受体共激活因子，具有 HAT 活性。已知 SRC-1 与 P300/CBP 和 PCAF 相互作用，其 HAT 结构域位于 C 端区域。ACTR（在人类中也称为 RAC3、AIB1 和 TRAM-1）与 SRC-1 具有显著的序列同源性（Sterner and Berger，2000）。TIF-2（也称为 GRIP1）是另一种具有 HAT 活性的核受体共激活因子，也与 P300/CBP 相互作用。SRC-1 与 PPARγ 共表达增强了其转录活性和脂肪生成。*SRC-1* 基因敲除不会影响脂肪生成，但 *SRC-2* 和 *SRC-3* 会促进早期人类脂肪生成（Hartig et al.，2011）。虾青素（ASX）是一种含氧类胡萝卜素（叶黄素），在脂肪生成过程中可增加 PPARγ 与 TIF-2 和 SRC-1 的相互作用，并抑制罗格列酮介导的 CBP 向 PPARγ 募集（Inoue et al.，2012）。

（四）MEC-17 调节脂肪细胞分化

MEC-17 是一种新发现的乙酰转移酶，在各物种中高度保守，在体外可直接促进 α 微管蛋白（α-tubulin）乙酰化，是其主要的乙酰转移酶（Akella et al.，2010）。Yang 等（2013）研究发现，细胞骨架的主要成分 α-tubulin 的乙酰化在脂肪生成过程中上调，脂肪细胞的发育依赖于 α-tubulin 乙酰化。而 α-tubulin 的乙酰化受乙酰转移酶 MEC-17、脱乙酰基酶 SIRT2 和 HDAC6 的控制。

五、METTL3 及 miRNA 参与脂肪分化调控

20 世纪 70 年代初，科学家首次在大鼠肝癌细胞中发现并提出了一种新的 RNA 表观遗传修饰——N^6 甲基腺苷（m^6A）（Desrosiers et al.，1974）。m^6A 是真核信使 RNA 中最丰富的内部修饰之一，影响多种细胞生物学过程，包括剪接、加工、核输出、稳定性、衰变、翻译、细胞分化和代谢（Frye et al.，2018；Wang and He，2014）。m^6A 修饰是指在甲基转移酶复合物的作用下，腺苷酸的第 6 位 N 发生甲基化，这是一个动态可逆的过程。m^6A 修饰由去甲基化酶、m^6A 结合蛋白和甲基转移酶动态可逆调节。去甲基化酶（FTO、ALKBH5）和甲基转移酶（METTL3、METTL14、WTAP）分别负责去除与催化 m^6A（Yao et al.，2018）。

microRNA（miRNA）是一类单链、非编码小 RNA，广泛存在于真核细胞中，在进化过程中高度保守，长度为 19～24nt，其成熟受到多种方式的调控。Alarcon 等（2015a）证明，m^6A 修饰可以通过 METTL3 依赖的方式识别 DGCR8，并对标记初级转录产物 pri-miRNA 进行处理，表明 METTL3 介导的 m^6A 修饰的改变可能是许多生物过程中 miRNA 异常表达的原因。此外，有研究表明，METTL3 的缺失导致 miRNA 的积累减少，并由于加工受损导致 pri-miRNA 的过度积累（Alarcon et al.，2015b）。当 METTL3 过度表达时，miR-21 表达上调（Diao et al.，2021）。METTL3 依赖的 m^6A 甲基化通过 DGCR8 促进初级 miR-34a（pri-miR-34a）和 miRNA-126（pri-miR-126）的成熟（Zhong et al.，2020；Li et al.，2021b）。其他研究人员已经证明，METTL3/m^6A 修饰的上调促进了 pri-miR-25（Zhang et al.，2019a）、pri-miR-221/222（Han et al.，2019）和 pri-miR-143-3p（Wang et al.，2019b）的成熟（减少了 pri-miRNA 的表达，但增加了 pre-miRNA 和 miRNA 的表达）。此外，将 METTL3 抑制后，pre-miR-320 的富集程度降低很多，表明 pre-miR-320 是 METTL3 的靶点（Yan et al.，2020）。已经证明，miRNA 在能量稳态（Teleman et al.，2006）、糖脂肪代谢（Poy et al.，2007）、胰岛素分泌（Poy et al.，2004）、胰岛 β 细胞发育（Kloosterman et al.，2007）和脂肪细胞分化（Sun et al.，2009）中发挥重要作用。

（一）miR-21 调节脂肪细胞分化

研究发现，近 25%的 miRNA 靶标在人、小鼠和兔的 3′非编码区（3′UTR）是保守的（Meng et al.，2007）。此外，在不同物种的 *PTEN* 基因 3′UTR 分析中发现了高度保

守的 miR-21 识别元件，表明 miR-21 可以与 PTEN 结合（Dey et al.，2011）。PTEN 是 PI3K 信号通路的主要调节因子，参与 3T3-L1 脂肪细胞的脂肪代谢和葡萄糖转运（Nakashima et al.，2000）。先前的研究还表明，内源性 PTEN 表达在 3T3-L1 细胞分化过程中下调（Li et al.，2007），*PTEN* 敲低增强了胰岛素介导的 Akt/ERK 磷酸化，并促进了 3T3-L1 细胞的脂肪生成（Lee et al.，2011）。该研究还表明，miR-21 直接靶向 SMAD7 的 3′UTR，并负调节其 mRNA 和蛋白质表达水平（Ouyang et al.，2016），而 SMAD7 通过 TGF-β/SMAD 和 Wnt 信号通路调节 3T3-L1 脂肪前体细胞分化与脂肪生成（Ouyang et al.，2016）。

（二）miR-25 调节脂肪细胞分化

miR-25 表达量在 3T3-L1 脂肪前体细胞向成熟脂肪细胞分化的过程中显著下调（Ouyang et al.，2016）。此外，研究证实 BTG2、FBXW7、LATS2 和 PTEN 是 miR-25 的靶点，且在 3′UTR 中有 miR-25 的结合位点（Wu et al.，2019；Feng et al.，2016）。进一步的实验表明，miR-25 通过直接靶向 KLF4 和 C/EBPα 来抑制 3T3-L1 细胞脂肪生成（Liang et al.，2015）。FBXW7 抑制 C/EBPα 依赖的转录，失活后可导致 C/EBPα 的积累（Bengoechea-Alonso and Ericsson，2010）。LATS2 调节脂肪发育过程中细胞增殖和分化之间的平衡，研究证明 LATS2 不仅对细胞增殖有负调节作用，还对细胞分化有正调节作用（An et al.，2013）。此外，BTG2 通过抑制信号转导子和转录激活子 3（STAT3）信号通路下调白细胞介素 6（IL-6）的表达，已知该信号通路可调节脂肪细胞分化（Wang et al.，2009）。综上所述，miR-25 可以通过多种途径调节脂肪细胞分化。

（三）miR-126 调节脂肪细胞分化

miR-126 是一种单链小 RNA 分子，由内源性基因编码，长度为 23 个核苷酸，可广泛调节细胞分化、增殖和迁移等生理反应（Wu et al.，2014）。miR-126 的过度表达会下调 IRS-1 表达，抑制 Akt 和 ERK1/2 激活。胚胎成纤维细胞中 IRS-1 表达的降低会抑制 C/EBPα 和 PPARγ 的表达（Miki et al.，2001）。研究表明，miR-126 对血管内皮生长因子（VEGF）表达具有抑制作用，并表明 VEGF 是 miR-126 的靶点（Liu et al.，2009）。逆转录病毒介导的突变细胞中 VEGF 表达的恢复将脂肪细胞分化降低到对照组细胞的水平。以上研究表明 miR-126 在脂肪细胞分化中起重要作用。

（四）miR-143-3p 调节脂肪细胞分化

miR-143-3p 的许多靶基因在脂肪细胞分化中起调节作用，如 *MAPK7*（Xia et al.，2018）、*MAP3K7*（Fan et al.，2020）、*Akt*（Dong et al.，2020）、*Klf5*（Wangzhou et al.，2020）和 *PI3K*（Jin et al.，2018）。MAPK7 抑制脂肪细胞分化（Zhang et al.，2018c），而 MAP3K7 通过 PPARγ 信号转导诱导脂肪细胞分化（Zhang et al.，2017），Akt 在抑制细胞凋亡和负调节脂肪前体细胞分化中发挥重要作用（Wang et al.，2005），Klf5 由 C/EBPβ/δ 诱导，然后与 C/EBPβ/δ 协同作用调节 PPARγ2 的表达（Oishi et al.，2011）。这些结果表明 miR-143-3p 可以调节脂肪细胞分化。

（五）miR-320 调节脂肪细胞分化

miR-320 参与多种病理生理过程，包括细胞增殖和分化（Li et al.，2019b）。有研究表明，miR-320/ELF3 轴通过 PI3K/Akt 信号通路调节肿瘤的发展（Zhang et al.，2020b）。激活的 PI3K 导致磷脂酰肌醇磷酸化，然后激活下游主要靶点 Akt，而 Akt 在调节 3T3-L1 脂肪前体细胞分化中起关键作用（Xu and Liao，2004）。此外，数据研究表明，miR-320 通过 ERK1/2 负调节 ET-1、VEGF 和 FN 的表达（Feng and Chakrabarti，2012）。脂肪细胞特异性转录因子 PPARγ 可被 ERK1/2 磷酸化，从而降低其转录活性并抑制脂肪细胞分化（Feng and Chakrabarti，2012）。同时，萤光素酶分析证实 miR-320 与 AdipoR1 的 3′UTR 结合，表明 AdipoR1 是 miR-320 的靶基因（Guo et al.，2018）。还有研究表明 CTRP6 通过 AdipoR1/MAPK 途径调节肌肉和皮下脂肪细胞的增殖与分化（Wu et al.，2017）。所以 miR-320 可以通过靶向 ERK1/2、PI3K 和 AdipoR1 调节脂肪细胞分化。

（六）METTL3 通过直接修饰关键基因来调节脂肪细胞分化

METTL3 是一种关键的 RNA 甲基转移酶，已被证明可调节神经形成（Ma et al.，2018）、精子形成（Xu et al.，2017）、早期胚胎发育（Geula et al.，2015）、小鼠干细胞多能性（Chen et al.，2015）和体外白色脂肪细胞分化（Kobayashi et al.，2018）。Yao 等（2019）发现，METTL3 在骨髓间充质干细胞（BMSC）分化和脂肪生成中起重要作用，METTL3 表达与猪 BMSC 中脂肪生成呈负相关关系。METTL3 通过 m^6A-YTHDF2 依赖性方式靶向 JAK1/STAT5/C/EBPβ 途径来抑制猪 BMSC 中脂肪分化。*C/EBPβ* 是脂肪细胞分化的标志基因，表明 METTL3 在调节脂肪细胞分化中起重要作用。

六、维生素 D 参与脂肪分化调控

维生素 D 在钙稳态和骨骼健康中的作用已被广泛认可。脂肪组织是维生素 D 除骨骼外的主要靶标之一，维生素 D 受体（VDR）基因在小鼠的白色和棕色脂肪组织中均有表达（Ding et al.，2012），表明维生素 D 可以对脂肪组织的生命活动产生影响。

已有研究报道，维生素 D 的活性形式 1,25$(OH)_2$D 通过高亲和力结合核 VDR 来调节脂肪细胞分化。VDR 基因在 3T3-L1 细胞（Fu et al.，2005）、人乳腺脂肪前体细胞和脂肪细胞（Ding et al.，2012；Ching et al.，2011）及人皮下与内脏脂肪组织（Wamberg et al.，2013）中表达。在 3T3-L1 脂肪细胞分化的早期阶段（胰岛素、地塞米松和 3-异丁基-1-甲基黄嘌呤处理的前 4h）观察到 VDR 基因的表达（Ji et al.，2015b）。与这些发现一致，当 1,25$(OH)_2$D-VDR 与视黄酸 X 受体（RXR）形成异二聚体时，由此产生的复合物可以通过与维生素 D 反应元件结合来调节脂肪细胞中各种基因的表达。*VDR* 基因敲除的 3T3-L1 细胞脂质积累减少。此外，*VDR* 基因敲除小鼠表现出能量消耗增强、脂肪减少和对高脂饮食诱导的肥胖的抵抗力，表明 1,25$(OH)_2$D-VDR 信号通路在脂肪生成中起作用（Weber and Erben，2013）。然而，关于 1,25$(OH)_2$D 和 VDR 在脂肪细胞分化中的作用，却有互相矛盾的研究报道。研究表明，在 3T3-L1 小鼠脂肪前体细胞中，1,25$(OH)_2$D

通过减少脂质的积累和脂肪生成相关基因（包括 *PPARG* 和 *CEBPA*）的表达来抑制脂肪细胞分化（Ji et al.，2015a）。此外，添加 1,25$(OH)_2D_3$ 导致原代猪脂肪前体细胞（Zhuang et al.，2007）和人乳腺脂肪细胞（Ching et al.，2011）均表现出脂质积累减少及 PPARγ 和其他脂肪生成相关基因表达下调。1,25$(OH)_2D_3$ 和 25$(OH)D_3$ 均能抑制人乳腺脂肪前体细胞的分化（Ching et al.，2011）。相反地，1,25$(OH)_2$D 促进脂肪前体细胞分化为成熟脂肪细胞（Narvaez et al.，2013；Felicidade et al.，2018）。Nimitphong 等（2012）证明，25(OH)D 或 1,25$(OH)_2$D 处理通过增加 TAG 积累和 PPARγ、FABP、LPL 及 SREBP 表达，促进了人和小鼠脂肪前体细胞的脂肪生成。相比之下，1,25$(OH)_2$D 在小鼠 3T3-L1 细胞中的作用相反。作者推测，上述人原代脂肪前体细胞和鼠 3T3-L1 细胞结果之间的差异可能归因于不同细胞类型分化阶段存在差异。出现这些不同的结果可能是由于与 1,25$(OH)_2$D 治疗时间点相关的方法学存在差异，以及脂肪细胞分化过程中 VDR 表达发生变化（Abbas，2017）。总之，维生素 D 调控脂肪生成的确切机制仍需进一步研究。

脂肪细胞分化是一个复杂的生物学过程，涉及多个基因的调控，与脂肪细胞分化调控相关的部分分子机制、关键转录因子和遗传标记已经确认，但仍需要从各个层面进一步深入研究，全面地解释脂肪细胞分化的调控网络，为畜禽品质的改善提供科学依据。

第三节　脂肪细胞分泌功能

脂肪组织除了是重要的储能器官，还可以通过内分泌、旁分泌和自分泌信号调节机体糖脂肪代谢。成熟的脂肪细胞可以分泌激素、脂肪细胞因子（adipocytokine）、脂质因子（lipokine）、外泌体（exosome）及非编码 RNA 等，其通过自分泌或旁分泌的形式调控脂肪细胞的代谢，也可以进入血液循环，以内分泌信号途径调控其他组织器官功能及机体能量代谢。例如，脂肪细胞因子是由脂肪组织分泌的细胞因子家族，参与调节和维持机体糖脂肪代谢平衡，介导脂肪组织与其他组织之间的互作调控。另外，FAP 作为 IMF 的主要细胞来源，也可以分泌一些重要的细胞因子，从而调控 SC 功能、维持肌肉稳态平衡以及调节脂肪代谢等。

一、成熟脂肪细胞分泌因子

（一）脂肪细胞因子

1. 脂联素

脂联素（AdipoQ）是一种由脂肪细胞特异性分泌的细胞因子，在 WAT 和 BAT 中均表达，具有内分泌和旁分泌活性（Viengchareun et al.，2002）。AdipoQ 又称脂肪细胞补体相关蛋白（Acrp30），经转录后修饰由脂肪细胞以三种不同形式的复合物（三聚体、六聚体和高分子量低聚物）分泌到血液中（Scherer et al.，1995）。其中，高分子量低聚物是主要的生物活性异构体，与葡萄糖耐受量、胰岛素敏感性及心血管保护作用相关（Oh et al.，2007）。AdipoQ 主要通过与其靶器官或靶细胞上的受体 AdipoR1 和 AdipoR2 相结合发挥生理功能，其中 AdipoR1 主要在骨骼肌中表达，而 AdipoR2 在肝中高表达（Gamberi et al.，2016）。研究发现，AdipoQ 具有调节胰岛素敏感性、转换肌纤维类型及维持能量稳态的作用（Gamberi et al.，2016；Yamauchi et al.，2003；黄艳娜，2011）。在高脂饲喂的小鼠模型中，AdipoQ 能改善机体胰岛素抵抗，提高肝和外周组织的胰岛素敏感性（Yamauchi et al.，2003）。超表达的 AdipoQ 通过上调骨骼肌中 PGC-1α 的表达水平来提高Ⅰ型肌纤维的比例（黄艳娜，2011）。

在畜禽生产相关研究中，AdipoQ 参与调控 IMF 沉积和肌纤维类型转换，在肉质形成中发挥重要作用。莱芜猪背膘组织和肌肉组织中的 *AdipoR1* 基因表达水平显著高于大白猪，莱芜猪肌肉组织中的 *AdipoQ* 基因表达水平显著高于大白猪，且肌肉组织中 *AdipoQ* 和 *AdipoR1* 基因的表达水平与 IMF 含量呈显著正相关关系（陈其美，2009）。此外，AdipoQ 基因序列变异位点与肉质性状的相关分析表明，基因型 AA、dd 和 AAdd 个体的肌肉嫩度最佳（吴芸，2008）。AdipoQ 也参与调控猪骨骼肌肌纤维类型转换，在骨骼肌肌卫星细胞中，AdipoQ 通过提高 AdipoR1 表达、激活 AMPK 和 PPAR 通路从而上调 MyHCⅠ和 MyHCⅡa 的表达，并下调 MyHCⅡx 和 MyHCⅡb 的表达，进而提高氧化型肌纤维比例、减少酵解型肌纤维比例（张佳等，2011）。

2. 瘦素

瘦素（leptin）是一种由肥胖基因（*ob*）编码、分子量为 16kDa 的激素，主要由白色脂肪细胞分泌，具有调节生长、食欲、新陈代谢以及维持能量稳态等生理功能（Barb et al.，2001；Trayhurn，2005；Friedman，2019）。leptin 受体（lepRb）主要在大脑中表达，leptin 对终末器官的作用大部分是通过中枢神经系统介导的。leptin 通过激活下丘脑受体、增强交感神经的敏感性来调节能量代谢、维持代谢稳态；leptin 还可促进垂体分泌促甲状腺素，进而调节能量代谢（Farooqi and O'Rahilly，2009）。此外，leptin 参与调节动物的发育和繁殖，能够刺激雄鼠的生殖系统发育，还可促进雌鼠体内促性腺激素和促卵泡素的分泌。

在畜禽中，leptin 参与调控动物脂肪沉积及繁殖性能。在猪的相关研究中，leptin 通过上调 FTO 表达、抑制 PLIN5 的 m^6A 甲基化，进而加强脂肪的分解代谢（Wei et al.，2021）。在肉兔的相关研究中，天府黑兔股二头肌中 leptin 的表达水平与肌内脂肪含量、瘦肉率呈显著正相关关系，表明 leptin 可作为肉兔肉质性状选育的重要分子标记（Luo et al.，2020）。在牛卵母细胞体外成熟过程中，外源添加 10ng/mL 的 leptin 可通过减少氧化自由基（ROS）的含量、提高谷胱甘肽（GSH）的水平和上调抗氧化相关基因（*SOD1*、*GPX4* 和 *SIRT1*）的表达水平来减少氧化应激，同时通过下调促凋亡相关基因（*Caspase-3* 和 *Bax*）的表达来减少细胞凋亡，从而促进卵母细胞的成熟（殷颖，2021）。

3. 抵抗素

抵抗素（resisitin，RETN）又称 ADSF 或 FIZZ3，是一种由脂肪细胞分泌的约 12.5kDa 的蛋白质（Steppan et al.，2001）。虽然以往的研究将 RETN 定义为脂肪分泌因子，但 RETN 在不同物种间的表达存在明显差异，如 RETN 主要在小鼠白色脂肪组织中表达，而在人的脂肪组织中几乎检测不到 RETN 的表达，而是主要由循环系统中的单核细胞产生、分泌（Patel et al.，2003）。以小鼠为模型的研究发现，RETN 可能通过作用于血管内皮细胞来改变脂肪代谢稳态，进而促进动脉粥样硬化（Kougias et al.，2005；Sato et al.，2005；Satoh et al.，2004）。最近的研究发现，Lmo4-RETN 信号介导脂肪组织和肝之间互作，RETN 可提高肝细胞的炎症反应和糖异生（Sun et al.，2020）。

在畜禽中，RETN 参与调控脂肪细胞的增殖和分化以及调节动物机体的免疫反应。研究发现，添加 0～100μg/L 的 RETN 能够促进猪脂肪前体细胞增殖，而 100～200μg/L 的 RETN 可加强猪脂肪前体细胞分化聚酯，然而分子机制尚不明确（陈育峰等，2011）。RETN 还可通过上调 TLR4/NF-κB 通路相关基因的表达，促进猪肺泡巨噬细胞（PAM）释放炎性细胞因子 TNF-α、IL-1β 及 IL-6（李碧，2018）。此外，RETN 参与调节绵羊垂体激素的分泌，在其季节性繁殖过程中发挥重要作用（Biernat et al.，2018）。

4. 血管生成素样蛋白

血管生成素样蛋白（angiopoietin-like protein，ANGPTL）是一类糖蛋白脂肪细胞分泌因子，其家族中的 ANGPTL3、ANGPTL4 和 ANGPTL8 参与调节 TAG 的运输和代谢（Zhang，2016），其中 ANGPTL4 主要由 WAT 和 BAT 分泌，ANGPTL8 由 WAT、BAT 以及肝分泌（Nidhina et al.，2015；Dijk et al.，2015；Cushing et al.，2017）。研究发现，小鼠脂肪细胞特异性敲除 *ANGPTL4* 可加速 TAG 的分解代谢，促使 TAG 吸收进入 WAT、BAT 和肝（Aryal et al.，2018）；脂肪细胞特异性超表达 *ANGPTL4* 可导致血脂异常，并加剧高脂饮食的有害作用（Mandard et al.，2006）。此外，ANGPTL3、ANGPTL4 或 ANGPTL8 等位基因功能缺失的人表现出 TAG 水平降低及清除速率加快，展现出较好的代谢表型（Robciuc et al.，2013；Romeo et al.，2009；Peloso et al.，2014）。ANGPTL2 参与调控血管功能，WAT 和 BAT 中的 ANGPTL2 表达随着肥胖、缺氧及内质网应激而升高，且血液中 ANGPTL2 水平与胰岛素抵抗和炎症标志物呈正相关关系（Tabata et al.，2009；Kim et al.，2018）。在小鼠模型中，内皮细胞中特异性超表达 ANGPTL2 导致血管功能障碍，而脂肪细胞中特异性超表达 ANGPTL2 导致 WAT 出现炎症、葡萄糖不耐受及胰岛素抵抗（Tabata et al.，2009；Horio et al.，2014）；而 ANGPTL2 缺失提高小鼠胰岛素敏感性，可防止高脂饮食诱导的代谢和血管异常（Tabata et al.，2009；Horio et al.，2014；Yu et al.，2014）。

在畜禽相关研究中发现，PPARγ-ANGPTL4 信号参与介导高直链淀粉饲粮对猪骨骼肌肌内脂肪含量、肌纤维类型的调节作用（严鸿林，2018）。另外，ANGPTL8 促进牛脂肪前体细胞的分化聚酯（韩爽，2018）。由此可见，ANGPTL 家族可能在调控畜禽肉质形成上具有良好的应用前景，但仍有待进一步研究。

5. 骨形态发生蛋白

骨形态发生蛋白（bone morphogenic protein，BMP）家族属于转化生长因子 β（transforming growth factor-β，TGF-β）超家族，在众多组织发育和维持过程中发挥中心调控作用（Modica and Wolfrum，2013）。BMP 家族的信号转导依赖于 7 种激活素受体样激酶（activin receptor-like kinase，ALK）组成的Ⅰ型受体、BMP 受体 2（BMPR2）和激活素受体（ACVR）组成的Ⅱ型受体，这些受体在不同细胞中广泛表达（Modica and Wolfrum，2013）。BMP2 和 BMP4 调控脂肪组织基质细胞的定向及分化，其信号转导经 ALK3 或 ALK6 连同 BMPR2、ACVR2a 或 ACVR2b 实现（Tang et al.，2004；Bowers et al.，2006；Huang et al.，2009；Yadin et al.，2016）。BMP2 和 BMP4 在 WAT 与 BAT 中均表达（Qian et al.，2013；Gustafson et al.，2015）。小鼠脂肪细胞特异性超表达 BMP4 导致 WAT 重量减轻和 BAT 重量增加，同时促进 WAT 血管生成和棕色化，增加了能量消耗，改善了葡萄糖耐受量和胰岛素敏感性（Qian et al.，2013；Tang et al.，2016）。在畜禽生产相关研究中，BMP4 可通过上调生殖细胞特异基因 *Stra8*、*Dazl*、*c-kit* 的表达，促进雄性鸡胚胎干细胞向雄性生殖细胞分化（Berry and Rodeheffer，2013）；超表达 BMP2 和 BMP4 可促进黔北麻羊成肌细胞的体外增殖（艾锦新，2020）。

BMP7 是 BMP 家族中的一员，能够诱导血管周围及结缔组织中未分化的间充质干细胞向骨和软骨细胞分化，形成骨组织，还能够诱导脂肪干细胞的分化并改善代谢，同时在哺乳动物 BAT 发育过程中发挥重要功能（王松波等，2009；Saini et al.，2015）。研究发现，BMP7 参与调控人成脂前体细胞转化为米色脂肪细胞（Okla et al.，2015）。此外，BMP7 对动物生长性状和繁殖性状也有影响，BMP7 基因在高脂系肉鸡脂肪组织中的表达显著高于低脂系（冷丽等，2012）；BMP7 基因的 2 个潜在单核苷酸多态性（SNP）位点 A83509G、G84966A 对大白猪眼肌面积及生长速度具有显著影响，可作为猪生长性状选择的潜在分子标记（高若男等，2020）。

BMP8b 参与调控脂肪细胞分化和能量消耗（徐跃洁和潘洁敏，2020）。与 BMP 家族其他成员相比，BMP8b 主要由成熟棕色脂肪细胞分泌，而与成脂分化的早期阶段无关。在冷暴露或高脂饮食条件下，BAT 中 BMP8b 的分泌显著增加（Whittle et al.，2012），其基因表达不仅受到去甲肾上腺素能作用的调控，而且对多不饱和脂肪酸信号通路以及雌激素等非交感神经激活物均具有敏感性（Quesada-López et al.，2016；Grefhorst et al.，2015）。在 BAT 中，BMP8b 通过 SMAD 蛋白信号，激活 p38MAPK 和 cAMP 反应元件结合蛋白（CREB），从而启动 BAT 的产热作用。此外，BMP8b 可增加激素敏感性脂肪酶（hormone-sensitive lipase，HSL）的脂解活性，并对肾上腺素能刺激做出反应，以增强产热（Whittle et al.，2012）。除了自分泌和旁分泌作用，BMP8b 还具有中枢调节作用，通过间接促进交感神经支配和棕色/米色脂肪组织的血管生成来提高 BAT 对交感神经介导产热激活的敏感性，并且可能和 NRG4 协同调节脂肪组织中神经血管的重塑（Pellegrinelli et al.，2018）。另一项研究也证明 BMP8b 可以穿过血脑屏障作用于下丘脑腹内侧核，激活交感神经介导的 BAT 和 WAT 产热活性，从而调节能量代谢（Martins et al.，2016）。

6. 肌肉生长抑制素

肌肉生长抑制素（myostatin，MSTN）是 TGF-β 超家族成员之一，主要表达于骨骼肌，可显著抑制肌肉生长发育（Baczek et al.，2020）。相关研究发现，BAT 也可以通过分泌 MSTN 直接靶向调控骨骼肌功能。在能量不足条件下，BAT 被强烈激活，其激活程度与 MSTN 的释放紧密相关（Steculorum et al.，2016）。BAT 能释放低水平 MSTN，促进肌肉发育及功能维持（Gavalda-Navarro et al.，2022）。转录因子 IRF4 是脂肪细胞发育的调节因子，在 BAT 线粒体生物合成和产热方面发挥着关键作用（Kong et al.，2014）。在 BAT 中，IRF4 缺失增加了 MSTN 水平，抑制了 mTOR 信号转导和核糖体蛋白生物合成，导致骨骼肌线粒体功能和运动能力受损；而过表达 IRF4 显著降低了血清 MSTN 水平，有助于增强肌肉的运动能力（Kong et al.，2018）。综上所述，MSTN 作为一种重要的棕色脂肪因子参与 BAT 对骨骼肌功能的调控。

在畜禽中的相关研究发现，MSTN 可调控动物肌肉发育、繁殖性能以及肌内脂肪沉积。*MSTN* 敲除能提高猪骨骼肌肌纤维横截面积，减少慢肌含量而提高快肌含量；MSTN 敲除还能促进猪骨骼肌细胞的脂肪沉积（玄美福，2018）。此外，*MSTN* 敲除的公猪表现出正常的精液质量和精子受精能力，并拥有正常的生殖器官；*MSTN* 敲除降低母猪的繁殖性能和仔猪的存活率（韩圣忠，2021）。在猪脂肪前体细胞体外培养中，MSTN 重组蛋白处理可通过上调激素敏感性脂肪酶（HSL）和脂肪甘油三酯脂肪酶（adipose tissue triglyceride lipase，ATGL）的表达，同时抑制脂滴包被蛋白和脂肪分化相关蛋白（ADRP）的表达，进而增强脂肪分解代谢，减少脂肪沉积（王珏等，2020）。

7. 神经调节蛋白 4

神经调节蛋白 4（neuregulin 4，Nrg4）基因在棕色脂肪细胞分化过程中高表达，表达水平在肾上腺素能受体被激活时进一步提高（Wang et al.，2014a），并且在 WAT 的棕色化过程中发挥重要作用。然而，*Nrg4* 敲除小鼠耐寒能力未发生明显改变，提示 *Nrg4* 与 BAT 产热并无直接关系（闫佳慧等，2020）。基因芯片检测分析发现，*Nrg4* 基因与 TAG 等代谢指标密切相关，其 mRNA 水平与体脂和肝脂含量呈负相关关系（闫佳慧等，2020），提示 *Nrg4* 缺乏可能是肥胖的标志之一。在动物实验中，*Nrg4* 敲除加剧了高脂饮食诱导的肥胖和代谢紊乱，而脂肪组织特异性过表达 *Nrg4* 可增加能量消耗，改善全身葡萄糖代谢（Chen et al.，2017）。这种有益影响可能是通过靶向肝组织减少肝脂肪储存来实现的。研究表明，*Nrg4* 通过激活受体酪氨酸激酶 ErbB3 和 ErbB4 来改变下游 STAT5/SREBP1c 信号通路，从而抑制肝脂肪生成（闫佳慧等，2020）。此外，在空腹状态下，Nrg4 可以通过激活肝脂肪酸氧化和生酮作用发挥功能（Scheele and Wolfrum，2020）。

目前，Nrg4 在畜禽生产上的研究鲜见报道。郭亚琦等（2021）研究发现，高脂系肉鸡嗉囊周围脂肪组织、肌胃周围脂肪组织和腹部脂肪组织中 *Nrg4* 基因的表达水平显著高于低脂系肉鸡，但 *Nrg4* 基因在肉鸡脂肪沉积中的具体作用及机制还需进一步研究。考虑到 *Nrg4* 基因在棕色脂肪细胞和米色脂肪细胞中发挥作用，对于其在畜禽脂肪沉积过程中的作用还有待于进一步探讨。

8. 成纤维细胞生长因子 21

成纤维细胞生长因子 21（fibroblast growth factor 21，FGF21）是最早发现的 BAT 分泌因子之一，兼具自分泌和内分泌功能（Ahmad et al.，2021）。血浆 FGF21 水平是人类胰岛素抵抗、代谢紊乱和相关代谢综合征的早期生物标志物（Gao et al.，2019）。当产热活动被激活，BAT 中 FGF21 mRNA 的表达显著增加，活化的 BAT 分泌并释放大量 FGF21 进入血液循环（徐跃洁和潘洁敏，2020）。研究表明，移植 BAT 不仅提高了机体 FGF21 的水平，还可有效改善代谢稳态（闫佳慧等，2020）。除了靶向胰腺、WAT、骨骼肌、肝及中枢神经系统等多种组织增加其对葡萄糖的摄取和利用，FGF21 还可以启动棕色脂肪细胞产热基因程序，促进 WAT 棕色化和激活 UCP1 表达（Ahmad et al.，2021）。在肥胖大鼠模型中，FGF21 被证明能够穿过血脑屏障作用于中枢神经系统，通过刺激交感神经提高肝胰岛素敏感性和代谢率，从而间接调控 BAT 产热以及全身能量代谢（Owen et al.，2014）。由此可见，FGF21 在维持机体糖脂肪代谢稳态、胰岛素敏感性及产热功能中发挥重要作用。

在畜牧生产中，研究人员发现 FGF21 可能通过抑制组蛋白甲基转移酶 1（lysine-specific demethylase 1，LSD1）的表达，降低 cAMP 反应元件结合蛋白（cAMP-response element binding protein，CEBP）家族基因表达水平，从而显著抑制猪肌内脂肪前体细胞的分化聚酯（王永亮，2017）。另外，*FGF21* 基因突变对新西兰罗姆尼绵羊断奶前平均生长速度有显著影响，且基因型为 A5A5 的群体拥有更快的生长速度（安清明，2016）。

9. 血管内皮生长因子 α

血管内皮生长因子 α（vascular endothelial growth factor-α，VEGF-α）广泛分布于各种组织中，其中 VEGF-α 和 VEGF-β 在 BAT 中高度表达，是调节哺乳动物 BAT 发育的关键因子。冷刺激下，β-肾上腺素能通路被高度激活，从而显著提高 BAT 中 VEGF-α 的表达水平（徐跃洁和潘洁敏，2020）。研究表明，短期诱导 VEGF-α 表达可通过 VGFR2 信号通路有效刺激 BAT 中血管生成（闫佳慧等，2020）。在 BAT 特异性过表达 VEGF-α 的小鼠模型中，慢性冷刺激可上调 UCP1 和 PGC-1α 表达水平，而脂肪组织 VEGF-α 缺失导致非肥胖小鼠脂肪组织中血管减少，从而引起 BAT 功能障碍（Mahdaviani et al.，2016），表明 BAT 分泌的 VEGF-α 对组织血管的生长至关重要。此外，脂肪组织瞬时过表达 VEGF-α 可激活交感神经系统，并进一步促进白色脂肪组织的脂解和棕色化（Zhao et al.，2018）。综上可知，棕色/米色脂肪组织分泌的 VEGF-α 在 WAT 褐变以及激活全身代谢过程中发挥重要功能。

（二）脂质因子

脂质因子不仅影响多种生理病理过程，还可作为调节因子介导脂肪组织与其他器官的相互作用（Hernández-Saavedra and Stanford，2019）。近年来的一些研究证明，脂肪组织分泌的某些非多肽类的生物活性脂质通过复杂的内分泌网络参与机体能量和代谢稳态的调节，这类脂质又称为脂质因子。脂质因子能够直接与细胞内脂肪酸代谢通路相联系，将脂肪细胞内的能量状态传递给其他非脂肪外周代谢组织（Yore et al.，2014），因此或将成为糖脂肪代谢研究的新方向。

1. 溶血磷脂酸

溶血磷脂酸（lysophosphatidic acid，LPA）是首个脂肪细胞来源的血源性脂质，在

1998 年被确定为分化的 3T3-F442A 脂肪细胞分泌的活性脂质因子，并通过作用于细胞表面受体 LPAR1 从而促进脂肪前体细胞增殖（Li et al.，2020a）。随后，autotaxin（ATX）被鉴定为一种脂肪细胞分泌酶，参与细胞外 LPA 的生物合成（Ferry et al.，2003）。研究发现，小鼠直接给药 LPA 能以 LPAR1/2/3 依赖的方式损害葡萄糖刺激的胰岛素分泌（Rancoule et al.，2013）。脂肪组织 *ATX* 敲除显著改善了小鼠的葡萄糖和胰岛素耐受性，并增强机体代谢（Nishimura et al.，2014）。另外，LPA 还能拮抗胰岛素信号，抑制肌肉组织和 C2C12 细胞的线粒体呼吸（D'Souza et al.，2018），以 LPAR3 依赖的方式抑制肝细胞胰岛素信号转导（Fayyaz et al.，2017）。

此外，LPA 被证实为人类及哺乳动物生殖功能的局部调节因子（Woclawek-Potocka et al.，2014）。LPA 能够上调 *TAZ* 和 *TEAD4* 基因表达，通过 Hippo 信号通路参与囊胚形成而不影响囊胚的细胞系构成（Yu et al.，2021）。Shin 等（2018）研究了不同浓度 LPA 对猪胚胎发育的影响，发现 LPA 处理后早期囊胚形成加快，且胚胎体积更大、凋亡指数更低、显著上调间隙连接蛋白 43（connexin 43，Cx43）和细胞黏附相关基因（*GJC1* 和 *CDH1*）的表达，表明 LPA 能有效促进囊胚形成，并有助于植入前胚胎的发育。

2. 棕榈油酸

棕榈油酸（palmitoleate，C16:1n7）是血清和脂肪组织中最丰富的脂肪酸之一，可由脂肪组织内源性合成（Frigolet and Gutiérrez-Aguilar，2017）。研究发现，脂肪组织中脂肪酸结合蛋白 4/5（fatty-acid binding protein 4/5，FABP4/5）特异性缺失可通过上调脂肪酸合成酶（fatty acid synthase，FAS）和固醇辅酶 A 去饱和酶 1（steroyl-CoA desaturase 1，Scd1）的表达来增强棕榈油酸的从头合成（Cao et al.，2008）。棕榈油酸的富集与胰岛素抵抗和葡萄糖耐受量密切相关（Yilmaz et al.，2016；Hernández-Saavedra and Stanford，2019）。脂肪组织分泌的棕榈油酸以自分泌的方式刺激 WAT，并通过 PPARα 激活脂肪组织中甘油三酯脂肪酶（ATGL）和激素敏感性脂肪酶（HSL）磷酸化，增加脂肪分解（Bolsoni-Lopes et al.，2013）；外源性棕榈油酸则直接刺激脂肪酸酯化和线粒体 β 氧化，增加氧消耗和葡萄糖转运蛋白 4（glucose transporter-4，GLUT-4）易位，改善 WAT 葡萄糖稳态（Cruz et al.，2018）。此外，棕榈油酸还参与调控炎症反应。体外研究结果表明，棕榈油酸处理可显著下调 3T3-L1 脂肪前体细胞中炎症相关基因的表达，阻断炎症中枢 C-C 序趋化因子配体 5（C-C motif chemokine ligand 5，CCL5）信号通路，从而有效缓解脂肪组织炎症（Shaw et al.，2013）。

棕榈油酸还参与调控肝脂肪代谢、骨骼肌应激和炎症反应。Lee 等（2015）研究发现，脂肪肝患者体内棕榈油酸含量升高，其可通过 AMPK/FGF21 信号通路直接刺激葡萄糖摄取。在 C2C12 肌管中，棕榈油酸延迟了促氧化和促炎标志物环氧合酶 2（COX-2）的激活，并阻断了 p38MAPK 介导的骨骼肌胰岛素抵抗，可缓解炎症反应的同时增强葡萄糖摄取（Frigolet and Gutiérrez-Aguilar，2017）。此外，棕榈油酸可显著降低肥胖绵羊肌纤维内的脂质积累（Duckett et al.，2014）；而外源添加棕榈油酸通过增强脂肪合成相关基因 *PPARγ*、*SREBP1* 及 *C/EBPα* 的表达来促进延边黄牛骨骼肌肌卫星细胞的脂肪沉积（张军芳等，2020）。

3. 12,13-二羟基-9Z-十八碳烯酸

12,13-二羟基-9Z-十八碳烯酸（12,13-diHOME）是亚油酸LA（C18∶2ω-6）的代谢产物之一，主要来源于BAT，其合成受到机体活动状态及环境温度变化的调控（Hernández-Saavedra and Stanford，2019）。研究表明，急性或长期冷暴露可激活12,13-diHOME的生物合成酶Ephx1和Ephx2表达，从而增加BAT中12,13-diHOME的合成和释放，并通过诱导CD36和FATP1的膜易位，促进BAT对脂肪酸的摄取和氧化，最终导致TAG和UCP1介导的产热功能增强（Mecêdo et al.，2022）。循环12,13-diHOME水平与体重指数（BMI）、总脂肪质量、VAT厚度和TAG含量相关（Stanford et al.，2018），并且与高脂血症和胰岛素抵抗呈负相关关系（Vasan et al.，2019），提示该脂质因子水平的增加对改善代谢健康具有重要意义。

进一步研究显示，肌内注射12,13-diHOME增加了参与线粒体活性和生物发生以及脂肪酸摄取相关基因的表达，提高了骨骼肌的脂肪利用率（Stanford et al.，2018）。此外，运动可以抑制BAT中胰岛素诱导的葡萄糖摄取，下调线粒体中与BAT产热能力相关的脂质水平，并通过刺激Ephx1/2的表达来增加12,13-diHOME的生物合成（林宝璇，2021）。Stanford等（2018）认为，冷刺激诱导BAT释放的12,13-diHOME主要以自分泌方式发挥作用，为BAT提供燃料；而运动导致BAT来源的12,13-diHOME增加，并以内分泌方式刺激骨骼肌对脂肪酸的摄取。综上所述，12,13-diHOME作为一种新的lipokine或将成为改善机体能量代谢的重要脂质因子。

4. 12-羟基二十碳五烯酸

研究发现，冷刺激可以通过促进BAT中加氧酶LOX、COX和Cyp450的产生来氧化脂质，从而激活UCP1以适应产热过程（Leiria et al.，2019）。Luiz等（2020）发现，BAT中12-羟基二十碳五烯酸（12-HEPE）的活性对寒冷诱导的适应性生热具有重要意义。12-LOX能够合成并释放氧化脂质因子12-HEPE，通过激活PI3K-mTOR-Akt-GLUT通路促进小鼠BAT和骨骼肌的葡萄糖摄取，从而改善糖脂肪代谢稳态。化学抑制12-LOX或BAT特异性缺失12-LOX导致小鼠在低温条件下的体温维持能力受损。口服β_3-肾上腺素能激动剂治疗显著提高了12-HEPE的循环水平，并与体重指数和胰岛素抵抗呈高度负相关关系（Leiria et al.，2019）。以上研究提示了12-HEPE作为BAT分泌的冷诱导脂质因子在调节葡萄糖代谢和适应性生热过程中的新作用，但其机制仍需深入探究。

5. 脂肪酸羟基脂肪酸酯

2014年，Yore等利用脂质组学分析技术，首次在脂肪组织特异性过表达GLUT4的小鼠中发现一类具有抗糖尿病和抗慢性炎症等生物功能的新型内源性脂质分子——脂肪酸羟基脂肪酸酯（fatty acid esters of hydroxy fatty acid，FAHFA）。这些棕榈酸-9-羟基硬脂酸（palmitic-acid-9-hydroxy-stearic acid，PAHSA）异构体可改善糖耐量，增加胰岛素和胰高血糖素样肽1（glucagon-like peptide 1，GLP-1）的分泌（Yore et al.，2014），兼具广泛的抗炎作用（Kuda et al.，2016）。FAHFA主要在WAT和BAT中合成，并分泌

到血浆中，其表达受到碳水化合物响应元件结合蛋白（carbohydrate-responsive element-binding protein，ChREBP）调控（Herman et al.，2012），其中 5-PAHSA 和 9-PAHSA 在 WAT 中合成的 PAHSA 占比最大（Yore et al.，2014）。给药 5-PAHSA 和 9-PAHSA 可改善小鼠糖耐量和增强其全身胰岛素敏感性（Zhou et al.，2019），抑制脂肪组织巨噬细胞分泌促炎细胞因子（Yore et al.，2014）。这种作用可能受到多种自分泌、内分泌和旁分泌作用的共同调节。

此外，PAHSA 能结合胰岛 β 细胞中的游离脂肪酸受体 1（free fatty acid receptor 1，FFAT1），增加细胞内 Ca^{2+}和 GLP-1 水平，促进胰岛素分泌（Syed et al.，2018）。另有研究表明，非肥胖糖尿病小鼠口服 5-PAHSA 和 9-PAHSA 均可通过调节免疫细胞浸润与内质网应激延缓 1 型糖尿病的发生，从而促进 β 细胞的存活（Syed et al.，2019）。以上研究扩展了目前对 FAHFA 生物学功能的新认识，提示了该脂质因子作为抗糖尿病或抗炎治疗靶点的潜在功能。

（三）外泌体

外泌体是包裹细胞内蛋白质、生物活性脂质和 microRNA（miRNA）等分子的囊泡（Couzin，2005；Tkach and Théry，2016），脂肪细胞分泌的外泌体在调节机体能量代谢、癌症发生等过程中发挥重要功能（Wang et al.，2019b；Thomou et al.，2017；Yan et al.，2021）。研究发现，脂肪细胞分泌的外泌体通过激活 Hippo 信号通路促进乳腺癌细胞生长（Wang et al.，2019b）。miRNA 是一种调节性的非编码 RNA，主要通过外泌体在细胞之间传递信息（Huang-Doran et al.，2017）。血液循环中的大多数 miRNA 来源于脂肪细胞产生的外泌体，可以进入肝并改善葡萄糖耐受量、降低肝 FGF21 的表达（Thomou et al.，2017）。越来越多的研究支持 WAT 和 BAT 分泌的 miRNA 在代谢调节中有重要作用（Thomou et al.，2017；Ying et al.，2017）。在人体内，miR-92a 由 BAT 细胞释放，血浆中 miR-92a 水平与 BAT 活性呈负相关关系（Chen et al.，2016b），表明血浆 miRNA 或可作为 BAT 活性的生物标志物。此外，脂肪细胞分泌的 miRNA-34a 通过抑制 M2 巨噬细胞极化促进肥胖诱导的脂肪炎症发生（Pan et al.，2019）。

在畜禽中，针对脂肪细胞分泌的外泌体鲜有报道，但研究发现外泌体参与调控畜禽脂肪代谢、生长繁殖及肠道损伤修复等重要生物学过程。例如，卵泡液来源的外泌体可经胞吞作用进入颗粒细胞，并激活 MAPK-ERK1/2 和 PI3K-Akt 信号通路，从而促进猪卵泡颗粒细胞增殖、分泌孕酮（李峥，2020）。肌肉组织分泌的外泌体能够抑制脂肪前体细胞分化聚酯，其中 miR-146a-5p 是外泌体中发挥作用的关键 miRNA（温舒磊，2018）。另外，miR-331-3p 能够通过抑制猪脂肪前体细胞的增殖促进其分化聚酯、沉积脂肪酸（陈涛，2019）。

二、FAP 细胞分泌因子

成纤维/脂肪前体细胞（FAP）是 IMF 的主要细胞来源（Uezumi et al.，2010；Li et al.，2020b），是位于肌束间和肌纤维间的一类间充质细胞亚群，典型的标志基因为血小板来

源生长因子受体 α（platelet derived growth factor receptor alpha，*PDGFRα*）（Uezumi et al.，2010），其具有分化为不同谱系的潜力，而成脂和成纤维分化是其最常见的两种分化命运（Duarte et al.，2013；Duarte et al.，2014）。在来源于小鼠肌肉的 FAP 中，具有成脂分化能力的细胞占比超过 90%（Uezumi et al.，2011）。在畜禽生产的相关研究中，来源于猪和牛的 FAP 均能分化为成熟的脂肪细胞（Ma et al.，2018；Sun et al.，2017）。猪背最长肌中的 FAP 数量受品种和日龄的影响，脂肪型猪和新生仔猪肌肉中 FAP 数量更多（Sun et al.，2017）。由此可见，提高 FAP 数量及增强其成脂分化能力是促进 IMF 沉积的有效措施。

骨骼肌除了参与全身的能量代谢和运动，其分泌和再生功能也引起了越来越多研究者的关注。骨骼肌包含多种细胞类型，如肌卫星细胞、成纤维细胞、髓系来源的免疫细胞和 FAP，这些细胞呈现高度异质性（Xu et al.，2021）。近年来研究发现，FAP 在调节肌肉组织微环境、骨骼肌发育及肌肉损伤修复中发挥重要作用，而这些功能与其分泌功能密切相关（Juban et al.，2018；Iezzi et al.，2004；Maeda et al.，2015；Sandonà et al.，2020）。然而，目前有关 FAP 分泌功能的相关研究主要集中在小鼠和人上。

（一）细胞分泌因子

1. 白细胞介素 6

白细胞介素（interleukin，IL）是一类广泛表达的抗炎相关细胞因子，能够抑制 Th1 活化、减轻炎症以及自身免疫缺陷病（Saraiva and O'Garra，2010；Biferali et al.，2019；Ouyang et al.，2011）。IL-6 和 IL-10 是在骨骼肌中表达的两种肌源性因子，IL-6 参与调控骨骼肌肥大和再生（Muñoz-Cánoves et al.，2013）。在负载条件下，敲除 IL-6 的小鼠肌肉发育受阻，IL-6 缺失抑制肌卫星细胞的增殖和迁移；而 IL-6 治疗可通过调节细胞周期相关基因（*Cyclin D1* 和 *c-Myc*）的表达来促进小鼠肌卫星细胞的增殖（Serrano et al.，2008）。研究表明，FAP 是骨骼肌再生过程中 IL-6 的主要来源。肌肉损伤后，IL-6 在肌源性祖细胞中的表达保持不变，但在 FAP 中增加近 10 倍。体外共培养试验表明，IL-6 介导了 FAP 的促肌源性活性（Joe et al.，2010）。因此，FAP 来源的 IL-6 能够增强肌卫星细胞的增殖和迁移，并促进骨骼肌损伤后再生。

2. 白细胞介素 33

白细胞介素 33（IL-33）是属于 IL-1 家族的核染色质相关细胞因子，介导细胞损伤和应激后调节性 T 细胞（regulatory T cell，Treg 细胞）的激活（Liew et al.，2016；Alvarez et al.，2019）。在骨骼肌中，FAP 是产生 IL-33 的主要细胞群体（Kuswanto et al.，2016）。在骨骼肌遭受急性损伤 6～12h 内，FAP 开始表达 IL-33 并促进肌肉组织中 Treg 细胞增殖（Kuswanto et al.，2016）。当 FAP 遭到损伤后，Treg 细胞急剧减少，骨骼肌再生受阻；而 IL-33 治疗能够恢复 Treg 细胞数量，加强骨骼肌再生（Kuswanto et al.，2016）。由此可见，FAP 和 Treg 细胞间存在密切联系，FAP 来源的 IL-33 通过激活 Treg 细胞来加强骨骼肌再生。

3. Wnt 家族成员 1 诱导信号通路蛋白 1

细胞通信网络因子 4（cellular communication network factor 4，CCN4）是基质细胞 CCN 家族成员，其编码的 Wnt 家族成员 1 诱导信号通路蛋白 1（Wnt family member 1 inducible signaling pathway protein 1，WISP1）参与调控细胞外基质重塑、肿瘤生长及组织再生等众多生物学进程（Biferali et al.，2019）。研究发现，CCN4/WISP1 在肌肉骨骼系统中发挥重要功能，参与调节骨生成、软骨生成以及皮肤修复（Ono et al.，2011，2018；Maeda et al.，2015）。据 Lukjanenko 等（2019）报道，年轻小鼠肌肉损伤后，FAP 中 CCN4/WISP1 表达上调，而在老龄鼠中并没有变化，提示由 FAP 分泌的 WISP1 可能在骨骼肌再生过程中发挥重要作用。进一步通过 *WISP1* 敲除小鼠发现，*WISP1* 缺失导致肌卫星细胞的功能受损；将年轻小鼠骨骼肌中的 FAP 移植到 *WISP1* 敲除小鼠的肌肉中可有效挽回肌卫星细胞的再生能力及功能异常，而移植老龄小鼠和 *WISP1* 缺失小鼠的 FAP 没有表现出任何益处。此外，利用 WISP1 重组蛋白进行系统性治疗同样可以模拟年轻小鼠骨骼肌中 FAP 移植的效果（Lukjanenko et al.，2019）。以上结果证明，骨骼肌 FAP 来源的 WISP1 因子对肌卫星细胞的激活、肌肉再生能力的维持必不可少。值得注意的是，在牛肌卫星细胞体外培养模型中，外源添加 WISP1 蛋白可激活内源性 WISP1 的表达，并通过 ANXA1/TGF-β 信号通路促进肌卫星细胞的体外分化（张春雨，2020）。

4. 卵泡抑素

MSTN 和激活素 A（activin A）是来自 TGF-β 超家族的两种典型肌肉生长抑制因子，而卵泡抑素（follistatin）是 MSTN 和 activin A 的拮抗剂，因此被认为是一种有效的促肌生成因子（Lee，2007；Nakatani et al.，2008；Winbanks et al.，2012；Kota et al.，2009）。多个研究团队证实，卵泡抑素主要由 FAP 分泌，在 FAP 中的表达水平是在肌卫星细胞中的 10 倍（Mozzetta et al.，2013；Formicola et al.，2018）。在骨骼肌再生过程中，卵泡抑素表达基本和肌卫星细胞激活保持一致，表达水平在肌肉损伤后 12h 升高，且在 5 天内维持较高的表达水平（Iezzi et al.，2004）。更直接的证据指出，组蛋白去乙酰化酶抑制剂（histone deacetylase inhibitor，HDACi）治疗能够提高营养不良小鼠肌肉祖细胞中卵泡抑素的表达水平，并促进多核肌管的形成；而当敲低 FAP 中卵泡抑素的表达后，用 HDACi 治疗促进肌管生成的作用大大削减，提示由 FAP 分泌的卵泡抑素在肌卫星细胞激活、肌肉再生过程中发挥关键作用（Mozzetta et al.，2013）。而卵泡抑素在畜禽生产相关的研究中尚未见报道，或许将为提高动物产肉率及养殖效益提供新的遗传或营养调控策略。

5. 成骨蛋白 1 和基质金属蛋白酶 14

肌肉慢性炎症和纤维化是迪谢内肌营养不良（Duchenne muscular dystrophy，DMD）的病理特征，促炎性巨噬细胞与小鼠和人类 DMD 肌肉的纤维化密切相关，而 FAP 和巨噬细胞间的细胞通信参与调控肌肉的纤维化。研究发现，肌肉中促炎性巨噬细胞能够分泌大量 TGF-β1，进而诱导肌肉纤维化。然而，肌肉中 FAP 可通过分泌成骨蛋白 1（bone morphogenetic protein 1，BMP1）和基质金属蛋白酶 14（matrix metallo-proteinase 14，MMP14）等一系列酶进一步激活 TGF-β1，加剧 DMD 患者的骨骼肌纤维化，损害肌肉功能（Juban et al.，2018）。在畜禽生产相关研究中，MMP14 是否参与调控骨骼肌生长发育还未见报道。

（二）外泌体

外泌体是由活细胞分泌的胞外小囊泡，可携带蛋白质、脂质和 RNA 等物质。FAP 来源的外泌体主要是 microRNA，能介导 FAP 与肌卫星细胞间的互作，参与调控骨骼肌修复与再生。在骨骼肌遭受损伤或病理状态下，驻留在骨骼肌中的 FAP 数量一直维持较高水平，而这些 FAP 能够分化为成纤维细胞和脂肪细胞，最终加剧肌肉纤维化或脂肪浸润，损伤肌肉正常功能。一方面，FAP 来源的 microRNA 影响其自身分化命运，如 miR-206、miR-22-3p 抑制 FAP 分化为脂肪细胞，可减轻骨骼肌中脂肪浸润（Wosczyna et al.，2021；Yu et al.，2020）；而 miR-214-3p 通过 FGF2/FGFR1/TGF-β 信号轴激活 FAP 的成纤维分化（Arrighi et al.，2021）。另一方面，FAP 来源的 microRNA 能够介导骨骼肌损伤修复过程中 FAP 和肌卫星细胞间的互作。研究表明，在来自 DMD 患者的肌卫星细胞模型中，FAP 分泌的胞外囊泡能够促进肌卫星细胞的激活和分化（Sandonà et al.，2020）。进一步通过 RNA-seq、体内和体外试验揭示，胞外囊泡中的 miR-206-3p 能够介导 FAP 对肌卫星细胞分化、转移及非对称分裂的促进作用（Sandonà et al.，2020）。由此可见，FAP 来源的外泌体同样在骨骼肌生长发育及损伤修复过程中发挥重要作用，而 FAP 分泌的外泌体在畜禽生产上能否作为新的分子遗传标记或者营养调控靶点还有待进一步研究。

第四节　畜禽脂肪代谢与调控

一、脂肪的合成代谢

脂肪组织是机体最大的能量储存库，同时也是能量代谢的主要来源，对机体的能量摄取波动具有缓冲作用。当机体能量摄入超过消耗时，多余的能量将以 TAG 的方式形成脂滴（lipid droplet），储存于脂肪细胞。甘油三酯是甘油和游离脂肪酸通过酯化反应形成的，其中游离脂肪酸可以通过碳水化合物从头合成（*de novo* lipogenesis，DNL）途径产生（图 4-3）。此外，脂肪酸也可以通过细胞表面受体（如 CD36）由细胞从环境中吸收（Wang and Li，2019）。CD36 是脂肪酸转运系统的一种跨膜糖蛋白，是脂肪代谢的关键脂肪酸传感器和调节剂（Glatz et al.，2010）。CD36 参与脂质感应，并调节肠道激素的分泌，以响应膳食脂肪，促进肠道脂肪酸的吸收（Li et al.，2022；Sundaresan et al.，2013）。细胞膜上的 CD36 通过动态棕榈酰化介导脂肪酸的内吞，从而向细胞内转运脂肪酸（Hao et al.，2020）。脂肪酸一旦进入细胞内，可与甘油或固醇骨架发生酯化反应，并在脂滴中以 TAG 的形式储存（图 4-3）。通常情况下，脂肪组织储存脂肪的能力达到最大限度后，过剩的能量将以 TAG 的形式储存在其他能量敏感组织，如肝和骨骼肌，导致脂肪的异位沉积。

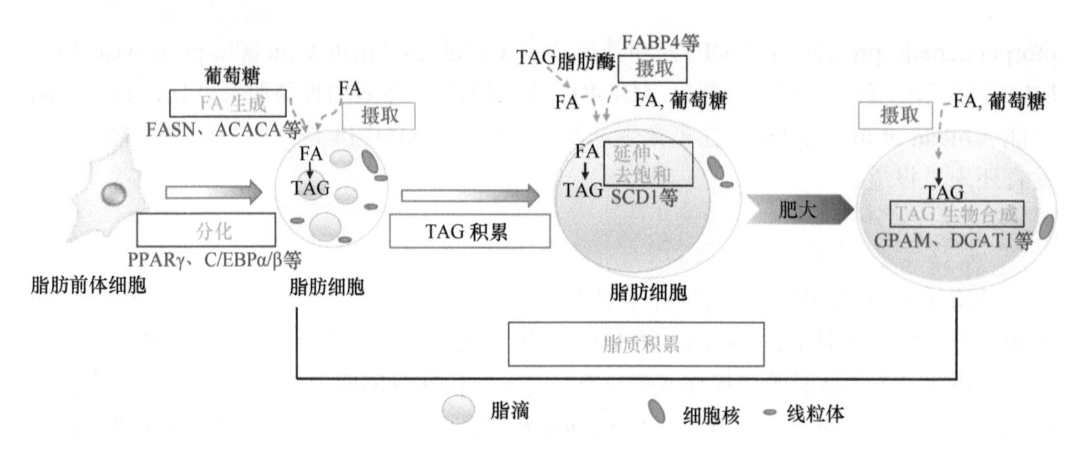

图 4-3 脂肪的合成代谢

FASN. 脂肪酸合成酶；ACACA. 乙酰辅酶A羧化酶α；SCD1. 硬脂酰辅酶A去饱和酶1；GPAM. 线粒体甘油-3-磷酸酰基转移酶；DGAT1. 二酰甘油-*O*-酰基转移酶同源物1

（一）脂肪酸的从头合成

脂肪酸从头合成是碳水化合物转化成脂肪的关键步骤，该生物合成途径高度保守（Rui，2014）。在高等脊椎动物中，肝和脂肪组织是脂肪酸从头合成的两个主要部位（图 4-4）。在禽类中，肝通常被认为是脂肪酸从头合成的主要场所，其中大约90%的脂质合成发生在肝中。而猪的脂肪酸从头合成主要发生在脂肪组织中（Emami et al.，2020）。

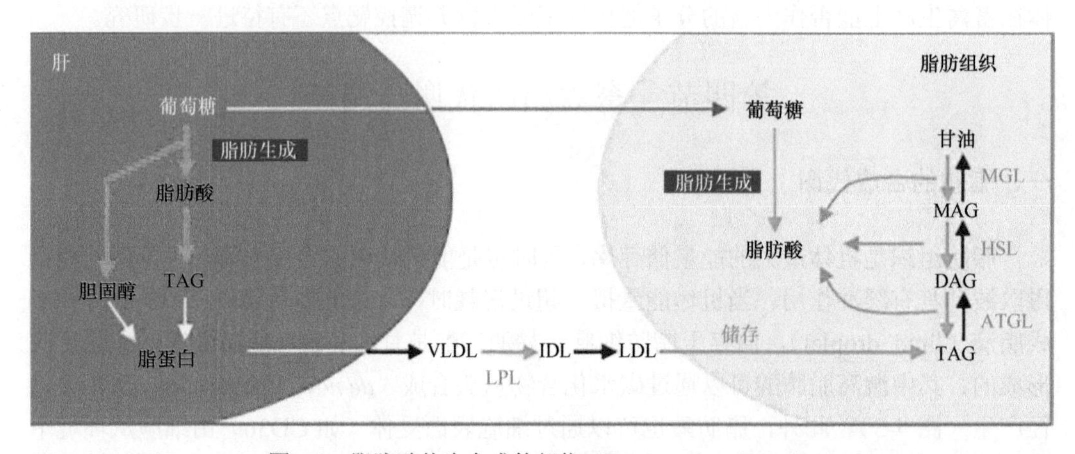

图 4-4 脂肪酸从头合成的部位（Wang et al.，2017c）

VLDL. 极低密度脂蛋白；IDL. 中密度脂蛋白；LDL. 低密度脂蛋白；LPL. 脂蛋白脂酶；MAG. 单脂酰甘油；MGL. 单甘油酯脂肪酶；DAG. 二酰甘油；TAG. 三酰甘油；ATGL. 脂肪甘油三脂脂肪酶

首先，碳水化合物通过糖酵解（glycolysis）和三羧酸（tricarboxylic acid，TCA）循环在线粒体内生成柠檬酸（citrate）后，被运输到细胞质，在ATP柠檬酸裂解酶（acetyl-CoA by ATP-citrate lyase，ACLY）的作用下裂解成乙酰辅酶A和草酰乙酸酯。其中，乙酰辅酶A通过限速酶乙酰辅酶A羧化酶（acetyl-CoA carboxylase，ACACA）转化为丙二酰辅酶A。然后通过脂肪酸合成酶（fatty acid synthase，FAS）的作用，乙酰辅酶A和丙二酰辅酶A被用来生成DNL最初的脂肪酸产物——棕榈酸（palmitate，C16:0）（Smith，

1994)。最后棕榈酸通过碳链的延伸和去饱和反应，产生更为复杂的脂肪酸(Guillou et al.，2010)，如硬脂酸由超长链脂肪酸延伸酶（elongase of very long chain fatty acid 6，ELOVL6）在棕榈酸末端羧基上加两个碳而生成；另一类硬脂酰辅酶 A 去饱和酶（stearoyl-CoA desaturase，SCD）可催化脂肪酸的去饱和反应（Paton and Ntambi，2009），生成不饱和脂肪酸（图 4-5）。

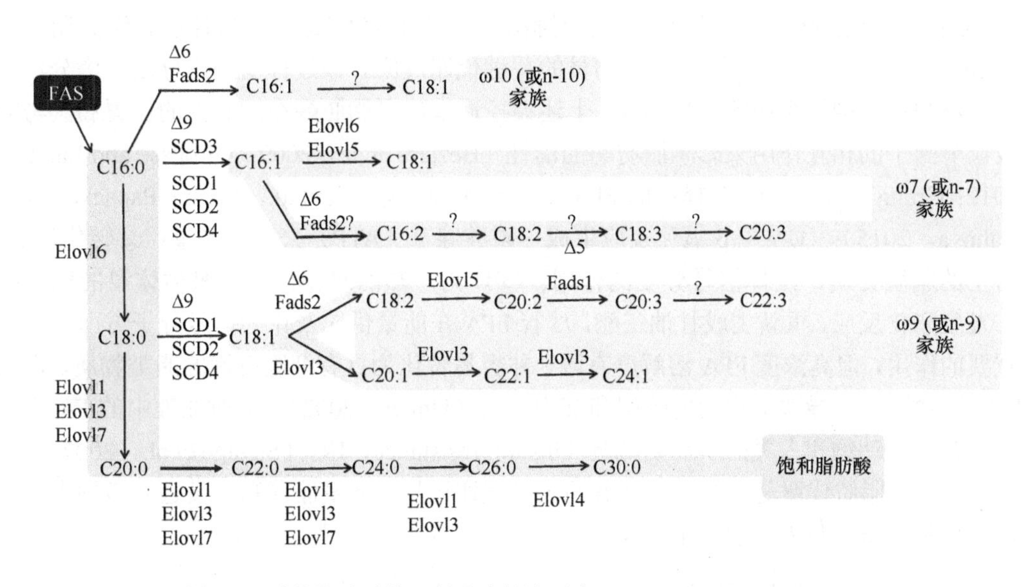

图 4-5　动物脂肪酸的延长及去饱和反应（Guillou et al.，2010）

肝和脂肪组织的脂肪酸从头合成途径使葡萄糖与脂肪代谢紧密结合，从而让细胞适应机体能量供应及需求的变化，调控机体能量代谢的平衡。在其他细胞类型中，同样存在脂肪酸从头合成途径，生成的脂肪酸主要用于构建细胞膜的组分。此外，合成的脂肪酸还通过转化为 FA 衍生的脂质介质参与调节生物活动，如信号转导及细胞周期调节、凋亡和分化等生物学过程。

（二）甘油三酯的生物合成

甘油三酯是细胞内和血浆中脂肪酸储存与运输的主要形式。在大多数哺乳动物细胞类型中，甘油三磷酸（glycerol-3-P hosphate，G3P）与脂肪酸发生反应是合成 TAG 的主要途径，占甘油三酯总合成的 90%以上（Coleman et al.，2000），主要有 4 个关键步骤：①长链酯酰辅酶 A 合成酶（long-chain acyl-CoA synthetase，ACSL）催化脂肪酸活化为酰基辅酶 A；②磷酸甘油酰基转移酶（glycerol-3-phosphate acyltransferase，GPAT）家族基因催化 G3P 和酰基辅酶 A 合成 1-酰基甘油-3-磷酸（lysophosphatidic acid，LPA），LPA 被溶血磷脂酸酰基转移酶（lysophosphatidic acid acyltransferase，AGPAT）家族基因催化转化为磷脂酸（phosphatidic acid，PA）；③磷脂酸磷酸水解酶（lipid phosphate phosphohydrolase，LPIN）家族基因将 PA 脱磷酸化，并合成二酰甘油（diacylglycerol，DAG）（Shindou et al.，2009）；④二酰甘油酰基转移酶（diglyceride acyltransferase 1，

DGAT1）和 DGAT2 催化 DAG 生成 TAG（Coleman and Lee，2004）。值得注意的是，DGAT1 在鸡基因组中未被发现，但有研究表明，鸡固醇酰基转移酶 1（SOGAT1）具有 DGAT1 酶活性，可归为 DGAT 家族（Hicks et al.，2017；Wang et al.，2017c；Yang et al.，2019）。

二、脂肪的分解代谢

细胞中储存的甘油三酯通过一系列脂肪水解酶连续酶解分解为甘油和游离脂肪酸（free fatty acid，FFA），这是能量动员的关键代谢反应。该过程受到内分泌、旁分泌、自分泌和自主神经系统的密切调控，上述调控通过决定脂肪酶在细胞内的位置和其与对应调节因子的相互作用来影响脂肪酶的活性（Bezaire et al.，2009；Girousse and Langin，2012；Grahn et al.，2014）。释放的 FFA 主要有 4 种命运（Li et al.，2017a；Papackova and Cahova，2015）：①发生 β 氧化反应生成三磷酸腺苷（ATP）来获得能量；②转化为 FA 衍生的脂质介质，发挥信号分子的作用；③作为产热的底物，维持机体体温的恒定；④发生酯化反应，重新生成甘油三酯。尽管 FFA 在能量供应及作为信号分子方面发挥着重要的作用，但高浓度 FFA 溶解度有限，并容易转化为具有细胞毒性的脂类物质，造成“脂肪毒性”，可导致细胞功能障碍和细胞死亡（Unger，2002）。同时血液中的 FA 水平升高会导致动物和人类的胰岛素抵抗（insulin resistance，IR）（Savage et al.，2007）。因此，细胞内脂肪代谢是所有真核细胞的关键代谢过程，能量储存和动员之间微妙平衡的严密控制对畜禽与人类健康至关重要。

（一）甘油三酯分解的生物学过程

中性甘油三酯水解成 FA 和甘油经过三个连续的步骤，涉及至少三种不同的酶：ATGL 催化脂解的第一步，即甘油三酯转化为二酰甘油（DAG）；HSL 主要负责水解 DAG 生成单酰甘油（MAG）；单酰甘油脂肪酶（monoacylglycerol lipase，MGL）水解 MG 生成甘油和脂肪酸。在脂肪组织中，ATGL 和 HSL 负责 90%以上的甘油三酯水解（Schweiger et al.，2006）。

其中，ATGL 是脂肪分解酶的最新成员，于 2004 年被首次描述为 patatin-like 磷脂酶结构域蛋白 2（PNPLA2）。ATGL 蛋白定位于细胞质、脂滴和细胞膜上，其 C 端的 Val315 到 Ile364 疏水区域可与脂滴结合。研究表明，脂肪细胞过表达 ATGL 可提高基础或儿茶酚胺等激素刺激的脂肪水解反应。PPAR 激动剂、糖皮质激素和空腹均可使 ATGL 表达升高，而胰岛素和食物摄入降低其表达。但 ATGL 表达水平并不总是与细胞脂肪酶活性相关，如异丙肾上腺素和肿瘤坏死因子 α（TNF-α）抑制脂肪细胞中 ATGL 转录水平，但反过来激活脂肪酶活性并刺激 FA 和甘油释放（Kralisch et al.，2005）。以上研究提示 ATGL 酶活性可能与其翻译后蛋白修饰调控有关。

HSL 是水解 DAG 的主力酶，在脂肪、骨骼肌及肝组织中具有较高的表达。由于 ATGL 和 HSL 协同水解 TAG，因此在调控方面有相似之处。在脂肪组织中，HSL 蛋白存在多个磷酸化位点，其磷酸化水平影响自身的定位及酶活性（Lass et al.，2011）。研究显示，磷酸化的 HSL 转位到脂滴（LD）的同时，CGI-58 激活 ATGL，二者协同作用导致脂肪细胞中 TAG 水解水平增加 100 倍以上（Ho et al.，2011）。HSL 除了能水解底物 DAG，还可作用于其他脂类的酯键，如胆甾醇酯和视黄醇酯、短链碳酸酯等。MGL 是脂肪分解最后一步的关键酶，定位于细胞膜、细胞质和 LD，在脂肪组织中具有较高的表达（Sakurada and Noma，1981）。近几年在突变小鼠模型中研究证实了 MGL 对 MG 高效水解的重要性（Chanda et al.，2010）。缺乏 MGL 会阻碍脂肪分解，导致 MG 在脂肪组织和非脂肪组织的过度积累。

（二）脂肪酸的β氧化反应

TAG 分解代谢产生的 FFA，主要通过β氧化生成 ATP，为机体供能。由于脂肪酸氧化分解大多起始于羧基端第 2 位（β位）碳原子，因此称为β氧化。脂肪酸的β氧化是动物体内能量缺乏时以脂肪酸为底物的主要供能方式，也是脂肪酸最终彻底分解为乙酰 CoA 的主要途径和脂源 ATP 产生的最主要来源。研究报道线粒体和过氧化物酶体是 FFA 进行β氧化的场所（Kastaniotis et al.，2017）。一般而言，长链脂肪酸（包括多不饱和脂肪酸）在过氧化物酶体作用下分解成短链脂肪酸，再进入线粒体作为β氧化的底物。在动物细胞内，过氧化物酶体数量较少，因此正常生理状态下，线粒体的脂肪酸β氧化起主导作用，能氧化超过 90%的脂肪酸。

细胞质中的长链脂肪酸在脂酰辅酶 A 合成酶的作用下生成脂酰辅酶 A，然后通过“脂酰-肉碱穿梭系统”穿过线粒体双层膜（图 4-6）进入线粒体基质。在转运过程中，长链脂酰辅酶 A 在线粒体外膜存在的肉碱棕榈酰转移酶 1（CPT1）的催化下生成脂酰肉碱，然后通过脂酰肉碱转位酶的催化被运送，经线粒体内膜进入线粒体基质，再经过 CPT2 的作用释放出游离肉碱，脂肪酸与线粒体基质中的辅酶 A 结合再次形成脂酰辅酶 A，开始进入β氧化的 4 步反应：氧化、水合、氧化和断裂（图 4-7）（宁丽军等，2019）。而释放的肉碱又被转运出线粒体，循环利用。目前已知，CPT1 是脂肪酸向线

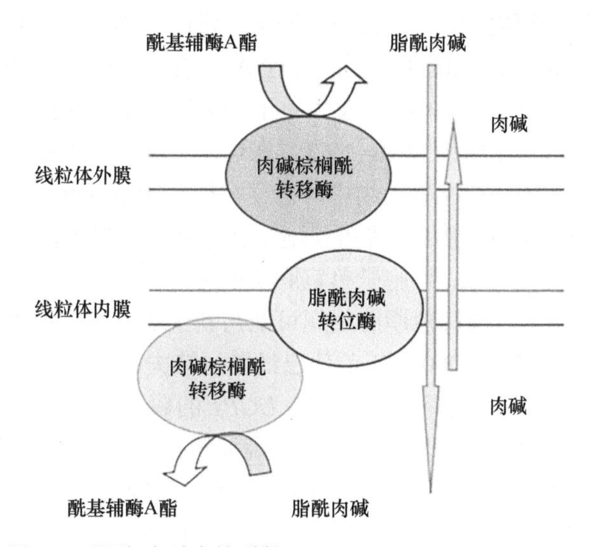

图 4-6　脂酰-肉碱穿梭系统（Adeva-Andany et al.，2019）

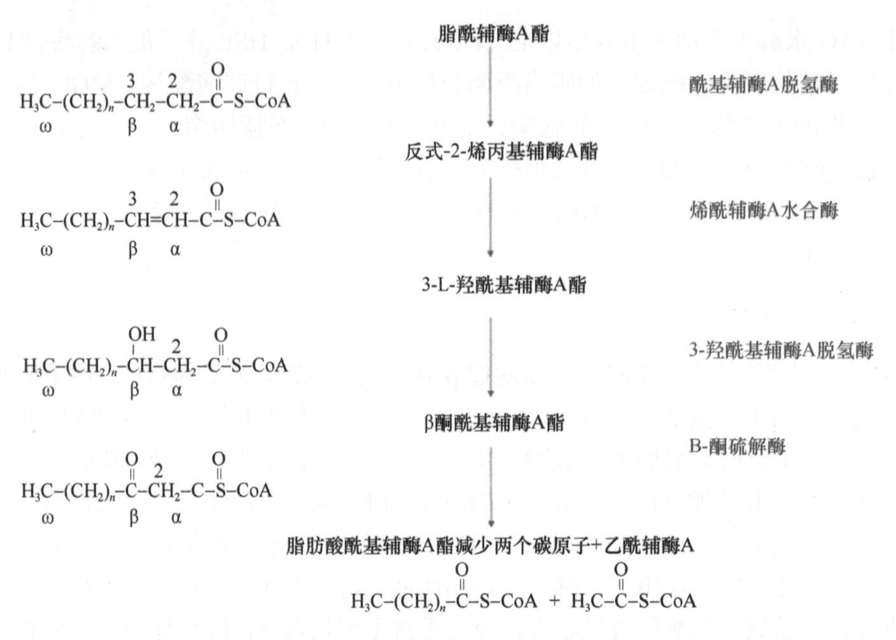

图 4-7　脂酰 CoA β 氧化反应（Adeva-Andany et al.，2019）

粒体内转移和脂肪酸 β 氧化的主要限速酶，因此已经成为哺乳动物脂肪代谢分子调控的重要靶点。与线粒体不同，过氧化物酶体为单层膜，没有肉碱棕榈酰转移酶，其 β 氧化的第 1 步脱氢反应中的酶为酰基辅酶 A 氧化酶和烯酰脱氢酶/3-羟酰辅酶 CoA，其他步骤基本与线粒体酶系相同。

（三）脂肪酸氧化产热

如前所述，脂肪分解代谢产生的脂肪酸进入线粒体进行 β 氧化，生成乙酰 CoA 等物质，通过 TCA 和氧化磷酸化产生 ATP，为细胞供能。当机体受到冷刺激或肾上腺素刺激，TCA 和氧化磷酸化产生的质子不能通过 ATP 合成酶产生 ATP，而是经过解偶联蛋白 1（uncoupling protein 1，UCP1）发生质子渗漏诱导生热（图 4-8）。脂肪酸氧化产热主要发生在棕色或米色脂肪细胞中，UCP1 在这两种细胞类型中特异表达，因此可以作为两种细胞的标志基因。在家养动物中，也存在棕色脂肪细胞产热反应，新生羔羊的肾周脂肪组织中细胞呈现多室脂肪细胞的形态，并且能被 UCP1 蛋白标记，出生 7 天后，肾周脂肪组织呈现白色化现象，细胞呈单室脂肪细胞，UCP1 蛋白表达显著下调（Zhang et al.，2021a），推测山羊肾周棕色脂肪组织可能与新生羔羊的体温调节有关。然而与其他动物相比，猪 *UCP1* 基因在 2000 万年前就已经发生缺失，缺失了第 3～5 个外显子（Berg et al.，2006），其可以转录不翻译，因而作为 *UCP1* 的假基因存在（Hou et al.，2017）。有趣的是，研究者将小鼠的 *UCP1* 基因通过基因编辑技术插入猪的内源性 *UCP1* 位点，可以增强猪对冷刺激的适应能力，减少皮下脂肪的沉积（Zheng et al.，2017）。在猪脂肪细胞中共表达 *PGC-1α* 基因和小鼠 *UCP1* 基因，同样可以提高细胞的解偶联呼吸能力，提高棕色脂肪细胞产热基因的表达（Hou et al.，2018）。

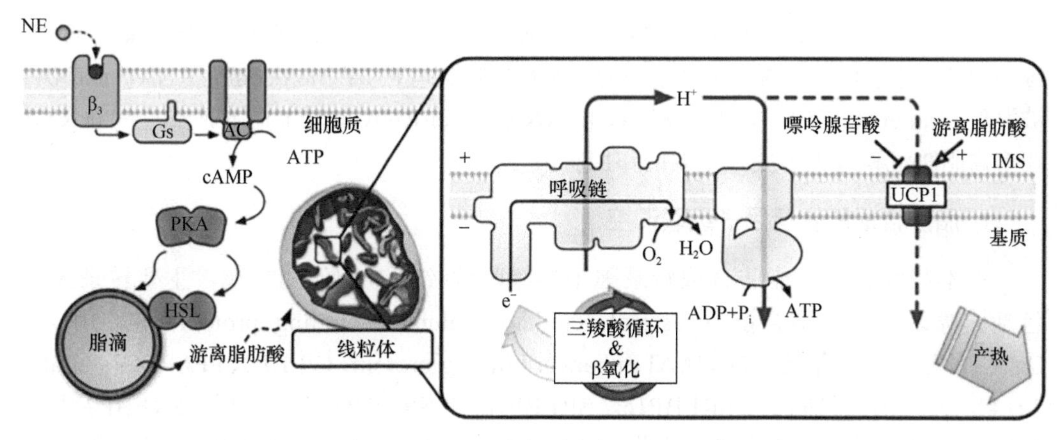

图 4-8　脂肪酸氧化代谢产热（Crichton et al.，2017）

$β_3$. 肾上腺素受体；Gs. G 蛋白偶联受体信号；AC. 腺苷酸环化酶；NE. 去甲肾上腺素；IMS. 膜间隙

UCP1 依赖的产热被认为是脂肪酸产热的经典方式，近来研究者发现了 *N*-脂酰(基)氨基酸(*N*-acyl amino acid，NAA)诱导的产热。普通脂肪酸在 PM20D1 酶(peptidase M20 domain containing 1）催化下产生多一个氨基酸的 NAA，其无论在 UCP1⁺还是 UCP1⁻细胞中，都可以直接靶定线粒体作为解偶联剂诱导细胞呼吸（图 4-9），预测可能是通过 ANT1 和 ANT2 来介导细胞呼吸（Lin et al.，2018；Long et al.，2018），但 NAA 相比于普通脂肪酸在脂肪细胞中的作用与机制是否具有特殊性，尚需深入研究。

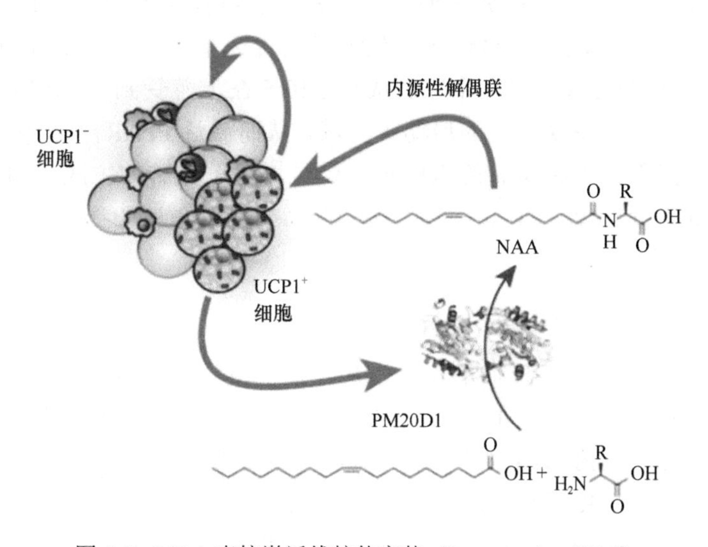

图 4-9　NAA 直接激活线粒体产热（Long et al.，2016）

三、脂肪代谢的遗传调控

（一）脂肪合成的遗传调控

脂肪合成过程与脂肪细胞的分化及脂质的积累相偶联，受到关键转录因子的级联调控（Wang et al.，2017c；Liu et al.，2010），同时受到多种信号通路 Wnt、PI3K-Akt、mTOR 等的调节。近年来随着高通量技术的应用，大量非编码 RNA（non-coding RNA，ncRNA）被发现（Bai et al.，2017），如 miRNA、lncRNA（含 cirRNA），功能研究证实这些 ncRNA 在畜禽脂肪沉积过程中发挥重要的作用。

1. 脂肪合成的转录因子级联调控

在不同物种中，脂肪合成转录因子的级联调控具有相似的规律，主要转录因子包括固醇调节元件结合蛋白（sterol regulatory element-binding protein，SREBP）、CCAAT 增强子结合蛋白（CCAAT enhancer binding protein，C/EBP）、PPARγ（Fu et al.，2014）。SREBP 蛋白包含 SREBP1c、SREBP1α 和 SREBP2 三种亚型，SREBP2 主要功能在于促进胆固醇的合成与吸收；SREBP1 偏重促进脂肪酸的合成，在畜禽的脂肪和肝组织具有较高的表达。SREBP1 在脂肪组织通过促进 PPARγ 的表达、内源性 PPARγ 配体的产生以及脂质合成关键基因（*ACLY*、*ACACA*、*FASN*、*ELOVL6* 和 *SCD*）的表达，从而促进脂肪的合成（Wang et al.，2017c；Payne et al.，2009）。C/EBPβ 作为脂肪形成的早期转录调控因子，可激活脂肪合成调控关键信号，如 PPARγ 和 C/EBPα。PPARγ-C/EBP 形成的中心调控轴启动脂肪合成及脂肪代谢相关蛋白表达，最终参与脂肪酸从头合成、脂肪酸转运、脂肪酸去饱和反应及甘油三酯生成等脂肪合成、代谢的生物学过程。

Krüppel 样家族（Krüppel-like family，Klf）转录因子在脂肪生成过程中也发挥重要作用。由于该家族各成员在分化细胞中的表达趋势存在差异，因此调控脂肪生成的作用可能不同，其中 Klf5 通过诱导活化葡萄糖转运子 4（glucose transporter type 4，GLUT4）促进脂肪的合成；另一个家族成员 Klf15 在上游受到 C/EBPβ 和 C/EBPδ 的转录调控，在下游结合 PPARγ2 的启动子区域，从而激活 PPARγ2 基因的表达（Oishi et al.，2005）。然而并不是所有的 Klf 家族成员均促进脂肪的生成，如 Klf2 和 Klf7 等则抑制脂肪的生成（Wu et al.，2005）。此外，GATA2/3、β-catenin 等蛋白质也参与脂肪生成的转录调控。

2. 脂肪合成的信号通路调控

多种信号通路协同调节脂肪的生成过程，从而维持脂肪沉积的动态平衡。PI3K-Akt 信号通路是促进脂肪合成的主要通路之一，可被胰岛素、地塞米松（DEX）等激活（图 4-10）。活化的 PI3K-Akt 信号通过磷酸化下游靶基因作用于 PPARγ-C/EBP 中心调控轴，从而提高 PPARγ 和 C/EBPα 的转录水平，促进脂肪酸结合蛋白 4（FABP4）、脂肪酸转运蛋白 1（fatty acid transport protein，FATP1）等脂肪合成相关基因的表达。另外，激活 PI3K-Akt 信号通路促进关键基因葡萄糖转运蛋白 4（*Glut4*）的表达，从而促进脂肪细胞对葡萄糖的吸收，而葡萄糖通过糖酵解等代谢过程为脂肪酸的从头合成提供底物，促进脂肪的合成。

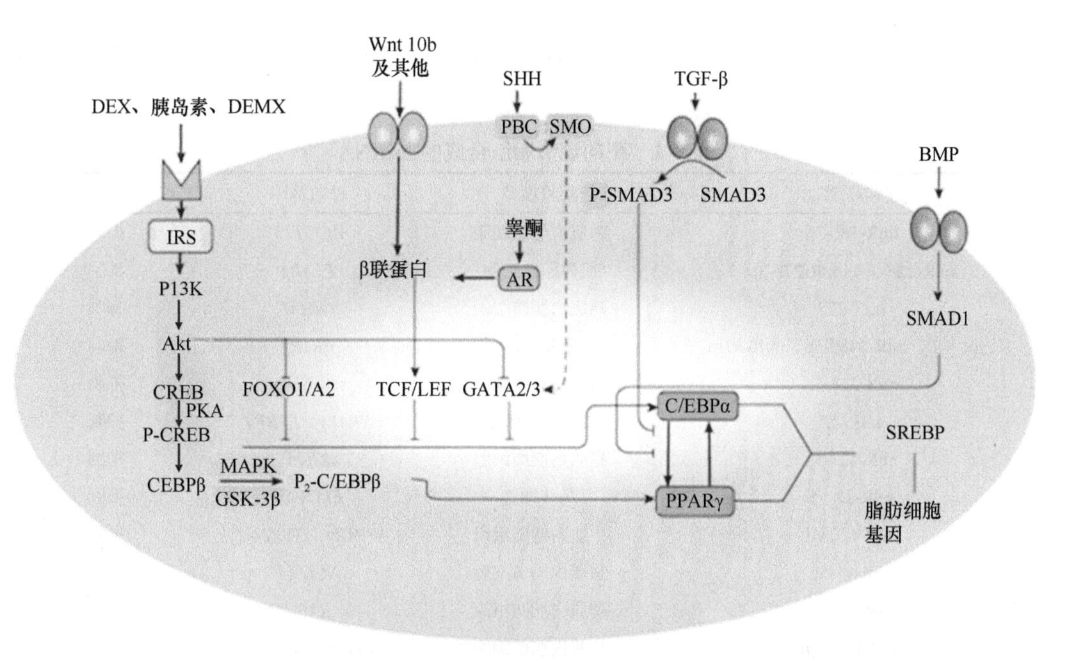

图 4-10　调控脂肪生成的信号通路（Zhang et al.，2020a）

Wnt、SHH（Hedgehog）、TGF-β/BMP-SMAD 信号通路均可抑制脂肪的生成，通过作用于脂肪干细胞分化的不同阶段来影响脂肪的合成（图 4-10）。Wnt 和 SHH 信号在脂肪分化的早期发挥作用，研究表明激活 Wnt 信号通路促进 β 联蛋白（β-catenin）富集在细胞核，从而调控 TCF/LEF 转录因子活性，抑制 C/EBPα 转录，进而抑制脂肪的合成。在猪脂肪生成过程中，骨形成蛋白和激活素的跨膜抑制剂（BAMBI）与组织蛋白酶家族成员 CTSB 等作为 Wnt 信号通路的内源性抑制因子，可削弱 Wnt 信号通路而抑制成脂，协同调控脂肪的生成。

3. 脂肪合成的非编码 RNA 调控

真核生物基因组的很大一部分被转录为 ncRNA，大小从 20 个核苷酸到 100kb 不等。近年来，研究者采用 ncRNA 高通量测序技术，在畜禽中发现了许多的 miRNA 及 lncRNA，并探索鉴定了部分 ncRNA 在调节脂肪生成中的作用。

（1）miRNA 靶向脂肪生成基因调控脂肪生成

在多种 ncRNA 中，miRNA 作为内源性转录后调控因子引起了研究者极大的关注，并逐渐被认为是在转录后水平调控靶 mRNA 的降解或抑制其翻译，调节胆固醇和脂肪酸稳态、脂肪代谢等过程（表 4-1）（Shao et al.，2019；Cui et al.，2018；Wang et al.，2014b；Huang et al.，2015）。在家禽中，Loh 等（2019）发现 gga-miR-22-3p 的表达与脂肪酸延长酶 6（*ELOVL6*）基因的表达呈负相关关系，并验证 *ELOVL6* 为 miR-22-3p 的靶基因，主要在鸡内源性饱和脂肪酸合成阶段发挥作用。在鸡肌内脂肪细胞中，miR-223 通过靶向甘油-3-磷酸酰基转移酶（GPAM）抑制肌内脂肪的沉积（Li et al.，2019a）。miR-103 通过抑制 PPARγ 的表达来抑制猪皮下脂肪的生成；同样在牛的皮下脂肪细胞中，miR-378 可靶向 *SCD1* 基因影响脂肪酸的组成。由此可见，miRNA 通过靶向调控与脂肪细胞分化、脂肪酸从头合成、甘油三酯合成及去饱和反应等相关的基因表达，最终影响脂肪的合成。

表 4-1　靶向调节脂肪合成的 miRNA

非编码 RNA	实验模型	靶向基因	成脂效应
miR-18b-3p	鸡肌内脂肪细胞	*ACOT13*	抑制
miR-128-3p、miR-27b-3p	肌内脂肪细胞	*PPARγ*	抑制
miR-223	鸡肌内脂肪组织	*GPAM*	抑制
miR-540、miR-548d-5p、miR-301a	脂肪细胞	*PPARγ*	抑制
miR-218-5p	猪脂肪前体细胞	*ACSL1*	抑制
miR-27	皮下脂肪细胞	*PPARγ*、*FABP4*	抑制
miR-425-5p	猪肌内脂肪细胞	*Klf13*	抑制
miR-22-3p	鸡肝细胞	*ELOVL6*	抑制
miR-130a/b	牛肌内脂肪组织	*PPARγ*、*CYP2U1*	抑制
miR-17-5p	猪肌内脂肪细胞	*NCOA3*	促进
miR-140-5p	鸡肌内脂肪组织	*RXRa*	促进
miR-125a-5p	猪肌内脂肪细胞	*ELOVL6*、*Klf13*	促进
miR-106b-5p、miR-25-3p	山羊肌内脂肪组织	*Klf4*	促进
miR-15a	鸡肌内脂肪组织	*ACAA1*、*ACOX1*、*SCP2*	促进
miR-378	牛皮下脂肪组织	*CAMKK2*	促进
miR-429	猪皮下脂肪细胞	*Klf9*	促进
miR-324-5p	皮下脂肪组织	*Klf3*	促进

（2）lncRNA 调控脂肪合成

ncRNA 中长度超过 200 个核苷酸的分子称为 lncRNA。与 mRNA 相比，lncRNA 具有较强的组织特异性及较差的物种保守性。虽然在小鼠或人中报道了大量 lncRNA 参与不同过程生物学功能的调控，但对于畜禽来说参考意义有限，因此研究者通过对畜禽的脂肪组织及肝组织进行高通量测序，鉴定了许多与畜禽脂肪代谢相关的 lncRNA，如通过转录物组测序比较不同周龄预产蛋鸡和产蛋高峰鸡肝中 lncRNA 的表达差异，鉴定了一系列与鸡肝脂肪代谢相关的 lncRNA（Muret et al.，2017）。Zhang 等（2021a）对嘉兴黑猪和长白猪皮下脂肪细胞的 lncRNA 和 mRNA 表达谱进行比较，共鉴定到 1179 个差异表达基因（differentially expressed gene，DEG），包括 221 个 lncRNA 和 958 个 mRNA，对 DEG 进行功能分析，其主要富集在免疫应答、PI3K-Akt 信号通路和 MAPK 信号通路等与脂肪形成及脂肪代谢相关的通路上。在牛上，研究者比较了不同生长阶段秦川肉牛皮下脂肪、内脏脂肪的差异 lncRNA，并进行了脂肪沉积的相关性分析（Li et al.，2016）。

鉴于 lncRNA 种类繁多，根据基因组来源不同可分为正义、反义、双向、内含子、基因间的 lncRNA 等，由于 lncRNA 的亚细胞定位存在差异性，其作用机制呈多样性。目前，只针对很少一部分的 lncRNA 开展了脂肪生成方面的功能研究，主要存在两种作用分子机制：① lncRNA 作为分子海绵“Sponge”吸附 miRNA，从而解除其对靶基因

mRNA 的抑制作用。例如，牛脂肪前体细胞分化中的差异 lncRNA——ADNCR 作为 miR-204 的竞争性内源 RNA（competitive endogenous RNA，ceRNA），可增强 miR-204 靶基因 *Sirt1* 的表达，*Sirt1* 与 NCoR 和 SMART 蛋白互作抑制 PPARγ 的转录活性，进而抑制脂肪细胞分化和脂肪合成相关基因的表达（Li et al.，2016）。在猪中，lncIMF2 通过结合 miR-217 促进脂肪细胞的分化及脂肪的合成（Yi et al.，2021）。②作为反义 RNA（antisense RNA，AS RNA）抑制对应 mRNA 的翻译，如 PU.1 AS lncRNA 与 PU.1 mRNA 在细胞内形成二聚体，抑制 PU.1 mRNA 的翻译（Wei et al.，2014）；脂联素 AS RNA 通过核质转移与脂联素 mRNA 结合抑制其翻译，从而促进脂肪的生成（Cai et al.，2018）。此外，也有研究报道定位于细胞核的 lncRNA 主要通过与细胞核内的蛋白质互作来影响染色质构象，从而转录调控靶基因的表达。

（二）脂肪分解代谢的遗传调控

当机体需要利用储存脂肪供能时，多种激素、细胞因子和神经递质以内分泌、自分泌和旁分泌因子的方式，在转录水平上调控脂肪水解关键酶 ATGL 和 HSL 的表达水平，并通过磷酸化等翻译后修饰调控 ATGL 和 HSL 的激酶活性。研究表明在脂肪细胞中，肾上腺素和去甲肾上腺素儿茶酚胺物质发挥主要作用调控激酶活性。除此之外，糖皮质激素、甲状腺激素、类花生酸类物质、心钠肽、生长激素、肿瘤坏死因子及瘦素等也可刺激脂肪分解。然而，胰岛素是抑制 ATGL 和 HSL 活性的典型激素。

1. 脂肪分解代谢酶的转录调控

ATGL 和 HSL 在脂肪分解途径中发挥主导作用，因此调控其表达是脂肪分解代谢转录调控的主要机制（图 4-11）。尽管目前关于 ATGL（*Pnpla2*）和 HSL（*Lipe*）基因启动子的转录调控元件尚不完全清楚，但有研究表明 *ATGL* 和 *HSL* 均可作为 PPAR 核受体转录因子的直接靶基因，其他核受体转录因子（如 RXR、LXRα）仅调控 HSL 表达，对 ATGL 无作用。此外，SP1（G/C-box-binding factor specificity protein-1）、TFE3（E-box-binding transcription factor-E3）和 C/EBPα 等脂肪生成相关转录因子亦可调控这两个基因的转录表达（Grabner et al.，2021）。

儿茶酚胺激素主要通过影响水解酶活性促进脂解，其他促进脂肪分解的激素主要在转录水平调控脂解酶的表达，如生长激素（growth hormone，GH）主要通过与其受体结合来激活 JAK2-STAT5 信号通路，磷酸化的 STAT5 直接诱导脂肪细胞中 ATGL 的转录。此外，GH 可通过 MAPK-ERK1/2 信号通路发挥作用，磷酸化 β_3-肾上腺素受体和 HSL，同时下调 ATGL 的抑制因子 G0S2 和 CIDEC 的表达，协同促进水解反应（Baik et al.，2017；Kaltenecker et al.，2020）。TGF-β 超家族成员（activin B、GDF3、GDF8、BMP7）和 mTOR 信号也参与调控脂肪分解，其中 GDF3 和 activin B 信号通过 SMAD 转录因子抑制 PPARγ 的表达，进而降低脂解基因的表达水平。胰岛素信号可磷酸化 FOXO1 转录因子，诱导其转位至细胞质，从而抑制 FOXO1 对 ATGL 的转录激活效应（Li et al.，2017b）。在畜禽研究中，*ATGL* 和 *HSL* 基因常被作为脂肪代谢研究的标志基因，但关于其自身转录调控机制的报道较少。在猪中，有研究报道 leptin 可上调 ATGL 的 mRNA 水平，伴随 JAK-STAT 和 MAPK 信号通路的变化（Li et al.，2010），但缺乏直接证据，因此 ATGL 和 HSL 关键脂解酶的转录调控机制在畜禽中需要进一步研究。

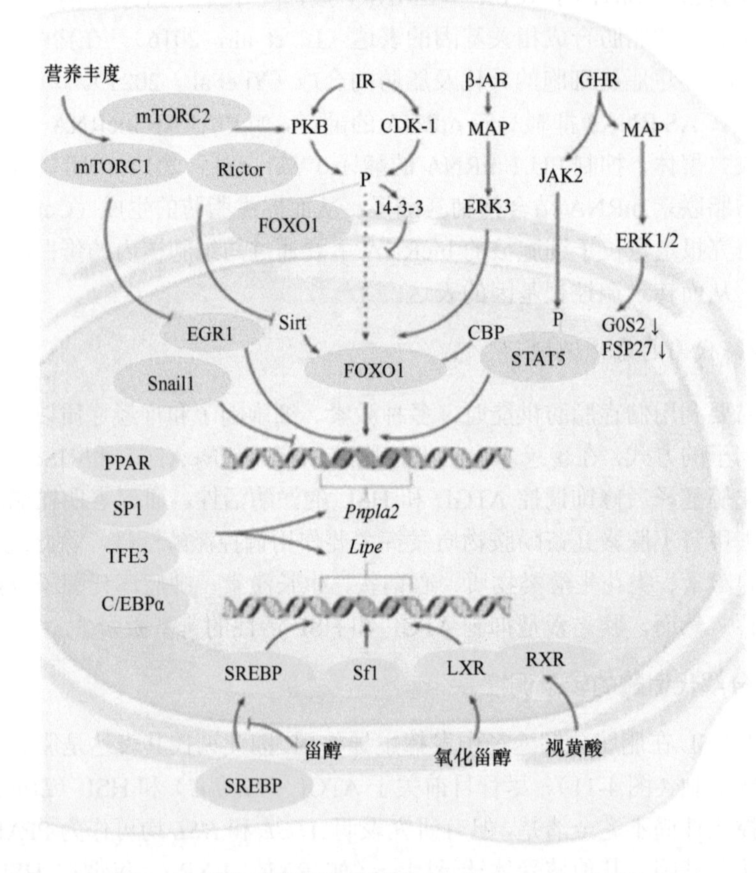

图 4-11　脂肪分解的转录调控（Grabner et al.，2021）

GHR. 生长激素受体；CDK-A. 周期素依赖性激酶 1；PKB. 蛋白激酶 B；EGR1. 早期生长应答因子；Rictor. 雷帕霉素靶点不敏感伴随蛋白

2. 影响脂肪分解代谢酶的翻译后调控

ATGL 等脂肪水解酶及相关蛋白的翻译后修饰在脂解活性调控中发挥重要的作用，通过多种激酶相关信号通路影响脂解效率。研究最经典的信号通路为儿茶酚胺介导的 cAMP-PKA 信号通路，有活性的 PKA 激酶使 HSL 的丝氨酸 S552、S649 和 S650 位点发生磷酸化，诱导 HSL 转位到脂滴表面；同时 PKA 磷酸化 perilipin1（PLIN1）的丝氨酸 S81、S222、S276、S433、S492 和 S517 位点，促使 *CGI-58* 基因进入细胞质与 ATGL 结合，活化 ATGL 后激活脂解作用。此外，PKC-ERK 和心钠素介导的 cGMP-PKG 途径也能磷酸化 HSL，从而促进脂肪分解。胰岛素介导的 PI3K 信号通路作为抑制脂解的主要途径，刺激磷酸肌醇依赖性蛋白激酶（phosphoinositide-dependent kinase-1，PDK1）和 Akt 激酶活性，增强磷酸二酯酶 3B（phosphodiesterase 3B，PDE3B）水解 cAMP 的功能，通过抑制 cAMP-PKA 信号对 HSL 和 perilipin1（PLIN1）的磷酸化作用，最终抑制脂肪的水解（图 4-12）。

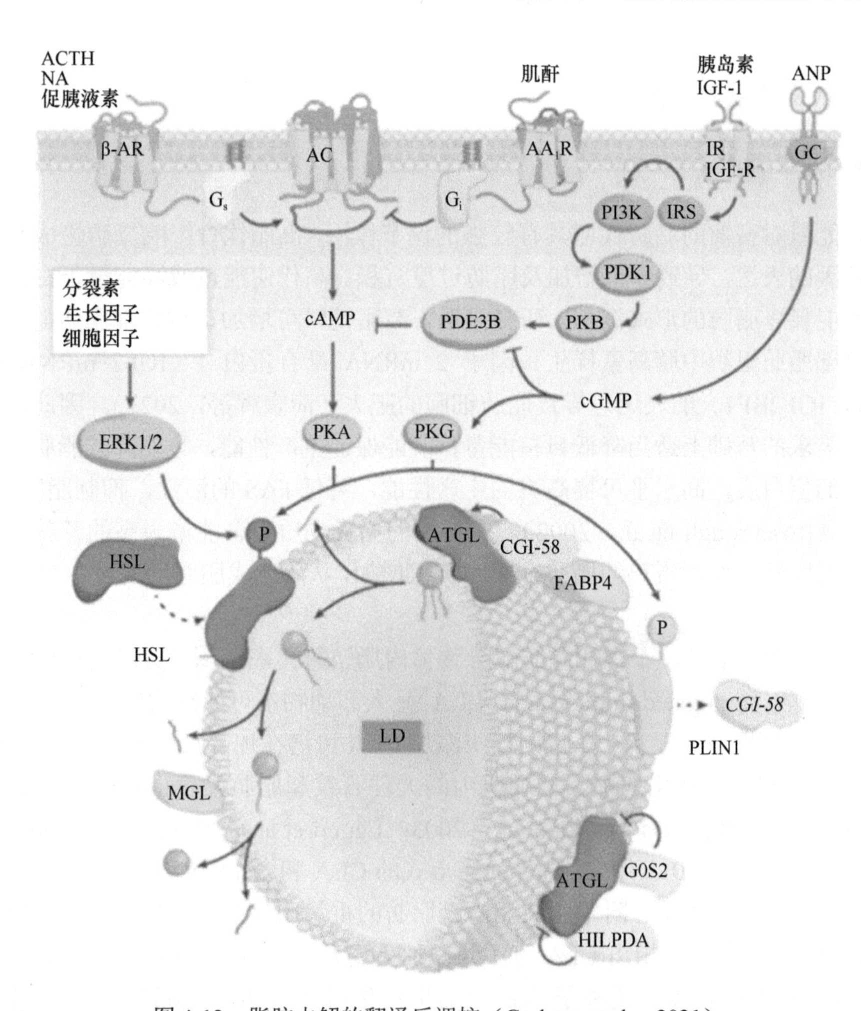

图 4-12　脂肪水解的翻译后调控（Grabner et al.，2021）

ACTH. 促肾上腺皮质激素；NA. 去甲肾上腺素；G_s、G_i. G 蛋白偶联受体下游信号；ANP. 心钠肽；GC. 糖盏蛋白；HILPDA. 缺氧诱导脂滴相关蛋白

3. 非编码 RNA 调控脂肪分解代谢

众所周知，miRNA 主要与靶基因 mRNA 的 3′UTR 结合发挥生物学功能，因此靶向脂肪分解代谢酶的 miRNA 将直接影响脂肪的分解代谢。研究报道 miR-183 和 miR-96 的功能失活，通过靶向脂肪水解关键酶 ATGL 和转录因子 FOXO1 基因促进肌内脂肪的水解（Wang et al.，2021）；miR-124a 也可靶向 ATGL 和 CGI-58 共同抑制脂肪的水解（Das et al.，2015）。在猪中，miR-181 靶向促进脂肪水解因子 TNF-α 表达，间接下调 ATGL 和 HSL 的表达水平，从而促进猪脂肪前体细胞中脂质的积累。目前畜禽中关于脂肪分解代谢的 lncRNA 被大量发现，但对其功能研究较少。在肝癌细胞中有报道 lncRNA（lncRNA SRA 和 lncRNA NEAT1）直接靶向调控 ATGL 基因的表达（Liu et al.，2018；Chen et al.，2016a），鉴于 lncRNA 的物种保守性差，上述 lncRNA 与 ATGL 的调控关系在畜禽中参考性有限。因此，畜禽中直接调控脂肪分解代谢的 lncRNA 需进一步研究。

四、脂肪代谢的营养调控

（一）营养水平调控脂肪代谢

饲料能量对畜禽的脂肪代谢具有较强的调节作用，高脂饮食影响脂肪生成和脂肪代谢相关基因的表达，导致体重增加及脂肪过度沉积。高代谢能量或高能量蛋白质比例饮食会导致能量以脂肪的形式沉积。研究报道，高脂饲料可增加畜禽腹部脂肪的沉积，诱导肝和腹部脂肪组织中胰岛素样生长因子 2 mRNA 结合蛋白 1（IGF2 mRNA binding protein 1，IGF2BP1）的表达，导致脂肪细胞的肥大（简宗辉等，2021）。因此，在满足机体能量需求的基础上适当降低日粮能量，既能保证生产性能，又能降低脂肪沉积。对于饲料中的蛋白质，高水平可提高鸡的生产性能，降低 FAS 的活性，抑制脂肪的生成，反之亦然（Rosebrough et al.，2002）。饲料中的脂类物质是含能量最高的营养，饲粮中添加饱和脂肪酸可使产蛋鸡的脂肪合成和沉积增加，从而造成脂肪肝的发生（简宗辉等，2021）。

相比较饱和脂肪酸，不饱和脂肪酸导致体内脂肪氧化率更高，可降低机体能量的积累。共轭亚油酸（conjugated linoleic acid，CLA）是人和动物不可或缺的脂肪酸之一（Dugan et al.，2004）。早期研究显示，在猪饲粮中添加 CLA 可潜在地降低体脂、增加瘦肉含量、提高生长速度和饲料转化效率、增加肌肉的大理石纹和脂肪硬度；从而提高胴体品质（Demaree et al.，2002；Ostrowska et al.，2003；Eggert et al.，2001；Tischendorf et al.，2002）。Rahman 等（2001）用含 1%甘油酯形式的 CLA 和含 1%游离脂肪酸的 CLA 饲喂大鼠 4 周，发现肾周脂肪、附睾脂肪及内脏脂肪的重量明显减轻，且血清瘦素的浓度下降 42%。此外，也有研究指出 CLA 可作为一种免疫系统调节剂（Schiavon et al.，2017），在妊娠期喂养高亚油酸红花种子的初生奶牛犊牛可通过增加直肠温度来应对冷应激（Lammoglia et al.，1999）。在饲料中添加不饱和脂肪酸（葵花籽油）的肉仔鸡群腹脂重明显低于添加饱和脂肪酸（牛油或猪油）的鸡群（简宗辉等，2021）。因此，饲料营养成分的组成及比例对畜禽的脂肪代谢具有重要的影响。

（二）饲料添加剂调控脂肪代谢

畜禽体脂肪的沉积量与体重指数呈正相关关系，采用既能保证畜禽体重适度增加，又能控制体脂沉积量、改善肉品质的饲料配比方案是营养调控的关键。目前，研究发现植物提取物、益生菌、壳聚糖、甲基供体如蛋氨酸、甜菜碱、左旋肉碱等物质可被用作饲料添加剂用于调控畜禽的脂肪代谢，其通过多种机制影响畜禽脂肪代谢（表 4-2）。

表 4-2 饲料添加剂调控畜禽脂肪沉积及脂肪代谢

类别	添加剂	饲料添加剂量	作用	物种
植物提取物	竹青素	3.0g/kg	显著降低肉鸡的腹脂率，降低皮下脂肪的厚度和减少肝脂肪的合成	鸡
	过瘤胃甜菜碱	1.6g/kg	降低湖羊背膘的厚度，提高成年湖羊 IMF 的含量，并可显著提高背最长肌单不饱和脂肪酸 C16:1N7 的含量	羊

续表

类别	添加剂	饲料添加剂量	作用	物种
植物提取物	甘草提取物	3000mg/kg	通过调节脂肪的分解代谢来达到降低皮下脂肪沉积的目的	羊
	沙棘果渣	16%	提高羊肉嫩度，促进脂肪细胞的生成与改善脂肪酸代谢相关酶类的活性，最终促进肌内脂肪的沉积	羊
	沙葱及其提取物	335mg/kg	均通过降低 FAS 和提高 HSL 及 LPL 活性，显著降低了皮下脂肪、肾和总的脂肪沉积	羊
	甘薯渣	100%	100%替代白酒糟可显著降低西杂阉公育肥牛背最长肌中 IMF 含量	牛
	甜菜碱	20g/d	通过抑制细胞外调控蛋白激酶 1/2（EPK1/2）信号通路来促进 *PPARγ* 基因表达和肌细胞中的脂肪代谢	牛
	大豆黄酮	500mg/kg	显著增加牛肌肉 IMF 含量和提高大理石纹评分，饲喂富含大豆黄酮的大豆秸秆可显著增加湖羊肌肉中 IMF 含量	牛
	牛至精油	130mg/d	降低平凉红牛半腱肌的嫩度，提高了半腱肌的多汁性和适口性，并可提供理想的脂肪酸组成和含量以及丰富的挥发性风味物质	牛
	苹果多酚	800mg/kg	显著降低育肥猪胴体背膘厚度，增加背最长肌中总氨基酸、必需氨基酸和风味氨基酸（包括谷氨酸、半胱氨酸、精氨酸和甘氨酸）含量	猪
	构树全株发酵饲料	10%	提高肌肉中游离氨基酸和肌内脂肪含量，从而改善猪肉风味和营养价值	猪
	槲皮素	25mg/kg	调节 TLR4-NF-κB 途径，抑制 IL-1β、TNF-α 等的表达，降低血清内毒素的水平，缓解脂多糖（LPS）诱导的仔猪肠道损伤	猪
	灰毡毛忍冬藤叶粉	1%	有效降低育肥猪血液中胆固醇和甘油三酯的含量，通过调控脂肪代谢基因 *ATGL*、*CPT1* 和 *FAS* 的表达，改善育肥猪肝的脂肪代谢	猪
氨基酸	赖氨酸	13.40g/d	育肥猪饲粮中降低赖氨酸水平可以显著提高肌内脂肪含量，增加肌肉嫩度	猪
	蛋氨酸	0.25%	早期实施蛋氨酸限制的育肥猪拥有更高的肌内脂肪含量，可以促进骨骼肌中脂质的沉积和慢肌纤维的形成	猪
	异亮氨酸	0.53%	通过抑制 AMPK-乙酰辅酶 A 羧化酶信号通路，促进肌内脂肪的沉积	猪
	缬氨酸	0.65%	显著降低肌内脂肪含量与滴水损失	猪
	精氨酸+谷氨酸	1%	增加育肥猪肌内脂肪和脂肪酸含量，改善嫩度和多汁性	猪
脂肪酸	丁酸钠	0.3%	显著提高肌内脂肪含量、大理石纹评分、24h 肌肉 pH 值，显著降低肌肉剪切力和亮度值，从而提高猪肉品质	猪
	亚麻籽	1.5kg/d	肌内脂肪和皮下脂肪的 α-亚麻酸、反十八碳烯酸、二十碳五烯酸以及 n-3 多不饱和脂肪酸总量都显著增加，而 n-6/n-3 则极显著降低	羊
	共轭亚油酸	1%	可以显著增加育肥后期肌内脂肪的沉积，降低育肥猪第十肋背膘厚	猪
	共轭亚麻酸	22kg 青草干物质	降低肉牛肌内皮下脂肪中脂肪细胞定向和分化因子与胰岛素受体 mRNA 的表达，提高肌内脂肪细胞的定向和分化因子含量，导致肌内脂肪前体细胞分化，抑制皮下脂肪前体细胞增殖分化	牛
其他	全脂膨化大豆	5%	显著提高肌肉中亚油酸、γ-亚麻酸、α-亚麻酸和多不饱和脂肪酸含量，显著提高后腿肌中油酸含量，有提高背最长肌中油酸含量的趋势	羊
	纳米氧化锌	80mg/kg 锌	上调育肥牛背最长肌脂肪酸合成基因（*FAS*、*ACC*、*SREBP1* 和 *PPARγ*）的表达，下调脂肪酸分解基因（*HSL* 和 *CPT1*）的表达，从而增强脂肪合成酶（FAS 和 ACC）的活性，抑制脂肪分解酶（HSL 和 CPT1）的活性，促进 IMF 沉积，改善肌肉品质，提高育肥牛生产性能	牛

五、肠道微生物对脂肪代谢的影响

肠道中存在的微生物群称为器官中的器官或隐藏的器官（Savage，1977），这种“器官”与个体的生理机能完美契合，被认为是动物的第二个基因组。肠道微生物在分解食物中难以消化成分（如植物多糖等）的过程中发挥了重要的作用，通过代谢与宿主相互作用，调节宿主能量稳态。大量的研究表明，肠道菌群组成改变、微生物多样性降低及细胞调控因子变化，均可参与宿主的脂肪代谢。

（一）影响脂肪代谢的肠道微生物

研究发现无菌小鼠与出生有肠道微生物的小鼠（有菌小鼠）饲养8～10周后，有菌小鼠总脂肪含量比无菌小鼠高42%，但食物摄入量比无菌小鼠少29%（Scully et al.，2009；Grabner et al.，2021）。笔者团队通过比较无菌猪和无特定病原（SPF）猪的脂肪代谢发现，无菌猪脂肪沉积显著低于SPF猪，进一步通过单细胞测序分析发现，脂肪代谢相关基因（*FABP4/5*、*PPARγ*等）在无菌猪腹部脂肪细胞中显著下调（未发表数据）。在热应激条件下，通过微生物组学测序发现鸭的空肠和盲肠微生物组成存在显著差异，并伴有体重、脂肪含量等指数的变化（He et al.，2019）。在猪肌内脂肪沉积研究中，16S rRNA基因组测序结果显示空肠和盲肠中的微生物群对IMF的贡献最大，其中盲肠中Prevotellaceae UCG-001和*Alistipes*属以及空肠中*Clostridium sensu stricto* 1与IMF呈高度正相关关系（Tang et al.，2020）。同样，研究人员比较了二花脸猪和巴马香猪的肠道微生物组成，发现了119个与肌内脂肪显著相关的运算分类单元（operational taxonomic unit，OTU），在盲肠样本中获得16个OTU与肌内脂肪呈正相关关系、38个OTU与肌内脂肪呈负相关关系（Fang et al.，2017）。此外，冷刺激条件下，猪肠道中瘤胃球菌科、普雷沃菌科和Muribaculaceae水平升高，并观察到脂肪分解相关基因*CLPS*、*PNLIPRP1*、*CPT1B*和*UCP3*的表达显著增加（Zhang et al.，2022）。2022年最新研究报道了以猪为研究模型，发现宿主基因组影响肠道菌群的因果关系，宿主ABO血型基因通过调节*N*-乙酰半乳糖胺浓度显著影响肠道中丹毒丝菌科细菌的丰度，丹毒丝菌科在人类中与肥胖、胆固醇代谢密切相关（Yang et al.，2022）。笔者团队针对地方猪（肥猪模型）与引进瘦肉猪不同的代谢表型探讨肠道微生物调节宿主脂肪代谢的作用，并筛选和分离出一株促进脂肪沉积的菌株——约氏乳杆菌（*Lactobacillus johnsonii*），通过约氏乳杆菌定植试验证实其主要通过提高脂肪代谢相关基因（*CD36*、*DGAT1/2*、*SREBP2*和*PPARγ*）的表达，并促进饱和脂肪酸-硬脂酸（C18：0）在肌肉组织中的沉积来促进瘦肉型猪的脂肪沉积（Ma et al.，2022）。

除了肠道细菌与脂肪代谢密切相关之外，真菌也能调节宿主的脂肪代谢，研究发现真菌的长期和短期清除、清除后真菌的恢复（同笼共养）和粪便菌群移植证明肠道真菌参与了宿主的脂肪代谢调控，真菌测序和关联分析发现Ascomycota sp.和Microascaceae sp.与脂肪含量呈负相关关系，定植试验发现真菌能改善高脂诱导的肥胖，作用机制主要是通过*Clec7a*来实现的。综上所述，大量证据表明动物肠道微生物与宿主脂肪代谢密切相关（Ma et al.，2023），但包括真菌在内的肠道菌群调控宿主脂肪代谢的机制需进一步研究。

（二）肠道微生物代谢产物影响脂肪代谢

肠道微生物代谢产物如短链脂肪酸（short-chain fatty acid，SCFA）、三甲胺

（trimethylamine，TMA）、胆汁酸均可影响机体脂肪代谢（图 4-13）。SCFA 主要包括乙酸、丙酸和丁酸，通过调节宿主能量和底物代谢来影响脂肪沉积。SCFA 作为代谢底物在肝通过脂肪酸从头合成途径合成更复杂的脂质，从而促进脂肪细胞的脂质沉积及代谢相关基因 *PPARγ* 等的微生物调控。一方面 SCFA 作为信号分子，通过与 G 蛋白偶联受体（G-protein coupled receptor）GPR43/FFAR2 和 GPR41/FFAR3 结合，直接调控脂肪的水解，抵抗肥胖的发生（Kimura et al.，2013）；另一方面 SCFA 作用于 L 细胞的 GPR41/FFAR43 受体，促进胰高血糖素样肽-1（glucagon-like peptide-1，GLP-1）和肠胃激素肽（PYY）的分泌（Chambers et al.，2015），参与机体胰岛素和食欲的调节，最终影响脂肪代谢。

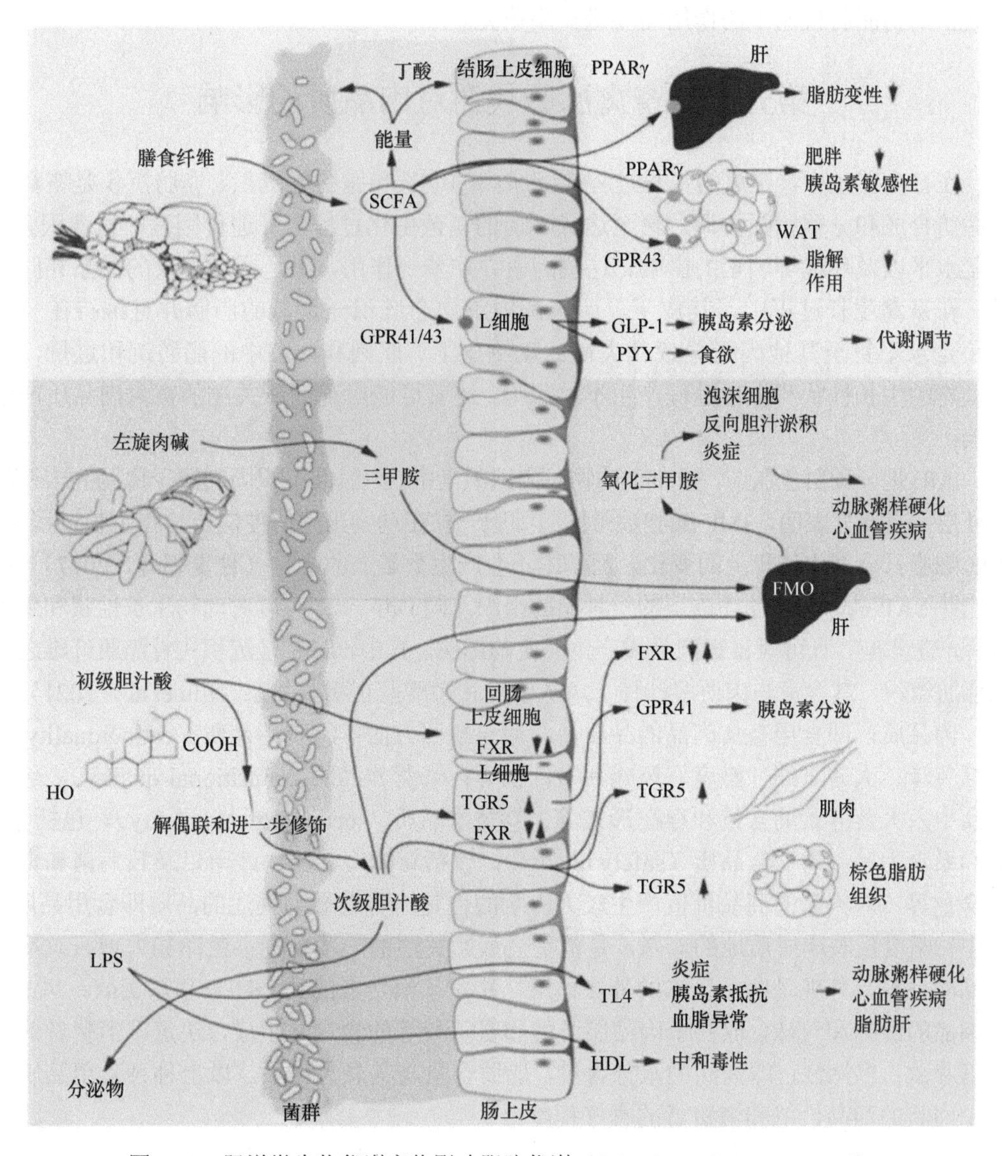

图 4-13　肠道微生物代谢产物影响脂肪代谢（Schoeler and Caesar，2019）

HDL. 高密度脂蛋白

初级胆汁酸在肝细胞中以胆固醇为原料合成，胆汁排入肠腔后，结合型的初级胆汁酸在回肠和结肠上段被细菌水解为游离型初级胆汁酸，后者再发生 7-位脱羟基作用，形成次级胆汁酸——胆酸转化为脱氧胆酸，脱氧胆酸转化为石胆酸，参与脂肪消化。除此之外，胆汁酸可作为信号分子结合核受体法尼酯 X 受体（farnesoid X receptor，FXR）激活 FXR 介导的脂肪代谢，包括甘油三酯转运、合成和利用（Parséus et al.，2017）。同时，多个研究已证实 *FXR* 敲除导致小鼠肠道微生物类群变化，引起体重增加和炎症反应。胆汁酸还可作用于骨骼肌和棕色脂肪组织的 G 蛋白胆汁酸偶联受体（G-protein coupled bile acid receptor，TGR5），促进骨骼肌和脂肪组织对脂肪的代谢与消耗（Watanabe et al.，2006）。近年来，随着代谢组学检测技术的运用，大量的微生物代谢产物被发现，但其在动物脂肪代谢中的作用需要进一步研究。

第五节　畜禽脂肪代谢对肉品质的影响

在畜禽养殖中，畜禽的生长过程伴随肌肉的增长和脂肪的沉积。脂肪沉积是畜禽体内脂肪合成和分解相互协调，直至达成平衡的复杂生化过程，受遗传因素、营养因素、激素水平以及环境等因素的影响，这些因素并非单一作用，而是通过复杂的关系共同作用。在畜禽生长过程中，其皮下、肌肉和内脏均会沉积一定量的脂肪并且维持在一定的稳定水平直至其他因素导致其失衡。动物皮下、肌肉和内脏中的脂肪沉积过量，会对动物的生长性状和生理过程产生不良影响，还有可能对我们所关注的畜禽肉品质产生影响。

IMF 是一种白色脂肪，分布于动物肌肉组织当中，与肌肉组织同起源于原肠胚末期的中胚层。有研究表明，IMF 细胞数量同肌细胞一样在动物出生前便决定，在生长过程中，IMF 细胞只会产生体积上的变化，而基本不会产生数量上的变化（甘麦邻等，2017）。皮下脂肪 SAT 是分布于动物皮下的一种脂肪组织，同 IMF 一样，可对动物生长性状和生理过程产生影响，且可对畜禽肉品质产生一定的影响。其中，IMF 是沉积在骨骼肌纤维之间的脂肪组织，其含量与肉质多汁性、风味强度和嫩度呈正相关关系（Liu et al.，2021）。

肉品质，即食用畜禽肉品的品质，一般包括四方面：①食用品质（eating quality），包括色泽、大理石纹、嫩度、风味和多汁性等；②营养品质（nutritional quality），包括肉品中六大营养素的含量和存在形式等；③技术品质（technological quality），包括 pH 值和系水力等；④安全品质（safety quality），包括新鲜度、药物残留以及致病菌和毒素的含量等。对肉品的商品价值产生较大影响的也是消费者最为关注的品质即食用品质。其中，嫩度反映肉质质地的老嫩，是消费者最常关注的一项指标；色泽和大理石纹反映肉品的外观，外观是肉品风味的外在体现，决定了消费者的第一印象和购买欲；风味，即肉品的滋味和气味，取决于肉品脂肪酸和氨基酸等的含量与组成，决定了消费者的二次消费欲；多汁性，即肉品的水分含量，脂肪含量与其息息相关。以上种种食用品质决定了肉品的商品价值和消费者的喜好程度。

肉产品和肉制品是人类生命活动中重要的营养来源之一，人体 26%的蛋白质需求和 13%的能量需求均由肉品提供。随着时代的发展和知识的普及，人们更关注肉品品质，另外人们逐渐掌握了对肉品品质优良与否的判断，并且更倾向于追求高品质、绿色、健康和美味的肉品。在畜禽生产领域，体内脂肪含量和分布是衡量畜禽生产性能与生理状况的重要指标。畜禽体内脂肪含量过低是营养不良的体现，不仅影响畜禽的体质状况和生产性能，还导致肉品质较差；而畜禽体内脂肪沉积过多，则影响酮体色泽和风味。

总之，畜禽体内脂肪含量和分布在多方面影响了肉品的感官与品质，因此，从各方面管理畜禽体内脂肪含量和分布使之处于一个均衡的状态，或选育出肌内脂肪含量较为合理的品系，是当下肉品质改善的研究方向，也是研究难点。

一、脂肪沉积对猪肉品质的影响

（一）猪肉品质评价指标

猪肉品质的评价指标包括感官品质、加工品质、营养品质及卫生安全等。

1. 感官品质

感官方面主要包括肉色、大理石纹、嫩度、风味、多汁性等。

2. 加工品质

加工方面主要包括系水力和 IMF 含量及组成等。其中，IMF 是猪肌肉组织中沉积的脂肪，其含量直接关系到猪肉的系水力、嫩度和大理石纹等感官品质。

3. 营养品质

营养方面主要包括氨基酸、脂肪酸以及微量元素的含量和组成等。

（二）猪肌内脂肪对肉品质的影响

1. 大理石纹方面

大理石纹和色泽等感官因素是消费者评价猪肉品质时最直观也是最首要的指标。而优质的大理石纹与 IMF 的沉积息息相关，而动物体内脂肪的沉积是外界营养和体内代谢综合作用的结果。IMF 的沉积是一个循序渐进的过程，由肌肉大血管向肌肉内膜再向肌束膜依次渐进。当营养状况良好时，脂肪也会沉积至肌肉内膜和小血管周围，这便是猪肉大理石纹形成的基础。Font-i-Furnols 等（2012）的研究结果表明，猪 IMF 含量会影响大理石纹等感官品质，IMF 含量为 2.2%～3.4%最为恰当。IMF 在幼龄阶段开始沉积，且随着年龄的增长而不断增加，同时影响大理石纹的沉积（Redifer et al.，2020）。Zhan 等（2022）采用多组学技术研究了影响恩施黑猪肉品质的分子机制，筛选出 120 个差异表达基因通过调节脂肪的组成和含量进而影响肌内脂肪的含量，并且通过烟酸盐和烟酰胺代谢过程调节肉色。该研究选定法系大白猪和法系巴斯克猪的腰部与腿部肌肉进行组化分析，以研究 IMF 含量以及肌肉糖酵解代谢与猪肉品质的关系，结果发现巴斯克猪在腰部和腿部的肌肉具有较高的 IMF 含量、更高的 pH 值，同时糖酵解潜力较低，进而影响猪肉肉色。该研究为 IMF 含量影响猪肉 pH 值和肉色提供了可能机制。

2. 风味方面

猪肉的风味主要体现为滋味和气味，这是消费者评价猪肉品质的重要指标。猪肉的滋味和气味主要源于猪肉中氨基酸与脂肪酸等成分的氧化反应及挥发作用。脂肪酸的含量与 IMF 的沉积相关，因此 IMF 含量可能与猪肉的风味存在一定联系。与长白猪、杜洛克猪等瘦肉型猪相比，中国地方猪种金华猪、陆川猪等脂肪型猪的 IMF 含量较高，具有较高的 TAG 和 DAG 含量，风味较佳（Zhang et al.，2021c）。TAG 中的磷脂在猪肉风味中起到重要作用（Yamashita et al.，2019）。肌内脂肪含量被认为是发育后期的脂肪储存，是由猪发育过程中脂肪细胞的增生和肥大决定的，而肌肉组织中这些脂肪成分的脂肪酸组成与肉品质息息相关，其中饱和脂肪酸和单不饱和脂肪酸与肉的风味呈正相关关系，多不饱和脂肪酸与其呈负相关关系（Wang et al.，2017c）。Benet 等（2016）研究表明，IMF 含量较高的猪肉火腿中与风味相关的活性芳香化合物含量较高，影响了猪肉火腿的风味。猪肉 IMF 对肉品质的影响存在多种渠道，其他渠道以及更深入的分子机制还有待研究。

3. 嫩度方面

猪肉的嫩度反映了咀嚼难易程度和肉质剪切力，与肌纤维中的胶原蛋白结构有关。纤维蛋白越收缩，肉质嫩度越低，剪切力越大；反之，纤维蛋白越稀疏，肉质嫩度越高，剪切力越小。IMF 的含量与猪肉嫩度呈正相关，通过影响肌纤维中胶原蛋白的结构进而影响嫩度。

4. 多汁性方面

多汁性反映了咀嚼时猪肉释放出汁液的丰富程度，在很大程度上影响了消费者的适口性。多汁性是猪肉系水力的体现，而系水力与 pH 值相关，有研究显示两者都与 IMF 含量相关。Watanabe 等（2018）在日本商品猪肉中研究了系水力与 IMF 之间的关系，结果显示两者成正相关。Lei 等（2020）调查了消费者适口性，研究了 pH 值与 IMF 的关系，发现两者存在一定关联。由此可知，猪肉的多汁性与 pH 值有可能存在关联性，并且两者都受到猪肉 IMF 含量的影响。

5. 综合方面

除上述研究外，还有诸多学者在 IMF 对猪肉品质的影响相关方面进行了研究。吕亚宁等（2020）从多个猪肉品质评价指标出发，研究了猪肉肌内脂肪的沉积对肉品质的影响，较为全面地阐述了猪肉 IMF 与猪肉品质之间的关系。Zhang 等（2021e）研究发现了一种机制，可在不改变背膘厚度的情况下改善 IMF，该研究为特异性提高 IMF 含量和猪肉品质提供了理论依据。

二、脂肪沉积对鸡肉品质的影响

（一）鸡肉品质评价指标

鸡肉品质的评价指标主要包括两个方面：加工学指标，包括 pH 值、贮存损失、蒸煮损失和嫩度；营养学指标，包括水分、蛋白质、氨基酸和脂肪酸等的含量和组成（黄得纯等，2012；程天德等，2013）。此外，从鸡肉的商品价值上分析，鸡肉品质的评价指标还包括感官指标，主要包括肉色、剪切力、气味、鲜味、多汁性和嫩度等。其中，鸡肉肉色又由亮度值、红度值和黄度值组成，这种光学特征与肌肉中的肌红蛋白含量相关；剪切力则是鸡肉嫩度和多汁性的另一体现（陈伟森等，2019）。

（二）鸡肉脂肪对肉品质的影响

1. 风味方面

鸡肉的风味主要包括气味和鲜味，是消费者较为关心的鸡肉品质评价指标。雷宏声等（2020）分别从宏观和微观上研究了影响鸡肉品质中风味的主要因素，发现 IMF 对鸡肉风味产生积极影响，肌苷酸是重要的风味物质，影响了鸡肉的鲜味，表明 IMF 含量和肌苷酸含量有关。鸡肉 IMF 的含量与风味存在关联，促进骨骼肌 IMF 生成将有效增加 IMF，进而改善鸡肉风味（Jiang et al.，2017）。植物提取物如越橘提取物等可提高鸡胸肌中 IMF 含量，增加鸡肉中的风味化合物，改善鸡肉风味（Ma et al.，2021）。另外，不同品种鸡 IMF 的形成和沉积存在差异，影响鸡肉的特色风味，如武定鸡的肌内脂肪含量在大腿肌中最高，而无量山鸡的肌内脂肪含量在胸肌中最高（Talpur，2018）。

2. 嫩度、滴水损失和剪切力方面

Cheng 等（2023）研究表明，散养模式可促进略阳乌骨鸡大腿肌肉中慢肌纤维和 IMF 的形成，从而提高大腿肌肉的 pH 值、嫩度，降低大腿肌肉的硬度。Talpur 等（2018）比较研究了武定鸡、大围山微型鸡、禽肉鸡在不同月龄时大腿和胸部肌肉的肉质及 IMF 含量差异。结果发现，大围山微型鸡在 4 月龄时大腿肌肉水分损失较高，而在 5 月龄时 IMF 含量较高、烹饪损失降低；武定鸡在 4 月龄时大腿肌肉的水分损失较高，但低于同月龄的大围山微型鸡，5 月龄时大腿肌肉剪切力较高，且所有年龄的粗脂肪含量均较高。该研究为 IMF 含量影响鸡肉剪切力和滴水损失提供了参考。

Liu 等（2019）基于遗传选择研究了鸡 IMF 含量的遗传力和变异性及其对鸡肉品质的影响。结果发现，黄羽鸡品种通过 5 代选择，增加 IMF 含量的选择降低了剪切力，改善了鸡肉品质。Petracci 等（2013）对低胸肌率和高胸肌率的商品杂交鸡的胸肌肌肉性状与肉品质特性进行了比较研究。结果显示，高胸肌率组 IMF 含量显著低于低胸肌率组，高胸肌率组的鸡胸肉在冷藏期间保水性也显著降低，剪切力增大。

3. 综合方面

日粮水平与鸡肉品质密切相关，日粮中添加的油脂会影响鸡肉 pH 值、滴水损失、剪切力、嫩度和 IMF 含量等（丛玉艳和张建勋，2005）。Tian 等（2021）研究了 AA 肉鸡和土产卢氏蓝壳肉鸡（LS）在肌肉发育与肌内脂肪含量方面的差异，结果表明，与 AA 肉鸡相比，LS 肉鸡胸部 IMF 含量显著升高，但肌纤维直径显著降低，因此肉质嫩度更佳。San 等（2021）研究提出，鸡肉肉质如多汁性、风味和嫩度等，主要归因于总肌肉脂肪含量、肌内脂肪含量以及脂肪酸组成，其受脂质摄取、运输以及新陈

代谢调节，涉及许多关键信号通路，其中细胞外基质-受体相互作用通路通过肌肉内脂肪细胞的代谢来影响鸡肉品质，对该信号通路持续研究有助于鸡肉品质的改善。性别对 IMF 沉积有一定影响，与公鸡相比，母鸡 IMF 含量更高，母鸡体内雌激素含量较高，会促使脂肪沉积，进而导致公鸡和母鸡体形、肉质等的差异，并影响风味、多汁性和嫩度（Li et al.，2021a）。Ye 等（2010）在研究中提出了 IMF 含量是影响肉质感官的重要因素，与嫩度、多汁性和口感呈显著正相关关系，研究从基因角度探讨了鸡肌内脂肪沉积的分子机制，为研究肌内脂肪含量影响鸡肉品质提供了可行途径。Zhang 等（2018b）从 miRNA 层面研究肌内脂肪的形成以及沉积过程，探讨其对鸡肉嫩度、多汁性和风味的影响。研究测定了两个生理阶段的 IMF 含量，对 miRNA-seq 和 RNA-seq 数据进行整合分析，构建了鸡 IMF 分化模型，发现了鸡 IMF 形成和沉积的可行途径，并发现了产蛋后期母鸡的 IMF 含量高于幼龄母鸡，研究结果可能有助于更深入地了解鸡 IMF 的沉积和鸡肉品质的改善。

Zhang 等（2019b）研究发现，IMF 和腹部脂肪衍生的脂肪前体细胞分化之间存在差异，并且在脂肪细胞分化中发挥不同作用。腹部脂肪含量影响肉鸡的屠宰效率，而 IMF 含量则影响鸡肉酮体的品质和风味。Jiang 等（2017）比较研究了 IMF 含量和腹部脂肪含量对肉品质的影响，结果发现，IMF 含量提高有助于增加鸡肉风味并改善其肉质，过多的腹部脂肪含量会影响鸡肉品质且导致饲料资源浪费。

三、脂肪沉积对牛肉品质的影响

（一）牛肉品质评价指标

牛肉品质的评价指标一般包括三个方面：①常规指标，包括嫩度、保水性和 pH 值；②营养指标，包括蛋白质含量、脂肪含量和水分含量；③感官指标，包括色泽和风味等。其中，感官指标一般反映牛肉的嫩度和保水性等（Leng et al.，2016）。营养因素主要体现在饲料的管控和投放上，饲料能量水平主要通过牛体内脂肪的沉积来体现。当饲料所提供的能量达到一定水平时，开始影响牛体内脂肪的沉积，导致饱和脂肪酸和功能性脂肪酸的比例改变，这是形成大理石纹的基础，而大理石纹与牛肉品质紧密相关，特别是现代消费者极看重这一部分。

（二）脂肪对牛肉品质的影响

1. 嫩度和风味方面

IMF 通过提高口感、多汁性和嫩度来改善肉的品质，对牛肉的品质有着巨大影响。有学者通过研究比较信阳水牛和南阳肉牛的育肥效果，发现水牛肉 IMF 含量较低，风味和多汁性均不如肉牛肉（孟祥忍等，2020）。王道坤（2015）研究了日粮营养水平对牛肉品质的影响，结果显示，在营养状况良好的情况下，肉牛的 IMF 会得到良好的沉积，牛肉嫩度得到提高，色泽也较好。

2. 滴水损失和剪切力方面

牛肉品质是一种复杂的表型，口感、多汁性和消费者食用满意度等感官特征在很大程度上取决于牛肉的嫩度，剪切力作为一种相关性状，也与牛肉嫩度相关，而嫩度受到肌内脂肪的极大影响。IMF 含量与滴水损失呈负相关关系，但是 IMF 含量应该控制在一定范围内，否则会影响牛肉的健康价值。Nogalski 等（2019）在 EUROP 分类系统中评估了牛肉脂肪覆盖率可否作为牛肉品质的评价指标，结果表明，脂肪覆盖率对牛肉剪切力、系水力和嫩度有积极影响。谭子璇等（2018）研究发现与麦洼牦牛相比，金川牦牛肌肉的肌内脂肪含量更高，而滴水损失、剪切力更低，因而肉质更优越。

3. 大理石纹方面

大理石纹的丰度是衡量牛肉品质的重要指标，与牛肉的嫩度和风味密切相关；IMF 含量提高会增加牛肉的大理石纹，牛肉的嫩度和风味会变得更加可口。日本和牛和安格斯牛品种以其极多的大理石纹而闻名，有学者对日本和牛的 IMF 含量与安格斯牛进行了比较，发现和牛中的 IMF 沉积较多，因而大理石纹更加丰富，口感、色泽和风味更佳（Guo et al.，2020）。Zhao 等（2015）研究了黄豆苷元补充对牛肉酮体特征和脂肪沉积的影响，结果表明，补充黄豆苷元可通过影响脂肪代谢而促进脂肪沉积，进而影响大理石纹的形成，从而影响肉品质。从立新等（2014）发现延边黄牛、草原红牛 IMF 含量在 22～24 月龄与大理石纹呈负相关趋势，延边黄牛与草原红牛肌肉大理石纹也呈负相关趋势，从而说明肌肉大理石纹主要取决于 IMF 含量。

四、脂肪沉积对羊肉品质的影响

（一）羊肉品质评价指标

羊肉品质的评价指标主要包括以下 4 个方面：色泽、pH 值、系水力和脂肪酸。

1. 色泽

色泽是羊肉品质的外在体现，是消费者购买羊肉时的第一感官，也是首要关注的指标。众多消费者会根据羊肉色泽是否鲜红来确定羊肉的品质。决定羊肉色泽的是肌红蛋白和血红蛋白含量，也是色泽测定时的主要指标。有研究发现，肌红蛋白影响肉色的形成是受到多方面影响的，其中包括遗传因素、饲养管理、屠宰方式和储藏环境等（刘策和罗海玲，2015）。

2. pH 值

pH 值为评判羊肉品质的重要指标，羊肉 pH 值的测定通常在羊停止呼吸后进行。羊屠宰后，体内细胞只能进行无氧呼吸，便会产生乳酸堆积，影响体内 pH 值的下降速率。pH 值下降速率慢，熟肉时间延迟；pH 值下降速率快，易产低品质肉。羊肉 pH 值常用测定方法为，切下一小块羊肉肉块，使用 pH 计对其进行测量，用羊肉肌肉将 pH 计包埋，度数稳定后便可测得羊肉 pH 值（郑灿龙等，2012）。

3. 系水力

羊肉中的水分包括自由水、结合水和不易流动水，其中不易流动水受到肌肉内电荷状态的影响，进而影响羊肉的系水力。系水力即羊肉在受外力作用后保持原有水分与添加水分的能力（鲁蒙等，2013）。羊屠宰后，pH 值有所改变，电荷状态随之改变，系水力便也改变。系水力是羊肉品质的重要评价指标，影响多汁性和嫩度。

4. 脂肪酸

羊肉富含大量的营养成分，脂肪酸是其中重要的成分之一，也是影响羊肉品质的重要因素，在加热过程中脂肪酸会产生挥发性的芳香类脂肪氧化产物以及羊膻味，对羊肉风味具有重要影响（孔园园等，2021），不饱和脂肪酸是羊肉风味物质的前体之一。王振东等（2017）提出了脂肪酸与羊肉特征性的风味存在一定关联。

（二）脂肪对羊肉品质的影响

1. 大理石纹和剪切力方面

羊肉中 IMF 含量对羊肉的嫩度、风味以及大理石纹均有重要的影响（高栋等，2020）。有研究发现，羊肉肌内脂肪的分解与脂肪酸的分解存在紧密的联系，IMF 分解后沉积，是形成大理石纹的基础。徐小春（2020）通过对滩羊的研究，得出滩羊肌肉大理石纹的形成主要是由于 IMF 沉积，并与肌肉嫩度、多汁性和风味等肉质相关指标紧密相关。IMF 含量也影响羊肉剪切力大小，IMF 水平的增加导致剪切力的降低，其中 IMF 每增加 1%，剪切力就会减少 3.9%（Starkey et al.，2016）。郑程莉等于 2010 年对甘南藏绵羊与滩羊等品种羊肉的大理石纹进行比较，结果表明甘南藏绵羊大理石纹含量略高于当地蒙古羊，极显著低于小尾寒羊、滩羊、波蒙杂交羊和陶蒙杂交羊；其中通过对比发现，绵羊的大理石纹含量一般比山羊高，反映了绵羊肉含有更高的 IMF 含量，其适口性和多汁性比山羊肉好。

2. 嫩度和风味方面

羊肉 IMF 含量与嫩度、多汁度和口感呈正相关关系（Belhaj et al.，2021）。杨扬等（2017）研究了不同脂肪含量对羊肉发酵香肠品质特性的影响，结果表明，脂肪的添加量对发酵香肠的肉质产生一定的影响，包括香肠的多汁性和风味。马勇等（2016）研究了肌内脂肪和氨基酸的含量与分布对羊肉品质的影响，结果显示，同一品种不同部位或不同品种同一部位的 IMF 和氨基酸含量各不相同，结果羊肉的嫩度和多汁性也存在差异。哈萨克公羊的 IMF 含量极显著高于新疆细毛羊，进而说明两品种的肉品质不同（Qiao et al.，2007）。Hocquette 等（2010）的研究表明了羊肉 IMF 的含量与羊肉的嫩度呈正相关关系，与蒸煮损失率呈负相关关系，与羊肉风味和多汁性呈正相关关系。王济世和杨曙明（2020）的研究提出，绵羊肉的嫩度和多汁性要显著高于山羊肉，绵羊肉和山羊肉的 IMF 含量不同有可能是导致这种情况的原因。Rather 等（2016）研究了脂肪水平降低对羊肉 pH 值、色泽和多汁性的影响，感官评价结果表明，降低脂肪水平导致羊肉风味和嫩度降低。赵艳姣等（2014）通过对寒泊羊和小尾寒羊的肌肉组织学性状及理化性状比较研究发现，寒泊羊的背最长肌、肱二头肌、肱三头肌及臂中肌 4 个部位的 IMF 含量均不同程度高于小尾寒羊，说明寒泊羊肌肉多汁性强，适口性好，食用价值更高。

参 考 文 献

艾锦新. 2020. 黔北麻羊 *BMP2*、*BMP4* 基因甲基化与生长性状的遗传效应研究. 贵州大学硕士学位论文.

安清明. 2016. 绵羊 *ADIPOQ*、*UCP1* 和 *FGF21* 基因遗传变异与生长及胴体肌肉性状关联性研究. 甘肃农业大学博士学位论文.

陈其美. 2009. 猪脂联素和脂联素受体基因的 mRNA 表达对肌内脂肪含量和背膘厚的影响. 山东农业大学硕士学位论文.

陈涛. 2019. miR-331-3p 对猪前体脂肪细胞增殖、分化与脂肪酸积累的调控. 山东农业大学硕士学位论文.

陈伟森, 蒋守群, 苟钟勇. 2019. 油脂对鸡肉品质的影响研究综述. 广东畜牧兽医科技, 44(5): 10-12.

陈育峰, 刘铀, 陈绍红, 等. 2011. 抵抗素对猪前脂肪细胞增殖与分化的影响. 农业生物技术学报, 19(3): 501-506.

程天德, 戴必胜, 梁延省. 2013. 不同养殖模式下清远麻鸡肉质的研究. 湖南农业科学: (7): 123-126.

丛立新, 张国良, 李鹏, 等. 2014. 牛脂联素与肌内脂肪沉积的关系初探. 饲料工业, 35(9): 18-21.

丛玉艳, 张建勋. 2005. 饲粮油脂对鸡肉品质的影响. 畜牧与饲料科学, 26(2): 17-19.

甘麦邻, 堵晶晶, 杨琼, 等. 2017. 动物肌内脂肪对肉质的影响及其分子机制研究进展. 现代畜牧兽医, (10): 51-57.

高栋, 高爱琴, 冀祥, 等. 2020. 性别因素对苏尼特羊背最长肌肌内脂肪沉积的影响及相关性研究. 中国畜牧杂志, 56(5): 70-74.

高若男, 陈亚楠, 黄涛, 等. 2020. *BMP7* 基因多态对大白猪生长性状的影响. 石河子大学学报(自然科学版), 38(3): 299-302.

郭亚琦, 王伟佳, 高智慧, 等. 2021. 鸡脂肪细胞因子 *NRG4* 基因的克隆、表达及启动子分析. 农业生物技术学报, 29(11): 2129-2138.

韩圣忠. 2021. *MSTN* 基因缺失对猪繁殖性能的影响研究. 延边大学硕士学位论文.

韩爽. 2018. 牛 *ANGPTL8* 基因影响脂肪分化机制的初步探究. 信阳师范学院硕士学位论文.

黄得纯, 邝志祥, 李华, 等. 2012. 清远麻鸡屠宰性能和肉质的研究. 中国家禽, 34(17): 27-30.

黄艳娜. 2011. 超表达瘦素和脂联素对肌纤维类型和肌肉中脂肪分解关键功能基因影响的研究. 浙江大学博士学位论文.

简宗辉, 徐焘杰, 孙帅, 等. 2021. 肉鸡脂肪代谢分子机理研究进展. 中国家禽, 43(7): 1-9.

孔园园, 张雪莹, 李发弟, 等. 2021. 羊肉主要风味前体物质与羊肉风味的关系及影响因素的研究进展. 农业生物技术学报, 29(8): 1612-1621.

雷宏声, 张昌莲, 黄永国, 等. 2020. 影响鸡肉品质和风味的主要因素. 畜禽业, 31(5): 6-8.

冷丽, 程博涵, 李辉. 2012. 鸡 BMP7 基因组织表达特性及其在高、低脂系脂肪组织中表达差异研究. 中国家禽, 34(9): 21-24.

李碧. 2018. 抵抗素与脂多糖对猪肺泡巨噬细胞炎性细胞因子的表达调控及分子机制研究. 四川农业大学博士学位论文.

李峥. 2020. 猪卵泡液外泌体对颗粒细胞增殖及孕酮合成的影响. 吉林大学硕士学位论文.

林宝璇. 2021. 冷环境下运动与限食对肥胖大鼠脂代谢及 12,13-DiHOME 的调节作用研究. 广州体育学院硕士学位论文.

刘策, 罗海玲. 2015. 羊肉色泽的影响因素及调控方式研究. 临清: 第十二届(2015)中国羊业发展大会.

鲁蒙, 巴吐尔·阿不力克木, 欧阳宇恒, 等. 2013. 冻藏时间及 pH 值对宰后不同部位羊肉保水性变化的影响. 肉类研究, 27(9): 26-30.
吕亚宁, 贺琛昕, 兰旅涛. 2020. 猪肌内脂肪与肉品质的关系及其影响因素的研究进展. 中国畜牧兽医, 47(2): 554-563.
马勇, 罗海玲, 王怡平, 等. 2016. 肌内脂肪含量和脂肪酸组成对绵羊肉品质的影响. 现代畜牧兽医, (9): 25-28.
孟祥忍, 王恒鹏, 吴鹏, 等. 2020. 低温蒸煮牛肉品质评价模型的构建与分析. 食品科学技术学报, 38(1): 88-96.
宁丽军, 李加敏, 孙胜香, 等. 2019. 鱼类脂肪酸β-氧化研究进展. 水产学报, 43(1): 128-142.
谭子璇, 王琦, 徐旭, 等. 2018. 金川牦牛与麦洼牦牛舍饲育肥条件下肉品质的比较研究. 食品工业科技, 39(17): 46-51.
王道坤. 2015. 牛肉品质的饲料控制策略. 中国畜牧业, (18): 75-76.
王济世, 杨曙明. 2020. 羊肉品质影响因素分析. 农产品质量与安全, (3): 82-87.
王珏, 张琳, 刘壮, 等. 2020. 肌肉生长抑制素(MSTN)对猪脂肪细胞脂解的影响及其机制. 畜牧与兽医, 52(8): 39-44.
王松波, 束刚, 朱晓彤, 等. 2009. 骨形态发生蛋白在脂肪生成中的作用. 中国生物化学与分子生物学报, 25(11): 997-1002.
王永亮. 2017. 成纤维生长因子 21 和 AdipoRon 调控脂肪细胞分化及脂质代谢的机理研究. 华中农业大学博士学位论文.
王振东, 王彦清, 周瑞铮, 等. 2017. 基于主成分分析法的羊肉特征性风味强度评价模型的构建. 食品科学, 38(22): 162-168.
温舒磊. 2018. 猪肌肉外泌体对脂肪生成的影响及其分子机制. 华南农业大学硕士学位论文.
吴芸. 2008. 猪脂联素基因遗传多态性及其与肉质性状的相关性研究. 贵州大学硕士学位论文.
徐小春, 陈文娟, 赵瑞, 等. 2020. 滩羊肌内前体脂肪细胞的分离培养及分化相关基因的表达规律研究. 家畜生态学报, 41(11): 35-41.
徐跃洁, 潘洁敏. 2020. 棕色脂肪的分泌功能. 中国医学科学院学报, 42(5): 681-685.
玄美福. 2018. *MSTN* 基因敲除对新生仔猪肌纤维类型相关因子的调节及肌内脂肪分化的影响. 延边大学硕士学位论文.
闫佳慧, 韩亮, 陈广. 2020. 棕色脂肪细胞因子的研究进展. 中国病理生理杂志, 36(6): 1140-1145, 1152.
严鸿林. 2018. 肠道微生物及其与营养互作对猪骨骼肌表型及代谢的调控. 四川农业大学博士学位论文.
杨扬, 翟钰佳, 陈佳瑞, 等. 2017. 不同脂肪含量对羊肉发酵香肠品质特性的影响. 食品研究与开发, 38(19): 9-13.
殷颖. 2021. 瘦素对牛卵母细胞体外成熟的影响. 延边大学硕士学位论文.
张春雨. 2020. WISP1 对牛肌肉卫星细胞体外分化作用及分子机制研究. 东北农业大学硕士学位论文.
张佳, 周杰, 盛晟, 等. 2011. 重组脂联素(rAdp)对皖南花猪骨骼肌卫星细胞脂联素及受体和肌球蛋白重链基因表达的影响. 农业生物技术学报, 19(2): 335-341.
张军芳, 闫研, 崔岩, 等. 2020. 不同种类脂肪酸对延边黄牛骨骼肌卫星细胞成脂转分化的影响. 中国畜牧兽医, 47(4): 992-999.
赵艳姣, 孙海云, 崔亚利, 等. 2014. 寒泊羊和小尾寒羊的肌肉组织学性状及理化性状比较研究. 中国畜牧兽医, 41(5): 128-132.
郑灿龙, 李杰尊, 连小旺, 等. 2012. 新疆地产绵羊肉的品质特性研究. 肉类工业, (9): 14-22.
Abbas M A. 2017. Physiological functions of vitamin D in adipose tissue. The Journal of Steroid Biochemistry and Molecular Biology, 165: 369-381.
Adeva-Andany M M, Carneiro-Freire N, Seco-Filgueira M, et al. 2019. Mitochondrial β-oxidation of saturated fatty acids in humans. Mitochondrion, 46: 73-90.
Ahmad B, Vohra M S, Saleemi M A, et al. 2021. Brown/Beige adipose tissues and the emerging role of their

secretory factors in improving metabolic health: the batokines. Biochimie, 184: 26-39.
Ahmad N, Lingrel J B. 2005. Kruppel-like factor 2 transcriptional regulation involves heterogeneous nuclear ribonucleoproteins and acetyltransferases. Biochemistry, 44: 6276-6285.
Akella J S, Wloga D, Kim J, et al. 2010. MEC-17 is an alpha-tubulin acetyltransferase. Nature, 467(7312): 218-222.
Alarcon C R, Goodarzi H, Lee H, et al. 2015a. HNRNPA2B1 is a mediator of m^6A-dependent nuclear RNA processing events. Cell, 162(6): 1299-1308.
Alarcon C R, Lee H, Glarcon H, et al. 2015b. N^6-methyladenosine marks primary microRNAs for processing. Nature, 519(7544): 482-485.
Ali A T, Hochfeld W E, Myburgh R, et al. 2013. Adipocyte and adipogenesis. European Journal of Cell Biology, 92(6/7): 229-236.
Alvarez F, Istomine R, Shourian M, et al. 2019. The alarmins IL-1 and IL-33 differentially regulate the functional specialisation of $Foxp3^+$ regulatory T cells during mucosal inflammation. Mucosal Immunology, 12(3): 746-760.
An Y, Kang Q Q, Zhao Y F, et al. 2013. Lats2 modulates adipocyte proliferation and differentiation via hippo signaling. PLoS One, 8(8): e72042.
Antonopoulos A S, Antoniades C. 2017. The role of epicardial adipose tissue in cardiac biology: classic concepts and emerging roles. The Journal of Physiology, 595(12): 3907-3917.
Armamento-Villareal R, Napoli N, Waters D, et al. 2014. Fat, muscle, and bone interactions in obesity and the metabolic syndrome. International Journal of Endocrinology, 2014: 1-3.
Arrighi N, Moratal C, Savary G, et al. 2021. The FibromiR miR-214-3p is upregulated in Duchenne muscular dystrophy and promotes differentiation of human fibro-adipogenic muscle progenitors. Cells, 10(7): 1832.
Aryal B, Singh A K, Zhang X B, et al. 2018. Absence of ANGPTL4 in adipose tissue improves glucose tolerance and attenuates atherogenesis. JCI Insight, 3(6): e97918.
Asada S, Daitoku H, Matsuzaki H, et al. 2007. Mitogen-activated protein kinases, Erk and p38, phosphorylate and regulate Foxo1. Cellular Signalling, 19(3): 519-527.
Asano H, Yamada T, Hashimoto O, et al. 2013. Diet-induced changes in Ucp1 expression in bovine adipose tissues. General and Comparative Endocrinology, 184: 87-92.
Audano M, Pedretti S, Caruso D, et al. 2022. Regulatory mechanisms of the early phase of white adipocyte differentiation: an overview. Cellular and Molecular Life Sciences, 79(3): 139.
Baczek J, Silkiewicz M, Wojszel Z B. 2020. Myostatin as a biomarker of muscle wasting and other pathologies-state of the art and knowledge gaps. Nutrients, 12(8): 2401.
Bai S P, Pan S Q, Zhang K Y, et al. 2017. Dietary overload lithium decreases the adipogenesis in abdominal adipose tissue of broiler chickens. Environmental Toxicology and Pharmacology, 49: 163-171.
Baik M, Kim J, Piao M Y, et al. 2017. Deletion of liver-specific *STAT5* gene alters the expression of bile acid metabolism genes and reduces liver damage in lithogenic diet-fed mice. The Journal of Nutritional Biochemistry, 39: 59-67.
Barb C R, Hausman G J, Houseknecht K L. 2001. Biology of leptin in the pig. Domestic Animal Endocrinology, 21(4): 297-317.
Battiprolu P K, Hojayev B, Jiang N, et al. 2012. Metabolic stress-induced activation of FoxO1 triggers diabetic cardiomyopathy in mice. The Journal of Clinical Investigation, 122(3): 1109-1118.
Belhaj K, Mansouri F, Sindic M, et al. 2021. Effect of rearing season on meat and intramuscular fat quality of beni-guil sheep. Journal of Food Quality, 2021: 1-9.
Benet I, Guàrdia M D, Ibañez C, et al. 2016. Low intramuscular fat(but high in PUFA)content in cooked cured pork ham decreased Maillard reaction volatiles and pleasing aroma attributes. Food Chemistry, 196: 76-82.
Bengoechea-Alonso M T, Ericsson J. 2010. The ubiquitin ligase Fbxw7 controls adipocyte differentiation by targeting C/EBPalpha for degradation. Proceedings of the National Academy of Sciences of the United States of America, 107(26): 11817-11822.

Bennett C N, Ross S E, Longo K A, et al. 2002. Regulation of Wnt signaling during adipogenesis. The Journal of Biological Chemistry, 277(34): 30998-31004.

Berg F, Gustafson U, Andersson L. 2006. The uncoupling protein 1 gene(*UCP1*)is disrupted in the pig lineage: a genetic explanation for poor thermoregulation in piglets. PLoS Genetics, 2(8): e129.

Berry R, Rodeheffer M S. 2013. Characterization of the adipocyte cellular lineage *in vivo*. Nature Cell Biology, 15(3): 302-308.

Bezaire V, Mairal A, Ribet C, et al. 2009. Contribution of adipose triglyceride lipase and hormone-sensitive lipase to lipolysis in hMADS adipocytes. The Journal of Biological Chemistry, 284(27): 18282-18291.

Biernat W, Kirsz K, Szczesna M, et al. 2018. Resistin regulates reproductive hormone secretion from the ovine adenohypophysis depending on season. Domestic Animal Endocrinology, 65: 95-100.

Biferali B, Proietti D, Mozzetta C, et al. 2019. Fibro-adipogenic progenitors cross-talk in skeletal muscle: the social network. Frontiers in Physiology, 10: 1074.

Birsoy K, Chen Z, Friedman J. 2008. Transcriptional regulation of adipogenesis by KLF4. Cell Metabolism, 7(4): 339-347.

Bolsoni-Lopes A, Festuccia W T, Farias T S M, et al. 2013. Palmitoleic acid(n-7)increases white adipocyte lipolysis and lipase content in a PPARα-dependent manner. American Journal of Physiology-Endocrinology and Metabolism, 305: E1093-E1102.

Bowers R R, Kim J W, Otto T C, et al. 2006. Stable stem cell commitment to the adipocyte lineage by inhibition of DNA methylation: role of the BMP-4 gene. Proceedings of the National Academy of Sciences of the United States of America, 103(35): 13022-13027.

Cai R, Sun Y M, Qimuge N, et al. 2018. Adiponectin AS LncRNA inhibits adipogenesis by transferring from nucleus to cytoplasm and attenuating adiponectin mRNA translation. Biochimica et Biophysica Acta-Molecular and Cell Biology of Lipids, 1863(4): 420-432.

Cao H M, Gerhold K, Mayers J R, et al. 2008. Identification of a lipokine, a lipid hormone linking adipose tissue to systemic metabolism. Cell, 134(6): 933-944.

Cedikova M, Kripnerová M, Dvorakova J, et al. 2016. Mitochondria in white, brown, and beige adipocytes. Stem Cells International, 2016: 6067349.

Chambers E S, Viardot A, Psichas A, et al. 2015. Effects of targeted delivery of propionate to the human colon on appetite regulation, body weight maintenance and adiposity in overweight adults. Gut, 64(11): 1744-1754.

Chanda P K, Gao Y, Mark L, et al. 2010. Monoacylglycerol lipase activity is a critical modulator of the tone and integrity of the endocannabinoid system. Molecular Pharmacology, 78(6): 996-1003.

Chang E, Kim C Y. 2019. Natural products and obesity: a focus on the regulation of mitotic clonal expansion during adipogenesis. Molecules, 24(6): 1157.

Chang L, Villacorta L, Li R X, et al. 2012. Loss of perivascular adipose tissue on peroxisome proliferator-activated receptor-γ deletion in smooth muscle cells impairs intravascular thermoregulation and enhances atherosclerosis. Circulation, 126(9): 1067-1078.

Chen G, Yu D S, Nian X, et al. 2016a. LncRNA SRA promotes hepatic steatosis through repressing the expression of adipose triglyceride lipase(ATGL). Scientific Reports, 6: 35531.

Chen T, Hao Y J, Zhang Y, et al. 2015. m^6A RNA methylation is regulated by microRNAs and promotes reprogramming to pluripotency. Cell Stem Cell, 16(3): 289-301.

Chen Y, Buyel J J, Hanssen M J W, et al. 2016b. Exosomal microRNA miR-92a concentration in serum reflects human brown fat activity. Nature Communications, 7: 11420.

Chen Z M, Wang G X, Ma S L, et al. 2017. Nrg4 promotes fuel oxidation and a healthy adipokine profile to ameliorate diet-induced metabolic disorders. Molecular Metabolism, 6(8): 863-872.

Cheng C F, Ku H C, Lin H. 2018. PGC-1α as a pivotal factor in lipid and metabolic regulation. International Journal of Molecular Sciences, 19(11): 3447.

Cheng J, Wang L, Wang S S, et al. 2023. Transcriptomic analysis of thigh muscle of Lueyang black-bone chicken in free-range and caged feeding. Animal Biotechnology, 34(4): 785-795.

Chérasse Y, Maurin A C, Chaveroux C, et al. 2007. The p300/CBP-associated factor(PCAF)is a cofactor of

ATF4 for amino acid-regulated transcription of CHOP. Nucleic Acids Research, 35(17): 5954-5965.

Ching S, Kashinkunti S, Niehaus M D, et al. 2011. Mammary adipocytes bioactivate 25-hydroxyvitamin D_3 and signal via vitamin D_3 receptor, modulating mammary epithelial cell growth. Journal of Cellular Biochemistry, 112(11): 3393-3405.

Choy L, Derynck R. 2003. Transforming growth factor-beta inhibits adipocyte differentiation by Smad3 interacting with CCAAT/enhancer-binding protein(C/EBP)and repressing C/EBP transactivation function. The Journal of Biological Chemistry, 278(11): 9609-9619.

Choy L, Skillington J, Derynck R. 2000. Roles of autocrine TGF-beta receptor and Smad signaling in adipocyte differentiation. The Journal of Cell Biology, 149(3): 667-682.

Cinti S. 2017. UCP1 protein: the molecular hub of adipose organ plasticity. Biochimie, 134: 71-76.

Cinti S. 2018a. Adipose organ development and remodeling. Comprehensive Physiology, 8(4): 1357-1431.

Cinti S. 2018b. Pink adipocytes. Trends in Endocrinology & Metabolism, 29(9): 651-666.

Coleman R A, Lee D P. 2004. Enzymes of triacylglycerol synthesis and their regulation. Progress in Lipid Research, 43(2): 134-176.

Coleman R A, Lewin T M, Muoio D M. 2000. Physiological and nutritional regulation of enzymes of triacylglycerol synthesis. Annual Review of Nutrition, 20: 77-103.

Corrêa L H, Heyn G S, Magalhaes K G. 2019. The impact of the adipose organ plasticity on inflammation and cancer progression. Cells, 8(7): 662.

Couzin J. 2005. Cell biology: the ins and outs of exosomes. Science, 308(5730): 1862-1863.

Crichton P G, Lee Y, Kunji E R S. 2017. The molecular features of uncoupling protein 1 support a conventional mitochondrial carrier-like mechanism. Biochimie, 134: 35-50.

Crisan M, Casteilla L, Lehr L, et al. 2008. A reservoir of brown adipocyte progenitors in human skeletal muscle. Stem Cells, 26(9): 2425-2433.

Cruz M M, Lopes A B, Crisma A R, et al. 2018. Palmitoleic acid(16: 1n7)increases oxygen consumption, fatty acid oxidation and ATP content in white adipocytes. Lipids in Health and Disease, 17(1): 55.

Cui H X, Zheng M Q, Zhao G P, et al. 2018. Identification of differentially expressed genes and pathways for intramuscular fat metabolism between breast and thigh tissues of chickens. BMC Genomics, 19(1): 55.

Cushing E M, Chi X, Sylvers K L, et al. 2017. Angiopoietin-like 4 directs uptake of dietary fat away from adipose during fasting. Molecular Metabolism, 6(8): 809-818.

D'Souza K, Nzirorera C, Cowie A M, et al. 2018. Autotaxin-LPA signaling contributes to obesity-induced insulin resistance in muscle and impairs mitochondrial metabolism. Journal of Lipid Research, 59(10): 1805-1817.

Das S K, Stadelmeyer E, Schauer S, et al. 2015. Micro RNA-124a regulates lipolysis via adipose triglyceride lipase and comparative gene identification 58. International Journal of Molecular Sciences, 16(4): 8555-8568.

Datta S R, Brunet A, Greenberg M E. 1999. Cellular survival: a play in three Akts. Genes & Development, 13(22): 2905-2927.

de Souza C O, Teixeira A A S, Biondo L A, et al. 2017. Palmitoleic acid improves metabolic functions in fatty liver by PPARα-dependent AMPK activation. Journal of Cellular Physiology, 232(8): 2168-2177.

Demaree S R, Gilbert C D, Mersmann H J, et al. 2002. Conjugated linoleic acid differentially modifies fatty acid composition in subcellular fractions of muscle and adipose tissue but not adiposity of postweaning pigs. The Journal of Nutrition, 132(11): 3272-3279.

Desrosiers R, Friderici K, Rottman F. 1974. Identification of methylated nucleosides in messenger RNA from Novikoff hepatoma cells. Proceedings of the National Academy of Sciences of the United States of America, 71(10): 3971-3975.

Dey N, Das F, Mariappan M M, et al. 2011. MicroRNA-21 orchestrates high glucose-induced signals to TOR complex 1, resulting in renal cell pathology in diabetes. The Journal of Biological Chemistry, 286(29): 25586-25603.

Diao L T, Xie S J, Lei H, et al. 2021. METTL3 regulates skeletal muscle specific miRNAs at both transcriptional and post-transcriptional levels. Biochemical and Biophysical Research Communications,

552: 52-58.

Dijk W, Heine M, Vergnes L, et al. 2015. ANGPTL4 mediates shuttling of lipid fuel to brown adipose tissue during sustained cold exposure. eLife, 4: e08428.

Ding C, Gao D, Wilding J, et al. 2012. Vitamin D signalling in adipose tissue. The British Journal of Nutrition, 108(11): 1915-1923.

Dong Y J, Silva K A S, Dong Y L, et al. 2014. Glucocorticoids increase adipocytes in muscle by affecting IL-4 regulated FAP activity. FASEB Journal, 28(9): 4123-4132.

Dong Y, Feng S R, Dong F J. 2020. Maternally-expressed gene 3(MEG3)/miR-143-3p regulates injury to periodontal ligament cells by mediating the AKT/inhibitory kappaB kinase(IKK)pathway. Medical Science Monitor: International Medical Journal of Experimental and Clinical Research, 26: e922486.

Duarte M S, Gionbelli M P, Paulino P V R, et al. 2014. Maternal overnutrition enhances mRNA expression of adipogenic markers and collagen deposition in skeletal muscle of beef cattle fetuses. Journal of Animal Science, 92(9): 3846-3854.

Duarte M S, Paulino P V R, Das A K, et al. 2013. Enhancement of adipogenesis and fibrogenesis in skeletal muscle of Wagyu compared with Angus cattle. Journal of Animal Science, 91(6): 2938-2946.

Duckett S K, Volpi-Lagreca G, Alende M, et al. 2014. Palmitoleic acid reduces intramuscular lipid and restores insulin sensitivity in obese sheep. Diabetes, Metabolic Syndrome and Obesity: Targets and Therapy, 7: 553-563.

Dugan M E, Aalhus J L, Kramer J K. 2004. Conjugated linoleic acid pork research. The American Journal of Clinical Nutrition, 79(Suppl 6): 1212S-1216S.

Eggert J M, Belury M A, Kempa-Steczko A, et al. 2001. Effects of conjugated linoleic acid on the belly firmness and fatty acid composition of genetically lean pigs. Journal of Animal Science, 79(11): 2866-2872.

Emami N K, Jung U, Voy B, et al. 2020. Radical response: effects of heat stress-induced oxidative stress on lipid metabolism in the avian liver. Antioxidants, 10(1): 35.

Estève D, Boulet N, Volat F, et al. 2015. Human white and brite adipogenesis is supported by MSCA1 and is impaired by immune cells. Stem Cells, 33(4): 1277-1291.

Estève D, Galitzky J, Bouloumié A, et al. 2016. Multiple functions of MSCA-1/TNAP in adult mesenchymal progenitor/stromal cells. Stem Cells International, 2016: 1815982.

Fan H, Ge Y G, Ma X, et al. 2020. Long non-coding RNA CCDC144NL-AS1 sponges miR-143-3p and regulates MAP3K7 by acting as a competing endogenous RNA in gastric cancer. Cell Death & Disease, 11(7): 521.

Fang S M, Xiong X W, Su Y, et al. 2017. 16S rRNA gene-based association study identified microbial taxa associated with pork intramuscular fat content in feces and cecum lumen. BMC Microbiology, 17(1): 162.

Farmer S R. 2006. Transcriptional control of adipocyte formation. Cell Metabolism, 4(4): 263-273.

Farooqi I S, O'Rahilly S. 2009. Leptin: a pivotal regulator of human energy homeostasis. The American Journal of Clinical Nutrition, 89(3): 980S-984S.

Fayyaz S, Japtok L, Schumacher F, et al. 2017. Lysophosphatidic acid inhibits insulin signaling in primary rat hepatocytes via the LPA3 receptor subtype and is increased in obesity. Cellular Physiology and Biochemistry, 43(2): 445-456.

Felicidade I, Sartori D, Coort S L M, et al. 2018. Role of 1α,25-dihydroxyvitamin D_3 in adipogenesis of SGBS cells: new insights into human preadipocyte proliferation. Cellular Physiology and Biochemistry, 48(1): 397-408.

Feng B, Chakrabarti S. 2012. miR-320 regulates glucose-induced gene expression in diabetes. ISRN Endocrinology, 2012: 549875.

Feng X N, Jiang J J, Shi S H, et al. 2016. Knockdown of miR-25 increases the sensitivity of liver cancer stem cells to TRAIL-induced apoptosis via PTEN/PI3K/Akt/Bad signaling pathway. International Journal of Oncology, 49(6): 2600-2610.

Fernandez X, Monin G, Talmant A, et al. 1999. Influence of intramuscular fat content on the quality of pig meat—1. Composition of the lipid fraction and sensory characteristics of *M. longissimus lumborum*.

Meat Science, 53(1): 59-65.

Ferry G, Tellier E, Try A, et al. 2003. Autotaxin is released from adipocytes, catalyzes lysophosphatidic acid synthesis, and activates preadipocyte proliferation. Up-regulated expression with adipocyte differentiation and obesity. The Journal of Biological Chemistry, 278(20): 18162-18169.

Font-i-Furnols M, Tous N, Esteve-Garcia E, et al. 2012. Do all the consumers accept marbling in the same way? The relationship between eating and visual acceptability of pork with different intramuscular fat content. Meat Science, 91(4): 448-453.

Formicola L, Pannérec A, Correra R M, et al. 2018. Inhibition of the activin receptor type-2B pathway restores regenerative capacity in satellite cell-depleted skeletal muscle. Frontiers in Physiology, 9: 515.

Forouhi N G, Sattar N, McKeigue P M. 2001. Relation of C-reactive protein to body fat distribution and features of the metabolic syndrome in Europeans and South Asians. International Journal of Obesity, 25(9): 1327-1331.

Fox C S, Massaro J M, Hoffmann U, et al. 2007. Abdominal visceral and subcutaneous adipose tissue compartments: association with metabolic risk factors in the Framingham Heart Study. Circulation, 116(1): 39-48.

Friedenstein A J, Petrakova K V, Kurolesova A I, et al. 1968. Heterotopic of bone marrow. Analysis of precursor cells for osteogenic and hematopoietic tissues. Transplantation, 6(2): 230-247.

Friedman J M . 2019. Leptin and the endocrine control of energy balance. Nature Metabolism, 1(8): 754-764.

Frigolet M E, Gutiérrez-Aguilar R. 2017. The role of the novel lipokine palmitoleic acid in health and disease. Advances in Nutrition, 8(1): 173S-181S.

Frigolet M E, Gutiérrez-Aguilar R. 2020. The colors of adipose tissue. Gaceta Medica De Mexico, 156(2): 142-149.

Frye M, Harada B T, Behm M, et al. 2018. RNA modifications modulate gene expression during development. Science, 361(6409): 1346-1349.

Fu M G, Sun T W, Bookout A L, et al. 2005. A nuclear receptor atlas: 3T3-L1 adipogenesis. Molecular Endocrinology, 19(10): 2437-2450.

Fu R Q, Liu R R, Zhao G P, et al. 2014. Expression profiles of key transcription factors involved in lipid metabolism in Beijing-You chickens. Gene, 537(1): 120-125.

Gamberi T, Modesti A, Magherini F, et al. 2016. Activation of autophagy by globular adiponectin is required for muscle differentiation. Biochimica et Biophysica Acta, 1863(4): 694-702.

Gao R Y, Hsu B G, Wu D A, et al. 2019. Serum fibroblast growth factor 21 levels are positively associated with metabolic syndrome in patients with type 2 diabetes. International Journal of Endocrinology, 2019: 1-8.

Gao Y, Qimuge N R, Qin J, et al. 2018. Acute and chronic cold exposure differentially affects the browning of porcine white adipose tissue. Animal, 12(7): 1435-1441.

Gavalda-Navarro A, Villarroya J, Cereijo R, et al. 2022. The endocrine role of brown adipose tissue: an update on actors and actions. Reviews in Endocrine and Metabolic Disorders, 23(1): 31-41.

Geula S, Moshitch-Moshkovitz S, Dominissini D, et al. 2015. m^6A mRNA methylation facilitates resolution of naive pluripotency toward differentiation. Science, 347: 1002-1006.

Girousse A, Langin D. 2012. Adipocyte lipases and lipid droplet-associated proteins: insight from transgenic mouse models. International Journal of Obesity, 36(4): 581-594.

Glatz J F C, Luiken J J E P, Bonen A. 2010. Membrane fatty acid transporters as regulators of lipid metabolism: implications for metabolic disease. Physiological Reviews, 90(1): 367-417.

Grabner G F, Xie H, Schweiger M, et al. 2021. Lipolysis: cellular mechanisms for lipid mobilization from fat stores. Nature Metabolism, 3(11): 1445-1465.

Grahn T H M, Kaur R, Yin J, et al. 2014. Fat-specific protein 27(FSP27)interacts with adipose triglyceride lipase(ATGL)to regulate lipolysis and insulin sensitivity in human adipocytes. The Journal of Biological Chemistry, 289(17): 12029-12039.

Grefhorst A, van den Beukel J C, van Houten E L A F, et al. 2015. Estrogens increase expression of bone morphogenetic protein 8b in brown adipose tissue of mice. Biology of Sex Differences, 6: 7.

Guillou H, Zadravec D, Martin P G P, et al. 2010. The key roles of elongases and desaturases in mammalian fatty acid metabolism: insights from transgenic mice. Progress in Lipid Research, 49(2): 186-199.
Guo H F, Khan R, Raza S H A, et al. 2020. Transcriptional regulation of adipogenic marker genes for the improvement of intramuscular fat in Qinchuan beef cattle. Animal Biotechnology, 33(4): 776-795.
Guo W, Shao Y, Dai Y, et al. 2018. miR-320 mediates diabetes amelioration after duodenal-jejunal bypass via targeting adipoR1. Surgery for Obesity and Related Diseases, 14(7): 960-971.
Gustafson B, Hammarstedt A, Hedjazifar S, et al. 2015. BMP4 and BMP antagonists regulate human white and beige adipogenesis. Diabetes, 64(5): 1670-1681.
Gustafson B, Smith U. 2015. Regulation of white adipogenesis and its relation to ectopic fat accumulation and cardiovascular risk. Atherosclerosis, 241(1): 27-35.
Haberland M, Carrer M, Mokalled M H, et al. 2010. Redundant control of adipogenesis by histone deacetylases 1 and 2. The Journal of Biological Chemistry, 285(19): 14663-14670.
Hallenborg P, Petersen R K, Feddersen S, et al. 2014. PPARγ ligand production is tightly linked to clonal expansion during initiation of adipocyte differentiation. Journal of Lipid Research, 55(12): 2491-2500.
Han J, Wang J Z, Yang X, et al. 2019. METTL3 promote tumor proliferation of bladder cancer by accelerating pri-miR221/222 maturation in m^6A-dependent manner. Molecular Cancer, 18(1): 110.
Hao J W, Wang J, Guo H L, et al. 2020. CD36 facilitates fatty acid uptake by dynamic palmitoylation-regulated endocytosis. Nature Communications, 11: 4765.
Harms M J, Ishibashi J, Wang W S, et al. 2014. Prdm16 is required for the maintenance of brown adipocyte identity and function in adult mice. Cell Metabolism, 19(4): 593-604.
Harms M, Seale P. 2013. Brown and beige fat: development, function and therapeutic potential. Nature Medicine, 19(10): 1252-1263.
Hartig S M, He B, Long W W, et al. 2011. Homeostatic levels of SRC-2 and SRC-3 promote early human adipogenesis. The Journal of Cell Biology, 192(1): 55-67.
Hauner H. 2005. Secretory factors from human adipose tissue and their functional role. Proceedings of the Nutrition Society, 64(2): 163-169.
He J, He Y X, Pan D D, et al. 2019. Associations of gut microbiota with heat stress-induced changes of growth, fat deposition, intestinal morphology, and antioxidant capacity in ducks. Frontiers in Microbiology, 10: 903.
Herman M A, Peroni O D, Villoria J, et al. 2012. A novel ChREBP isoform in adipose tissue regulates systemic glucose metabolism. Nature, 484(7394): 333-338.
Hernández-Mosqueira C, Velez-delValle C, Kuri-Harcuch W. 2015. Tissue alkaline phosphatase is involved in lipid metabolism and gene expression and secretion of adipokines in adipocytes. Biophysica et Biophysica Acta(BBA)-General Subjects, 1850(12): 2485-2496.
Hernández-Saavedra D, Stanford K I. 2019. The regulation of lipokines by environmental factors. Nutrients, 11(10): 2422.
Heyde I, Begemann K, Oster H. 2021. Contributions of white and brown adipose tissues to the circadian regulation of energy metabolism. Endocrinology, 162(3): bqab009.
Hicks J A, Porter T E, Liu H C. 2017. Identification of microRNAs controlling hepatic mRNA levels for metabolic genes during the metabolic transition from embryonic to posthatch development in the chicken. BMC Genomics, 18(1): 687.
Ho P C, Chuang Y S, Hung C H, et al. 2011. Cytoplasmic receptor-interacting protein 140(RIP140)interacts with perilipin to regulate lipolysis. Cellular Signalling, 23(8): 1396-1403.
Hocquette J F, Gondret F, Baéza E, et al. 2010. Intramuscular fat content in meat-producing animals: development, genetic and nutritional control, and identification of putative markers. Animal: An International Journal of Animal Bioscience, 4(2): 303-319.
Horio E, Kadomatsu T, Miyata K, et al. 2014. Role of endothelial cell-derived angptl2 in vascular inflammation leading to endothelial dysfunction and atherosclerosis progression. Arteriosclerosis, Thrombosis, and Vascular Biology, 34(4): 790-800.
Horn H F, Vousden K H. 2007. Coping with stress: multiple ways to activate p53. Oncogene, 26(9):

1306-1316.
Hou L J, Shi J, Cao L B, et al. 2017. Pig has no uncoupling protein 1. Biochemical and Biophysical Research Communications, 487(4): 795-800.
Hou L J, Xie M J, Cao L B, et al. 2018. Browning of pig white preadipocytes by co-overexpressing pig PGC-1α and Mice UCP1. Cellular Physiology and Biochemistry, 48(2): 556-568.
Huang H Y, Liu R R, Zhao G P, et al. 2015. Integrated analysis of microRNA and mRNA expression profiles in abdominal adipose tissues in chickens. Scientific Reports, 5: 16132.
Huang H Y, Song T J, Li X, et al. 2009. BMP signaling pathway is required for commitment of C3H10T1/2 pluripotent stem cells to the adipocyte lineage. Proceedings of the National Academy of Sciences of the United States of America, 106(31): 12670-12675.
Huang Q, Liu M L, Du X L, et al. 2014. Role of p53 in preadipocyte differentiation. Cell Biology International, 38(12): 1384-1393.
Huang-Doran I, Zhang C Y, Vidal-Puig A. 2017. Extracellular vesicles: novel mediators of cell communication in metabolic disease. Trends in Endocrinology & Metabolism, 28(1): 3-18.
Hudak C S, Gulyaeva O, Wang Y H, et al. 2014. Pref-1 marks very early mesenchymal precursors required for adipose tissue development and expansion. Cell Reports, 8(3): 678-687.
Ibrahim M M. 2010. Subcutaneous and visceral adipose tissue: structural and functional differences. Obesity Reviews, 11(1): 11-18.
Iezzi S, Di Padova M, Serra C, et al. 2004. Deacetylase inhibitors increase muscle cell size by promoting myoblast recruitment and fusion through induction of follistatin. Developmental Cell, 6(5): 673-684.
Ikeda K, Maretich P, Kajimura S. 2018. The common and distinct features of brown and beige adipocytes. Trends in Endocrinology & Metabolism, 29(3): 191-200.
Inoue M, Tanabe H, Matsumoto A, et al. 2012. Astaxanthin functions differently as a selective peroxisome proliferator-activated receptor γ modulator in adipocytes and macrophages. Biochemical Pharmacology, 84(5): 692-700.
Jespersen N Z, Larsen T J, Peijs L, et al. 2013. A classical brown adipose tissue mRNA signature partly overlaps with brite in the supraclavicular region of adult humans. Cell Metabolism, 17(5): 798-805.
Ji S H, Doumit M E, Hill R A. 2015a. Correction: regulation of adipogenesis and key adipogenic gene expression by 1,25-dihydroxyvitamin D in 3T3-L1 cells. PLoS One, 10(7): e0134199.
Ji S H, Doumit M E, Hill R A. 2015b. Regulation of adipogenesis and key adipogenic gene expression by 1,25-dihydroxyvitamin D in 3T3-L1 cells. PLoS One, 10(6): e0126142.
Jiang M, Fan W L, Xing S Y, et al. 2017. Effects of balanced selection for intramuscular fat and abdominal fat percentage and estimates of genetic parameters. Poultry Science, 96(2): 282-287.
Jin Y P, Hu Y P, Wu X S, et al. 2018. miR-143-3p targeting of ITGA6 suppresses tumour growth and angiogenesis by downregulating PLGF expression via the PI3K/AKT pathway in gallbladder carcinoma. Cell Death & Disease, 9: 182.
Joe A W B, Yi L, Natarajan A, et al. 2010. Muscle injury activates resident fibro/adipogenic progenitors that facilitate myogenesis. Nature Cell Biology, 12(2): 153-163.
Johmura Y, Osada S, Nishizuka M, et al. 2008. FAD24 acts in concert with histone acetyltransferase HBO1 to promote adipogenesis by controlling DNA replication. The Journal of Biological Chemistry, 283(4): 2265-2274.
Juban G T, Saclier M, Yacoub-Youssef H, et al. 2018. AMPK activation regulates LTBP4-dependent TGF-β1 secretion by pro-inflammatory macrophages and controls fibrosis in Duchenne muscular dystrophy. Cell Reports, 25(8): 2163-2176.e6.
Kaestner K H, Knochel W, Martinez D E. 2000. Unified nomenclature for the winged helix/forkhead transcription factors. Genes & Development, 14(2): 142-146.
Kaltenecker D, Spirk K, Ruge F, et al. 2020. STAT5 is required for lipid breakdown and beta-adrenergic responsiveness of brown adipose tissue. Molecular Metabolism, 40: 101026.
Kastaniotis A J, Autio K J, Kerätär J M, et al. 2017. Mitochondrial fatty acid synthesis, fatty acids and mitochondrial physiology. Biochimica et Biophysica Acta(BBA)-Molecular and Cell Biology of Lipids,

1862(1): 39-48.

Kawai T, Autieri M V, Scalia R. 2021. Adipose tissue inflammation and metabolic dysfunction in obesity. American Journal of Physiology-Cell Physiology, 320(3): C375-C391.

Kiefer F W. 2016. Browning and thermogenic programing of adipose tissue. Best Practice & Research-Clinical Endocrinology & Metabolism, 30(4): 479-485.

Kim E Y, Kim W K, Kang H J, et al. 2012. Acetylation of malate dehydrogenase 1 promotes adipogenic differentiation via activating its enzymatic activity. Journal of Lipid Research, 53(9): 1864-1876.

Kim J, Lee S K, Jang Y J, et al. 2018. Enhanced ANGPTL2 expression in adipose tissues and its association with insulin resistance in obese women. Scientific Reports, 8: 13976.

Kimura I, Ozawa K, Inoue D, et al. 2013. The gut microbiota suppresses insulin-mediated fat accumulation via the short-chain fatty acid receptor GPR43. Nature Communications, 4: 1829.

Kita S, Maeda N, Shimomura I. 2019. Interorgan communication by exosomes, adipose tissue, and adiponectin in metabolic syndrome. The Journal of Clinical Investigation, 129(10): 4041-4049.

Kloosterman W P, Lagendijk A K, Ketting R F, et al. 2007. Targeted inhibition of miRNA maturation with morpholinos reveals a role for miR-375 in pancreatic islet development. PLoS Biology, 5(8): e203.

Kobayashi M, Ohsugi M, Sasako T, et al. 2018. The RNA methyltransferase complex of WTAP, METTL3, and METTL14 regulates mitotic clonal expansion in adipogenesis. Molecular and Cellular Biology, 38(16): e00116-e00118.

Kohn A D, Summers S A, Birnbaum M J, et al. 1996. Expression of a constitutively active Akt Ser/Thr kinase in 3T3-L1 adipocytes stimulates glucose uptake and glucose transporter 4 translocation. The Journal of Biological Chemistry, 271(49): 31372-31378.

Kong X X, Banks A, Liu T M, et al. 2014. IRF4 is a key thermogenic transcriptional partner of PGC-1α. Cell, 158(1): 69-83.

Kong X X, Yao T, Zhou P, et al. 2018. Brown adipose tissue controls skeletal muscle function via the secretion of myostatin. Cell Metabolism, 28(4): 631-643.e3.

Kota J, Handy C R, Haidet A M, et al. 2009. Follistatin gene delivery enhances muscle growth and strength in nonhuman primates. Science Translational Medicine, 1(6): 6ra15.

Kougias P, Chai H, Lin P H, et al. 2005. Effects of adipocyte-derived cytokines on endothelial functions: implication of vascular disease. The Journal of Surgical Research, 126(1): 121-129.

Kralisch S, Klein J, Lossner U, et al. 2005. Isoproterenol, TNFalpha, and insulin downregulate adipose triglyceride lipase in 3T3-L1 adipocytes. Molecular and Cellular Endocrinology, 240(1/2): 43-49.

Kuda O, Brezinova M, Rombaldova M, et al. 2016. Docosahexaenoic acid-derived fatty acid esters of hydroxy fatty acids (FAHFAs) with anti-inflammatory properties. Diabetes, 65(9): 2580-2590.

Kuswanto W, Burzyn D, Panduro M, et al. 2016. Poor repair of skeletal muscle in aging mice reflects a defect in local, interleukin-33-dependent accumulation of regulatory T cells. Immunity, 44(2): 355-367.

Lammoglia M A, Bellows R A, Grings E E, et al. 1999. Effects of prepartum supplementary fat and muscle hypertrophy genotype on cold tolerance in newborn calves. Journal of Animal Science, 77(8): 2227-2233.

Lass A, Zimmermann R, Oberer M, et al. 2011. Lipolysis—A highly regulated multi-enzyme complex mediates the catabolism of cellular fat stores. Progress in Lipid Research, 50(1): 14-27.

Lee J J, Lambert J E, Hovhannisyan Y, et al. 2015. Palmitoleic acid is elevated in fatty liver disease and reflects hepatic lipogenesis. The American Journal of Clinical Nutrition, 101(1): 34-43.

Lee S J. 2007. Quadrupling muscle mass in mice by targeting TGF-β signaling pathways. PLoS One, 2(8): e789.

Lee S K, Lee J O, Kim J H, et al. 2011. Metformin sensitizes insulin signaling through AMPK-mediated PTEN down-regulation in preadipocyte 3T3-L1 cells. Journal of Cellular Biochemistry, 112(5): 1259-1267.

Lei H G, Valente T S, Zhang C Y, et al. 2020. Genetic parameter estimation for sensory traits in longissimus muscle and their association with pH and intramuscular fat in pork chops. Livestock Science, 238: 104080.

Leiria L O, Tseng Y H. 2020. Lipidomics of brown and white adipose tissue: implications for energy metabolism. Biochimica et Biophysica Acta-Molecular and Cell Biology of Lipids, 1865(10): 158788.

Leiria L O, Wang C H, Lynes M D, et al. 2019. 12-lipoxygenase regulates cold adaptation and glucose metabolism by producing the omega-3 lipid 12-HEPE from brown fat. Cell Metabolism, 30(4): 768-783.e7.

Leng L, Zhang H, Dong J Q, et al. 2016. Selection against abdominal fat percentage may increase intramuscular fat content in broilers. Journal of Animal Breeding and Genetics, 133(5): 422-428.

Li F, Li D H, Zhang M, et al. 2019a. miRNA-223 targets the *GPAM* gene and regulates the differentiation of intramuscular adipocytes. Gene, 685: 106-113.

Li H P, Fan J H, Zhao Y R, et al. 2019b. Nuclear miR-320 mediates diabetes-induced cardiac dysfunction by activating transcription of fatty acid metabolic genes to cause lipotoxicity in the heart. Circulation Research, 125(12): 1106-1120.

Li H Y, Chen X, Guan L Z, et al. 2013. miRNA-181a regulates adipogenesis by targeting tumor necrosis factor-α(TNF-α)in the porcine model. PLoS One, 8(10): e71568.

Li J J, Yang C W, Ren P, et al. 2021a. Transcriptomics analysis of Daheng broilers reveals that PLIN2 regulates chicken preadipocyte proliferation, differentiation and apoptosis. Molecular Biology Reports, 48(12): 7985-7997.

Li M X, Sun X M, Cai H F, et al. 2016. Long non-coding RNA ADNCR suppresses adipogenic differentiation by targeting miR-204. Biochimica et Biophysica Acta, 1859(7): 871-882.

Li M Z, Wu H L, Luo Z G, et al. 2012. An atlas of DNA methylomes in porcine adipose and muscle tissues. Nature Communications, 3: 850.

Li V L, Kim J T, Long J Z. 2020a. Adipose tissue lipokines: recent progress and future directions. Diabetes, 69(12): 2541-2548.

Li X O, Xiong W Q, Long X F, et al. 2021b. Inhibition of METTL3/m^{6}A/miR126 promotes the migration and invasion of endometrial stromal cells in endometriosis. Biology of Reproduction, 105: 1221-1233.

Li X, Fu X, Yang G, et al. 2020b. Review: enhancing intramuscular fat development via targeting fibro-adipogenic progenitor cells in meat animals. Animal, 14(12): 312-321.

Li Y C, Zheng X L, Liu B T, et al. 2010. Regulation of ATGL expression mediated by leptin *in vitro* in porcine adipocyte lipolysis. Molecular and Cellular Biochemistry, 333(1): 121-128.

Li Y G, Fromme T, Klingenspor M. 2017a. Meaningful respirometric measurements of UCP1-mediated thermogenesis. Biochimie, 134: 56-61.

Li Y X, Huang X G, Yang G, et al. 2022. CD36 favours fat sensing and transport to govern lipid metabolism. Progress in Lipid Research, 88: 101193.

Li Y X, Meng J X, Cai X Z, et al. 2007. Induced differentiation and signaling factor PTEN expression of 3T3-L1 adipocytes. Nan Fang Yi Ke Da Xue Xue Bao, 27(3): 259-263.

Li Y, Ma Z Q, Jiang S, et al. 2017b. A global perspective on FOXO1 in lipid metabolism and lipid-related diseases. Progress in Lipid Research, 66: 42-49.

Liang W C, Wang Y, Liang P P, et al. 2015. miR-25 suppresses 3T3-L1 adipogenesis by directly targeting KLF4 and C/EBPα. Journal of Cellular Biochemistry, 116(11): 2658-2666.

Liew F Y, Girard J P, Turnquist H R. 2016. Interleukin-33 in health and disease. Nature Reviews Immunology, 16(11): 676-689.

Lin C S, Xin Z C, Deng C H, et al. 2010. Defining adipose tissue-derived stem cells in tissue and in culture. Histology and Histopathology, 25(6): 807-815.

Lin H, Long J Z, Roche A M, et al. 2018. Discovery of hydrolysis-resistant isoindoline *N*-acyl amino acid analogues that stimulate mitochondrial respiration. Journal of Medicinal Chemistry, 61(7): 3224-3230.

Lin J, Cao C W, Tao C, et al. 2017. Cold adaptation in pigs depends on UCP3 in beige adipocytes. Journal of Molecular Cell Biology, 9(5): 364-375.

Liu B, Peng X C, Zheng X L, et al. 2009. miR-126 restoration down-regulate VEGF and inhibit the growth of lung cancer cell lines *in vitro* and *in vivo*. Lung Cancer, 66(2): 169-175.

Liu L H, Zheng L D, Zou P, et al. 2016. FoxO1 antagonist suppresses autophagy and lipid droplet growth in

adipocytes. Cell Cycle, 15(15): 2033-2041.
Liu L, Cui H X, Xing S Y, et al. 2019. Effect of divergent selection for intramuscular fat content on muscle lipid metabolism in chickens. Animals: An Open Access Journal from MDPI, 10(1): 4.
Liu S, Wang Y X, Wang L, et al. 2010. Transdifferentiation of fibroblasts into adipocyte-like cells by chicken adipogenic transcription factors. Comparative Biochemistry and Physiology Part A: Molecular & Integrative Physiology, 156(4): 502-508.
Liu X R, Liang Y J, Song R P, et al. 2018. Long non-coding RNA NEAT1-modulated abnormal lipolysis via ATGL drives hepatocellular carcinoma proliferation. Molecular Cancer, 17(1): 90.
Liu Y, Long H, Feng S M, et al. 2021. Trait correlated expression combined with eQTL and ASE analyses identified novel candidate genes affecting intramuscular fat. BMC Genomics, 22(1): 805.
Loh H Y, Norman B P, Lai K S, et al. 2019. The regulatory role of microRNAs in breast cancer. International Journal of Molecular Sciences, 20(19): 4940.
Long J Z, Roche A M, Berdan C A, et al. 2018. Ablation of PM20D1 reveals *N*-acyl amino acid control of metabolism and nociception. Proceedings of the National Academy of Sciences of the United States of America, 115(29): E6937-E6945.
Long J Z, Svensson K J, Bateman L A, et al. 2016. The secreted enzyme PM20D1 regulates lipidated amino acid uncouplers of mitochondria. Cell, 166(2): 424-435.
Lukjanenko L, Karaz S, Stuelsatz P, et al. 2019. Aging disrupts muscle stem cell function by impairing matricellular WISP1 secretion from fibro-adipogenic progenitors. Cell Stem Cell, 24(3): 433-446.e7.
Luo G, Wang L, Hu S Q, et al. 2020. Association of leptin mRNA expression with meat quality trait in Tianfu black rabbits. Animal Biotechnology, 33(3): 480-486.
Ma C H, Chang M Q, Lv H Y, et al. 2018. RNA m^6A methylation participates in regulation of postnatal development of the mouse cerebellum. Genome Biology, 19(1): 68.
Ma J, Duan Y H, Li R, et al. 2022. Gut microbial profiles and the role in lipid metabolism in Shaziling pigs. Animal Nutrition, 9: 345-356.
Ma J, Zhou M, Song Z, et al. 2023. Clec7a drives gut fungus-mediated host lipid deposition. Microbiome, 11(1): 264.
Ma Y N, Wang B, Wang Z X, et al. 2018. Three-dimensional spheroid culture of adipose stromal vascular cells for studying adipogenesis in beef cattle. Animal, 12(10): 2123-2129.
Ma Z, Luo N, Liu L, et al. 2021. Identification of the molecular regulation of differences in lipid deposition in dedifferentiated preadipocytes from different chicken tissues. BMC Genomics, 22(1): 232.
Maeda A, Ono M, Holmbeck K, et al. 2015. WNT1-induced secreted protein-1(WISP1), a novel regulator of bone turnover and Wnt signaling. The Journal of Biological Chemistry, 290(22): 14004-14018.
Mahdaviani K, Chess D, Wu Y Y, et al. 2016. Autocrine effect of vascular endothelial growth factor-a is essential for mitochondrial function in brown adipocytes. Metabolism-Clinical and Experimental, 65(1): 26-35.
Mandard S, Zandbergen F, van Straten E, et al. 2006. The fasting-induced adipose factor/angiopoietin-like protein 4 is physically associated with lipoproteins and governs plasma lipid levels and adiposity. The Journal of Biological Chemistry, 281(2): 934-944.
Martins L, Seoane-Collazo P, Contreras C, et al. 2016. A functional link between AMPK and orexin mediates the effect of BMP8B on energy balance. Cell Reports, 16(18): 2231-2242.
Matsumoto M, Pocai A, Rossetti L, et al. 2007. Impaired regulation of hepatic glucose production in mice lacking the forkhead transcription factor Foxo1 in liver. Cell Metabolism, 6(3): 208-216.
Mecêdo A P A, Muñoz V R, Cintra D E, et al. 2022. 12,13-diHOME as a new therapeutic target for metabolic diseases. Life Sciences, 290: 120229.
Meng F Y, Henson R, Wehbe-Janek H, et al. 2007. microRNA-21 regulates expression of the PTEN tumor suppressor gene in human hepatocellular cancer. Gastroenterology, 133(2): 647-658.
Miki H, Yamauchi T, Suzuki R, et al. 2001. Essential role of insulin receptor substrate 1(IRS-1)and IRS-2 in adipocyte differentiation. Molecular and Cellular Biology, 21(7): 2521-2532.
Misra A, Vikram N K. 2003. Clinical and pathophysiological consequences of abdominal adiposity and

abdominal adipose tissue depots. Nutrition, 19(5): 457-466.

Modica S, Wolfrum C. 2013. Bone morphogenic proteins signaling in adipogenesis and energy homeostasis. Biochimica et Biophysica Acta, 1831(5): 915-923.

Molchadsky A, Ezra O, Amendola P G, et al. 2013. p53 is required for brown adipogenic differentiation and has a protective role against diet-induced obesity. Cell Death & Differentiation, 20(5): 774-783.

Molina T, Fabre P, Dumont N A. 2021. Fibro-adipogenic progenitors in skeletal muscle homeostasis, regeneration and diseases. Open Biology, 11(12): 210110.

Morigny P, Boucher J, Arner P, et al. 2021. Lipid and glucose metabolism in white adipocytes: pathways, dysfunction and therapeutics. Nature Reviews Endocrinology, 17(5): 276-295.

Morroni M, Giordano A, Zingaretti M C, et al. 2004. Reversible transdifferentiation of secretory epithelial cells into adipocytes in the mammary gland. Proceedings of the National Academy of Sciences of the United States of America, 101(48): 16801-16806.

Mozzetta C, Consalvi S, Saccone V, et al. 2013. Fibroadipogenic progenitors mediate the ability of HDAC inhibitors to promote regeneration in dystrophic muscles of young, but not old Mdx mice. EMBO Molecular Medicine, 5(4): 626-639.

Munekata K, Sakamoto K. 2009. Forkhead transcription factor Foxol is essential for adipocyte differentiation. In Vitro Cellular & Developmental Biology-Animal, 45(10): 642-651.

Muñoz-Cánoves P, Scheele C, Pedersen B K, et al. 2013. Interleukin-6 myokine signaling in skeletal muscle: a double-edged sword? The FEBS Journal, 280(17): 4131-4148.

Muret K, Klopp C, Wucher V, et al. 2017. Long noncoding RNA repertoire in chicken liver and adipose tissue. Genetics, Selection, Evolution, 49(1): 6.

Mushahary D, Spittler A, Kasper C, et al. 2018. Isolation, cultivation, and characterization of human mesenchymal stem cells. Cytometry Part A, 93(1): 19-31.

Nagashima T, Shigematsu N, Maruki R, et al. 2010. Discovery of novel forkhead box O1 inhibitors for treating type 2 diabetes: improvement of fasting glycemia in diabetic db/db mice. Molecular Pharmacology, 78(5): 961-970.

Nakae J, Cao Y H, Hakuno F, et al. 2012. Novel repressor regulates insulin sensitivity through interaction with Foxo1. The EMBO Journal, 31(10): 2275-2295.

Nakae J, Cao Y H, Oki M, et al. 2008. Forkhead transcription factor FoxO1 in adipose tissue regulates energy storage and expenditure. Diabetes, 57(3): 563-576.

Nakae J, Kitamura T, Kitamura Y, et al. 2003. The forkhead transcription factor Foxol regulates adipocyte differentiation. Developmental Cell, 4(1): 119-129.

Nakashima N, Sharma P M, Imamura T, et al. 2000. The tumor suppressor PTEN negatively regulates insulin signaling in 3T3-L1 adipocytes. The Journal of Biological Chemistry, 275(17): 12889-12895.

Nakatani M, Takehara Y, Sugino H, et al. 2008. Transgenic expression of a myostatin inhibitor derived from follistatin increases skeletal muscle mass and ameliorates dystrophic pathology in mdx mice. FASEB Journal, 22(2): 477-487.

Narvaez C J, Simmons K M, Brunton J, et al. 2013. Induction of STEAP4 correlates with 1,25-dihydroxyvitamin D_3 stimulation of adipogenesis in mesenchymal progenitor cells derived from human adipose tissue. Journal of Cellular Physiology, 228(10): 2024-2036.

Nidhina H P A, Soronen J, Sädevirta S, et al. 2015. Regulation of angiopoietin-like proteins(ANGPTLs)3 and 8 by insulin. The Journal of Clinical Endocrinology & Metabolism, 100(10): E1299-E1307.

Nimitphong H, Holick M F, Fried S K, et al. 2012. 25-hydroxyvitamin D_3 and 1,25-dihydroxyvitamin D_3 promote the differentiation of human subcutaneous preadipocytes. PLoS One, 7(12): e52171.

Nishimura S, Nagasaki M, Okudaira S, et al. 2014. ENPP2 contributes to adipose tissue expansion and insulin resistance in diet-induced obesity. Diabetes, 63(12): 4154-4164.

Nogalski Z, Pogorzelska-Przybylek P, Sobczuk-Szul M, et al. 2019. The effect of carcase conformation and fat cover scores(EUROP system)on the quality of meat from young bulls. Italian Journal of Animal Science, 18(1): 615-620.

Oh D K, Ciaraldi T, Henry R R. 2007. Adiponectin in health and disease. Diabetes, Obesity & Metabolism,

9(3): 282-289.

Oishi Y, Manabe I, Nagai R. 2011. Krüppel-like family of transcription factor 5(KLF5). KLF5 is a key regulator of adipocyte differentiation. Nihon Rinsho Japanese Journal of Clinical Medicine, 69(Suppl 1): 264-268.

Oishi Y, Manabe I, Tobe K, et al. 2005. Krüppel-like transcription factor KLF5 is a key regulator of adipocyte differentiation. Cell Metabolism, 1(1): 27-39.

Okla M, Ha J H, Temel R E, et al. 2015. BMP7 drives human adipogenic stem cells into metabolically active beige adipocytes. Lipids, 50(2): 111-120.

Ono M, Inkson C A, Kilts T M, et al. 2011. WISP-1/CCN4 regulates osteogenesis by enhancing BMP-2 activity. Journal of Bone and Mineral Research, 26(1): 193-208.

Ono M, Masaki A, Maeda A, et al. 2018. CCN4/WISP1 controls cutaneous wound healing by modulating proliferation, migration and ECM expression in dermal fibroblasts via α5β1 and TNFα. Matrix Biology, 68/69: 533-546.

Ostrowska E, Suster D, Muralitharan M, et al. 2003. Conjugated linoleic acid decreases fat accretion in pigs: evaluation by dual-energy X-ray absorptiometry. The British Journal of Nutrition, 89(2): 219-229.

Ouyang D, Xu L F, Zhang L H, et al. 2016. miR-181a-5p regulates 3T3-L1 cell adipogenesis by targeting Smad7 and Tcf7l2. Acta Biochimica et Biophysica Sinica, 48(11): 1034-1041.

Ouyang W J, Rutz S, Crellin N K, et al. 2011. Regulation and functions of the IL-10 family of cytokines in inflammation and disease. Annual Review of Immunology, 29: 71-109.

Owen B M, Ding X S, Morgan D A, et al. 2014. FGF21 acts centrally to induce sympathetic nerve activity, energy expenditure, and weight loss. Cell Metabolism, 20(4): 670-677.

Palou A, Sánchez J, Picó C. 2009. Nutrient-gene interactions in early life programming: leptin in breast milk prevents obesity later on in life. Advances in Experimental Medicine and Biology, 646: 95-104.

Pan Y, Hui X Y, Hoo R L C, et al. 2019. Adipocyte-secreted exosomal microRNA-34a inhibits M2 macrophage polarization to promote obesity-induced adipose inflammation. The Journal of Clinical Investigation, 129(2): 834-849.

Pannérec A, Formicola L, Besson V, et al. 2013. Defining skeletal muscle resident progenitors and their cell fate potentials. Development, 140(14): 2879-2891.

Papackova Z, Cahova M. 2015. Fatty acid signaling: the new function of intracellular lipases. International Journal of Molecular Sciences, 16(2): 3831-3855.

Parséus A, Sommer N, Sommer F, et al. 2017. Microbiota-induced obesity requires farnesoid X receptor. Gut, 66(3): 429-437.

Patel L, Buckels A C, Kinghorn I J, et al. 2003. Resistin is expressed in human macrophages and directly regulated by PPAR gamma activators. Biochemical and Biophysical Research Communications, 300(2): 472-476.

Paton C M, Ntambi J M. 2009. Biochemical and physiological function of stearoyl-CoA desaturase. American Journal of Physiology-Endocrinology and Metabolism, 297(1): E28-E37.

Payne V A, Au W S, Lowe C E, et al. 2009. C/EBP transcription factors regulate SREBP1c gene expression during adipogenesis. The Biochemical Journal, 425(1): 215-223.

Pellegrinelli V, Peirce V J, Howard L, et al. 2018. Adipocyte-secreted BMP8b mediates adrenergic-induced remodeling of the neuro-vascular network in adipose tissue. Nature Communications, 9: 4974.

Peloso G M, Auer P L, Bis J C, et al. 2014. Association of low-frequency and rare coding-sequence variants with blood lipids and coronary heart disease in 56, 000 whites and blacks. American Journal of Human Genetics, 94(2): 223-232.

Peserico A, Simone C. 2011. Physical and functional HAT/HDAC interplay regulates protein acetylation balance. Journal of Biomedicine & Biotechnology, 2011: 371832.

Petracci M, Sirri F, Mazzoni M, et al. 2013. Comparison of breast muscle traits and meat quality characteristics in 2 commercial chicken hybrids. Poultry Science, 92(9): 2438-2447.

Pou K M, Massaro J M, Hoffmann U, et al. 2007. Visceral and subcutaneous adipose tissue volumes are cross-sectionally related to markers of inflammation and oxidative stress: the Framingham heart study.

Circulation, 116(11): 1234-1241.

Poy M N, Eliasson L, Krutzfeldt J, et al. 2004. A pancreatic islet-specific microRNA regulates insulin secretion. Nature, 432(7104): 226-230.

Poy M N, Spranger M, Stoffel M. 2007. microRNAs and the regulation of glucose and lipid metabolism. Diabetes, Obesity & Metabolism, 9(Suppl 2): 67-73.

Prokesch A, Smorlesi A, Perugini J, et al. 2014. Molecular aspects of adipoepithelial transdifferentiation in mouse mammary gland. Stem Cells, 32(10): 2756-2766.

Qian S W, Tang Y, Li X, et al. 2013. BMP4-mediated brown fat-like changes in white adipose tissue alter glucose and energy homeostasis. Proceedings of the National Academy of Sciences of the United States of America, 110(9): E798-E807.

Qiang L, Wang L H, Kon N, et al. 2012. Brown remodeling of white adipose tissue by SirT1-dependent deacetylation of PPARγ. Cell, 150(3): 620-632.

Qiao Y, Huang Z G, Li Q F, et al. 2007. Developmental changes of the FAS and HSL mRNA expression and their effects on the content of intramuscular fat in Kazak and Xinjiang sheep. Journal of Genetics and Genomics, 34(10): 909-917.

Quesada-López T, Cereijo R, Turatsinze J V, et al. 2016. The lipid sensor GPR120 promotes brown fat activation and FGF21 release from adipocytes. Nature Communications, 7: 13479.

Rahman S M, Wang Y M, Yotsumoto H, et al. 2001. Effects of conjugated linoleic acid on serum leptin concentration, body-fat accumulation, and β-oxidation of fatty acid in OLETF rats. Nutrition, 17(5): 385-390.

Rancoule C, Attané C, Grès S, et al. 2013. Lysophosphatidic acid impairs glucose homeostasis and inhibits insulin secretion in high-fat diet obese mice. Diabetologia, 56(6): 1394-1402.

Rather S A, Masoodi F A, Akhter R, et al. 2016. Effects of guar gum as fat replacer on some quality parameters of mutton goshtaba, a traditional Indian meat product. Small Ruminant Research, 137: 169-176.

Redifer J D, Beever J E, Stahl C A, et al. 2020. Characterizing the amount and variability of intramuscular fat deposition throughout pork loins using barrows and gilts from two sire lines. Journal of Animal Science, 98(9): skaa275.

Reuter S, Gupta S C, Park B, et al. 2011. Epigenetic changes induced by curcumin and other natural compounds. Genes & Nutrition, 6: 93-108.

Rivas D A, McDonald D J, Rice N P, et al. 2016. Diminished anabolic signaling response to insulin induced by intramuscular lipid accumulation is associated with inflammation in aging but not obesity. American Journal of Physiology-Regulatory Integrative and Comparative Physiology, 310(7): R561-R569.

Robciuc M R, Maranghi M, Lahikainen A, et al. 2013. Angptl3 deficiency is associated with increased insulin sensitivity, lipoprotein lipase activity, and decreased serum free fatty acids. Arteriosclerosis, Thrombosis, and Vascular Biology, 33(7): 1706-1713.

Romeo S, Yin W, Kozlitina J, et al. 2009. Rare loss-of-function mutations in ANGPTL family members contribute to plasma triglyceride levels in humans. The Journal of Clinical Investigation, 119(1): 70-79.

Rosebrough R W, Poch S M, Russell B A, et al. 2002. Dietary protein regulates *in vitro* lipogenesis and lipogenic gene expression in broilers. Comparative Biochemistry and Physiology Part A: Molecular & Integrative Physiology, 132(2): 423-431.

Rosen E D, MacDougald O A. 2006. Adipocyte differentiation from the inside out. Nature Reviews Molecular Cell Biology, 7(12): 885-896.

Rui L Y. 2014. Energy metabolism in the liver. Comprehensive Physiology, 4(1): 177-197.

Rui L Y. 2017. Brown and beige adipose tissues in health and disease. Comprehensive Physiology, 7(4): 1281-1306.

Saini S, Duraisamy A J, Bayen S, et al. 2015. Role of BMP7 in appetite regulation, adipogenesis, and energy expenditure. Endocrine, 48(2): 405-409.

Sakaue H, Ogawa W, Matsumoto M, et al. 1998. Posttranscriptional control of adipocyte differentiation through activation of phosphoinositide 3-kinase. The Journal of Biological Chemistry, 273(44):

28945-28952.

Sakurada T, Noma A. 1981. Subcellular localization and some properties of monoacylglycerol lipase in rat adipocytes. Journal of Biochemistry, 90(5): 1413-1419.

San J S, Du Y T, Wu G F, et al. 2021. Transcriptome analysis identifies signaling pathways related to meat quality in broiler chickens—The extracellular matrix(ECM)receptor interaction signaling pathway. Poultry Science, 100(6): 101135.

Sandonà M, Consalvi S, Tucciarone L, et al. 2020. HDAC inhibitors tune miRNAs in extracellular vesicles of dystrophic muscle-resident mesenchymal cells. EMBO Reports, 21(9): e50863.

Saraiva M, O'Garra A. 2010. The regulation of IL-10 production by immune cells. Nature Reviews Immunology, 10(3): 170-181.

Sato N, Kobayashi K, Inoguchi T, et al. 2005. Adenovirus-mediated high expression of resistin causes dyslipidemia in mice. Endocrinology, 146(1): 273-279.

Satoh H, Nguyen M T, Miles P D G, et al. 2004. Adenovirus-mediated chronic "hyper-resistinemia" leads to *in vivo* insulin resistance in normal rats. The Journal of Clinical Investigation, 114(2): 224-231.

Savage D B, Petersen K F, Shulman G I. 2007. Disordered lipid metabolism and the pathogenesis of insulin resistance. Physiological Reviews, 87(2): 507-520.

Savage D C. 1977. Microbial ecology of the gastrointestinal tract. Annual Review of Microbiology, 31: 107-133.

Scheele C, Wolfrum C. 2020. Brown adipose crosstalk in tissue plasticity and human metabolism. Endocrine Reviews, 41(1): 53-65.

Scherer P E, Williams S, Fogliano M, et al. 1995. A novel serum protein similar to C1q, produced exclusively in adipocytes. The Journal of Biological Chemistry, 270(45): 26746-26749.

Schiavon S, Bergamaschi M, Pellattiero E, et al. 2017. Fatty acid composition of lamb liver, muscle, and adipose tissues in response to rumen-protected conjugated linoleic acid(CLA)supplementation is tissue dependent. Journal of Agricultural and Food Chemistry, 65(48): 10604-10614.

Schoeler M, Caesar R. 2019. Dietary lipids, gut microbiota and lipid metabolism. Reviews in Endocrine and Metabolic Disorders, 20(4): 461-472.

Schweiger M, Schreiber R, Haemmerle G, et al. 2006. Adipose triglyceride lipase and hormone-sensitive lipase are the major enzymes in adipose tissue triacylglycerol catabolism. The Journal of Biological Chemistry, 281(52): 40236-40241.

Scully P, Lyons A, Drummond L, et al. 2009. S1677 the gut microbiota as an environmental regulator of regulatory T cells and antigen presentation function of dendritic cells. Gastroenterology, 136(5): A248.

Seale P, Bjork B, Yang W L, et al. 2008. PRDM16 controls a brown fat/skeletal muscle switch. Nature, 454(7207): 961-967.

Serrano A L, Baeza-Raja B, Perdiguero E, et al. 2008. Interleukin-6 is an essential regulator of satellite cell-mediated skeletal muscle hypertrophy. Cell Metabolism, 7(1): 33-44.

Shang M, Cappellesso F, Amorim R, et al. 2020. Macrophage-derived glutamine boosts satellite cells and muscle regeneration. Nature, 587(7835): 626-631.

Shao F, Wang X, Yu J, et al. 2019. Expression of miR-33 from an SREBP2 intron inhibits the expression of the fatty acid oxidation-regulatory genes CROT and HADHB in chicken liver. British Poultry Science, 60(2): 115-124.

Shao H Y, Hsu H Y, Wu K S, et al. 2013. Prolonged induction activates CEBPα independent adipogenesis in NIH/3T3 cells. PLoS One, 8(1): e51459.

Sharp L Z, Shinoda K, Ohno H, et al. 2012. Human BAT possesses molecular signatures that resemble beige/brite cells. PLoS One, 7(11): e49452.

Shaw B, Lambert S, Wong M H T, et al. 2013. Individual saturated and monounsaturated fatty acids trigger distinct transcriptional networks in differentiated 3T3-L1 preadipocytes. Journal of Nutrigenetics and Nutrigenomics, 6(1): 1-15.

Shin M Y, Lee S E, Son Y J, et al. 2018. Lysophosphatidic acid accelerates development of porcine embryos by activating formation of the blastocoel. Molecular Reproduction and Development, 85(1): 62-71.

Shindou H, Hishikawa D, Harayama T, et al. 2009. Recent progress on acyl CoA: lysophospholipid acyltransferase research. Journal of Lipid Research, 50(Suppl): S46-S51.

Smith S. 1994. The animal fatty acid synthase: one gene, one polypeptide, seven enzymes. FASEB Journal, 8(15): 1248-1259.

Song B, Di S W, Cui S Q, et al. 2018. Distinct patterns of PPARγ promoter usage, lipid degradation activity, and gene expression in subcutaneous adipose tissue of lean and obese swine. International Journal of Molecular Sciences, 19(12): 3892.

Song H M, Song J L, Li D F, et al. 2015. Inhibition of FOXO1 by small interfering RNA enhances proliferation and inhibits apoptosis of papillary thyroid carcinoma cells via Akt/FOXO1/Bim pathway. OncoTargets and Therapy, 8: 3565-3573.

Stanford K I, Lynes M D, Takahashi H, et al. 2018. 12,13-diHOME: an exercise-induced lipokine that increases skeletal muscle fatty acid uptake. Cell Metabolism, 27(5): 1111-1120.e3.

Starkey C P, Geesink G H, Collins D, et al. 2016. Do sarcomere length, collagen content, pH, intramuscular fat and desmin degradation explain variation in the tenderness of three ovine muscles? Meat Science, 113: 51-58.

Steculorum S M, Ruud J, Karakasilioti I, et al. 2016. AgRP neurons control systemic insulin sensitivity via myostatin expression in brown adipose tissue. Cell, 165(1): 125-138.

Steppan C M, Bailey S T, Bhat S, et al. 2001. The hormone resistin links obesity to diabetes. Nature, 409(6818): 307-312.

Sterner D E, Berger S L. 2000. Acetylation of histones and transcription-related factors. Microbiology and Molecular Biology Reviews, 64(2): 435-459.

Sun T W, Fu M G, Bookout A L, et al. 2009. microRNA let-7 regulates 3T3-L1 adipogenesis. Molecular Endocrinology, 23(6): 925-931.

Sun Y M, Qin J, Liu S G, et al. 2017. PDGFRα regulated by miR-34a and FoxO1 promotes adipogenesis in porcine intramuscular preadipocytes through ERK signaling pathway. International Journal of Molecular Sciences, 18(11): 2424.

Sun Y, Geng M Y, Yuan Y M, et al. 2020. Lmo4-resistin signaling contributes to adipose tissue-liver crosstalk upon weight cycling. FASEB Journal, 34(3): 4732-4748.

Sundaresan S, Shahid R, Riehl T E, et al. 2013. CD36-dependent signaling mediates fatty acid-induced gut release of secretin and cholecystokinin. FASEB Journal: Official Publication of the Federation of American Societies for Experimental Biology, 27(3): 1191-1202.

Syed I, Lee J, Moraes-Vieira P M, et al. 2018. Palmitic acid hydroxystearic acids activate GPR40, which is involved in their beneficial effects on glucose homeostasis. Cell Metabolism, 27(2): 419-427.e4.

Syed I, Rubin de Celis M F, Mohan J F, et al. 2019. PAHSAs attenuate immune responses and promote β cell survival in autoimmune diabetic mice. The Journal of Clinical Investigation, 129(9): 3717-3731.

Tabata M, Kadomatsu T, Fukuhara S, et al. 2009. Angiopoietin-like protein 2 promotes chronic adipose tissue inflammation and obesity-related systemic insulin resistance. Cell Metabolism, 10(2): 178-188.

Takahashi N, Kawada T, Yamamoto T, et al. 2002. Overexpression and ribozyme-mediated targeting of transcriptional coactivators CREB-binding protein and p300 revealed their indispensable roles in adipocyte differentiation through the regulation of peroxisome proliferator-activated receptor gamma. The Journal of Biological Chemistry, 277(19): 16906-16912.

Talpur M Z. 2018. Analysis of differentially expressed genes related to intramuscular fat and chemical composition in different breeds of chicken. Pakistan Journal of Agricultural Sciences, 55(3): 615-623.

Talpur M Z, Abdulwahid A M, Yan S X, et al. 2018. Chicken Meat Quality; Association with different gene expression, physiochemical properties and glycogen. Pakistan Journal of Agricultural Sciences, 55(4): 979-994.

Tan C Y, Vidal-Puig A. 2008. Adipose tissue expandability: the metabolic problems of obesity may arise from the inability to become more obese. Biochemical Society Transactions, 36(Pt 5): 935-940.

Tang Q Q, Otto T C, Lane M D. 2004. Commitment of C3H10T1/2 pluripotent stem cells to the adipocyte lineage. Proceedings of the National Academy of Sciences of the United States of America, 101(26):

9607-9611.
Tang S, Xin Y, Ma Y L, et al. 2020. Screening of microbes associated with swine growth and fat deposition traits across the intestinal tract. Frontiers in Microbiology, 11: 586776.
Tang Y, Qian S W, Wu M Y, et al. 2016. BMP4 mediates the interplay between adipogenesis and angiogenesis during expansion of subcutaneous white adipose tissue. Journal of Molecular Cell Biology, 8(4): 302-312.
Teleman A A, Maitra S, Cohen S M. 2006. Drosophila lacking microRNA miR-278 are defective in energy homeostasis. Genes & Development, 20(4): 417-422.
Thalmann S, Meier C A. 2007. Local adipose tissue depots as cardiovascular risk factors. Cardiovascular Research, 75(4): 690-701.
Thomou T, Mori M A, Dreyfuss J M, et al. 2017. Adipose-derived circulating miRNAs regulate gene expression in other tissues. Nature, 542(7642): 450-455.
Tian W H, Wang Z, Wang D D, et al. 2021. Chromatin interaction responds to breast muscle development and intramuscular fat deposition between Chinese indigenous chicken and fast-growing broiler. Frontiers in Cell and Developmental Biology, 9: 782268.
Timmons J A, Wennmalm K, Larsson O, et al. 2007. Myogenic gene expression signature establishes that brown and white adipocytes originate from distinct cell lineages. Proceedings of the National Academy of Sciences of the United States of America, 104(11): 4401-4406.
Tischendorf F, Schone F, Kirchheim U, et al. 2002. Influence of a conjugated linoleic acid mixture on growth, organ weights, carcass traits and meat quality in growing pigs. Journal of Animal Physiology and Animal Nutrition, 86(3/4): 117-128.
Tkach M, Théry C. 2016. Communication by extracellular vesicles: where we are and where we need to go. Cell, 164(6): 1226-1232.
Trayhurn P. 2005. Endocrine and signalling role of adipose tissue: new perspectives on fat. Acta Physiologica Scandinavica, 184(4): 285-293.
Tzivion G, Dobson M, Ramakrishnan G. 2011. FoxO transcription factors; Regulation by AKT and 14-3-3 proteins. Biochimica et Biophysica Acta(BBA)–Molecular Cell Research, 1813(11): 1938-1945.
Uezumi A, Fukada S I, Yamamoto N, et al. 2010. Mesenchymal progenitors distinct from satellite cells contribute to ectopic fat cell formation in skeletal muscle. Nature Cell Biology, 12(2): 143-152.
Uezumi A, Ito T, Morikawa D, et al. 2011. Fibrosis and adipogenesis originate from a common mesenchymal progenitor in skeletal muscle. Journal of Cell Science, 124(Pt 21): 3654-3664.
Unger R H. 2002. Lipotoxic diseases. Annual Review of Medicine, 53: 319-336.
van Beekum O, Brenkman A B, Grøntved L, et al. 2008. The adipogenic acetyltransferase Tip60 targets activation function 1 of peroxisome proliferator-activated receptor gamma. Endocrinology, 149(4): 1840-1849.
Vasan S K, Noordam R, Gowri M S, et al. 2019. The proposed systemic thermogenic metabolites succinate and 12,13-diHOME are inversely associated with adiposity and related metabolic traits: evidence from a large human cross-sectional study. Diabetologia , 62(11): 2079-2087.
Viengchareun S, Zennaro M C, Pascual-Le Tallec L, et al. 2002. Brown adipocytes are novel sites of expression and regulation of adiponectin and resistin. FEBS Letters, 532(3): 345-350.
Wajchenberg B L, Giannella-Neto D, Da Silva M E R, et al. 2002. Depot-specific hormonal characteristics of subcutaneous and visceral adipose tissue and their relation to the metabolic syndrome. Hormone and Metabolic Research, 34(11/12): 616-621.
Waldén T B, Hansen I R, Timmons J A, et al. 2012. Recruited vs. nonrecruited molecular signatures of brown, "brite," and white adipose tissues. American Journal of Physiology-Endocrinology and Metabolism, 302(1): E19-E31.
Wamberg L, Christiansen T, Paulsen S K, et al. 2013. Expression of vitamin D-metabolizing enzymes in human adipose tissue—The effect of obesity and diet-induced weight loss. International Journal of Obesity, 37(5): 651-657.
Wang C, Liu W Y, Nie Y H, et al. 2017a. Loss of MyoD promotes fate transdifferentiation of myoblasts into

brown adipocytes. EBioMedicine, 16: 212-223.

Wang D M, Zhou Y R, Lei W W, et al. 2009. Signal transducer and activator of transcription 3(STAT3) regulates adipocyte differentiation via peroxisome-proliferator-activated receptor gamma(PPARγ). Biology of the Cell, 102(1): 1-12.

Wang G Q, Kim W K, Cline M A, et al. 2017b. Factors affecting adipose tissue development in chickens: a review. Poultry Science, 96(10): 3687-3699.

Wang G X, Zhao X Y, Meng Z X, et al. 2014a. The brown fat-enriched secreted factor Nrg4 preserves metabolic homeostasis through attenuation of hepatic lipogenesis. Nature Medicine, 20(12): 1436-1443.

Wang H S, Deng Q Q, Lv Z Y, et al. 2019a. N^6-methyladenosine induced miR-143-3p promotes the brain metastasis of lung cancer via regulation of VASH1. Molecular Cancer, 18(1): 181.

Wang H, Ma M, Li Y Y, et al. 2021. miR-183 and miR-96 orchestrate both glucose and fat utilization in skeletal muscle. EMBO Reports, 22(9): e52247.

Wang J C, Li Y S. 2019. CD36 tango in cancer: signaling pathways and functions. Theranostics, 9(17): 4893-4908.

Wang L Y, Shan T Z. 2021. Factors inducing transdifferentiation of myoblasts into adipocytes. Journal of Cellular Physiology, 236(4): 2276-2289.

Wang S H, Su X D, Xu M Q, et al. 2019b. Exosomes secreted by mesenchymal stromal/stem cell-derived adipocytes promote breast cancer cell growth via activation of Hippo signaling pathway. Stem Cell Research & Therapy, 10(1): 117.

Wang W S, Seale P. 2016. Control of brown and beige fat development. Nature Reviews Molecular Cell Biology, 17(11): 691-702.

Wang X G, Yang L, Wang H J, et al. 2014b. Growth hormone-regulated mRNAs and miRNAs in chicken hepatocytes. PLoS One, 9(11): e112896.

Wang X, He C. 2014. Dynamic RNA modifications in posttranscriptional regulation. Molecular Cell, 56(1): 5-12.

Wang Y D, Ma C, Sun Y, et al. 2017c. Dynamic transcriptome and DNA methylome analyses on longissimus dorsi to identify genes underlying intramuscular fat content in pigs. BMC Genomics, 18(1): 780.

Wang Z X, Jiang C S, Liu L, et al. 2005. The role of Akt on arsenic trioxide suppression of 3T3-L1 preadipocyte differentiation. Cell Research, 15(5): 379-386.

Wangzhou K X, Lai Z Y, Lu Z S, et al. 2020. miR-143-3p inhibits osteogenic differentiation of human periodontal ligament cells by targeting KLF5 and inactivating the Wnt/beta-catenin pathway. Frontiers in Physiology, 11: 606967.

Watanabe G, Motoyama M, Nakajima I, et al. 2018. Relationship between water-holding capacity and intramuscular fat content in Japanese commercial pork loin. Asian-Australasian Journal of Animal Sciences, 31(6): 914-918.

Watanabe M, Houten S M, Mataki C, et al. 2006. Bile acids induce energy expenditure by promoting intracellular thyroid hormone activation. Nature, 439(7075): 484-489.

Waters D L. 2019. Intermuscular adipose tissue: a brief review of etiology, association with physical function and weight loss in older adults. Annals of Geriatric Medicine and Research, 23(1): 3-8.

Weber K, Erben R G. 2013. Differences in triglyceride and cholesterol metabolism and resistance to obesity in male and female vitamin D receptor knockout mice. Journal of Animal Physiology and Animal Nutrition, 97(4): 675-683.

Wei D Q, Sun Q, Li Y Z, et al. 2021. Leptin reduces Plin5 m^6A methylation through FTO to regulate lipolysis in piglets. International Journal of Molecular Sciences, 22(19): 10610.

Wei N, Pang W J, Wang Y, et al. 2014. Knockdown of PU.1 mRNA and AS lncRNA regulates expression of immune-related genes in zebrafish *Danio rerio*. Developmental & Comparative Immunology, 44(2): 315-319.

Whittle A J, Carobbio S, Martins L, et al. 2012. BMP8B increases brown adipose tissue thermogenesis through both central and peripheral actions. Cell, 149(4): 871-885.

Winbanks C E, Weeks K L, Thomson R E, et al. 2012. Follistatin-mediated skeletal muscle hypertrophy is regulated by Smad3 and mTOR independently of myostatin. The Journal of Cell Biology, 197(7): 997-1008.

Wiper-Bergeron N, Salem H A, Tomlinson J J, et al. 2007. Glucocorticoid-stimulated preadipocyte differentiation is mediated through acetylation of C/EBPβ by GCN5. Proceedings of the National Academy of Sciences of the United States of America, 104(8): 2703-2708.

Woclawek-Potocka I, Pawińska P, Kowalczyk-Zieba I, et al. 2014. Lysophosphatidic acid(LPA)signaling in human and ruminant reproductive tract. Mediators of Inflammation, 2014: 1-14.

Wosczyna M N, Perez Carbajal E E, Wagner M W, et al. 2021. Targeting microRNA-mediated gene repression limits adipogenic conversion of skeletal muscle mesenchymal stromal cells. Cell Stem Cell, 28(7): 1323-1334.e8.

Wu J H, Srinivasan S V, Neumann J C, et al. 2005. The KLF2 transcription factor does not affect the formation of preadipocytes but inhibits their differentiation into adipocytes. Biochemistry, 44(33): 11098-11105.

Wu J, Boström P, Sparks L M, et al. 2012. Beige adipocytes are a distinct type of thermogenic fat cell in mouse and human. Cell, 150(2): 366-376.

Wu M Y, Fu J J, Xiao X L, et al. 2014. miR-34a regulates therapy resistance by targeting HDAC1 and HDAC7 in breast cancer. Cancer Letters, 354(2): 311-319.

Wu T W, Hu H, Zhang T Z, et al. 2019. miR-25 promotes cell proliferation, migration, and invasion of non-small-cell lung cancer by targeting the LATS2/YAP signaling pathway. Oxidative Medicine and Cellular Longevity, 2019: 1-14.

Wu W J, Zhang J, Zhao C, et al. 2017. CTRP6 regulates porcine adipocyte proliferation and differentiation by the AdipoR1/MAPK signaling pathway. Journal of Agricultural and Food Chemistry, 65(27): 5512-5522.

Wu Z N, Wang S Q. 2013. Role of kruppel-like transcription factors in adipogenesis. Developmental Biology, 373(2): 235-243.

Xia C S, Yang Y, Kong F H, et al. 2018. miR-143-3p inhibits the proliferation, cell migration and invasion of human breast cancer cells by modulating the expression of MAPK7. Biochimie, 147: 98-104.

Xu J F, Liao K. 2004. Protein kinase B/AKT 1 plays a pivotal role in insulin-like growth factor-1 receptor signaling induced 3T3-L1 adipocyte differentiation. The Journal of Biological Chemistry, 279(34): 35914-35922.

Xu K, Yang Y, Feng G H, et al. 2017. Mettl3-mediated m^{6}A regulates spermatogonial differentiation and meiosis initiation. Cell Research, 27(9): 1100-1114.

Xu Z Y, You W J, Chen W T, et al. 2021. Single-cell RNA sequencing and lipidomics reveal cell and lipid dynamics of fat infiltration in skeletal muscle. Journal of Cachexia, Sarcopenia and Muscle, 12(1): 109-129.

Xu Z Y, You W J, Liu J Q, et al. 2020. Elucidating the regulatory role of melatonin in brown, white, and beige adipocytes. Advances in Nutrition, 11(2): 447-460.

Yadin D, Knaus P, Mueller T D. 2016. Structural insights into BMP receptors: specificity, activation and inhibition. Cytokine Growth Factor Reviews, 27: 13-34.

Yamashita S, Shimada K, Sakurai R, et al. 2019. Decrease in intramuscular levels of phosphatidylethanolamine bearing arachidonic acid during postmortem aging depends on meat cuts and breed. European Journal of Lipid Science and Technology, 121(5): 1800370.

Yamauchi T, Kamon J, Ito Y, et al. 2003. Cloning of adiponectin receptors that mediate antidiabetic metabolic effects. Nature, 423(6941): 762-769.

Yan C H, Tian X X, Li J Y, et al. 2021. A high-fat diet attenuates AMPK α1 in adipocytes to induce exosome shedding and nonalcoholic fatty liver development *in vivo*. Diabetes, 70(2): 577-588.

Yan G G, Yuan Y, He M Y, et al. 2020. m^{6}A methylation of precursor-miR-320/RUNX2 controls osteogenic potential of bone marrow-derived mesenchymal stem cells. Molecular Therapy Nucleic Acids, 19: 421-436.

Yang H, Wu J Y, Huang X C, et al. 2022. ABO genotype alters the gut microbiota by regulating GalNAc levels in pigs. Nature, 606(7913): 358-367.

Yang L Y, Liu Z M, Ou K P, et al. 2019. Evolution, dynamic expression changes and regulatory characteristics of gene families involved in the glycerophosphate pathway of triglyceride synthesis in chicken(*Gallus gallus*). Scientific Reports, 9(1): 12735.

Yang W L, Guo X X, Thein S, et al. 2013. Regulation of adipogenesis by cytoskeleton remodelling is facilitated by acetyltransferase MEC-17-dependent acetylation of α-tubulin. The Biochemical Journal, 449(3): 605-612.

Yang X J, Seto E. 2008. Lysine acetylation: codified crosstalk with other posttranslational modifications. Molecular Cell, 31(4): 449-461.

Yao Q J, Sang L N, Lin M H, et al. 2018. Mettl3-Mettl14 methyltransferase complex regulates the quiescence of adult hematopoietic stem cells. Cell Research, 28(9): 952-954.

Yao Y X, Bi Z, Wu R F, et al. 2019. METTL3 inhibits BMSC adipogenic differentiation by targeting the JAK1/STAT5/C/EBPß pathway via an m^6A-YTHDF2-dependent manner. FASEB Journal, 33(6): 7529-7544.

Ye M H, Chen J L, Zhao G P, et al. 2010. Associations of A-FABP and H-FABP markers with the content of intramuscular fat in Beijing-You chicken. Animal Biotechnology, 21(1): 14-24.

Yi X D, He Z Z, Tian T T, et al. 2021. $LncIMF_2$ promotes adipogenesis in porcine intramuscular preadipocyte through sponging miR-217. Animal Biotechnology, 34(2): 268-279.

Yilmaz M, Claiborn K C, Hotamisligil G S. 2016. *De novo* lipogenesis products and endogenous lipokines. Diabetes, 65(7): 1800-1807.

Ying W, Riopel M, Bandyopadhyay G, et al. 2017. Adipose tissue macrophage-derived exosomal miRNAs can modulate *in vivo* and *in vitro* insulin sensitivity. Cell, 171(2): 372-384.e12.

Yoneshiro T, Matsushita M, Saito M. 2019. Translational aspects of brown fat activation by food-derived stimulants. Handbook of Experimental Pharmacology, 251: 359-379.

Yore M M, Syed I, Moraes-Vieira P M, et al. 2014. Discovery of a class of endogenous mammalian lipids with anti-diabetic and anti-inflammatory effects. Cell, 159(2): 318-332.

Yu B, van Tol H T A, Oei C H Y, et al. 2021. Lysophosphatidic acid accelerates bovine *in vitro*-produced blastocyst formation through the Hippo/YAP pathway. International Journal of Molecular Sciences, 22(11): 5915.

Yu C, Luo X Y, Farhat N, et al. 2014. Lack of angiopoietin-like-2 expression limits the metabolic stress induced by a high-fat diet and maintains endothelial function in mice. Journal of the American Heart Association, 3(4): e001024.

Yu L, Zheng W J, Li C Q, et al. 2020. miR-22-3p/KLF6/MMP14 axis in fibro-adipogenic progenitors regulates fatty infiltration in muscle degeneration. FASEB Journal, 34(9): 12691-12701.

Zacharia A, Saidemberg D, Mannully C T, et al. 2020. Distinct infrastructure of lipid networks in visceral and subcutaneous adipose tissues in overweight humans. The American Journal of Clinical Nutrition, 112(4): 979-990.

Zhan H W, Xiong Y C, Wang Z C, et al. 2022. Integrative analysis of transcriptomic and metabolomic profiles reveal the complex molecular regulatory network of meat quality in Enshi black pigs. Meat Science, 183: 108642.

Zhang D W, Wu W J, Huang X, et al. 2021a. Comparative analysis of gene expression profiles in differentiated subcutaneous adipocytes between Jiaxing Black and Large White pigs. BMC Genomics, 22(1): 61.

Zhang F, Hao G Y, Shao M L, et al. 2018a. An adipose tissue atlas: an image-guided identification of human-like BAT and Beige depots in rodents. Cell Metabolism, 27(1): 252-262.e3.

Zhang J L, Bai R H, Li M, et al. 2019a. Excessive miR-25-3p maturation via N^6-methyladenosine stimulated by cigarette smoke promotes pancreatic cancer progression. Nature Communications, 10(1): 1858.

Zhang K X, Yang X D, Zhao Q, et al. 2020a. Molecular mechanism of stem cell differentiation into adipocytes and adipocyte differentiation of malignant tumor. Stem Cells International, 2020: 8892300.

Zhang M, Li D H, Li F, et al. 2018b. Integrated analysis of miRNA and genes associated with meat quality reveals that Gga-miR-140-5p affects intramuscular fat deposition in chickens. Cellular Physiology and

Biochemistry, 46(6): 2421-2433.
Zhang M, Li F, Ma X F, et al. 2019b. Identification of differentially expressed genes and pathways between intramuscular and abdominal fat-derived preadipocyte differentiation of chickens *in vitro*. BMC Genomics, 20(1): 743.
Zhang P W, Du J J, Wang L H, et al. 2018c. microRNA-143a-3p modulates preadipocyte proliferation and differentiation by targeting MAPK7. Biomedicine & Pharmacotherapy, 108: 531-539.
Zhang R. 2016. The ANGPTL3-4-8 model, a molecular mechanism for triglyceride trafficking. Open Biology, 6(4): 150272.
Zhang Y C, O'Keefe R J, Jonason J H. 2017. BMP-TAK1(MAP3K7)induces adipocyte differentiation through PPARγ signaling. Journal of Cellular Biochemistry, 118(1): 204-210.
Zhang Y, Sun L, Zhu R, et al. 2022. Porcine gut microbiota in mediating host metabolic adaptation to cold stress. NPJ Biofilms and Microbiomes, 8: 18.
Zhang Y, Sun Y, Wu Z, et al. 2021e. Subcutaneous and intramuscular fat transcriptomes show large differences in network organization and associations with adipose traits in pigs. Science China Life Sciences, 64(10): 1732-1746.
Zhang Z Q, Zhang J K, Li J M, et al. 2020b. miR-320/ELF_3 axis inhibits the progression of breast cancer via the PI3K/AKT pathway. Oncology Letters, 19(4): 3239-3248.
Zhang Z W, Liao Q C, Sun Y, et al. 2021b. Lipidomic and transcriptomic analysis of the longissimus muscle of Luchuan and Duroc pigs. Frontiers in Nutrition, 8: 667622.
Zhang Z, Nam H K, Crouch S, et al. 2021c. Tissue nonspecific alkaline phosphatase function in bone and muscle progenitor cells: control of mitochondrial respiration and ATP production. International Journal of Molecular Sciences, 22(3): 1140.
Zhang Z, Zhang Z, Oyelami F O, et al. 2021d. Identification of genes related to intramuscular fat independent of backfat thickness in Duroc pigs using single-step genome-wide association. Animal Genetics, 52(1): 108-113.
Zhao X H, Yang Z Q, Bao L B, et al. 2015. Daidzein enhances intramuscular fat deposition and improves meat quality in finishing steers. Experimental Biology and Medicine(Maywood, N.J.), 240(9): 1152-1157.
Zhao Y S, Li X, Yang L, et al. 2018. Transient overexpression of vascular endothelial growth factor a in adipose tissue promotes energy expenditure via activation of the sympathetic nervous system. Molecular and Cellular Biology, 38(22): e00242-18.
Zheng Q T, Lin J, Huang J J, et al. 2017. Reconstitution of UCP1 using CRISPR/Cas9 in the white adipose tissue of pigs decreases fat deposition and improves thermogenic capacity. Proceedings of the National Academy of Sciences of the United States of America, 114(45): E9474-E9482.
Zhong L T, He X, Song H Y, et al. 2020. METTL3 induces AAA development and progression by modulating N^6-methyladenosine-dependent primary miR34a processing. Molecular Therapy Nucleic Acids, 21: 394-411.
Zhou P, Santoro A, Peroni O D, et al. 2019. PAHSAs enhance hepatic and systemic insulin sensitivity through direct and indirect mechanisms. The Journal of Clinical Investigation, 129(10): 4138-4150.
Zhuang H L, Lin Y Q, Yang G S. 2007. Effects of 1,25-dihydroxyvitamin D_3 on proliferation and differentiation of porcine preadipocyte *in vitro*. Chemico-Biological Interactions, 170(2): 114-123.
Zou P, Liu L H, Zheng L, et al. 2014. Targeting FoxO1 with AS1842856 suppresses adipogenesis. Cell Cycle, 13(23): 3759-3767.

第五章 畜禽肉品质形成的遗传基础

2020年经国家畜禽遗传资源委员会确认，中国畜禽遗传资源主要有猪、鸡、鸭、鹅、火鸡、黄牛、水牛、牦牛、绵羊、山羊、马、驴、骆驼、兔、梅花鹿、马鹿、水貂、貉、蜂等33个畜种，共计897个品种，其中，17种传统畜禽品种848个，16种特种畜禽品种49个。现有家禽品种341个，其中鸡230个，鸭54个，鹅38个，特禽19个；180个地方品种中，鸡113个，鸭37个，鹅30个，表明我国具有丰富的种质资源，而对种质资源特征的挖掘将成为目前育种的新方向。

第一节 品种与畜禽肉品质的形成

肉品质受到基因和环境的综合影响，也受它们之间的互作影响，其中遗传是重要的主导因素。由于畜禽生存的生态环境不同及受到长期选择，形成了各品种类群固有的基因组合体系，制约着品种肉质的特殊性。不同品种畜禽的肉质有明显的差异，在肉的组成成分上有所不同，形成了各自不同的特点和风味。肉品质的指标多具中等或高遗传力，进一步说明遗传因素对肉品质有重要影响（贾青和陈国宏，1997）。

一、品种对猪肉品质的影响

由于地理环境、饲养方式和选育目标的不同，中外品种猪形成了独特的种质特性，在肉质性状方面存在很大差异。我国从20世纪60年代开始从国外引进优良品种猪，这些猪具有生长速度快、瘦肉率高和饲料转化率高等优点，但其肉质存在肌内脂肪少、肉色灰白、系水力低等缺点。而我国地方品种猪种质资源丰富，其肉质具有肉色鲜红、系水力强、肌内脂肪含量高、肌纤维直径小等优点，恰好弥补了国外品种猪在肉质上的缺陷（刘莹莹等，2015）。我国养猪历史悠久，具有丰富的地方品种资源，但由于地域辽阔，肉质除与国外品种有明显差异外，国内不同地区的地方品种猪肉质也存在一定差异。

（一）猪的品种

在动物学分类上，猪属于哺乳动物纲偶蹄目非反刍亚目猪科猪亚科猪属，猪属包括野猪和家猪。据《中国畜禽遗传资源志·猪志》记载，现代家猪的祖先并不是现代野猪，而是古代野猪。古代野猪的起源不是一个中心，而是由地域分布不同的古代野猪经人类长期驯化而形成的。中国不同地区各自结合当地自然条件、风俗习惯和社会经济条件培育出了众多具有地方特色的猪种，已有76个地方猪种收录于《中国畜禽遗传资源志·猪志》（丁玫，2018）。

1. 中国地方品种

中国猪种的分类主要经历了以下几个阶段：最初以毛色的差异将中国地方猪种划分为黑、白、花 3 种类型；随后以猪种起源、地理条件和社会经济条件为划分原则，将中国地方猪种划分为华北型、华南型、华中型和高原型 4 种类型；目前，根据中国猪种的分布、体形外貌、生产性能，并结合产地的自然条件、饲养条件和人类迁移等情况，将中国地方猪种划分为六大类型，分别为华北型、华南型、华中型、江海型、西南型和高原型。

华北型地方猪种一般指秦岭—淮河线以北，包括华北、东北和蒙新区的品种猪，代表品种有民猪、八眉猪、马身猪、淮猪等（赵思思等，2017a）。华南型地方猪种主要分布于我国南部的热带和亚热带地区，代表品种有两广小花猪、海南猪、滇南小耳猪、香猪等（赵思思等，2017b）。华中型地方猪种主要分布于长江两岸到北回归线之间的大巴山和武陵山以东的广大地区，代表品种有宁乡猪、华中两头乌猪、金华猪、大围子猪等（赵思思等，2016a）。江海型地方猪主要分布在汉水和长江中下游沿岸、东南沿海地区及台湾地区西部的沿海平原，代表品种有梅山猪、二花脸猪、嘉兴黑猪、太湖猪等（赵思思等，2017c）。西南型地方猪主要分布于四川盆地和云贵高原的大部分地区，以及湘鄂西部，代表品种有内江猪、荣昌猪、成华猪、乌金猪等（赵思思等，2016b）。高原型猪大多分布在青藏高原的海拔 3000m 以上地区，也有少数生长在海拔 2000～3000m，其中包括西藏自治区、青海省、甘肃省甘南藏族自治州、四川省（阿坝藏族羌族自治州、甘孜藏族自治州、木里藏族自治县）、云南迪庆藏族自治州等地区，代表品种有藏猪、合作猪、迪庆藏猪等（杨再，2007）。

2. 引进品种

约克夏猪（大白猪）、长白猪、杜洛克猪是全球几大著名猪种，以生长速度快、饲料转化率高、胴体瘦肉率高、屠宰率高、养殖经济效益高而全球闻名，也是我国主要的引进品种（王能武，2020）。大白猪在商品瘦肉型猪生产中既可以作父本与我国地方品种杂交生产二元杂交猪，也可以在外三元杂交体系中作第一母本；长白猪一般作父本进行两品种或三品种杂交；杜洛克猪在生产中多用作杂交终端父本（吕政海，2018）。

（二）不同品种猪肌内脂肪含量差异

肌内脂肪（IMF）指的是化学上肌肉内可提取的脂肪，主要是由肌内脂肪前体细胞分化而来的脂肪细胞组成，是构成肉品的大理石纹的主要成分（Hausman et al.，2014）。肌内脂肪含量是肉质的重要组成部分，直接影响肉质的嫩度、多汁性和风味，而肌内脂肪前体细胞的成脂分化和脂肪沉积涉及遗传、营养和环境等多方面因素（Gao and Zhao，2009；Ren et al.，2022），其中遗传是一个主要因素，国内外大量研究表明不同品种猪之间肌内脂肪含量有明显差异。

1．国内与国外品种之间

与国外引进品种相比，我国本地猪种的肌内脂肪含量大多较高，欧洲猪的 IMF 含量为 2%～3%，而我国本土猪种的 IMF 含量为 4%左右（Yang et al.，2016；Liu et al.，2016）。对 30、60、90、150、210 和 300 日龄的沙子岭猪和大白猪进行肉质检测发现，在 150 日龄时沙子岭猪的肌内脂肪含量显著高于大白猪（Song et al.，2022）；相同日龄的金华猪与长白猪相比，肌内脂肪含量更高，测定 30、60、90、120 和 150 日龄的同龄金华猪和长白猪的脂肪含量发现两者之间存在显著差异，在所有检测日龄中金华猪的肌内脂肪含量都高于大白猪，且金华猪的肌内脂肪含量随着日龄增长稳步上升，而长白猪肌内脂肪含量随着日龄增长仅略有上升（Guo et al.，2011；Wu et al.，2013）；比较一同处于出栏日龄的圩猪、安庆六白猪和长白猪的肉质性状，发现圩猪和安庆六白猪的肌内脂肪含量显著高于长白猪（Zhang et al.，2015）；民猪与大白猪相比肌内脂肪含量也更高（Liu et al.，2018b）。总的来说，与国外品种猪相比较，我国大多数地方猪种的肌内脂肪含量更高。

2．国外不同品种之间

国外大多数猪种瘦肉率高，肌内脂肪含量普遍较低，但不同猪种之间的肌内脂肪含量也存在一定的差异。与皮特兰猪相比，杜洛克猪的肌内脂肪含量更高，分别以皮特兰猪和杜洛克猪为父本与同种母本杂交产生后代，对后代进行肉质性状测定发现，杜洛克猪的后代肌内脂肪含量也更高（Ellis et al.，1996；Kim et al.，2020）；而与巴克夏猪相比，大白猪的肌内脂肪含量显著偏低（Chen et al.，2021）。

3．国内不同品种之间

我国本地猪种肌内脂肪含量普遍较高，但不同品种之间也存在显著差异。例如，中国地方品种猪的出栏日龄肌内脂肪含量大多数在 3%～5%，其中莱芜猪含量最高。对莱芜猪、二花脸猪和巴马香猪的肌内脂肪含量进行对比，发现莱芜猪的肌内脂肪含量大约是二花脸猪和巴马香猪的 3.5 倍（Zhong et al.，2020）。

（三）不同品种猪肌纤维特性差异

肌纤维是构成动物骨骼肌组织的基本单元，不同骨骼肌肌纤维类型的理化性质和生物学功能存在差异。肌纤维类型可根据肉色、收缩功能、组织化学染色、代谢类型和酶活性以及基因表达进行划分，目前最常用的划分标准是按照肌球蛋白重链（MyHC）异构体进行划分，不同类型的肌纤维特异性表达各自特殊类型的 MyHC，而不同的 MyHC 均由其相应的基因编码，因此通过检测 *MyHC* 基因的表达水平来对肌纤维分型，可划分为慢速氧化型（Ⅰ型）、快速氧化型（Ⅱa 型）、快速酵解型（Ⅱb 型）和中间型（Ⅱx 型）肌纤维（Suzuki and Cassens，1980；Lefaucheur et al.，2002；陈映等，2020；刘莹莹等，2017）。

不同类型肌纤维的收缩运动、生理代谢、化学成分等不同，因此肌肉中肌纤维类型组成不同，往往导致肌肉品质的不同，当肌肉中氧化型肌纤维比例高而酵解型肌纤维比例低时，糖原和乳酸的含量较低，宰后 pH 值下降慢，蛋白质变性程度和滴水损失降低，肌肉品质较好（Xu et al.，2020a；欧秀琼等，2022）。猪肌肉肌纤维特性受品种、营养、饲养方式、环境温度、运动、激素等多种因素影响，其中遗传是一个主要因素。大量研究表明，不同品种猪由于与肌纤维特性相关基因的差异表达，肌纤维特性的形成也有一定差异，从而表现出不同的肌肉品质性状。我国地方猪种肌肉品质与国外瘦肉型猪种相比具有肉色好、系水力强、肌内脂肪含量高等优点，这与我国地方猪种具有肌纤维细、密度大及肌肉中氧化型肌纤维比例高等肌纤维特性有关（欧秀琼等，2019）。

1. 国内与国外品种之间

大量研究表明，我国地方猪种的肌纤维特性与国外猪种相比有明显差异。与长白猪相比，巴马香猪背最长肌中 *MyHC Ⅰ*基因表达量更高，具有更多的氧化型肌纤维，肉质更好（刘莹莹等，2017）。在背最长肌中，金华猪的 *MyHC Ⅰ*、*MyHC Ⅱa* 和 *MyHC Ⅱx* 表达量均显著高于长白猪，而 *MyHC Ⅱb* 表达量低于长白猪；在比目鱼肌中，长白猪的 *MyHC Ⅱb* 和 *MyHC Ⅱx* 表达量显著高于金华猪，*MyHC Ⅰ*和 *MyHC Ⅱa* 则显著低于金华猪（Guo et al.，2011）。大白猪和二花脸猪背最长肌肌纤维类型的组成在 90 日龄后的快速生长期呈现显著差异，大白猪背最长肌的Ⅰ型肌纤维比例显著降低且Ⅱb 型肌纤维比例显著升高，与其肌肉的快速增长相关，而二花脸猪背最长肌有较高比例的Ⅰ型纤维和Ⅱa 型纤维，与其优良的肉质相关（杨晓静等，2005）；同日龄以及同体重的民猪和大白猪相比，Ⅰ、Ⅱa、Ⅱx 型 *MyHC* mRNA 相对表达量均显著高于大白猪，而Ⅱb 型 *MyHC* mRNA 相对表达量显著低于大白猪，也就是说民猪肌肉中氧化型和中间型肌纤维含量高于大白猪，而酵解型肌纤维含量低于大白猪（李忠秋等，2019）；与大白猪相比，马身猪 *MyHC Ⅰ*的表达显著高于大白猪，而 *MyHC Ⅱb* 的表达低于大白猪（Guo et al.，2019）。

2. 国外不同品种之间

川井田博和郁明发（1983）对几个国外品种猪的肌纤维进行了初步的比较，发现不同品种之间肌纤维的物理指标存在差异。与大白猪、长白猪、汉普夏猪以及杜洛克猪相比，鹿儿岛巴克夏猪背最长肌和股二头肌的肌纤维最细、肌束内肌纤维数最多、二头肌肌束最粗，而杜洛克猪背最长肌和股二头肌的肌纤维最粗、肌束内肌纤维数最少，因此鹿儿岛巴克夏猪的肉质更细腻致密，杜洛克猪的肉质则更粗糙疏松。

3. 国内不同品种之间

经荣斌等（1990）对我国地方猪种香猪和二花脸猪的肌纤维物理指标进行了比较，发现两者存在一定差异。香猪肌原纤维在肌纤维中的含量占比约为 61.96%，二花脸猪约占 68.40%；香猪肌原纤维的粗肌丝直径为 10～20nm，二花脸猪为 12.5～22.5nm。姜曲海猪与二花脸猪肌纤维也存在差异（经荣斌等，1983）。

（四）不同品种猪脂肪酸含量差异

脂肪酸是构成脂肪的重要化学物质，可分为饱和脂肪酸（SFA）和不饱和脂肪酸

（UFA）。UFA 又可分为单不饱和脂肪酸（MUFA）和多不饱和脂肪酸（PUFA），其中 PUFA 是肉香味重要的前体物质，其组成及含量在很大程度上会影响猪肉的嫩度和风味，是影响肉品质的重要因素之一，也是各种肉独具风味的关键（宋倩倩等，2018；Kouba et al.，2008；Khan et al.，2015）。猪肉的脂肪酸组成也影响其营养价值并与人类的健康有关，饱和脂肪酸（SFA）的过度摄入会增加患心血管疾病和 2 型糖尿病的风险，相反，不饱和脂肪酸（UFA）的摄入对人体健康有益（Wood et al.，2008；Calder，2015；Cameron et al.，2000；Schwingshackl and Hoffmann，2012）。猪肉中脂肪酸的含量及组成受品种、营养、饲养方式等多种因素综合作用，其中遗传为主要因素，不同品种之间由于遗传物质的不同，脂肪酸的含量及组成存在明显差异。

1. 国内与国外品种之间

大量研究表明，我国地方猪种与国外猪种间脂肪酸的含量及组成具有明显差异。宋倩倩等（2018）对金华猪、大白猪等 6 个品种猪背最长肌中的脂肪酸含量和组成差异进行了比较，发现金华猪肌肉中 SFA 和 MUFA 含量极显著高于大白猪，PUFA 含量则显著低于大白猪；同时发现，与引进品种猪相比，杜金、长金等金华猪与引进品种猪杂交品系的脂肪酸组成有所改善（宋倩倩等，2018；农秋雲等，2019）。吴妹英等（2007）比较了莆田黑猪、杜洛克猪及二元杂种杜莆猪（杜洛克猪与莆田黑猪杂交所得）背最长肌的脂肪酸组成，发现莆田黑猪及杜莆猪的 SFA 含量显著高于杜洛克猪。此外，研究还发现南阳黑猪肌肉中脂肪酸含量和组成优于大白猪（鲁云风等，2017）；荣昌猪背最长肌中 SFA 含量低于杜洛克猪，而 MUFA 含量显著高于杜洛克猪，但是荣昌猪在肉质及营养价值方面总体优于引进品种杜洛克猪（章杰等，2015）；长白山野猪肌内脂肪含量显著低于松辽黑猪和杜长大猪，亚油酸和 UFA 含量及 PUFA/SFA 显著高于杜长大猪，SFA 含量显著低于松辽黑猪和杜长大猪（于永生等，2016）；蓝塘猪背最长肌中 MUFA 含量低于长白猪，而 PUFA 含量高于长白猪（Yu et al.，2013）；此外，大白猪的单不饱和脂肪酸和多不饱和脂肪酸含量均低于马身猪（Guo et al.，2019）。

总的来说，我国地方品种猪脂肪酸组成及含量与国外品种猪存在较大的差异，脂肪酸组成及含量存在差异是不同品种猪肉质、营养以及风味有所不同的重要原因之一。

2. 国外不同品种之间

国外不同品种猪肌肉的脂肪酸组成也存在差异。与杜洛克猪相比，皮特兰猪辛酸、豆蔻酸和月桂酸等饱和脂肪酸的含量更低，不饱和脂肪酸含量更高，UFA/SFA 也显著高于杜洛克猪（Kim et al.，2020）。波兰普劳斯卡猪胸腰长肌中 MUFA 含量高于大白猪，而 PUFA 含量低于大白猪（Kasprzyk et al.，2015）。有研究比较了大白猪、杜洛克猪、汉普夏猪、斑猪、切斯特白猪、波中猪、巴克夏猪和长白猪 8 个猪种背最长肌中脂肪酸的组成及含量，结果发现杜洛克的 SFA 含量最高，汉普夏猪、长白猪和大白猪的 PUFA 含量高于其他品种（Zhang et al.，2007）。

3. 国内不同品种之间

国内也有研究对不同地方猪种之间肌肉脂肪酸的组成进行了比较，如与二花脸猪和莱芜猪相比，巴马香猪肌肉中饱和脂肪酸的比例相对较低，而一些有益的单不饱和脂肪酸和多不饱和脂肪酸的比例较高（Zhong et al.，2020）。对青海八眉猪、甘肃长白猪及甘肃黑猪 3 个品种猪的脂肪酸进行分析发现，八眉猪肌肉拥有更多的脂肪酸种类、更高的 SFA 和 PUFA 含量，营养价值更高（席斌等，2019）。

（五）不同品种猪氨基酸含量差异

氨基酸不仅可以作为畜禽肌肉蛋白质的合成底物，是猪肉风味的重要前体物质，还广泛参与多种生理过程，作为信号分子来调节肉品质。滋味和香味共同构成肉的风味，是由挥发性和非挥发性化合物相互作用形成的。滋味是由非挥发性呈味物质如游离氨基酸、核苷酸、小肽、无机盐、核糖等形成的。游离氨基酸在猪肉成熟过程中有增加滋味的作用（Khan et al.，2015）。香味是由挥发性呈味物质经美拉德反应、脂质降解和硫胺素降解等形成的。氨基酸可通过美拉德反应和 Strecker 降解等使熟肉产生特定的香味（Lee et al.，2016；袁艳枝等，2020）。猪肉中各种氨基酸的组成和含量不同往往形成不同风味的肉质，而品种是猪肉氨基酸组成和含量存在差异的决定因素。一般来说，我国地方品种猪肉中总游离氨基酸、谷氨酸、丙氨酸、天冬氨酸、甘氨酸、精氨酸等鲜味物质的含量高于瘦肉型猪肉（袁艳枝等，2020），也与地方猪优质的肉品质有一定的关系。

国内外有大量关于不同品种猪之间氨基酸组成和含量差异的研究。比较大白猪、青峪猪与藏猪背最长肌中氨基酸含量及组成，藏猪的鲜味氨基酸比例最高，而青峪猪的甜味氨基酸比例最高（Gan et al.，2019）；与杜洛克猪比较，脂肪型的荣昌猪背最长肌中丝氨酸、丙氨酸、精氨酸、异亮氨酸、酪氨酸、总氨基酸含量和呈味氨基酸总量均更高（章杰等，2015）；撒坝猪肌肉谷氨酸、丙氨酸、异亮氨酸、亮氨酸、鲜味氨基酸、总氨基酸含量低于高黎贡山猪和杜洛克猪，而高黎贡山猪的必需氨基酸含量高于撒坝猪和杜洛克猪（李志勋等，2020）；云南 5 个地方猪种（大河猪、丽江猪、迪庆藏猪、滇南小耳猪、撒坝猪）背最长肌总氨基酸、必需氨基酸和风味氨基酸含量均高于长白猪（杨洁鸿等，2017）；巴马香猪较长白猪腰大肌含有更多的风味氨基酸（包括蛋氨酸、苯丙氨酸、酪氨酸、亮氨酸和丝氨酸）（Liu et al.，2021b）；马身猪背最长肌 17 种氨基酸、总氨基酸、必需氨基酸和鲜味氨基酸含量均高于大白猪（Guo et al.，2019）；八眉猪肉的总氨基酸、必需氨基酸及非必需氨基酸含量均高于甘肃长白猪和甘肃黑猪（席斌等，2019）；比较上海 4 个地方猪种（梅山猪、浦东白猪、沙乌头猪和枫泾猪）背最长肌氨基酸含量，浦东白猪氨基酸总量最大（14.22%），梅山猪最小（13.49%），枫泾猪和浦东白猪必需氨基酸含量最高，均为6.25%，梅山猪最低（5.91%），鲜味氨基酸均优于杜长大瘦肉型商品猪（陆雪林等，2020）。由此可见，我国地方猪种肌肉氨基酸总体含量高于引进瘦肉型猪种，并对肉品质具有一定影响。

二、品种对羊肉品质的影响

影响羊肉品质的因素有很多，主要包括品种、性别、年龄、体重，以及营养水平、饲养方式、饲料种类及应激等，其中品种对羊肉品质的影响最大（De Lima et al.，2016），不同品种或品系间的羊肉品质均存在较大差异（张玉伟和罗海玲，2010）。本节将对不同品种羊肉质的理化指标（包括糖酵解潜力、pH 值、系水力、肉色、大理石纹、嫩度等）及营养成分（包括肌内脂肪含量、氨基酸含量、微量元素含量等）差异分别论述。

（一）不同品种对糖酵解潜力的影响

糖酵解潜力（GP）是对宰后肌肉中可转化成为乳酸的糖类化合物数量的测定（李慧，2013），是衡量牲畜死后肌肉中的乳酸和有可能转化为乳酸的化合物总量高低的重要指标（朱康平，2012）。有研究表明，宰后肌肉的糖酵解是 pH 值下降的主要原因，而 pH 值可反映宰后畜禽肌肉的糖酵解速率，也是表征熟化过程中肉质形成的一个核心指标。糖酵解潜力越小，产生的乳酸越少，肌肉 pH 值越高，系水力也越高，渗出至肉表面的水分越少，肉色就会越暗（Hamilton et al.，2003）。马晓冰等（2015）以 8 月龄大的巴美肉羊、小尾寒羊和苏尼特羊为实验材料进行了相关研究，结果表明，背最长肌、股二头肌及臂三头肌的糖酵解潜力表现为巴美肉羊＞苏尼特羊＞小尾寒羊，且巴美肉羊的糖酵解潜力显著高于小尾寒羊和苏尼特羊的糖酵解潜力，苏尼特羊的糖酵解潜力显著高于小尾寒羊的糖酵解潜力。糖酵解过程对肉质有着显著的影响，一定水平的糖酵解对保证良好的肉质具有重要作用。

（二）不同品种对 pH 值的影响

通过测定肌肉的 pH 值可以粗略评定羊肉品质。一般认为动物宰杀后 45min 时的 pH 值（pH_{45min}）是区分肉质好坏的分界点，宰杀后 24h 时的 pH 值（pH_{24h}）则是判断羊肉是否为干硬肉的重要指标。羊肉 $pH_{45min}\geqslant 6.0$，可以定义其肉质优秀；$5.6\leqslant pH_{45min}<6.0$，肉质良好；而 $pH_{45min}\leqslant 5.6$，肉质较差。其中，小尾寒羊、苏尼特羊、甘肃高山细毛羊、陶塞特羊、德寒 F_1 代、雷州黑山羊肌肉 pH_{45min} 均大于 6（表 5-1）。$pH_{24h}>6.0$ 的为干硬肉，其中德寒 F_1 代和雷州黑山羊 pH_{24h} 均大于 6（表 5-1）（邹华锋等，2013；杨银辉，2011；张玉伟等，2012）。而当肌肉 pH 值下降到接近肌肉蛋白质等电点或使蛋白质变性时，会直接影响肌肉品质。

表 5-1　不同品种背最长肌 pH 值大小

指标	巴美肉羊	小尾寒羊	苏尼特羊	甘肃高山细毛羊	陶塞特羊	德寒 F_1 代	雷州黑山羊	川中黑山羊
pH_{45min}	5.85±0.10	6.01±0.15	6.73±0.14	6.92±0.37	6.06±0.12	6.18±0.28	7.15±0.69	5.93±0.31
pH_{24h}	5.60±0.11	5.74±0.12	5.64±0.06	5.69±0.19	5.78±0.28	6.13±0.31	6.21±0.33	5.81±0.26

（三）不同品种对系水力（滴水损失）的影响

系水力是指在宰杀、排酸、冻藏和转运的操作过程中，动物根据自身特性对水分的吸附能力，反映肌肉中水分流失速度的快慢。通过测定羊肉水分流失速度，可对肉品质进行初步评定。肉的嫩度、色泽和多汁性是人们评判肉质好坏的重要指标，而系水力又与嫩度和多汁性密切相关。为了方便测定，系水力经常用滴水损失表示，也可用失水率和熟肉率来表示，两块具有相同重量和表面积的肉样，在相同时间内滴水越多表示其系水力越小，反之越大。有关研究表明，作为一个经济效益明显的胴体性能指标，好的系水力能够有效防止肌肉水分流失，使肉样保持更好的外观和更高的风味、嫩度和营养，动物品种对肌肉系水力影响较大。

豫西脂尾羊是河南省优良的地方品种，具有产肉率高、口感好等优点，而小尾寒羊则繁殖性能好、生长速度快，有研究对二者的失水率进行了测量，结果显示豫西脂尾羊羔羊失水率为 30.1%±2.0%，小尾寒羊羔羊失水率（33.8%±1.4%）显著高于豫西脂尾羊，提示豫西脂尾羊肉具有更好的保水性，肉质更为细嫩（朱剑凯，2010）。比较小尾寒羊、中卫山羊和滩羊发现，滩羊具有较低的失水率，表现出优良的肉品品质（辜雪冬等，2017）。通常情况下，杂交后代的产肉性能和肉用品质均会得到一定程度的提高，体现出杂种优势。例如，以白萨福克羊为父本、藏系绵羊为母本产生的后代白-藏羊，与藏系绵羊相比，宰后滴水损失减少，说明白-藏 F_1 代的保水性能优于藏羊（陈明华等，2018）。也有研究表明，肉羊杂交品种之间的系水力差异不显著，但澳杜湖羊（澳洲白羊作父本，杜泊羊与湖羊的杂交后代作母本，杂交）的失水率最低，熟肉率最高，同时剪切力和肌纤维直径指标最优，说明其肉的嫩度更好，肉品质更好（李旺平等，2019）。而将小尾寒羊作母本，杜泊羊和德克塞尔羊分别作父本杂交后，小尾寒羊、德寒 F_1、杜寒 F_1 的失水率分别为 24.1%、27.57%和 29.08%，以小尾寒羊的最低，其中杜寒 F_1 失水率显著大于小尾寒羊，说明德寒、杜寒杂交后代的肌纤维较粗、肉质嫩度较差（孙洪新等，2012）。

（四）不同品种对肉色的影响

消费者对羊肉的可接受度除受口感、质地、香味等因素影响外，还有一个更为直接和重要的影响因素，那就是肉色。因此，肉色为衡量肉品质的主要指标之一。在实际生活中，消费者更乐意根据肉的颜色和新鲜程度去购买，很多消费者认为，肉色变暗和变褐是由微生物造成的，但实际上，肉的颜色并不代表营养价值和卫生，主要与宰杀动物肌肉中的相关蛋白种类和含量以及色素沉积有关（兰儒冰等，2013）。同时，肉色的深浅还受到种类、性别、日龄、饲喂方式和外界环境干湿程度以及屠宰肉样渗透压、肌肉微生物等因素的影响（Prache et al.，2022）。其中，品质因素对肉色影响较大，如苏尼特羊的 a^*值（红度）和 b^*值（黄度）显著高于小尾寒羊（罗玉龙等，2018）。将小尾寒羊和杂交羊之间的肉色做比较，研究结果发现小尾寒羊的肉色总色素含量显著低于夏洛莱羊与小尾寒羊的杂交羊（王锐等，2005）；杜巴羊的 L^*值（亮度）为 36.88，极显著高于小尾寒羊（罗鑫，2015）；白萨湖 F_1 代、杜湖 F_1 代、杜湖 F_2 代和湖羊公羊的肉色差异较大，其中杜湖 F_2 代的评分最高，达到 4.51，比杜湖 F_1 代的评分高 0.83，白萨湖 F_1 代也比湖羊评分高近 0.67 （曹攀，2018）。杜蒙 F_1 代（杜泊羊为父本，蒙古羊为母本）羔羊的 L^*值和 a^*值大于蒙古羔羊，表明杜蒙 F_1 代羔羊的肉质鲜艳，氧化程度低（田瑛等，2017）。综上所述，通过杂交育种的方式可以对羊肉的肉色进行改良。

（五）不同品种对大理石纹的影响

大理石纹状肉因其肉样间含有大量脂肪而汁味鲜美并且富含营养，这类肉因纹理很像大理石而得名，深受消费者喜爱。研究表明，大理石纹比较多的羊肉含有大量人体所需的脂肪酸，而胆固醇的含量随着脂肪含量增高而减少。大理石纹所占比例越高，胴体品质越好，评分越高，表示肌肉中蓄积了较多的脂肪，肉的多汁性好。小尾寒羊的大理石纹评分为 1.33，而德寒 F_1 代（2.67）和杜寒 F_1 代（2.67）显著大于小尾寒羊，说明杜泊羊与德克塞尔羊分别与小尾寒羊杂交后，其后代羔羊的肉质优于小尾寒羊（敦伟涛等，2010）。

（六）不同品种对羊肉脂肪含量的影响

众所周知，肉中脂肪含量和风味、多汁性呈正相关。脂肪中包含大部分的风味物质，是影响羊肉风味的主要指标，脂肪含量高则香味浓。研究显示，澳洲美利奴羊肉含脂肪酸 35 种，C15:1、C16:0、C17:1、C18:0 和 C18:1n-9c 含量较高，其中 3 种顺式脂肪酸（C15:1、C17:1 和 C18:1n-9c）已被证明对人体有益（谢遇春等，2020）。同时，对澳洲美利奴羊不同部位肌肉中的脂肪酸含量进行分类统计，不饱和脂肪酸含量＞饱和脂肪酸含量＞单不饱和脂肪酸含量＞多不饱和脂肪酸含量。与背最长肌和臀肌相比，臂三头肌中含有更多的对人体有益的脂肪酸。在杜泊羊的背最长肌中也检测到 36 种脂肪酸，含量较多的包括 C15:1、C16:0、C18:0、C18:1c9 和 C18:2c6（刘志红等，2019）。由于 C18:0 含量对羊肉膻味有显著影响（Brennand and Lindsay，1992；Sambraus and Keil，1997），而关于澳洲美利奴羊和杜泊羊的研究提到其都有较高含量的脂肪酸 C18:0，预示着这两种引进的外来羊肉质较膻，而不含 C18:0 的乌珠穆沁羊和萨福克羊肉质膻味较小（苏馨等，2021）。对滩羊和湖羊肌肉中脂肪酸含量研究发现，滩羊的 C18:1 含量高达 1150.72mg/g，显著高于湖羊的 887.89mg/g；滩羊不饱和脂肪酸及多不饱和脂肪酸的含量均高于湖羊，说明滩羊肉的风味物质含量更高，较湖羊有更好的肉香味和营养价值（吕永锋等，2021）。对小尾寒羊不同部位脂肪酸组成进行分析后，共检测出 30 种脂肪酸，包括饱和脂肪酸 15 种、单不饱和脂肪酸 8 种、多不饱和脂肪酸 7 种（冯润芳等，2021）。

（七）不同品种对羊肉酯、醛以及氨基酸含量及组成的影响

风味是由食物刺激味觉、嗅觉、触觉等感觉器官而形成的特定感觉，不同种类肉的特征性风味来自脂肪组织，与风味有关的挥发性物质涉及氨基酸、酯、醛、酮、吲哚、含氮硫氧等杂环化合物等（钱文熙等，2007；Young et al.，1997）。品种对挥发性成分的相对含量和构成影响很大，电子鼻测定结果表明苏尼特羊、巴美肉羊和乌拉特山羊的气味存在差异，进一步对比挥发性风味物质发现苏尼特羊肉中醛、醇及酮类化合物的总相对含量较高，且乌拉特山羊肉中风味物质较其他两种丰富，通过相对气味活度值筛选出庚醛、辛醛、壬醛、反-2-壬烯醛、1-辛烯-3-醇、反-2-癸烯醛和十二醛可作为三种羊肉共有的关键风味物质，其中壬醛对苏尼特羊肉风味贡献最大，而对巴美肉羊和乌拉特山羊肉贡献最大的风味物质为 1-辛烯-3-醇（窦露等，2020）。小尾寒羊的主要风味化合物为辛醛、壬醛、辛醇、1-辛烯-3-醇、辛酸和癸酸，其中里脊部位的醛类、醇类和酯类化合物种类及相对含量均较高，对羊肉风味形成起主要作用（冯润芳等，2021）。湖羊肌肉蛋白质中 8 种必需氨基酸组成全面，各种氨基酸评分均接近或大于 1；从肌肉脂肪

中检测到 70 种挥发性风味化合物，包括 14 种酸、7 种酮、9 种醛、5 种醇、10 种酯类、13 种烃和 12 种其他化合物，其中酯类含量最高，占肉中总风味物的 24.1%～28.3%，其次为烃和酸，分别占 20.5%～21.2%和 19.0%～20.0%（陈雪君和茅慧玲，2011；吕永锋等，2021）。谷氨酸是羊肉中含量最高的氨基酸（胡宇超等，2020），且杜泊羊显著高于滩羊和小尾寒羊，同时杜泊羊肉中总氨基酸、必需氨基酸、鲜味氨基酸和甜味氨基酸的含量均显著高于小尾寒羊（梁鹏等，2021）。

三、品种对牛肉品质的影响

牛肉以高蛋白、高不饱和脂肪酸含量等优良品质越来越受到消费者的喜爱（云巾宴，2018）。牛肉品质主要受到遗传、生理、解剖学部位及结构组成、化学成分、饲养条件和贮藏加工过程等因素的影响（朱贵明，2003）。目前，对于牛肉质量的研究主要包括食用品质和营养品质两大方面。

食用品质包括肉的色、香、味、嫩、汁等几个方面的特性及其影响因素：颜色、风味、嫩度、多汁性、pH 值、失水率、大理石纹、肌纤维粗细及密度等；营养品质包括常规营养成分（如水分、灰分、粗脂肪、粗蛋白）、矿物元素（如 Na、K、Fe、Mn、Ca、Zn 等）、脂肪酸（如豆蔻酸、豆蔻烯酸、棕榈酸等）和氨基酸等（朱贵明，2003）。

（一）不同品种的 pH 值

肌肉 pH 值是反映动物屠宰后肌肉中肌糖原酵解速率的关键指标，因此通过宰后 pH 值能够判断肉的新鲜度和畜禽宰前的健康状况。一般刚屠宰的牛肉 pH 值较高，通常情况为 6～7，而后开始下降至 5.4～5.6（张明，2016）。pH 值过大牛肉容易滋生腐败菌，使蛋白质分解产生臭味和有毒物质，pH 值低于 5.4 时牛肉容易过早变酸，引起肌浆蛋白质的溶解度降低，甚至沉淀在肌纤维上，肉的颜色变得浅淡，质地松软，保水能力差，表面有液体渗出。不同品种牛肉屠宰后的 pH 值也存在差异。

研究表明，中国西门塔尔牛和秦川牛肉的 pH 值均处于正常范围（5.5＜pH 值＜6.8），但中国西门塔尔牛的 pH 值显著小于秦川牛（牛蕾，2011）。西门塔尔牛背最长肌和股二头肌的 pH 值低于锦江牛、高于蒙古牛（郑月，2017；赵称赫等，2016）。西门塔尔牛与和牛杂交牛 2 个品种的宰后 pH 值无显著差异（王莉梅等，2019）。安西杂牛（安格斯与西门塔尔牛杂交）肉 pH 值高于西门塔尔牛肉，但差异不显著（张明，2016），说明肉的 pH 值与品种密切相关且大小受杂交影响。

（二）不同品种的肉色

肉色是评定肌肉外观的重要指标，主要由肌肉中的色素物质肌红蛋白（Mb）和血红蛋白（HGB）的含量及状态决定，Mb 本身为紫红色，与氧结合后变成鲜红色的氧合肌红蛋白，是反映肉品新鲜程度的因素，随后又被氧化成褐色的高铁肌红蛋白（MMb），从而导致肉色变暗。正常的肉色虽不影响牛肉的营养价值，但决定了人们对肉品在感官上的接受程度，亮红色等同于好的质量（崔国梅等，2011）。动物的种类、性别、年龄、营养水平和环境温度等都可能影响肉色（Guiroy et al.，2000），一般情况下新鲜牛肉呈深红色，雄性牛肉颜色相比雌性和阉割肉牛较深，肉牛的年龄越大肉色越深。

在肉色评定中，一般认为 L^*值越低、a^*值越高、b^*值越低，肉色越好（孙德文，2003）。西门塔尔牛和秦川牛在 a^*值和 b^*值上没有显著差异，而中国西门塔尔牛 L^*值显著高于秦川牛（牛蕾，2011）。在对西门塔尔牛和蒙古牛脂肪的色度值进行测定时发现，西门塔尔牛的 L^*值比蒙古牛的高，但 a^*值和 b^*值都显著低于蒙古牛，提示西门塔尔牛的脂肪颜色亮度更高，脂肪呈白色，而蒙古牛的脂肪更红更黄，脂肪呈黄色（弓宇，2021；赵称赫等，2016）。研究还发现，和牛杂交牛的 L^*值和 b^*值相比于西门塔尔牛分别降低 6.57%和 47.86%，表现出良好的色泽优势（王莉梅等，2019）。麦洼牦牛由于长期生活在高海拔缺氧地区，肉色深红，脂肪呈现淡黄色，而西门塔尔牛肉色泽鲜红，二者存在一定的差别（文力正等，2007）。还有研究表明，相较于新疆褐牛，安格斯牛肉色较亮（陈俐静等，2020），安格斯牛、海福特牛和中国西门塔尔牛的肉色平均得分分别为 4.443、4.083 和 4.161，3 个品种试验牛的肉色得分差异不显著，但安格斯牛比中国西门塔尔牛和海福特牛分别高 0.282 和 0.36，中国西门塔尔牛比海福特高 0.078，安格斯牛的肉色平均得分最高，中国西门塔尔牛次之，海福特牛最低（包丽华和梁宝海，2009）。

（三）不同品种的大理石纹

大理石纹是决定牛肉风味的主要因素，对牛肉的嫩度、多汁性等均有影响。研究表明，大理石纹越丰富，牛肉相对越嫩，肉品质越好（刘丽，2000）。动物品种会影响肌肉中脂肪的沉积，从而影响大理石纹状脂肪的分布和评分。例如，中国西门塔尔牛、海福特牛和安格斯牛的大理石纹评分存在差异，分别为 2.446、2.650、1.967（张宝泉，2018；包丽华和梁宝海，2009）。和牛杂交牛的肌内脂肪优于西门塔尔牛，说明其脂肪沉积率优于西门塔尔牛（王莉梅等，2019）。将延黄牛和西门塔尔牛在相同饲养条件下育肥，结果发现延黄牛眼肌面积低于西门塔尔牛，但大理石纹评分显著优于西门塔尔牛，说明在相同饲养模式下，西门塔尔牛肉品质（尤其是大理石纹）高于延黄牛（吴健等，2015）。

（四）不同品种的系水力

系水力是在屠宰、加工、运输和贮藏过程中肉牛肌肉通过自身理化性质束缚维持原有水分的性能，能够影响肉的风味、质地、营养成分、多汁性及肉色等肉质指标。屠宰前后的各种条件和因素等都可能影响肌肉的系水力，而最主要的是 pH 值、饲料营养水平、温度（张鸣实，2002）。而品种对肉牛肌肉系水力也具有明显影响。研究表明，和牛杂交群体和齐蒙牛的保水性优于肉用西门塔尔牛，且口感、多汁性优于西门塔尔牛，肉品质较高（史新平等，2018；赵称赫等，2016）。

（五）不同品种的嫩度

牛肉的嫩度是消费者最为关注的肉质性状，嫩度好的牛肉，其品质和价格都较高。嫩度受品种、年龄、肌肉部位、营养水平、饲养方式等宰前因素和糖酵解、牛肉加工处理方式、排酸成熟时间等宰后因素的影响。不同品种之间肉的嫩度差异明显，娟姗牛和海福特牛肉的嫩度要比其他肉牛品种好。此外，刘丽（2000）研究表明肌肉质地越好、肌纤维数越多、肌纤维直径越小，牛肉嫩度也就越好。对肉嫩度进行主观评定主要根据食用过程中肉的柔软性、易碎性和可咽性，而客观评定则是通过仪器测定相关指标来衡量，通用的指标是切断力，又称剪切力（以 kg 为单位）。一般剪切力＜4.37kg 将肉质判定为嫩，4.37～5.37kg 为中等，＞5.37kg 为韧。肉用西门塔尔牛肉剪切力显著小于和牛杂交群体和蒙古牛（史新平等，2018；刘波等，2019）；贵州关岭牛肌肉的剪切力显著高于杂交牛（贵州关岭牛×西门塔尔杂交牛）和安格斯牛（周迪等，2020）；夏和杂交一代（F_1）牛的眼肌剪切力显著低于纯种夏南牛（柏峻等，2017），说明杂交育种可以改善牛肉的剪切力，提高嫩度。

（六）不同品种的熟肉率

熟肉率是度量熟调损失的一项指标，主要衡量肌肉在蒸煮过程中的损失情况，与肉的保水性密切相关，是影响牛肉加工后产量的重要因素。通常水分含量较高的肉，熟肉率就比较低。肉品在蒸煮加热过程中的损失会直接影响肉的多汁性和适口性。肌肉中水分的损失与系水力呈负相关关系，肌肉的系水力越高，水分损失就越少，而影响系水力的因素同时也影响肉品的多汁性。熟肉率越高，熟肉损失越低，肉的品质越好，是关系到肉牛胴体经济效益的重要指标（李鹏，2006）。但是，肉品质的各项测定指标并不是孤立存在的，其会相互影响，而且与牛肉营养品质相关。例如，牛肉中水分的含量影响熟肉率、蒸煮损失、失水率、滴水损失，即含水量高的牛肉，其熟肉率较低，滴水损失、蒸煮损失和失水率较高；牛肉的系水力还影响牛肉中的多种成分（丁凤焕，2008）。牛肉熟肉率也受品种影响，30 月龄时安格斯牛的熟肉率为 67.56%，湘西黄牛为 65.94%；延黄牛和蒙古牛的熟肉率显著高于西门塔尔牛，说明其肉质显著优于西门塔尔牛（刘波等，2019；吴健等，2015）。

（七）不同品种的肌内脂肪酸组成

肌内脂肪酸的含量与人类的健康和疾病紧密联系，受到人们的广泛关注（梁瑜，2012）。同时，肉品中脂肪酸的组成十分重要，能够决定肉品的营养价值，影响肉品质的各个方面。不同种类的脂肪酸在牛肉中的含量不同，导致牛肉的营养品质各具特点（田永全，2007）。牛肉脂肪酸组成与品种、年龄、体重、性别、部位和饲养管理条件等因素有关。不同肉牛品种间脂肪酸的组成及含量差异显著（李聚才等，2012）。例如，品种对牛肉中 C14:0 和 C16:0 的含量有一定影响（王喆等，2011）；延边黄牛与利延杂交一代牛背最长肌中 C14:0、C20:2、C17:0、C18:1n9c 以及 C16:0 等的含量差异显著（严昌国等，2004）；蒙古牛脂肪中的 SFA 含量高于西门塔尔牛，MUFA 含量及 PUFA 含量在西门塔尔牛中较高（弓宇，2021）。

安格斯牛肉中 SFA 含量为 44.51%～49.58%，MUFA 含量为 31.93%～37.74%，PUFA 含量为 13.03%～23.19%。湘西黄牛肉中 SFA 含量为 47.22%～49.70%，MUFA 含量为 32.41%～39.53%，PUFA 含量为 12.89%～19.33%。同一年龄阶段的安格斯牛肉 SFA 含量显著低于湘西黄牛，而 UFA 含量高于湘西黄牛（孙鏖等，2021）。

（八）不同品种的氨基酸含量

氨基酸在动物肌肉组织中保持恒定分布，有些是构成牛肉风味的前体物质，如谷氨酸、天冬氨酸、甘氨酸、丙氨酸、丝氨酸、苏氨酸、赖氨酸和脯氨酸等（苏扬，2000）。谷氨酸是最主要的鲜味物质，具有形成鲜味和缓冲咸与酸等味道的作用（孙亚伟等，2010）。因此，谷氨酸含量越高，肉的风味品质越好（杨雪海等，2017），牛肉中，谷氨酸含量一般较高。

纯种黑安格斯牛肌肉中里脊和外脊必需氨基酸与非必需氨基酸的含量较高（王圆圆等，2021）。安格斯牛肌肉中总氨基酸含量为 18.61%～19.11%，必需氨基酸为 7.70%～7.95%；湘西黄牛肌肉中总氨基酸含量为 18.28%～19.43%，必需氨基酸为 7.27%～7.82%（孙鏖等，2021）；贵州关岭牛肌肉中总氨基酸、必需氨基酸、非必需氨基酸含量均高于杂交牛和安格斯牛（周迪等，2020）；金川牦牛和中国西门塔尔牛肌肉中丝氨酸、谷氨酸、脯氨酸、甘氨酸、缬氨酸、异亮氨酸、亮氨酸、酪氨酸、赖氨酸和精氨酸含量存在显著差异（王煦等，2019）；鲁西牛肌肉中氨基酸含量丰富，其中必需氨基酸含量高，且大部分可调节肉类风味的氨基酸指标显著高于进口雪花牛肉，如精氨酸和亮氨酸等（葛菲等，2022）。

肌肉中氨基酸主要是蛋白质的组成成分。研究发现，甘南牦牛、秦川牛和鲁西黄牛肉蛋白质含量分别为 21.43%、22.15%和 22.44%，高于甘南当地黄牛肉（20.19%）、安格斯牛肉（21.07%）、夏洛莱牛肉（20.32%）和西门塔尔牛肉（21.39%）（李鹏等，2006；牛小莹等，2009），其中甘南牦牛肉总氨基酸和必需氨基酸含量均高于中国西门塔尔牛肉。相较中国西门塔尔牛肉，甘南牦牛肉营养成分的组成和含量更符合消费者对高品质、高营养肉品的需求（刘亚娜等，2016）。

四、品种对鸡肉品质的影响

不同品种鸡之间的遗传背景差距较大，与外来品种相比，我国地方品种鸡普遍存在生长速度慢、饲料转化率低、体形矮小等缺点。但是，肉质优良、味道鲜美是我国地方畜禽品种重要的优点之一。优质鸡消费存在地域差异，黄羽肉鸡主要消费区域为广东、广西、湖南和湖北；麻鸡依据麻点的纹理和形状、底色的不同分为黄麻羽和黑麻羽，主要消费市场为华南、西南、山东和安徽一带（彭志军等，2019）。目前畜禽育种的主要研究方向是在保证畜禽生长速度加快的同时，对肉品质进行改善，进而培育出品种优良、风味独特的优质地方鸡种。

普遍认为地方品种肉质优于外来快速生长型肉鸡品种。在杂交中，肌纤维特性受母本影响更大，可针对肉质需求挑选合适的母本进行品种改良。北京油鸡、隐性白鸡以及北京油鸡与隐性白鸡杂交品种的肌纤维直径、密度与体重的相关性研究发现，胸肌肌纤维直径和腿肌肌纤维直径与体重的相关性非常高，平均相关系数分别为0.63和0.68，而胸肌肌纤维密度和腿肌肌纤维密度则与体重呈负相关，平均相关系数分别为–0.67 和–0.71（刘冰，2005）。

雪山鸡是藏鸡和云南茶花鸡杂交而成的优质新品种，生长速度缓慢，而罗氏308鸡是一种快速生长型品种，对两种鸡的肌纤维和肉质性状研究发现，不同品种肌肉组织之间存在差异，同品种胸肌的肌纤维直径显著大于腿肌，慢速鸡胸肌肌纤维截面积最大，而快速鸡腓肠肌和比目鱼肌肌纤维截面积最小；在相同肌肉组织之间进行比较，慢速鸡肌肉的横截面积大于快速鸡肌肉；此外，慢速鸡肌肉比快速鸡具有更高的剪切力、更低的压力损失和更粗的肌纤维（Weng et al.，2022）。

选取同日龄、同饲养条件下的快大型鸡（隐性白羽肉鸡、安卡鸡）和地方品种鸡（文昌鸡、北京油鸡、清远麻鸡），比较不同品种肉鸡在肉品质上的差异（表 5-2）。对不同品种相同出栏时期进行比较，安卡鸡的体重高于其他品种，北京油鸡的胸肌失水率低于其他品种，文昌鸡、清远麻鸡的胸肌剪切力低于安卡鸡、北京油鸡，安卡鸡的胸肌肉色高于其他品种，北京油鸡的胸肌 pH 值高于其他品种。品种肌间脂肪含量依次是文昌鸡＞安卡鸡＞北京油鸡＞隐性白羽肉鸡＞清远麻鸡。在脂肪酸含量比较中，隐性白羽肉鸡、安卡鸡的胸肌饱和脂肪酸含量显著高于其他品种，隐性白羽肉鸡、北京油鸡的胸肌必需脂肪酸含量高于其他品种，隐性白羽肉鸡的胸肌不饱和脂肪酸含量最高。

表 5-2　不同品种鸡出栏期体重、常规肉品质、肌间脂肪含量的比较（巨晓军等，2018）

项目	隐性白羽肉鸡	安卡鸡	文昌鸡	北京油鸡	清远麻鸡
体重/g	1231.34±195.85	1777.25±251.21	1525.43±217.46	1264.30±226.21	1173.47±188.68
失水率/%	35.57±7.73	36.31±7.25	35.70±5.79	23.47±4.71	30.90±3.56
剪切力/N	2.70±0.65	2.86±0.58	2.29±0.69	2.91±0.53	2.30±0.42
肉色	0.28±0.26	0.70±0.40	0.25±0.14	0.43±0.31	
pH	5.56±0.12	5.57±0.11	5.94±0.11	6.00±0.21	
肌间脂肪含量/%	1.38±0.76	1.53±0.99	2.18±1.40	1.47±1.02	1.02±0.43

因肉质评价指标较多，对单一品种鸡而言，经常存在某一个或几个肉质性状指标较好，而另一些性状指标较差，故难以对不同品种之间的鸡肉品质进行统一的比较。对生长速度不同的快大型肉鸡（隐性白羽肉鸡、安卡鸡）和地方品种鸡（文昌鸡、北京油鸡、清远麻鸡）共 5 个品种的失水率、剪切力、肉色、pH 值、肌间脂肪含量、氨基酸和脂肪酸含量进行测定，研究者采用主成分分析法对以上品种肉品质进行综合评价，建立主成分综合评价模型（巨晓军等，2021）。鸡肉质综合评价模型为：

$$F=(a11+a12+a13+\cdots+a1n)\times X1\times Z1+(a21+a22+a23+\cdots+a2n)\times X2\times Z2+$$
$$(a31+a32+a33+\cdots+a3n)\times X3\times Z3+\cdots+(ap1+ap2+ap3+\cdots+apn)\times Xp\times Zn$$

式中，$a11$、$a12$、$a13$……apn 为成分得分系数；$Z1$、$Z2$、$Z3$……Zn 为提取方差的贡献

率；设 $X=(X1, X2, \cdots, Xp)$，是 p 维随机变量，$X1$、$X2$、$X3$、$X4$ ……$X33$ 依次表示不同品种鸡肉的品质主成分分析指标，包括测定的常规物理学指标、组织学指标、化学指标、营养成分指标等；n 为主成分个数，$n<p$。利用模型进行肉品质得分评价的结果是：清远麻鸡＞北京油鸡＞文昌鸡＞隐性白羽肉鸡＞安卡鸡，地方品种鸡肉质均优于快大型白羽肉鸡。

五、品种对鸭肉品质的影响

我国鸭品种繁多，是世界上最大的鸭生产和消费市场，在 2017 年生产了约 7.24 亿只鸭子，占世界鸭产量的 62.9%以上。北京鸭已成为现代商品肉鸭中优秀品种，而地方品种鸭肉质细嫩且鲜美，在肉质上与北京鸭有一定差异。与同日龄临武鸭相比，北京鸭的胸肌剪切力较低，蒸煮损失和红度值较高（Wang et al.，2020）。番鸭与北京鸭比较，结果发现二者肌肉中鲜味氨基酸和肌苷酸均随日龄增加而逐渐沉积，各日龄番鸭腿肌肌苷酸含量高于北京鸭，而北京鸭胸肌鲜味氨基酸含量高于番鸭（温雪婷，2020）。

利用 RNA-seq 技术进行转录物组测序，研究连城白鸭与樱桃谷鸭胸肌差异基因的表达，结果显示在 2 个鸭品种间存在 912 个差异显著的基因，其中有 424 个基因在连城白鸭中高表达、488 个低表达。对 772 个差异基因进行基因本体（gene ontology，GO）和 KEGG 通路分析，其中与肉质风味物质形成有关的生物学过程有 12 个，包括脂质代谢过程、脂肪酸代谢过程、苏氨酸分解代谢过程、羧酸代谢过程等；而在 179 个信号通路中，其中 12 个通路显著富集，与风味物质相关的有细胞因子和受体的相互作用、亚油酸代谢和组氨酸代谢、甘油磷脂代谢及转化生长因子 β 信号通路；根据通路功能注释筛选出酸性氨基酸脱羧酶样蛋白 1、含螺旋结构域的蛋白 57 和丙酮酸脱氢酶激酶 4 可能在调节连城白鸭鲜味氨基酸和脂肪酸形成中发挥重要作用，进而影响胸肌肌肉品质的形成（章琳俐等，2021）。

第二节　基因与畜禽肉品质的形成

畜禽肉品质性状大多为数量性状，其遗传基础为微效多基因（陈辉，2019）。迄今为止，文献报道影响肉质的主基因或单基因约有 20 个。本节主要概述氟烷基因、酸肉基因及影响肌内脂肪沉积、嫩度和 pH 值等肉质性状的基因。

一、主效基因

主基因效应是指某个基因的个别携带者与非携带者之间的性状差异达到或超过一个显著标准偏差，这个基因被定义为该性状的一个主效基因。到目前为止，氟烷基因和酸肉基因已被确定是影响肉品质性状的主效基因。这两个基因通过引起肌浆网 Ca^{2+}释放紊乱和肌糖原酵解增加，导致 Ca^{2+}的大量释放、乳酸的过多产生，使肌肉 pH 值急剧下降，进而降低肉的品质。

（一）氟烷基因

氟烷基因（halothane gene）又称为氟烷敏感基因或猪应激综合征基因，是最早被发现的主效基因之一。该基因位于常染色体上，是一个不完全显性的隐性基因，具有三个不同表现型的等位基因，分别是正常型（*HalNN*）、携带型（*HalNn*）和突变型（*Halnn*），其中主要对肉质产生影响的是该基因的隐性纯合子 *Halnn*（周杰和陈韬，2010）。氟烷基因是影响 PSE 肉的单个主效基因，位于兰尼定受体 1 基因（*RYR1*）6 号染色体的 6q11～6q12 处，当兰尼定受体 1 基因 cDNA 上第 1843 位胞嘧啶（C）突变为胸腺嘧啶（T），使编码受体蛋白氨基酸第 615 位的精氨酸（CGC）变为半胱氨酸（UGC），引起受体结构和功能的改变，氟烷基因由正常（*HalNN*）突变成隐性基因（*Halnn*），骨骼肌钙离子通道受到刺激会迅速开放，且无法迅速关闭，导致肌肉持续性剧烈收缩，从而发生隐性纯合子易引发的应激综合征（Otsu et al.，1992；Fujii et al.，1991）。同时，大量三磷酸腺苷（ATP）和糖原的消耗以及过量 CO_2、乳酸与热量的产生，造成恶性高热并降低肌肉 pH 值（宰后 45min pH 值＜6.1），导致 PSE 肉（肌肉呈现灰白色，质地柔软，汁液渗出）的产生（朱燕莉等，2022）。

氟烷基因对肉质的影响主要表现在肉色、pH 值和失水率等性状上，且不同氟烷基因型间肉质性状存在一定差异。其中，*HalNN* 型个体的肉色显著或极显著优于 *Halnn*，*HalNn* 型肉色介于二者之间；*HalNN* 型个体的 pH 值和失水率两种性状均优于其他两种基因型（帅素容等，2002）。综合来看，*HalNN* 型肉质最好，*Halnn* 型肉质最差，*HalNn* 型介于二者之间。此外，氟烷基因能提高胴体产量和瘦肉率，但增加的程度显著低于增加 PSE 肉发生频率的程度（Christian，1995）。

（二）酸肉基因

酸肉基因（acid meat gene）也称为 *RN*-基因（renderment napole gene）或汉普夏基因，1986 年发现该基因与“酸肉”产生有关（Naveau，1986）。该基因位于猪的第 15 号染色体上，包括两个等位基因，分别为显性（*RN*）和隐性（*rn*）。*RN*-基因影响肉质的机制主要是降低猪肉中蛋白质含量和 pH 值，不仅会导致肌肉中蛋白质含量降低（*rn* 型约 22%，*RN* 型约 21%），还会使肌肉中糖原含量升高约 70%，其中糖原的增加可能与蛋白激酶抑制有关（Huang et al.，2018）。当肌糖原含量大量增加时，宰后糖酵解能力便会增加，使肌糖原在屠宰后转化为乳酸，从而使胴体最终 pH 值下降（宰后 24h pH 值＜5.5），低于正常水平（Lu et al.，2018）。与氟烷基因不同的是，*RN*-基因导致肌肉 pH 值下降主要表现在程度上而不是速率（周杰和陈韬，2010）。

RN-基因除产酸肉外，对肉的其他性状也有一定的影响，携带 *RN* 等位基因的猪与没有携带该基因的猪相比，表现出屠宰后肉色苍白、持水性下降，蒸煮损失增加及出品率降低（Gariépy et al.，1999）。此外，还发现该基因对肉适口性的影响表现在肉的香味增加，剪切力降低，嫩度和多汁性提高，并在生长速度、背膘厚度、眼肌面积和胴体瘦肉率方面也有一定程度的改善效果。

（三）生肌决定因子基因家族

生肌决定因子基因家族包括 4 种基因：*MyoD*、*Myf5*、*MyoG* 和 *MRF4*，均是参与骨骼肌生成的关键调节因子。从肌前体细胞的形成和增殖、肌纤维的生成，到个体的最终成熟和生理功能完善，肌肉发育的整个过程均有生肌决定因子基因家族的参与（朱燕莉等，2022）。

（四）过氧化物酶体增殖物激活受体基因

过氧化物酶增殖子活性受体γ（PPARγ/PPARG）是依赖配体转录因子核受体家族的成员，属于核激素受体。*PPARγ*基因是脂肪形成的重要调控因子，主要调节脂肪细胞的分化、增殖和脂质的聚集及抑制瘦素的表达，其表达量与 IMF 含量呈正相关关系。脂肪生成的过程中，*PPARγ*受大量转录因子的诱导而表达，并且与转录因子相互作用、相互影响，从而保证脂肪特异性基因组的结合和功能（Stachecka et al.，2019；Zappaterra et al.，2019；朱燕莉等，2022）。

二、候选基因

除了影响肉质的两个主效基因，还有影响肉品质的候选基因，主要包括 *H-FABP*、*A-FABP*、*CAPN*、*CAST*、一磷酸腺苷激活蛋白激酶γ3 亚基基因以及与肌内脂肪沉积有关的脂蛋白酶（*LPL*）和激素敏感脂肪酶（*HSL*）基因等。

（一）肌内脂肪相关候选基因

IMF 与肉的食品品质有着密切的联系，是评判风味品质的主要标准。当一定量的脂肪堆积在肌束和肌纤维之间时，肉的嫩度和多汁性良好，横截面大理石纹分布均匀，是优质的肉制品（Wang et al.，2019a）。IMF 含量影响肉的口感和风味，*H-FABP* 和 *A-FABP* 基因是最影响猪、鸡、牛、羊肌内脂肪含量的两个候选基因，属于 *FABP* 家族，该家族在脂肪酸生成过程中具有重要的生物学功能，参与细胞内脂肪酸的运输、稳态以及甘油三酯的沉积。

例如，猪 *H-FABP* 基因表达与 IMF 含量显著相关，杜洛克猪种群中 *A-FABP* 对 IMF 含量有一定的影响（Gerbens et al.，1998）；在家禽中，*A-FABP* 基因主要在脂肪细胞中表达，与甘油三酯的形成和脂肪的分解密切相关（常国斌等，2011；Wang et al.，2009b），其中，北京油鸡 *A-FABP* 和 *H-FABP* 两种基因的单核苷酸多态性与 IMF 含量显著相关（Ye et al.，2010）；牛的 *H-FABP* 被定位在第 6 号染色体上，对 IMF 的沉积具有直接作用（Tank and Pomp，1995）。在崇明白山羊、崇明杂山羊、徐淮山羊和关中奶山羊 *H-FABP* 基因中检测到 SNP 位点突变（A1017G）与缺失（G999–），而 2 个 SNP 位点均对 IMF 含量有影响（帅素容等，2002）。此外，*A-FABP* 基因表达量也可以反映牛 IMF 沉积能力（Hocquette et al.，2012）。

（二）嫩度相关候选基因

嫩度是评价肉品质的重要指标之一，也是消费者十分重视的感官特征。影响肉嫩度的主要因素有肌节长度、肌纤维数量和直径，如肌节长度越大，肌束内肌纤维越密，肌纤维直径越小，肉质越嫩。肌纤维的生长和转化受到 *MyoD* 基因家族和钙蛋白酶抑制蛋白基因（*CAST*）等候选基因调控。

MyoD 基因控制肌细胞的融合与分化，在肌纤维形成过程中起着关键的作用。Cieślak 等（2000）对 229 头猪的 *MyoG* 基因进行统计学分析，表明纯合子猪的肉品质优于其他基因型。高勤学等（2005）探究发现 *MyoG* 基因存在 MM、MN 和 NN 3 种基因型，基因型不同，半腱肌和半膜肌肌纤维密度存在较大差异，NN 基因型猪的初生重量和肌纤维密度远远高于 MM 和 MN 基因型猪。*MyoG* 基因不仅能够调控自身的表达，还可以与生肌因子家族中的 *MyoD*、*Myf5*、*Myf6* 等基因相互作用，共同调节肌球蛋白轻链、肌酸激酶和肌钙蛋白在肌肉中的表达。

CAST 是一个影响肉品质的候选基因，在肌肉生长形成的过程中，其产物有助于蛋白质的更新，与肌肉嫩化程度密切相关。钙蛋白酶抑制蛋白通过影响 Ca^{2+}的释放来调节蛋白酶的水解活性，并通过与钙蛋白酶 1（μ-calpain）迅速结合有效提高肌细胞的生长速度。Velez-Irizarry 等（2019）研究发现，猪肉嫩度与 *CAST*/μ-calpain 呈正相关关系，猪肉嫩度比例越高，*CAST* 基因表达量越高，对钙蛋白酶的抑制作用就越强。

此外，钙蛋白酶基因在肉的成熟嫩化过程中也发挥着重要的作用。钙蛋白酶分为μ-钙蛋白酶和 m-钙蛋白酶，都是由 *CAPN1* 基因调控编码的（Smith et al.，2000）。钙蛋白酶通过降解连接蛋白、半肌动蛋白和肌钙蛋白等，使肌肉结缔组织疏松、纤维软骨分解及 Z 线断裂，从而使肌肉嫩化。畜禽屠宰后肌肉受到刺激，内质网被激活，Ca^{2+}被释放到细胞质，引起肌纤维细胞质中游离 Ca^{2+}的浓度升高，激活钙蛋白酶，从而导致肌原纤维降解，肌肉嫩度增加（Riley et al.，2003）。

（三）pH 值相关候选基因

除氟烷基因和酸肉基因两个主效基因可引起肌肉 pH 值下降外，一磷酸腺苷激活蛋白激酶 γ3 亚基（*PRKAG3*）与腰肌 pH 值也有很强的相关性（Uimari et al.，2013）。*PRKAG3* 属于一磷酸腺苷激活蛋白激酶亚型之一，该基因启动子突变 g.-157C 与 g.-58A 等位基因及该蛋白质置换 24E 与 199I 氨基酸构成的单倍型对腰肌和腿肌 pH 值有影响（Uimari and Sironen，2014）。同时，Ryan 等（2012）也发现 *PRKAG3* 的 p.Arg200Gln 和 p.Ile199Val 突变能够降低猪胴体 pH 值、增加猪肉滴水损失。而在 R200Q 附近存在 V199I 位点的 II（AA）基因型，可以显著降低滴水损失，并提高 pH 值和改善肉色（朱燕莉等，2022）。

（四）脂肪酸结合蛋白基因

脂肪酸结合蛋白（FABP）是一种低分子量（15kDa）胞内蛋白，主要负责长链脂肪酸的结合和转运，可将脂肪酸从细胞膜运输到内质网。FABP 有超过 11 种结构类型，不同组织细胞中存在不同类型的 FABP 表达。心脏型脂肪酸结合蛋白基因（*H-FABP*）定位在猪的第 6 号染色体上，其多态性与 IMF 含量和背膘厚度显著相关，通过促进心肌和脂肪细胞中沉积甘油三酯从而增加肌内脂肪。脂肪细胞型脂肪酸结合蛋白基因（*A-FABP*）位于猪第 4 号染色体上，在脂肪细胞中表达较完全，主要在心脏、肌肉和脂肪细胞中沉淀甘油三酯，从而有效提高猪肌内脂肪含量，也可以将脂肪酸转运到内质网中氧化，能有效避免胞内脂肪酸的大量沉积（Shang et al.，2019；López-Colom et al.，2019；朱燕莉等，2022）。

（五）钙蛋白酶抑制蛋白基因

钙蛋白酶抑制蛋白基因（*CAST*）位于猪第 2 号染色体上，其编码的钙蛋白酶抑制蛋白（CAST）是一种需要 Ca^{2+}来激活的特异内源性蛋白酶抑制剂（Zhao et al.，2021）。在肌肉生长形成的过程中，*CAST* 基因产物有助于蛋白质的更新，与肌肉嫩度密切相关。钙蛋白酶系统的主要分为钙蛋白酶和钙蛋白酶抑制剂。根据达到最大活性所需的 Ca^{2+} 浓度，钙蛋白酶分为钙蛋白酶 1（μ-calpain）和钙蛋白酶 2（m-calpain）两类。*CAST* 与 μ-calpain 迅速结合可有效降低蛋白酶的活性，导致肌肉中蛋白质无法大量降解，蛋白质的合成量在短时间内快速增长，从而提高肌细胞的生长速度（Djurkin Kušec et al.，2016）。

（六）影响肉品质的其他候选基因

除以上几种基因对肉品质的影响研究得到普遍认同外，还有一些对肉品质有潜在影响的基因，其中包括 *PTT1*、*LPL* 和 *HSL* 基因等。*PTT1* 基因对背膘厚度和瘦肉率有一定的影响，而对肌内脂肪、肉色、硬度的影响则未被观察到（Dai et al.，2006）；LPL 是机体脂质和脂蛋白代谢的关键酶，是分解循环脂蛋白中乳糜微粒和极低密度脂蛋白中的甘油三酯，LPL 释放出脂肪酸和甘油的限速酶，在脂蛋白的运输过程和能量代谢方面发挥着重要的作用（吴珍芳等，1999）；HSL 是甘油三酯合成和分解的限速酶，而动物体内的脂肪常以甘油三酯的形式储存于脂肪细胞内，HSL 能将甘油三酯水解成甘油和脂肪酸以满足动物体的需要（吴珍芳等，2000）。因此，在猪、鸡等动物研究中，可将上述基因作为影响背膘厚度、肌间脂肪宽和腹脂重等性状的候选基因。

第三节　性别与畜禽肉品质的形成

一、不同性别畜禽肉品质感官指标分析

畜禽性别对肉品质具有一定影响，可通过测量肉色、pH 值、剪切力、系水力、滴水损失以及蒸煮损失等感官指标直接反映不同性别肉品质的优劣（钟福生等，2013）。

（一）不同性别猪肉品质感官指标的差异

除品种、基因和屠宰日龄等遗传因素对肉质性状有影响外，性别也是影响肉质性状的重要遗传因素之一。在滴水损失和嫩度方面，阉公猪肉比公猪和母猪肉的水分渗出少，且阉公猪肉的嫩度显著优于公猪和母猪肉（Aaslyng and Hviid，2020）；而公猪与母猪肉相比，具有较高的大理石纹评分、亮度（L^*）值和嫩度（Latorre et al.，2009b；Nold et al.，

1999）。

然而，有研究者认为，性别对个别品种猪的某些肉质性状存在影响作用。张远等（2014）以杜大长三元杂交猪为研究对象，发现母猪在蒸煮损失和嫩度方面比去势公猪更占优势，而去势公猪大理石纹更为丰富。郭建凤等（2008，2013a，2013b）研究杜洛克猪、鲁烟白猪及杜洛克猪与莱芜猪合成系配套生产的商品猪发现，杜洛克母猪肉色评分较高，比公猪高出 11.26%；大理石纹评分和肌内脂肪含量都以鲁烟白猪阉公猪较高，分别比母猪提高 22.75%和 49.24%；在配套系商品猪中，公猪的大理石纹评分和肌内脂肪分别比母猪组提高 11.56%和 7.25%，而其他指标未表现出性别差异。刘彬等（2019）发现杜凉杂交母猪屠宰后 24h 和 45min 的肉色显著优于公猪，而凉山公猪的滴水损失显著高于母猪。而 Renaudeau 和 Mourot（2007）报道不论何品种，母猪都比公猪更瘦，但性别对猪肉的品质、蒸煮损失和适口性等指标无显著影响。因此，性别对猪肉质口感、风味和嫩度等指标影响的研究结果存在不一致的结论，因其可能受到品种、屠宰体重、营养水平及性成熟期等因素的协同作用。

（二）不同性别家禽肉品质感官指标的差异

性别对家禽肉品质的影响与性激素的分泌有关，其中类固醇激素影响脂类风味的形成。雄性动物摘除睾丸后，体内雄激素减少，而雄激素可抑制脂蛋白脂肪酶活性，减少脂肪积累，促进脂肪分解，尤其表现为对腹内脂肪的脂蛋白脂肪酶活性有抑制作用，从而改变肉的品质。例如，公鸡去势后胸肌和腿肌红度（a^*）值显著降低、腿肌亮度（L^*）值显著升高，胸肌组织的肌纤维直径和面积降低，在一定程度上提高了肌肉嫩度（Guo et al.，2015）。也有研究报道，公鸡的胸肌肉色 L^*值极显著低于母鸡，公鸡胸肌的肉色更乌，说明无量山乌骨鸡公鸡的胸肌肉品质优于母鸡（杨丕才等，2021）。

此外，性别对风味的影响程度与日龄有关，公鸡在达到性成熟时会有较强的风味（田金鹏等，2021），但是在 14 周龄以前，公鸡与母鸡的风味无明显差异，14 周龄后公鸡腿肉和胸肉有更好的风味（唐继高等，2014）。岳永生和唐辉（2002）研究表明，相同日龄的土杂鸡公鸡肉质及风味更好。

（三）不同性别牛羊肉品质感官指标的差异

牛羊自身的膻味使肌肉的芳香特性降低，从而使肉的品质大为下降，而性别是导致牛羊肉品质存在差异的重要因素之一。不同性别牛羊因遗传基因和性激素的作用方式不同，因此胴体组成、肉品质量以及风味等各方面有着不同程度的差异。史新平等（2018）研究发现西门塔尔母牛在肉品质上优于公牛。郎玉苗等（2015）也发现母牛的肉质适口性更好、嫩度更高。姜碧杰等（2010）对不同性别秦川牛肉质研究发现性别对牛肉品质有着显著影响，其中阉牛肉质优于母牛肉质，母牛肉质优于公牛肉质。刘笑笑等（2022）也发现沃金黑牛性别对嫩度、离心损失和蒸煮损失的影响差异显著，其中食用品质阉公牛优于母牛，母牛优于公牛。在羊中，Hopkins 和 Mortimer（2014）研究表明阉割的公羊有更高质量的肉产量，更有潜力通过去除皮下脂肪和肌间脂肪来提高大龄绵羊的食用品质。

二、不同性别畜禽肉脂肪酸分析

猪肌肉脂肪酸组成与肉品质密切相关（Virgili et al.，2003）。Latorre 等（2009a）研究表明，与母猪相比，公猪的皮下脂肪含有较多的饱和脂肪酸、较少的不饱和脂肪酸。郭建凤等（2013a）研究表明，鲁烟白猪阉公猪有较高的饱和脂肪酸和不饱和脂肪酸含量，而亚油酸含量以鲁烟白猪母猪较高；对杜洛克猪的研究表明，与母猪相比，公猪有较高的硬脂酸和亚油酸含量、较低的棕榈酸和油酸含量；对烟台黑猪研究却表明，性别对肌肉的棕榈酸、硬脂酸、油酸和亚油酸含量无显著影响。由此提示，性别对猪肉脂肪酸组成具有一定影响，但是不同品种之间存在差异。

脂肪酸对鸡肉香味生成起到重要作用，因此肌肉中脂肪酸组成和含量的差异是决定鸡肉风味和理化特性的重要因素。研究报道，性别对鸡肉组织中脂肪酸的组成和含量具有重要的影响，其中公鸡去势后胸肌组织中油酸、亚油酸、α-亚麻酸、十五碳酸和棕榈酸含量增加（Kwiecień et al.，2015），硬脂酸、花生四烯酸和二十二碳五烯酸含量显著减少（Rikimaru et al.，2009）。但也有研究报道，去势公鸡胸肌组织中硬脂酸、棕榈酸、油酸和亚油酸含量未发生显著变化（王育伟等，2018；Miguel et al.，2008）。

一般情况，公羊体内含有更高浓度的支链脂肪酸，而支链脂肪酸是影响羊肉膻味的重要因素，所以公羊比母羊和羯羊有更强烈的膻味。Tejeda 等（2008）研究显示美利奴母羊背最长肌的多不饱和脂肪酸高于公羊；Costa 等（2006）发现母牛肉中饱和脂肪酸含量要低于公牛肉；此外，胡常红等（2022）和王喆等（2011）报道性别对牛肉的脂肪酸含量没有显著影响。尽管性别对反刍动物脂肪酸影响的研究结果存在较大差异，但是目前国内外高档牛肉的生产以去势牛和母牛为主。

三、不同性别畜禽肉氨基酸分析

氨基酸是肉类鲜味的主要来源之一，其中鲜味氨基酸含量决定了肌肉的鲜美程度，谷氨酸具有形成肉味鲜美和缓冲咸、酸等不良味道的特殊作用（朱洪强等，2007）。性别对猪背最长肌的氨基酸含量影响显著。除胱氨酸含量以阉公猪稍高外，其他常见氨基酸都以母猪较高，其中甘氨酸、丙氨酸、异亮氨酸、苯丙氨酸和脯氨酸含量母猪组比阉公猪组分别提高 6.38%、9.35%、7.96%、7.92%、10.53%，说明母猪的肌肉生物学价值比阉公猪更高，营养更丰富。在性别对大白猪背最长肌氨基酸含量影响的研究中发现，氨基酸总量、鲜味氨基酸含量、必需氨基酸含量和必需氨基酸占总氨基酸的比例都以大白母猪较高，说明其肉鲜味较浓，营养价值较高。综上所述，母猪较公猪肌肉拥有更丰富的氨基酸。

鸡肉中蛋白质含量丰富，是人类理想的蛋白质来源。性别引起的肌肉氨基酸差异在不同的品种间不完全相同，无量山乌骨鸡公鸡胸肌氨基酸总量极显著高于母鸡，其中必需氨基酸含量无显著性差异，但公鸡的非必需氨基酸以及风味氨基酸含量显著高于母鸡（杨丕才等，2021）。玫瑰冠鸡和科宝肉鸡母鸡具有较高的氨基酸总量，其中必需氨基酸组成显著高于公鸡（杨娴婧等，2018）。倒毛鸡公鸡胸肌的必需氨基酸含量高于母鸡。

而平武红母鸡的氨基酸总量显著高于公鸡，尤其是谷氨酸、天冬氨酸、丝氨酸和苏氨酸等风味氨基酸（王雪峰等，2018）。因此，氨基酸含量与组成不一致的原因可能与品种、饲养环境、饲料或屠宰情况等因素不同有关。

性别对牛羊肉氨基酸的种类和含量有显著影响，其中母牛的氨基酸总量以及天冬氨酸和谷氨酸、苏氨酸、丝氨酸含量明显高于公牛，说明母牛更能提供人体所需的氨基酸，并增加肉的香气和鲜度（胡常红等，2022）。母牛的谷氨酸、苯丙氨酸含量显著高于公牛，但与阉公牛没有显著差异。对于鲜味氨基酸占总氨基酸的比例而言，阉公牛显著高于公牛和母牛。所以阉公牛肉在烹饪过程中可能比公牛、母牛肉具有更好的适口性（庄蕾等，2021）。不同性别柯尔克孜羊肉中氨基酸组成和总量也存在差异，其中公羊 7 月龄肌肉中氨基酸含量大于母羊，而在 20 月龄成年后则小于母羊（师帅，2016）。

第四节　屠宰日龄与畜禽肉品质的形成

屠宰日龄是影响肉质的重要因素，影响肉色、香味、多汁性和整体适口性，对猪肉嫩度的影响尤为明显。当屠宰日龄较低时，畜禽还未达到体成熟和最佳屠宰时间点，导致肉质风味物质和脂肪等沉积不够。畜禽在相同体重阶段屠宰时，往往表现出生长速度越快，嫩度越高。日龄与嫩度的关系，不仅反映了肌肉组织和结缔组织随年龄的变化，还反映了动物体积和肥度随年龄增加而增加。

一、屠宰日龄与猪肉品质的关系

正常情况下，瘦肉型育肥猪育肥后期脂肪逐渐沉积，随着饲养期的延长背膘厚度逐渐增加，为控制背膘厚度及提高日粮利用率，一般在体重为 90～100kg 时或饲养 160～180 天时屠宰（毛翠等，2017）。而对于最适屠宰体重，一般需结合猪的生长规律和肉质来进行研究，对于生长规律，屠宰日龄一般会在最大生长速度拐点以后，快增后期或快增期结束时进行屠宰最适宜。杨忠诚等（2016）研究不同屠宰体重的江口萝卜猪的肉质性能发现，体重为 80kg 时肉质性能较好，氨基酸和脂肪酸结构合理，在 90kg 后脂肪沉积较多，且各体重阶段的必需氨基酸含量各不相同。另外，肉质的好坏也是影响屠宰的一个重要因素。对于青峪猪而言，其主要的经济效益是生产高品质的猪，因此屠宰日龄是决定肉品质的最主要因素，青峪猪的最适屠宰日龄在 300 天以后（陈映，2019）。

二、屠宰日龄与鸡肉品质的关系

日龄对鸡肉的品质影响较大，不同日龄的鸡胸肌、腿肌等肌纤维发育程度不一（余春林等，2016）。日龄短，肌纤维未发育完全，肌肉嫩度高；日龄过大，导致肌纤维变粗，致使嫩度下降，鸡肉难以咀嚼。公鸡血液中的生长激素浓度比母鸡高，生长速度比母鸡快，性成熟比母鸡早，且性成熟屠宰后的鸡肉品质更稳定（Mir et al.，2017）。笼养肉鸡日龄较短，常见的白羽肉鸡一般 42 天出栏，肉质稍嫩。而散养土鸡日龄相对较长，一般 110 天可以出栏上市，肉质鲜美、富有弹性（余春林等，2016）。此外，不同品种鸡在不同日龄时的肉质也不相同，如瑶山鸡随着日龄增加粗脂肪含量增加，在 300 日龄屠宰要比 120 日龄屠宰的口感风味好（唐继高等，2014）。

三、屠宰日龄与羊肉品质的关系

屠宰日龄对羊肉的风味有影响，主要包括产肉能力和肉品质量（罗毅敏，2012）。随着日龄的增长，羊肉体内的水分、粗蛋白含量和热值等都有所下降，而脂肪含量有所升高，还有肌肉纤维明显变硬的趋势，导致胴体品质下降，羊肉嫩度降低（Young et al.，1997）。Babiker 等（1990）报道，屠宰日龄较小时，其肉质具有更好的大理石纹、持水能力以及多汁性。张桂枝等（2007）对不同月龄槐山羊的屠宰性能和肉品质特性进行研究，结果显示：4 月龄、8～10 月龄、16～18 月龄的屠宰率分别为 44.03%、48.09%、48.15%；粗脂肪含量、眼肌面积、肌纤维直径以及剪切力随月龄的增加而增加。对于羊肉的膻味来说，由于成年羊脂肪内的 4-甲基辛酸和 4-甲基壬酸含量较羔羊高得多，因此膻味也比较重（Wong et al.，1975a，1975b）。总之，羊最适屠宰日龄需要从羊的产肉能力、羊肉的食用品质和营养价值等多方面综合评定。

参 考 文 献

柏峻, 梁欢, 赵向辉, 等. 2017. 夏南牛与夏和杂一代(F_1)牛肉品质比较研究. 江西农业大学学报, 39(2): 366-370.

包丽华, 梁宝海. 2009. 三个品种肉牛的部分肉品质的比较. 家畜生态学报, 30(5): 81-83.

蔡妙颜, 李冰, 袁向华. 2003. 膳食中的脂肪酸平衡. 粮油食品科技, (2): 37-39.

曹攀. 2018. 白萨福克和湖羊杂交一代羊与杜湖杂交羊肉用性能比较及其生理机制的研究. 河南农业大学硕士学位论文.

常国斌, 周琼, 栾德琴, 等. 2011. 鸡 *A-FABP* 基因不同基因型遗传效应及初步验证. 畜牧兽医学报, 42(8): 1088-1094.

陈辉. 2019. 影响猪肉品质的遗传因素分析. 猪业科学, 36(2): 108-109.

陈俐静, 陈卓, 李娜, 等. 2020. 新疆褐牛与安格斯牛胴体及肉质性状及脂代谢相关基因表达差异比较. 中国农业科学, 53(22): 4700-4709.

陈明华, 周明亮, 庞倩, 等. 2018. 周岁白-藏羊与藏系绵羊屠宰性能及肉品质对比试验. 草学, (4): 68-72.

陈雪君, 茅慧玲. 2011. 湖羊肌肉营养成分组成及风味物质研究. 中国畜牧杂志, 47(11): 69-72.

陈映. 2019. 青峪猪生长发育规律和拐点期差异表达基因及最佳肉质性状日龄研究. 四川农业大学硕士学位论文.

陈映, 葛桂华, 徐旭, 等. 2020. 品种和肌纤维类型对猪肉质性状的影响. 中国畜牧杂志, 56(11): 52-55, 62.

川井田博, 郁明发. 1983. 猪肉肌纤维粗细与肉质的关系. 国外畜牧学(猪与禽), 3(3): 51-54, 64.

崔国梅, 彭增起, 靳红果, 等. 2011. 黑色牛肉与正常色泽牛肉理化性状及凝胶特性的对比分析. 食品科学, 32(13): 106-109.

丁凤焕. 2008. 牦牛、犏牛及黄牛肉脂肪酸和风味物质测定及生产性能的比较分析. 青海大学硕士学位论文.
丁玫. 2018. 中国地方猪种资源概况. 今日畜牧兽医, 34(8): 35-36.
窦露, 罗玉龙, 孙雪峰, 等. 2020. 苏尼特羊、巴美肉羊和乌拉特山羊的肉品质和挥发性风味物质比较. 食品工业科技, 41(15): 8-14.
敦伟涛, 陈晓勇, 田树军, 等. 2010. 肉用绵羊与小尾寒羊杂交羔羊肉品质研究. 黑龙江畜牧兽医, (15): 49-51.
冯润芳, 孟凤华, 安晓雯, 等. 2021. 小尾寒羊不同部位挥发性风味物质和脂肪酸分析. 食品工业科技, 42(21): 285-293.
高勤学, 刘梅, 杨月琴, 等. 2005. 猪 *MyoG* 基因的 PCR-RFLP 分型及其与生长性能和肌纤维数目的相关性分析. 中国兽医学报, 25(3): 330-332.
葛菲, 李海鹏, 李俊雅, 等. 2022. 鲁西牛生长性能、屠宰性能及肉品质测定分析. 山东农业科学, 54(4): 112-120.
弓宇. 2021. 蒙古牛和西门塔尔牛脂肪特性及脂质代谢组学分析. 内蒙古农业大学硕士学位论文.
辜雪冬, 李娟, 徐刚. 2017. 品种和年龄对羊肉品质的影响. 食品工业, 38(3): 169-172.
郭建凤, 王继英, 刘雪萍, 等. 2013a. 不同性别鲁烟白猪育肥性能及胴体肉品质比较. 江苏农业科学, 41(8): 200-202.
郭建凤, 王彦平, 王继英, 等. 2013b. 不同性别杜洛克猪肥育性能及胴体肉品质比较. 养猪, (3): 81-83.
郭建凤, 武英, 王继英, 等. 2008. 性别对配套系商品猪生长性能及胴体肉品质影响. 西南农业学报, 21(5): 1409-1411.
胡常红, 熊杰, 王长里, 等. 2022. 性别对西门塔尔牛不同部位肉质特性影响的研究. 草食家畜, (1): 11-19.
胡宇超, 王园, 孟子琪, 等. 2020. 发酵麸皮多糖对肉羊肉品质、肌肉氨基酸组成及肌肉抗氧化酶和肌纤维类型相关基因表达的影响. 动物营养学报, 32(2): 932-940.
贾青, 陈国宏. 1997. 论影响畜禽肉用品质因素. 天津畜牧兽医, 14(4): 25-27.
姜碧杰, 昝林森, 辛亚平, 等. 2010. 性别对秦川牛肉品质的影响. 中国农学通报, 26(6): 1-4.
经荣斌, 顾志香, 张照. 1983. 姜曲海猪、二花脸猪和长白猪的肉质研究(初报). 江苏农学院学报, 4(4): 1-4, 10.
经荣斌, 俞荣林, 霍金富, 等. 1990. 香猪、二花脸猪和大白猪肌纤维超微结构和肌肉组织化学特性的研究. 江苏农学院学报, 11(4): 41-44, 81.
巨晓军, 束婧婷, 章明, 等. 2018. 不同品种、饲养周期肉鸡肉品质和风味的比较分析. 动物营养学报, 30(6): 2421-2430.
巨晓军, 章明, 屠云洁, 等. 2021. 基于主成分分析的不同品种鸡肉品质评价. 家畜生态学报, 42(4): 45-51.
兰儒冰, 高爱武, 杨金丽, 等. 2013. 营养限制及补偿对羔羊肉品质的影响. 中国畜牧兽医, 40(9): 118-123.
郎玉苗, 谢鹏, 韩爱云, 等. 2015. 中国西门塔尔牛公牛和母牛肉质差异研究. 肉类研究, 29(8): 1-4.
李慧. 2013. 基因类型、去势方法和生长激素对肌纤维特性和猪肉品质影响的研究. 内蒙古农业大学博士学位论文.
李聚才, 刘自新, 王川, 等. 2012. 不同杂交肉牛背最长肌脂肪酸含量分析. 肉类研究, 26(8): 30-34.
李鹏. 2006. 甘南牦牛肉用品质、血清生化指标及其相关性的研究. 甘肃农业大学硕士学位论文.
李鹏, 余群力, 杨勤, 等. 2006. 甘南黑牦牛肉品质分析. 甘肃农业大学学报, (6): 114-117.
李旺平, 王建军, 严秉莲, 等. 2019. 不同品种杂交肉羊生产性能和肉品质的比较. 中国畜牧杂志, 55(5): 118-123.
李志勋, 翁亚烦, 杨圳超, 等. 2020. 云南两个地方猪和杜洛克猪的营养成分比较. 食品工业, 41(4): 341-345.

李忠秋, 刘春龙, 马红, 等. 2019. 民猪和大白猪不同肌球蛋白重链表达差异. 黑龙江畜牧兽医, (13): 49-51, 57.
梁鹏, 张天闻, 张稳, 等. 2021. 宁夏地区 4 个绵羊群体肌肉营养组分和风味物质差异性分析. 西南农业学报, 34(4): 889-898.
梁瑜. 2012. 西门塔尔杂种牛脂肪酸营养特性及肉品品质研究. 甘肃农业大学硕士学位论文.
刘彬, 陈映, 李强, 等. 2019. 品种和性别效应对猪肉质性状的影响. 西南农业学报, 32(9): 2222-2225.
刘冰. 2005. 不同品种鸡的肌纤维发育规律及其与肉质的关系. 中国农业大学硕士学位论文.
刘波, 王纯洁, 斯木吉德, 等. 2019. 锡林郭勒草原放牧蒙古牛肉质特性研究. 中国农业大学学报, 24(4): 82-86.
刘丽. 2000. 黄牛及其改良牛产肉性能和肉品质量分析及中国牛肉等级标准的研究与制定. 南京农业大学博士学位论文.
刘笑笑, 张鑫, 王蕾, 等. 2022. 性别对沃金黑牛肉食用品质的影响. 食品安全导刊, (10): 74-76.
刘亚娜, 郎玉苗, 包高良, 等. 2016. 甘南牦牛肉与中国西门塔尔牛肉营养特性对比分析. 食品工业科技, 37(15): 360-364.
刘莹莹, 李凤娜, 李颖慧, 等. 2017. 饲粮能氮水平对不同品种猪肉质性状及相关基因表达的影响. 动物营养学报, 29(2): 547-555.
刘莹莹, 李凤娜, 印遇龙, 等. 2015. 中外品种猪的肉质性状差异及其形成机制探讨. 动物营养学报, 27(1): 8-14.
刘志红, 马丽娜, 米璐, 等. 2019. 杜泊羊背最长肌中脂肪酸种类与含量分析. 家畜生态学报, 40(12): 50-54.
鲁云风, 张晓娜, 张征田. 2017. 南阳黑猪和大白猪脂肪酸分析及其综合评价. 中国畜牧兽医, 44(4): 1032-1036.
陆雪林, 吴昊旻, 薛云, 等. 2020. 上海 4 个地方猪种的肥育性能和肉质特性分析. 养猪, (4): 65-69.
罗鑫. 2015. 不同品种(系)肉羊屠宰性能和肉品质的比较研究. 内蒙古农业大学硕士学位论文.
罗毅敏. 2012. 体重对杜蒙杂交一代羊的屠宰性能及肉品质的影响. 内蒙古农业大学硕士学位论文.
罗玉龙, 王柏辉, 赵丽华, 等. 2018. 苏尼特羊和小尾寒羊的屠宰性能、肉品质、脂肪酸和挥发性风味物质比较. 食品科学, 39(8): 103-107.
吕永锋, 王燕燕, 王珂, 等. 2021. 湖羊与滩羊羔羊肉品质分析. 家畜生态学报, 42(11): 49-53.
吕政海. 2018. 我国猪的引进品种和部分地方品种介绍. 现代畜牧科技, (6): 24.
马晓冰, 苏琳, 林在琼, 等. 2015. 不同品种肉羊肌肉的糖酵解潜力及其与肉品质的相关性. 食品科学, 36(15): 1-4.
毛翠, 姜富贵, 陈雪梅, 等. 2017. 不同屠宰期对地方猪猪肉品质的影响. 饲料研究, (16): 46-48.
牛蕾. 2011. 中国西门塔尔牛肉品质评定及其近红外快速检测方法研究. 河北农业大学硕士学位论文.
牛小莹, 郭淑珍, 赵君, 等. 2009. 甘南牦牛肉营养成分含量研究分析. 畜牧兽医杂志, 28(2): 101-102.
农秋雲, 刘嘉琪, 单体中. 2019. 猪肉中脂肪酸组成的品种差异及脂肪酸沉积的调控机制. 动物营养学报, 31(6): 2507-2514.
欧秀琼, 李睿, 张晓春, 等. 2022. 肌纤维类型组成对猪肌肉品质与能量代谢的影响研究进展. 浙江农业学报, 34(1): 196-203.
欧秀琼, 李星, 钟正泽, 等. 2019. 猪肌肉肌纤维特性与肌肉品质的关系及品种、性别差异. 新疆农业科学, 56(12): 2345-2352.
彭志军, 徐振强, 张燕, 等. 2019. 不同品种优质鸡的肉质评定. 中国家禽, 41(8): 56-59.
钱文熙, 阎宏, 崔慰贤. 2007. 放牧、舍饲滩羊肌体风味物质研究. 畜牧与兽医, 39(1): 17-20.
师帅. 2016. 年龄和性别对新疆柯尔克孜羊肉品质特性的影响研究. 新疆农业大学硕士学位论文.
史新平, 陈燕, 徐玲, 等. 2018. 肉用西门塔尔牛与和牛杂交群体的肉品质分析. 中国畜牧兽医, 45(4): 953-960.

帅素容, 罗安治, 程支中, 等. 2002. 氟烷基因与猪经济性状的相关研究. 西南农业大学学报, 24(3): 251-254.
宋倩倩, 张金枝, 刘健, 等. 2018. 不同品种猪肉质性状和脂肪酸含量的研究. 家畜生态学报, 39(2): 24-28.
苏馨, 李金泉, 赵存, 等. 2021. 内蒙古地区杜泊羊、萨福克羊和乌珠穆沁羊脂肪酸含量分析. 今日畜牧兽医, 37(10): 4, 7.
苏扬. 2000. 牛肉的风味化学及风味物质的探讨. 四川轻化工学院学报, 13(2): 68-72.
孙鏖, 雷虹, 何芳, 等. 2021. 不同年龄阶段安格斯牛与湘西黄牛屠宰性能和肉品质的比较. 南方农业学报, 52(4): 1116-1123.
孙德文. 2003. 糖萜素对鸡肉品质的影响及其作用机理研究. 浙江大学硕士学位论文.
孙洪新, 敦伟涛, 陈晓勇, 等. 2012. 不同品种杂交羔羊肉品质比较. 畜牧与兽医, 44(7): 40-43.
孙亚伟, 张笑莹, 张晓红, 等. 2010. 新疆褐牛不同部位肌肉氨基酸组成及分析. 新疆农业大学学报, 33(4): 299-302.
唐继高, 朱丽莉, 吴松成, 等. 2014. 不同日龄性别瑶山鸡肉营养成分分析. 中国畜禽种业, 10(6): 129-130.
田金鹏, 覃小懿, 黄歆婷, 等. 2021. 影响鸡肉品质的主要因素研究进展. 饲料博览, (5): 16-18.
田瑛, 靳烨, 杜文, 等. 2017. 蒙古羊与杜蒙 F_1 代羔羊屠宰性能及肉品质评价. 黑龙江畜牧兽医, (3): 110-113.
田永全. 2007. 脂肪酸的营养功能. 中国食物与营养, 13(8): 51-52.
王莉梅, 王德宝, 王晓冬, 等. 2019. 纯种日本和牛与西门塔尔杂交牛与西门塔尔牛肉品质对比分析. 中国牛业科学, 45(5): 17-20, 57.
王能武. 2020. 浅谈地方猪品种育成与发展. 中国畜禽种业, 16(12): 83-84.
王锐, 何永涛, 赵凤立. 2005. 不同级进代次夏寒杂交羊生产性能、屠宰性能的分析研究. 河南畜牧兽医, 26(4): 5-7.
王煦, 崔繁荣, 叶治兵, 等. 2019. 金川牦牛和中国西门塔尔牛肉品质差异研究. 中国牛业科学, 45(5): 1-5.
王雪峰, 黄艾祥, 范江平, 等. 2018. 云南剥隘鸡肌肉中氨基酸的组成及含量分析. 食品研究与开发, 39(13): 136-142.
王圆圆, 李新淼, Heshuote M, 等. 2021. 内蒙古寒冷草原繁育的黑安格斯牛肌肉中氨基酸分析. 中国畜牧杂志, 57(4): 216-220, 226.
王喆, 袁希平, 王安奎, 等. 2011. 牛品种和性别对牛肉脂肪及脂肪酸含量的影响. 西北农林科技大学学报(自然科学版), 39(4): 24-28.
温舒磊. 2018. 猪肌肉外泌体对脂肪生成的影响及其分子机制. 华南农业大学硕士学位论文.
温雪婷. 2020. 番鸭与北京鸭肌肉风味物质及盲肠菌群发育性变化研究. 浙江农林大学硕士学位论文.
文力正, 张国梁, 张嘉保, 等. 2007. 利木赞牛杂交改良对草原红牛肉质的影响. 中国畜牧兽医, 34(10): 139-142.
吴健, 于永生, 李娜, 等. 2015. 延黄牛和西门塔尔牛肉品质对比研究. 吉林农业大学学报, 37(4): 459-462.
吴妹英, 肖天放, 张力. 2007. 莆田黑猪及其杂种肌肉脂肪酸组成与含量的研究. 福建畜牧兽医, 29(S1): 16-18.
吴珍芳, 熊远著, Harbitz I, 等. 2000. 猪 *HSL* 基因多态性研究及其部分 DNA 片段的测序. 遗传学报, 27(8): 686-690.
吴珍芳, 熊远著, 邓昌彦, 等. 1999. 猪 *LPL* 基因多态性及其部分 DNA 片段的测序. 华中农业大学学报, 18(5): 461-465.
席斌, 郭天芬, 杨晓玲, 等. 2019. 对不同品种猪肉中脂肪酸、氨基酸及肌苷酸的比较研究. 饲料研究, 42(7): 31-34.

谢遇春, 奈日乐, 杨峰, 等. 2020. 澳洲美利奴羊肉脂肪酸组成. 肉类研究, 34(8): 8-12.
严昌国, 王勇, 朴圣哲, 等. 2004. 延边黄牛牛肉品质特性的研究. 黄牛杂志, 30(3): 5-7.
杨洁鸿, 马黎, 李明丽, 等. 2017. 5 个云南地方猪种肌肉氨基酸比较与评价. 养猪, (2): 65-68.
杨丕才, 曹海月, 张忠新, 等. 2021. 无量山乌骨鸡肉质性状及养分含量的性别差异分析. 中国畜牧杂志, 57(2): 80-83.
杨娴婧, 韩雨轩, 王海亮, 等. 2018. 不同品种鸡肌肉营养价值及风味的研究. 中国家禽, 40(2): 9-14.
杨晓静, 赵茹茜, 陈杰, 等. 2005. 猪背最长肌肌纤维类型的发育性变化及其品种和性别特点. 中国兽医学报, 25(1): 89-94.
杨雪海, 付聪, 魏金涛, 等. 2017. 不同来源的粗饲料对育肥牛牛肉氨基酸及脂肪酸组成的影响. 饲料工业, 38(1): 42-46.
杨银辉. 2011. 五种色泽异常肉的感官鉴别与处理. 云南畜牧兽医, (3): 43-44.
杨再. 2007. 我国高原型猪的地理分布、类型和生态特征. 猪业科学, 24(4): 84-85.
杨忠诚, 龚俞, 杨茂林, 等. 2016. 不同屠宰体重对江口萝卜猪胴体性状、肉品质、氨基酸和脂肪酸的影响. 中国畜牧兽医, 43(9): 2317-2325.
于永生, 张志彬, 罗晓彤, 等. 2016. 三个猪种肌肉脂肪酸含量分析. 黑龙江畜牧兽医, (1): 115-117.
余春林, 杨朝武, 熊霞, 等. 2016. 放养模式下不同鸡种屠宰性能、肉质特性及相关基因表达规律研究. 中国家禽, 38(12): 10-15.
袁艳枝, 邓文, 金瑶瑶, 等. 2020. 猪肉品质评定指标及影响因素的研究进展. 黑龙江畜牧兽医, (1): 31-35, 40.
岳永生, 唐辉. 2002. 鸡的性别和屠体部位对鸡肉风味的影响. 中国畜牧杂志, 38(3): 25-26.
云巾宴. 2018. 延黄牛脂肪细胞转录组学及相关功能基因对成脂分化作用的研究. 延边大学博士学位论文.
张宝泉. 2018. 不同品种肉牛的胴体长及大理石纹的分析与研究. 饲料博览, (4): 82.
张桂枝, 李婉涛, 靳双星, 等. 2007. 不同月龄的槐山羊屠宰性能及肉用品质比较. 中国农学通报, 23(7): 64-66.
张明. 2016. 安格斯与西门塔尔牛杂交一代育肥性能及肉品质研究. 甘肃农业大学硕士学位论文.
张鸣实. 2002. 杂交方式对肉牛产肉性能的影响. 黄牛杂志, 28(2): 7-8, 32.
张玉伟, 罗海玲. 2010. 影响羊肉品质的因素及发展优质羊肉产业的对策. 北京: 动物营养国家重点实验室中国农业大学动物科技学院: 68-70.
张玉伟, 罗海玲, 贾慧娜, 等. 2012. 肌肉系水力的影响因素及其可能机制. 动物营养学报, 24(8): 1389-1396.
张远, 赵改名, 黄现青, 等. 2014. 性别对猪肉品质特性的影响. 食品科学, 35(7): 48-52.
章杰, 罗宗刚, 陈磊, 等. 2015. 荣昌猪和杜洛克猪肉质及营养价值的比较分析. 食品科学, 36(24): 127-130.
章琳俐, 李丽, 朱志明, 等. 2021. 基于 RNA-seq 鉴定连城白鸭肉质风味相关候选基因. 农业生物技术学报, 29(4): 711-722.
赵称赫, 敖日格乐, 王纯洁, 等. 2016. 库布齐沙漠蒙古牛肉品质及肌肉矿物质元素含量分析. 中国畜牧兽医, 43(4): 980-984.
赵思思, 贾青, 胡慧艳, 等. 2016a. 华中型地方猪品种资源变化分析. 湖南农业科学, (9): 67-72.
赵思思, 贾青, 胡慧艳, 等. 2016b. 西南型地方猪品种资源的变化. 贵州农业科学, 44(10): 91-94.
赵思思, 贾青, 胡慧艳, 等. 2017a. 华北型猪品种资源变化状况分析. 黑龙江畜牧兽医, (19): 111-115.
赵思思, 贾青, 胡慧艳, 等. 2017b. 华南型猪品种资源状况变化分析. 黑龙江畜牧兽医, (23): 115-118.
赵思思, 贾青, 胡慧艳, 等. 2017c. 江海型猪品种资源状况变化分析. 江苏农业科学, 45(22): 179-182.
郑月. 2017. 锦江牛与西门塔尔牛耐热性和脂质代谢及肉品质的比较研究. 南京农业大学博士学位论文.

钟福生, 黄勋和, 周彩云, 等. 2013. 五华三黄鸡山地放养条件下肉用性能及肉品质的研究. 嘉应学院学报, 31(5): 67-72.

周迪, 李俊, 李平, 等. 2020. 贵州关岭牛、安格斯牛和贵州关岭牛×西门塔尔杂交牛肉品质分析研究. 黑龙江畜牧兽医, (24): 49-52.

周杰, 陈韬. 2010. 基因与肉品质关系的研究进展. 食品工业科技, 31(9): 417-421.

朱贵明. 2003. 秦川牛肉质性状的系统研究. 西北农林科技大学硕士学位论文.

朱洪强, 王全凯, 殷树鹏. 2007. 野猪肉与家猪肉营养成分的比较分析. 西北农业学报, 16(3): 54-56.

朱剑凯. 2010. 豫西脂尾羊肉理化品质的分析. 肉类工业, (11): 26-27.

朱康平. 2012. 猪肌肉糖酵解潜力及几个重要代谢调控基因的表达与肉质性状关联性分析. 四川农业大学硕士学位论文.

朱燕莉, 张佳敏, 白婷, 等. 2022. 影响猪肉品质的相关基因研究进展. 饲料研究, 45(9): 133-137.

庄蕾, 刘梦, 黄伟华, 等. 2021. 不同性别早胜牛犊牛肉常规养分及氨基酸组成比较分析. 青海畜牧兽医杂志, 51(2): 24-28, 35.

邹华锋, 文美英, 魏星华, 等. 2013. 生猪宰前不同静养时间和屠宰方式对背长肌肌肉pH值和滴水损失的影响. 肉类工业, (5): 19-21.

Aaslyng M D, Hviid M. 2020. Meat quality in the Danish pig population anno 2018. Meat Science, 163: 108034.

An Y, Kang Q Q, Zhao Y F, et al. 2013. Lats2 modulates adipocyte proliferation and differentiation via hippo signaling. PLoS One, 8(8): e72042.

Antonopoulos A S, Antoniades C. 2017. The role of epicardial adipose tissue in cardiac biology: classic concepts and emerging roles. The Journal of Physiology, 595(12): 3907-3917.

Armamento-Villareal R, Napoli N, Waters D, et al. 2014. Fat, muscle, and bone interactions in obesity and the metabolic syndrome. International Journal of Endocrinology, 2014: 1-3.

Arrighi N, Moratal C, Savary G, et al. 2021. The FibromiR miR-214-3p is upregulated in duchenne muscular dystrophy and promotes differentiation of human fibro-adipogenic muscle progenitors. Cells, 10(7): 1832.

Aryal B, Singh A K, Zhang X B, et al. 2018. Absence of ANGPTL4 in adipose tissue improves glucose tolerance and attenuates atherogenesis. JCI Insight, 3(6): e97918.

Asada S, Daitoku H, Matsuzaki H, et al. 2007. Mitogen-activated protein kinases, ERK and p38, phosphorylate and regulate Foxo1. Cellular Signalling, 19(3): 519-527.

Asano H, Yamada T, Hashimoto O, et al. 2013. Diet-induced changes in UCP1 expression in bovine adipose tissues. General and Comparative Endocrinology, 184: 87-92.

Audano M, Pedretti S, Caruso D, et al. 2022. Regulatory mechanisms of the early phase of white adipocyte differentiation: an overview. Cellular and Molecular Life Sciences, 79(3): 139.

Babiker S A, El Khider I A, Shafie S A. 1990. Chemical composition and quality attributes of goat meat and lamb. Meat Science, 28(4): 273-277.

Brennand C P, Lindsay R C. 1992. Distribution of volatile branched-chain fatty acids in various lamb tissues. Meat Science, 31(4): 411-421.

Calder P C. 2015. Functional roles of fatty acids and their effects on human health. Journal of Parenteral and Enteral Nutrition, 39(1 Suppl): 18S-32S.

Cameron N D, Enser M, Nute G R, et al. 2000. Genotype with nutrition interaction on fatty acid composition of intramuscular fat and the relationship with flavour of pig meat. Meat Science, 55(2): 187-195.

Chen C, Zhu J, Ren H B, et al. 2021. Growth performance, carcass characteristics, meat quality and chemical composition of the Shaziling pig and its crossbreeds. Livestock Science, 244: 104342.

Christian L. 1995. Clarifying the impact of the stress gene. National Hog Farmer, 40(6): 44-46.

Cieślak B D, Kapelański W, Blicharski T, et al. 2000. Restriction fragment length polymorphisms in myogenin and *myf3* genes and their influence on lean meat content in pigs. Journal of Animal Breeding and Genetics, 117(1): 43-55.

Costa P, Roseiro L C, Partidário A, et al. 2006. Influence of slaughter season and sex on fatty acid composition, cholesterol and α-tocopherol contents on different muscles of Barrosã-PDO veal. Meat Science, 72(1): 130-139.

Dai L H, Xiong Y Z, Deng C Y, et al. 2006. Association of the A-G polymorphism in porcine adiponectin gene with fat deposition and carcass traits. Asian-Australasian Journal of Animal Sciences, 19(6): 779-783.

De Lima D M, De Carvalho F F R, Da Silva F J S, et al. 2016. Intrinsic factors affecting sheep meat quality: a review. Revista Colombiana de Ciencias Pecuarias, 29: 3-15.

Ellis M, Webb A J, Avery P J, et al. 1996. The influence of terminal sire genotype, sex, slaughter weight, feeding regime and slaughter-house on growth performance and carcass and meat quality in pigs and on the organoleptic properties of fresh pork. Animal Science, 62(3): 521-530.

Fujii J, Otsu K, Zorzato F, et al. 1991. Identification of a mutation in porcine R yanodine receptor associated with malignant hypothermia. Science, 253(5018): 448-451.

Gan M, Shen L, Fan Y, et al. 2019. High altitude adaptability and meat quality in Tibetan pigs: a reference for local pork processing and genetic improvement. Animals, 9(12): 1080.

Gao S Z, Zhao S M. 2009. Physiology, affecting factors and strategies for control of pig meat intramuscular fat. Recent Patents on Food, Nutrition & Agriculture, 1(1): 59-74.

Gariépy C, Godbout D, Fernandez X, et al. 1999. The effect of RN gene on yields and quality of extended cooked cured hams. Meat Science, 52(1): 57-64.

Gerbens F, Jansen A, van Erp A J M, et al. 1998. The adipocyte fatty acid-binding protein locus: characterization and association with intramuscular fat content in pigs. Mammalian Genome, 9(12): 1022-1026.

Guiroy P J, Fox D G, Beermann D H, et al. 2000. Performance and meat quality of beef steers fed corn-based or bread by-product-based diets. Journal of Animal Science, 78(3): 784-790.

Guo J, Shan T, Wu T, et al. 2011. Comparisons of different muscle metabolic enzymes and muscle fiber types in Jinhua and Landrace pigs. Journal of Animal Science, 89(1): 185-191.

Guo X H, Qin B Y, Yang X F, et al. 2019. Comparison of carcass traits, meat quality and expressions of *MyHCs* in muscles between Mashen and large white pigs. Italian Journal of Animal Science, 18(1): 1410-1418.

Guo X, Nan H, Shi D, et al. 2015. Effects of caponization on growth, carcass, and meat characteristics and the mRNA expression of genes related to lipid metabolism in roosters of a Chinese indigenous breed. Czech Journal of Animal Science, 60(7): 327-333.

Hamilton D N, Miller K D, Ellis M, et al. 2003. Relationships between longissimus glycolytic potential and swine growth performance, carcass traits, and pork quality. Journal of Animal Science, 81(9): 2206-2212.

Hausman G J, Basu U, Du M, et al. 2014. Intermuscular and intramuscular adipose tissues: bad vs. good adipose tissues. Adipocyte, 3(4): 242-255.

Hocquette J F, Cassar-Malek I, Jurie C, et al. 2012. Relationships between muscle growth potential, intramuscular fat content and different indicators of muscle fibre types in young Charolais bulls. Animal Science Journal, 83(11): 750-758.

Hopkins D L, Mortimer S I. 2014. Effect of genotype, gender and age on sheep meat quality and a case study illustrating integration of knowledge. Meat Science, 98(3): 544-555.

Huang H, Scheffler T L, Gerrard D E, et al. 2018. Quantitative proteomics and phosphoproteomics analysis revealed different regulatory mechanisms of halothane and rendement napole genes in porcine muscle metabolism. Journal of Proteome Research, 8: 2834-2849.

Kashyap V, Gudas L J. 2010. Epigenetic regulatory mechanisms distinguish retinoic acid-mediated transcriptional responses in stem cells and fibroblasts. The Journal of Biological Chemistry, 285(19): 14534-14548.

Kasprzyk A, Tyra M, Babicz M. 2015. Fatty acid profile of pork from a local and a commercial breed. Archives Animal Breeding, 58(2): 379-385.

Khan M I, Jo C, Tariq M R. 2015. Meat flavor precursors and factors influencing flavor precursors-A systematic review. Meat Science, 110: 278-284.

Kim E Y, Kim W K, Kang H J, et al. 2012. Acetylation of malate dehydrogenase 1 promotes adipogenic differentiation via activating its enzymatic activity. Journal of Lipid Research, 53(9): 1864-1876.

Kim J A, Cho E S, Jeong Y D, et al. 2020. The effects of breed and gender on meat quality of Duroc, Pietrain, and their crossbred. Journal of Animal Science and Technology, 62(3): 409-419.

Kouba M, Benatmane F, Blochet J E, et al. 2008. Effect of a linseed diet on lipid oxidation, fatty acid composition of muscle, perirenal fat, and raw and cooked rabbit meat. Meat Science, 80(3): 829-834.

Kwiecień M, Kasperek K, Grela E, et al. 2015. Effect of caponization on the production performance, slaughter yield and fatty acid profile of muscles of Greenleg Partridge cocks. Journal of Food Science and Technology, 52(11): 7227-7235.

Latorre M A, Ripoll G, García-Belenguer E, et al. 2009a. The increase of slaughter weight in gilts as a strategy to optimize the production of Spanish high quality dry-cured ham. Journal of Animal Science, 87(4): 1464-1471.

Latorre M A, Ripoll G, García-Belenguer E, et al. 2009b. The effect of gender and slaughter weight on loin and fat characteristics of pigs intended for Teruel dry-cured ham production. Spanish Journal of Agricultural Research, 7(2): 407-416.

Lee C W, Lee J R, Kim M K, et al. 2016. Quality improvement of pork loin by dry aging. Korean Journal for Food Science of Animal Resources, 36(3): 369-376.

Lefaucheur L, Ecolan P, Plantard L, et al. 2002. New insights into muscle fiber types in the pig. The Journal of Histochemistry & Cytochemistry, 50(5): 719-730.

Liu H T, Zhang H, Liu Q, et al. 2021a. Filamentous myosin in low-ionic strength meat protein processing media: assembly mechanism, impact on protein functionality, and inhibition strategies. Trends in Food Science & Technology, 112: 25-35.

Liu L H, Zheng L D, Zou P, et al. 2016. FoxO1 antagonist suppresses autophagy and lipid droplet growth in adipocytes. Cell Cycle, 15(15): 2033-2041.

Liu X R, Liang Y J, Song R P, et al. 2018a. Long non-coding RNA NEAT1-modulated abnormal lipolysis via ATGL drives hepatocellular carcinoma proliferation. Molecular Cancer, 17(1): 90.

Liu Y, Long H, Feng S M, et al. 2021c. Trait correlated expression combined with eQTL and ASE analyses identified novel candidate genes affecting intramuscular fat. BMC Genomics, 22(1): 805.

Liu Y Y, He Q H, Azad M A K, et al. 2021b. Nuclear magnetic resonance-based metabolomic analysis reveals physiological stage, breed, and diet effects on the intramuscular metabolism of amino acids and related nutrients in pigs. Frontiers in Veterinary Science, 8: 681192.

Liu Y Z, Yang X Q, Jing X Y, et al. 2018b. Transcriptomics analysis on excellent meat quality traits of skeletal muscles of the Chinese indigenous Min pig compared with the large white breed. International Journal of Molecular Sciences, 19(1): 21.

López-Colom P, Yu K, Barba-Vidal E, et al. 2019. I-FABP, Pig-MAP and TNF-α as biomarkers for monitoring gut-wall integrity in front of *Salmonella typhimurium* and ETEC K88 infection in a weaned piglet model. Research in Veterinary Science, 124: 426-432.

Lu H, Yan H, Ward M G, et al. 2018. Effect on Rendement Napole genotype on metabolic markers in Ossabaw pigs fed different levels of fat. Journal of Animal Physiology and Animal Nutrition, 102(1): e132-e138.

Ma Z, Luo N, Liu L, et al. 2021. Identification of the molecular regulation of differences in lipid deposition in dedifferentiated preadipocytes from different chicken tissues. BMC Genomics, 22(1): 232.

Miguel J A, Ciria J, Asenjo B, et al. 2008. Effect of caponisation on growth and on carcass and meat characteristics in Castellana Negra native Spanish chickens. Animal, 2(2): 305-311.

Mir N A, Rafiq A, Kumar F, et al. 2017. Determinants of broiler chicken meat quality and factors affecting them: a review. Journal of Food Science and Technology, 54(10): 2997-3009.

Naveau J. 1986. Contribution a l'etude du determinisme genetique de la qualite de viande porcine. Heritabilite du Rendement technologique Napole: 265.

Nold R A, Romans J R, Costello W J, et al. 1999. Characterization of muscles from boars, barrows, and gilts slaughtered at 100 or 110 kilograms: differences in fat, moisture, color, water-holding capacity, and collagen. Journal of Animal Science, 77(7): 1746-1754.

Otsu K, Phillips M S, Khanna V K, et al. 1992. Refinement of diagnostic assays for a probable causal mutation for porcine and human malignant hyperthermia. Genomics, 13(3): 835-837.

Prache S, Schreurs N, Guillier L. 2022. Review: factors affecting sheep carcass and meat quality attributes. Animal, 16: 100330.

Ren H Y, Zhang H Y, Hua Z D, et al. 2022. ACSL4 directs intramuscular adipogenesis and fatty acid composition in pigs. Animals: An Pen Acess Journal form MDPI, 12(1): 119.

Renaudeau D, Mourot J. 2007. A comparison of carcass and meat quality characteristics of Creole and Large White pigs slaughtered at 90 kg BW. Meat Science, 76(1): 165-171.

Rikimaru K, Yasuda M, Komastu M, et al. 2009. Effects of caponization on growth performance and carcass traits in Hinai-jidori chicken. The Journal of Poultry Science, 46(4): 351-355.

Riley D G, Chase C C, Pringle T D, et al. 2003. Effect of sire on μ- and m-calpain activity and rate of tenderization as indicated by myofibril fragmentation indices of steaks from Brahman cattle. Journal of Animal Science, 81(10): 2440-2447.

Rosebrough R W, Poch S M, Russell B A, et al. 2002. Dietary protein regulates *in vitro* lipogenesis and lipogenic gene expression in broilers. Comparative Biochemistry and Physiology Part A: Molecular & Integrative Physiology, 132(2): 423-431.

Ryan M T, Hamill R M, O'Halloran A M, et al. 2012. SNP variation in the promoter of the *PRKAG3* gene and association with meat quality traits in pig. BMC Genetics, 13: 66.

Sambraus H H, Keil N M. 1997. Die Konstanz der melkordnung von ziegen in großen gruppen. Journal of Animal Breeding and Genetics, 114(1/2/3/4/5/6): 397-404.

Schwingshackl L, Hoffmann G. 2012. Monounsaturated fatty acids and risk of cardiovascular disease: synopsis of the evidence available from systematic reviews and meta-analyses. Nutrients, 4(12): 1989-2007.

Shang P, Zhang B, Zhang J, et al. 2019. Expression and single-nucleotide polymorphisms of the *H-FABP* gene in pigs. Gene, 710: 156-160.

Smith T P, Casas E, Rexroad C E, et al. 2000. Bovine CAPN1 maps to a region of BTA29 containing a quantitative trait locus for meat tenderness. Journal of Animal Science, 78(10): 2589-2594.

Song B, Zheng C B, Zheng J, et al. 2022. Comparisons of carcass traits, meat quality, and serum metabolome between Shaziling and Yorkshire pigs. Animal Nutrition, 8: 125-134.

Song T, McNamara J W, Ma W K, et al. 2021. Fast skeletal myosin-binding protein-C regulates fast skeletal muscle contraction. Proceedings of the National Academy of Sciences of the United States of America, 118(17): e2003596118.

Suzuki A, Cassens R G. 1980. A histochemical study of myofiber types in muscle of the growing pig. Journal of Animal Science, 51(6): 1449-1461.

Tank P A, Pomp D. 1995. Rapid communication: polymorphism in a bovine heart-fatty acid binding protein-like(H-FABPL)DNA sequence. Journal of Animal Science, 73(3): 919.

Tejeda J F, Peña R E, Andrés A I. 2008. Effect of live weight and sex on physico-chemical and sensorial characteristics of Merino lamb meat. Meat Science, 80(4): 1061-1067.

Uimari P, Sironen A. 2014. A combination of two variants in *PRKAG3* is needed for a positive effect on meat quality in pigs. BMC Genetics, 15(1): 29.

Uimari P, Sironen A, Sevón-Aimonen M L. 2013. Evidence for three highly significant QTL for meat quality traits in the Finnish Yorkshire pig breed. Journal of Animal Science, 91(5): 2001-2011.

Velez-Irizarry D, Casiro S, Daza K R, et al. 2019. Genetic control of longissimus dorsi muscle gene expression variation and joint analysis with phenotypic quantitative trait loci in pigs. BMC Genomics, 20(1): 3.

Virgili R, Degni M, Schivazappa C, et al. 2003. Effect of age at slaughter on carcass traits and meat quality of Italian heavy pigs. Journal of Animal Science, 81(10): 2448-2456.

Wang B B, Li P H, Zhou W D, et al. 2019a. Association of twelve candidate gene polymorphisms with the intramuscular fat content and average backfat thickness of Chinese suhuai pigs. Animals: An Open Access Journal from MDPI, 9(11): 858.

Wang L Y, Shan T Z. 2021. Factors inducing transdifferentiation of myoblasts into adipocytes. Journal of Cellular Physiology, 236(4): 2276-2289.

Wang Q, Guan T Z, Li H, et al. 2009b. A novel polymorphism in the chicken adipocyte fatty acid-binding protein gene(*FABP4*)that alters ligand-binding and correlates with fatness. Comparative Biochemistry and Physiology Part B: Biochemistry and Molecular Biology, 154(3): 298-302.

Wang X R, Jiang G T, Kebreab E, et al. 2020. ^{1}H NMR-based metabolomics study of breast meat from Pekin and Linwu duck of different ages and relation to meat quality. Food Research International, 133: 109126.

Weng K Q, Huo W R, Li Y, et al. 2022. Fiber characteristics and meat quality of different muscular tissues from slow- and fast-growing broilers. Poultry Science, 101(1): 101537.

Wong E, Johnson C B, Nixon L N, et al. 1975b. The contribution of 4-methyloctanoic(hircinoic)acid to mutton and goat meat flavour. New Zealand Journal of Agricultural Research, 18(3): 261-266.

Wong E, Nixon L N, Johnson C B. 1975a. Volatile medium chain fatty acids and mutton flavor. Journal of Agricultural and Food Chemistry, 23(3): 495-498.

Wood J D, Enser M, Fisher A V, et al. 2008. Fat deposition, fatty acid composition and meat quality: a review. Meat Science, 78(4): 343-358.

Wu T, Zhang Z H, Yuan Z Q, et al. 2013. Distinctive genes determine different intramuscular fat and muscle fiber ratios of the longissimus dorsi muscles in Jinhua and Landrace pigs. PLoS One, 8(1): e53181.

Xu D D, Wang Y B, Jiao N, et al. 2020a. The coordination of dietary valine and isoleucine on water holding capacity, pH value and protein solubility of fresh meat in finishing pigs. Meat Science, 163: 108074.

Xu Z Y, You W J, Liu J Q, et al. 2020b. Elucidating the regulatory role of melatonin in brown, white, and beige adipocytes. Advances in Nutrition, 11(2): 447-460.

Yang H, Xu X L, Ma H M, et al. 2016. Integrative analysis of transcriptomics and proteomics of skeletal muscles of the Chinese indigenous Shaziling pig compared with the Yorkshire breed. BMC Genetics, 17(1): 80.

Ye M H, Chen J L, Zhao G P, et al. 2010. Associations of A-FABP and H-FABP markers with the content of intramuscular fat in Beijing-You chicken. Animal Biotechnology, 21(1): 14-24.

Young O A, Berdagué J L, Viallon C, et al. 1997. Fat-borne volatiles and sheepmeat odour. Meat Science, 45(2): 183-200.

Yu K F, Shu G, Yuan F F, et al. 2013. Fatty acid and transcriptome profiling of longissimus dorsi muscles between pig breeds differing in meat quality. International Journal of Biological Sciences, 9(1): 108-118.

Zappaterra M, Sami D, Davoli R. 2019. Association between the splice mutation g.8283C＞A of the *PHKG1* gene and meat quality traits in Large White pigs. Meat Science, 148: 38-40.

Zhang S, Knight T J, Stalder K J, et al. 2007. Effects of breed, sex, and halothane genotype on fatty acid composition of pork longissimus muscle. Journal of Animal Science, 85(3): 583-591.

Zhang X D, Zhang S J, Ding Y Y, et al. 2015. Association between ADSL, GARS-AIRS-GART, DGAT1, and DECR1 expression levels and pork meat quality traits. Genetics and Molecular Research, 14(4): 14823-14830.

Zhao W X, Guo L P, Miao Z G, et al. 2021. The differential expressions of PPARγ and CAST mRNA in muscle tissues of Jinhua and Landrace pigs. Indian Journal of Animal Research, 55: 536-541.

Zhong L T, He X, Song H Y, et al. 2020. METTL3 induces AAA development and progression by modulating N^{6}-methyladenosine-dependent primary miR34a processing. Molecular Therapy Nucleic Acids, 21: 394-411.

第六章　畜禽肉品质的营养调控进展

第一节　猪肉品质与营养调控

猪肉是我国消费量最大的肉类食品。随着人们生活水平的不断提高，猪肉品质越来越受到消费者和生产者的重视，人们的思想观念发生了从“有肉吃”到“吃好肉”的转变。这就要求生产者在关注猪肉产量的同时，更要关注猪肉品质。肉品质主要受畜禽品种、营养水平和宰前处理等条件的影响。当前，遗传选育和营养调控是提高肉品质的“两驾马车”。遗传选育周期长，在短时间内难以收获成效，而通过营养调控的手段在短期内即可获得显著的成效。此外，要最大程度发挥遗传育种的潜力也需要与之对应的营养策略。本章主要就营养因素，包括蛋白质和氨基酸、脂肪酸、矿物元素、维生素、纤维素，以及近年来涌现的植物提取物和益生菌对猪肉品质的影响进行阐述，以期为今后的实践生产和科学研究提供参考依据。

一、蛋白质和氨基酸

蛋白质和氨基酸为动物体生命活动所必需，动物饲粮中通常通过添加氨基酸满足机体蛋白质合成的需要。氨基酸作为蛋白质合成的底物，也能调节机体新陈代谢。同时，在改善猪肉品质方面，蛋白质和氨基酸发挥着重要的作用。

（一）蛋白质

Goerl 等（1995）发现，随着日粮蛋白质水平的提高（10%～25%），猪背最长肌水分含量和蛋白质含量升高，而脂肪含量降低。张克英等（2002）发现，提高日粮蛋白质水平可使眼肌面积和瘦肉率增加，而皮脂率、肌肉脂肪含量、背膘厚度和大理石纹评分下降，对肌肉 pH 值、肉色评分、滴水损失和失水率无影响。近年来蛋白质饲料资源紧缺，低蛋白日粮受到广泛关注。低蛋白日粮是指将日粮中的蛋白质水平按照美国国家研究理事会（NRC）推荐标准降低 2～4 个百分点，并在通过添加氨基酸来满足动物体内限制性氨基酸需要量的情况下，降低蛋白质原料的用量所配制的日粮。杨强等（2008）研究表明，育肥猪日粮蛋白质水平较 NRC（1998 年）推荐水平降低 4 个百分点可以显著提高猪的胴体品质。而乔建国等（2004）研究表明，使用低蛋白质补加赖氨酸日粮对于猪的胴体重、屠宰率、背膘厚和瘦肉率的影响不显著。刘志强等（2008）也发现蛋白质水平的降低对肉质指标的影响不显著。低蛋白日粮对猪肉品质影响差异的原因，可能与氨基酸组成差异、试验方案以及选用品种等有关。

（二）赖氨酸

饲粮的氨基酸不平衡，会导致猪体内的蛋白质合成受限和能量供应不足，从而增加脂肪沉积（王钰明等，2018）。Apple 等（2004）研究发现，育肥猪肌肉大理石纹评分随饲粮赖氨酸水平提高而降低。蔡传江等（2010a）发现，降低育肥猪饲粮中赖氨酸水平对猪肉剪切力、滴水损失、肉色和 pH 值没有显著影响，但肌内脂肪含量显著提高。然而进一步降低蛋白质水平后，降低赖氨酸水平对肌内脂肪含量无显著影响。Wang 等（2018）研究表明，育肥猪饲粮赖氨酸水平从 0.98%降至 0.43%，会改变肌肉中脂肪酸的组成，增加了单不饱和脂肪酸含量，降低了多不饱和脂肪酸含量。王立强等（2014）报道，补充赖氨酸能增加猪的肌纤维直径和背最长肌面积，降低肌肉的多汁性和嫩度。此结果与李伟跃（2010）的发现一致，后者还发现，当日粮中赖氨酸缺乏时，逐渐添加赖氨酸，胴体脂肪含量下降。目前关于赖氨酸对地方猪和优质风味猪肉质的影响少有研究。杨佳梦（2019）研究发现，提高赖氨酸水平能够增加丫杈猪胴体瘦肉率和肌肉剪切力，并降低肌肉的蒸煮损失。此外，氨基酸的配比也会影响肉质。对于提高养分消化率而言，最佳 SID-Lys：Thr（理想蛋白质模式下赖氨酸与苏氨酸比值）为 0.70，然而对于胴体性状和肉质而言，最佳 SID-Lys：Thr 为 0.65（Upadhaya et al.，2021）。因此认为，在保证机体氨基酸平衡的前提下，降低日粮中赖氨酸水平对猪肉品质有改善作用。

（三）精氨酸

精氨酸不仅是蛋白质合成的重要原料，也可通过调控机体的脂肪代谢，降低胴体脂肪沉积，增加肌肉组织中肌内脂肪含量，从而对猪肉品质有一定的改善作用。

猪饲粮中添加 10g/kg 的 L-精氨酸可以在不影响育肥猪生产性能的前提下增加肌内脂肪沉积，减少背膘厚度，改善肉品质（Hu et al.，2017）。有研究发现，饲粮中添加 1%精氨酸可通过提高肌内脂肪含量、降低肌纤维中快肌纤维的比例来改善猪肉品质（吴琛等，2012；Tous et al.，2016；Hu et al.，2017）。Ma 等（2015）证实，精氨酸可以减少皮下过多的白色脂肪，增加肌肉的含量，其中日粮添加 10g/kg 精氨酸可促进蛋白质沉积，促进肌内脂肪生成，提高大理石纹评分。Ma 等（2010）发现，在育肥猪日粮中添加 5g/kg 或 10g/kg 精氨酸可显著提高肌内脂肪含量，降低滴水损失。L-精氨酸对肌肉滴水损失的影响与组织抗氧化状态的改善呈正相关关系，而组织抗氧化状态的改善可以降低脂质过氧化（Hu et al.，2017）。Tan 等（2009a，2009b）在生长育肥猪饲粮中添加 1%精氨酸后提高了猪肌肉粗蛋白和脂肪含量，同时降低了体脂水平。此外，李燕舞等（2019）研究发现，随着日粮精氨酸添加水平的增加，肌肉大理石纹评分提高，肌肉蒸煮损失和滴水损失降低。

N-氨甲酰谷氨酸（NCG）作为动物机体内源精氨酸的促进剂，近年来对其改善肉品质的作用也开展了大量研究。NCG 通过激活精氨酸内源合成关键酶刺激机体内精氨酸内源性合成增加。Ye 等（2017）发现，在低蛋白质水平饲粮中添加 0.1% NCG 可增加育肥猪背最长肌面积，减少背部脂肪沉积，生产亮氨酸含量高的功能性猪肉。Wang 等（2019）研究表明，在低蛋白日粮中添加 0.1% NCG 可改善胴体性状；Zhu 等（2020）

也发现，日粮添加 0.1% NCG 可以通过调节育肥猪肌纤维发育和肌内脂肪沉积相关基因的表达，改善胴体性状和肉质。由于精氨酸成本相对较高，因此用 NCG 部分代替精氨酸以改善猪肉品质可能是未来的研究和应用趋势。

（四）蛋氨酸

蛋氨酸（Met）是猪日粮中的第三限制性氨基酸，用于动物营养的蛋氨酸有 3 种来源：L-蛋氨酸（L-Met）、DL-蛋氨酸（DL-Met）和羟基蛋氨酸（OH-Met），其中，OH-Met 因具有抗氧化方面的优势而得到广泛关注。活性氧存在时 Met 的氧化被视为一种自我损失，通过这种损失保护蛋白质中其他生物相关氨基酸残基不被氧化（碱性 AA、色氨酸等）（Estévez et al.，2020）。脂肪氧化是肉质变差的重要原因，尤其是在加工肉产品中，脂肪氧化导致的酸败和异味出现会大大降低消费者的接受度。喂食 L-Met 补充饲粮的猪在肉类储存期间脂肪过氧化程度较低，pH 值较高，滴水损失较低。此外，补充 OH-Met 对猪宰后 45min 的 pH 值和大理石纹评分有明显的改善作用（李丹等，2019）。

研究表明屠宰前超量添加 Met 即可对猪肉品质有较好的改善作用。Lebret 等（2018）通过在屠宰前 2 周短时间内添加 10g/kg OH-Met（正常所需 5 倍），结果表明猪背最长肌抗氧化能力增强。此外，肌肉抗氧化能力的增强也促进了其肉质的改善，在冷藏（4℃/7 天）后，添加 10g/kg OH-Met 的猪背最长肌显示出较低的滴水损失和亮度值。Gondret 等（2021）认为这种益处可能与肌肉蛋白质和能量代谢中细微分子调节以及影响氧化代谢的游离蛋氨酸浓度变化有关。因此从经济效益考虑，为改善猪肉品质，可在屠宰前的最后几天额外添加蛋氨酸。

（五）支链氨基酸

支链氨基酸包括亮氨酸、异亮氨酸和缬氨酸，是具有相似结构的一类必需氨基酸，主要在肌肉中进行代谢。Hyun 等（2003）研究发现，饲粮中添加 2%的亮氨酸可显著提高肌内脂肪含量和大理石纹评分。王宇波等（2019）研究发现，饲喂低水平的缬氨酸饲粮降低了育肥猪肌肉剪切力、大理石纹评分，对系水力有负面影响，而饲粮中缬氨酸水平的升高显著提高了肌肉剪切力与大理石纹评分。罗燕红等（2017）研究发现，增加饲粮中异亮氨酸水平提高了育肥猪肌内脂肪含量和肌肉嫩度。饲粮中异亮氨酸缺乏虽然降低了滴水损失，但同时也降低了肌内脂肪含量、肌肉嫩度和肉色评分。当饲粮中异亮氨酸超量添加时，表现出最高肌内脂肪含量、最低剪切力和滴水损失，虽然肉色评分较低，但相对具有较好的肉品质。此外，Xu 等（2020）研究表明，饲粮中的缬氨酸比异亮氨酸对肉品质的影响更显著，从滴水损失来看，高缬氨酸摄入可能通过改变最终 pH 值和肌浆蛋白溶解度损害肉品质（尤其是系水力）。

日粮中支链氨基酸之间的比例，对育肥猪的胴体性状和肉质的改善也有影响。低蛋白饲粮中亮氨酸、异亮氨酸和缬氨酸的比例不同，脂肪在肌肉中沉积的效果也不同（Duan et al.，2016）。Zhang 等（2022）在低蛋白日粮背景下设计了不同的支链氨基酸比率。研究发现 2∶1∶2 的亮氨酸∶异亮氨酸∶缬氨酸，对于改善猪肉品质具有最好的效果。

（六）其他氨基酸

谷氨酸是极为重要的一种非必需氨基酸，可减少体内脂肪沉积（Kondoh and Torii，2008），降低肌纤维直径，提高肌肉中肌苷酸含量，影响肌肉中脂肪酸组成（赵叶等，2014；周笑犁等，2014）。Rezaei 等（2013）研究发现，饲粮添加 1%谷氨酸对猪无毒副作用，且可提高饲料转化率。周笑犁等（2014）发现，饲粮添加谷氨酸可提高胴体脂肪率、肌内脂肪含量和腿臀比例。胡诚军等（2017）研究了饲粮添加亮氨酸和谷氨酸对育肥猪肉品质的影响，结果表明，添加 1%亮氨酸+1%谷氨酸可显著降低肉色黄度值，增加肌内脂肪含量。此外，Lorenzo 和 Franco（2012）研究发现，谷氨酸和天冬氨酸可使猪肉更具鲜味，甘氨酸和丙氨酸可使猪肉更具甜味。

（七）氨基酸衍生物

1．肌酸

肌酸是一种氨基酸衍生物，是动物体内重要的能量物质。肌酸又被称为 *N*-甲基胍基乙酸，由甘氨酸、精氨酸和蛋氨酸三种氨基酸合成，其主要添加形式为一水肌酸。李蛟龙（2015）研究发现，饲粮中添加 0.8%的一水肌酸对改善猪肉品质有较好的效果，主要体现在改善滴水损失、蒸煮损失、剪切力和 pH 值上。其改善猪肉品质的机制有以下三点：①通过激活 MAPK 信号通路，改善肌肉的能量储备，进而影响宰后肌肉的糖酵解，减少乳酸在肌肉中积累；②促进快肌纤维向慢肌纤维转化；③增加肌糖原储备（李蛟龙，2015）。

2．胍基乙酸

胍基乙酸是动物体内肌酸合成的前体物质，又称为 *N*-咪基甘氨酸。与一水肌酸相比，胍基乙酸性质更稳定，且对提高动物体内肌酸含量有更好的效果，因此胍基乙酸是更有效的肌酸补充源。Li 等（2020）研究表明，育肥猪日粮中添加 0.08%、0.12%和 0.20%的胍基乙酸可提高猪肉 pH 值，降低其滴水损失和剪切力从而改善猪肉品质。刘洋（2015）研究表明，宰前日粮中添加 0.1%胍基乙酸能够显著降低平均背膘厚度，延缓育肥猪宰后肌肉的 pH 值下降，提高肌肉的系水力和嫩度。卢亚飞（2018）研究表明，饲粮中添加胍基乙酸可提高育肥猪胴体性状并降低猪肉的滴水损失，且适宜添加量为 0.06%。陈政宽等（2017）和潘宝海等（2016）通过降低胍基乙酸添加剂量，进一步研究表明育肥猪日粮中仅需添加 0.05% 胍基乙酸即对提高猪肉品质有较好的效果。综上所述，在育肥猪日粮中添加 0.05%～0.20%胍基乙酸对猪肉品质有显著的改善效果。

3．肌肽

肌肽，学名β-丙氨酰-L-组氨酸，是动物体内天然存在的抗氧化化合物之一，其通过与活性氧的直接作用降低自由基水平从而发挥抗氧化作用。Ma 等（2010）研究报道，生长猪饲粮中添加 100mg/kg 的肌肽可增加猪肉 pH 值、红度值，减少滴水损失并提高肌肉抗氧化能力。此外，D’Astous-Pagé 等（2017）比较了纯种猪（*n*=282）肌肉肌肽含量，发现肌肉肌肽含量越高的猪 pH 值越高，保水能力越好，肉色也得到了改善。这些研究表明饲粮补充肌肽可通过提高猪的抗氧化能力来改善猪肉品质，然而其是否能改善猪肉品质还有待进一步研究。

4. 甜菜碱

甜菜碱又称三甲基甘氨酸，是一种广泛存在于动植物中的氨基酸衍生物，其主要作用为提供甲基供体，通过蛋氨酸循环对机体蛋白质和脂肪代谢起重要作用。随着甜菜碱化学合成方法的成熟和生产成本的不断降低，甜菜碱已广泛应用于畜禽生产（张婧等，2016）。近年来，使用甜菜碱改善猪肉品质已成为研究的热点，对生长育肥猪的研究表明，在日粮中添加 500～2000mg/kg 的甜菜碱可改善育肥猪的胴体品质和肉品质。Wang 等（2021）对宁乡猪的研究表明，日粮中添加 200mg/kg 的甜菜碱可以通过提高保水性和肌肉嫩度从而改善肉品质。此外，Cheng 等（2021）发现，在母猪（后代饲喂基础饲粮）和仔猪日粮中添加 3500mg/kg 的甜菜碱可以增加 65、95 和 125 日龄猪的胴体重、屠宰率、瘦肉率、剪切力和肌肉粗蛋白含量并改善肉色。Zhong 等（2021）研究表明，添加 0.25%的甜菜碱对肥育环江香猪的胴体性状和肉质均有改善作用。综上所述，在日粮中添加 200～3500mg/kg 的甜菜碱对育肥猪肉品质均有较好的改善效果。

二、脂肪酸

脂肪酸是由碳、氢、氧三种元素组成的一类化合物，是中性脂肪、磷脂和糖脂的主要成分。依据脂肪酸碳链长度不同可将其分为：短链脂肪酸（碳原子数小于 6）、中链脂肪酸（碳原子数 6～12）和长链脂肪酸（碳原子数大于 12）。依据脂肪酸碳氢链饱和程度可将其分为：饱和脂肪酸（碳氢链上没有不饱和键）、单不饱和脂肪酸（碳氢链上有一个不饱和键）和多不饱和脂肪酸（碳氢链上有两个或两个以上的不饱和键）。

（一）饱和脂肪酸

动植物油脂中最常见的饱和脂肪酸有丁酸、己酸、辛酸、癸酸、软脂酸（十六酸）和硬脂酸（十八酸）等。肌肉中饱和脂肪酸和单不饱和脂肪酸含量较高时，猪肉的嫩度、多汁性和风味较好（薛城，2012）。丁酸是饱和脂肪酸的典型代表，Zhang 等（2019）发现，日粮补充 0.3%丁酸钠可以通过促进慢肌纤维形成和线粒体呼吸代谢，提高育肥猪大理石纹评分、肌内脂肪含量和 pH_{24h}，降低剪切力和肉色亮度值。研究表明，氧化型慢肌纤维（Ⅰ型）与氧化型快肌纤维（Ⅱa 型）比例与优质的肉品质呈正相关关系（Chen et al.，2018；Zhang et al.，2015）。Chang 等（2018）研究也发现，丁酸钠可以促进氧化型肌纤维的形成。因此，丁酸钠改善猪肉品质可能是通过调控肌纤维类型而实现的。

（二）n-6/n-3 多不饱和脂肪酸（PUFA）

近年来，随着人们生活水平的提高，人们对肉类产品质量的要求也不断提高。肌肉中脂肪酸组成与猪肉的营养价值和风味等密切相关，多数肉类产品中的 n-6 PUFA 含量丰富，而 n-3 PUFA 相对缺乏。n-6 PUFA 主要包括亚油酸（LA）、γ-亚麻酸和花生四烯酸等，n-3 PUFA 主要包括α-亚麻酸（ALA）、二十碳五烯酸（EPA）和二十二碳六烯酸

（DHA）等。据报道，n-3 PUFA 对人体有重要的生理功能，可调节机体脂质代谢，预防和治疗心脑血管疾病、抗癌并促进生长发育等（徐彬等，2007）。n-6/n-3 PUFA 失调会导致心脑血管疾病、肿瘤和肥胖等的发病率增加。调控日粮脂肪酸组成是有效改善猪肉脂肪酸组成的有效方法之一。

蔡传江等（2010b）发现，日粮添加亚麻油可显著提高猪背最长肌α-亚麻酸（ALA）、二十碳五烯酸（EPA）和 n-3 PUFA 含量，降低花生四烯酸和二十二碳四烯酸含量，同时发现，猪肉 n-6/n-3 PUFA 降低至 4 以下需在日粮中添加 3%的亚麻油。史清河（2000）发现，日粮添加富含 n-3 PUFA 的动植物油脂可以改变猪肉的脂肪酸组成，提高猪肉中 n-3 PUFA 的含量。Högberg 等（2003）发现，分别给母猪和去势公猪饲喂不同 n-6/n-3 PUFA 的日粮可影响猪肉中的 n-6/n-3 PUFA。李欢欢等（2018）研究了不同亚麻酸水平及饲料组成对育肥猪生产性能和肉品质的影响，发现富含亚麻酸的植物油和苜蓿草粉处理均可以提高猪肉系水力、眼肌面积、肉色和大理石纹评分，并增加亚油酸和亚麻酸等多不饱和脂肪酸的含量。郎婧等（2010）提出，日粮添加富含 n-3 PUFA 的亚麻籽油或亚麻籽可以显著提高猪肉 n-3 PUFA 含量，但添加量过高时会引起组织 n-3 PUFA 含量过高，导致组织脂质氧化，影响肉质风味。徐彬等（2007）发现，日粮中单一添加鱼油或亚麻油，只显著增加了猪肉中部分 n-3 PUFA 的含量，而日粮中复合添加亚麻油和鱼油，猪肉中各主要 n-3 PUFA 的含量均显著增加。农秋雲（2021）以中国地方品种猪山东黑盖猪为研究对象，降低日粮中 n-6/n-3 PUFA 可降低猪肉中 n-6/n-3 PUFA，进而改善猪肉中脂肪酸组成和肉品质。紫苏是一种食用油料作物，含有较高水平的 PUFA。Arjin 等（2021）研究表明在基础日粮中添加 10%的紫苏不会影响猪肉品质，但是会显著增加肉中α-亚麻酸含量，降低 n-6/n-3 PUFA。Belmonte 等（2021）研究也证实，在猪日粮中添加 5%的膨化亚麻籽可增加猪肉中 n-3 PUFA 含量并降低 n-6/n-3 PUFA。

综上所述，提高生长猪日粮中多不饱和脂肪酸含量，可促进猪肉肌内脂肪生成，增加猪肉风味；此外，还可改善猪肉中脂肪酸组成，有助于健康猪肉的生产。

（三）共轭亚油酸

共轭亚油酸（CLA）是亚油酸的异构体，是一类含有共轭双键的十八碳脂肪酸的总称。共轭亚油酸与动物生产性能和机体健康密切相关，且对猪肉品质也有改善作用（黄金秀等，2014；刘倩倩和张廷荣，2015）。高树朋和程茂基（2015）研究了共轭亚油酸对生长育肥猪胴体品质的影响，发现共轭亚油酸可以提高育肥猪瘦肉率，并对眼肌面积、屠宰率和背膘厚度有积极的影响。Joo 等（2002）发现，日粮添加共轭亚油酸可以改善猪肉中肌内脂肪含量和大理石纹评分。苏展（2012）和 Huang 等（2014）均发现，共轭亚油酸可以通过调控肌纤维类型的表达来改善猪肉品质，且 1%左右的添加量较优。吴泳江（2017）不仅发现日粮补充共轭亚油酸可以通过提高Ⅰ型与Ⅱa 型肌纤维比例来改善猪肉品质，还发现共轭亚油酸可以提高脂肪沉积调控因子的表达使肌内脂肪沉积。王琪等（2017）发现，从胚胎期到育肥期在猪饲粮中添加共轭亚油酸可以提高育肥猪肌内脂肪含量、肉色评分、肌肉 pH_{24h}、大理石纹评分和饱和脂肪酸含量，并降低不饱和脂肪酸含量。有研究表明，共轭亚油酸可以提高肌肉中肉碱软脂酰转移酶（CPT-1）活性

（Degrace et al.，2004），而 CPT-1 在机体脂肪酸合成过程中发挥重要作用，因此推测共轭亚油酸可能通过调控 CPT-1 活性进而影响肌肉脂肪酸组成。

三、矿物元素

矿物质也称无机盐，通常分为常量矿物元素和微量矿物元素两大类。主要的常量矿物元素有钙、磷、镁、钾、钠、氯和硫，微量矿物元素有铁、铜、锰、锌、碘、硒和铬。矿物质无法由动物自身产生，需要依赖于食物获取，它是构成机体组织和维持正常生理功能必需的元素，同时对畜禽肉品质有着重要的影响。

（一）镁

镁是生物体细胞内含量第二的阳离子，在参与机体组成、维持体内的酸碱平衡和酶组成等方面发挥着重要作用。猪日粮中添加镁通常对提高育肥猪生长性能无明显影响，但可以有效提高动物机体的抗氧化和抗应激能力，改善肉品质（陈佳和程曙光，2009）。D'Souza 等（1998）发现，宰前给育肥猪补充 1%天冬氨酸镁，可以缓解屠宰前猪的应激反应，使掉膘减少 35%以上并降低 PSE 肉的发生率。徐大节等（2010）发现，日粮中补充天冬氨酸镁，也可以缓解育肥猪屠宰前的应激反应，降低其背最长肌和股二头肌乳酸含量、pH 值和滴水损失，并使 PSE 肉发生率降低 49.8%。

镁可有效抑制糖原分解速度并提高肌肉 pH 值（任延铭等，2009）。D'Souza 等（1998）发现，猪宰前 5 天在饲料中添加 1.3g/kg 或 2.3g/kg 天冬氨酸镁可以降低宰后肌肉中乳酸浓度，因此改善了猪肉 pH 值并降低了滴水损失。陈代文等（2006）发现，宰前 7 天在饲料中添加天冬氨酸镁可提高猪肉初始 pH 值和最终 pH 值，改善肉色评分，并降低滴水损失。

镁离子还可通过抑制肌肉脂质氧化，保护组织完整性，发挥抗氧化功效，因此改善肉色（姜海龙等，2015；谷琳琳等，2013）。Apple 等（2000）发现，生长育肥猪日粮中添加 2.5%云母镁可增加背最长肌红度值和产肉率。Schaefer 等（1993）发现，宰前 5 天补充镁可改善猪肉红度值和滴水损失。吴周燕等（2015）研究了育肥后期添加天冬氨酸镁对猪生产性能、胴体性状和猪肉品质的影响，结果表明，日粮添加天冬氨酸镁有降低剪切力的趋势，同时还具有增加肌内脂肪含量和宰后 45min 肌肉红度值的趋势。Pinotti 等（2021）认为补充镁是改善猪肉品质相对简单的方法，从经济效益考虑，建议在屠宰前两天在每升水中添加 600mg 的镁。

（二）铁和铜

铁是人体血红蛋白的重要组成部分，参与氧的运输和储存，并可以促进机体发育，增强对疾病的抵抗力。铁也是机体铁-超氧化物歧化酶（Fe-SOD）的重要组成部分，日粮增加铁可增强肌肉中超氧化物歧化酶的活性，减少自由基损伤，对改善肉质有促进作用（袁建国，2008）。肌肉组织的颜色与肌红蛋白和血红蛋白密切相关，而铁作为血红蛋白的主要组成部分，是决定肉色的关键因素之一，日粮缺铁会降低肉色评分（程思等，2006）。然而铁也是脂质氧化催化剂，并可能因此诱发肉品酸败（程思等，2006）。Apple

等（2007）发现，目前推荐的日粮铁含量已可满足最佳的育肥猪生产性能和肉品质。然而在实际生产中往往忽略了饲料原料中铁的含量，造成铁添加超标的问题，最近的研究发现过量补充 3000mg/kg 的铁会使猪肉中的锌含量降低 32%～55%，从而对猪肉营养品质产生负面影响（Middleton et al.，2021）。建议在生产实际中实时监测饲料中铁的含量，适当控制铁的添加水平。

铜广泛分布于生物组织中，并与生物系统中氧的电子传递和氧化还原反应密切相关。铜作为铜锌超氧化物歧化酶的重要组成部分，可以改善育肥猪的抗氧化性能（Lauridsen et al.，1999），从而改善肉质。125～250mg/kg 的高铜是生产上广泛应用的生长促进剂，但是过高剂量铜的添加会降低肉品质（黄伟杰等，2011）。有研究报道，铜可能增加脂酰脱饱和酶系的活性和改变甘油三酯分子中特定脂肪酸的位置，使胴体变软从而影响肉质（袁建国，2008）。

（三）锌

锌在动物机体内所有组织中均有分布，且肌肉、骨骼、肝和毛皮等处分布最多。锌参与细胞凋亡和抗氧化等重要的生理生化反应，在生产实践中应用很广，其在仔猪抗腹泻和促生长中发挥着重要的作用。与此同时，日粮锌的添加水平与猪肉品质也密切相关。王煜琦等（2020）研究了日粮添加半胱胺螯合锌（Zn-CS）对育肥猪生产性能、胴体性状及肉品质的影响，结果表明，饲粮中添加 Zn-CS 能够改善育肥猪的生产性能，提高育肥猪的瘦肉率，并提高肌肉亚油酸、组氨酸、天冬氨酸和异亮氨酸含量，从而改善肉品质，且 Zn-CS 的推荐添加水平为 90mg/kg。Bučko（2013）研究了日粮添加有机锌对猪肉品质、肌肉化学成分和脂肪酸组成的影响，发现日粮添加锌对于猪肉品质有积极的影响。Suo 等（2017）发现，纳米氧化锌包膜对冷藏猪肉品质具有显著改善作用，可维持较好的系水力和肉色。Natalello 等（2022）比较了 0mg/kg、45mg/kg 或 100mg/kg 甘氨酸锌（ZnGly）对生长育肥猪生产性能、胴体特性和肉质的影响，研究结果表明，添加 ZnGly 不会改善生肉品质，然而当猪肉受到烹饪等强氧化挑战时，添加 45 mg/kg ZnGly 提高了猪肉的氧化稳定性。与此同时，日粮加锌还可以防止 PSE 肉的产生（陈宁波，2013）。

（四）硒

硒是人和动物机体一种必需的功能性微量元素，发挥着抗氧化、提高免疫、促进生长以及改善肉品质等作用。一些地区土壤和饲料中严重缺硒，因而日粮补硒是养殖业中采取的常规措施。在动物生产中常用的硒源主要为无机硒（硒酸盐和亚硒酸盐）、有机硒（硒代蛋氨酸和酵母硒）和纳米硒。近年来无机硒由于其毒性和利用率较低，在生产中应用较少，而有机硒因为利用率高和毒性小而得到广泛关注。诸多研究表明，有机硒对生长育肥猪瘦肉率、背膘厚度、眼肌面积和滴水损失等有积极效果（Wolter et al.，1999；Mahan and Parrett，1996；杨景森等，2020）。罗文有等（2013）发现，日粮添加酵母硒可显著降低育肥猪滴水损失和血清中丙二醛（MDA）水平，提高总超氧化物歧化酶（T-SOD）和过氧化氢酶（CAT）活性以及总抗氧化能力（T-AOC），且添加 0.3mg/kg 的酵母硒具有最好的效果。Chen 等（2019）研究发现，日粮同时添加 0.2mg/kg 亚硒酸钠和

0.3mg/kg 富硒酵母可提升背最长肌 T-SOD 和 T-AOC 水平，提高宰后 45min 和 24h 肉色红度值，并显著降低 MDA 含量。Jiang 等（2017）研究发现，日粮添加亚麻油替代大豆油并添加酵母硒可降低肌肉 n-6/n-3 PUFA。戴晋军等（2011a）研究发现，日粮复合添加 0.3mg/kg 酵母硒和 25IU/kg 维生素 E 可显著提高育肥猪肌内脂肪含量和大理石纹评分。

而有机硒和无机硒比较研究也发现，有机硒对生产性能和肉质的促进作用更佳。Calvo 等（2016）发现，与无机硒相比，日粮添加有机硒提高了冷藏第 1 天和第 7 天的肌肉红度值。何宏超和李彪（2010）发现，与亚硒酸钠来源的硒（S-Se）相比，添加 0.3mg/kg 酵母来源的硒（Y-Se）可以显著提高育肥猪血清抗氧化能力。张少涛（2020）研究了不同硒源对育肥猪生产性能、肉品质和抗氧化性能的影响，结果发现，与无机硒（SS）相比，有机硒可以显著提高育肥猪的平均日增重、出栏重、背最长肌脂肪含量、血清和肝抗氧化能力，显著降低料重比、45min 和 24h 滴水损失。除此之外，0.3mg/kg 酵母硒（SY）和 0.15mg/kg SS + 0.15mg/kg Se-Met（硒代蛋氨酸）可降低背最长肌的蒸煮损失、宰后 45min 和 24h 肉色亮度值和水分含量并增加肌肉蛋白质含量。李苏新和许宗运（2008）研究发现，添加相同水平（0.3mg/kg）的酵母硒比无机硒能更好地提高育肥猪宰后肉色。

纳米硒作为一种新型材料微粒，它区别于常见的无机硒和有机硒，属于单质硒。纳米硒因具有纳米材料的表面效应和较高的吸收率以及生物利用率，在近年来得到了广泛的关注。林长光（2013）研究发现，日粮添加纳米硒对育肥猪日增重和料重比的作用效果优于酵母硒和亚硒酸钠，对大理石纹评分、肉色和 pH 值的作用效果也优于亚硒酸钠。

（五）铬

铬是参与碳水化合物、脂类、蛋白质和核酸代谢的微量元素，其在日粮中也以无机物和有机物两种形式添加。近年来研究发现无机铬效价较低，对动物生产的贡献有限，因而有机铬的利用得到广泛关注（宋志芳等，2016）。常见的有机铬添加形式包括吡啶羧酸铬、酵母铬、烟酸铬、蛋氨酸铬和丙酸铬等。

吡啶羧酸铬含有无毒、无残留且具有生物活性的铬离子（宋志芳等，2016）。陈代文等（2002）研究发现，日粮添加吡啶羧酸铬有提高猪眼肌面积和肉色评分的趋势，但是会造成大理石纹评分和肌内脂肪含量下降。马玉龙等（2000）发现，日粮添加吡啶羧酸铬可提高育肥猪瘦肉率、眼肌面积、平均背膘厚和脂肪率等。石新辉等（2005）发现，肥育后期添加吡啶羧酸铬对肉色具有显著改善作用，但是对滴水损失有不利的影响。Page 等（1993）发现，日粮补充吡啶羧酸铬可改善育肥猪胴体品质。Kim 等（1997）发现，日粮补充 0.2mg/kg 吡啶羧酸铬对猪肉品质有显著改善作用。徐大节等（2010）发现，吡啶羧酸铬和天冬氨酸镁在改善肉品质指标方面具有一定的加性效应，其研究还表明日粮复合添加吡啶羧酸铬和天冬氨酸镁可减缓育肥猪宰前应激反应，并显著降低其背最长肌和股二头肌乳酸含量、pH 值、滴水损失和 PSE 肉发生率。

酵母铬是饲料中铬营养素的重要来源，有显著的抗应激能力，对猪肉品质的改善有重要作用。张建斌和车向荣（2010）发现，日粮添加酵母铬可显著改善育肥猪肌肉嫩度和眼肌面积，同时添加半胱胺和酵母铬可显著降低背膘厚度。黄志坚和林藩平（2002）发现，日粮添加酵母铬可以改善育肥猪肌肉滴水损失、肉色和大理石纹评分。

蛋氨酸铬也是有机铬的主要添加形式之一。唐伟和黄祥元（2020）研究表明，蛋氨酸铬可以通过上调肌红蛋白基因的表达来改善肉色。王强（2017）研究发现，日粮添加蛋氨酸铬可提高育肥猪屠宰率、抗氧化能力并降低背最长肌蒸煮损失，日粮复合添加盐酸吡格列酮和蛋氨酸铬可以有效改善育肥猪料重比、大理石纹评分、肌内脂肪含量和抗氧化能力。梁龙华等（2015）对比了蛋氨酸铬与其他有机铬对育肥猪生产性能的影响，结果表明，蛋氨酸铬在改善育肥猪生产性能上的效果优于吡啶羧酸铬和酵母铬。

综上所述，不同的矿物元素对肉品质的作用效果不尽相同，其可能是因为不同的矿物质在机体内的代谢途径和作用方式不同。合理的添加剂量和有效的添加形式对肉品质也有着重要影响，要求饲料和养殖企业更加精准地控制饲料中矿物质含量。此外，应时刻关注动物的生理状态，在应激条件下及时补充矿物质，对猪肉品质有较好的改善效果。

四、维生素

维生素是维持机体正常生理功能所必需的营养物质，它们虽不参与机体构成也不是能源物质，需求量极少，但缺乏后会引起多种疾病的发生。此外研究还发现，维生素 A、维生素 C、维生素 D、维生素 E 具有改善猪肉品质的作用。

（一）维生素 A

维生素 A 是一种脂溶性维生素，包括维生素 A_1 和维生素 A_2，维生素 A_1 又被称为视黄醇，维生素 A_2 又被称为 3-脱氢视黄醇，维生素 A_2 的生理活性为维生素 A_1 的 40%。维生素 A 的营养功能主要包括促进细胞生长、分化，维持免疫系统、骨骼、上皮组织、视力和黏膜上皮正常分泌功能（Wolf，1990）。猪缺乏维生素 A 会导致体增重下降、运动失调、失明等症状，研究报道维生素 A 对育肥猪肉品质影响的并不多。赵元等（2016）在低蛋白质条件下给育肥猪分别饲喂 3000IU/kg 和 6000IU/kg 的维生素 A，能够提高背最长肌中蛋白质含量，降低背膘厚度。而林映才等（2002）研究发现，在蛋白质充足条件下添加 1300～15 000IU 的维生素 A 对猪肌肉中粗蛋白质、脂肪、灰分、水分含量均无显著影响。此外，Ayuso 等（2015）研究表明，给伊比利亚猪限制饲喂维生素 A，与对照组相比单不饱和脂肪酸含量升高，饱和脂肪酸含量降低。

（二）维生素 C

维生素 C，又称抗坏血酸，以还原型抗坏血酸和氧化型的脱氧抗坏血酸形式存在，两者的 L 型异构体都具有生物学活性。抗坏血酸和脱氧抗坏血酸之间可逆的氧化-还原反应是维生素 C 最重要的化学特性，也是维生素 C 生理活性和稳定性的基础。维生素 C 具有抗氧化，清除自由基，促进类固醇代谢，改善钙、铁和叶酸的利用，以及促进羟化反应等生理作用。

维生素 C 为一种强还原性的抗氧化剂，其在细胞外液中通过中和机体代谢过程中产生的$\cdot O_2^-$、$\cdot OH$、H_2O_2、脂质自由基和脂质过氧化物等活性氧自由基及其氧化物，降低了过氧化自由基在水相中引发的过氧化反应，保护生物膜免受脂质过氧化的破坏，从而间接对肉品质起到保护作用。添加 250mg/kg 的维生素 C 可以改善猪肉的 pH 值和肉色，并减少 PSE 肉的发生（丛玉艳，2005）。王作强（1998）认为维生素 C 有防止猪屠宰应激的作用，而 PSE 肉与应激易感性有很强的联系，因此当日粮中补充大量维生素 C 可缓解屠宰后肌肉 pH 值的下降速度，改善猪肉品质。维生素 C 还可能通过改变葡萄糖和糖原代谢从而影响猪肉品质。维生素 C 的代谢物草酸已被证明具有抑制糖酵解的功能（Tonon et al.，1998），推测维生素 C 可能会减少猪胴体乳酸的产生，并减缓猪肉 pH 值的下降速度。Clayton（2001）研究表明，宰前一次性大量饲喂维生素 C 对肌肉的系水力、色泽都有改善作用。这可能是由于屠宰前短期饲喂大量的维生素 C 会显著提高血浆中抗坏血酸的浓度，从而通过降低糖酵解作用来改善肉质。Pardue 等（1984）还发现维生素 C 通过抑制糖皮质激素的合成，从而降低屠宰前应激反应的严重程度。在细胞内赖氨酸和蛋氨酸通过维生素 C 的作用生成肉碱，肉碱再将细胞质内的脂肪酸转运至线粒体内发挥重要作用。脂肪酸在进行β氧化之前先在细胞液中活化成为脂酰 CoA，而脂酰 CoA 必须在肉碱的携带下才能进入线粒体进行β氧化，足够量的游离肉碱可减弱腺嘌呤核苷酸转移酶的抑制，促使堆积的长链酰基 CoA 进入线粒体，从而促进脂肪酸β氧化，使皮下脂肪含量下降。Pion 等（2004）研究发现，屠宰前 6 小时给猪分别饲喂 1000mg/kg 和 2000mg/kg 的维生素 C，与对照组相比血浆中维生素 C 浓度差异显著，而维生素 C 的缺少将导致肉碱减少，并进一步造成甘油三酯在血浆中积累。

维生素 C 与维生素 A 和维生素 E 等具有协同作用，从而影响肉品质。张琪等（2018）给育肥后期松辽黑猪饲喂含有 200mg/kg 维生素 C、100mg/kg 维生素 E 和 1500mg/kg 甜菜碱的复合添加剂，发现此复合添加剂可提高松辽黑猪肌肉系水力、肉色红度值，并改善肌肉嫩度。有研究报道，维生素 C 是一种自由基清除剂，可减少α-生育酚基，从而可再生维生素 E，是胶原蛋白合成、成熟和分泌不可或缺的辅助因子，并且维生素 C 能使被氧化的维生素 E 变成还原状态，提高维生素 E 的抗氧化活性。因此在实际使用时，需综合考虑维生素 C 与其他维生素或微量元素的协同效应。

（三）维生素 D

维生素 D 根据其侧链结构的不同有维生素 D_2、维生素 D_3、维生素 D_4、维生素 D_5、维生素 D_6 和维生素 D_7 等多种形式。维生素 D 大多存在于植物性饲料中，而维生素 D_3 则由动物表皮和皮肤组织中的 7-脱氢胆固醇经紫外线照射转化而来。在畜牧生产中，维生素 D 的应用形式主要是维生素 D_3 以及其代谢产物 $1,25(OH)_2D_3$。维生素 D 常用来促进钙磷代谢，增强动物繁殖能力，提升动物免疫能力。从 20 世纪末开始，研究者发现维生素 D_3 具有改善肉品质的功能。

Wiegand 等（2002）发现给育肥猪每天饲喂 25 万或 50 万 IU 维生素 D_3 可改善育肥猪肉色。Enright（1998）给屠宰前 10 天的育肥猪饲喂 331IU/kg、55 031IU/kg 和 176 000IU/kg 的维生素 D_3 改善了猪肉色泽并降低了滴水损失，与此同时血清中钙水平显著上升。Wilborn 等（2004）研究发现在育肥猪日粮中添加 40 000IU/kg 或 80 000IU/kg 的维生素 D_3 提高了猪肉 pH 值并改善了肉色。Lahucky 等（2007）报道在育肥猪日粮中添加 50 万 IU/kg 维生素 D_3，可显著提高血清 Ca 水平，并提升屠宰 5 天后肌肉红度值。唐仁勇等（2008）研究发现添加 50 000IU/kg 的维生素 D_3 有提高 pH 值和降低黄度值的趋势。Rey 等（2020）发现在屠宰前育肥猪饮水中添加 50 万 IU/L 的维生素 D_3 可减缓屠宰应激，改善肌肉抗氧化状态和滴水损失。而刘永亮（2021）报道给妊娠母猪饲喂 3200IU/kg 维生素 D_3 可改善其子代屠宰后贮藏过程中的 pH 值、肉色、剪切力和保水性。Wang 等（2022）和 Guo 等（2021）的研究同样表明，母体高剂量维生素 D_3 水平（3200IU/kg）可以改善后代猪的肉品质。此外，猪肉是获取天然维生素 D 的主要来源，在饲粮中添加维生素 D 可增强维生素 D 在猪肉中的沉积，从而提升猪肉的营养价值，增强消费者购买欲。Duffy 等（2018）研究表明，给育肥猪饲喂的天然和合成的维生素 D 可在背最长肌内沉积。

维生素 D_3 改善肉品质的可能机制是它可以通过促进 Ca 的代谢，从而激活钙蛋白酶系统，改善肉的嫩度。维生素 D_3 的活性形式 $1,25(OH)_2D_3$ 可通过激活电压敏感性 Ca^{2+} 通道加速钙离子进入肌细胞，从而提高肌细胞中的 Ca^{2+} 浓度，进而有可能激活钙蛋白酶系统（Doroudi et al.，2015），而钙蛋白酶系统与肉的嫩化过程密切相关。肌细胞中钙离子浓度的增加还可激活 Ca^{2+} 依赖的 CaMK 和 CaN 信号通路从而促进快肌纤维向慢肌纤维转化（Bisserier et al.，2015），进而改善肉品质。

（四）维生素 E

自然界中的维生素 E 有α-生育酚、β-生育酚、γ-生育酚、δ-生育酚以及与其对应的生育三烯酚等 8 种形式。其中以α-生育酚活性最高，分布最广，最具有代表性，也是日粮生产中主要的添加形式。天然的维生素 E 可分为 D 型（右旋体）和 L 型（左旋体）两种，在实际生产中使用等量混合 DL 型。维生素 E 具有较强的抗氧化功能，它的抗氧化作用与其环上的羟基有关，能为脂类的自由基供氢，与游离电子发生作用，抑制自由基，从而抑制脂质氧化的链式反应。饲料行业中常使用的维生素 E 添加剂为α-生育酚乙酸酯，这种酯类有氧化稳定性但没有抗氧化活性，其可以在动物肠道内水解释放出生育酚离子，从而恢复抗氧化活性。

鉴于维生素 E 突出的抗氧化活性，自 1990 年开始，就有学者认为添加远高于 NRC 推荐量的维生素 E 可能通过增加肌肉中维生素 E 的浓度从而加强肌肉的抗氧化能力，进而延缓肌细胞膜脂质过氧化，保护膜的完整性，减少水分散出，最终达到改善肉品质的目的。而此后的 30 年里，研究也证明了维生素 E 改善肉品质的作用。

1. 维生素 E 对猪肉品质的影响

维生素 E 作为抗氧化剂，可维持铁离子的还原状态，延缓肌肉色素氧化的速度和程度，从而起到了稳定肉色的作用。另外，维生素 E 作为一种脂溶性抗氧化剂附着在细胞膜上，能够防止肌细胞膜上的磷脂、亚细胞颗粒和红细胞内多种不饱和脂肪酸被氧化，维持了细胞膜的完整性，从而增强了细胞膜作为渗透屏障的能力，阻止了肌浆通过细胞膜的流出，进而提高了肌肉系水力。

大量研究报道了维生素 E 对猪肉品质的影响，蒋德旗等（2014）通过 meta 分析汇总了 1990～2013 年发表的文献，发现饲料中添加维生素 E 主要对猪肉滴水损失、系水力和肉色有影响，对猪肉肌内脂肪含量影响不显著，但能显著减小肌纤维直径。Peeters

等（2006）报道，在宰前21d育肥猪日粮中添加DL-α-生育酚乙酸酯，提高了红度值的同时也提高了黄度值。李绍华等（2002）在育肥猪日粮中添加200mg/kg和300mg/kg维生素E，发现与对照相比，肉色更鲜红，系水力更好。Guo等（2006）研究表明，饲喂400IU/kg维生素E的猪比饲喂40IU/kg和200IU/kg维生素E的猪滴水损失更小。田莹等（2014）研究发现，在育肥猪日粮中添加200mg/kg的维生素E可改善肉色并降低滴水损失。

在实际生产上，维生素E也经常和硒联合使用以改善机体的抗氧化性能，一些研究也报道了硒和维生素E联用对猪肉品质的影响。李苏新和许宗运（2008）研究表明，在育肥猪饲粮中添加有机硒和维生素E能提高新鲜猪肉pH值、肉色，并降低肌肉滴水损失。戴晋军等（2011b）研究发现，添加酵母硒和维生素E后猪肉肉色评分和大理石纹评分分别提高16.46%和21.43%。总而言之，大量研究表明添加200～400mg/kg维生素E对改善猪肉肉色和系水力具有一致的效果。

2. 维生素E对脂质氧化的影响

脂类物质是肌肉的重要组成成分，肌内脂肪含量是决定肉口感的关键因素。脂质氧化常常是造成肉酸败的原因，此外食用肉制品中氧化的脂质会危害消费者健康，因此在实际生产中抑制脂质氧化是改善肉品质的关键环节。

一般而言，肌肉细胞的氧化是指线粒体膜和微粒体膜（两者统称为细胞内膜）上磷脂质不饱和脂肪酸的氧化。活体家畜依赖体内保护系统（血浆铜蓝蛋白、铁传递蛋白和谷胱甘肽过氧化物酶）抑制脂质氧化，而屠宰后此系统大为削弱。组织中的α-生育酚可减缓脂质氧化的速度和程度，在猪日粮中添加维生素E不但可以增强其组织抗脂质氧化的能力，有效地防止生猪肉及经烹调的猪肉发生脂质的氧化，而且能延长生肉和熟肉的货架期。

在日粮中添加200IU/kg的α-生育酚能增强猪肌肉细胞膜的稳定性（Asghar et al., 1991）。Monahan等（1993）研究表明在日粮中添加200IU/kg α-生育酚使肌肉中微粒体细胞膜的α-生育酚含量提高了7倍，此外降低了在4℃贮藏8天后猪肉中过氧化物质硫代巴比妥酸反应物质（TBARS）的含量。Corino等（1999）报道在育肥期最后60天添加高水平的维生素E（300mg/kg）增加了组织中的α-生育酚水平，并减少了TBARS的产生。此外，在日粮中添加高达700mg/kg的维生素E使冷藏期间猪肉中的TBARS降低了52%。Boler等（2009）在育肥猪日粮中添加不同水平不同来源的维生素E降低了肉糜和肉块中TBARS的含量，且天然维生素的效果要优于合成维生素。田莹等（2014）研究发现，在育肥猪日粮中添加200mg/kg的维生素E可降低背最长肌冷藏过程中丙二醛的含量，改善脂质过氧化。

五、日粮纤维组成

日粮纤维是指不能够被肠道消化酶所消化、降解、吸收的碳水化合物，包括非淀粉多糖、木质素以及相关的植物性物质。在猪营养上，日粮纤维在保护肠道健康、促进消化酶活性、提高母猪繁殖性能等方面发挥着重要功能。研究发现，日粮纤维组成对育肥猪肉品质也有一定的影响。

Kass 等（1980）研究发现，当粗纤维水平达到 7%～10%时，虽然会降低育肥猪生产性能，但会提高猪的瘦肉率。翁润等（2007）研究表明，与 3%粗纤维水平相比，使用 5%粗纤维水平饲粮饲喂育肥猪有降低背膘厚、提高瘦肉率的趋势。Joven 等（2014）研究表明，育肥猪在饲喂一定量的纤维时，背膘厚度较低，滴水损失较低，pH 值较高。Cho 等（2015）报道，与低水平纤维素组（2.4%）相比，育肥猪日粮中使用高水平纤维素（3.5%）对大理石纹和滴水损失有改善作用。Wang 等（2019）发现，在育肥猪基础日粮中添加 0.5%菊粉对肉品质无显著影响，但显著提高了胴体重和眼肌面积。Zeng 等（2019）以 15%桑叶（粗纤维水平 5.76%）替代麦麸，与对照组（粗纤维水平 3.1%）相比，胴体重、眼肌面积、背膘厚降低，但肌内脂肪含量增加，此外还提升了猪肉红度值和 pH 值，降低了滴水损失和蒸煮损失。Han 等（2020）在育肥猪饲粮中添加不同水平的麦麸，发现饲粮纤维水平对猪肉品质并无不良影响，但显著降低了背膘厚度。

除日粮纤维水平外，日粮纤维来源不同也会影响猪肉品质和胴体性状。尹佳（2012）分别以含玉米纤维、大豆纤维、小麦麸纤维和豌豆纤维的日粮饲喂育肥猪，研究发现日粮中添加各种纤维均降低了育肥猪的背膘厚，但只有添加小麦麸纤维和豌豆纤维有提高育肥猪眼肌面积的趋势，此外添加大豆纤维组和小麦麸纤维组肌内脂肪含量减少。王召林（2015）研究表明，与以花生蔓和红薯蔓为日粮纤维来源相比，日粮纤维来源为花生壳粉的实验组背膘厚更低。赵瑶等（2018）以添加 20%小麦麸、20%大豆纤维、20%豌豆纤维或 20%燕麦麸日粮饲喂育肥猪，发现各处理组平均背膘厚降低，而只有添加 20%燕麦麸组通过降低猪背肌剪切力提高了肌肉嫩度，改善了肉品质。

在应用粗纤维改善胴体品质和肉品质时，要充分考虑猪品种的影响。本地猪种耐粗饲，可适当提高粗纤维水平以进一步提升经济效益，改善胴体性状和肉品质。王召林（2015）研究表明，在以 5%、8%和 10%日粮纤维水平饲喂黑猪时，背膘厚随着日粮纤维水平的上升而降低，眼肌面积随着日粮纤维水平的上升而增大。Li 等（2018）以不同水平苎麻粉作为纤维来源饲喂湘村黑猪，研究发现与对照组相比，添加 3%～12%苎麻粉（粗纤维水平 3.71%～7.15%）可以降低背膘厚度，提升眼肌面积和瘦肉率。郭建凤等（2016）以鲁烟白猪为研究对象，发现生长期、肥育期日粮纤维水平分别从 4%和 6%提高到 8%和 10%，可提高猪肉中鲜味氨基酸含量。邢荷岩（2018）以深县猪为研究对象，发现与 8%和 10%粗纤维水平相比，当粗纤维水平为 12%时，屠宰率较高，眼肌面积较大，肉色、嫩度和持水力较好，粗蛋白含量较高。猪的品种和日粮纤维组成对肉品质的影响可能存在交互作用，不同猪品种可能因肠道菌群结构不同对粗纤维的利用程度不同，而对胴体性状和肉品质产生不同的影响。杨海天（2019）研究表明，提高纤维水平饲喂外三元猪和黑猪可增加其眼肌面积，降低背膘厚度，且遗传背景和纤维水平存在显著的互作效应。

总而言之，通过改变饲粮纤维组分改善育肥猪胴体性状和肉品质是可行的。在实际生产中，应充分考虑动物品种、纤维饲料来源、纤维与矿物质的互作以及加工方法的不同，精确测定配合饲粮中纤维含量和组成，在兼顾生产性能和经济效益的前提下，确定饲粮中合理的粗纤维配比和组分。

六、植物提取物

随着人们对抗生素危害认识的不断提高，越来越多的国家开始禁止使用抗生素作为饲料添加剂。我国农业农村部公告（第 194 号）明确规定“自 2020 年 7 月 1 日起，饲料生产企业停止生产含有促生长类药物饲料添加剂（中药类除外）的商品饲料”。作为抗生素替代品，近年来植物提取物由于其安全、健康和无残留的特点作为绿色添加剂在畜牧领域广泛应用。研究发现植物提取物不仅能改善动物健康，减少药品残留，还能显著提升猪肉品质。

（一）植物多糖

植物多糖是植物中普遍存在的生物大分子物质，由醛糖或酮糖通过糖苷键连接而成，目前报道的植物多糖已经有 200 多种。植物多糖具有多种生物活性，用作饲料添加剂可以增强畜禽免疫调节作用，改善畜禽肠道健康。此外，一些研究也报道了植物多糖对育肥猪肉品质的改善作用。

牛膝多糖是从传统中药牛膝中提取出的水溶性多糖。陈清华（2008）研究表明，添加牛膝多糖可以增加育肥猪眼肌面积、瘦肉率和肌内脂肪含量。银耳多糖是从银耳中提取出的一种酸性杂多糖，文敏等（2010）报道，在育肥猪饲粮中添加银耳多糖可提高眼肌面积，并降低宰后猪肉黄度值。Moroney 等（2015）研究发现，饲喂海带多糖和褐藻多糖能降低肌肉脂肪酸氧化，提升肌肉抗氧化性能。β-葡聚糖是广泛分布于粮谷类作物种子细胞壁中的一种功能性多糖，杜建等（2018）研究表明，在育肥猪饲粮中添加 100mg/kg β-葡聚糖可以提升肌肉 pH_{45min} 和红度值，降低肌肉滴水损失和黄度值。此外，刘燕（2019）研究发现，饲喂 5.0%和 10.0%紫花苜蓿多糖可以改善育肥猪胴体性状，提升屠宰率和瘦肉率。

除了上述对单一植物多糖的研究，一些研究也报道了复合植物多糖对育肥猪肉品质的影响。郝壮等（2020）将枸杞多糖和黄芪多糖按 1∶2 混合之后饲喂育肥猪，发现这种复合多糖具有提高猪肉中不饱和脂肪酸、必需脂肪酸、鲜味氨基酸和必需氨基酸含量的作用，可以改善猪肉风味，提高猪肉营养价值。刘祝英等（2021）将牛膝、杜仲叶和玄参三种中草药提纯浓缩后得到复合粗多糖，在育肥猪饲粮中添加 500～1500mg/kg 这种复合多糖可提高屠宰率、眼肌面积和大理石纹评分，改善肉色，降低滴水损失和蒸煮损失。

（二）植物多酚

植物多酚是植物次生代谢产物，广泛存在于植物皮、根、叶、果中。植物多酚包括大分子的单宁或鞣质，还包括小分子酚类化合物，如白藜芦醇、花青素、儿茶素、没食子酸和熊果苷等天然酚类。研究表明，植物多酚由于其抗氧化作用等对育肥猪肉质有着明显的改善作用。

1. 白藜芦醇

白藜芦醇是植物中天然存在的一种非黄酮多酚类化合物，是植物受到刺激时产生的一种防御素，广泛存在于葡萄、浆果和各种中草药中，主要提取来源是葡萄和虎杖。近年来，其在猪营养领域的研究也日渐增多，诸多研究报道了白藜芦醇对猪肉品质具有显著的改善作用。例如，Zhang 等（2015）报道了白藜芦醇对育肥猪肉品质具有积极作用，研究发现添加 300mg/kg、600mg/kg 白藜芦醇饲喂初始体重为 78.1kg 的育肥猪 49d，可提高肌肉红度值和 pH 值，降低肌肉剪切力、亮度值和滴水损失，同时还发现饲喂白藜芦醇能够促进快肌纤维向慢肌纤维转化。随后，Zhang 等（2019）延长了饲喂时间，添加 600mg/kg 白藜芦醇饲喂 67 日龄的育肥猪 119d，发现长期饲喂白藜芦醇可降低肌肉黄度值和蒸煮损失，此外还使肌内脂肪含量从 2.36%上升到 3.04%。夏琴（2019）研究发现，添加 200mg/kg、400mg/kg、600mg/kg 白藜芦醇可以通过激活脂联素信号增加氧化型肌纤维比例，提高肉色评分并增加肌内脂肪含量。段平男等（2021）针对地方猪种宁乡猪的研究发现，饲粮中添加 300mg/kg 白藜芦醇对宁乡猪肌肉肉色有所改善，同时可提高背最长肌红度值并降低黄度值。此外，Cheng 等（2020）研究发现，给宫内发育迟缓（IUGR）仔猪长期饲喂白藜芦醇，可改善由 IUGR 引起的肌肉红度值下降和黄度值上升。综上所述，饲喂白藜芦醇对育肥猪肉品质具有积极的效果，添加 200～600mg/kg 白藜芦醇可改善育肥猪肉色、系水力、肌内脂肪含量等多项肉品质指标。

2. 茶多酚

茶多酚是从茶叶中提取出的一种植物多酚，是茶叶中多酚物质的总称，主要由黄烷酮类、花色素类、黄酮醇类、花白素类、酚酸及缩酚酸 6 类化合物组成。蔡海莹（2006）研究表明，在育肥猪饲粮中添加 100～400mg/kg 茶多酚有利于稳定猪肉货架期肉色、提高猪肉系水力和抗氧化能力。李明元等（2007）研究发现，添加 100mg/kg 的茶多酚可以降低失水率，提高肌肉维生素 E 和肌苷酸的含量。王建华等（2011）报道，育肥猪日粮中添加 1%茶多酚复合添加剂改善了肉色、肌内脂肪含量和嫩度。陈明等（2019）研究了日粮添加茶多酚对苏姜育肥猪肉品质的影响，发现在基础日粮中添加 300mg/kg 茶多酚能够改善肉色、大理石纹评分和剪切力，而当添加量超过 300mg/kg 时，改善作用没有增强。也有研究表明，茶多酚和维生素 E 等复合使用可以改善肉品质。郭利等（2013）和陈禹等（2011）研究了茶多酚和维生素 E 复配对猪肉品质的影响，发现添加 60mg/kg 的茶多酚和 200mg/kg 的维生素 E 可增加肌内脂肪含量、降低滴水损失。然而，部分研究也表明，添加茶多酚对猪肉品质无影响。Augustin 等（2008）研究表明，给生长猪日粮添加 10mg/kg 和 100mg/kg 茶多酚 5 周对初始体重 31.24kg 的生长猪肉品质无显著改善作用。晁娅梅等（2016）研究表明，添加 667mg/kg 茶多酚 43d 对初始体重为 74.1kg 的育肥猪肉品质同样没有显著影响。因此，茶多酚调控猪肉品质的作用和机制仍需要进一步系统研究。

3. 苹果多酚

苹果多酚是苹果皮和苹果渣中的一类植物提取物，是苹果中各种天然活性酚的总称，以原花青素含量最多，还含有羟基肉桂酸、二氢查耳酮、黄酮醇、花青素和黄烷醇等。Xu 等（2019）发现在育肥猪日粮中添加 800mg/kg 苹果多酚改善了肉色，并提升了肉中风味氨基酸精氨酸、天冬氨酸和谷氨酸的含量。此外，柴毛毛（2019）研究发现在饲粮中添加 10%苹果粕可以改善肉色，增加肌内脂肪和风味氨基酸的含量。

4. 植物黄酮

黄酮类化合物是指两个苯环通过中央碳原子相互连接而成的一系列化合物，可分为黄酮类、黄酮醇类、二氢黄酮类、查耳酮类、黄烷类、花色素类和双黄酮类。植物黄酮对猪肉品质影响的研究主要集中在大豆异黄酮上。大豆异黄酮是豆科植物中天然异黄酮的统称，又被称为植物雌激素。大豆异黄酮的苷元形式包括染料木素、大豆黄酮和黄豆黄素。由于其具有诸多功能且来源广泛，在畜牧生产领域得到广泛应用。

孙志伟（2019）研究表明，在基础饲粮中添加 62.5mg/kg 的大豆黄酮可以提高肌内脂肪含量，降低肌肉滴水损失和剪切力。程忠刚等（2002）报道，在基础饲粮中添加 250mg/kg 纯度为 10%的黄豆黄素可使肌肉滴水损失率显著降低，肌肉颜色和大理石纹评分均呈升高趋势。刘卫东和王章存（2006）研究表明，在基础饲粮中添加 5mg/kg 大豆黄酮可以提高瘦肉率并降低脂肪率。Payne 等（2001）研究发现，与使用大豆浓缩蛋白（含 60mg/kg 大豆异黄酮）相比，使用玉米-豆粕型饲粮（含 1140mg/kg 大豆异黄酮）饲喂，可提高育肥猪瘦肉率并降低脂肪率。

然而，也有研究报道大豆异黄酮对育肥猪肉品质无影响。陈伟等（2014）研究表明，在玉米-豆粕型饲粮中添加 40～320mg/kg 大豆异黄酮对育肥猪胴体性状及肉品质无显著影响。Kuhn 等（2004）研究发现，与使用低大豆异黄酮含量的大豆浓缩蛋白相比，使用高大豆异黄酮含量的玉米-豆粕型日粮饲喂，对育肥猪肉品质无显著影响。

除大豆异黄酮外，其他黄酮类植物提取物也具有改善肉品质的潜力。川陈皮素又称蜜橘黄酮，是从芸香科柑橘属橘子果皮中提取的一种黄酮类化合物，张茂伦（2016）研究表明，饲料中添加川陈皮素对育肥猪肉品质感官指标没有显著影响，但可提高鲜肉中肌苷酸和蛋白质含量，改善肉质风味。槲皮素是从芦丁中提取的一种多羟基黄酮类化合物，Zou 等（2016）研究发现，在基础饲粮中添加 25mg/kg 槲皮素，在屠宰前运输应激条件下可以减少滴水损失并改善肉色。Semenova 等（2020）研究表明，在基础饲粮中添加 32mg/kg 二氢槲皮素对猪肉品质的影响呈现出积极趋势。

5. 酚酸类化合物

酚酸类是植物体内的重要次生代谢产物，是一种非类黄酮类多酚。酚酸种类包括羟基苯甲酸类（如没食子酸、原儿茶酸、龙胆酸、香草酸、丁香酸、水杨酸）和羟基肉桂酸类（如绿原酸、咖啡酸、阿魏酸、芥子酸、反式肉桂酸、鞣花酸）等，有关植物酚酸对猪肉品质影响的研究并不多见。

阿魏酸是从阿魏、当归、酸枣等植物中提取出来的酚酸。李黎云（2013）研究表明，育肥猪宰前日粮中添加阿魏酸可增加猪肉的肉色稳定性，降低猪肉的剪切力值，改善猪肉的嫩度。绿原酸类物质是植物体内有氧呼吸过程中经莽草酸途径产生的代谢产物，在杜仲、金银花、向日葵等植物中广泛存在。Li 等（2020）研究表明，添加绿原酸可以降低猪肉滴水损失和蒸煮损失。龙次民（2015）研究发现，添加从灰毡毛忍冬藤叶中提取出的绿原酸提高了育肥猪肌内脂肪含量和肌肉氨基酸含量。Wang 等（2021）研究发现，添加从杜仲中提取的绿原酸可以降低猪肉黄度值，并增加猪肉中肌苷酸和氨基酸含量，提升猪肉的风味和营养价值。

（三）植物精油

植物精油是芳香植物产生的一种挥发性、天然、具有强烈气味的植物代谢产物。植物精油组成复杂，含有 20～60 种不同浓度的成分，主要由两到四种成分组成（Patel，2015）。在畜牧生产上应用的植物精油主要有牛至精油、迷迭香精油、丁香精油、百里香精油、肉桂精油等。随着“禁抗”全球化的进程，近年来植物精油作为抗生素的替代品在畜牧领域受到了广泛关注，其对肉品质也有一定的改善作用。

封飞飞等（2017）报道，育肥猪饲粮中添加 200mg/kg 茶树精油增加了育肥猪的肌肉红度值，提升了肌内脂肪含量并降低了肌肉剪切力。单琪涵等（2020）研究发现，饲粮中添加 50～200mg/kg 植物精油降低了育肥猪的滴水损失。Cheng 等（2017）发现，在低蛋白日粮中添加 250mg/kg 牛至精油可以改善猪肉嫩度，提高肌内脂肪含量。而 Simitzis 等（2010）研究报道，在育肥猪饲粮中添加 250～1000mg/kg 牛至精油对育肥猪肉品质没有任何影响。Jang 等（2010）研究表明，在育肥猪饲粮中添加 75mg/kg 由百里酚、香芹酚、丁香酚、肉桂醛和辣椒素组成的混合精油提高了大理石纹评分。Huang 等（2022）研究表明，在育肥猪日粮中补充 200mg/kg 植物精油复合物可增加猪肉抗氧化能力和肌内脂肪含量，并在一定程度上降低了背最长肌剪切力。

七、益生菌

益生菌被定义为活的微生物补充剂，通过改善肠道微生物组成对宿主产生有利影响，FAO/WHO（2002）将益生菌定义为“活微生物的单一或混合菌株，在充分使用时能给宿主带来理想的健康益处”。畜牧生产中常用的益生菌有乳酸菌、酵母菌、芽孢杆菌等。大量研究表明，饲喂益生菌可以通过调节宿主肠道菌群、改善动物肠道健康从而提高动物生产性能和免疫力。此外，研究表明，益生菌对肉品质也有着显著影响。

Alexopoulos 等（2004）研究表明，添加枯草芽孢杆菌可以提高育肥猪胴体品质。Kim 和 Kim（2007）研究表明，添加 0.2%益生菌可以改善猪肉肉色并降低滴水损失。Meng 等（2010）研究表明，饲喂益生菌制剂可以提高肉色评分和持水性能。刘金阳（2014）给苏淮猪饲喂由尿肠球菌和枯草芽孢杆菌组成的益生菌降低了猪肉滴水损失并提升了肌内脂肪含量。Tian 等（2021）研究表明，添加抗生素降低了猪肉品质，而罗氏乳杆菌可通过减少滴水损失和降低剪切力、增加肌苷酸和谷氨酸（可能改善风味）含量以及改变肌肉纤维特性来改善猪肉品质。

此外，一些研究也表明，添加益生菌制剂对猪肉品质没有显著的改善效果。孟祥宇（2018）研究表明，在育肥猪日粮中添加 0.5%复合益生菌制剂对肉品质无显著影响。程皇座（2019）研究发现，使用益生菌制剂饲喂育肥猪对肉品质无影响，但能够提高肌肉鲜味氨基酸含量。李宗凯等（2020）研究表明，饲粮中添加益生菌对改善生长育肥猪的胴体性状和肉品质没有显著作用。Rybarczyk 等（2021）研究表明，日粮中添加 0.4%的益生菌制剂（地衣芽孢杆菌 1.6×10^{9}CFU/g，枯草芽孢杆菌 1.6×10^{9}CFU/g）对猪肉品质和胴体品质没有影响。

益生菌对改善猪肉脂肪酸组成具有一致的作用。Ross 等（2012）研究了益生菌对育肥猪肌肉脂肪酸表达谱的影响，发现益生菌能增加肌肉中单不饱和脂肪酸和多不饱和脂肪酸含量。孙建广等（2010）研究表明，在育肥猪日粮中添加发酵乳酸杆菌对肉品质和胴体性状无显著影响，但提高了猪肉中不饱和脂肪酸的含量。Chang 等（2019）发现，使用益生菌可以生产富含多不饱和脂肪酸的健康猪肉。

饲用益生菌对肉品质的影响机制尚不明确。周金影等（2020）认为，饲用益生菌对肉品质的影响可能与其优化肠道菌群结构、增强肌内脂肪沉积、提高机体抗氧化能力以及影响激素分泌等因素有关。益生菌通过改变肠道菌群影响与肉品质相关的糖酵解酶和原肌球蛋白的表达（D'Alessandro et al.，2011），通过调节紧密连接蛋白的表达改善肠道健康从而改善育肥猪生产性能和胴体品质（Suda et al.，2014）。

益生菌对猪肉品质有积极影响，但其效果受到多种因素影响。益生菌的总体有效性取决于微生物菌株的选择、添加的剂量，以及宿主种类、年龄和生理状态等因素。因此，在实际生产和科学研究上必须充分考虑到这些因素，针对特定品种、特定环境、特定的营养配方等设计出合适的益生菌制剂。此外，应充分研究益生菌调控肉品质的分子机制，为益生菌调控肉品质提供理论依据。

第二节　家禽肉品质与营养调控

一、蛋白质和氨基酸

（一）日粮蛋白质

1. 低蛋白氨基酸平衡日粮

现代家禽生产中，饲料成本高达 60%～70%，而饲粮粗蛋白质成本在饲料成本中占很大比例。大量研究表明，饲粮中粗蛋白质水平并非越高越好，粗蛋白质过高时畜禽并不能将其完全消化吸收利用，许多含氮物质通过粪尿排出后不仅会造成生态环境的污染，还会导致蛋白质资源的浪费。随着我国蛋白质饲料资源紧缺问题日益突出，低蛋白氨基酸平衡日粮已被证实可提高饲料蛋白质利用率，有效节约蛋白质饲料资源。研究表明，低蛋白氨基酸平衡日粮在理想氨基酸的模式下，通过调整必需氨基酸供给模式，可有效降低粗蛋白质水平（van Harn et al.，2019），减少氮排放，并且不影响家禽生产性能（Chrystal et al.，2020），还具有改善家禽肉的抗氧化能力和肉品质等作用。Kobayashi 等（2013）发现，低蛋白日粮并不影响胸肌的剪切力值，而补充了必需氨基酸的低蛋白日粮组的胸肌剪切力值显著降低，胶原蛋白和粗脂肪含量、肌肉游离谷氨酸含量不受日粮蛋白质水平的影响。因此，补充必需氨基酸的低蛋白日粮是生产嫩肉的一种有效手段。但也有研究表明，饲粮粗蛋白质降低 1.5%并平衡赖氨酸、蛋氨酸、苏氨酸和色氨酸 4 种必需氨基酸，不影响 90～150 日龄清远麻鸡增重性能和免疫机能，但可显著降低其胸肌嫩度和肌内脂肪含量（夏伟光等，2022）。

2. 蛋白质饲料原料

为有效缓解当下畜牧养殖蛋白质饲料资源短缺及环境污染问题，开发新型蛋白质饲料原料成为近几年研究者新的关注点。研究发现，饲料中的蛋白质来源对肉的质量和产量均有显著影响。如 Guo 等（2020）发现，发酵豆粕部分替代豆粕影响鸡肉的亮度，提高了鸡肉 pH 值、持水能力、抗氧化性和游离氨基酸含量。在肉鸡日粮中补充大豆球蛋白（0.5～1.5g/kg）可以提高饲料转化率，提高体重增长率，降低腹部脂肪含量，改善肉质（Osman et al.，2020）。在养鸭业中，将黄羽扇豆作为豆粕的部分替代品会改善胸肌和腿肌中的肉质性状，以及胸肌中的脂肪酸组成（Banaszak et al.，2020）。黄羽扇豆饲料对鹅肉的性状也有有益影响，可以用作鹅日粮中的高蛋白化合物，也可以生产由燕麦增肥的鹅（Biesek et al.，2020）。

（二）日粮氨基酸

氨基酸影响家禽肉质的指标主要有 pH 值、脂肪酸含量、蛋白质含量、肉色、嫩度等。此外，味道是衡量肉类质量的一个关键因素，而氨基酸是肉类中重要的味觉活性成分。大量研究结果显示，肉鸡日粮中的氨基酸最佳添加水平取决于品种和评价指标等。Lilly 等（2011）研究发现，日粮缺乏氨基酸降低了肉鸡大腿肌肉中的水分和蛋白质含量，增加了脂肪含量。此外，与缺乏和低氨基酸处理相比，高氨基酸和过量氨基酸处理的腿肉中亚油酸和亚麻酸的浓度更高，过量氨基酸处理的腿肉更容易被氧化。总的来说，高氨基酸日粮饲喂的肉鸡具有良好的生产性能、胴体特征和肉质。Zhang 等（2021）发现，在 5 个常见的商业肉鸡品系中，不管是饲喂对照组还是低水平氨基酸日粮组，木质肉的严重程度都与较高的胸肌重量有关。日粮中减少氨基酸会降低肉产量，但可减少木质肉的发生率。综合屠宰性能和屠体外观指标，适合 1～18 日龄黄羽肉鸡的饲粮氨基酸水平为：1.05%赖氨酸、0.78%蛋氨酸、0.68%苏氨酸、0.19%色氨酸（施寿荣等，2021）。

氨基酸对肉质的调控机理主要通过提升抗氧化能力、增加基因表达水平、参与蛋白质合成等几个方式实现。氨基酸调控肉质脂肪酸形成的具体机制还不明确，但氨基酸作为基因表达的必需物质对脂肪酸基因表达具有一定的作用，可促进肉质的改善。

1. 必需氨基酸

蛋氨酸作为禽类的第一限制性氨基酸，是保证家禽生理健康和生长发育的必需氨基酸。蛋氨酸是半胱氨酸合成的前体物质，同时也是谷胱甘肽合成的促进物，因此蛋氨酸具有清除体内自由基、过氧化物及降低机体氧化水平等重要生理功能。多数研究证明，日粮低蛋氨酸会导致劣质肌肉的产生，提高蛋氨酸水平则有助于改善肉品质。例如，低水平的日粮蛋氨酸处理（1～21d，0.35%；22～42d，0.31%）对肉鸡的生长性能、胴体特征、肉质和胸肌的氧化状态有负面影响，特别是在快速生长肉鸡中，而高水平的日粮蛋氨酸（1～21d，0.65%；22～42d，0.57%）影响不显著（Wen et al.，2017）。Murawska等（2018）则发现，饲粮添加蛋氨酸高于NRC（1994年）推荐标准50%时，降低了肉质pH值和红度，减小了肌纤维直径。刘升军和呙于明（2001）研究表明，肉仔鸡日粮中赖氨酸和蛋氨酸缺乏显著降低了肉仔鸡的胸肉率及全净膛率，而腹脂沉积偏高，适度提高日粮赖氨酸和蛋氨酸水平可以改善胴体品质。此外，种公鸡日粮补充0.1%蛋氨酸可以改善后代的胴体特性和肉质（Elsharkawy et al.，2021）。

赖氨酸作为家禽日粮中的第二限制性氨基酸，是理想蛋白质模式中的参比氨基酸，一直是动物营养研究的重点。Watanabe等（2017）发现，日粮添加赖氨酸会增加肉中的谷氨酸、甘氨酸、缬氨酸、异亮氨酸、亮氨酸、组氨酸和苏氨酸含量，并改善肉的口感。在肉鸡日粮中添加亚麻粉和赖氨酸有助于改善肉鸡的生产性能、肉脂肪酸结构和肉氧化稳定性，并降低肌肉胆固醇、脂肪含量和滴水损失（Mir et al.，2018）。刘勇强（2019）研究发现，可消化赖氨酸水平（0.89%、1.05%、1.20%）对肉品质pH值有极显著影响，对剪切力有显著影响，但是对其他肉品质指标无显著影响。日粮中添加赖氨酸1.20%、蛋氨酸0.90%、苏氨酸0.78%、色氨酸0.22%时，肉仔鸡获得最佳pH值。以剪切力作为评价指标时，肉仔鸡可消化赖氨酸需要量为1.05%。在大多数肉质性状上都存在赖氨酸与其他必需氨基酸的交互作用，低水平的赖氨酸结合低水平的其他必需氨基酸有利于生产高pH值、深色和低滴水损失的肉，而低水平的赖氨酸结合高水平的其他氨基酸可生产更多的酸性、浅色和渗出性肉，其原因可能是氨基酸配比不平衡（Belloir et al.，2019）。此外，Lackner等（2022）研究了肉鸡饲料中标准回肠可消化组氨酸：赖氨酸（0.41、0.45、0.49、0.53和0.57）对鸡生长性能，肉质变量如pH值、滴水损失和PSE肉的影响，发现与组氨酸：赖氨酸为0.41的组相比，组氨酸：赖氨酸为0.45的组木质化鸡胸肉发生率较低，组氨酸：赖氨酸分别为0.49和0.53的肉鸡白色条纹发生率高于0.41，并且饲喂组氨酸：赖氨酸为0.51可增加PSE肉的发生，提示低比值的组氨酸：赖氨酸可改善肌肉的肉品质（Lackner et al.，2022）。

日粮中支链氨基酸可通过调节肉类中的游离谷氨酸水平来影响肉品质。研究发现，日粮中亮氨酸是肉类中游离谷氨酸的调节因子，减少日粮亮氨酸会增加肉中游离谷氨酸的含量并改善肉的味道（Imanari et al.，2007）。Imanari等（2008）研究还发现，高异亮氨酸和高缬氨酸含量显著增加了肉中游离谷氨酸含量，并且其整体味觉强度评分显著高于对照组。

色氨酸的重要性与其在蛋白质合成代谢中的作用直接相关，并与其代谢物如血清素和褪黑素间接相关。最近的研究还发现，色氨酸除了影响家禽的激素分泌、免疫器官的发育，还能调控肉品质（Fouad et al.，2021）。

2. 其他氨基酸

二甲基甘氨酸钠参与机体甲基代谢，有促进机体生长发育、改善肉品质的作用。在对家禽肉质的影响研究中发现，二甲基甘氨酸钠主要影响肉鸡胸肌肉品质，其中包括降低了煮熟损失、滴水损失以及剪切力。二甲基甘氨酸钠对胸肌的抗氧化功能影响也较为显著，1000mg/kg 的二甲基甘氨酸钠可显著提高胸肌中总抗氧化能力（寇涛，2015）。

肌肽是由β-丙氨酸和组氨酸组成的二肽，仅存在于动物蛋白饲料中，在机体内能起到缓冲酸碱度、清理自由基和抗氧化的作用。肌肽已被发现可通过螯合金属离子、清除自由基等方式抑制蛋白质和脂质氧化。补充肌肽有利于改善肉鸡的生长性能、肉质、抗氧化能力和肌肉纤维特性（Cong et al.，2017）。咪唑二肽（肌肽和鹅肌肽）存在于动物的骨骼肌及大脑中，具有维持机体 pH 值稳定、抗氧化、抗衰老和神经调节等重要生理作用。胡孟（2018）的研究结果显示，饲粮添加 L-组氨酸和β-丙氨酸可增强肉鸡抗氧化能力，其机理为通过上调肌肽合成相关酶基因表达增加肌肉中咪唑二肽含量。Qi 等（2018）也发现，日粮补充β-丙氨酸可改善肉鸡的生长性能和肌肽含量，提升抗氧化能力和肉质，并上调肌肽合成相关酶基因表达。添加肌肽还能减小肉鸡肌纤维直径、增加纤维密度，并促进腿肌纤维由Ⅱb 型向Ⅰ型和Ⅱa 型转化（丛佳惠，2017）。

二、脂肪酸

（一）脂肪酸的营养调控

脂肪酸是机体重要的营养素之一，对于促进家禽的生长发育和维持机体的健康具有重要的营养生理功能，其中多不饱和脂肪酸尤为重要和关键，但大多数肉制品中富含饱和脂肪酸，而不饱和脂肪酸含量相对缺乏，且多为 n-6 多不饱和脂肪酸，n-3 多不饱和脂肪酸含量相对缺乏。从人类健康角度考虑，n-6 与 n-3 多不饱和脂肪酸的比例被证实与癌症和冠心病的发生呈相关关系（Enser，2001）。n-6 与 n-3 多不饱和脂肪酸的推荐比例小于 4，但大多数肉制品中这个比例远高于 4（Wood et al.，2004）。国内外大量研究关注了肉制品中脂肪酸的含量与组成，其主要目的是使肉制品中由α-亚麻酸形成的 n-3 多不饱和脂肪酸（18:3）和由亚油酸形成的 n-6 多不饱和脂肪酸（18:2）的比例更加合理平衡，从而生产更加符合人类健康和营养需要的肉制品（Williams，2000）。

肉类脂肪酸组成可以通过营养结构来调控和改变，在单胃动物猪和家禽中尤为容易，其中亚油酸、α-亚麻酸和长链多不饱和脂肪酸含量对饲料中的营养素添加反应迅速（Wood et al.，2007）。脂肪酸来源和含量是影响肉制品品质的重要因素，进而通过动物源性食品影响人类健康与营养状况。Long 等（2020）研究发现，与传统的豆油相比，补充鱼油或微藻和亚麻籽油混合的日粮使肉鸡肌肉具有更好的生产性能、抗氧化能力和 n-3 多不饱和脂肪酸构成。Abdulla 等（2015）的研究结果显示，日粮添加亚麻籽油和大豆油分别增加了肉鸡胸肌的 n-3 和 n-6 多不饱和脂肪酸含量，而添加棕榈油增加了肉鸡胸肌的油酸含量和氧化稳定性。因此，与富含亚油酸和α-亚麻酸的植物油相比，棕榈油可以用作肉鸡日粮中的替代油源，对 7 天冷藏鸡肉的氧化稳定性有积极影响。在育雏期和育肥期，日粮中添加 2%和 3%的芥子油、亚麻籽油或鱼油，可以使鸡肉中富含 n-3 多不饱和脂肪酸，而不影响肉鸡的性能和肉的感官特性（Sridhar et al.，2015）。

（二）脂肪酸影响肉品质的机理

脂肪酸影响肉品质方面主要包括脂肪组织的硬度、保质期（脂肪和色素的氧化）和肉的风味。尽管日粮脂肪酸影响肉质的柔软度和多汁性，但发挥作用的可能是日粮中脂肪酸总数量而不是脂肪酸类型。脂肪酸对肉质硬度的影响主要由不同脂肪酸在肉制品中不同的熔点所致，在 18 碳脂肪酸系列中，硬脂酸（18:0）熔点是 69.6℃，油酸（十八烯酸，18:1）熔点是 13.4℃，亚油酸（十八碳二烯酸，18:2）熔点是–5℃，亚麻酸（十八碳三烯酸，18:3）熔点是–11℃。由此可见，随着不饱和度增加，其熔点降低。此外，分子结构也会影响熔点，反式脂肪酸比掺杂了许多顺式结构的异构体熔点要高些，相同碳原子情况下，支链脂肪酸较直链脂肪酸熔点要低。

脂肪酸对肉类保质期的影响表现为：随着时间延长，不饱和脂肪酸氧化导致肉质氧化酸败。红色的氧合肌红蛋白氧化成棕色的正铁肌红蛋白，导致肉色变化，该过程和氧化酸败往往同时发生。有研究显示，脂肪的氧化产物能够促进色素的氧化，反之亦然。抗氧化剂，尤其是α-生育酚（维生素 E）已经被证实可用来延缓脂肪和色素的氧化，延长肉类保质期。

脂肪酸影响肉品质的作用机制主要表现在两方面，一是脂肪酸通过代谢产生风味物质，不饱和脂肪酸氧化生成氢过氧化物，然后进一步分解为具有气味活性的挥发性次级脂质氧化产物，包括醛、醇和酮等（Shahidi and Hossain，2022）。不饱和磷脂对肉质风味形成的影响尤其明显，多不饱和脂肪酸加热后发生反应，产生醇、酮及酯类化学物质从而影响肉风味（Zhao et al.，2017），因此脂肪酸种类及数量与肉风味紧密相关。例如，支链氨基酸和酮酸在转氨酶作用下产生风味型脂肪酸（Ganesan et al.，2004）。此外，在肉类熟化和烹饪过程中脂肪酸发生美拉德反应产生挥发性物质，也会影响肉的风味（Arshad et al.，2018）。二是脂肪酸在肌肉中的沉积，IMF 沉积受到遗传、饲料成分等因素影响（王寒凝等，2020）。Zhang 等（2019）基于全基因组关联分析（GWAS）数据研究了肌肉脂肪酸组成与畜禽生长、胴体、脂肪沉积和肉质性状的相关性，发现饱和脂肪酸（C14:0、C16:0 和 C18:0）和单不饱和脂肪酸（C18:1n9 和 C16:1n7）的大部分肉品质指标显著相关，背膘厚度和肌内脂肪含量均与 C18:2n6 呈较强的负相关关系，与 C18:1n9 呈较强的正相关关系。进一步研究表明，不饱和脂肪酸 C18:3n3 能改善 C16:0 或 C18:0 诱导的丙酮酸羧化酶表达的抑制作用，并且与 C18:3n3 顺式预处理相比，C16:0 或 C18:0 单独预处理可显著降低 C16:0 到酸溶性产物的后续氧化作用（Boesche and Donkin，2020），因此，脂肪酸在肌肉中的沉积量影响肌内脂肪含量进而影响肉品质。

三、矿物元素

矿物元素可直接参与细胞、组织以及器官的各种代谢活动，通过影响蛋白质的合成以及能量代谢等方面来影响机体的生产性能和肉品质量。矿物元素对肉质的影响方面，近几年的研究主要集中于硒、钙、锌、磷等。

（一）常量矿物元素

常量矿物元素是畜禽饲料添加剂的重要组成成分，且常量矿物元素是畜禽机体的重要组成部分，参与机体营养代谢，影响畜禽的生长性能，同时，研究显示常量矿物元素也是影响肉品质的重要因素之一。常量矿物元素对畜禽肉色、pH 值、系水力、肌内脂肪含量等方面都具有一定的影响。

1. 钙、磷

钙是畜禽生长不可或缺的常量元素，影响畜禽骨骼的生长。其中，作为钙蛋白酶系统的激活剂，钙对动物肉品质具有一定的改善作用（郭丽等，2011）。钙对家禽肉品质的影响主要受日粮钙的添加水平、钙源，以及钙与磷、维生素的互作等方面的影响。在钙的添加水平和钙源方面，Hakami 等（2022）研究发现，低钙水平降低了肉鸡的生产效率，影响肉品质如宰后胸肉温度和胸肉红度等，而添加海洋矿物复合物则能提高生产效率和肉品质。王剑（2011）研究发现，日粮中添加丙酸钙对胸肌和腿肌嫩度有增加的趋势，其中，添加量为 1.2%、饲喂 7d 屠宰性能最佳。郭丽（2011）研究了不同钙源（碳酸钙、氯化钙）及钙水平（推荐量 0.90%、高水平 1.15%）对 21 日龄 AA 肉仔鸡生长性能及肉品质的影响，结果发现，高水平钙可降低肉仔鸡的生长性能、降低腹脂率，选用 1.15%氯化钙作为钙源，虽显著降低了生长性能和屠宰性能，但较碳酸钙更好地改善了肉质。马现永等（2009）研究显示，在黄羽肉鸡的日粮中添加高水平碳酸钙虽然对系水力、pH 值、肉色及生长性能无显著影响，但却能显著提高黄羽肉鸡肌肉嫩度。

磷在畜禽的生长发育过程中具有重要的生物学功能，是畜禽必需的常量矿物元素之一。日粮磷缺乏或过量均会影响肉鸡的肉质和脂质代谢，导致肌肉嫩度、风味以及营养成分含量降低（Li et al.，2016；苟钟勇，2017）。但江勇等（2013）的研究报道显示，日粮中添加无机磷（0.05%～0.45%）不影响 42 日龄肉仔鸡的胸肌率和腹脂率，对胸肌嫩度、pH 值和失水率均无显著影响，可能是因为 42 日龄的肉仔鸡处于快速生长期，磷的代谢首先作用于骨骼的生长发育，因此生产性能未产生明显差异。

在钙与磷、维生素的互作方面，Tizziani 等（2019）验证了不同维生素 D 来源的日粮对热中性环境中 1～42d 肉鸡性能、骨矿物质沉降、血清浓度、消化率、胴体特性和肉质的影响，结果发现，维生素来源不影响肉质，无论使用哪种维生素 D 来源，将日粮钙减少 30%不会影响肉鸡的性能和胴体特性。而 25-羟基胆钙化醇［$25(OH)_2D_3$］单独添加或钙与有效磷联合添加 $25(OH)_2D_3$ 可使肌肉 pH 值升高，而降低胸脯肉的可挤压水分损失，进而改善鸡肉品质。Wang 等（2021）发现，日粮钙水平（0.70%、0.80%、0.90%）显著影响黄羽肉鸡胸肌的肉色和剪切力，饲粮非植酸磷也能够影响胸肌的肉色和滴水损失，此外，钙和非植酸磷水平之间的相互作用对肉色影响显著，57～84 日龄生长缓慢的黄羽肉鸡推荐添加 0.80%的钙和 0.35%的非植酸磷，以提高肉品质。

2. 钠、钾、镁

在畜禽生长发育过程中，钠的水平不仅影响畜禽机体渗透压稳定和酸碱平衡，也与畜禽的生长性能相关（Cengiz et al.，2012）。日粮中钠的添加种类和水平影响肉仔鸡的生长性能和肉品质（岳玉秀，2018；付宇等，2018），氯化钠较小苏打显著提高了肌肉滴水损失（岳玉秀，2018）。

常量元素钾除了维持畜禽的机体渗透压稳定和酸碱平衡，也参与多种细胞代谢、神经肌肉的应激反应等。0.1%氯化钾与 400mg/kg 维生素 C 可以改善肉鸡的生长性能（刘海民等，2019）；碳酸氢钾能显著降低肉鸡腹脂率并提高屠宰性能（朱明霞等，2010）。

镁也是影响畜禽肉品质的因素之一。镁主要从以下三个方面影响畜禽的肉品质：①减缓宰后糖酵解引起的蛋白质变性，提高水分吸附力，影响肌肉 pH 值；②提高宰后肌肉的系水力，影响肌肉初始和最终 pH 值；③钙的释放被抑制，缓解神经肌肉的兴奋性、糖原的酵解（张玉伟等，2012）。研究显示，肉鸡日粮补充镁对特定的肉质性状（如系水力和颜色）具有积极影响（Estevez and Petracci，2019）。此外，镁对在货架期的肉品也有一定的影响，其原因可能是镁具有一定的抗氧化功能，能够延缓肉品的腐败。

（二）微量矿物元素

1. 硒

硒具有多种重要生物学作用，包括调节谷胱甘肽过氧化物酶、甲状腺激素和前列腺激素活性，以及增强维生素 E 吸收利用、改善免疫功能等。不同形式硒在机体内吸收和代谢上有很大差异，大多数研究显示，有机硒在肌肉组织中沉积效果优于无机硒。因此，可在饲粮中添加亚硒酸钠等无机硒或富硒酵母、硒代蛋氨酸等有机硒来满足家禽对硒的需求，通过有机硒和无机硒的对比我们可以发现有机硒易被宿主吸收并参与宿主代谢反应进而改善肉质，如 Gul 等（2021）研究发现，与其他来源的硒（亚硒酸钠、硒代蛋氨酸）相比，富硒酵母在禽类组织中的硒沉积、氧化能力、肉质嫩度和免疫反应水平方面显示出更好的结果。Bakhshalinejad 等（2019）研究发现，与无机硒源（亚硒酸钠）相比，纳米硒和有机硒源（酵母硒、DL-硒代蛋氨酸）的肉鸡肉质更好。此外，与亚硒酸钠相比，添加纳米硒的硒沉积率最高，其次是 0.1mg/kg 的有机硒。Ibrahim 等（2019）研究发现，饲料中补充 0.6mg/kg 的硒代蛋氨酸和纳米硒可以改善生长性能，并且比亚硒酸钠组的硒沉积率更高。与无机硒相比，两种来源的硒（硒代蛋氨酸和纳米硒）在冷冻储存的前四周都能减弱肉类的氧化过程，尤其是大腿肉。Wang 等（2011）研究发现，与亚硒酸钠相比，日粮补充 L-硒代蛋氨酸和 D-硒代蛋氨酸可以增强血清和组织中的抗氧化能力和硒沉积，并减少肉鸡胸肌的滴水损失。此外，L-硒代蛋氨酸在改善肉鸡的抗氧化状态方面比 D-硒代蛋氨酸更有效。在饲粮中添加富硒酵母可改善禽类的肉质，Markovic 等（2018）评估了补充富硒酵母对肉鸡生长性能胴体品质和肉成分的影响，发现饲粮硒添加 0.6mg/kg 和 0.9mg/kg 显著提高了肉鸡屠宰率，翅膀和腿的肌肉比例被显著提高。张增源（2014）研究发现，与无机硒相比，酵母硒添加到饲料中可显著提高鸡肉硬度和黏性，降低其滴水损失。上述研究表明，有机硒作为富硒动物产品的硒源，其作用效果显著优于无机硒，由于畜禽动物源富硒肉品中的硒已经在动物体内经过安全的代谢，而不是过量富集，食用更加安全、可靠。但是，硒在饲料中的强化方式（包括硒源类型）及添加量，硒在肉品中不同部位的沉积形态、含量及其功效机理，“含硒或富硒”肉品的标准以及稳定富硒技术等问题仍需要继续深入研究。

肉品质下降的主要原因是由于脂质氧化，而在肉类工业中通常采用延迟氧化变质保证肉品质从而延长肉类产品的货架期。硒是谷胱甘肽过氧化物酶的重要组成成分，能在体内特异性催化还原谷胱甘肽与过氧化物的氧化还原反应，是一种重要的天然抗氧化剂，对保持肉中营养成分、减少脂质氧化和滴水损失、维持肉色稳定性等有重要作用。因此，在动物日粮中添加具有抗氧化作用的硒成为改善肉品质、延长肉类货架期的一个重要途径。

2. 锌

锌可以缓解应激，抑制肉鸡中脂质过氧化的发生，还可以改善肉鸡的日增重、料重比和胴体质量（Hidayat et al.，2020）。补充锌能显著提高北京鸭屠宰重、胴体重、净膛重、胸肌和腿肌重，提高了屠宰后 pH 值、肌内脂肪含量和抗氧化能力（Wen et al.，2019）。120mg/kg 的锌补充剂可以加强α-生育酚乙酸盐的效果，改善胸肌和大腿肌肉的氧化稳定性，并增加肌肉中锌的沉积（Kakhki et al.，2017）。饲料添加纳米锌可改善机体的抗氧化状态，降低鸡肉的胆固醇、脂肪含量和脂质过氧化，同时增加了骨骼尺寸和矿化（Dukare et al.，2021）。锌对家禽肉品质量的影响主要受日粮锌的添加水平影响，与锌源无较大关系（Liu et al.，2011）。

四、维生素

（一）维生素 E

维生素 E 又被称作生育酚，是脂溶性维生素家族中重要的一员，其生物学功能也较为广泛，其中最重要的功能是作为抗氧化剂。在正常的生长环境中，要使肉仔鸡获得最佳生产性能，应提供其所需的维生素 E 需求量为 15～20mg/kg，但在日粮中添加高剂量的维生素 E 可以提高禽肉的品质和储存稳定性。肌肉中沉积的维生素 E 在储存或烹饪过程中不会被破坏，而且在生肉和肉制品的加工和储存过程中，这些维生素 E 会继续发挥抗氧化作用，从而提高储存期的稳定性。大量研究发现，在家禽日粮中添加维生素 E 可以改善肉质，具体效果取决于家禽品质、维生素 E 的添加量和添加时长。Vieira 等（2021）在 42～54 日龄的肉鸡日粮中比较了 5 个添加水平的维生素 E（30mg/kg、90mg/kg、150mg/kg、210mg/kg 和 270mg/kg）对育成期肉鸡胸肉品质的影响，发现增加 270mg/kg 维生素 E 会提高肉鸡胸肉的亮度。Pitargue 等（2019）发现，维生素 E 的来源不影响胸肉和大腿肉的脂质氧化，但维生素 E 水平的增加能够降低胸肉脂质氧化，增加胸肉中α-生育酚的浓度。此外，家禽的日龄和维生素 E 的添加时长也影响鸡肉品质，蒋守群等于 2012 年研究发现，饲粮中添加维生素 E 可提高 43～63 日龄黄羽肉鸡机体抗氧化性能，改善肉品质，且添加 20mg/kg 效果较好。但是如果在早期（0～24 日龄）添加 200IU/kg 维生素 E 能有效降低鸡木质肉的严重程度，提高胸肉质量，而不会对生长性能和产肉量产生负面影响。

虽然肌肉中的维生素 E 含量是影响脂质氧化的重要指标之一，但是多不饱和脂肪酸含量也影响维生素 E 的脂质氧化保护效果。相比鸡胸肉，维生素 E 含量高的鸡腿肉更容易被氧化，可能是因为鸡腿肉中多不饱和脂肪酸含量高。同时，由于腿肉中促氧化成分（肌红蛋白和其他含铁蛋白）的含量较高，腿肉的氧化稳定性更低。

（二）其他维生素

日粮中补充维生素 D 对家禽骨骼发育和肉品质也具有一定的积极作用。王一冰等（2022）研究发现，种鸡饲粮中添加维生素 D_3 能够影响后代肉鸡 63 日龄宰后胸肌肉色以及 pH 值。韩进诚等（2011）发现，饲粮中添加 1α-羟基维生素 D_3 增加了 22～42 日龄肉鸡胫骨质量、腿肉亮度，降低了腿肉剪切力。但是陈娟（2011）研究表明，日粮中添加 4250IU/kg 的维生素 D 对宰后腿肌和胸肌 pH 值均无显著影响，且随着时间的延长，胸肌 pH 值有下降的趋势，而腿肌 pH 值有上升的趋势，并降低了肌肉系水力。

郭晓宇等（2020）研究发现，饲粮维生素 A 水平为 6000IU/kg 时，肉鸡肉品质和屠宰性能较好，而 30 000～45 000IU/kg 维生素 A 对肉鸡的屠宰性能和肌肉品质具有负面影响。此外，维生素 A 的添加时间对 42 日龄鸡的胴体产量、肉色以及木质肉和白肌肉的发生率有影响。相比在后期补充维生素 A，在 21 日龄之前补充维生素 A 的鸡的木质肉的发生率较低（Savaris et al.，2021）。

五、日粮纤维组成

研究发现，一些含有纤维的饲料可能是生物活性化合物的良好来源，可能有助于改善肉鸡肉质。在家禽日粮中加入适量的脱水牧草对肉鸡性能的影响不大，但有利于改善胸肉的黄度和肉的脂肪酸组成（Mourão et al.，2008）。日粮纤维对肉品质的影响取决于纤维水平和纤维源等方面。例如，海枣（*Phoenix dactylifera* L.）种子作为不溶性膳食纤维时，可以有效改善火鸡的肉品质（Bouaziz et al.，2020）。在饲粮中添加适量的木质纤维素被报道能够提高肉鸭半净膛率和降低胸肌蒸煮损失，并增强机体免疫和抗氧化能力（谈婷，2021）。但也有研究报道日粮中添加过高纤维反而对肉鸡的生长性能和肉质没有积极影响（Tabook et al.，2006）。

六、植物提取物

植物提取物被广泛应用于畜禽生产中替代抗生素、促进生长以及改善肉品质。目前，关于畜禽上被报道的常见植物提取物主要有植物酚、生物碱以及萜类化合物三类。

（一）植物酚

植物酚包括生物类黄酮、苷花色素、花色素原和单宁等。江阳等（2021）研究了艾蒿黄酮对肉仔鸡肉品质的影响，结果发现不同浓度艾蒿黄酮均能够影响肉鸡肉色，而高浓度艾蒿黄酮降低了鸡胸剪切力和滴水损失，对肉鸡品质具有明显的改善作用；蒋守群（2007）系统研究了大豆异黄酮调控肉鸡肉品质的作用及其机制，结果发现鱼油氧化处理对肉鸡肉品质和抗氧化状况产生了不利影响，而在鱼油饲粮中补充大豆异黄酮提高了肉鸡肉抗氧化稳定性，有助于抵抗脂质过氧化，促进肉鸡骨骼肌细胞增殖。其作用机制可能为黄酮类物质上调了抗氧化酶基因表达，提高了抗氧化酶活性，缓解了脂质过氧化。

花色素苷是苯并吡喃的衍生物，广泛存在于绝大部分陆生植物的液泡中（除仙人掌、甜菜外），是水溶性黄酮类色素中最重要的一类。研究发现玉米花色素苷可以提高赤水黑骨鸡鸡胸肉中必需氨基酸和风味氨基酸的水平，降低滴水损失（Luo et al.，2022）。Amer 等（2022）研究发现，花色素苷可以提高 Ross 87 肉鸡鸡胸肉中的 n-3 多不饱和脂肪酸（PUFA）（ω-3）的百分比。da Silva Frasao 等（2021）研究发现，花色素苷可以提高鸡肉的抗氧化活性，延长货架期。此外，Teng 等（2022）发现，酰化花色素苷可以抑制禽肉高温加工中杂环胺的产生。

原花色素是一类黄烷醇单体及其聚合体的多酚化合物，具有较强的抗氧化和自由基清除能力。冯猛和冯京海（2008）研究了低聚原花色素对高温环境下肉鸡抗氧化酶及胸肌品质的影响，发现低聚原花色素可上调肉鸡体内的抗氧化酶，维持肌纤维膜的完整性，改善胸肌肉色、滴水损失和嫩度。Brenes 等（2008）研究发现，向 21～42 日龄肉鸡饲粮中添加葡萄渣浓缩物（富含原花色素），可显著提高肉鸡胸肌的抗氧化能力，效果与维生素 E 相当。

单宁也称单宁酸，是一种天然的酚类物质，广泛存在于各类植物的种子、树皮、树干、树叶和水果皮中。长期以来，单宁由于具有涩味、适口性差，且阻碍营养物质的消化吸收，被视为抗营养因子（王吉等，2022）。随着对单宁的研究，目前认为单宁的作用具有两面，低剂量单宁被认为是“有益因子”。Starčević 等（2015）在肉鸡日粮中添加 5g/kg 的单宁酸，饲喂 35d 后，肉鸡体内的有益脂肪酸含量增加，胆固醇含量相应降低，同时其抗氧化能力也得到了一定程度的改善。从光雷等（2020）给 1 日龄雄性爱拔益加（AA）肉鸡的基础日粮中分别添加 0.1g/kg、0.5g/kg 和 1.0g/kg 的橡椀单宁，发现能够提高空肠和回肠绒毛高度，进而提高营养物质的利用率，并改善肉鸡的肉品质。侯海锋等（2016）在肉鸡基础日粮上分别添加 0.05%、0.10%、0.15%和 0.20%的水解单宁酸，也发现水解单宁酸可以提高肉鸡半净膛率，降低腹脂率，改善肉鸡品质。

（二）生物碱

生物碱都含氮，常见畜禽用生物碱包括胆碱、甜菜碱、肉碱等。胆碱是动物机体内维持生理机能所必需的低分子有机化合物，属于 B 族维生素，动物体内可以合成，在动物体内可以调节脂肪的代谢与转化。目前，胆碱主要是以氯化胆碱的形式被广泛用作动物饲料添加剂，并且越来越受到重视。Fouladi 等（2008）发现，在肉鸡饲粮中添加 1000mg/kg 和 500mg/kg 氯化胆碱，能够显著降低肝、脾、心脏和腹脂的重量。Jahanian 和 Ashnagar（2018）研究了日粮补充胆碱和肉碱对饲喂不同代谢能级日粮肉鸡生长性能、肉类氧化稳定性及胴体组成的影响，结果发现饲粮中添加胆碱和肉碱均增加了腿部肌肉含水量，降低了丙二醛含量。周源等（2011）研究发现，在 1～21 日龄黄羽肉鸡生长阶段日粮中添加胆碱，能够有效减少脂肪在腹部的沉积，降低血液中甘油三酯、游离脂肪酸和胆固醇的含量。

甜菜碱是甘氨酸的三甲基衍生物的总称，能够加快脂肪代谢、调节机体的渗透压，可部分取代饲料中的蛋氨酸和胆碱，维持维生素预混料的稳定，提高生长性能。甜菜碱盐酸盐已获得欧洲食品安全局的批准，并分别用作肉鸡和蛋鸡的三甲胺产品，剂量分别为 15mg/kg 和 24mg/kg 饲料（Abd El-Ghany and Babazadeh，2022）。Chen 等（2022）研究了无水甜菜碱和盐酸甜菜碱对肉鸡生长性能、肉质、死后糖酵解及抗氧化能力的影响，发现补充无水甜菜碱（1000mg/kg）或等摩尔盐酸甜菜碱可以通过减少滴水损失、游离水比例和乳酸含量以及增强肌肉抗氧化能力来改善肉质。Wen 等（2019）研究发现，肉鸡饲粮补充甜菜碱还能够减轻热应激对肉鸡肉质和氧化状态的负面影响。

肉碱又称肉毒碱，有两种旋光异构体，即 D-肉碱和 L-肉碱，但 D-肉碱及其消旋体为合成物，无生物活性。而 L-肉碱的化学结构与胆碱和甜菜碱的结构相似，具有极高的生物活性（冯仁勇和周小秋，2005）。占秀安等（2002）发现，添加 L-肉碱 25～100mg/kg，能够提高胸肌中粗蛋白含量 1.15%～2.18%、粗脂肪含量 14.39%～25.14%，肌苷酸含量增加 7.11%～30.12%，肉色评分提高 17.06%～35.91%，肌红蛋白含量提高 3.13%～7.12%。也有一些报道认为，补充 L-肉碱对肉鸡胴体品质没有影响。例如，Barker 和 Sell（1994）报道，在日粮中添加 0.01% L-肉碱，对小火鸡和肉仔鸡的体重和日粮消耗以及胴体组成和胸肌大小没有影响。

（三）萜类化合物

萜类是指含有五碳单位的化合物，而萜类化合物主要由萜类五碳单位衍生而来。萜类化合物广泛存在于自然界，是构成某些植物的香精、树脂、色素等的主要成分，如玫瑰油、桉叶油、松脂等都含有多种萜类化合物。禽肉中多不饱和脂肪酸含量高，因此，它容易受到氧化变质的影响。大多数研究表明，添加萜类化合物对肉鸡的肉质能产生有利的影响。张书汁等（2018）研究了日粮中添加不同精油（肉桂精油、丁香精油和香芹精油）对肉鸡肉品质的影响，结果发现不同精油组对腿肌脂肪酸的组成影响不大，但肉桂精油组显著提高了腿肌多不饱和脂肪酸的含量，其中 n-3 多不饱和脂肪酸含量较其他各组有提高的趋势，可能与肉桂醛中抗氧化成分有关，其可以保护多不饱和脂肪酸避免脂质过氧化。香芹酚、百里酚也是常用于畜禽饲料的单萜酚添加剂，大量研究报道了肉鸡饲料中添加香芹酚、百里酚对肉质的积极作用。肉鸡日粮中添加百里酚和香芹酚能够增加肉鸡肌肉中有益的多不饱和脂肪酸含量，并减少脂质过氧化，延长肉类保质期（Galli et al.，2020；Kim et al.，2010）。Khattak 等（2014）研究发现，肉鸡日粮中添加由罗勒、月桂、柠檬、牛至、鼠尾草、百里香等多种植物精油组成的复合精油，能改善鸡肉品质，提高胴体重和胸肌重。

第三节　牛肉品质与营养调控

畜禽产品品质是影响销售价格和消费者购买的最主要因素。牛肉是严格按照品质定价的产品，不同品质的牛肉价格差异达 10 余倍。因此，研究改善牛肉品质的技术一直是行业研究的热点。营养素是牛肉品质形成的基础，对牛肉品质具有重要的影响，通过营养调控改善牛肉品质是一种简单易行的方式。

一、牛肉品质的形成规律

牛肉主要由肌肉组织和脂肪组织构成，牛肉品质主要取决于牛肉肌内脂肪

（intramuscular fat，IMF）的含量与分布、肌纤维的数量与直径。肌内脂肪含量是影响牛肉品质的最重要因素，与牛肉的多汁性、嫩度和适口性等牛肉品质等级指标呈高度正相关关系。而肌纤维的数量和直径主要影响牛肉的嫩度。肉牛脂肪细胞和肌肉细胞均来自胚胎时期中胚层具有多向分化潜能和强大自我更新能力的多能性干细胞——间充质干细胞（mesenchymal stem cell，MSC）。MSC 在特定条件诱导下能够分化为成肌细胞、成脂肪细胞、成骨细胞和成软骨细胞，参与动物肌肉生长和脂肪沉积等重要组织的发育（Yoshimura et al.，2007）。在肉牛发育早期，特别是胎儿和新生犊牛时期，骨骼肌中含有大量的 MSC，随着生长发育的进行，MSC 逐渐发育为肌源性干细胞和少部分脂肪细胞。

（一）肌肉组织

肉牛的肌肉组织主要为骨骼肌，其生长发育和生理生化特性与个体的产肉量和肉品质存在密切联系（Endo，2015）。骨骼肌肌纤维是组成骨骼肌的基本单位，由肌前体细胞分化形成。具有增殖、更新功能的肌前体细胞，是出生后机体骨骼肌再生和修复的源泉（Tang et al.，2007）。骨骼肌发育最早发生在胚胎体节，其中生肌节区是产生肌祖细胞的区域，肌祖细胞也称为肌源性前体细胞，在成肌细胞决定因子作用下进一步分化形成单核成肌细胞。成肌细胞不再具有分化能力，而是在成肌异性蛋白及相应细胞黏附因子的作用下聚集融合形成肌管。肌管内肌原纤维不断增多，细胞核向细胞周边移动，从而发育形成具有收缩功能的多核肌纤维。骨骼肌除肌纤维外，还含有脂肪细胞、结缔组织或细胞外基质，以及卫星细胞、免疫细胞和成血管细胞等多种细胞类型。

（二）脂肪组织

脂肪组织是动物机体重要的能量代谢及内分泌场所。脂肪组织按照功能和脂肪颜色可分为白色脂肪组织、棕色脂肪组织和介于二者之间的米色脂肪组织。白色脂肪组织在牛出生后形成，主要分布于皮下和内脏器官周围，为动物机体提供保护等，其主要以甘油三酯的形式储存能量（Bartelt and Heeren，2014）。棕色脂肪组织又称为褐色脂肪组织，在胎儿期发育形成，含有大量散在的小脂滴和线粒体，其主要以燃烧脂肪产热的方式消耗多余的脂肪（Ailhaud et al.，1992）。米色脂肪组织的功能与棕色脂肪组织类似。脂肪组织按照生成部位不同分为皮下脂肪、腹腔脂肪、肌间脂肪和肌内脂肪，其中对牛肉品质影响最大的是肌内脂肪，主要由肌纤维间的脂肪细胞增殖、分化而来。

脂肪细胞是脂肪组织的重要组成部分，其数量和大小决定了脂肪组织的沉积量。脂肪细胞的生长发育主要是脂肪细胞增殖和肥大的过程（Du et al.，2010）。肉牛的脂肪生成始于妊娠中期左右腹部（内脏）脂肪细胞，延伸至腹部脂肪细胞的新生儿期，皮下脂肪细胞和肌间脂肪细胞的早期断奶期，以及肌内脂肪细胞的断奶后期。在肉牛发育早期，特别是胎儿和新生犊牛时期，骨骼肌中含有大量的 MSC，随着生长发育的进行，MSC 逐渐发育为肌源性干细胞和少部分脂肪细胞，这是肌内脂肪沉积的基础（Taga et al.，2011）。出生后，与其他数量趋于稳定的脂肪细胞不同，Vahmani 等（2020）发现，肌内脂肪细胞数量在肉牛 250 日龄前仍然可通过营养调控进行改变，250 日龄后可通过营养调控使脂肪细胞内部脂滴充盈、细胞体积增大从而促进肌内脂肪的沉积。由此可知，肉牛脂肪细胞数量的增加主要发生在肉牛生长发育的早期，而脂肪细胞体积的增大主要发生在肉牛生长发育的后期，生产中可以根据不同时期的特点开展营养调控。

二、影响牛肉品质的主要营养因素

牛肉的嫩度、多汁性和风味等食用品质特性是消费者判定肉品质的直接因素（万发春等，2004）。嫩度是牛肉品质判定中最重要的适口性指标，牛肉的嫩度与肌纤维数量和细度呈正相关关系，并且受肌内脂肪含量的显著影响。肌内脂肪含量是影响牛肉食用品质的关键因素。肌内脂肪含量越高，牛肉大理石纹就越细腻，并且在咀嚼过程中可增加唾液分泌，使牛肉更加多汁可口。同时，肌内脂肪中的脂溶性成分及其降解物可以提高牛肉的风味。各国对牛肉品质等级的划分标准虽不同，但脂肪沉积的数量与分布是影响牛肉品质的最主要指标，也是牛肉品质等级评定的主要依据。

营养调控是提高牛肉品质的有效技术手段，国内外学者对营养与牛肉品质的关系开展了大量研究，发现日粮营养水平、维生素、功能性氨基酸、植物提取物等都会对包括脂肪沉积在内的各项肉质性状产生影响。研究表明，调整日粮中营养物质的组成可促进MSC 分化为肌内前体脂肪细胞，调节肌内脂肪细胞的增殖分化，增加肌内脂肪细胞中脂肪的累积（Du et al.，2013；Tous et al.，2014）。

（一）营养水平

饲料中的能量、蛋白质水平直接影响牛肉营养与品质。饲料中含有的较高水平的蛋白质会促进体蛋白质的沉积，减少体脂肪和肌内脂肪比例，而高能量饲料会促进脂肪沉积（Ebara et al.，2013；徐欣等，2020）。饲粮营养摄入水平直接决定了肉牛生产性能的发挥。提高日粮能量水平可增加肌内脂肪沉积，提高肌肉系水力以及改善肌内脂肪酸组成（Peng et al.，2012；Wang et al.，2019；Zhang et al.，2019）。Gunter 等（1996）发现，饲喂高精粗比日粮的肉牛具有更好的大理石纹等级，且随着日粮中精料比例的增加大理石纹等级评分逐渐递增。在总可消化养分相同的情况下，饲喂高精料日粮可以显著提高肌内脂肪沉积 38.4%（Yamada and Nakanishi，2012）。

日粮能量和蛋白质水平也可以影响肉牛肌肉脂肪酸组成。李晓蒙等（2015）发现，随着日粮能量和蛋白质水平的提高，背最长肌饱和脂肪酸含量下降，而单不饱和脂肪酸和多不饱和脂肪酸含量提高。Uemoto 等（2020）发现，适当提高日粮能量水平可降低牛肉中饱和脂肪酸含量并增加功能性氨基酸的比例，提高饲粮中蛋白质水平有利于牛肉中蛋白质沉积，但对脂肪沉积会有负面影响。Latimori 等（2008）研究发现，补充 1.0%的破碎玉米组肉牛的背最长肌中不饱和脂肪酸含量显著高于补充 0.7%破碎玉米组。不同的蛋白质源饲料对牛肉品质也会产生影响，夏志军等（2020）发现，与菜粕蛋白和豆粕蛋白相比，紫苏饼蛋白可以促进牛肉肌内脂肪的沉积。但不同氨基酸对肉牛肌内脂肪沉积的调控作用还有待更深入的研究。日粮氨基酸的平衡状况对肉质也有影响，高岩等（2016）发现，在荷斯坦公牛日粮中添加过瘤胃赖氨酸和蛋氨酸，可以提高牛肉中的氨基酸含量，改善肉质。

（二）日粮类型

饲料的组成、粗饲料的种类等都对牛肉品质有直接影响。高精料育肥时牛肉中肌内脂肪的比例会显著增加（Schoonmaker et al.，2002）。French 等（2000a，2000b）研究发现，与放牧采食牧草的牛相比，舍饲谷物育肥牛的牛肉色泽更加鲜红，肌间脂肪含量更高，牛肉蒸煮损失更低，但饲喂牧草的阉牛肌内多不饱和脂肪酸的含量更高，随着日粮中精料比例的增加牛肉的饱和脂肪酸含量线性增加。饲喂青草和牧草会使牛肉的氧化稳定性下降，对牛肉的肉色和嫩度产生不利影响（Cozzi et al.，2016）。Nuernberg 等（2005）也报道了类似的研究结果，饲喂牧草的肉牛肌肉中总多不饱和脂肪酸的含量高于饲喂精料的肉牛，但总饱和脂肪酸含量相近。

在相同营养水平下，粗饲料类型的差异也会影响肉牛肌内脂肪沉积，饲喂苜蓿干草组的肌肉大理石纹评分显著高于麦秸组和花生秧组（刘华等，2020）。用秸秆颗粒（50%玉米秸秆+50%苜蓿干草）替代全株玉米青贮饲料饲喂肉牛可提高背最长肌肌内脂肪含量（左志等，2021）。谷物类型及加工处理方式会影响肌内脂肪含量，相较于薏米和高粱，玉米经反刍动物小肠消化吸收会产生更多的葡萄糖促进肌内脂肪的形成。与普通碾碎加工方式相比，蒸汽压片处理促进玉米等谷物在瘤胃和小肠中吸收，进而促进了肌内脂肪的沉积。Tao 等（2020）研究发现，日粮纤维对牛肉中的风味氨基酸和脂肪酸的组成也有一定影响，日粮中添加苎麻可改善牛肉中风味氨基酸和脂肪酸的组成。

（三）矿物质

肉牛生长发育过程中虽然对矿物质的需求量较少，但研究发现添加适宜比例的微量元素可有效改善牛肉品质，如在肉牛饲粮中额外添加不同形式的铜均可提高牛肉中不饱和脂肪酸的含量，降低饱和脂肪酸的比例（Correa et al.，2014）。研究表明，屠宰前给牛饲喂高水平的钙（Whipple and Koohmaraie，1993）或宰前灌服丙酸钙（Duckett et al.，1993）都能改善宰后的牛肉嫩度。硒是谷胱甘肽过氧化物酶等硒依赖酶发挥作用所必需的，Šimek 等（2002）发现，在牛的日粮中补充硒 30 天可以显著降低真空包装的牛肉贮存过程中的滴水损失。补充铬可降低应激牛血清中的皮质醇水平、提高血液免疫球蛋白水平，使动物变得安定，降低动物在运输和屠宰场的应激，以减少对肉质的不良影响（Yang et al.，2019）。

（四）脂肪酸与葡萄糖

脂肪摄入、合成及降解之间的平衡影响肌内脂肪的沉积，其中甘油三酯的合成是关键因素。用于合成甘油三酯的脂肪酸主要源于从头合成及日粮中摄入的脂肪酸。因此，日粮中脂肪酸种类与含量对牛肉中脂肪酸的形成与组成具有显著的影响，也会影响肌内脂肪的沉积（Mwang et al.，2019）。甘油三酯合成中所需的甘油主要来源于葡萄糖，葡萄糖的摄入量对肉牛肌内脂肪的沉积具有重要影响，肌内脂肪组织合成脂肪酸时对底物的利用方式与皮下脂肪有所不同，葡萄糖能比乙酸提供更多的乙酰基给肌内脂肪组织以合成更多的脂肪酸，从而达到促进肌内脂肪沉积的目的（Rhoades et al.，2007；Smith et al.，2018）。增加葡萄糖供给对促进肌内脂肪的沉积有重要作用。Jeong 等（2022）和 Gotoh 等（2018）发现，瘤胃发酵产生的乙酸更倾向于增加皮下脂肪沉积，而丙酸则会影响肌内脂肪的沉积。增加过瘤胃淀粉在小肠的消化和吸收，既可实现饲粮中淀粉的充分利用，又可增加葡萄糖的供应（Moharrery et al.，2014；Brake and Swanson，2018）。

日粮所含的油脂约 90%以脂肪酸形式进入十二指肠消化吸收，添加乳化剂如胆汁酸等可以促进脂肪消化和吸收，提高高能量油脂饲料的消化利用率，促进肌内脂肪的沉积（Irie et al.，2011）。因此，在肉牛育肥期增加日粮中的淀粉比例或增加葡萄糖合成所需的丙酸盐有利于促进肌内脂肪沉积。共轭亚油酸是必需脂肪酸中亚油酸的衍生物，在肉牛日粮中添加的共轭亚油酸可通过增加肌内脂肪中脂蛋白脂肪酶和脂肪酸合成酶等酶的活性，下调皮下脂肪中肉碱棕榈酰转移酶的活性，在促进肌内脂肪沉积的同时降低皮下脂肪的沉积，提高牛肉品质（Zhang et al.，2016）。共轭亚油酸对提高肉牛的大理石纹评分和牛肉嫩度也具有积极作用（Rowe et al.，2009）。

（五）维生素

维生素作为维持机体健康所必需的有机化合物，在调节肌内脂肪沉积的过程中发挥着重要的作用，目前的研究主要集中在维生素 A、维生素 C、维生素 D、维生素 E 上，对 B 族维生素的研究很少。

维生素 A 对肉牛脂肪代谢的影响研究较多，大部分研究结果表明其在低剂量时呈现促进肌内脂肪沉积的作用，而在高剂量时呈现抑制肌内脂肪沉积的作用。Naruse 等（1994）对日本黑毛和牛进行的调查表明，维生素 A 与牛肉的大理石纹等级呈显著线性负相关关系。Oka 等（1998a，1998b）发现，降低日粮中维生素 A 的含量会使小于 21 月龄的日本黑毛和牛牛肉的大理石纹等级显著提高，但对 21 月龄以后的肉牛没有显著作用。增加日粮中维生素 A 的含量可使成年肉牛肌内脂肪含量降低，体外培养牛前体脂肪细胞研究表明，主要是由于其降低甘油-3-磷酸脱氢酶的活性，从而抑制了肌内脂肪的沉积。但也有研究发现，在 12 月龄阉牛日粮中添加维生素 A 能提高背最长肌和臀中肌的肌内脂肪含量，改善牛肉品质。维生素 A 调控肉牛肌内脂肪沉积的效果还受肉牛品种的影响。β-胡萝卜素是维生素 A 的重要前体，在大多数情况下是肉牛体内维生素 A 的主要来源。β-胡萝卜素在牛体内主要沉积于脂肪组织中，会使体脂变黄（Yang et al.，1992）。研究表明，β-胡萝卜素还对不同部位的脂肪代谢具有差异性调控作用（毕宇霖等，2014；Jin et al.，2017）。因此，维生素 A 对不同时期以及不同品种肉牛肌内脂肪沉积的调控效果不同，在生产中需要根据肉牛的生长发育阶段和品种调整维生素 A 或β-胡萝卜素的摄入量，以促进肌内脂肪的沉积。

增加肌肉中维生素 C 的浓度可增加牛肉色泽的稳定性，减少滴水损失（Clayton，2001），但通过在饲料中添加维生素 C 提高肌肉中维生素 C 的难度极大。维生素 C 对脂肪细胞的成脂过程也具有调控作用，可促进前脂肪细胞的生长和分化，但是维生素 C 极易在瘤胃中降解，使用时需要包被处理。Smith 等（2009）、Pogge 和 Hansen（2013）发现，日粮中添加维生素 C 可显著提高日本和牛的大理石纹评分和胴体肌内脂肪含量。宰前给阉牛补充维生素 D_3 能显著改善宰后牛肉的嫩度，延长货架时间（Montgomery et al.，2002）。维生素 E 对牛肉品质的影响已得到广泛证实，它能在多个方面改善牛肉的品质。维生素 E 改善牛肉品质中的关键作用是作为有效的脂溶性抗氧化剂，增加牛肉色泽的稳定性，减少脂肪氧化，降低滴水损失（Liu et al.，1996）。日粮中添加维生素 E 对牛肉 pH 值和嫩度也有一定的影响。Bloomberg 等（2011）发现，给屠宰前的肉牛补充维生素 E 可以有效地改善肉色，延长零售货架期和减少脂质氧化。

（六）其他功能性营养物质

很多功能性营养物质也可有效改善牛肉品质，如烟酸、植物提取物、酵母等。许兰娇等（2016）研究表明，添加大豆素能够影响湘中黑牛育肥牛的脂类代谢，促进肌肉脂肪沉积，改善牛肉的大理石纹和品质。烟酸可通过上调脂肪细胞分化、脂肪形成和脂糖代谢相关基因的表达，提高牛肌肉肌内脂肪含量并改善肉色（Yang et al.，2016，2019）。Ornaghi 等（2020）发现，在肉牛饲粮中添加天然复合植物提取物可显著提高育肥牛的牛肉嫩度，而对其他肉品质指标无负面影响。刘立山等（2016）研究表明，在日粮中添加牛至精油可以改善肉色和牛肉嫩度，减少蒸煮损失。Ornaghi 等（2020）在肉牛饲粮中添加天然复合植物提取物，显著提高了育肥牛的牛肉嫩度。日粮中添加丁香精油和肉桂精油可在不改变牛肉感官的情况下降低其脂质氧化，延长货架期（Torrecilhas et al.，2020）。此外，高温应激会导致肉牛肌纤维损伤，肌内脂肪沉积下降，从而导致肉品质变差，而日粮中添加葛根素可通过调节热环境下的脂质代谢，改变肌肉抗氧化能力和纤维特性，从而改善热应激肉牛的肉品质（Li et al.，2021）。与之类似，日粮中添加 0.2% 金银花提取物也可促进热应激肉牛骨骼肌纤维结构损伤的修复（宋小珍等，2015）。

关于肉牛肌内脂肪沉积与肉品质的关系、肉牛脂肪组织发育、营养对肉牛肌内脂肪沉积的调控等相关研究已取得较大的进展。但是由于反刍动物特有的消化系统以及肌内脂肪沉积调控网络的复杂性，很多调控肉牛肌内脂肪沉积的营养因素研究变得较困难，需要从多方面探究影响肉牛肌内脂肪沉积的因素，为通过营养调控改善牛肉品质提供科学有效的指导措施。

参考文献

毕宇霖, 万发春, 姜淑贞, 等. 2014. β-胡萝卜素对肉牛生产性能、抗氧化功能、血液生理指标和肉品质的影响. 动物营养学报, 26(5): 1214-1220.

边连全, 王瑞年, 张勇刚, 等. 2010. 日粮中添加不同硒源对生长肥育猪肉品质的影响. 沈阳农业大学学报, 41(6): 690-694.

边连全, 张冬梅, 安磊旭, 等. 2009. 肉碱与甜菜碱对育肥猪胴体、肉品质及肝脏营养成分的影响. 中国饲料, (4): 28-30, 36.

蔡传江, 车向荣, 赵克斌, 等. 2010b. 亚麻油对育肥猪生产性能及猪肉脂肪酸组成的影响. 中国畜牧杂志, 46(9): 46-48.

蔡传江, 王立贤, 赵克斌, 等. 2010a. 降低日粮赖氨酸净能比对育肥猪生产性能及肉品质的影响. 动物营养学报, 22(4): 856-862.

蔡海莹. 2006. 茶多酚和维生素 E 对肥育猪生产性能及其肉品质的影响. 安徽农业大学硕士学位论文.

蔡海莹, 郑桂红, 迟淑艳, 等. 2003. 槭树汁和维生素 C 对猪肉货架期肉质参数的影响. 食品科技, 28(S1): 184-186.
曹芝. 2012. 内蒙古不同杂交品种肉牛生产性状比较研究. 内蒙古农业大学硕士学位论文.
柴毛毛. 2019. 日粮中添加苹果粕对育肥猪生长性能、肉品质及肠道健康的影响. 西北农林科技大学硕士学位论文.
晁娅梅, 陈代文, 余冰, 等. 2016. 茶多酚对育肥猪生长性能、抗氧化能力、胴体品质和肉品质的影响. 动物营养学报, 28(12): 3996-4005.
陈代文, 李绍钦, 张克英, 等. 2006. 饲粮短期高剂量添加天冬氨酸镁对猪肉品质的影响. 动物营养学报, (4): 272-277.
陈代文, 张克英, 罗献梅, 等. 2002. 有机铬添加剂对猪生产性能和肉质的影响. 四川农业大学学报, 20(1): 49-52.
陈佳, 程曙光. 2009. 镁对畜禽肉品质影响的研究进展. 饲料博览, (5): 32-34.
陈娟. 2011. 钙和维生素 D 对肉仔鸡生长性能、屠宰性能和肉品质的影响. 东北农业大学硕士学位论文.
陈明, 李明谕, 任善茂, 等. 2019. 茶多酚对苏姜育肥猪生长性能及肉品质的影响. 黑龙江畜牧兽医, (24): 114-117.
陈宁波. 2013. 有机微量元素对生长猪的应用研究进展//山东畜牧兽医学会禽病学专业委员会第三届禽病学术研讨会论文集. 潍坊: 180-182.
陈清华. 2008. 牛膝多糖对猪的营养效应和免疫调控机理研究. 湖南农业大学博士学位论文.
陈伟, 林映才, 马现永, 等. 2014. 饲粮异黄酮添加水平对肥育猪抗氧化、生长及屠体性能的影响. 动物营养学报, 26(2): 437-444.
陈禹, 黎伟, 王昊, 等. 2011. 饲喂茶多酚与维生素 E 对猪肉品质的影响. 现代畜牧兽医, (7): 42-44.
陈政宽, 张俊玲, 田耀耀, 等. 2017. 胍基乙酸对育肥猪胴体性状和肉品质的影响. 饲料博览, (12): 18-21.
程皇座. 2019. 两种益生菌制剂对育肥猪生产性能和肉品质的影响. 东北农业大学硕士学位论文.
程思, 胡卫国, 殷红, 等. 2006. 矿物质饲料添加剂对猪肉品质的影响. 云南农业大学学报, 21(3): 341-345.
程忠刚, 林映才, 陈建新, 等. 2002. 大豆素 100 对肥育猪生产性能、胴体品质和肉质的影响. 动物科学与动物医学, 19(8): 10-13.
从光雷, 王强, 肖蕴祺, 等. 2020. 饲粮添加橡椀单宁对肉鸡生长性能、屠宰性能、肉品质、抗氧化功能和肠道发育的影响. 动物营养学报, 32(12): 5948-5957.
从佳惠. 2017. 日粮添加肌肽对肉鸡生长和肉质的影响及其作用机理探讨. 南京农业大学硕士学位论文.
从玉艳, 张建勋. 2005. 维生素营养调控肉品质的研究进展. 饲料工业, 26(5): 26-28.
戴晋军, 谭斌, 李彪. 2011a. 酵母硒和维生素 E 对育肥猪肉色肉质的影响. 饲料研究, (10): 47-48.
戴晋军, 周小辉, 谭斌. 2011b. 酵母硒和维生素 E 对肥育猪肉质的影响. 养猪, (1): 43-44.
董冠. 2012. 甜菜碱对生长肥育猪生产性能及血清指标影响的研究. 山东农业大学硕士学位论文.
杜建, 陈代文, 余冰, 等. 2018. β-葡聚糖对生长育肥猪生长性能、胴体性能和肉品质的影响. 动物营养学报, 30(9): 3634-3642.
段平男, 杨婷, 陈佳亿, 等. 2021. 白藜芦醇对生长肥育期宁乡猪肉品质的影响. 动物营养学报, 33(8): 4364-4372.
封飞飞, 方伟 王淑楠, 等. 2017. 茶树油对育肥猪生长性能、器官指数、胴体性状和肉品质的影响. 动物营养学报, 29(10): 3620-3626.
冯杰. 1996. 甜菜碱对肥育猪生长性能, 胴体组成和肉质影响及其作用机理的探讨. 浙江农业大学硕士学位论文.
冯猛, 冯京海. 2008. 低聚原花色素对高温环境下肉鸡抗氧化酶及胸肌品质的影响. 中国畜牧兽医, 35(2): 5-8.

冯仁勇, 周小秋. 2005. L-肉碱在动物营养中的应用研究进展. 饲料工业, 26(10): 13-16.
付宇, 戴东, 马友彪, 等. 2018. 饲粮钠水平对肉仔鸡生长性能、血液学指标和胫骨发育的影响. 动物营养学报, 30(11): 4416-4424.
高树朋, 程茂基. 2015. 共轭亚油酸对生长育肥猪胴体品质的影响. 饲料广角, (13): 46-47.
高岩, 吴健豪, 曲永利, 等. 2016. 饲粮中添加过瘤胃蛋氨酸、过瘤胃赖氨酸对荷斯坦奶公牛肉用生产性能和肉品质的影响. 动物营养学报, 28(9): 2936-2942.
苟钟勇. 2017. 饲粮磷水平对肉鸡肉质和脂质代谢的影响. 广东饲料, 26(6): 52.
谷琳琳, 姜海龙, 张海全, 等. 2013. 宰前添加镁对猪肉品质及其抗氧化机能的影响. 饲料工业, 34(10): 15-19.
郭建凤, 刘雪萍, 王彦平, 等. 2016. 不同粗纤维水平饲粮对鲁烟白猪肥育性能及胴体肉品质的影响. 养猪, (2): 10-13.
郭丽, 王安, 张淑云, 等. 2011. 钙源对肉仔鸡生长性能、屠宰性能及肉品质的影响. 东北农业大学学报, 42(3): 13-18.
郭丽. 2011. 钙源及水平对肉仔鸡生长性能及肉品质的影响. 东北农业大学硕士学位论文.
郭利, 陈显峰, 王昊. 2013. 肥育猪生长后期饲喂茶多酚和维生素 E 对猪肉脂质品质的影响. 饲料工业, 34(13): 26-28.
郭晓宇, 闫素梅, 韩俊英, 等. 2020. 饲粮维生素 A 水平对肉鸡屠宰性能及肉品质的影响. 饲料研究, 43(5): 32-35.
韩进诚, 瞿红侠, 姚军虎, 等. 2011. 1α-羟基维生素 D_3 和植酸酶对 22～42 日龄肉鸡生长性能、胫骨发育和肉品质的影响. 动物营养学报, 23(1): 102-111.
郝壮, 刘凤华, 李祯, 等. 2020. 育肥猪饲粮中枸芪多糖替代抗生素效果的评估. 动物营养学报, 32(1): 423-431.
何海文, 张枫琳, 宋敏, 等. 2020. 中链脂肪酸对动物肠道健康的调控作用研究进展. 中国饲料, (13): 21-23, 28.
何宏超, 李彪. 2010. 不同硒源对肥育猪生产性能及肉品质的影响. 饲料研究, (12): 27-28, 35.
何珍. 2019. 不同水平硒代甲硫氨酸羟基类似物对黄羽肉鸡肉品质及硒沉积的影响. 四川农业大学硕士学位论文.
侯海锋, 刘彦慈, 马可为, 等. 2016. 水解单宁酸对肉仔鸡生产性能、屠宰性能及肉品质的影响. 今日畜牧兽医, (2): 51-53.
胡诚军, 张婷, 李华伟, 等. 2017. 饲粮添加亮氨酸和谷氨酸对肥育猪生长性能、胴体性状和肉品质的影响. 动物营养学报, 29(2): 590-596.
胡诚军. 2017. 饲粮添加精氨酸和谷氨酸对肥育猪肉品质的影响及机制研究. 华南农业大学硕士学位论文.
胡孟. 2018. L-组氨酸和β-丙氨酸对肉仔鸡生产性能、肉品质及肌源活性肽的影响. 中国农业科学院硕士学位论文.
黄金秀, 齐仁立, 杨飞云, 等. 2014. 饲粮添加共轭亚油酸对猪生长性能、血清生化指标和激素水平的影响. 中国畜牧杂志, 50(3): 56-59.
黄伟杰, 何若钢, 刘丁健, 等. 2011. 猪肉品质及营养对肉质影响的研究进展//广西畜牧兽医学会养猪学分会 2010 年年会暨学术报告会论文集. 南宁: 60-64.
黄正洋, 李春苗, 王钱保, 等. 2021a. 饲粮纤维水平对苏禽 3 号肉种鸡生产性能、肉品质、蛋品质及血清生化指标的影响. 中国家禽, 43(10): 48-53.
黄正洋, 王钱保, 李春苗, 等. 2021b. 日粮添加酵母硒及维生素 E 对苏禽 3 号肉鸡肉品质和抗氧化能力的影响. 中国家禽, 43(3): 35-41.
黄志坚, 林藩平. 2002. 酵母铬制剂对猪血液生理生化指标和肉品质的影响. 福建农林大学学报(自然科学版), 31(2): 244-247.
江阳, 杨硕, 金晓, 等. 2021. 艾蒿黄酮对肉仔鸡生长性能和肉品质的影响. 饲料研究, 44(6): 54-57.

江勇, 吕林, 解竞静, 等. 2013. 日粮磷水平对22～42日龄肉仔鸡胴体性能及肌肉品质的影响. 中国畜牧兽医, 40(11): 67-70.
姜海龙, 谷琳琳, 王鹏, 等. 2015. 镁的生物学功能及其对肉品质影响的研究进展. 中国畜牧兽医, 42(2): 395-400.
蒋德旗, 农石蓉, 蒙誉菊, 等. 2014. 维生素E对猪肉肌内脂肪和肌纤维直径影响的meta-分析. 食品工业科技, 35(16): 125-128.
蒋守群. 2007. 大豆异黄酮对岭南黄羽肉鸡生产性能、肉品质的影响和抗氧化作用机制研究. 浙江大学博士学位论文.
寇涛. 2015. 日粮中添加二甲基甘氨酸钠对肉鸡生产性能、肉品质及抗氧化功能影响的研究. 南京农业大学硕士学位论文.
郎婧, 石宝明, 张宏宇, 等. 2010. 亚麻籽中n-3多不饱和脂肪酸对猪肌体脂肪酸组成和肉品质的影响. 中国饲料, (8): 9-12.
李冲, 方鸣, 魏彩霞, 等. 2021. 蝉花菌丝体和植物提取物对雁荡麻鸡生产性能和肌肉品质的影响. 中国家禽, 43(2): 50-54.
李丹, 谨文广, Batonon-Alavo D I. 2019. 调整蛋氨酸来源和水平来改善猪的肉质性状. 国外畜牧学(猪与禽), 39(10): 56-58.
李欢欢, 史莹华, 张晓霞, 等. 2018. 不同亚麻酸水平及饲料组成对育肥猪生长性能和肉品质的影响. 草业学报, 27(3): 98-107.
李蛟龙. 2015. 一水肌酸和胍基乙酸对育肥猪肉质的影响及其作用机制研究. 南京农业大学博士学位论文.
李黎云. 2013. 日粮添加阿魏酸与维生素E对育肥猪肉品质和抗氧化性能的影响. 南京农业大学硕士学位论文.
李明元, 徐坤, 马嫄. 2007. 饲粮添加茶多酚对猪生产性能和肉质的影响. 西南大学学报(自然科学版), 29(8): 89-91.
李绍华, 刘大建, 郭削锋, 等. 2002. 肥育猪饲粮中添加维生素E对猪肉品质的影响. 养猪, (3): 18-19.
李苏新, 许宗运. 2008. 有机硒与维生素E对肥育猪生产性能和肉质的影响. 湖北农业科学, 47(1): 77-79.
李伟跃. 2010. 饲料营养素对畜产品品质的调控. 中国畜牧兽医, 37(8): 237-240.
李贤, 李敬双, 于洋. 2021. 洋葱槲皮素对肉鸡肉品质、血液生化及免疫功能的影响. 饲料研究, 44(6): 45-49.
李晓蒙, 李秋凤, 曹玉凤, 等. 2015. 日粮能量和蛋白质水平对荷斯坦公牛肉品质的影响. 中国畜牧杂志, 51(19): 38-43.
李燕舞, 石英, 庞纪彩. 2019. L-精氨酸对肥育猪生长性能、营养物质消化率、气体排放和肉质的影响. 中国饲料, (18): 76-79.
李宗凯, 陆扬, 刘家俊, 等. 2020. 益生菌对生长育肥猪生长性能、肉品质和结肠菌群的影响. 南京农业大学学报, 43(3): 523-528.
梁龙华, 何若钢, 陈颋, 等. 2015. 蛋氨酸铬与其他有机铬对肥育猪生长性能影响的比较研究. 饲料研究, (14): 45-47.
林长光. 2013. 硒对猪生产与保健的影响及富硒猪肉生产关键技术研究. 福建农林大学博士学位论文.
林映才, 蒋宗勇, 杨晓建, 等. 2002. 维生素A水平对生长猪生产性能、肝脏维生素A含量和血清免疫参数的影响. 动物营养学报, 14(3): 45-50.
刘海民, 张旭东, 马丽. 2019. 维生素C和氯化钾对夏季高温条件下肉鸡生长性能和血液生化指标的影响. 中国饲料, (10): 64-67.
刘华, 牛岩, 肖俊楠, 等. 2020. 不同粗饲料与全株玉米青贮组合对肉牛生长性能、血清生化指标、血清和组织抗氧化指标及肉品质的影响. 动物营养学报, 32(5): 2417-2426.
刘金阳. 2014. 饲粮中添加益生菌对苏淮猪生长性能、胃肠道 pH 和肉品质的影响. 安徽农业大学硕士学位论文.
刘立山, 刘婷, 石磊, 等. 2016. 日粮中添加牛至精油改善牛肉熟化过程中的肉品质. 食品工业科技, 37(5): 334-337, 342.
刘敏燕. 2018. 日粮维生素 E 水平对广西三黄鸡肉质及相关基因表达的影响. 广西大学硕士学位论文.
刘倩倩, 张廷荣. 2015. 共轭亚油酸对猪体作用的研究进展. 猪业科学, 32(2): 78-79.
刘升军, 呙于明. 2001. 日粮蛋氨酸及赖氨酸水平对雌性肉仔鸡胴体组成的影响. 中国畜牧杂志, 37(2): 5-8.
刘卫东, 王章存. 2006. 大豆黄酮和半胱胺对生长肥育猪生长性能的影响. 中国饲料, (3): 15-16.
刘旭升. 2015. 绿茶粉对白羽肉鸡血清生化指标及其肉品质的影响. 安徽农业大学硕士学位论文.
刘燕. 2019. 饲料中添加紫花苜蓿多糖对育肥猪生长性能和胴体品质的影响. 中国饲料, (1): 12-15.
刘洋. 2015. 胍基乙酸和甜菜碱对育肥猪肉质和机体代谢的影响. 南京农业大学硕士学位论文.
刘永亮. 2021. 妊娠期母猪维生素 D_3 水平对子代生长性能及其肉品质影响的研究. 河南科技学院硕士学位论文.
刘勇强. 2019. 1～18 日龄中速型黄羽肉鸡对赖氨酸和其它必需氨基酸需要量的研究. 湖南农业大学硕士学位论文.
刘志强, 谭碧娥, 汤文杰, 等. 2008. 日粮不同蛋白质水平对三元肥育猪生产性能和胴体品质的影响. 动物营养学报, 20(6): 611-616.
刘祝英, 王小龙, 秦茂, 等. 2021. 复合多糖对育肥猪生长性能和胴体品质的影响. 猪业科学, 38(4): 32-35.
龙次民. 2015. 灰毡毛忍冬藤叶及绿原酸对肥育猪肉品质的影响. 湖南农业大学硕士学位论文.
卢亚飞. 2018. 饲粮中添加胍基乙酸对肥育猪生长性能、胴体性状及肉品质的影响. 江西农业大学硕士学位论文.
罗文有, 边连全, 刘显军, 等. 2013. 酵母硒对肥育猪肉品质及抗氧化能力的影响. 饲料研究, (3): 1-3.
罗燕红, 张鑫, 覃春富, 等. 2017. 饲粮异亮氨酸水平对肥育猪生长性能、胴体性状和肉品质的影响. 动物营养学报, 29(6): 1884-1894.
马现永, 蒋宗勇, 林映才, 等. 2009. 钙和维生素 D_3 对黄羽肉鸡肌肉嫩度的影响及机理. 动物营养学报, 21(3): 356-362.
马玉龙, 田斌, 赵宏斌, 等. 2000. 羧酸吡啶铬对肥育猪胴体组成及肉质的影响. 饲料工业, 21(10): 13-14.
孟祥宇. 2018. 复合益生菌制剂对猪生产性能和免疫功能以及肉品质的影响. 东北农业大学硕士学位论文.
牛小伟. 2019. 松柏提取物对肉鸡生产性能和肉品质的影响. 河南工业大学硕士学位论文.
农秋雲. 2021. 日粮 PUFA 组成对黑盖猪生长性能、肉品质、肠道菌群及其代谢物的影响. 浙江大学硕士学位论文.
潘宝海, 孙冬岩, 田耀耀, 等. 2016. 胍基乙酸对育肥猪生长性能、胴体品质及肉品质的影响. 中国畜牧杂志, 52(19): 38-41.
彭涵, 陈家磊, 熊霞, 等. 2019. 饲粮纤维水平对大恒优质肉鸡生产性能、屠宰性能和肉品质的影响. 中国家禽, 41(14): 39-43.
乔建国. 2004. 使用赖氨酸强化低蛋白日粮对肥育猪生产性能和胴体组成的影响. 福建畜牧兽医, 26(3): 20-21.
饶盛达. 2015. 不同维生素组合和饲养密度对肉鸡生产性能、健康和肉品质的影响研究. 四川农业大学硕士学位论文.
任延铭, 杨海容, 王安. 2009. 镁对肥猪运输和屠宰应激及肉品质的影响. 动物营养学报, 21(1): 19-24.

单琪涵, 吴学壮, 张迅, 等. 2020. 植物精油对肉猪生长性能及肉品质的影响. 安徽科技学院学报, 34(1): 16-20.
施寿荣, 梁明振, 刘勇强, 等. 2021. 赖氨酸和其他必需氨基酸对 1～18 日龄中速型黄羽肉鸡屠宰性能、肉品质和屠体外观的影响. 动物营养学报, 33(3): 1372-1385.
石新辉, 边连全, 王娜. 2005. 肥育后期添加维生素 E、吡啶羧酸铬对肥育猪肉品品质的影响. 畜牧兽医杂志, 24(6): 1-4.
史东辉, 陈俊锋, 任忠奎, 等. 2013. 唇形科植物提取物对肉鸡生长性能、屠宰性能和肉品质的影响研究. 中国家禽, 35(16): 33-37.
史焕, 张莹, 孙景童, 等. 2014. 日粮中限制赖氨酸水平对育肥猪肉品质的影响. 黑龙江畜牧兽医(下半月), (2): 29-31.
史清河. 2000. 饲粮调控对猪胴体脂肪酸的组成改善及氧化稳定性的增强效应. 动物营养学报, (4): 1-7, 22.
宋小珍, 符运斌, 黄涛, 等. 2015. 金银花提取物对高温条件下肉牛抗氧化指标和骨骼肌肌纤维结构的影响. 动物营养学报, 27(11): 3534-3540.
宋志芳, 曹洪战, 芦春莲. 2016. 铬对猪肉肉质影响的研究进展. 饲料博览, (8): 30-32.
苏展. 2012. 共轭亚油酸对生长育肥猪肉质和肌纤维类型的影响. 西南大学硕士学位论文.
孙建广, 张石蕊, 谯仕彦, 等. 2010. 发酵乳酸杆菌对生长肥育猪生长性能和肉品质的影响. 动物营养学报, 22(1): 132-138.
孙强东, 朱爱民. 2020. 低蛋白小麦型日粮对肉鸡生产性能和氨基酸代谢的影响. 中国饲料, (22): 17-20.
孙巍, 贾禄, 孙会, 等. 2010. 不同钙水平日粮对鹅肉品质的影响. 饲料工业, 31(9): 16-18.
孙志伟. 2019. 大豆黄酮对生长肥育猪生长性能、胴体性状和肉品质的影响. 四川农业大学硕士学位论文.
谈婷. 2021. 饲粮中添加木质纤维素对肉鸭生长和屠宰性能以及免疫和抗氧化能力的影响. 扬州大学硕士学位论文.
唐仁勇, 陈代文, 张克英, 等. 2008. 宰前短期添加天冬氨酸镁和维生素 D_3 对育肥猪肉品质及 *μ-Calpain* 与 *Calpastatin* 基因表达的影响. 中国畜牧杂志, 44(5): 28-32.
唐伟, 黄祥元. 2020. 蛋氨酸铬对肥育猪生长性能、胴体组成及肉色的影响. 中国饲料, (20): 45-48.
田莹, 刘显军, 边连全, 等. 2014. 肌肽与维生素 E 对育肥猪肉品质和抗氧化性能的影响. 动物营养学报, 26(12): 3723-3730.
万发春, 张幸开, 张丽萍, 等. 2004. 牛肉品质评定的主要指标. 中国畜牧兽医, 31(12): 17-19.
王寒凝, 祁智, 李雪玲, 等. 2020. 肌内脂肪沉积的营养调控与分子机制. 动物营养学报, 32(7): 2947-2958.
王吉, 王湘林, 肖海思, 等. 2022. 单宁的生物活性及其在畜禽生产中的应用. 中国农业大学学报, 27(4): 164-178.
王建华, 戈新, 张宝珣, 等. 2011. 茶多酚复合添加剂对肉猪肥育性能、胴体性状和肌肉品质的影响. 畜牧与兽医, 43(1): 46-48.
王剑. 2011. 不同钙水平日粮对鹅肌肉嫩度及 μ-calpain mRNA 表达量的影响. 吉林农业大学硕士学位论文.
王娟娟, 闵育娜, 刘瑞芳, 等. 2019. 硒和维生素 E 对氧化应激肉鸡生长性能和肉品质的影响. 中国家禽, 41(19): 28-34.
王琨, 昝林森. 2018. 不同肉牛品种杂种后代饲喂全混合日粮(TMR)育肥效果对比试验. 中国牛业科学, 44(5): 8-11.
王莉梅, 王德宝, 王晓冬, 等. 2019. 纯种日本和牛与西门塔尔杂交牛与西门塔尔牛肉品质对比分析. 中国牛业科学, 45(5): 17-20, 57.
王立强, 周伟良, 孙雅红. 2014. 影响猪肉品质的因素及改进方法. 猪业科学, 31(7): 124-125.
王琪, 齐仁立, 王敬, 等. 2017. 从胚胎期到育肥期饲粮添加共轭亚油酸对猪肉品质、脏器指数及脂肪酸组成的影响. 中国畜牧杂志, 53(2): 79-84.
王强. 2017. 盐酸吡格列酮与维生素 E 或蛋氨酸铬联用对猪肉品质的影响. 华南农业大学硕士学位论文.
王述浩. 2016. 万寿菊提取物对肉鸡着色、肉质、抗氧化和免疫的影响. 南京农业大学硕士学位论文.
王一冰, 张盛, 陈志龙, 等. 2022. 维生素 D_3 对黄羽肉种鸡生殖性状及其后代肉鸡生长性能、免疫器官发育、胫骨性状和肉品质的影响. 动物营养学报, 34(3): 1533-1546.
王永侠, 茅慧玲, 占秀安. 2015. 不同构型硒代蛋氨酸对肉鸡的作用效果. 动物营养学报, 27(12): 3861-3870.
王宇波, 许豆豆, 何鑫, 等. 2019. 低蛋白饲粮缬氨酸水平对肥育猪生长性能、胴体性状和肉品质的影响. 畜牧兽医学报, 50(9): 1832-1840.
王钰明, 曾祥芳, 谯仕彦. 2018. 猪低蛋白质日粮的研究与应用现状及展望. 中国畜牧杂志, 54(11): 1-4.
王育伟, 李廷见, 张晓晖, 等. 2018. 性别与部位对平武红鸡肉质成分的影响. 江苏农业科学, 46(22): 179-182.
王煜琦, 唐敏, 于光辉, 等. 2020. 半胱胺螯合锌对育肥猪生长性能、养分表观消化率、胴体性状及肉品质的影响. 动物营养学报, 32(1): 120-128.
王召林. 2015. 不同水平、不同来源粗饲料对辽宁黑猪生长性能、屠宰性能及肉品质的影响. 河北农业大学硕士学位论文.
王中华, 黄修奇, 边连全, 等. 2009. 甜菜碱对育肥猪生长性能、胴体品质和肉质的影响: 肉碱与甜菜碱对育肥猪胴体、肉品质及肝脏营养成分的影响. 中国饲料, (4): 28-30, 36.
王作强. 1998. 影响猪胴体品质的一些饲料因素. 国外畜牧学(猪与禽), 18(4): 6-47.
魏玉娇, 罗永根, 付永生, 等. 2022. 植物精油配合蜂胶提取物对白羽肉鸡生长性能、屠宰性能及肉品质的影响. 饲料研究, 45(4): 48-51.
文敏, 贾刚, 李霞, 等. 2010. 银耳多糖对生长肥育猪生产性能、免疫功能及肉质的影响. 动物营养学报, 22(6): 1644-1649.
翁润, 杨玉芬, 卢德勋. 2007. 日粮纤维对生长猪生长性能和胴体组成的影响. 广西农业生物科学, 26(4): 293-297.
吴琛, 刘俊锋, 孔祥峰, 等. 2012. 饲粮精氨酸与丙氨酸对环江香猪肉质、氨基酸组成及抗氧化功能的影响. 动物营养学报, 24(3): 528-533.
吴森, 孙永刚. 2021. 不同月龄早胜牛肉品质比较. 西北农林科技大学学报(自然科学版), 49(10): 129-135.
吴泳江. 2017. 共轭亚油酸对荣昌猪肉质相关基因及肌肉 microRNAs 表达的影响. 西南大学硕士学位论文.
吴周燕, 陈代文, 余冰, 等. 2015. 育肥后期添加天冬氨酸镁对猪生长性能、胴体性状和猪肉品质的影响//中国畜牧兽医学会动物营养分会第七届中国猪营养学术研讨会论文集. 重庆: 159-166.
夏琴. 2019. 基于脂联素信号通路研究白藜芦醇调控猪肉品质和骨骼肌肌纤维类型转化的作用机制. 广西大学硕士学位论文.
夏伟光, 何国戈, 郑经成, 等. 2022. 低蛋白氨基酸平衡饲粮对清远麻鸡生长性能、屠宰性能、肉品质及血液指标的影响. 中国畜牧杂志, 58(6): 179-183.
夏志军, 宋钰, 王思虎, 等. 2020. 不同蛋白源饲料对秦川肉牛屠宰性能及牛肉品质的影响. 中国牛业科学, 46(2): 6-12.
谢浩, 曾凡坤. 2002. 维生素 E 和维生素 C 在营养免疫中的作用. 中国饲料, (12): 3-4, 7.
邢荷岩. 2018. 不同粗纤维水平饲粮对深县猪生长育肥期生产性能、血清生化指标和肉质性状的影响研究. 河北农业大学硕士学位论文.
徐彬, 崔佳, 李绍钰, 等. 2007. 日粮中不同来源多不饱和脂肪酸对育肥猪生长性能和猪肉脂肪酸组成的影响. 中国饲料, (9): 27-30.
徐大节, 赵凤荣, 马爱平, 等. 2010. 吡啶羧酸铬和天冬氨酸镁对猪肉品质的影响. 中国畜牧兽医, 37(6): 217-220.

徐欣, 李晓波, 左福元, 等. 2020. 饲粮淀粉水平对生长期肉牛肌内脂肪细胞增殖和分化的影响及其机制. 动物营养学报, 32(2): 540-547.

许兰娇, 包淋斌, 赵向辉, 等. 2016. 大豆素对湘中黑牛育肥牛胴体性能和肉品质的影响. 动物营养学报, 28(1): 191-197.

薛城. 2012. 多不饱和脂肪酸(PUFA)在猪生产上的应用. 养殖技术顾问, (1): 65.

闫向民, 张金山, 李红波, 等. 2015. 不同月龄新疆褐牛阉牛胴体性状及肉品质比较研究. 中国畜牧兽医, 42(11): 2954-2960.

闫媛媛. 2018. 乳脂支链脂肪酸的微量分离、结构分布与抗炎作用. 江南大学博士学位论文.

严俊, 杨文艳, 车东升, 等. 2021. 粗纤维及铜对育肥猪生长性能、胴体性状和肉品质的影响: 日粮PUFA 组成对黑盖猪生长性能、肉品质、肠道菌群及其代谢物的影响. 中国畜牧杂志, 57(10): 173-178.

杨海天. 2019. 日粮纤维水平对不同遗传基础育肥猪生长性能及肉品质的影响. 吉林农业大学硕士学位论文.

杨佳梦. 2019. 饲粮赖氨酸水平对丫杈猪产肉性能和养分消化代谢的影响研究. 四川农业大学硕士学位论文.

杨景森, 王其龙, 王丽, 等. 2020. 酵母硒抗氧化作用及其对肥育猪肉品质影响的研究进展. 广东农业科学, 47(1): 115-122.

杨强, 张石蕊, 贺喜, 等. 2008. 低蛋白质日粮不同能量水平对育肥猪生长性能和胴体性状的影响. 动物营养学报, 20(4): 371-376.

易鑫, 杨晓华, 江青艳, 等. 2022. 长链支链脂肪酸对动物肠道健康调控作用的研究进展. 动物营养学报, 34(5): 2812-2819.

尹佳. 2012. 不同纤维源对猪生长性能、养分消化率和肉品质的影响. 四川农业大学硕士学位论文.

袁建国. 2008. 维生素及矿物质对猪肉品质的营养调控. 畜禽业, (1): 34-36.

岳玉秀. 2018. 日粮钠添加种类及水平对肉鸡生长性能、血清生化指标及肉品质的影响. 中国饲料, (24): 69-74.

占秀安, 许梓荣, 毛红霞. 2002. L-肉碱对肉鸡生长性能、胴体组成和肉质的影响. 浙江农业学报, 14(4): 201-204.

张建斌, 车向荣. 2010. 半胱胺和酵母铬对猪肉品质的影响. 中国饲料, (23): 42-44.

张婧, 孙进华, 宋文涛, 等. 2016. 甜菜碱生物学功能及其在改善猪肉质中的应用. 东北农业大学学报, 47(1): 93-101.

张克英, 陈代文, 罗献梅, 等. 2002. 饲粮理想蛋白水平对猪肉品质的影响. 四川农业大学学报, 20(1): 12-16.

张茂伦. 2016. 川陈皮素对育肥猪生产性能和肉质风味的影响. 华南农业大学硕士学位论文.

张琪, 张明举, 李娜, 等. 2018. 肥育后期饲粮中添加维生素 C、维生素 E、甜菜碱、牲血素对松辽黑猪血液生化指标及肉品质的影响. 养猪, (5): 62-63.

张少涛. 2020. 不同硒源对育肥猪生产性能、肉品质和抗氧化性能的影响. 山东农业大学硕士学位论文.

张书汁, 胡梅, 钱明珠, 等. 2018. 日粮添加不同精油对肉鸡生长性能、养分消化率及肌肉成分含量的影响. 中国饲料, (10): 61-66.

张玉伟, 罗海玲, 贾慧娜, 等. 2012. 肌肉系水力的影响因素及其可能机制. 动物营养学报, 24(8): 1389-1396.

张增源. 2014. 酵母硒对鸡生长性能、抗氧化和肉品质的影响. 南京农业大学硕士学位论文.

张宗明, 曾环仁, 金成龙, 等. 2019. 日粮添加盐酸吡格列酮和维生素 E 对黄羽肉鸡生长性能和肉品质的影响. 饲料工业, 40(11): 19-24.

赵称赫. 2016. 蒙古牛肉品质及背最长肌脂肪代谢相关基因 mRNA 表达量的研究. 内蒙古农业大学硕士学位论文.

赵晓惠. 2019. 白藜芦醇和L-茶氨酸对肉鸡生长性能和肉品质的影响及其机理初探. 安徽农业大学硕士学位论文.

赵瑶, 张玲, 陈代文, 等. 2018. 短期摄入不同纤维源对猪生长性能、胴体性状、肉品质的影响. 四川农业大学学报, 36(2): 238-246.

赵叶, 周小秋, 胡肄, 等. 2014. 饲料中添加谷氨酸对生长中期草鱼肌肉品质的影响. 动物营养学报, 26(11): 3452-3460.

赵元, 何立荣, 李金林, 等. 2016. 低蛋白质日粮添加*N*-氨甲酰谷氨酸、维生素A对育肥猪肉品质的影响. 中国饲料, (21): 12-17.

周华, 陈代文, 何军, 等. 2019. 低蛋白质水平饲粮添加不同水平赖氨酸对肥育猪生长性能、胴体性状、肉品质及氮排放的影响. 动物营养学报, 31(10): 4519-4526.

周金影, 栾嘉明, 冯鑫, 等. 2020. 益生菌对畜禽肉质的影响及作用机制. 饲料研究, 43(11): 124-127.

周笑犁, 孔祥峰, 范觉鑫, 等. 2014. 味精与高脂日粮对生长猪胴体性状与组成的影响. 食品工业科技, 35(5): 330-333, 337.

周源, 冯国强, 李丹丹, 等. 2011. 黄羽肉鸡对胆碱的需要量研究. 中国家禽, 33(3): 14-17.

朱明霞, 赵德明, 刘桂芹. 2010. 不同钾盐的添加对热应激肉鸡生产性能和血液指标的影响. 黑龙江畜牧兽医, (21): 69-71.

左志, 祁有鹏, 董巧霞, 等. 2021. 复合秸秆颗粒替代玉米青贮饲料对肉牛肌肉脂肪沉积和脂肪酸的影响. 草原与草坪, 41(1): 103-112.

Muhammad Saeed. 2018. L-茶氨酸日粮添加水平对肉鸡生长性能、肉品质及免疫反应的影响. 西北农林科技大学博士学位论文.

Abd El-Ghany W A, Babazadeh D. 2022. Betaine: A potential nutritional metabolite in the poultry industry. Animals: an Open Access Journal form MDPI, 12(19): 2624.

Abdulla N R, Loh T C, Akit H, et al. 2015. Fatty acid profile, cholesterol and oxidative status in broiler chicken breast muscle fed different dietary oil sources and calcium levels. South African Journal of Animal Science, 45(2): 153-163.

Ailhaud G, Grimaldi P, Négrel R. 1992. Cellular and molecular aspects of adipose tissue development. Annual Review of Nutrition, 12(1): 207-233.

Akuru E A, Oyeagu C E, Mpendulo T C, et al. 2020. Effect of pomegranate(*Punica granatum L*)peel powder meal dietary supplementation on antioxidant status and quality of breast meat in broilers. Heliyon, 6(12): e05709.

Alexopoulos C, Georgoulakis I E, Tzivara A, et al. 2004. Field evaluation of the effect of a probiotic-containing *Bacillus licheniformis* and *Bacillus subtilis* spores on the health status, performance, and carcass quality of grower and finisher pigs. Journal of Veterinary Medicine Series A, 51(6): 306-312.

Ali Behroozlak M, Daneshyar M, Farhoomand P, et al. 2021. Potential application of Fe-methionine as a feed supplement on improving the quality of broilers breast meat. Animal Science Journal, 92(1): e13645.

Amer S A, Al-Khalaifah H S, Gouda A, et al. 2022. Potential effects of anthocyanin-rich roselle(*Hibiscus sabdariffa* L.)extract on the growth, intestinal histomorphology, blood biochemical parameters, and the immune status of broiler chickens. Antioxidants, 11(3): 544.

Apple J K, Maxwell C V, Brown D C, et al. 2004. Effects of dietary lysine and energy density on performance and carcass characteristics of finishing pigs fed ractopamine. Journal of Animal Science, 82(11): 3277-3287.

Apple J K, Maxwell C V, DeRodas B, et al. 2000. Effect of magnesium mica on performance and carcass quality of growing finishing swine. Journal of Animal Science, 78(8): 2135-2143.

Apple J K, Wallis-Phelps W A, Maxwell C V, et al. 2007. Effect of supplemental iron on finishing swine performance, carcass characteristics, and pork quality during retail display. Journal of Animal Science, 85(3): 737-745.

Arjin C, Souphannavong C, Norkeaw R, et al. 2021. Effects of dietary perilla cake supplementation in growing pig on productive performance, meat quality, and fatty acid profiles. Animals: an Open Access Journal from MDPI, 11(11): 3213.

Arshad M S, Sohaib M, Ahmad R S, et al. 2018. Ruminant meat flavor influenced by different factors with special reference to fatty acids. Lipids in Health and Disease, 17(1): 1-13.

Asghar A, Gray J I, Miller E R, et al. 1991. Influence of supranutritional vitamin E supplementation in the feed on swine growth performance and deposition in different tissues. Journal of the Science of Food and Agriculture, 57(1): 19-29.

Augustin K, Blank R, Boesch-Saadatmandi C, et al. 2008. Dietary green tea polyphenols do not affect vitamin E status, antioxidant capacity and meat quality of growing pigs. Journal of Animal Physiology and Animal Nutrition, 92(6): 705-711.

Ayuso M, Fernández A, Isabel B, et al. 2015. Long term vitamin A restriction improves meat quality parameters and modifies gene expression in Iberian pigs. Journal of Animal Science, 93(6): 2730-2744.

Bakhshalinejad R, Hassanabadi A, Swick R A. 2019. Dietary sources and levels of selenium supplements affect growth performance, carcass yield, meat quality and tissue selenium deposition in broilers. Animal Nutrition, 5(3): 256-263.

Baltić M Ž, Dokmanović Starčević M, Bašić M, et al. 2015. Effects of selenium yeast level in diet on carcass and meat quality, tissue selenium distribution and glutathione peroxidase activity in ducks. Animal Feed Science and Technology, 210: 225-233.

Banaszak M, Kuźniacka J, Biesek J, et al. 2020. Meat quality traits and fatty acid composition of breast muscles from ducks fed with yellow lupin. Animal: an International Journal of Animal Bioscience, 14(9): 1969-1975.

Barja G, López-Torres M, Pérez-Campo R, et al. 1994. Dietary vitamin C decreases endogenous protein oxidative damage, malondialdehyde, and lipid peroxidation and maintains fatty acid unsaturation in the guinea pig liver. Free Radical Biology and Medicine, 17(2): 105-115.

Barker D L, Sell J L. 1994. Dietary carnitine did not influence performance and carcass composition of broiler chickens and young turkeys fed low- or high-fat diets. Poultry Science, 73(2): 281-287.

Bartelt A, Heeren J. 2014. Adipose tissue browning and metabolic health. Nature Reviews Endocrinology, 10(1): 24-36.

Baye K, Guyot J P, Mouquet-Rivier C. 2017. The unresolved role of dietary fibers on mineral absorption. Critical Reviews in Food Science and Nutrition, 57(5): 949-957.

Belloir P, Lessire M, Lambert W, et al. 2019. Changes in body composition and meat quality in response to dietary amino acid provision in finishing broilers. Animal: an International Journal of Animal Bioscience, 13(5): 1094-1102.

Belmonte A M, Macchioni P, Minelli G, et al. 2021. Effects of high linolenic acid diet supplemented with synthetic or natural antioxidant mix on live performance, carcass traits, meat quality and fatty acid composition of longissimus thoracis et lumborum muscle of medium-heavy pigs. Italian Journal of Food Science, 33(2): 117-128.

Benamirouche K, Baazize-Ammi D, Hezil N, et al. 2020. Effect of probiotics and *Yucca schidigera* extract supplementation on broiler meat quality. Acta Scientiarum. Animal Sciences, 42: e48066.

Biesek J, Kuźniacka J, Banaszak M, et al. 2020. The effect of various protein sources in goose diets on meat quality, fatty acid composition, and cholesterol and collagen content in breast muscles. Poultry Science, 99(11): 6278-6286.

Bisserier M, Berthouze-Duquesnes M, Breckler M, et al. 2015. Carabin protects against cardiac hypertrophy by blocking calcineurin, Ras, and Ca^{2+}/calmodulin-dependent protein kinase II signaling. Circulation, 131(4): 390-400.

Bloomberg B D, Hilton G G, Hanger K G, et al. 2011. Effects of vitamin E on color stability and palatability of strip loin steaks from cattle fed distillers grains. Journal of Animal Science, 89(11): 3769-3782.

Boesche K E, Donkin S S. 2020. Pretreatment with saturated and unsaturated fatty acids regulates fatty acid oxidation in Madin-Darby bovine kidney cells. Journal of Dairy Science, 103(10): 8841-8852.

Boler D D, Gabriel S R, Yang H, et al. 2009. Effect of different dietary levels of natural-source vitamin E in grow-finish pigs on pork quality and shelf life. Meat Science, 83(4): 723-730.

Bouaziz M A, Bchir B, Ben Salah T, et al. 2020. Use of endemic date palm(*Phoenix dactylifera* L.)seeds as an insoluble dietary fiber: effect on turkey meat quality. Journal of Food Quality, 2020: 1-13.

Bozkurt M, Yalçin S, Koçer B, et al. 2017. Effects of enhancing vitamin D status by 25-hydroxycholecalciferol supplementation, alone or in combination with calcium and phosphorus, on sternum mineralisation and breast meat quality in broilers. British Poultry Science, 58(4): 452-461.

Brake D W, Swanson K C. 2018. Ruminant nutrition symposium: Effects of postruminal flows of protein and amino acids on small intestinal starch digestion in beef cattle. Journal of Animal Science, 96(2): 739-750.

Brenes A, Viveros A, Goñi I, et al. 2008. Effect of grape pomace concentrate and vitamin E on digestibility of polyphenols and antioxidant activity in chickens. Poultry Science, 87(2): 307-316.

Bučko O. 2013. Effect of organic zinc of pork quality, chemical composition and fatty acid profile of musculus longissimus thoracis in large white breed. Research in Pig Breeding, 7: 2-6.

Calvo L, Toldrá F, Rodríguez A I, et al. 2016. Effect of dietary selenium source(organic vs. mineral)and muscle pH on meat quality characteristics of pigs. Food Science & Nutrition, 5(1): 94-102.

Cao F L, Zhang X H, Yu W W, et al. 2012. Effect of feeding fermented *Ginkgo biloba* leaves on growth performance, meat quality, and lipid metabolism in broilers. Poultry Science, 91(5): 1210-1221.

Castellano R, Perruchot M-H, Conde-Aguilera J A, et al. 2015. A methionine deficient diet enhances adipose tissue lipid metabolism and alters anti-oxidant pathways in young growing pigs. PLoS One, 10(7): e0130514.

Castellano-Castillo D, Ramos-Molina B, Cardona F, et al. 2020. Epigenetic regulation of white adipose tissue in the onset of obesity and metabolic diseases. Obesity Reviews, 21(11): e13054.

Cengiz Ö, Hess J B, Bilgili S F. 2012. Influence of graded levels of dietary sodium on the development of footpad dermatitis in broiler chickens. The Journal of Applied Poultry Research, 21(4): 770-775.

Chang S Y, Belal S A, Kang D R, et al. 2019. Erratum to: Influence of probiotics-friendly pig production on meat quality and physicochemical characteristics. Food Science of Animal Resources, 39(1): 177-178.

Chang S, Chen X L, Huang Z Q, et al. 2018. Dietary sodium butyrate supplementation promotes oxidative fiber formation in mice. Animal Biotechnology, 29(3): 212-215.

Chen J, Tian M, Guan W, et al. 2019. Increasing selenium supplementation to a moderately-reduced energy and protein diet improves antioxidant status and meat quality without affecting growth performance in finishing pigs. Journal of Trace Elements in Medicine and Biology, 56: 38-45.

Chen R, Yang M, Song Y D, et al. 2022. Effect of anhydrous betaine and hydrochloride betaine on growth performance, meat quality, postmortem glycolysis, and antioxidant capacity of broilers. Poultry Science, 101(4): 101687.

Chen X L, Guo Y F, Jia G, et al. 2018. Arginine promotes skeletal muscle fiber type transformation from fast-twitch to slow-twitch via Sirt1/AMPK pathway. The Journal of Nutritional Biochemistry, 61: 155-162.

Chen X, Teoh W P, Stock M R, et al. 2021. Branched chain fatty acid synthesis drives tissue-specific innate immune response and infection dynamics of *Staphylococcus aureus*. PLoS Pathogens, 17(9): e1009930.

Cheng C S, Liu Z H, Zhou Y F, et al. 2017. Effect of oregano essential oil supplementation to a reduced-protein, amino acid-supplemented diet on meat quality, fatty acid composition, and oxidative stability of longissimus thoracis muscle in growing-finishing pigs. Meat Science, 133: 103-109.

Cheng K, Yu C Y, Li Z H, et al. 2020. Resveratrol improves meat quality, muscular antioxidant capacity, lipid metabolism and fiber type composition of intrauterine growth retarded pigs. Meat Science, 170: 108237.

Cheng Y T, Song M T, Zhu Q, et al. 2021. Dietary betaine addition alters carcass traits, meat quality, and nitrogen metabolism of Bama mini-pigs. Frontiers in Nutrition, 8: 728477.

Cho J H, Lee S I, Kim I H. 2015. Effects of different levels of fibre and benzoic acid on growth performance, nutrient digestibility, reduction of noxious gases, serum metabolites and meat quality in finishing pigs.

Journal of Applied Animal Research, 43(3): 336-344.
Chrystal P V, Moss A F, Khoddami A, et al. 2020. Impacts of reduced-crude protein diets on key parameters in male broiler chickens offered maize-based diets. Poultry Science, 99(1): 505-516.
Clayton G. 2001. Vitamin and mineral additives for meat quality. Feed International, 8: 17-19.
Cong J H, Zhang L, Li J L, et al. 2017. Effects of dietary supplementation with carnosine on growth performance, meat quality, antioxidant capacity and muscle fiber characteristics in broiler chickens. Journal of the Science of Food and Agriculture, 97(11): 3733-3741.
Corino C, Oriani G, Pantaleo L, et al. 1999. Influence of dietary vitamin E supplementation on "heavy" pig carcass characteristics, meat quality, and vitamin E status. Journal of Animal Science, 77(7): 1755-1761.
Correa L B, Zanetti M A, Del Claro G R, et al. 2014. Effects of supplementation with two sources and two levels of copper on meat lipid oxidation, meat colour and superoxide dismutase and glutathione peroxidase enzyme activities in Nellore beef cattle. The British Journal of Nutrition, 112(8): 1266-1273.
Cozzi G, Brscic M, Da Ronch F, et al. 2016. Comparison of two feeding finishing treatments on production and quality of organic beef. Italian Journal of Animal Science, 9(4): e77.
D'Alessandro A, Marrocco C, Zolla V, et al. 2011. Meat quality of the *Longissimus lumborum* muscle of Casertana and Large White pigs: metabolomics and proteomics intertwined. Journal of Proteomics, 75(2): 610-627.
D'Astous-Pagé J, Gariépy C, Blouin R, et al. 2017. Carnosine content in the porcine longissimus thoracis muscle and its association with meat quality attributes and carnosine-related gene expression. Meat Science, 124: 84-94.
D'Souza D N, Warner R D, Leury B J, et al. 1998. The effect of dietary magnesium aspartate supplementation on pork quality. Journal of Animal Science, 76(1): 104-109.
da Silva Frasao B, Lima Dos Santos Rosario A I, Leal Rodrigues B, et al. 2021. Impact of juçara(*Euterpe edulis*)fruit waste extracts on the quality of conventional and antibiotic-free broiler meat. Poultry Science, 100(8): 101232.
Dai S F, Wang L K, Wen A Y, et al. 2009. Dietary glutamine supplementation improves growth performance, meat quality and colour stability of broilers under heat stress. British Poultry Science, 50(3): 333-340.
Dauksiene A, Ruzauskas M, Gruzauskas R, et al. 2021. A comparison study of the caecum microbial profiles, productivity and production quality of broiler chickens fed supplements based on medium chain fatty and organic acids. Animals: an Open Acess Journal form MDPI, 11(3): 610.
Degrace P, Demizieux L, Gresti J, et al. 2004. Hepatic steatosis is not due to impaired fatty acid oxidation capacities in C57BL/6J mice fed the conjugated *trans*-10, *cis*-12-isomer of linoleic acid. The Journal of Nutrition, 134(4): 861-867.
Ding X Q, Yuan C C, Huang Y B, et al. 2021. Effects of phytosterol supplementation on growth performance, serum lipid, proinflammatory cytokines, intestinal morphology, and meat quality of white feather broilers. Poultry Science, 100(7): 101096.
Doroudi M, Schwartz Z, Boyan B D. 2015. Membrane-mediated actions of 1, 25-dihydroxy vitamin D_3: a review of the roles of phospholipase A2 activating protein and Ca^{2+}/calmodulin-dependent protein kinase II. The Journal of Steroid Biochemistry and Molecular Biology, 147: 81-84.
Du M, Huang Y, Das A K, et al. 2013. Meat science and muscle biology symposium: manipulating mesenchymal progenitor cell differentiation to optimize performance and carcass value of beef cattle. Journal of Animal Science, 91(3): 1419-1427.
Du M, Tong J, Zhao J, et al. 2010. Fetal programming of skeletal muscle development in ruminant animals. Journal of Animal Science, 88(suppl_13): E51-E60.
Duan Y H, Duan Y M, Li F N, et al. 2016. Effects of supplementation with branched-chain amino acids to low-protein diets on expression of genes related to lipid metabolism in skeletal muscle of growing pigs. Amino Acids, 48(9): 2131-2144.
Duckett S K, Yates L D, Wagner D G, et al. 1993. Effect of laidlomycin propionate on the fatty acid composition of beef ribeye steaks. Animal Science Research Report, Agricultural Experiment Station, Oklahoma State University, P-933: 60-63.

Duffy S K, Kelly A K, Rajauria G, et al. 2018. The use of synthetic and natural vitamin D sources in pig diets to improve meat quality and vitamin D content. Meat Science, 143: 60-68.

Dukare S, Mir N A, Mandal A B, et al. 2021. A comparative study on the antioxidant status, meat quality, and mineral deposition in broiler chicken fed dietary nano zinc viz-a-viz inorganic zinc. Journal of Food Science and Technology, 58(3): 834-843.

Ebara F, Inada S, Morikawa M, et al. 2013. Effect of nutrient intake on intramuscular glucose metabolism during the early growth stage in cross-bred steers(Japanese Black male × Holstein female). Journal of Animal Physiology and Animal Nutrition, 97(4): 684-693.

Elsharkawy M S, Chen Y, Liu R R, et al. 2021. Paternal dietary methionine supplementation improves carcass traits and meat quality of chicken progeny. Animals: an Open Acess Journal form MDPI, 11(2): 325.

Endo T. 2015. Molecular mechanisms of skeletal muscle development, regeneration, and osteogenic conversion. Bone, 80: 2-13.

Enright K. 1998. The effect of feeding high levels of vitamine D_3 on pork quality. Journal of Animal Science, 76: 149.

Enser M. 1984. The chemistry, biochemistry and nutritional importance of animal fats//Fats in Animal Nutrition. Amsterdam: Elsevier: 23-51.

Enser M. 2001. The role of fats in human nutrition//Rossell B. Oils and Fats, Vol. 2. Animal Carcass Fats. Leatherhead, Surrey: Leatherhead Publishing.

Estévez M, Geraert P-A, Liu R, et al. 2020. Sulphur amino acids, muscle redox status and meat quality: More than building blocks—Invited review. Meat Science, 163: 108087.

Estevez M, Petracci M. 2019. Benefits of magnesium supplementation to broiler subjected to dietary and heat stress: improved redox status, breast quality and decreased myopathy incidence. Antioxidants, 8(10): 456.

Fancher B I, Jensen L S. 1989. Dietary protein level and essential amino acid content: influence upon female broiler performance during the grower period. Poultry Science, 68(7): 897-908.

FAO/WHO. 2002. Guidelines for the evaluation of probiotics in food. Report of a Joint FAO/WHO Working Group on Drafting Guidelines for the Evaluation of Probiotics in Food.

Ferreira I B, Matos Junior J B, Sgavioli S V, et al. 2015. Vitamin C prevents the effects of high rearing temperatures on the quality of broiler thigh meat. Poultry Science, 94(5): 841-851.

Fouad A M, El-Senousey H K, Ruan D, et al. 2021. Tryptophan in poultry nutrition: Impacts and mechanisms of action. Journal of Animal Physiology and Animal Nutrition, 105(6): 1146-1153.

Fouladi P, Salamat R, Ahmadzadehe A, et al. 2008. Effect of choline chloride supplement on the internal organs and carcass weight of broilers chickens. J Anim, 7: 1164-1167.

Frank D, Joo S T, Warner R. 2016. Consumer acceptability of intramuscular fat. Korean Journal for Food Science of Animal Resources, 36(6): 699-708.

French P, O'Riordan E G, Monahan F J, et al. 2000a. Meat quality of steers finished on autumn grass, grass silage or concentrate-based diets. Meat Science, 56(2): 173-180.

French P, Stanton C, Lawless F, et al. 2000b. Fatty acid composition, including conjugated linoleic acid, of intramuscular fat from steers offered grazed grass, grass silage, or concentrate-based diets. Journal of Animal Science, 78(11): 2849-2855.

Galli G M, Gerbet R R, Griss L G, et al. 2020. Combination of herbal components(curcumin, carvacrol, thymol, cinnamaldehyde)in broiler chicken feed: Impacts on response parameters, performance, fatty acid profiles, meat quality and control of coccidia and bacteria. Microbial Pathogenesis, 139: 103916.

Ganesan B, Seefeldt K, Weimer B C. 2004. Fatty acid production from amino acids and alpha-keto acids by *Brevibacterium linens* BL2. Applied and Environmental Microbiology, 70(11): 6385-6393.

Goerl K F, Eilert S J, Mandigo R W, et al. 1995. Pork characteristics as affected by two populations of swine and six crude protein levels. Journal of Animal Science, 73(12): 3621-3626.

Goliomytis M, Tsoureki D, Simitzis P E, et al. 2014. The effects of quercetin dietary supplementation on broiler growth performance, meat quality, and oxidative stability. Poultry Science, 93(8): 1957-1962.

Gondret F, Le Floc'H N, Batonon-Alavo D I, et al. 2021. Flash dietary methionine supply over growth requirements in pigs: Multi-facetted effects on skeletal muscle metabolism. Animal, 15(7): 100268.

Gotoh T, Nishimura T, Kuchida K, et al. 2018. The Japanese Wagyu beef industry: current situation and future prospects—A review. Asian-Australasian Journal of Animal Sciences, 31(7): 933-950.

Gul F, Ahmad B, Afzal S, et al. 2021. Comparative analysis of various sources of selenium on the growth performance and antioxidant status in broilers under heat stress. Brazilian Journal of Biology, 83: e251004.

Gunter S A, Galyean M L, Malcolm-Callis K J. 1996. Factors influencing the performance of feedlot steers limit-fed high-concentrate diets1. The Professional Animal Scientist, 12(3): 167-175.

Guo L, Miao Z, Ma H, et al. 2021. Effects of maternal vitamin D_3 status on meat quality and fatty acids composition in offspring pigs. Journal of Animal and Feed Sciences, 30(2): 173-178.

Guo Q, Richert B T, Burgess J R, et al. 2006. Effect of dietary vitamin E supplementation and feeding period on pork quality. Journal of Animal Science, 84(11): 3071-3078.

Guo S S, Zhang Y K, Cheng Q, et al. 2020. Partial substitution of fermented soybean meal for soybean meal influences the carcass traits and meat quality of broiler chickens. Animals: an Open Acess Journal form MDPI, 10(2): 225.

Hakami Z, Sulaiman A R A, Alharthi A S, et al. 2022. Growth performance, carcass and meat quality, bone strength, and immune response of broilers fed low-calcium diets supplemented with marine mineral complex and phytase. Poultry Science, 101(6): 101849.

Han P P, Li P H, Zhou W D, et al. 2020. Effects of various levels of dietary fiber on carcass traits, meat quality and myosin heavy chain I, IIa, IIx and IIb expression in muscles in Erhualian and Large White pigs. Meat Science, 169: 108160.

Hanagasaki T, Asato N. 2018. Changes in free amino acid content and hardness of beef while dry-aging with *Mucor flavus*. Journal of Animal Science and Technology, 60(1): 1-10.

Hashizawa Y, Kubota M, Kadowaki M, et al. 2013. Effect of dietary vitamin E on broiler meat qualities, color, water-holding capacity and shear force value, under heat stress conditions. Animal Science Journal, 84(11): 732-736.

Hidayat C, Sumiati, Jayanegara A, et al. 2020. Effect of zinc addition on the immune response and production performance of broilers: a meta-analysis. Asian-Australasian Journal of Animal Sciences, 33(3): 465-479.

Högberg A, Pickova J, Andersson K, et al. 2003. Fatty acid composition and tocopherol content of muscle in pigs fed organic and conventional feed with different n6/n3 ratios, respectively. Food Chemistry, 80(2): 177-186.

Hu C J, Jiang Q Y, Zhang T, et al. 2017. Dietary supplementation with arginine and glutamic acid modifies growth performance, carcass traits, and meat quality in growing-finishing pigs. Journal of Animal Science, 95(6): 2680-2689.

Hu X C, Huo B, Yang J M, et al. 2022. Effects of dietary lysine levels on growth performance, nutrient digestibility, serum metabolites, and meat quality of Baqing pigs. Animals: an Open Acess Journal form MDPI, 12(15), 1884.

Huang C B, Chen D W, Tian G, et al. 2022. Effects of dietary plant essential oil supplementation on growth performance, nutrient digestibility and meat quality in finishing pigs. Journal of Animal Physiology and Animal Nutrition, 106(6): 1246-1257.

Huang J X, Qi R L, Chen X L, et al. 2014. Improvement in the carcass traits and meat quality of growing-finishing Rongchang pigs by conjugated linoleic acid through altered gene expression of muscle fiber types. Genetics and Molecular Research, 13(3): 7061-7069.

Hyun Y, Ellis M, McKeith F K, et al. 2003. Effect of dietary leucine level on growth performance, and carcass and meat quality in finishing pigs. Canadian Journal of Animal Science, 83(2): 315-318.

Ibrahim D, Kishawy A T Y, Khater S I, et al. 2019. Effect of dietary modulation of selenium form and level on performance, tissue retention, quality of frozen stored meat and gene expression of antioxidant status in ross broiler chickens. Animals, 9(6): 342.

Imanari M, Kadowaki M, Fujimura S. 2007. Regulation of taste-active components of meat by dietary leucine. British Poultry Science, 48(2): 167-176.

Imanari M, Kadowaki M, Fujimura S. 2008. Regulation of taste-active components of meat by dietary branched-chain amino acids; effects of branched-chain amino acid antagonism. British Poultry Science, 49(3): 299-307.

Irie M, Kouda M, Matono H. 2011. Effect of ursodeoxycholic acid supplementation on growth, carcass characteristics, and meat quality of Wagyu heifers(Japanese Black cattle). Journal of Animal Science, 89(12): 4221-4226.

Jahanian R, Ashnagar M. 2018. Effects of dietary supplementation of choline and carnitine on growth performance, meat oxidative stability and carcass composition of broiler chickens fed diets with different metabolisable energy levels. British Poultry Science, 59(4): 470-476.

Jang H D, Hong S M, Jung J H, et al. 2010. Effects of feeding blended essential oils on meat quality improvement for branded pork. Journal of Animal Science and Technology, 52(2): 125-130.

Jeong I, Na S W, Kang H J, et al. 2022. Partial substitution of corn grain in the diet with beet pulp reveals increased ruminal acetate proportion and circulating insulin levels in Korean cattle steers. Animals, 12(11): 1419.

Jiang J, Tang X Y, Xue Y, et al. 2017. Dietary linseed oil supplemented with organic selenium improved the fatty acid nutritional profile, muscular selenium deposition water retention and tenderness of fresh pork. Meat Science, 131: 99-106.

Jiang Z Y, Lin Y C, Zhou G L, et al. 2009. Effects of dietary selenomethionine supplementation on growth performance, meat quality and antioxidant property in yellow broilers. Journal of Agricultural and Food Chemistry, 57(20): 9769-9772.

Jin Q, Zhao H B, Liu X M, et al. 2017. Effect of β-carotene supplementation on the expression of lipid metabolism-related genes and the deposition of back fat in beef cattle. Animal Production Science, 57(3): 513-519.

Joo S T, Lee J I, Ha Y L, et al. 2002. Effects of dietary conjugated linoleic acid on fatty acid composition, lipid oxidation, color, and water- holding capacity of pork loin. Journal of Animal Science, 80(1): 108-112.

Joven M, Pintos E, Latorre M A, et al. 2014. Effect of replacing barley by increasing levels of olive cake in the diet of finishing pigs: Growth performances, digestibility, carcass, meat and fat quality. Animal Feed Science and Technology, 197: 185-193.

Kakhki R A M, Bakhshalinejad R, Hassanabadi A, et al. 2017. Effects of dietary organic zinc and α-tocopheryl acetate supplements on growth performance, meat quality, tissues minerals, and α-tocopherol deposition in broiler chickens. Poultry Science, 96(5): 1257-1267.

Kalakuntla S, Nagireddy N K, Panda A K, et al. 2017. Effect of dietary incorporation of n-3 polyunsaturated fatty acids rich oil sources on fatty acid profile, keeping quality and sensory attributes of broiler chicken meat. Animal Nutrition, 3(4): 386-391.

Kass M L, van Soest P J, Pond W G. 1980. Utilization of dietary fiber from alfalfa by growing swine. II. Volatile fatty acid concentrations in and disappearance from the gastrointestinal tract. Journal of Animal Science, 50(1): 192-197.

Khattak F, Ronchi A, Castelli P, et al. 2014. Effects of natural blend of essential oil on growth performance, blood biochemistry, cecal morphology, and carcass quality of broiler chickens. Poultry Science, 93(1): 132-137.

Kim B G, Lindemann M D, Cromwell G L. 2010. Effects of dietary chromium(III) picolinate on growth performance, respiratory rate, plasma variables, and carcass traits of pigs fed high-fat diets. Biological Trace Element Research, 133(2): 181-196.

Kim D K, Lillehoj H S, Lee S H, et al. 2010. High-throughput gene expression analysis of intestinal intraepithelial lymphocytes after oral feeding of carvacrol, cinnamaldehyde, or *Capsicum* oleoresin. Poultry Science, 89(1): 68-81.

Kim H Y, Kim Y Y. 2007. Effect of the feeding probiotics on the performance and meat quality characteristics of the finishing pigs. Korean Journal for Food Science of Animal Resources, 27(1): 73-79.

Kim J D, Han I K, Chae B J, et al. 1997. Effects of dietary chromium picolinate on performance, egg, quality, serum traits and mortality rate of brown layers. Asian-Australasian Journal of Animal Sciences, 10(1): 1-7.

Kobayashi H, Nakashima K, Ishida A, et al. 2013. Effects of low protein diet and low protein diet supplemented with synthetic essential amino acids on meat quality of broiler chickens. Animal Science Journal, 84(6): 489-495.

Kondoh T, Torii K. 2008. MSG intake suppresses weight gain, fat deposition, and plasma leptin levels in male Sprague-Dawley rats. Physiology & Behavior, 95(1/2): 135-144.

Kralik G, Sak-Bosnar M, Grčević M, et al. 2018. Effect of amino acids on growth performance, carcass characteristics, meat quality, and carnosine concentration in broiler chickens. The Journal of Poultry Science, 55(4): 239-248.

Kuhn G, Hennig U, Kalbe C, et al. 2004. Growth performance, carcass characteristics and bioavailability of isoflavones in pigs fed soy bean based diets. Archives of Animal Nutrition, 58(4): 265-276.

Lackner J, Hess V, Stef L, et al. 2022. Effects of feeding different histidine to lysine ratios on performance, meat quality, and the occurrence of breast myopathies in broiler chickens. Poultry Science, 101(2): 101568.

Lahucky R, Bahelka I, Kuechenmeister U, et al. 2007. Effects of dietary supplementation of vitamins D_3 and E on quality characteristics of pigs and longissimus muscle antioxidative capacity. Meat Science, 77(2): 264-268.

Latif S, Dworschák E, Lugasi A, et al. 1998. Influence of different genotypes on the meat quality of chicken kept in intensive and extensive farming managements. Acta Alimentaria, 27: 63-75.

Latimori N J, Kloster A M, García P T, et al. 2008. Diet and genotype effects on the quality index of beef produced in the Argentine Pampeana region. Meat Science, 79(3): 463-469.

Lauridsen C, Højsgaard S, Sørensen M T. 1999. Influence of dietary rapeseed oil, vitamin E, and copper on the performance and the antioxidative and oxidative status of pigs. Journal of Animal Science, 77(4): 906-916.

Law F L, Zulkifli I, Soleimani A F, et al. 2018. The effects of low-protein diets and protease supplementation on broiler chickens in a hot and humid tropical environment. Asian-Australasian Journal of Animal Sciences, 31(8): 1291-1300.

Lebret B, Batonon-Alavo D I, Perruchot M H, et al. 2018. Improving pork quality traits by a short-term dietary hydroxy methionine supplementation at levels above growth requirements in finisher pigs. Meat Science, 145: 230-237.

Leusink G, Rempel H, Skura B, et al. 2010. Growth performance, meat quality, and gut microflora of broiler chickens fed with cranberry extract 1. Poultry Science, 89(7): 1514-1523.

Li H G, Zhao J S, Deng W, et al. 2020. Effects of chlorogenic acid-enriched extract from *Eucommia ulmoides* Oliver leaf on growth performance and quality and oxidative status of meat in finishing pigs fed diets containing fresh or oxidized corn oil. Journal of Animal Physiology and Animal Nutrition, 104(4): 1116-1125.

Li S Y, Wang C, Wu Z Z, et al. 2020. Effects of guanidinoacetic acid supplementation on growth performance, nutrient digestion, rumen fermentation and blood metabolites in Angus bulls. Animal, 14(12): 2535-2542.

Li X K, Wang J Z, Wang C Q, et al. 2016. Effect of dietary phosphorus levels on meat quality and lipid metabolism in broiler chickens. Food Chemistry, 205: 289-296.

Li Y H, Liu Y Y, Li F N, et al. 2018. Effects of dietary ramie powder at various levels on carcass traits and meat quality in finishing pigs. Meat Science, 143: 52-59.

Li Y J, Shang H L, Zhao X H, et al. 2021. *Radix* puerarin extract(Puerarin)could improve meat quality of heat-stressed beef cattle through changing muscle antioxidant ability and fiber characteristics. Frontiers in Veterinary Science, 7: 615086.

Lilly R A, Schilling M W, Silva J L, et al. 2011. The effects of dietary amino acid density in broiler feed on carcass characteristics and meat quality. The Journal of Applied Poultry Research, 20(1): 56-67.

Liu H S, Mahfuz S U, Wu D, et al. 2020. Effect of chestnut wood extract on performance, meat quality, antioxidant status, immune function, and cholesterol metabolism in broilers. Poultry Science, 99(9): 4488-4495.

Liu Q, Scheller K K, Arp S C, et al. 1996. Titration of fresh meat color stability and malondialdehyde development with Holstein steers fed vitamin E-supplemented diets. Journal of Animal Science, 74(1): 117-126.

Liu S J, Wang J, He T F, et al. 2021. Effects of natural capsicum extract on growth performance, nutrient utilization, antioxidant status, immune function, and meat quality in broilers. Poultry Science, 100(9): 101301.

Liu Y H, Huo B, Chen Z P, et al. 2022. Effects of organic chromium yeast on performance, meat quality, and serum parameters of grow-finish pigs. Biological Trace Element Research, 201(3): 1188-1196.

Liu Y, Yin S G, Tang J Y, et al. 2021. Hydroxy selenomethionine improves meat quality through optimal skeletal metabolism and functions of selenoproteins of pigs under chronic heat stress. Antioxidants(Basel, Switzerland), 10(10): 1558.

Liu Z H, Lu L, Li S F, et al. 2011. Effects of supplemental zinc source and level on growth performance, carcass traits, and meat quality of broilers. Poultry Science, 90(8): 1782-1790.

Long S F, Liu S J, Wu D, et al. 2020. Effects of dietary fatty acids from different sources on growth performance, meat quality, muscle fatty acid deposition, and antioxidant capacity in broilers. Animals: an Open Acess Journal form MDPI, 10(3): 508.

Lorenzo J M, Franco D. 2012. Fat effect on physico-chemical, microbial and textural changes through the manufactured of dry-cured foal sausage lipolysis, proteolysis and sensory properties. Meat Science, 92(4): 704-714.

Luo P, Luo L, Zhao W J, et al. 2020. Dietary thymol supplementation promotes skeletal muscle fibre type switch in longissimus dorsi of finishing pigs. Journal of Animal Physiology and Animal Nutrition, 104(2): 570-578.

Luo Q, Li N, Zheng Z, et al. 2020. Dietary cinnamaldehyde supplementation improves the growth performance, oxidative stability, immune function, and meat quality in finishing pigs. Livestock Science, 240: 104221.

Luo Q Y, Li J X, Li H, et al. 2022. The effects of purple corn pigment on growth performance, blood biochemical indices, meat quality, muscle amino acids, and fatty acids of growing chickens. Foods, 11(13): 1870.

Ma X Y, Jiang Z Y, Lin Y C, et al. 2010. Dietary supplementation with carnosine improves antioxidant capacity and meat quality of finishing pigs. Journal of Animal Physiology and Animal Nutrition, 94(6): e286-e295.

Ma X Y, Lin Y C, Jiang Z Y, et al. 2010. Dietary arginine supplementation enhances antioxidative capacity and improves meat quality of finishing pigs. Amino Acids, 38(1): 95-102.

Ma X Y, Zheng C T, Hu Y J, et al. 2015. Dietary L-arginine supplementation affects the skeletal longissimus muscle proteome in finishing pigs. PLoS One, 10(1): e0117294.

Mahan D C, Parrett N A. 1996. Evaluating the efficacy of selenium-enriched yeast and sodium selenite on tissue selenium retention and serum glutathione peroxidase activity in grower and finisher swine. Journal of Animal Science, 74(12): 2967-2974.

Markovic R, Ciric J, Drljacic A, et al. 2018. The effects of dietary Selenium-yeast level on glutathione peroxidase activity, tissue selenium content, growth performance, and carcass and meat quality of broilers. Poultry Science, 97(8): 2861-2870.

Marzoni M, Chiarini R, Castillo A, et al. 2014. Effects of dietary natural antioxidant supplementation on broiler chicken and muscovy duck meat quality. Animal Science Papers and Reports, 32(4): 359-368.

Mazur-Kuśnirek M, Antoszkiewicz Z, Lipiński K, et al. 2019a. The effect of polyphenols and vitamin E on the antioxidant status and meat quality of broiler chickens exposed to high temperature. Archives of

Animal Nutrition, 73(2): 111-126.

Mazur-Kuśnirek M, Antoszkiewicz Z, Lipiński K, et al. 2019b. The effect of polyphenols and vitamin E on the antioxidant status and meat quality of broiler chickens fed low-quality oil. Archives Animal Breeding, 62(1): 287-296.

Meng Q W, Yan L, Ao X, et al. 2010. Influence of probiotics in different energy and nutrient density diets on growth performance, nutrient digestibility, meat quality, and blood characteristics in growing-finishing pigs. Journal of Animal Science, 88(10): 3320-3326.

Middleton M, Olivares M, Espinoza A, et al. 2021. Exploratory study: excessive iron supplementation reduces zinc content in pork without affecting iron and copper. Animals: an Open Access Journal from MDPI, 11(3): 776.

Mir N A, Tyagi P K, Biswas A K, et al. 2018. Performance and meat quality of broiler chicken fed a ration containing flaxseed meal and higher dietary lysine levels. The Journal of Agricultural Science, 156(2): 291-299.

Mogire M K, Choi J, Lu P, et al. 2021. Effects of red-osier dogwood extracts on growth performance, intestinal digestive and absorptive functions, and meat quality of broiler chickens. Canadian Journal of Animal Science, 101(4): 687-703.

Moharrery A, Larsen M, Weisbjerg M R. 2014. Starch digestion in the rumen, small intestine, and hind gut of dairy cows—A meta-analysis. Animal Feed Science and Technology, 192: 1-14.

Monahan F J, Gray J I, Asghar A, et al. 1993. Effect of dietary lipid and vitamin E supplementation on free radical production and lipid oxidation in porcine muscle microsomal fractions. Food Chemistry, 46(1): 1-6.

Montgomery J L, Carr M A, Kerth C R, et al. 2002. Effect of vitamin D_3 supplementation level on the postmortem tenderization of beef from steers. Journal of Animal Science, 80(4): 971-981.

Mordenti A L, Brogna N, Canestrari G, et al. 2019. Effects of breed and different lipid dietary supplements on beef quality. Nihon Chikusan Gakkaiho, 90(5): 619-627.

Moroney N C, O'Grady M N, Robertson R C, et al. 2015. Influence of level and duration of feeding polysaccharide(laminarin and fucoidan)extracts from brown seaweed(*Laminaria digitata*)on quality indices of fresh pork. Meat Science, 99: 132-141.

Mourão J L, Pinheiro V M, Prates J A M, et al. 2008. Effect of dietary dehydrated pasture and citrus pulp on the performance and meat quality of broiler chickens. Poultry Science, 87(4): 733-743.

Moyo S, Masika P J, Muchenje V, et al. 2020. Effect of Imbrasia belina meal on growth performance, quality characteristics and sensory attributes of broiler chicken meat. Italian Journal of Animal Science, 19(1): 1450-1461.

Murawska D, Daszkiewicz T, Sobotka W, et al. 2021. Partial and total replacement of soybean meal with full-fat black soldier fly(*Hermetia illucens* L.)larvae meal in broiler chicken diets: impact on growth performance, carcass quality and meat quality. Animals, 11(9): 2715.

Murawska D, Kubińska M, Gesek M, et al. 2018. The effect of different dietary levels and sources of methionine on the growth performance of turkeys, carcass and meat quality. Annals of Animal Science, 18(2): 525-540.

Mwang F W, Charmley E, Gardiner C P, et al. 2019. Diet and genetics influence beef cattle performance and meat quality characteristics. Foods, 8(12): 648.

Naruse M, Morita H, Hashiba K. 1994. Relation between vitamin A status and meat quality in Japanese Black cattle. Research Bulletin of the Aichi-ken Agricultural Research Centre, 26: 315-320.

Natalello A, Khelil-Arfa H, Luciano G, et al. 2022. Effect of different levels of organic zinc supplementation on pork quality. Meat Science, 186: 108731.

Nozière P, Graulet B, Lucas A, et al. 2006. Carotenoids for ruminants: From forages to dairy products. Animal Feed Science and Technology, 131(3-4): 418-450.

Nuernberg K, Dannenberger D, Nuernberg G, et al. 2005. Effect of a grass-based and a concentrate feeding system on meat quality characteristics and fatty acid composition of longissimus muscle in different cattle breeds. Livestock Production Science, 94(1-2): 137-147.

Oka A, Dohgo T, Juen M, et al. 1998a. Effects of vitamin A on beef quality, weight gain, and serum concentrations of thyroid hormones, insulin-like growth factor-1, and insulin in Japanese Black cattle. Animal Science and Technology(Japan), 69(2): 90-99.
Oka A, Maruo Y, Miki T, et al. 1998b. Influence of vitamin A on the quality of beef from the Tajima strain of Japanese Black cattle. Meat Science, 48(1/2): 159-167.
Ornaghi M G, Guerrero A, Vital A C P, et al. 2020. Improvements in the quality of meat from beef cattle fed natural additives. Meat Science, 163: 108059.
Osman A, Bin-Jumah M N, Abd El-Hack M E, et al. 2020. Dietary supplementation of soybean glycinin can alter the growth, carcass traits, blood biochemical indices, and meat quality of broilers. Poultry Science, 99(22): 820-828.
Page T G, Southern L L, Ward T L, et al. 1993. Effect of chromium picolinate on growth and serum and carcass traits of growing-finishing pigs. Journal of Animal Science, 71(3): 656-662.
Pardue S L, Thaxton J P, Brake J. 1984. Plasma ascorbic acid concentration following ascorbic acid loading in chicks. Poultry Science, 63(12): 2492-2496.
Park J H, Kang S N, Chu G M, et al. 2014. Growth performance, blood cell profiles, and meat quality properties of broilers fed with *Saposhnikovia divaricata*, *Lonicera japonica*, and *Chelidonium majus* extracts. Livestock Science, 165: 87-94.
Park S J, Beak S H, Jung D J S, et al. 2018. Genetic, management, and nutritional factors affecting intramuscular fat deposition in beef cattle—A review. Asian-Australasian Journal of Animal Sciences, 31(7): 1043-1061.
Patel S. 2015. Plant essential oils and allied volatile fractions as multifunctional additives in meat and fish-based food products: a review. Food Additives & Contaminants-Part A, Chemistry, Analysis, Control, Exposure & Risk Assessment, 32(7): 1049-1064.
Payne R L, Bidner T D, Southern L L, et al. 2001. Effects of dietary soy isoflavones on growth, carcass traits, and meat quality in growing-finishing pigs. Journal of Animal Science, 79(5): 1230-1239.
Peeters E, Driessen B, Geers R. 2006. Influence of supplemental magnesium, tryptophan, vitamin C, vitamin E, and herbs on stress responses and pork quality. Journal of Animal Science, 84(7): 1827-1838.
Peng D Q, Smith S B, Lee H G. 2021. Vitamin A regulates intramuscular adipose tissue and muscle development: promoting high-quality beef production. Journal of Animal Science and Biotechnology, 12(1): 34.
Peng Q H, Wang Z S, Tan C, et al. 2012. Effects of different pomace and pulp dietary energy density on growth performance and intramuscular fat deposition relating mRNA expression in beef cattle. Journal of Food Agriculture and Environment, 10(1): 404-407.
Pette D, Staron R S. 1990. Cellular and molecular diversities of mammalian skeletal muscle fibers. Reviews of Physiology, Biochemistry and Pharmacology, 116: 1-76.
Pinotti L, Manoni M, Ferrari L, et al. 2021. The contribution of dietary magnesium in farm animals and human nutrition. Nutrients, 13(2): 509.
Pion S J, van Heugten E, See M T, et al. 2004. Effects of vitamin C supplementation on plasma ascorbic acid and oxalate concentrations and meat quality in swine. Journal of Animal Science, 82(7): 2004-2012.
Pitargue F M, Kim J H, Goo D, et al. 2019. Effect of vitamin E sources and inclusion levels in diets on growth performance, meat quality, alpha-tocopherol retention, and intestinal inflammatory cytokine expression in broiler chickens. Poultry Science, 98(10): 4584-4594.
Poger D, Caron B, Mark A E. 2014. Effect of methyl-branched fatty acids on the structure of lipid bilayers. The Journal of Physical Chemistry B, 118(48): 13838-13848.
Pogge D J, Hansen S L. 2013. Supplemental vitamin C improves marbling in feedlot cattle consuming high sulfur diets. Journal of Animal Science, 91(9): 4303-4314.
Qi B, Wang J, Ma Y B, et al. 2018. Effect of dietary β-alanine supplementation on growth performance, meat quality, carnosine content, and gene expression of carnosine-related enzymes in broilers. Poultry Science, 97(4): 1220-1228.
Rey A I, Segura J F, Castejón D, et al. 2020. Vitamin D_3 supplementation in drinking water prior to slaughter

improves oxidative status, physiological stress, and quality of pork. Antioxidants, 9(6): 559.

Rezaei R, Knabe D A, Tekwe C D, et al. 2013. Dietary supplementation with monosodium glutamate is safe and improves growth performance in postweaning pigs. Amino Acids, 44(3): 911-923.

Rhoades R D, Sawyer J E, Chung K Y, et al. 2007. Effect of dietary energy source on *in vitro* substrate utilization and insulin sensitivity of muscle and adipose tissues of Angus and Wagyu steers. Journal of Animal Science, 85(7): 1719-1726.

Ross G R, van Nieuwenhove C P, González S N. 2012. Fatty acid profile of pig meat after probiotic administration. Journal of Agricultural and Food Chemistry, 60(23): 5974-5978.

Rowe C W, Pohlman F W, Brown A H Jr, et al. 2009. Effects of conjugated linoleic acid, salt, and sodium tripolyphosphate on physical, sensory, and instrumental color characteristics of beef striploins. Journal of Food Science, 74(1): S36-S43.

Rybarczyk A, Bogusławska-Wąs E, Dłubała A. 2021. Effect of BioPlus YC probiotic supplementation on gut microbiota, production performance, carcass and meat quality of pigs. Animals: an Open Access Journal from MDPI, 11(6): 1581.

Sałek P, Przybylski W, Jaworska D, et al. 2020. The effects on the quality of poultry meat of supplementing feed with zinc-methionine complex. Acta Scientiarum Polonorum-Technologia Alimentaria, 19(1): 73-82.

Savaris V D L, Broch J, de Souza C, et al. 2021. Effects of vitamin A on carcass and meat quality of broilers. Poultry Science, 100(12): 101490.

Schaefer A L, Murray A C, Tong A K W, et al. 1993. The effect of ante mortem electrolyte therapy on animal physiology and meat quality in pigs segregating at the halothane gene. Canadian Journal of Animal Science, 73(2): 231-240.

Schiavone A, Righi F, Quarantelli A, et al. 2007. Use of *Silybum marianum* fruit extract in broiler chicken nutrition: influence on performance and meat quality. Journal of Animal Physiology and Animal Nutrition, 91(5/6): 256-262.

Schoonmaker J P, Loerch S C, Fluharty F L, et al. 2002. Effect of an accelerated finishing program on performance, carcass characteristics, and circulating insulin-like growth factor I concentration of early-weaned bulls and steers. Journal of Animal Science, 80(4): 900-910.

Semenova A A, Nasonova V V, Kuznetsova T G, et al. 2020. PSIII-17 Program Chair Poster Pick: a study on the effect of dihydroquercetin added into a diet of growing pigs on meat quality. Journal of Animal Science, 98(Supplement 4): 364.

Sen S, Sirobhushanam S, Hantak M P, et al. 2015.Short branched-chain C6 carboxylic acids result in increased growth, novel 'unnatural'fatty acids and increased membrane fluidity in a *Listeria monocytogenes* branched-chain fatty acid-deficient mutant. Biochimica et Biophysica Acta, 1851(10): 1406-1415.

Shahidi F, Hossain A. 2022. Role of lipids in food flavor generation. Molecules, 27(15): 5014.

Shen M M, Zhang L L, Chen Y N, et al. 2019. Effects of bamboo leaf extract on growth performance, meat quality, and meat oxidative stability in broiler chickens. Poultry Science, 98(12): 6787-6796.

Silva V A, Clemente A H S, Nogueira B R F, et al. 2019. Supplementation of selenomethionine at different ages and levels on meat quality, tissue deposition, and selenium retention in broiler chickens. Poultry Science, 98(5): 2150-2159.

Šimek J, ChlÁdek G, Koutník V, et al. 2002. Selenium content of beef and its effect on drip and fluid losses. Animal Science Papers and Reports, 20(suppl.1): 49-53.

Simitzis P E, Symeon G K, Charismiadou M A, et al. 2010. The effects of dietary oregano oil supplementation on pig meat characteristics. Meat Science, 84(4): 670-676.

Smith S B, Blackmon T L, Sawyer J E, et al. 2018. Glucose and acetate metabolism in bovine intramuscular and subcutaneous adipose tissues from steers infused with glucose, propionate, or acetate. Journal of Animal Science, 96(3): 921-929.

Smith S B, Kawachi H, Choi C B, et al. 2009. Cellular regulation of bovine intramuscular adipose tissue development and composition. Journal of Animal Science, 87(suppl 14): E72-E82.

Sporer K R B, Zhou H-R, Linz J E, et al. 2012. Differential expression of calcium-regulating genes in heat-stressed turkey breast muscle is associated with meat quality. Poultry Science, 91(6): 1418-1424.

Sridhar K, Kumari N N, Panda A K, et al. 2015. Effect of dietary incorporation of ω-3 PUFA rich oil sources on performance, carcass traits, serum biochemical parameters and immune response in krishibro broilers. Indian Journal of Animal Nutrition, 32(4): 405-409.

Starčević K, Krstulović L, Brozić D, et al. 2015. Production performance, meat composition and oxidative susceptibility in broiler chicken fed with different phenolic compounds. Journal of the Science of Food and Agriculture, 95(6): 1172-1178.

Suda Y, Villena J, Takahashi Y, et al. 2014. Immunobiotic *Lactobacillus jensenii* as immune-health promoting factor to improve growth performance and productivity in post-weaning pigs. BMC Immunology, 15: 24.

Suliman G M, Alowaimer A N, Al-Mufarrej S I, et al. 2021. The effects of clove seed(*Syzygium aromaticum*)dietary administration on carcass characteristics, meat quality, and sensory attributes of broiler chickens. Poultry Science, 100(3): 100904.

Suo B, Li H R, Wang Y X, et al. 2017. Effects of ZnO nanoparticle-coated packaging film on pork meat quality during cold storage. Journal of the Science of Food and Agriculture, 97(7): 2023-2029.

Supuka P, Marcinčák S, Popelka P, et al. 2015. The effects of adding agrimony and sage extracts to water on blood biochemistry and meat quality of broiler chickens. Acta Veterinaria Brno, 84(2): 119-124.

Tabook N M, Kadim I T, Mahgoub O, et al. 2006. The effect of date fibre supplemented with an exogenous enzyme on the performance and meat quality of broiler chickens. British Poultry Science, 47(1): 73-82.

Taga H, Bonnet M, Picard B, et al. 2011. Adipocyte metabolism and cellularity are related to differences in adipose tissue maturity between Holstein and Charolais or Blond d'Aquitaine fetuses. Journal of Animal Science, 89(3): 711-721.

Tan B, Li X G, Kong X F, et al. 2009a. Dietary L-arginine supplementation enhances the immune status in early-weaned piglets. Amino Acids, 37(2): 323-331.

Tan B, Yin Y L, Liu Z Q, et al. 2009b. Dietary L-arginine supplementation increases muscle gain and reduces body fat mass in growing-finishing pigs. Amino Acids, 37(1): 169-175.

Tang Z L, Li Y, Wan P, et al. 2007. LongSAGE analysis of skeletal muscle at three prenatal stages in Tongcheng and Landrace pigs. Genome Biology, 8(6): R115.

Tao H, Si B W, Xu W C, et al. 2020. Effect of *Broussonetia papyrifera* L. silage on blood biochemical parameters, growth performance, meat amino acids and fatty acids compositions in beef cattle. Asian-Australasian Journal of Animal Sciences, 33(5): 732-741.

Teng H, Mi Y N, Deng H T, et al. 2022. Inhibitory effect of acylated anthocyanins on heterocyclic amines in grilled chicken breast patty and its mechanism. Current Research in Food Science, 5: 1732-1739.

Tian Z M, Cui Y Y, Lu H J, et al. 2021. Effect of long-term dietary probiotic *Lactobacillus reuteri* 1 or antibiotics on meat quality, muscular amino acids and fatty acids in pigs. Meat Science, 171: 108234.

Tizziani T, de-Oliveira Donzele R F M, Donzele J L, et al. 2019. Reduction of calcium levels in rations supplemented with vitamin D_3 or 25-OH-D_3 for broilers. Revista Brasileira De Zootecnia, 48: e20180253.

Tonon F A, Kemmelmeier F S, Bracht A, et al. 1998. Metabolic effects of oxalate in the perfused rat liver. Comparative Biochemistry and Physiology Part B: Biochemistry and Molecular Biology, 121(1): 91-97.

Torrecilhas J A, Ornaghi M G, Passetti R A C, et al. 2020. Meat quality of young bulls finished in a feedlot and supplemented with clove or cinnamon essential oils. Meat Science, 174(2): 108412.

Tous N, Lizardo R, Vilà B, et al. 2014. Effect of reducing dietary protein and lysine on growth performance, carcass characteristics, intramuscular fat, and fatty acid profile of finishing barrows. Journal of Animal Science, 92(1): 129-140.

Tous N, Lizardo R, Vila B, et al. 2016. Addition of arginine and leucine to low or normal protein diets: performance, carcass characteristics and intramuscular fat of finishing pigs. Spanish Journal of Agricultural Research, 14: e0605.

Triasih D, Krisdiani D, Riyanto J, et al. 2018. The effect of different location of muscle on quality of frozen simmental ongole grade male meat. IOP Conference Series: Earth and Environmental Science, 119: 012039.

Uemoto Y, Ogawa S, Satoh M, et al. 2020. Development of prediction equation for methane-related traits in beef cattle under high concentrate diets. Animal Science Journal, 91(1): e13341.

Upadhaya S D, Lee S S, Jin S G, et al. 2021. Effect of increasing levels of threonine relative to lysine on the performance and meat quality of finishing pigs. Animal Bioscience, 34(12): 1987-1994.

Vahmani P, Ponnampalam E N, Kraft J, et al. 2020. Bioactivity and health effects of ruminant meat lipids. Invited Review. Meat Science, 165: 108114.

van Harn J, Dijkslag M A, van Krimpen M M. 2019. Effect of low protein diets supplemented with free amino acids on growth performance, slaughter yield, litter quality, and footpad lesions of male broilers. Poultry Science, 98(10): 4868-4877.

Vieira V, Marx F O, Bassi L S, et al. 2021. Effect of age and different doses of dietary vitamin E on breast meat qualitative characteristics of finishing broilers. Animal Nutrition, 7(1): 163-167.

Wang H B, He Y, Li H, et al. 2019. Rumen fermentation, intramuscular fat fatty acid profiles and related rumen bacterial populations of Holstein bulls fed diets with different energy levels. Applied Microbiology and Biotechnology, 103(12): 4931-4942.

Wang J, Clark D L, Jacobi S K, et al. 2020. Effect of vitamin E and omega-3 fatty acids early posthatch supplementation on reducing the severity of wooden breast myopathy in broilers. Poultry Science, 99(4): 2108-2119.

Wang L, Huang Y, Wang Y, et al. 2021. Effects of polyunsaturated fatty acids supplementation on the meat quality of pigs: a meta-analysis. Frontiers in Nutrition, 8: 746765.

Wang S, Guo L, Miao Z, et al. 2022. Effects of maternal vitamin D_3 status on quality characteristics of pork batters in offspring pigs during cold storage. Food Science and Technology, 42: e102021.

Wang T, Crenshaw M A, Regmi N, et al. 2017. Effects of dietary lysine level on the content and fatty acid composition of intramuscular fat in late-stage finishing pigs. Canadian Journal of Animal Science, 98(2): 241-249.

Wang W, Chen D, Yu B, et al. 2019. Effect of dietary inulin supplementation on growth performance, carcass traits, and meat quality in growing-finishing pigs. Animals, 9(10): 840.

Wang W, Wen C, Guo Q, et al. 2021. Dietary supplementation with chlorogenic acid derived from *Lonicera macranthoides* Hand-Mazz improves meat quality and muscle fiber characteristics of finishing pigs via enhancement of antioxidant capacity. Frontiers in Physiology, 12: 650084.

Wang Y, Chen J, Ji Y, et al. 2021. Effect of betaine diet on growth performance, carcass quality and fat deposition in finishing Ningxiang pigs. Animals: an Open Access Journal from MDPI, 11(12): 3408.

Wang Y, Li L, Gou Z, et al. 2020. Effects of maternal and dietary vitamin A on growth performance, meat quality, antioxidant status, and immune function of offspring broilers. Poultry Science, 99(8): 3930-3940.

Wang Y, Wang W, Li L, et al. 2021. Effects and interaction of dietary calcium and nonphytate phosphorus for slow-growing yellow-feathered broilers between 56 and 84 d of age. Poultry Science, 100(5): 101024.

Wang Y M, Yu H T, Zhou J Y, et al. 2019. Effects of feeding growing-finishing pigs with low crude protein diets on growth performance, carcass characteristics, meat quality and nutrient digestibility in different areas of China. Animal Feed Science and Technology, 256: 114256.

Wang Y X, Zhan X A, Zhang X W, et al. 2011. Comparison of different forms of dietary selenium supplementation on growth performance, meat quality, selenium deposition, and antioxidant property in broilers. Biological Trace Element Research, 143(1): 261-273.

Wang Z Z, Zhu B, Niu H, et al. 2019. Genome wide association study identifies SNPs associated with fatty acid composition in Chinese Wagyu cattle. Journal of Animal Science and Biotechnology, 10(1): 1-13.

Watanabe G, Kobayashi H, Shibata M, et al. 2015. Regulation of free glutamate content in meat by dietary lysine in broilers. Animal Science Journal, 86(4): 435-442.

Watanabe G, Kobayashi H, Shibata M, et al. 2017. Reduction of dietary lysine increases free glutamate

content in chicken meat and improves its taste. Animal Science Journal, 88(2): 300-305.
Wen C, Chen Y, Leng Z, et al. 2019. Dietary betaine improves meat quality and oxidative status of broilers under heat stress. Journal of the Science of Food and Agriculture, 99(2): 620-623.
Wen C, Jiang X Y, DingL R, et al. 2017. Effects of dietary methionine on growth performance, meat quality and oxidative status of breast muscle in fast- and slow-growing broilers. Poultry Science, 96(6): 1707-1714.
Wen C, Liu Y, Ye Y, et al. 2020. Effects of gingerols-rich extract of ginger on growth performance, serum metabolites, meat quality and antioxidant activity of heat-stressed broilers. Journal of Thermal Biology, 89: 102544.
Wen M, Wu B, Zhao H, et al. 2019. Effects of dietary zinc on carcass traits, meat quality, antioxidant status, and tissue zinc accumulation of Pekin ducks. Biol Trace Elem Res, 190(1): 187-196.
Wen W, Chen X, Chen D, et al. 2016. Cloning and functional characterization of porcine Sox6. Turkish Journal of Biology, 40: 160-165.
Whipple G, Koohmaraie M. 1993. Calcium chloride marination effects on beef steak tenderness and calpain proteolytic activity. Meat Science, 33: 265-275.
Wiegand B R, Sparks J C, Beitz D C, et al. 2002. Short-term feeding of vitamin D_3 improves color but does not change tenderness of pork-loin chops1. Journal of Animal Science, 80(8): 2116-2121.
Wilborn B S, Kerth C R, Owsley W F, et al. 2004. Improving pork quality by feeding supranutritional concentrations of vitamin D_3. Journal of Animal Science, 82(1): 218-224.
Williams C M. 2000. Dietary fatty acids and human health. Annales de Zootechnie, 49(3): 165-180.
Wolf G. 1990. Recent progress in vitamin A research: nuclear retinoic acid receptors and their interaction with gene elements. The Journal of Nutritional Biochemistry, 1(6): 284-289.
Wolter B, McKeith F K, Miller K D, et al. 1999. Influence of dietary selenium source on growth performance, and carcass and meat quality characteristics in pigs. Canadian Journal of Animal Science, 9(1): 119-121.
Wood J D, Enser M. 1997. Factors influencing fatty acids in meat and the role of antioxidants in improving meat quality. British Journal of Nutrition, 78(1): S49-S60.
Wood J D, Richardson R I, Nute G R, et al. 2004. Effects of fatty acids on meat quality: a review. Meat Science, 66(1): 21-32.
Wood J D, Enser M, Whittington F, et al. 2007. Fatty acids in meat and meat products//Chow C K. Fatty Acids in Foods and Their Health Implications. Third Edition. Boca Raton: CRC Press: 87-107.
Xie Q, Xie K, Yi J, et al. 2022. The effects of magnolol supplementation on growth performance, meat quality, oxidative capacity, and intestinal microbiota in broilers. Poultry Science, 101(4): 101722.
Xu D, Wang Y, Jiao N, et al. 2020. The coordination of dietary valine and isoleucine on water holding capacity, pH value and protein solubility of fresh meat in finishing pigs. Meat Science, 163: 108074.
Xu Q, Si W, Mba O I, et al. 2021. Research Note: Effects of supplementing cranberry and blueberry pomaces on meat quality and antioxidative capacity in broilers. Poultry Science, 100(3): 100900.
Xu X, Chen X, Chen D, et al. 2019. Effects of dietary apple polyphenol supplementation on carcass traits, meat quality, muscle amino acid and fatty acid composition in finishing pigs. Food & Function, 10(11): 7426-7434.
Yamada T, Nakanishi N. 2012. Effects of the roughage/concentrate ratio on the expression of angiogenic growth factors in adipose tissue of fattening Wagyu steers. Meat Science, 90(3): 807-813.
Yan Y, Wang Z, Greenwald J, et al. 2017. BCFA suppresses LPS induced IL-8 mRNA expression in human intestinal epithelial cells. Prostaglandins, Leukotrienes and Essential Fatty Acids, 116: 27-31.
Yang A, Larsen T W, Tume R K. 1992. Carotenoid and retinol concentrations in serum, adipose tissue and liver and carotenoid transport in sheep, goats and cattle. Australian Journal of Agricultural Research, 43(8): 1809-1817.
Yang J, Huo B, Wang K, et al. 2022. Effects of dietary lysine levels on growth performance, nutrient digestibility, serum metabolites, and carcase and meat quality of Yacha pigs. Italian Journal of Animal Science, 21(1): 1593-1603.
Yang Z Q, Bao L B, Zhao X H, et al. 2016. Nicotinic acid supplementation in diet favored intramuscular fat

deposition and lipid metabolism in finishing steers. Experimental Biology & Medicine, 241(11): 1195-1201.

Yang Z Q, Zhao X H, Xiong X W, et al. 2019. Uncovering the mechanism whereby dietary nicotinic acid increases the intramuscular fat content in finishing steers by RNA sequencing analysis. Animal Production Science, 59(9): 1620-1630.

Ye C, Zeng X, Zhu J, et al. 2017. Dietary *N*-carbamylglutamate supplementation in a reduced protein diet affects carcass traits and the profile of muscle amino acids and fatty acids in finishing pigs. Journal of Agricultural and Food Chemistry, 65(28): 5751-5758.

Yoshimura H, Muneta T, Nimura A, et al. 2007. Comparison of rat mesenchymal stem cells derived from bone marrow, synovium, periosteum, adipose tissue, and muscle. Cell and Tissue Research, 327(3): 449-462.

Yu C, Zhang J, Li Q, et al. 2021. Effects of trans-anethole supplementation on serum lipid metabolism parameters, carcass characteristics, meat quality, fatty acid, and amino acid profiles of breast muscle in broiler chickens. Poultry Science, 100(12): 101484.

Yu Q, Fang C, Ma Y, et al. 2021. Dietary resveratrol supplement improves carcass traits and meat quality of Pekin ducks. Poultry Science, 100(3): 100802.

Zeng Z, Jiang J J, Yu J, et al. 2019. Effect of dietary supplementation with mulberry (*Morus alba* L.) leaves on the growth performance, meat quality and antioxidative capacity of finishing pigs. Journal of Integrative Agriculture, 18(1): 143-151.

Zerby H N, Belk K E, Sofos J N, et al. 1999. Case life of seven retail products from beef cattle supplemented with alpha-tocopheryl acetate. Journal of Animal Science, 77(9): 2458-2463.

Zhang B, Zhang X, Schilling M W, et al. 2021. Effects of broiler genetic strain and dietary amino acid reduction on meat yield and quality(part II). Poultry Science, 100(4): 101033.

Zhang C, Luo J, Yu B, et al. 2015. Dietary resveratrol supplementation improves meat quality of finishing pigs through changing muscle fiber characteristics and antioxidative status. Meat Science, 102: 15-21.

Zhang C, Wang C, Zhao X, et al. 2020. Effect of L-theanine on meat quality, muscle amino acid profiles, and antioxidant status of broilers. Animal Science Journal, 91(1): e13351.

Zhang H, Guan W. 2019. The response of gene expression associated with intramuscular fat deposition in the longissimus dorsi muscle of Simmental × Yellow breed cattle to different energy levels of diets. Animal Science Journal, 90(4): 493-503.

Zhang H B, Dong X W, Wang Z S, et al. 2016. Dietary conjugated linoleic acids increase intramuscular fat deposition and decrease subcutaneous fat deposition in Yellow Breed × Simmental cattle. Animal Science Journal, 87(4): 517-524.

Zhang H Z, Chen D W, He J, et al. 2019. Long-term dietary resveratrol supplementation decreased serum lipids levels, improved intramuscular fat content, and changed the expression of several lipid metabolism-related miRNAs and genes in growing-finishing pigs. Journal of Animal Science, 97(4): 1745-1756.

Zhang L, Li F, Guo Q, et al. 2022. Balanced branched-chain amino acids modulate meat quality by adjusting muscle fiber type conversion and intramuscular fat deposition in finishing pigs. Journal of the Science of Food and Agriculture, 102(9): 3796-3807.

Zhang Y, Yu B, Yu J, et al. 2019. Butyrate promotes slow-twitch myofiber formation and mitochondrial biogenesis in finishing pigs via inducing specific microRNAs and PGC-1α expression. Journal of Animal Science, 97(8): 3180-3192.

Zhang Y, Zhang J, Gong H, et al. 2019. Genetic correlation of fatty acid composition with growth, carcass, fat deposition and meat quality traits based on GWAS data in six pig populations. Meat Science, 150: 47-55.

Zhao J S, Deng W, Liu H W. 2019. Effects of chlorogenic acid-enriched extract from *Eucommia ulmoides* leaf on performance, meat quality, oxidative stability, and fatty acid profile of meat in heat-stressed broilers. Poultry Science, 98(7): 3040-3049.

Zhao J, Wang M, Xie J, et al. 2017. Volatile flavor constituents in the pork broth of black-pig. Food

Chemistry, 226: 51-60.

Zhong Y, Yan Z, Song B, et al. 2021. Dietary supplementation with betaine or glycine improves the carcass trait, meat quality and lipid metabolism of finishing mini-pigs. Animal Nutrition, 7(2): 376-383.

Zhu Z, Gu C, Hu S, et al. 2020. Dietary *N*-carbamylglutamate supplementation enhances myofiber development and intramuscular fat deposition in growing-finishing pigs. Livestock Science, 242: 104310.

Zou Y, Xiang Q, Wang J, et al. 2016. Effects of oregano essential oil or quercetin supplementation on body weight loss, carcass characteristics, meat quality and antioxidant status in finishing pigs under transport stress. Livestock Science, 192: 33-38.

第七章　饲养模式与畜禽肉品质

第一节　不同畜禽的肉品质

随着我国经济的快速发展、食品安全事件的不断出现，以及消费水平的不断提高，消费者已从对肉产品量的需求转化为质的要求，越来越关注畜禽肉品质。畜禽肉品质的评定指标主要包括感官品质、理化特性及营养成分等，这些指标均不同程度地反映了肉的品质。

一、感官品质与理化特性

感官品质主要包括肉色、大理石纹、嫩度和风味等。肉色取决于肌肉中色素含量，即包括肌红蛋白、血红蛋白细胞色素、过氧化氢酶以及微量有色代谢物。肌纤维类型及其组成也是影响肉色的重要因素：Ⅰ型（慢速收缩氧化型）和Ⅱa 型（快速收缩氧化型）肌纤维细胞色素、线粒体和肌浆网内肌红蛋白含量较高，其比例与肉色呈显著正相关关系；Ⅱb 型（快速收缩酵解型）肌纤维与肉色亮度值呈显著正相关关系（Chang，2007）；Ⅱx 型（中间型）肌纤维肉色介于红、白肌纤维之间，提高Ⅰ型肌纤维和Ⅱa 型肌纤维的比例可改善宰后的肉色（Kim et al.，2013）。此外，肌纤维的直径、密度还决定着肌肉的嫩度，骨骼肌纤维越细，密度越大，则肉质越细嫩，口感越好。大理石纹是评定肌肉横切面可见脂肪与结缔组织的分布情况，反映肌内脂肪含量高低的指标，是影响肉质口感的重要因素。嫩度是人食肉时对肉撕裂、切断和咀嚼时的难易，与肌肉中结缔组织胶原成分的羟脯氨酸含量成负相关。不同畜禽肉具有各自独特的风味，风味最终呈现取决于产品自身挥发性风味物质、后期加工新形成的挥发性风味物质、畜禽产品吸收的外界气味 3 个方面（黄铭逸等，2020）。某些风味物质凭自身单一化合物即可决定畜禽产品所含的某种风味，如蘑菇醇含量对猪肉的清甜风味影响显著（O'Sullivan et al.，2003）；高含量的 2-丙酮与公牛血腥味肉密切关联（Gorraiz et al.，2002）。另外，一些畜禽产品的特定风味由多种挥发性化合物综合才能呈现：如膻味，是绵羊、山羊所特有的一种特殊气味，致膻物质主要是己酸、辛酸、癸酸及 4-乙基辛-2-烯酸等低碳链游离脂肪酸，但是它们单独存在并不产生膻味，必须按一定的比例结合成一种较稳定的络合物，或者通过氢键以相互缔合形式存在时，才产生膻味。

理化特性主要包括酸碱度（pH 值）、失水率、系水率和熟肉率。畜禽宰杀后，主要是糖原酵解和三磷酸腺苷（ATP）的水解供能变化，使肌肉中聚积乳酸和磷酸等酸性物质，导致 pH 值降低。pH 值下降的速度和程度对肉色、系水力、嫩度及货架期等都有较大影响，下降速度太快会产生劣质肉，太慢又会延迟熟肉时间。失水率是反映肉品质的重要指标，其越低，系水力越高，保水性越好，肉质越柔嫩，品质更佳。系水率是指肌肉保持水分的能力，与肉品质成正比。蒸煮损失和熟肉率都是检测肉质系水力的方法，是反映肉在加热过程中水分保持能力的指标，通常肌肉蒸煮损失率越大，熟肉率越小，其剪切力越大，即嫩度越小。畜禽肉产品感官品质及理化特性受到多种因素的影响，如品种、饲养方式、日粮营养等，不同种类的畜禽肉品质存在很大差异（表 7-1）。

表 7-1　不同畜禽肉产品感官品质与理化特性

肉品质指标	牛肉	羊肉	猪肉	驴肉	鸡肉
pH 值	5.68	5.67	5.81	6.68	6.18
失水率/%	32.74	36.19	21.51	4.15	18.52
剪切力/N	30.58	51.84	37.20	10.74	68.90
蒸煮损失/%	21.63	36.50	43.62	30.54	12.00
L^*	32.54	37.13	50.19	25.61	46.70
a^*	5.40	16.85	5.78	16.44	3.53
b^*	17.06	6.45	4.80	8.13	16.18
粗蛋白/%	19.86	22.05	24.88	22.03	25.46
粗脂肪/%	1.45	2.29	2.87	3.05	0.83

资料来源：赵政，2018；李军等，2021；周玉青等，2016；杜霞等，2022；吴涛等，2022；张春霞，2022

二、脂肪酸和氨基酸含量

营养成分评定是肉品质评定方法中必不可缺的一部分，主要包括水分、蛋白质、脂肪、矿物元素等。肉质风味的差异主要来自脂肪的氧化，这是因为不同种畜禽的脂肪酸组成明显不同（表 7-2），由此造成其氧化产物及风味的差异。因此脂质在肉类的整体风味中发挥着重要的作用。脂肪酸是脂肪的主要组成成分，与动物生理生化代谢及某些疾

表 7-2　不同畜禽肌肉中脂肪酸的组成[占总脂肪酸（TFA）比例]

脂肪酸	羊肉	牛肉	驴肉	猪肉	鸡肉
SFA/%	35.18	42.54	39.51	48.79	37.86
MUFA/%	53.00	52.89	39.54	35.19	27.64
PUFA/%	13.62	4.77	21.21	7.78	34.5
n-3 PUFA/%					
C18:3n3/%	1.57	0.16	0.92	0.26	3.16
C20:5n3/%	0.04	0.09	0.10	0.65	0.28
C22:6n3/%	1.10	—	1.80	0.37	1.81
n-6 PUFA/%					
C18:2n6/%	7.04	3.30	21.50	5.95	21.26
C20:4n6/%	0.10	0.03	0.11	0.55	7.36
n-6/n-3	2.31	4.25	10.47	16.00	5.57
多不饱和/饱和	0.40	0.11	0.54	0.16	0.91
不饱和/饱和	1.95	1.35	1.54	0.88	1.64

注：“—”表示在所引用的参考文献中未检测出，下表同

资料来源：Wang et al.，2019c，2019d；张瑞等，2022；席斌等，2019；张悦等，2022；张婧等，2021

病的发生密切相关，例如，n-3 多不饱和脂肪酸（n-3 PUFA）和 n-6 PUFA 的摄入量及其比例对动物体内 PUFA 的生物合成和平衡功能非常重要，n-6/n-3 PUFA 小于 5 能够预防某些癌症的发生。亚油酸是已知最早的功能性 PUFA 之一，可防止血清胆固醇在血管壁的沉积，有助于抑制动脉血栓的形成；此外，亚油酸还是 n-6 LCPUFA 尤其是 C18:3n6 和 C20:4n6 的前体。PUFA 中 n-6 系列的 C18:2n6c 和 n-3 系列的 C18:3n3 是人体不可缺少的必需脂肪酸，它们可以在体内代谢转化或者从特定膳食中摄入，因其能够调节人体的脂质代谢、治疗和预防心脑血管疾病、抗癌、对抗肥胖和促进生长发育，所以成为近几年研究的重点（徐彬和李绍钰，2007）。

蛋白质含量也是评价肉品质的主要指标，可以直接反映肌肉营养价值。蛋白质由氨基酸构成，肌肉中氨基酸的含量、种类及比例是评价其营养价值优劣的主要指标，不同种动物肌肉中的氨基酸组成明显不同（表 7-3）。氨基酸与还原糖所发生的美拉德反应是形成肉质风味物质的重要途径。根据 FAO/WHO 的模式标准，理想的蛋白质氨基酸组成中必需氨基酸占总氨基酸的比值（EAA/TAA）应在 40%左右，EAA/非必需氨基酸（NEAA）应该在 60%以上（邵金良等，2008）。现代营养学理论认为，食物蛋白质所含必需氨

表 7-3 不同畜禽肌肉中氨基酸的组成

氨基酸种类	氨基酸	牛肉	羊肉	猪肉	驴肉	鸡肉
非必需氨基酸/（g/100g）	谷氨酸（Glu）	3.02	2.72	2.45	2.71	2.68
	天冬氨酸（Asp）	1.59	1.64	1.30	1.80	1.79
	精氨酸（Arg）	1.28	1.20	1.08	1.30	1.28
	脯氨酸（Pro）	0.88	0.85	0.35	1.11	0.83
	丙氨酸（Ala）	1.23	1.20	0.75	1.28	1.20
	丝氨酸（Ser）	0.66	0.69	0.63	0.82	0.75
	甘氨酸（Gly）	0.96	0.94	0.71	1.11	0.79
	小计	9.62	9.24	7.27	10.13	9.32
必需氨基酸/（g/100g）	亮氨酸（Leu）	1.72	1.60	0.69	1.72	1.71
	赖氨酸（Lys）	1.60	1.58	2.11	1.62	1.72
	缬氨酸（Val）	0.93	0.88	0.31	0.84	0.83
	苯丙氨酸（Phe）	1.05	0.95	1.25	0.62	1.06
	异亮氨酸（Ile）	0.92	0.83	0.80	0.82	0.87
	酪氨酸（Tyr）	0.56	0.58	0.53	0.68	0.69
	苏氨酸（Thr）	0.81	0.84	0.83	1.00	0.93
	组氨酸（His）	0.66	0.59	0.51	0.61	0.81
	蛋氨酸（Met）	0.44	0.47	0.40	0.53	0.54
	半胱氨酸（Cys）	0.17	0.16	0.08	0.15	0.17
	蛋氨酸+半胱氨酸	0.61	0.63	0.48	0.68	0.70
	小计	9.47	9.11	7.99	9.27	10.03
总氨基酸/（g/100g）		18.35	17.39	14.78	18.69	18.32
EAA/TAA		47.96	47.84	54.06	46.71	50.05
EAA/NEAA		92.15	91.73	109.90	87.74	100.22

资料来源：哈斯额尔敦等，2022；席斌等，2019

基酸的数量和比例越接近人体蛋白质的组成，可为人体提供越丰富的必需氨基酸，有较高的营养价值。研究表明，鲜味氨基酸主要由谷氨酸、天冬氨酸、甘氨酸和丙氨酸组成，甜味氨基酸主要由丙氨酸、丝氨酸、苏氨酸、脯氨酸和甘氨酸组成，芳香族类氨基酸主要由酪氨酸和苯丙氨酸组成，这三类氨基酸都是能够改善肉质风味的重要物质（张磊等，2020）。

畜禽肉品质受很多因素的影响，如品种、年龄、性别、日粮营养水平、饲养模式、宰前应激和宰后处理、季节，其中，饲养模式是影响肉品质的主要因素之一。本章主要从饲养方式、饲养密度、饲喂方式和饲养水平 4 个方面综述饲养模式对草食家畜、猪、鸡肉品质的影响及其调控机制，为通过改善饲养模式途径优化畜禽肉品质进而提高其营养价值提供理论参考。

第二节 饲养方式对畜禽肉品质的影响

一、饲养方式对草食家畜肉品质的影响

随着我国经济的快速发展和人们生活水平的不断提高，牛羊肉已成为我国城乡居民重要的优质蛋白来源，牛羊肉产量持续增长，消费需求不断增加。牛肉是当今世界第三大消耗肉类，约占肉制品市场的 25%，仅次于猪肉和禽肉。2021 年我国牛肉产量为 698 万 t，需求量为 930 万 t。此外，我国是全球第一大肉羊生产国和消费国，随着居民生活水平的提高，对于羊肉的消费正在从原来的季节性消费向日常食品消费转变。2020 年我国羊肉产量达 492.31 万 t。如前所述，牛羊等草食家畜肉品质受到许多因素的影响，饲养方式是重要的影响因素之一。

草食家畜养殖中常见的饲养方式包括自然放牧、放牧加补饲（半舍饲）及舍饲 3 种。自然放牧生产成本低、动物福利高、生态效益好，是牧区传统的饲养方式。然而，自然放牧条件下动物生长速度低、出栏体重低、生产效率低，并受到草场资源与季节因素的限制。放牧与补饲相结合的饲养方式，可缩短出栏时间，增加出栏率、增加出栏体重与产肉效率，减轻草场压力，但也受到草场资源与季节因素的限制，生产效率较低。随着国民经济的发展和人民生活水平的不断提高，畜牧业结构不断优化升级，市场对牛羊肉的需求呈现出上升的趋势，同时，我国草原工作指导方针也在不断优化调整，实现畜牧生产与生态双赢已是大势所趋。因此，舍饲成为目前常用的一种饲养方式。舍饲可以根据动物在不同时期的生长需求，为其提供合理日粮配比，改变动物的择食性，控制其运动量，增强营养物质的消化利用，以提高其生产性能，相比自然放牧和放牧加补饲，在很大程度上缩短了育肥期，增加了出栏体重，且不受季节更迭的影响，有效提高了生产效率和养殖效益。不同畜禽的肉品质存在很大差异，但相同畜禽在不同饲养方式下其日粮组成、环境条件、饲养管理存在明显的差异，其肉品质在理化特性，氨基酸、脂肪酸等营养成分组成，风味等方面也存在很大的差异。

（一）对肌肉感官品质及理化特性的影响

多数研究表明，与放牧补饲相比，舍饲育肥增加了肌肉剪切力和 pH 值，同时也加

深了肌肉颜色，但放牧及放牧补饲的饲养方式下肌肉熟肉率和大理石纹评分更高，嫩度更好，并且肌纤维排列较舍饲组更为致密、整齐，肌纤维间隙更为宽厚。吴铁梅（2013）研究了舍饲与放牧补饲育肥对绒山羊羯羔肌肉理化特性的影响，结果得出舍饲育肥羯羔的肌肉除粗蛋白含量显著高于放牧补饲组外，在熟肉率、失水率、剪切力、大理石纹、肉色、pH 值等指标方面均没有显著的差异，但从总趋势看，舍饲育肥组的肌肉肉色偏红，剪切力有一定的增加，水分含量、脂肪含量与大理石纹分值有一定的降低。从 pH 值的变化结果看，虽然舍饲组宰后的肌肉 pH 值略高于放牧补饲组，但均在正常范围内。放牧补饲和舍饲羯羔肌肉颜色基本上均呈鲜红色，但舍饲组羯羔肌肉比起放牧补饲组颜色偏深红，这可能是由于舍饲羯羔胴体重比放牧补饲羔大，而且日粮粗蛋白水平也高，肌内肌红蛋白与氧结合呈鲜红色，舍饲羯羔肌肉肌红蛋白与氧结合度比放牧补饲多，确切的原因有待于进一步探讨。

肌内脂肪含量与肉风味多汁性和嫩度呈正相关关系，并且对于肌肉的纹理、紧实性和保水性能具有明显的改善作用，放牧补饲育肥组羔羊的肌内脂肪含量略高于舍饲育肥组，这与其日粮组成有关。放牧补饲组在自然放牧的基础上，每天补饲玉米后，日进食的可消化能高于舍饲育肥组，这是引起大理石纹评分值高于舍饲育肥组的原因之一。钱文熙等（2006）研究了舍饲育肥和放牧对 3 月龄断奶去势滩羊肉质理化特性的影响，饲养至 8 月龄后发现放牧组羊肉 pH 值、肉色评分、大理石纹评分和失水率与舍饲组间差异不显著，但是放牧组熟肉率显著高于舍饲组。王敏（2020）研究发现，动物运动量的大小与肌纤维发育情况成正比，运动量越大，肌纤维发育越好，肌肉就越发达，肉质韧性越高，肌肉风味更佳。在舍饲条件下，肉牛由于活动空间受限，运动量较少，所吸收的营养物质主要用于脂肪沉积和体重增加，其肌肉松散，肌纤维排列紊乱、疏松，系水力差。综上所述，与舍饲育肥相比，放牧及放牧补饲的饲养方式下肌纤维排列更为致密、整齐，熟肉率和大理石纹评分更高，肌肉嫩度更好，风味更佳。然而，苏日古嘎（2013）关于绒山羊成年母羊肌肉的研究发现，放牧育肥与舍饲育肥对肌肉感官及理化特性无显著影响，但舍饲组肌肉的 pH 值、肉色评分、大理石纹评分和熟肉率指标有高于放牧组的趋势，而剪切力、失水率有低于放牧组的趋势，这可能是品种及性别导致的结果差异。

肉牛养殖中，拴系式饲养也是一种传统的饲养方式，类似于舍饲，虽然便于管理，但也降低了动物福利。研究发现，动物福利低下是导致肉品质低劣的重要因素之一。赵育国等（2012）对比了散养与拴养两种饲养方式对育肥牛肉品质的影响，发现拴系牛肉色评分为 5.00，散养组为 3.67，拴系牛肉色略深。动物屠宰后正常肉品质 pH 值为 6～7，如果动物宰前经受长时间的应激，能够触发葡萄糖代谢机制，使肌肉内的糖原在宰前耗尽，会导致生成黑干肉，宰后肌肉中 pH 值保持较高的水平，颜色比正常的牛肉深。肌间脂肪含量与肉的风味、嫩度和多汁性呈正相关关系，且可保持良好的适口性，肌肉间必须保证一定数量的肌间脂肪含量。拴系组与散养组大理石纹评分分别为 3.33 和 4.00，差异趋于显著，说明肌间脂肪的沉积散养组优于拴系组。拴系组失水率高于散养组，较高的失水率导致可溶性营养成分和总色素流失多，势必影响肉的营养成分、滋味等。散养组较拴系组熟肉率显著提高了 6.91%，说明散养条件下牛肉较高的熟肉率使其加工性能优于拴系条件下生产出的牛肉。另外，脂肪有助于改善肉的嫩度，散养组肉样脂肪含量较高，一方面由于拴系组脂肪主要沉积于皮下，另一方面原因可能是散栏饲养牛活动量大，促进了脂肪在肌肉内的沉积。此外，散养组肉中超氧化物歧化酶、谷胱甘肽过氧化物酶活性高于拴系组，说明相对于拴系饲养，散栏式饲养可明显提高牛肉的抗氧化性能，延长其货架期，Loponte 等（2018）得出了相似的结论。综上所述，拴系式饲养限制了动物的正常活动，动物的正常行为得不到充分体现，使其处于慢性应激状态下，严重影响了动物福利，是导致肉品质低劣的重要因素。因此，与舍饲相似，拴系的饲养方式会增加肌肉失水率、降低肌肉大理石纹评分和熟肉率从而降低肌肉嫩度，同时缩短了肉品货架期。

（二）对肌肉营养成分的影响

1. 蛋白质与氨基酸

氨基酸含量与组成直接影响了肉的品质和风味。鲜味氨基酸如甘氨酸、精氨酸、天冬氨酸、丙氨酸和谷氨酸是形成肉品香味所必需的前体氨基酸，与肉的鲜味有直接关系，其中谷氨酸起主导作用，它具有使肉味变鲜美、缓解食物出现咸和酸等味道的作用。氨基酸的种类和含量也是评价肉品质的重要指标，尤其是 EAA 的含量。肌肉的鲜味主要来自氨基酸的前体水溶物（如谷氨酸）。肌肉中的糖、氨基酸、无机盐、肌酸等风味物质可以影响肉品质的气味、口感等指标，使肌肉在加工过程中散发出挥发性芳香物质。肌肉中的肌酸能使人味觉感受器产生各种味觉滋味（Goff，2006）。关于不同饲养方式对西门塔尔牛肉品质的研究证实，放牧组和舍饲组牛肉中均检出 17 种氨基酸，放牧组牛肉总氨基酸含量显著高于舍饲组牛肉，产生的鲜味前体物更多，导致两种饲养方式生产的牛肉食用滋味有差异（王敏，2020）。吴铁梅（2016）研究发现，与自然放牧组相比，舍饲育肥组氨基酸平衡性更好，多数肌肉组织必需氨基酸含量较高，其中主要是亮氨酸，其次是赖氨酸、缬氨酸、组氨酸、苯丙氨酸、蛋氨酸。与自然放牧相比，舍饲育肥组显著上调了肌肉中与蛋白质合成正相关的基因 *mTORC1*、*S6KI* 和 *elF-4G* 的表达，显著下调了与蛋白质合成负相关的基因 *4EBP1* 的表达；mTOR 信号通路中蛋白质表达的规律基本与基因转录规律相似。张莹（2016）研究发现，与自然放牧组相比，放牧补饲组肌肉组织中必需氨基酸中亮氨酸含量最高，其次是赖氨酸、苯丙氨酸；非必需氨基酸中谷氨酸含量最高，其次是天冬氨酸。

综上所述，从蛋白质营养角度分析，自然放牧组肌肉的蛋白质营养价值低于放牧补饲组和舍饲育肥组，氨基酸平衡性差，引起其差异的主要原因是日粮的氨基酸含量与组成不同，与自然放牧相比，放牧补饲和舍饲育肥日粮中亮氨酸含量较高，激活了 mTOR 信号通路，从而促进了蛋白质合成，进而导致肌肉的营养价值发生变化。

2. 脂肪与脂肪酸

肌内脂肪含量及肌肉脂肪酸含量与组成直接影响了肉的品质和风味。舍饲和放牧两种饲养方式对草食家畜肉中脂肪酸含量也有显著影响，舍饲牛肉的脂肪酸含量高于放牧饲养，这可能与舍饲组肉牛饲料中能量物质含量较高有关（王敏，2020）。Wang 等（2019c）

对比了自然放牧和舍饲育肥两种饲养模式下羊肉脂肪酸的差异，与自然放牧组相比，舍饲育肥组多数肌肉和脂肪组织的饱和脂肪酸含量较高，其中最高的是 C18:0，其次是 C16:0、C14:0、C20:0、C17:0、C22:0、C10:0、C8:0。Wang 等（2018a）的研究结果也发现，与自然放牧组相比，放牧补饲组呼伦贝尔羔羊和呼杜杂一代羔羊肌肉和脂肪组织中 C18:0 等饱和脂肪酸、C18:1n-9c 以及 C18:2n-6c 不饱和脂肪酸含量较高；自然放牧组肌肉和脂肪组织中 n-3 多不饱和脂肪酸含量较高，主要是 C18:3n-3 和 C20:5n-3。放牧补饲组肌肉、脂肪和肝组织中与脂肪合成相关的基因表达量高于自然放牧组，但与脂肪分解相关的基因表达量低于自然放牧组。此外，Forrester 等（2006）对比研究了不同饲养方式对兔肉脂肪酸组成的影响，结果也发现草地上繁殖的兔肉中 n-3 不饱和脂肪酸含量明显更高。综上所述，自然放牧条件下肌肉和脂肪组织的脂肪酸含量及比例优于放牧补饲组和舍饲育肥组，引起其差异的主要原因是日粮脂肪酸含量与组成不同。

3. 维生素及矿物质

维生素在动物的消化代谢和生长发育中有着重要作用，反刍动物瘤胃中的微生物可以合成 B 族维生素，因而成年反刍动物一般不会出现缺乏 B 族维生素的症状。许多动物肝都能合成维生素 C，因此只要饲喂足量的青绿饲料，动物很少出现维生素 C 缺乏的问题。维生素 E 在反刍动物体内不能合成，主要从饲草中获取。维生素 A 和 β-胡萝卜素对反刍动物繁殖、免疫和生产性能都有重要影响，反刍动物也无法自身合成，必须由日粮中添加或提供维生素 A 源。不同饲养方式对牛肉中维生素含量的影响研究报道很少。有限的研究表明，舍饲组与放牧组牛肉均未检出维生素 D 和维生素 B_2，但放牧组牛肉的维生素 B_6、维生素 B_{12} 也未检出；放牧组牛肉维生素 C、维生素 B_1（王敏，2020）、β-胡萝卜素和维生素 E 含量（Shibata et al.，2019）显著高于舍饲组，但舍饲组牛肉维生素种类较多。

饲养方式不同，肌肉中矿物质与微量元素的沉积量也不同，一般来说，放牧饲养条件下肌肉中矿物质及微量元素含量更为丰富。矿物质、微量元素是营养成分的重要组成部分，也是动物机体新陈代谢不可或缺的物质，每种元素都有独特的生理功能。肌肉组织的微量元素不仅是人体微量元素的重要来源之一，也是影响肉色和抗氧化特性进而影响肉品质的主要营养素。白扬等（2021）对内蒙古放牧和舍饲牛肉中矿物质含量进行了研究，结果表明，放牧与舍饲对牛肉中矿物质含量有一定影响，放牧饲养条件下牛肉中的矿物质含量通常更为丰富。周艳等（2020）发现放牧补饲组羔羊股二头肌微量元素 Mn、Se 含量有高于自然放牧组的趋势。从羔羊的微量元素日进食量结果看，放牧补饲羔羊对微量元素 Cu、Fe、Mn、Zn、Se 的日进食量尽管均高于自然放牧组，但呼伦贝尔及呼杜杂一代羔羊在自然放牧条件下进行补饲只提高了羔羊股二头肌中微量元素 Mn、Zn 的含量，说明放牧补饲对肌肉微量元素含量的影响与肌肉部位和微量元素的种类有关：肱三头肌的 Mn 含量为呼杜杂一代羔羊显著低于呼伦贝尔羔羊；而股二头肌中的 Fe 含量呈相反的变化规律。放牧补饲条件下，Mn 在肱三头肌中的含量较低，但股二头肌中的 Mn、Se 含量相反。对于呼杜杂一代肉羊，自然放牧条件下股二头肌中的 Fe 含量较高。根据羔羊的微量元素日进食量结果，呼伦贝尔羔羊与呼杜杂一代羔羊对微量元素

Cu、Fe、Mn、Zn、Se 的日进食量相似，这说明不同品种对微量元素的消化吸收效果不同，目前相关的研究甚少，需要进一步探讨。与之不同，李然然（2015）研究发现，与放牧相比，舍饲绒山羊肱三头肌中 Zn 和股二头肌中 Fe、Zn 的含量显著增加，且舍饲能显著提高绒山羊在育肥全期对 Cu、Mn 及育肥后期对 Zn 的消化率。钱文熙（2005）研究了放牧和舍饲育肥方式下滩羊肌肉中微量元素含量，结果表明，舍饲滩羊肉中 Zn 含量极显著高于放牧组，但两种育肥方式下 Fe、Cu 和 Mn 的含量均无显著差异，并指出舍饲组 Zn 含量高可能是由于当地牧草中 Zn 缺乏。综合以上结果提示，饲养方式对草食家畜肌肉中微量元素含量的影响规律不仅与品种有关，而且还因肌肉组织的种类和微量元素的种类变化而异，同时与当地牧草中的元素含量也有很大关系，通常来说，放牧饲养条件下肌肉中矿物质及微量元素含量更为丰富，但也受到牧草中相应元素含量的限制。

综上所述，放牧或者散栏饲养会带来更高的肉品质。放牧饲养的人工成本较低，但占用土地资源较多，产出效率低，经济效益较低。此外，放牧生产的肉品质天然、绿色、无污染、营养成分更为丰富，可以主推高端消费市场，从而增加其产品附加值。舍饲方式通常人工投入较高，产出高，经济效益高于放牧饲养。建议适当增加舍饲动物的运动量，优化日粮配比，改善饲养环境，有利于减少舍饲动物的应激反应，改善其代谢水平，增强抗病能力，提高肉品质，增加养殖效益。

二、饲养方式对猪肉品质的影响

我国经济社会快速发展，市场上猪肉制品极大丰富，追求安全、健康、营养的食品正在成为消费者的共识。不同的饲养方式会影响动物的养分摄入模式，从而影响蛋白质、脂质、能量等养分的消化、吸收和代谢过程（曹山川等，2019），进而影响其品质及营养成分组成。在制约猪生长和肉品质的因素中，20%取决于品种，40%～50%取决于营养，而20%～30%取决于饲养环境。因此，在营养和品种一致的情况下，适宜的饲养环境显得尤为重要。在饲养环境中，主要的影响因素包括饲养方式、温度、湿度、光照、通风、有害气体含量以及密度。实际生产中，以放牧采食为主的饲养方式，猪每天的活动量大，会消耗更多的能量，而且在天然草场采食到的牧草营养物质有限，特别是冬春季节摄取的营养物质严重不足，猪常处在饥饿或半饥饿状态，会导致动物生长发育受阻，但目前部分地方品种猪仍采用放牧的方式饲养。相比之下，集约化的饲养模式目前应用更为广泛，即采用较高的饲养密度及舍饲、水泥地面、自由采食等方式，其生产效率更高、经济效益更好。尽管可以节约成本，但这些方法对猪的生长和肉品质有一定的负面影响。

（一）对肌肉感官品质及理化特性的影响

不同的饲养方式对猪肉的滴水损失率、大理石纹、失水率、肉色及 pH 值等感官及理化特性均会造成一定影响。夏继桥等（2019）研究表明，与圈养相比，以放养的方式进行饲养可显著提高松辽黑猪胴体重和瘦肉率，显著降低背膘厚度，显著提高肌内脂肪含量，显著降低剪切力，且猪肉中重金属铅、砷[①]、铬、镉的平均含量较低。张树敏等

① 砷为类金属元素，但由于其与重金属元素性质相似，本书将其作为重金属处理。

（2005）将松辽黑猪先在舍内饲养至40kg，接着白天林地放养，早晚各补饲一次精饲料，结果表明，放牧补饲组眼肌面积、背膘厚、瘦肉率及肉色、pH 值、失水率、嫩度等与舍饲组相比差异不显著，但是有改善和提高的趋势，说明适当的放养改善了猪肉品质。关于地方猪种甘肃合作猪的研究发现（顾玲荣等，2022），放牧加补饲方式可较好地保持猪肉的优良肉质性状。肌肉 pH 值是反映猪屠宰后肌糖原酵解速率的重要指标（Bak et al.，2019），肌肉 pH 值下降将导致肌肉蛋白质变性，系水力降低，颜色变成灰白色（Gonzalez-Rivas et al.，2020）。另外，有研究表明动物宰后 45min 的 pH 值与滴水损失率存在显著负相关关系（刘文营等，2014），放牧加补饲组的 pH_{45min} 极显著高于放牧组、舍饲组，而舍饲组滴水损失率极显著高于其他两组。失水率越大，保水性越差，对肉的肉色、嫩度、多汁性等特性造成负面影响（明丹丹等，2020）。研究发现，相比其他饲养方式，放牧加补饲模式的失水率最小，所以保水性最佳，肉质更具多汁性。饲喂模式（草饲、谷饲喂养）、饲料配比以及饲喂环境都会影响动物宰后肌肉的肉色（Morales Gómez et al.，2022），肉色分值受亮度值（L^*）和红度值（a^*）的影响最大，我国地方猪种肉色的 L^*值偏高，其原因是大理石纹白色反光所致，相关性分析发现，L^*_{24h} 与大理石纹丰富度呈显著正相关关系，放牧组 L^*_{45min} 显著高于放牧加补饲组，放牧组 L^*_{24h} 极显著高于放牧加补饲组，显著高于舍饲组，这与大理石纹丰富度较高有关；且放牧加补饲组 a^*_{24h} 显著高于放牧组。大理石纹常被用来衡量猪肌内脂肪含量的高低，肌内脂肪含量对猪肉品质影响较大，尤其是嫩度和多汁性。但放牧组肌肉剪切力大于其他两组，且放牧加补饲组剪切力低于舍饲组，可能是由于失水率与剪切力呈极显著的正相关关系（刘亚娜等，2016）。而张盼等（2019）研究表明，相较于放养组，圈养藏猪大理石纹评分与肌内脂肪含量显著提高，肌肉剪切力显著降低，肉色差异不显著。出现这些差异的原因主要是猪品种和放牧方式以及时间不同，另外放牧环境也不同。但考虑到放牧可以提高经济效益，降低生产成本，可以考虑采用放牧加补饲的饲养方式，更好地改善肉色和多汁性，说明放牧加补饲的方式对猪肉质改善具有积极作用。

（二）对肌肉营养成分的影响

猪肉的营养成分也是消费者非常关注的，特别是肉中基本营养成分、矿物质元素含量、氨基酸和脂肪酸的组成与猪肉的营养品质直接相关，也与风味关系密切，不同的饲养方式对猪肉的营养成分有很大影响。通常，水分含量越高，肉品嫩度也就越好；灰分含量越高，矿物质的含量越高，矿物元素对人体体液渗透压、各项新陈代谢反应和预防疾病等起着极为重要的作用（Pereira and Vicente，2013）。一项关于饲养方式对藏猪肉营养成分的影响的研究发现（田金勇，2020），放养组藏猪水分含量和蛋白质含量均显著高于舍饲组，蛋白质含量较为丰富，高达 21.37%；放养组藏猪脂肪含量要明显低于舍饲组；藏猪猪肉中的矿物元素极为丰富，放养组藏猪猪肉中铁、锌、钙元素含量高于舍饲组，铁元素含量高达 147.65mg/kg，锌元素含量高达 51.31mg/kg。放养组藏猪肉 EAA 和鲜味氨基酸含量均明显高于舍饲组，且 EAA 占总氨基酸的比例较高。放养组藏猪肉饱和脂肪酸含量高达 44.01%，几乎占脂肪酸总含量的一半，而且单不饱和脂肪酸 C18:1n-9 和 C16:1n-7 以及 n-3 PUFA 均显著高于舍饲组藏猪。放养组藏猪的 PUFA/SFA

在0.30～0.37，与WHO推荐的理想比值（0.4）接近。孙志昶等（2011）通过对舍饲及放养蕨麻猪肉中挥发性化合物的分析，发现两种饲养方式的主要差异在于脂肪族直链烃类和脂肪族直链醛类，如果考虑到挥发性化合物对肉类风味的贡献，最主要的差异就是醛类物质，而差异最大的化合物就是己醛、壬醛等占主导的醛类。甲硫基丙醛（呈肉香）与苯并噻唑（呈肉汤味）在舍饲组的含量分别比放养组高23%和122%。舍饲组脂肪氧化产物总相对含量显著高于放养组（P<0.05），且两组肉样中脂肪氧化产物的种类差异很大。放养组蕨麻猪肉中的萜类含量显著高于舍饲组（P<0.05），因而放养的饲养方式可能会使蕨麻猪肉更易受到牧草的不良影响。因此，不同的饲养方式对猪肉的营养品质有很大影响，放养的饲养方式可以改善肉中氨基酸与脂肪酸比例，使肉中蛋白质及矿物元素更为丰富，但是猪肉营养成分易受到牧草影响。

三、饲养方式对禽肉品质的影响

禽肉含有非常丰富的营养物质，但是很多时候人们会觉得禽肉的口感有好有坏，品质时高时低，其原因是在饲养肉禽时所采用的饲养方式不同。常用的饲养方式有以下几种，分别是常规喂养（也称为平养，平养又分为地面平养与网上平养）、自由放养（也称为自由散养）、笼养以及放养与笼养结合。大量试验研究了不同饲养方式对禽肉品质的影响。

（一）对肌肉感官品质和理化特性的影响

大量研究发现，自由散养的饲养模式可以改善禽肉感官及理化特性。康萍（2016）将4周龄的河田鸡分为3组，分别采用常规喂养方式（也就是平养）、自由散养方式和放养与笼养结合的方式。屠宰后在胸肌与腿肌部位取肌肉组织用于肌肉的监测，数据显示随着饲养周期的延长，鸡肉品质也在不断地提高，而且自由散养组肌肉组织的剪切力要高于平养组和放养与笼养结合组，其中平养组肌肉的剪切力最小。韩剑众等（2004）研究发现，常规平养和自由散养相比，'广西黄'黄羽肉鸡肌肉纤维密度和肌组织面积比都显著下降，而放养的各类肌纤维含量都相对提高，说明自由散养有利于提高鸡肉的品质。研究表明，网上平养爱拔益加肉鸡，胸肌滴水损失大于笼养，滴水损失与肌肉组织中的结缔组织含量有关，结缔组织含量越丰富，肌肉保水能力越强，胸肌和腿肌剪切力也大于笼养（秦鑫等，2018）。肉鸡宰前受到应激会明显提高宰后肉鸡肌肉的剪切力，平养肉鸡肌肉剪切力高于笼养肉鸡，可能与平养肉鸡受到的应激程度较高有关（杨小娇等，2011）。杨烁等（2009）研究发现平养使得鸡的胸肌和腿肌剪切力变大，肌肉中肌纤维直径变粗，这可能与平养肉鸡运动量相对较大有关，肌纤维的粗细受到品种、年龄、增长速度、运动量、营养状况等因素的影响，日增重越快、运动量越大，肌纤维越粗，使得剪切力变大；肌纤维变粗，结缔组织含量降低，保水力变差，使得肌肉滴水损失大。地面平养与网上平养对白羽番鸭的肉色及滴水损失也有显著影响（张成等，2017），与地面平养相比，网上平养显著提高了禽肉胸肌L^*值、b^*和滴水损失，降低了pH_{24h}（Fu et al.，2022）。前人研究指出，L^*值与肌肉系水力呈正相关关系，其数值的提高是肉色降低的表现（Zhang et al.，2017）。由此可见，网上平养对肉色产生了不利影响。网上平养的肉鸡胸肌肉滴水损失显著增加，说明系水力降低，这可能是 L^* 值显著增高的原因。另外，网上平养白羽番鸭胸肌剪切力显著低于地面平养，这可能与网上平养肌内脂肪含量提高、肌纤维直径降低有关。

肌肉肌苷酸含量与谷氨酸钠含量之间呈正相关关系，是衡量肉质鲜味的重要指标之一，在水或脂肪中加热能产生明显肉香味。畜禽屠宰后，肌肉内肌糖原酵解后释放大量三磷酸腺苷（ATP），同时磷酸肌酸在磷酸激酶作用下生成大量 ATP。肌苷酸是 ATP 降解的中间产物，不能稳定存在，且降解速度快。不同的饲养方式造成肉鸡在养殖过程中运动量不同，使肌苷酸降解酶的活性以及降解前体物的含量产生差异，进而使肌肉中肌苷酸含量发生改变，影响其肉质风味。徐振飞等（2022）研究了林地散养与笼养对京星黄鸡肉品质的影响，发现散养组鸡的胸肌肌苷酸含量极显著高于笼养组，但两组之间胸肌 a^*、pH_{45min}、滴水损失和蒸煮损失无显著差异。散养组的胸肌肌苷酸含量较高可能与林地散养鸡活动量较大有关。韩剑众等（2004）研究得出了相似结论，散养可以明显提高广西黄胸肌中肌苷酸和硫胺素含量，这可能是鸡的代谢活动增加所致。闫俊书等（2011）研究了集约化养殖与放牧两种饲养方式下雪山鸡肌肉肌苷酸含量，发现放牧可显著提高雪山鸡的肌肉肌苷酸含量。张会丰等（2014）对比研究了放牧饲养和笼养模式对城口山地鸡、青脚麻鸡和大宁河鸡肌肉肌苷酸含量的影响，周小娟等（2010）对比研究了放牧饲养、地面平养与笼养三种饲养模式对胸肌、腿肌肌苷酸含量的影响，均得出放牧饲养与平养模式下肌肉肌苷酸含量高于笼养模式的结论。这可能是由于笼养模式下肉鸡活动量小，肌苷酸合成及相关酶少，而活动量大则 ATP 含量增加，可成为合成肌苷酸的原料。同时，肌肉内肌苷酸的沉积也与日龄相关，日龄越大，肌苷酸的沉积量越多，这也是慢速型鸡大多肉质风味好的原因。

综上所述，相比于笼养，自由放养与平养模式下禽类运动量增加，肌肉纤维增粗，剪切力增加。对于禽肉而言，保持适度的剪切力更符合我国消费者的特有烹饪习惯，过度降低剪切力不利于禽肉品质。自由放养与平养还可以增加肌肉肌苷酸含量，进而改善肉质风味。此外，网上平养较地面平养对肉色、嫩度等禽肉品质具有负面影响。

（二）对肌肉营养成分的影响

随着禽业的迅速发展，人们更注重禽肉的营养价值。肉中水分含量及存在状态影响肉的加工质量和贮藏性。水分含量与肉品贮藏性呈负函数关系，水分多易招致细菌、霉菌繁殖，引起肉的腐败变质，肉脱水干缩使肉品失重并影响颜色、风味、组织状态变化及脂肪氧化。左丽娟（2009）研究发现不同饲养方式在多个方面影响了乌骨鸡的肉质营养。放养组乌骨鸡水分含量较笼养组高，可能是由于放养组和笼养组乌骨鸡饲养方式及额外采食食料不同。放养组的乌骨鸡生长速度较快并可采食园中套种的青绿饲草及枸杞，使其氨基酸含量丰富，蛋白质含量较笼养组高；同时放养组的乌骨鸡每天日照充足，活动量大，能量消耗大，因而脂肪蓄积较少，导致放养组肌内脂肪含量较笼养组低。此外，放养组的乌骨鸡享有更多动物福利，有利于其体内营养物质的沉淀、黑色素的生成和维生素的富集。氨基酸的种类及含量决定了肌肉蛋白质的品质，并与肉的品质和风味相关。禽肉蛋白质营养价值的高低主要取决于所含氨基酸的种类、数量和组成比例。肉品中蛋白质组成与人体蛋白质越接近越易被人体吸收利用，其生理价值越大（Tian et al., 2007）。评价蛋白质的营养价值时，必须依据氨基酸的含量与组成，它是决定蛋白质营养价值的重要因素。检出的 18 种氨基酸中，放养组有 15 种高于笼养组。放养组苯丙氨酸+酪氨酸含量高于联合国粮食及农业组织（FAO）提出的理想蛋白质中氨基酸的含量。笼养组的蛋氨酸+胱氨酸含量较放养组高，可能与笼养组乌骨鸡饲料中蛋氨酸+胱氨酸含量较高有关。

脂肪酸种类和含量是判定肌肉营养价值高低和影响肌肉风味的主要因素，饲养方式不同会影响禽肉中脂肪酸的种类和含量。左丽娟（2009）研究报道，放养组的乌骨鸡肉 SFA 中棕榈酸和硬脂酸含量较笼养组的高出 1.7%，MUFA 中笼养组棕榈油酸和油酸含量比放养组分别高 2.05%、1.98%。放养组 PUFA 较笼养组的种类多，特别是含有亚麻酸和 DHA，其中亚油酸较笼养组的含量高出 7.35%。大约有 21%的脑物质是由 DHA 构成的，DHA 是儿童脑部及视力发育的重要营养物质，具有促进神经细胞发育、益智和改善记忆的作用。放养组亚油酸和亚麻酸含量均较笼养组高出 0.74%，亚麻酸和亚油酸含量高有助于提升鸡肉风味。放养组多不饱和脂肪酸与饱和脂肪酸比值明显高于笼养组，符合 WHO 推荐的（1∶1）～（1∶2）的要求。除此之外，放养组乌骨鸡黑色素含量（1.008g/100g）显著高于笼养组乌骨鸡，充分说明放养组乌骨鸡肌肉的高营养特性和保健功能较好，同时满足了当前消费者对肉质的需求。徐振飞等（2022）研究报道，笼养组的京星黄鸡 103 胸肌 SFA 含量低于散养组，UFA 含量高于散养组。笼养组的胸肌 MUFA 含量高于散养组，但对于人体有益的功能性脂肪酸花生四烯酸和 DHA 而言，笼养组低于散养组，这与张惠（2012）的研究报道一致。对于动物体内必需脂肪酸而言，笼养组的胸肌肉亚油酸、亚麻酸含量高于散养组，这与 Ponte 等（2008）的研究结果一致。散养环境中牧草茂盛，采食牧草和昆虫等提高了不饱和脂肪酸摄入量，进而沉积量也有所提高。Campo 等（2003）研究发现，脂肪酸中亚油酸和亚麻酸含量与肉类挥发性风味物质含量呈正相关关系。由此推断，笼养条件下会提高某些挥发性风味物质含量。风味是评判肉品质的常用标准，也是评判肉品质优劣的标准之一，风味物质的种类和含量对风味形成起决定作用（荀文等，2021）。鸡肉中脂肪酸氧化产生的烷、醇、醛等为其主要的挥发性风味物质，烷烃类化合物挥发性阈值高，含量丰富，对鸡肉风味的改善有一定的辅助作用。散养组京星黄鸡 103 的胸肌十四烷、正十九烷和 3-甲基十五烷含量显著高于笼养组，苯甲醛、十二醛、正十八醛、正十七烷含量极显著高于笼养组，正己醛、癸烯醛、1-辛烯-3-醇和 2,6,10-三甲基十二烷含量显著低于笼养组，庚醛、癸二烯醛、2-壬烯-1-醇含量极显著低于笼养组，其他检出成分含量差异不显著（徐振飞等，2022）。宋诗清等（2013）研究显示，壬醛、2-癸烯醛及 2,4-癸二烯醛与鸡肉风味形成有很大关系。因此，笼养模式下京星黄鸡 103 胸肉的一些挥发性风味物质要优于散养模式，可能是散养鸡运动量增加导致脂肪的沉积量减少所致。林下散养可以降低京星黄鸡 103 挥发性风味物质中醛含量，提高京星黄鸡 103 功能性脂肪酸含量。因此，在规模化饲养管理条件下，人们愈发关注禽肉营养价值，可以通过散养、放牧等饲养方式来改善氨基酸与脂肪酸组成，进而提高禽肉品质。

第三节　饲养密度对畜禽肉品质的影响

畜禽肉品质会受到多方面因素的影响，包括饲养密度、饲养方式、环境因素和饲养管理方式等。饲养密度不同，个体获得的生存空间存在差异，从而影响其总体运动量、行为学表现及心理应激程度，由此可能造成能量物质在体内的分布和沉积上的差异，进而影响肉品质（刘虎传等，2019）。过高的饲养密度会对畜禽造成慢性应激，畜禽长期处于应激的状态就会导致体内皮质醇激素含量上升，代谢效率降低，破坏其免疫功能和繁殖性能，严重危害畜禽健康，进而降低其生产性能和肉品质（徐菁等，2021）。

一、饲养密度对草食家畜肉品质的影响

近年来，人们对开发高质量、环境友好型的动物生产系统颇为关注，加上对动物福利的关注，引发了关于集约化养殖系统中的动物饲养密度的争议。随着我国草原载畜能力的下降，牛、羊养殖业也逐渐由牧区转向农区，由放牧转为舍饲。舍饲肉牛、肉羊育肥可充分利用大量的农副产品如秸秆等，可有效保护草场生态环境，对提高中国肉牛、肉羊养殖业生产水平具有重要意义。牛、羊等动物非常善于社交，它们的社交行为受到饲养密度的影响，且群体内存在复杂的等级制度。尤其对于犊牛来说，随着饲养密度的增加，诸如威胁、攻击和战斗等攻击性行为均会增加，并且这些行为会导致动物生产性能降低。在现代集约化畜禽养殖系统中，饲养环境比较差，畜禽的正常行为需求得不到满足，常导致啃咬围栏、刻板等异常行为的发生。同时，在高饲养密度的条件下，温度和湿度的不利波动、空气污染以及粪便和尿液量的增加都会增加动物的应激，这反过来又会影响营养物质的快速降解，进而导致生长速度减慢，也导致疾病易感性增加，最终对肉品质造成负面影响。因此，在舍饲牛、羊养殖方面，饲养密度也是影响养殖效益的因素之一。

由于国外养牛业、养羊业以放牧养殖为主，关于饲养密度对肉品质的报道相对较少，而国内关于此研究也鲜有报道，尤其是大型动物。关于饲养密度对羊肉感官及理化特性的研究发现，每只羔羊占地面积分别为 0.35m^2、0.70m^2、1.05m^2、1.40m^2，对羊肉色、大理石纹、pH 值、剪切力具有一定影响，但是差异不显著（吴荷群等，2014），其中，低舍饲密度宰后 45min 的 pH 值为 6.38，低于高密度组，说明舍饲密度对羊肉的 pH 值有一定影响，随着饲养密度的增大，pH 值有下降的趋势，可能是由于饲养密度对育肥羊产生了一定的环境应激作用；此外，高密度试验组的剪切力为 4.37kg/cm^2，高于其他各试验组，表明羊肉嫩度较其他试验组差。张明等（2009）也得出相似的研究结果，冬季全舍饲条件下，高密度饲养对育肥绵羊的肉嫩度产生了负面影响。然而，一项关于韩国 Hanwoo 肉牛的研究发现，不同的饲养密度（32.0m^2/头、16.0m^2/头、10.6m^2/头、8.0m^2/头）对牛肉的大理石纹评分、肉色、脂肪色、质地、成熟度和肉质等级并没有显著的影响（Lee et al.，2012）。

饲养密度对兔肉脂肪酸组成的影响也有研究。Dalle Zotte 等（2009）研究了相同养

殖密度下，3 种不同养殖系统（两室笼、敞顶式围栏和落地式金属网笼养殖）对兔的胴体性状和脂肪酸组成的影响，结果表明，不同养殖系统对兔后腿肉中脂肪酸组成有轻微影响。既然不同饲养系统对兔肉脂肪酸组成几乎无影响，那么饲养密度可能更易影响兔肉的品质以及脂肪酸组成。从 Paci 等（2013）的研究看出，饲养密度和组团数量对敞养兔肉的品质有显著影响，饲养密度过大，兔子之间的侵略行为会影响兔子的生长，进而影响兔肉品质。按照每平方米 5 只兔子或者一个 0.8m^2 的笼子 4 只兔子来饲养，兔肉胴体品质最好。

二、饲养密度对猪肉品质的影响

饲养密度是反映栏舍内猪的密集程度的参数，是饲养猪的众多环境条件之一（郭永清等，2019）。在养猪生产中，饲养密度指每头猪所占的猪栏面积（m^2/头），饲养密度不仅直接影响猪舍环境，包括温度、湿度、通风、有害气体、尘埃及微生物的数量，还影响猪的采食、争斗、粪尿排泄、休息等，进而影响猪的日增重、料肉比等生产性能及健康状况。可见，饲养密度在养猪生产中具有很关键的作用。但在规模化和集约化养猪生产中，侧重于降低成本、提高利润，养殖场（户）会增加饲养密度，但过高的饲养密度会使猪的生长环境变差，局部温度升高，猪食欲减退、免疫力下降、体质下降、采食量下降，不仅影响猪只体重和饲料转化率的增加，还会出现高发病率和高死亡率，并因为畜舍的有害气体和有害微生物数量的增加，造成猪只易患消化道和呼吸道疾病，影响猪场经济效益。另外，较高的饲养密度还会造成猪只发生争斗行为，增加因皮肤破损造成的感染风险，或因空间不足出现咬栏、咬尾、空嚼、异食癖等。但是饲养密度过低又导致畜舍利用率降低，造成空间浪费，增加设备购买和使用成本以及土建投资成本，降低养殖经济效益，也不利于冬季猪舍的保温。因此，饲养密度是养猪生产过程中值得密切关注的问题之一，也是猪场科学化、高效化、经济化管理的一个关键指标，探索出最适宜的饲养密度以提高猪的生产性能是很有必要的。

目前，关于饲养密度对猪肉品质影响的研究有限，多数集中在对生产性能和抗病力的研究上。合适的猪饲养密度不仅可以为养猪生产提供适宜的饲养环境，降低猪群患病率，还能提高猪生长性能，改善肉品质，获得更高的经济效益。然而，不同生长阶段、不同品种的猪饲养密度不同，应确定不同条件下的猪饲养密度。Thomas 等（2015）研究表明，随着饲养密度下降，育肥猪胴体重和背膘厚极显著增加，屠宰率极显著降低。当饲养密度超过 0.4m^2/100kg，会导致猪肉品质下降，产生 PSE 肉（Gajana et al.，2013）。随着高密度饲养条件下猪群异常行为频发和应激反应的增多，猪体内失水也会逐渐增多，机体内甲状腺素、肾上腺素以及一些毒素的分泌量也随之增多，进一步导致猪肉品质的下降（Schmolke et al.，2004）。血清中皮质醇含量是衡量动物慢性应激水平的指标，也是反映动物生理状态的重要指标，皮质醇水平升高可反映猪处于应激状态。李雪（2018）检测饲养密度为 2.46m^2/头、1.23m^2/头、0.82m^2/头的生长猪血清皮质醇含量发现，随着饲养密度的增加，皮质醇的含量显著增加，表明高饲养密度会引起生长猪的环境应激、心理应激和社交应激等反应。另有研究表明，猪血清中脂质代谢相关物质，如胆固醇、低密度脂蛋白的含量会随着饲养密度的增加而显著增加（Sharma et al.，2004），说明饲养密度会影响机体内能量物质代谢过程及能量物质分布和沉积，进而影响猪肉品质。但其他有关脂质代谢的指标，如血清甘油三酯、3-羟基丁酸含量等却没有发现有显著差异，其机理有待探究（周凯等，2019）。然而，Klont 等（2001）却认为饲养密度对猪肉品质影响较小。

三、饲养密度对禽肉品质的影响

随着现代家禽产业集约化的发展，肉禽饲养方式也由传统的散养、地面平养、网上平养向笼养发展。由于笼养设施投资大，为了追求更高的生产效率和经济效益，生产者往往采取增加饲养密度的方式来提高每平方米的产肉量，降低饲养成本。但是，饲养密度过大，可能给家禽福利、肉品质等带来负面影响。肉禽饲养密度通常用单位面积饲养量表示，即“只/m^2”。由于不同的肉禽品种生长速度不同，不同营养水平或饲养阶段导致体重差异很大，尤其是出栏时体重差异很大。因而，对于肉禽来说，国际上更多采用单位面积的出栏活重表示饲养密度，即“kg/m^2”（袁建敏，2017）。不同国家适宜的肉鸡饲养密度有很大差异，如荷兰的饲养密度为 45～54kg/m^2，英国为 40kg/m^2，瑞士为 30～36kg/m^2（袁建敏，2017）。此外，美国国家鸡肉委员会于 2005 年提出对于体重超过 2kg 的肉鸡，41.5kg/m^2 是理想的饲养密度。消费者对禽肉的品质和风味关注度越来越高，生产者需要权衡多种因素，设置合理的饲养密度。

（一）对肌肉感官品质及理化特性的影响

不同的饲养密度对禽肉感官及理化特性的影响在不同的研究中结果各异。Feddes 等（2002）研究发现，11.9 只/m^2、14.3 只/m^2、17.9 只/m^2 和 23.8 只/m^2 4 种饲养密度对于肉鸡胸肌率、肉品质、刮伤率和胴体品质无显著影响。但这与大多数其他相关研究的结论相反。李建慧等（2015）研究发现，高饲养密度显著降低了胸肌 pH 值，极显著降低了腿肌 pH 值。Alvarez 等（2017）还表明，屠宰后 6h 胸肌的 pH 值与饲养密度呈现二次曲线关系，屠宰后 24h 的 pH 值与饲养密度呈现线性关系。低密度饲养组肉鸡腿肌 pH_{24h} 高于高密度组，说明产生的乳酸少，这是由于 pH_{24h} 的高低主要取决于肌肉中的初始糖原含量（魏凤仙，2012），高密度所致的应激会使得肌肉糖原含量升高，导致 pH_{24h} 降低（付晓，2008；秦鑫等，2018）。高密度饲养对肉鸡造成的不同刺激，会显著增加胸肌的滴水损失和蒸煮损失（饶盛达，2015），肌肉保水性下降，并表现出 PSE 肉的特征，这可能是由饲养密度高导致的鸡舍温度升高、氨气浓度上升以及热应激的发生造成的。然而关于肉鸭的研究有不同发现，饲养密度增加导致肉鸭腿肌的 pH 值升高，胸肌的 pH 值降低，且胸肌和腿肌的系水力下降，但饲养密度对胸肌和腿肌的其他物理特征没有影响（Zhang et al.，2018）。也有研究认为，饲养密度并不影响禽肉的肉色、pH 值和剪切力（Feddes et al.，2002；Dozier et al.，2005）。Nasr 等（2021）研究发现，以 10～16 只/m^2 的密度饲养的 Ross 308、Cobb 500 和 HybroPG 肉鸡不会影响鸡肉的蒸煮损失和滴水损失。与低密度（14 只/m^2、28kg/m^2）和中密度（18 只/m^2、36kg/m^2）相比，高密度饲养组（20 只/m^2、40kg/m^2）的鸡肉最终 pH 值随着蒸煮损失和滴水损失的增加而降低，这可能是最终 pH 值与加速乳酸沉积导致的滴水损失和蒸煮损失呈高度负相关关系，并相继提高肉的韧性。滴水损失高除了影响肌肉的保水性，还会增加可溶性营养素和风味物质的损失（Liu et al.，2011）。肉的 pH 值低与肉中糖原沉积的减少有关（Castellini et al.，2002），由于蛋白质变性（Wilhelm et al.，2010）和蒸煮损失的增加（Jeong et al.，2020），肉的品质下降。此外，这可能是由于肌原纤维蛋白失去了保水能力，胶原和肌原纤维蛋白基质在老化过程中受到干扰，以及僵硬收缩而从肌原纤维向肌纤维和细胞膜之间形成的通道排出水分，然后水分可能以水滴的形式流出（Lawson，2004）。最近，Pang 等（2021）指出，蒸煮损失主要来自蛋白质变性和肌原纤维内水分的减少。高饲养密度所致的应激可能会改变白细胞的数量，降低体液免疫，从而降低禽类的免疫力，以致细菌和病毒感染率增加（Goo et al.，2019）。关于胸肌和腿肌的细菌计数显示，高饲养密度还会导致肌肉细菌数和感染率增加，降低禽肉品质。

（二）对肌肉营养成分的影响

肉品质由肉中的水分、蛋白质、脂肪和胶原含量共同决定，不同饲养密度（23.56kg/m^2、35.34kg/m^2、47.12kg/m^2）下雪山鸡胸肌及腿肌中水分含量、蛋白质含量、胶原含量与母鸡腿肌脂肪含量差异不显著（孔令琳，2019）；关于饲养密度（24kg/m^2、30kg/m^2）对 Cobb 肉鸡胸肌的研究也得出相似结论（Costa et al.，2021）。但是，高密度组雪山鸡公鸡腿肌脂肪含量显著低于低密度（23.56kg/m^2）、中密度（35.34kg/m^2）饲养组（孔令琳，2019）；高密度饲养（47.12kg/m^2）会导致家禽脂肪分解增加，降低肌间脂肪含量（Simitzis et al.，2012）；同时，降低肉鸡胸肌率，但是提高了腿肌率（Cengiz et al.，2015）。脂肪含量是影响畜产品食用口感的最重要因素之一，肌肉中脂肪含量高低与其嫩度、口感、多汁性等方面相关，当肌内脂肪含量达到 3%以上时，鸡肉食用口感鲜滑细嫩，而低于 2.5%时，鸡肉干柴质硬、口感较差（Castellini et al.，2002）。同时，脂肪还是众多风味物质的前体物，与风味物质的沉积相关。低、中饲养密度下雪山鸡腿肌脂肪含量均可达到 3%，鸡肉口感较好。黄保华等（2009）研究也发现在 10 只/m^2、15 只/m^2、20 只/m^2、25 只/m^2 4 种密度下，各处理间腿肌、胸肌、腿肌肌内脂肪含量都有显著差异，这可能与不同饲养密度下肉鸡的运动量差异有关。此外，饲养密度对雪山鸡肌肉 ATP 与肌苷酸含量的影响不显著，但是高密度饲养条件下略低一些，降低了肉的风味和品质（孔令琳，2019）。另外，高密度饲养也增加了肉鸡刮伤和擦伤的比例，影响皮肤质量，同时降低了肉鸡腿部和翅膀部位的肉品质（Meluzzi et al.，2008）。

总体来说，低密度饲养可以降低禽肉的滴水损失和蒸煮损失，提高肌肉保水性，pH 值随着蒸煮损失和滴水损失的降低而增加，还可减慢肌肉蛋白质溶解速度和细菌繁殖速度，延长肉品货架期，同时，低密度饲养可以适度增加肌肉脂肪含量到 3%，改善食用口感，整体上提升禽肉品质。

第四节　饲喂方式对畜禽肉品质的影响

内部因素和外界因素均可影响动物的生产性能。内部因素主要包括基因遗传等；外部因素较多，饲喂方式即是重要因素之一。关于影响动物生产性能的饲喂方式研究主要集中在以下几个方面：全混合日粮（TMR）与精粗分饲、饲喂频次、颗粒料与粉料、放牧与舍饲、饲料组合效应、限制饲喂、干湿饲喂等（刘明丽，2020）。由于放牧与舍饲的内容我们已经在饲养方式对畜禽肉品质的影响中讨论过了，这部分不再赘述。

一、饲喂方式对草食家畜肉品质的影响

在动物的养殖过程中，饲喂方式也很大程度上影响肉品质的优劣。饲喂方式通过对采食量、消化道功能等的影响间接影响动物生产性能，并影响肉品质。近几年，已有研究多集中于 TMR 与传统饲喂方式、颗粒料与粉料、放牧与舍饲以及不同饲料组合对动物的影响上，且试验对象多为反刍动物，分述如下。

（一）TMR 与传统饲喂方式

TMR 是按照动物所需的能量、粗蛋白和粗纤维等，将铡碎的粗料、精料、矿物质、维生素和其他添加剂充分混合，得到营养均衡的全价日粮。TMR 饲喂技术可以避免动物挑食引起的干物质摄取不足造成的营养缺乏和精饲料采食过多造成的瘤胃内环境紊乱，具有适口性好、营养均衡等优点（Schingoethe and David，2017），目前，大部分企业已采取此种方法。传统饲喂方式（精粗分饲）是历史实践过程中流传下来的，操作相对简单，饲料含水量较 TMR 低，易储存，可保证动物采食饲料的新鲜度，因此仍有少数企业采用传统饲喂方式。谢小来（2001）研究发现，精粗分饲易导致羔羊挑食，饲料消化率低，从而降低了羔羊的育肥性能。研究表明，TMR 有利于反刍动物瘤胃发酵系统稳定，为微生物生长繁殖提供适宜内环境，进而提高动物生产性能（Guo and Peng，2011）。孙菲菲（2012）也得到类似的结果，同先精后粗组和先粗后精组相比，用 TMR 饲喂显著提高了肉牛的平均日增重，并用饲料颗粒分级筛发现 TMR 组瘤胃内食糜大颗粒、中等颗粒的分布均较少，降解日粮速度快，进一步证实了瘤胃发酵对生产性能的影响。以上报道均显示，与传统饲喂方式相比，TMR 饲喂方式在促进动物生长性能方面具有优势。这也可能是目前多数企业采用 TMR 饲喂方式的主要原因之一。导致该结果的原因可能是精粗分饲使饲料在瘤胃内发酵时间不同，妨碍了微生物对碳和氮的利用率，进而引起营养物质消化率降低（俞联平等，2013）。

1. 对肌肉感官品质及理化特性的影响

目前，关于饲喂方式对反刍动物肌肉感官品质及理化特性的报道较少。研究发现，育肥期肉牛饲喂浓缩料，同时水稻秸秆作为粗饲料自由采食，肉牛眼肌面积、大理石纹与肉色评分均显著高于 TMR 饲喂系统的肉牛（李清兰和张隽，2021）。而 Engel 等（2013）研究发现饲喂 TMR 与饲喂由玉米、小麦和大麦组成的精料补充干草对育肥期肉牛的胴体性状无显著影响。刘明丽（2020）关于先粗后精、先精后粗和 TMR 三种饲喂方式对育肥驴肌肉感官品质及理化特性的影响的相关研究得出了不同结论，草食动物精料和饲草的饲喂顺序不同，会导致其进入消化道的时间不同，不同饲喂方式对驴肉的剪切力影

响较大，即肉嫩度为先精后粗组最佳；加压损失和蒸煮损失虽差异不显著，但综合各项指标，先精后粗组相对较低，因此肉的剪切力值低于其他两组，嫩度最好。肌肉的存储时间和色泽度等与肌肉 pH 值的下降程度直接相关（赵雪聪，2015）。宰后肌肉 pH 值正常下降，最终降到 5.3～5.7 时，均不会影响牛肉品质（李鹏，2014）。但由于不同品种的动物成熟时间不同，所以其肉的 pH 值也存在一定差异（赵雪聪，2015）。驴肉的极限 pH 值在 5.58～5.70（王维婷等，2018）。赵雪聪（2015）测定了驴肉正常情况下的极限 pH 值，发现可降到 5.8。三种饲喂方式下的驴肉极限 pH 值虽差异显著，但参照其他研究者的健康驴肉极限 pH 值，均在正常范围内，其中先精后粗组极限 pH 值最低，但嫩度最佳。多项研究表明，高极限 pH 值的肉嫩化速率快，最终嫩度高（马汉军等，2006）。但是宰后 pH 值受很多因素影响，pH 值下降速率仅在一定范围内反映肉品嫩度（李兰会等，2008）。于洋（2020）针对阿尔巴斯白绒山羊 4 月龄断奶羯羔开展了饲喂方式对羊肉品质影响的深入探究，研究分为三种饲喂方式：放牧补饲组即白天在天然草场上放牧，晚上归牧后补饲玉米；其他两组舍饲育肥绒山羊分别饲喂 TMR 与全粗料日粮。TMR 舍饲组和放牧补饲组绒山羊肌肉的失水率和蒸煮损失显著低于全粗料日粮舍饲组，因而嫩度优于全粗料日粮舍饲组，但是绒山羊肌肉蛋白质含量显著低于全粗料日粮舍饲组，脂肪沉积量显著高于全粗料日粮舍饲组。综合以上结果，与放牧补饲和全粗料日粮舍饲组相比，TMR 舍饲可在一定程度上提高绒山羊的育肥性能和屠宰性能，有助于体组织脂肪的沉积，能够提高出栏率，增加经济效益。而全粗料日粮舍饲在一定程度上可以减少绒山羊体组织脂肪的沉积，提高瘦肉率，符合消费者健康膳食的要求。

2. 对肌肉营养成分的影响

肌肉营养成分也受到饲喂方式的影响。于洋（2020）研究发现，全粗料日粮舍饲组绒山羊臀肌、肱三头肌、肠系膜脂、皮下脂肪和大网膜脂中胆固醇含量均不同程度低于放牧补饲组和 TMR 舍饲组；而放牧补饲组绒山羊上述体组织（除臀肌和大网膜脂外）中胆固醇含量又低于 TMR 舍饲组，这表明全粗料日粮舍饲组育肥绒山羊可一定程度降低其肉中的胆固醇，提高羊肉品质。此外，肌肉内的脂肪酸组成也受到饲喂方式的影响。绒山羊肌肉组织与脂肪组织单不饱和脂肪酸以 TMR 舍饲组最高，全粗料日粮舍饲组最低，其中主要由 C18:1n9c 含量影响。从脂肪酸采食量的结果来看，全粗料日粮舍饲组绒山羊 C18:1n9c 的摄入量均不同程度地低于 TMR 舍饲组和放牧补饲组，一定程度上解释了单不饱和脂肪酸含量较低的原因。对脂肪合成以及分解代谢基因进行分析发现，全粗料日粮舍饲组绒山羊通过减少脂肪合成、增加脂肪分解与氧化来减少体组织脂肪的沉积。

关于体组织中 n-3 多不饱和脂肪酸的研究结果表明，全粗料日粮舍饲组绒山羊体组织 C18:3n3、C20:3n3（除了肱三头肌和大网膜脂）、C20:5n3、C22:6n3、n-3 多不饱和脂肪酸（除了肾周脂肪）、n-3 长链多不饱和脂肪酸（除了股二头肌和大网膜脂）含量均不同程度地高于放牧补饲组和 TMR 舍饲组，而 n-6/n-3 的变化规律与其相反；与放牧补饲组相比，TMR 舍饲组绒山羊 C20:3n3（除了肱三头肌）、C22:6n3、n-3 多不饱和脂肪酸和 n-3 长链多不饱和脂肪酸含量较高。与 TMR 舍饲组和放牧补饲组相比，全粗料日粮舍饲组绒山羊体组织中与n-3多不饱和脂肪酸合成相关的酶和硫解酶的基因呈现高表达，这可能是导致全粗料日粮舍饲组绒山羊体组织中 C20:5n3、C22:6n3、n-3多不饱和脂肪酸和n-3长链多不饱和脂肪酸含量较高的原因。此外，脂肪细胞内与脂肪合成、分解、氧化等有关的代谢过程直接影响体组织的脂肪酸组成与脂肪沉积，有必要利用体外脂肪细胞培养手段进一步探讨饲喂方式引起脂肪酸组成存在差异的可能机理。

（二）颗粒料与粉料

关于料型对草食家畜肉品质的研究鲜有报道。随着集约化程度的提高和对生产效益的追求，小规模养殖户直接饲喂天然草料的方式耗料多、储存空间大、耗人力等缺点逐渐凸显，颗粒料和粉料逐渐推广应用。颗粒料可以软化纤维素、提高饲料适口性，熟化饲料，进而促进营养物质消化吸收，且加工过程中高温高压可杀毒灭菌，预防动物疾病发生。但在制粒过程中也破坏了某些饲料成分，如高温也会杀死发酵饲料中的有益菌、使部分维生素失效等。粉料没有高温工艺，因此不存在颗粒料的问题，但粉料存在与饲槽黏合性不好、易扬尘、易浪费等问题。李博（2019）针对小尾寒羊与东北细毛羊杂交二代公羊开展的相关研究，采用半开放式舍饲并饲喂同一配方的全价粉料和颗粒饲料，结果发现颗粒组与粉料组羊肉的肉色、亮度与大理石纹均无显著差异。徐晨晨等（2018）用颗粒型 TMR 和 TMR 饲喂黄河三角洲肉羊品系Ⅰ（杜寒）、品系Ⅱ（杜洼）和寒蒙杂交羊公羔，结果说明 TMR 较颗粒料对羊肉感官及理化特性的作用效果更好。相似地，李偲奇（2020）通过对新疆细毛羊与小尾寒羊的杂交育肥羊饲喂颗粒型 TMR 和混合型 TMR 研究不同料型对育肥羔羊肉品质的影响，也发现 TMR 组背最长肌剪切力显著低于颗粒料组，颗粒料组的滴水损失率低于混合型 TMR 组，烹饪损失率高于混合型 TMR 组。在肉的常规化学成分中，粗蛋白和粗灰分差异极显著，且颗粒料组高于混合型 TMR 组。关于料型对草食家畜的研究较少，基于目前研究发现，在同等营养水平下，两种料型产生差异的原因可能是 TMR 组饲料的混合均匀度得到改善，因此增加了其与消化道的接触面积和消化酶的接触机会，提高了营养物质在体内的消化率和利用率，从而达到改善肉品质的效果。

二、饲喂方式对猪肉品质的影响

（一）限制饲喂

限制饲喂的方式包括多种，如限量饲喂、营养浓度限制，或者将限量饲喂与营养浓度限制结合使用。营养浓度限制一般是对能量的限制，通过降低日能量摄入量来改善饲料利用率和增加肉猪胴体瘦肉率。我国猪饲养中大多采用每天喂 2～3 次限量投料的方式。至于限量的比例，由于研究条件的不同，得到的结果也不一致。如 Rerat 等（1974）认为限饲 20%～25%是最适宜的；吕志福和徐英钰（1994）认为后期限量以 20%为最优；许振英于 1977 年报道，控制后期脂肪沉积，喂量为每次不限量饲喂的 80%～90%，大约每减少能量 10%，可提高瘦肉率 1.0%～1.5%。影响限制饲喂的因素比较多，因而造成了研究结果的差异，其中包括猪种、限制饲喂时日粮营养水平、限制饲喂的比例、限制饲喂开始体重及结束时的日龄或体重等差异。不同的猪种对限制饲喂的表现也不同，汪尧春（1996）认为限制饲喂对于瘦肉型猪提高瘦肉率的效果比较好，朱飞等（1984）则认为限制饲喂对脂肪型猪的效果好于瘦肉型猪。育肥后期不同的能量和蛋白质水平也是影响限制饲喂效果的重要因素。低蛋白质日粮抑制了瘦肉的沉积，但供给过量的蛋白质饲料，又会使过量的蛋白质转化为能量而沉积成脂肪，这样不但降低了饲料的转化率，造成饲料的浪费，而且也降低了猪的瘦肉率。

任善茂（2002）研究报道，限制总营养摄入量 15%未改变背最长肌和半腱肌的嫩度，两种饲喂方式下所测定的其他肌肉感官及理化特性差异也不显著。而 Jaume 等（2001）报道，限饲降低了肉的嫩度、多汁性和风味，研究中限饲降低嫩度的作用可能是由于限饲延长了饲养时间，而任善茂的研究中猪在同日龄屠宰，因而未影响肉的嫩度，此外，限饲略微增加了肌肉系水力、熟肉率和 pH 值，与自由采食相比，肉色也略有加深（任善茂，2002）。系水力上升表明肌肉渗出水减少，使色素和营养成分流失减少，肉质变好。周光宏（1999）认为肌肉系水力与蛋白质的沉积有关，对饲料转化率有较大的影响。限饲组熟肉率增加说明限饲后肌肉蒸煮损失减少，限饲组 pH 值的上升则更好地保持了肌肉细胞的完整性，使渗出液减少，系水力改善。肉色主要取决于肌肉中的肌红蛋白含量及其铁原子的化学价态，限饲使肉色加深，一定程度上改善了肌肉感官特性。因此，限饲一定程度上改善了肌肉感官品质及部分理化特性。

猪肉的化学组成是评定肉品质优劣的重要指标，这不仅与肌肉本身的营养价值有关，而且其中的脂肪含量还与肌肉风味和多汁性有关。当猪遗传背景相似时，已观察到肌内脂肪浓度和多汁性、风味之间呈正相关关系，因而对猪肉感官特性的正面影响可能是肌内脂肪的阈浓度（20～25mg/g）。任善茂（2002）的研究中限饲组肌内脂肪含量略有下降，说明通过限饲显著降低了肌内脂肪含量。有研究认为限饲引起胴体脂肪减少的主要表现为皮下脂肪变薄，而且背膘三层背脂中层受采食量的影响最大（叶耀辉，1998），因而有可能比总背膘厚能更好地预测胴体组成。限饲对生长和胴体组成的影响可能是通过调节生长激素和胰岛素浓度来实现的。McNeel 等（2000）研究发现限饲组非酯化脂肪酸浓度低于自由采食组，从而认为限饲组体脂的减少，有可能是降低了猪的脂解率。Gondret 等（2000）研究发现，限饲和禁食时皮下和内部的脂肪组织抑制了从头合成脂肪酸的速率，以及与脂肪酸合成有关的酶的活力（乙酰 CoA 羧化酶和脂肪酸合成酶）或负责生成脂肪酸合成过程中所需的 NADPH 酶（苹果酸脱氢酶和葡萄糖-6-磷酸脱氢酶）。酶是促进机体内代谢的重要物质，饲喂水平的不同往往会影响酶活性的高低，并根据机体需求做出适应性调整。

任善茂（2002）报道限制 15%的日采食量，肌肉中水分、粗蛋白含量未受影响。而米文正等（1996）认为限饲组肌肉水分含量略有增加，同时粗蛋白含量下降，这可能是由试验日粮蛋白质水平太低造成的。但是限饲对肌肉粗灰分、钙、磷含量均无影响。肌肉中粗灰分由各种矿物质组成，灰分含量可反映肌肉总矿物质营养价值，而且灰分含量与肉的可口性密切相关，灰分含量少，肉的可口性好。两种饲喂方式下矿物质营养含量相似，肉的可口性也相似。此外，限饲改变了自由采食时背最长肌和半腱肌肉色、水分含量、粗蛋白含量间的显著性关系，表明不同部位肌肉对限饲的反应程度不同。

综上所述，与自由采食相比，限饲一定程度上增加了肌肉系水力、熟肉率和 pH 值，肉色也略有加深，改善了肌肉感官品质及部分理化特性，但是未显著改变肌肉中水分、粗脂肪、粗蛋白、灰分、钙、磷的含量，仅粗脂肪含量略有下降。

（二）传统的三阶段饲喂与日阶段饲喂

养猪生产过程中，现行普遍采用传统三阶段饲喂方式，即根据体重将生长期划分为三个阶段，并为每个阶段提供单一指定的日粮，但是单一日粮并不能满足动物生长过程中变化的营养需求。日阶段的饲喂方式是采用两种不同的饲料，每天以不同的比例混合配制不同营养水平的日粮，可以更加顺应猪生长的营养需求。目前的研究主要集中在日阶段的饲喂方式对生长性能、养殖经济效益和生态效益等的影响上，但是对猪肉品质的影响研究甚少。

1. 对肌肉感官品质及理化特性的影响

研究发现，日阶段饲喂方式对猪肉感官品质有一定的改善作用。陈伶俐（2020）对比研究了三阶段和日阶段两种饲喂方式对猪肉品质的影响，结果发现三阶段和日阶段两种饲喂方式对猪肉的 pH 值、剪切力、滴水损失及肉色都没有显著影响，但是与三阶段组相比，日阶段组在屠宰后肌肉的 pH 值下降得更慢，糖酵解程度更低，肉质更好；且日阶段组的滴水损失和剪切力都小于三阶段组，滴水损失代表了肌肉的保水力，剪切力的大小代表了肌肉的嫩度即消费者咀嚼的口感（Xu et al.，2019），因此说明日阶段饲喂方式对猪肉感官品质有一定的改善作用。

2. 对肌肉抗氧化能力的影响

肌内脂肪是影响猪肉品质的重要因素。肉中脂类物质分为肌间脂肪和肌内脂肪，前者主要成分是甘油三酯，其含量与肌肉的多汁性、大理石纹等有关；后者则是磷脂，主要由总磷脂组成，因富含不饱和脂肪酸和多不饱和脂肪酸，极易被氧化，其氧化产物直接影响风味成分的组成。经过高温处理后会发生反应产生挥发性风味物质，使肉产生香气（郭秀兰等，2011）。肌内脂肪可以使肌纤维蛋白的结构发生变化，肌肉剪切力下降，增加猪肉嫩度。与传统的三阶段饲喂方式相比，日阶段饲喂方式对猪肉的水分、粗蛋白及肌内脂肪含量没有显著影响。这可能是由于在制定日阶段日粮的比例配方时，缺乏精确的饲养标准及相关的评估模型，因此在育肥猪的生长过程中存在部分阶段的氨基酸摄入不足或者日粮中能量和氨基酸的比例不平衡。当动物机体遭受外界刺激处于应激状态时，机体内自由基的平衡被破坏，释放出了过量的自由基，使生物膜中不饱和脂肪酸氧化导致流动性降低，破坏正常的膜结构和功能，导致肉类的脂质氧化，降低了猪肉品质（包括气味、味道、嫩度和多汁性）。肌肉的氧化稳定性取决于内源性促氧化剂（铁、铜、肌红蛋白等）和抗氧化剂之间的平衡。与传统三阶段饲喂方式相比，日阶段饲喂方式显著提高了肌肉的抗氧化酶活性，降低了氧化标志物丙二醛的水平，说明日阶段饲喂方式可能通过增加猪肉的抗氧化能力水平来改善猪肉品质（陈伶俐，2020）。

3. 对脂肪沉积的影响

血清生化指标反映了宿主对营养物质的消化吸收及机体的新陈代谢，而血脂水平则代表了机体的脂肪代谢，内源性和外源性的脂肪代谢相关产物会经过血液循环到达对应的组织器官（Zeng et al.，2015）。血清胆固醇和低密度脂蛋白水平反映了动物机体对脂肪吸收和代谢的程度；而高密度脂蛋白是血管的“清道夫”，主要是转运或清除血液中过多的胆固醇和低密度脂蛋白，运送至肝代谢后降解经肠道排出，所以高水平的高密度脂蛋白促进了脂肪的代谢程度。生长育肥猪随着阶段性的不断生长，脂肪沉积能力不断增强，血脂水平的变化一定程度上反映了脂肪合成能力的大小（李瑞等，2017）。对三阶段和日阶段两个组进行血清学检测，发现与三阶段组相比，日阶段组血清中甘油三酯的含量显著升高，而血清总胆固醇、高密度脂蛋白、低密度脂蛋白、游离脂肪酸的含量没有显著差异。通过日阶段的饲喂方式，血清中胆固醇的含量显著增加，说明脂肪细胞中合成脂肪的底物增加，促进了脂肪沉积；而胆固醇、低密度脂蛋白和游离脂肪酸含量与传统三阶段饲喂方式相比没有显著差异。

4. 对肌肉纤维比例的影响

肌肉纤维的比例可由饮食调节，因为不同类型的纤维具有不同的控制、代谢、生化和生物物理特性，在肉品质中起着至关重要的作用（Swatland，2003）。人们普遍认为，较好的红肉含有更多的Ⅰ型和Ⅱa 型肌纤维，它们比Ⅱb 型肌纤维具有更高的氧化能力（Chang，2007）。增加Ⅰ型纤维的比例可以使猪肉的亮度下降和持水能力提高（Choi et al.，2016），改善了其嫩度和多汁性（Maltin et al.，1997）。Ⅱb 型肌纤维与猪背最长肌的韧性、苍白度、蛋白质变性和低持水性密切相关（Choi and Oh，2016）。研究报道，不同猪品种的Ⅱb 型肌纤维的大小有很大差异，但是总体肌纤维横截面积为 2771～8522μm^2（Kim et al.，2013），对背最长肌苏木精-伊红染色（HE 染色）进行形态学分析，显示日阶段组肌纤维直径要显著低于三阶段组的肌纤维直径，且通过对 *MyHC* 基因含量进行检测发现，日阶段组的 *MyHC Ⅰ*和 *MyHC Ⅱa* 基因的含量显著高于三阶段组，说明日阶段组的饲喂方式能够显著增加氧化型肌纤维，从而对猪肉品质有一定程度的提升。

5. 对肌肉中线粒体生物合成的影响

过氧化物酶体增殖物激活受体-γ 共激活因子-1α（PGC-1α）在氧化能力高的组织中富集，如褐色脂肪组织、大脑、心脏和骨骼肌（Lin et al.，2002）。PGC-1α 通过多种转录因子的共激活，增强了涉及线粒体生物发生和呼吸功能的部分重叠基因的级联表达。PGC-1α 控制肝的糖异生，并抵抗各种细胞类型的氧化应激（Lu et al.，2010）。骨骼肌功能的相关研究表明，PGC-1α 过表达可增加Ⅰ型和Ⅱa 型肌纤维比例，并激活氧化代谢基因（Lin et al.，2002）。在线粒体生物发生的信号通路中，AMPK 激活 PGC-1α，使其含量增加，促进 NRF1 的基因表达量增加，从而诱导线粒体的生物合成（Karamanlidis et al.，2014），增加了线粒体的数量且加强了氧化磷酸化的水平，所以 NRF1 的表达量与氧气含量成正比（Giorgio et al.，2013）。CPT1b 位于线粒体的外膜，促进脂酰辅酶 A 和肉毒碱结合生成脂酰肉碱，在转移酶的作用下脂酰肉碱转移至线粒体的内膜进行β氧化，为机体提供能量，并促进脂肪代谢减少了脂肪的沉积（Bruce et al.，2009）。与三阶段组相比，日阶段组的 *PGC-1α*、*NRF1*、*CPT1b* 基因相对含量显著升高，说明日阶段的饲喂方式可促进线粒体的生物合成，减少氧化应激，这与日阶段饲喂组的抗氧化能力增强的结果相吻合。进一步的肌肉代谢组学分析表明，与三阶段饲喂组相比，日阶段饲喂组通过上调 AMP 促进了 AMPK-FOXO、PI3K-Akt-FOXO 信号通路。机体需要大脑调控机制来满足其高能量需求，PI3K-Akt 和 AMPK 信号通路是细胞能量和代谢的中心调控因子（Dhani et al.，2020）。PI3K-Akt 信号通路在调节平滑肌肌细胞的增殖中起关键性激酶的作用。叉头转录因子 FOXO 家族是 AKT 激酶的靶蛋白之一，在宿主细胞增殖、分化、凋亡和抗氧化中起重要作用。AMPK 信号通路是细胞生命活动中重要的能量传感器和调节器，在各种组织中都会促进 ATP 的生成，抑制 ATP 的消耗（Ke et al.，2018），AMPK 的激活增强了 GLUT4 的转录和转位，导致胰岛素刺激的葡萄糖摄取增加。此外，它还通过抑制 ACC 和激活磷酸果糖激酶 2（PFK2）来刺激脂肪酸氧化和糖酵解等分解代谢过程，所以 AMPK 是脂质和糖代谢的中心调节因子，在调节细胞能量稳态中起重要作用（Ehebauer et al.，2020）。差异代谢产物 AMP 的上调可以通过促进 AMPK 通路来促进 FOXO 通路，并通过导致过氧化氢酶及超氧化物歧化酶 2（SOD2）的增加来提升抗氧化应激能力，同样也可通过调节 GTP 和葡萄糖-6-磷酸酶促进糖酵解和糖异生。除此之外，AMPK 通路可以通过调节 NAD^+和 SIRT-1 因子来促进 PGC-1α 表达从而促进线粒体的生物合成能力，这些结果可以用来解释肌肉的抗氧化能力提升以及线粒体生物合成相关基因的相对表达量增加，从而促进机体的能量代谢及提高肌肉的抗氧化能力。

综上所述，相对于传统的三阶段饲喂方式，日阶段饲喂方式能够提高肌肉的保水力和嫩度，显著增加氧化型肌纤维数量，提高肌肉抗氧化酶活性，进一步提升肌肉抗氧化能力，延长肉品货架期，说明日阶段饲喂方式对猪肉品质有一定的改善作用。

三、饲喂方式对禽肉品质的影响

（一）颗粒料与粉料

目前，关于颗粒料和粉料对禽肉品质的影响研究较少。童海兵等（2003）研究发现，料型对鸡胸肌感官品质及理化性质 pH 值、肉色、嫩度、失水率的影响不显著。吕刚（2011）研究了不同饲料形态对樱桃谷肉鸭公鸭体脂沉积的影响，结果发现：相对于颗粒料，粉料降低了肉鸭的采食量、生产性能。饲料形态极显著影响腹脂重、腹脂占体重比例、腹脂与腿肌比及皮脂重。因此，饲料形态对肉鸭体脂沉积存在影响，其中对腹脂的影响大于皮脂。

（二）限制饲喂

家禽对能量和脂肪平衡的调节比哺乳动物更敏感，能够根据日粮能量水平调节采食量来满足自身的能量需要。因此，在一定日粮能量水平范围内，降低日粮能量（限饲）对家禽体增重、体组成及脂肪沉积的影响较小。在家禽的饲养管理中，饲喂方式分为自由采食和限制饲喂，而常见的限饲方法又大体可分为质量限饲、数量限饲和时间限饲。

吕刚（2011）研究了自由采食和限制饲喂（15%数量）对樱桃谷肉鸭公鸭体脂沉积的影响，结果发现限制饲喂降低了皮及皮下和腹部脂肪沉积，但限饲对肉鸭腹脂沉积的影响大于皮脂。限制饲喂对腹部、皮下脂肪组织中脂肪酸组成的影响较小，但沉积部位（腿部皮下脂肪、腹部脂肪）对脂肪酸组成有一定的影响，特别是不饱和脂肪酸。限制饲喂仅在 56 日龄显著降低了肉鸭皮下脂肪细胞直径，在多个时间点均有降低细胞直径的趋势。

第五节　饲养水平对畜禽肉品质的影响

近年来，随着人民生活水平的提高，消费者对畜禽肉品质的要求不断提高，因而生产优质的畜禽肉并合理控制饲养成本是现代养殖业的主要目标，而肉品质的调控是一个复杂的过程，通过人为控制畜禽的饲养水平来改善其肉品质是一种有效的动物产品品质调控方式（邹彩霞，2009）。

一、饲养水平对草食家畜肉品质的影响

（一）能量水平

日粮是动物营养需要的主要来源，能量水平的高低直接影响动物机体的新陈代谢、蛋白质与脂肪的沉积，进而影响动物肉品质。

1. 对肌肉感官品质及理化特性的影响

大多数研究发现，日粮能量影响了肌肉的保水性能和嫩度。李宏等（2020）参照 NRC（2007 年）饲养标准中维持能量需要，通过控制试验羊采食量，按 1.5 倍维持能量组（0.75MJ/kg W0.75）、1.0 倍维持能量组（0.5MJ/kg W0.75）和 0.5 倍维持能量组（0.25MJ/kg W0.75）饲喂 3～3.5 月龄的阿勒泰羊 60d，结果发现随着宰后储存时间的延长，背最长肌 pH 值均呈降低趋势，这可能是肌肉消耗 ATP 后产酸而使 pH 值下降。张振宇等（2021）关于牦牛的研究得出了不同结论，低能量水平组的牦牛背最长肌 L^*最低，与中能量水平组和高能量水平组相比较 L^*分别降低了 17.84%和 25.65%；但对肌肉的 pH 值、失水率和蒸煮损失无显著影响，这可能与动物品种不同有关。杜霞等（2022）研究了不同能量水平（10.43MJ/kg、11.14MJ/kg 和 11.49MJ/kg）的日粮对育肥驴肌肉感官品质及理化特性的影响，结果发现，高能量组的肉驴肌肉蒸煮损失、剪切力和肉色 L^*、a^*、b^*均低于低能量组和中能量组，但日粮能量水平对肌肉 pH 值、失水率、滴水损失和肉色的 L^*无显著影响。白大洋（2019）也有相似发现，高能量水平组西门塔尔牛背最长肌的保水性能最强，脂肪含量最高，嫩度最好。综上所述，日粮能量对反刍动物肌肉的保水性能与嫩度有显著影响，中能量组和高能量组的保水性能和嫩度要高于低能量组，且高能量组最好。

2. 对肌肉营养成分的影响

肌肉脂肪含量会影响肉的嫩度、风味和多汁性，当脂肪含量太低时，肉质明显粗糙；

当脂肪含量高时，风味强烈，口感较佳；但当脂肪含量太高时，则会有油腻感。张美琦等（2021）研究发现日粮能量水平虽然对荷斯坦阉牛肌肉的 pH 值、蒸煮损失、剪切力、失水率和肉色无显著影响，但高能量组背最长肌粗脂肪含量最高，与低能量组和中能量组相比较分别显著提高了 52.54%和 57.45%。随着相对饲养水平的提高，日粮能量升高背最长肌的水分含量逐渐降低，但粗脂肪含量逐渐增加（Kang et al.，2020），不同部位的肌肉如肱三头肌、股二头肌和臀肌中粗脂肪的含量均得出相似结果（杜霞等，2022）。肌肉中水分含量和失水率的变化与日粮营养水平显著相关，虽然高能量水平能在一定程度上显著提高肌肉脂肪含量，但会增加肌肉失水率，使肌肉纤维增厚，对肉品质的改善也有负面影响，降低能量水平可以显著增加肌肉含水量，降低滴水损失，从而达到改善肉品质的效果（陈代文等，2002）。不同维持能量组之间的背最长肌粗蛋白含量差异不显著，但 1.0 倍维持能量组的背最长肌粗蛋白含量分别比 1.5 倍、0.5 倍维持能量组高 1.94%、0.79%。1.0 倍维持能量组的背最长肌粗脂肪含量为 2.26%，优于其他两组，粗蛋白含量高于其他两组。这一结果表明，适度限饲有利于肌肉营养成分的改善，导致这一结果的原因可能是动物在低饲养水平下消耗了自身的体脂，体脂减少，水分就会相应增加。

肌肉与脂肪组织中的脂肪酸是消费者获得脂肪酸的主要途径之一，不同的脂肪酸因其功能不同对机体存在不同的影响。日粮的能量水平对动物体组织的脂肪酸组成具有显著的调节作用，通过营养调控途径提高动物肌肉与脂肪组织中有助于人类健康的脂肪酸含量，对改进肉产品品质具有重要的意义。Kang 等（2020）研究了日粮能量水平对育肥牦牛背最长肌脂肪酸组成的影响，发现提高日粮能量水平可显著提高背最长肌中 C18:2n6、C20:4n6 和总不饱和脂肪酸的含量，降低 C16:0 和总饱和脂肪酸的含量。高良霜等（2021）研究了不同能量水平对阿勒泰羊脂肪沉积的影响，结果得出，在肾周脂肪中，低能量组的 C6:0、C12:0、C14:0、C20:0、C18:2n6t、C18:2n6c、C18:3n6 和 C18:3n3 含量都显著低于高能量组。张婧（2021）研究了不同能量水平对育肥驴肌肉脂肪酸组成的影响，结果发现增加日粮能量水平提高了多数肌肉与脂肪组织中 C18:3n3、C20:3n3、n-3 PUFA 和 C18:2n6c、C18:3n6 及不饱和脂肪酸的含量，降低了体组织中 C17:0 的含量及 n-6/n-3 PUFA，同时也降低了脂肪组织中 C16:0 的含量与背最长肌中 C18:1n9t 和 C18:1n9c 的含量，尤以高能量组的效果最为显著。这些结果表明，不同日粮能量水平通过影响日粮的脂肪酸组成进而对肌肉及脂肪组织的脂肪酸组成造成影响，而个别饱和脂肪酸在日粮和体组织中呈现不同的结果，表明除日粮外，还有其他因素进一步调控脂肪酸的组成，具体结果有待进一步研究。

（二）蛋白质水平

蛋白质作为生长的一个重要营养素，其水平对草食家畜的生长和产品品质具有重要影响。反刍动物采食的日粮蛋白质一部分在瘤胃中转化成氨，过量的氨经过瘤胃壁吸收进入血液到达肝，转化成尿素排出体外。养殖中产生的大量氮排泄会导致水体污染和土壤酸化等问题出现。因此，适宜的日粮蛋白质水平不仅可以降低环境氮排放，还可以降低日粮蛋白质原料供给的压力，对生产和环境保护具有双重意义。

1. 对肌肉感官品质及理化特性的影响

日粮蛋白水平对肌肉感官品质及理化特性有一定的影响。高蛋白水平的日粮通常导致胴体脂肪减少，肌肉含量升高，瘦肉率显著增加，但肉的嫩度下降。降低蛋白质的摄入量，胴体脂肪含量提高，故在生产中要使能量与蛋白质达到最佳的平衡状态，避免浪费。马铁伟等（2016）研究表明，随着日粮蛋白水平的升高湖羊肌肉的失水率有所下降，但 pH 值有一定程度的提高。但李晓蒙（2015）研究得出了不同结果，饲喂荷斯坦奶牛公牛三种不同蛋白质水平的日粮，低蛋白组肉中 pH 值要高于高蛋白组，但组间差异并不显著。池越（2021）研究得出不同蛋白饲喂水平下育肥驴肌肉 pH 值差异不显著。朱雯等（2020）通过分别饲喂山羊 12.0%、13.4%和 14.8%的蛋白水平日粮，结果得出，随着日粮蛋白水平的升高，肌肉的蒸煮损失和 b^*显著下降，a^*显著增高。Wang 等（2015）研究也表明，高蛋白水平日粮组肌肉的蒸煮损失和滴水损失显著低于低蛋白组，因此，提高日粮蛋白水平有助于提高肌肉系水力。然而，唐鹏等（2018）研究表明，9.37%蛋白组绒山羊肌肉的失水率相较于 8.73%蛋白组有升高的趋势。池越（2021）也发现，随着日粮蛋白水平的提高，育肥驴的肌肉剪切力和蒸煮损失显著提高。结果产生差异的原因可能是日粮蛋白水平的范围不同，导致其对肌肉蒸煮损失产生不同影响。

2. 对肌肉营养成分的影响

肉中富含的蛋白质和矿物元素是人体所需氨基酸和矿物元素的重要来源。池越（2021）研究证实，日粮蛋白水平对肉驴背最长肌和肱三头肌中粗蛋白含量有显著影响，随着蛋白水平的增加两种肌肉中粗蛋白含量显著提高，肌肉中粗脂肪含量以中蛋白组较高，说明日粮蛋白水平到达一定水平后继续提高，对肌肉粗脂肪含量的增加并没有显著影响。张春霞（2022）探究了日粮中不同的蛋白水平对西门塔尔牛肉品质的影响，结果显示中蛋白组和高蛋白组眼肌面积显著提高，分别提高了 6.09%和 5.18%；失水率显著低于低蛋白组，但剪切力和蒸煮损失有改善趋势。因此，饲喂中等水平的蛋白日粮可促进西门塔尔牛生长，提高肌肉中蛋白质含量，最适的前期蛋白水平为 12.05%，中期蛋白水平为 11.50%，后期蛋白水平为 11.00%。日粮蛋白水平还会影响肉驴肌肉中矿物元素的含量，饲喂高蛋白日粮可显著提高肱三头肌中 P、Fe、Cu、Mn 和 Se 的含量，但会降低臀肌和股二头肌中矿物元素含量，造成这一结果的原因可能是肌肉部位的不同。李铸等（2021）研究表明，同等饲养水平下，牦牛背最长肌中 Ca 和 Pb 含量均高于股二头肌，但股二头肌中的 P、Mg、Fe、Cu、Cr、Zn、K、Na 和 Se 等含量均高于背最长肌。Miranda 等（2018）也表明，肌肉部位与矿物元素含量密切相关，心脏中矿物质浓度最高，半膜肌和斜方肌中矿物质含量非常相似。这种现象是否和不同肌肉部位中矿物元素的代谢有关，还需做进一步的研究。

（三）精粗比水平

合理的精粗比日粮对平衡反刍动物体内营养具有重要作用，也是优化瘤胃内环境以及维持高效生产的前提条件。适宜的精粗比日粮不仅可以提高草食家畜的生产性能，同时还能改善肌肉品质，促进对营养物质的消化吸收。

1. 对肌肉感官品质及理化特性的影响

在日粮结构中，更高的精料比例意味着更多的能量供应（孙福昱等，2019）。Wang 等（2019a）研究发现，饮食能量供应的增加使得荷斯坦牛的肌内脂肪以及牛肉嫩度显著增加。肌内脂肪可储存多种支链脂肪酸，对增强牛肉风味有积极效果。在肉牛的生长育肥期，日粮中的精料水平会影响肉的产量和品质。Ku 等（2021）研究了粗饲料水平对韩国阉牛肉质的影响，发现精粗比为 30∶70 的处理组相较于其他组（75∶25 和 50∶50）来说，肉产品的剪切力和滴水损失显著升高，且 n-6/n-3 较低，这意味着牛肉嫩度下降了。占今舜等（2020）也发现高精料（60∶40）饲喂的努比亚山羊肉剪切力更小而系水力更大；同时，羊肉 a^*高，失水率则低，肉品质较好（王杰琼等，2022）。以上研究显示，高精料日粮饲喂的动物，肉嫩度更好，更加可口。综上所述，草食家畜肉质嫩度受日粮结构的影响较大，其余感官及理化特性指标变化不显著，选择适宜的日粮精粗比对改善动物肉品质尤为重要。

2. 对肌肉营养成分的影响

肌肉中的脂肪酸和氨基酸组成很容易受日粮的影响，大多数研究认为精粗比为 30∶70 时肌肉营养品质较好。过高的精粗比尽管能提高饲料转化效率，但往往会增加肌肉中 n-6 多不饱和脂肪酸的含量，降低 n-3 多不饱和脂肪酸含量，增加 n-6/n-3 PUFA（Blanco et al.，2017）。王思飞（2018）指出，相较于精粗比为 10∶90、20∶80 和 40∶60 的日粮，提高滩羊肌肉和皮下脂肪中共轭亚油酸（C18:2n6c）含量的最适日粮精粗比是 30∶70。周力等（2022）的研究也得出了相似结论，日粮中粗料对生长期青海黑藏羊肉中氨基酸和脂肪酸含量具有一定的改善作用，其中，精粗比为 30∶70 的日粮作用效果较佳。蛋氨酸可为动物机体提供活性甲基，参与蛋白质代谢、合成机体蛋白以及提高免疫力，组氨酸可以维持动物生产、调控肌肉生长发育、改善肉品质以及提高肌肽含量。精粗比 30∶70 饲喂组蛋氨酸含量高于 50∶50 组和 70∶30 组，精粗比 50∶50 饲喂组组氨酸含量显著低于其他两组。精粗比 30∶70 饲喂组的 C17:0 含量显著低于其他两组，C18:1n9t（反式油酸）含量则呈相反趋势，精粗比 50∶50 饲喂组 C18:2n6c 含量显著低于其他两组。C18:1n9t 作为对人体健康有益的脂肪酸之一，能够降低血液中胆固醇和低密度脂蛋白。霍俊宏等（2021）对 2 月龄努比亚山羊母羊的研究发现，高精粗比组（60∶40）和低精粗比组（40∶60）背膘厚和肋肉厚均无显著差异，但高精粗比组均高于低精粗比组，并推测低精粗比日粮可能有助于提高肌肉瘦肉率和降低脂肪沉积，进而提高羊肉品质。Papadomichelakis 等（2010）研究了高含量易消化膳食纤维和低含量易消化膳食纤维对兔子腰最长肌和股二头肌中脂肪酸组成的影响，发现肉的肥瘦和不饱和脂肪酸的含量没有受到膳食纤维的影响，而喂食高含量膳食纤维的兔肉中单不饱和脂肪酸的含量降低，说明膳食纤维对兔肉肥瘦肉中脂肪酸组成的影响不大。Bianchi 等（2009）和 Petracci 等（2009）的研究也有相同的结论，认为多不饱和脂肪酸含量增加的主要原因是 α-亚麻酸含量的增加。亚麻油富含可衍生为 C20:5n3、C22:6n3 的前体 C18:3n3，是调节反刍动物肌肉中多不饱和脂肪酸组成的主要油脂之一。亚麻籽油结合有机硒饲喂能使兔血和肌肉中总胆固醇含量降低，肌肉中饱和脂肪酸含量减少，不饱和脂肪酸含量提高（Saleh et al.，2013）。日粮添加 α-亚麻酸除使单不饱和脂肪酸含量显著降低，多不饱和脂肪酸和 n-3 系列脂肪酸含量显著增加，以及显著降低 n-6/n-3 以外，对肝和背最长肌的饱和脂肪酸含量无显著影响（杜海涛等，2011）。Wang 等（2019b）关于阿尔巴斯白绒山羊肉品质的研究也得出了相似的结论。根据 FAO/WHO 的推荐，健康饮食中的必需多不饱和脂肪酸 n-6/n-3 应为（5～10）/1（谢跃杰等，2016）。比值越低，越能降低人体患心血管疾病、糖尿病和肥胖症等慢性病的风险（Strandvik，2011）。肌肉中的脂肪酸组成很容易受日粮的影响，在饲喂的时候，添加一些诸如菜籽油、鱼油和亚麻籽等辅料，能够起到增加肌肉中多不饱和脂肪酸含量的作用，进而调节 n-6/n-3。

二、饲养水平对猪肉品质的影响

影响猪胴体肉质性状的因素除遗传和环境外，主要受营养因素影响。通过调整饲养水平来调控猪的生长性能和猪肉品质是除遗传选择生产高品质猪肉之外的另一个途径。前人研究发现，日粮能量水平、蛋白质水平都能影响猪胴体性状和肉品质，且这种影响非常复杂，能量、蛋白质等营养物质摄入体内以后互相之间还有一系列生化过程才会以体脂、体蛋白质的形式沉积，当摄入营养不足时，体脂、体蛋白质又会分解以维持机体正常的新陈代谢。

（一）能量水平

大量研究认为，日粮能量水平对猪肉的肌内脂肪、背膘厚、瘦肉率等具有明显的影响，而对 pH 值、贮存损失和肉色没有影响（Lebret et al.，2001）。研究发现，提高日粮能量水平可增加胴体的背膘厚、肌肉脂肪含量和嫩度，降低猪的眼肌面积。刘作华（2008）研究发现无论是通过改变碳水化合物还是脂肪含量来提高日粮能量水平均可影响动物的胴体品质，随着能量水平升高，猪的外周脂肪、背膘厚度、肌内脂肪含量均升高，但降低了瘦肉率。Bee 等（2002）报道，日粮能量浓度降低 38%后，育肥猪的网膜脂肪含量、腹脂含量以及背膘厚均极显著降低。此外，饲喂不同能量的饲料，猪里脊的味感也会产生差异，低程度自由采食组的猪肉多汁性低于高程度自由采食组（Arkfeld et al.，2014）。吴国芳等（2019）研究了不同能量水平（低能量组：11.70MJ/kg；中能量组：12.95MJ/kg；高能量组：14.23MJ/kg）日粮对生长育肥期八眉三元猪肉质性状的影响，研究发现能量水平的高低对八眉三元猪的肉品质无显著影响，但是高能量日粮组肌肉剪切力高于中、低能量日粮组，说明中、低能量日粮组猪的肌肉嫩度较优。总的来说，适度提高能量水平可以提高猪肉肌内脂肪含量，提升肉的多汁性，改善肌肉嫩度。

（二）蛋白质水平

在现代生猪生产中，饲料成本高达 60%～70%，而日粮粗蛋白质（CP）成本在饲料成本中占很大比例。日粮蛋白质水平的高低主要影响猪自身的蛋白质沉积。日粮蛋白质的含量须与猪的蛋白质需要量相适应才能获得最大的蛋白质沉积和最佳的猪肉品质。事实上，日粮中 CP 水平并非越高越好，CP 水平过高时动物并不能完全将其消化吸收利用，许多含氮物质通过粪尿排出后不仅会造成生态环境的污染，还会导致蛋白质资源的浪费。随着我国蛋白质饲料资源紧缺问题日益突出，低蛋白氨基酸平衡日粮已被证实可提高饲料蛋白质利用率，有效节约蛋白质饲料资源（袁启志等，2019）。研究还表明，低蛋白氨基酸平衡日粮在理想氨基酸的模式下，通过调整必需氨基酸供给模式，可有效降低 CP 水平，并且不影响猪群生产性能的发挥（赵楠，2018），还具有改善猪肉的抗氧化能力，减少氮排放和改善肉品质等作用，并大幅减少豆粕等蛋白质饲料的用量，从而降低饲料成本，提高经济效益（Wang et al.，2018b）。

1. 对肌肉感官品质及理化特性的影响

研究发现，低蛋白日粮能显著提高杜×长×大生长猪和育肥猪的背最长肌 a^*（Li et al.，2016）。而在 15.6% CP（代谢能 13.83MJ/kg）的基础上降低到 14.6%（代谢能 13.82MJ/kg）或 13.6%时（代谢能 13.81MJ/kg），可显著提高杜×民杂交育肥猪的背最长肌 L^*（王东等，2020）。Cortese 等（2019）认为，肉色 L^*和 a^*可能与肌红蛋白结构和功能的变化有关，这取决于组氨酸及其 4 种主要化学形式的发生率，以及与表面水分和肌内脂肪的相互作用。对于生长猪（36～60kg）和育肥猪（62～98kg），在消化能均为 14.20MJ/kg 前提下，CP 分别从 18.27%和 16.30%降低到 15.16%和 13.17%，可显著提高猪背最长肌 a^*及 *MyHCI* 及 *MyHCIIa* 基因表达量，而 CP 水平分别降低到 12.35%和 10.26%时，背最长肌 a^*及 *MyHCI* 和 *MyHCIIa* 基因表达量均无显著变化（Li et al.，2016）。因此，适量降低 CP 水平的氨基酸平衡日粮可能通过上调 *MyHCI* 和 *MyHCIIa* 基因表达量来提高猪肌肉的 a^*，从而改善肉色及肉品质。此外，有研究表明，在 16% CP 基础上降低 6%的低蛋白日粮能显著提高 62～98kg 杜×长×大育肥猪的背最长肌 pH 值，同时显著降低育肥猪的耗料增重比，而降低 3%时 pH 值和耗料增重比无显著变化（Li et al.，2016）。

2. 对肌肉营养成分的影响

饲喂低蛋白氨基酸平衡日粮的猪相比对照组，在生长和肥育阶段显著提高了肌内脂肪含量（Tous et al.，2014）。而将生长猪日粮 CP 水平从 16%降低到 12%后，可显著增加生长猪背最长肌的肌内脂肪含量和嫩度，这可能与肌肉中脂肪合成的基因表达量显著提高、脂肪降解的基因表达量显著下降有关（朱玉萍等，2017）。研究也显示，育肥猪日粮 CP 降低 4%（15.2% vs. 11.2%），可极显著增加猪背最长肌的肌内脂肪含量（Wood et al.，2013）。Tejeda 等（2020）也发现，低蛋白氨基酸平衡日粮显著提高了育肥猪最后阶段（116～174kg）的肌内脂肪含量。肌肉生长和脂肪沉积过程是影响肌肉感官性状的关键（Liu et al.，2015）。研究证实，低蛋白日粮对调节与脂质代谢相关的关键基因具有关键作用，从而促进肌肉中脂肪沉积。可见，低蛋白日粮通过调节脂肪合成和降解相关基因的表达来改善肉品质，从而提高肌肉中肌内脂肪含量。此外，大理石纹是肌内脂肪含量的表观表现，研究表明，日粮 CP 水平从 12%降低到 9.8%会增加猪背最长肌的大理石纹评分（Tous et al.，2014）。低蛋白日粮改善猪肉大理石纹的原因可能是日粮蛋白质水平不足，会一定程度抑制蛋白质的合成和肌肉的生长，而多余的能量会沉积到肌肉的脂肪中（Zitvogel et al.，2016）。张兴等（2017）研究日粮不同 CP 水平对湘沙猪配套系母系猪肉质的影响，试验前期日粮 CP 水平分别为 14.03%、14.53%、15.03%、15.53%，试验后期日粮 CP 水平分别为 13.03%、13.53%、14.03%、14.53%。结果表明，前期饲喂 CP 水平 14.53%的日粮、后期饲喂 CP 水平 13.53%的日粮，湘沙猪配套系母系猪背最长肌中丝氨酸、丙氨酸、亮氨酸、脯氨酸、甘氨酸、缬氨酸等风味氨基酸含量显著提高，硬脂酸、花生酸显著降低，而亚油酸、γ-亚麻酸、二高-γ-亚麻酸、花生四烯酸、PUFA 含量显著提高，同时矿物元素锌含量显著提高。说明日粮不同 CP 水平对湘沙猪配套系母系猪肉品质有影响，而中等 CP 水平的日粮（CP 水平前期为 14.53%、后期为 13.53%）可获得较好的肉品质。

三、饲养水平对禽肉品质的影响

（一）能量水平

禽类具有生长周期短、饲料报酬高及肉质鲜嫩等特点，但需要不断摄取能量维持机体的正常生理代谢。禽类对能量的摄入量一般比较恒定，若日粮中能量水平过高会造成肉鸡胴体脂肪沉积过度，影响肉品感官品质及营养特性。相关研究表明，低能量水平日粮在改善肉鸡胴体品质及肉品质方面具有显著效果，不仅可显著降低肉鸡腹脂率，同时可以使胸肌及腿肌肉品质指标呈现较好发展趋势。因此，合理控制日粮能量水平可以有效改善禽肉品质。

秦文超等（2020）研究发现，与中能量组（代谢能 11.70MJ/kg）相比，低能量组（9.36MJ/kg）胸肌 a^*显著升高；与高能量组（14.04MJ/kg）相比，低能量组肌肉剪切力显著升高，肌肉 CP 含量显著升高，粗脂肪含量极显著降低，说明降低日粮能量水平可有效降低肉种鸡腹脂率及肌间脂带宽，提高肌肉红度，改善胴体品质及肉品质。范春鹤（2010）发现，随日粮能量水平的升高（12.31MJ/kg、12.73MJ/kg、13.15MJ/kg、13.57MJ/kg），肌肉系水力降低，对肌肉嫩度的影响与系水力相反。蒋守群等（2013）以岭南黄羽肉鸡为研究对象，研究结果表明提高日粮代谢能水平显著增加了胸肌 pH 值。方立超等（2001）的研究也得出了相同的结论。而林厦菁等（2018）研究发现，高营养水平组岭南黄羽肉鸡公鸡的肉色 b^*显著高于低营养水平组和标准营养水平组，但是对公鸡肌肉嫩度、滴水损失、pH 值及母鸡相关肉品质指标均无显著影响。马淑梅等（2016）关于饲养水平对北京油鸡肉品质的研究也得出了相似的结果。这说明营养水平在小范围内变化对禽肉感官及理化特性影响不显著。

汤建平等（2012）通过对屠宰后肌肉 pH 值、肌苷酸及其分解代谢产物、肌肉脂肪酸种类和含量的综合评定，结果表明，日粮能量水平对屠宰后 24h 肌肉 pH 值、肌肉肌苷酸水平影响不显著，但显著影响了脂肪酸在肉仔鸡体内的沉积和代谢。张艳云（2014）研究发现，肉种鸡低能量（8.19MJ/kg）日粮对子代肌肉品质也有明显影响，显著提高了子代 21 日龄时的胸肌粗脂肪含量和 42 日龄时的腿肌粗脂肪含量，从而对鸡肉口感和肉品风味起到改善作用，这与徐良梅等（2011）的研究结果一致，其原因可能是肉种鸡低能量日粮也改变了子代脂肪代谢规律或者肌纤维的发育形态，使脂肪更容易在肌肉组织中沉积。此外，日粮能量水平升高，可以提高禽肉中多不饱和脂肪酸和必需脂肪酸的含量（汤建平等，2012）。必需脂肪酸是人体不能合成但又是生命活动所必需的脂肪酸，是组织细胞的重要组成部分，对线粒体和细胞膜的结构完整特别重要，也是磷脂的重要组成物质。必需脂肪酸是前列腺素、血栓烷、白三烯等物质合成的前体，具有维护正常视觉、调节血管收缩、参与血小板凝集、预防心血管疾病等功能（左丽娟，2009）。肌间脂肪在一定范围内含量越多肉质风味越好。相比低能量水平饲料，肉鸡养殖中高能量水平饲料喂养显著提高了肉鸡腹脂率和皮下脂肪沉积，导致肉鸡的胴体品质下降。但是将肉禽饲料中能量水平合理提高可以有效增加禽肉中脂肪的含量，提高禽肉的嫩度和口感，所以肉禽养殖中能量水平的供给需要把控在合理的范围（邹优敬等，2007）。

（二）蛋白质水平

日粮中的蛋白质水平是影响家禽脂肪沉积和肌肉风味的重要因素。蛋白质水平过高会造成资源浪费，同时也会产生过多的氮，对环境造成不良影响；蛋白质水平过低会导致禽类生产水平下降，甚至影响健康。近年来，人们为提高饲料利用率和减少环境污染，低蛋白日粮得到更多关注，在低蛋白日粮中补充必需氨基酸的成本要比直接使用高蛋白日粮低。根据动物的营养需求，将理想蛋白氨基酸模式作为标准，降低日粮中蛋白质水平，并通过在日粮中补充氨基酸，从而使得日粮中氨基酸的水平接近标准，进而使得蛋白利用率达到最大。

研究发现，低蛋白日粮可以提高鸡肉嫩度（Kobayashi et al.，2013）。这可能是因为肉鸡在低蛋白日粮养殖的模式下，鸡肉中脂肪含量将逐渐提高。导致这些现象出现的原因主要是当肉鸡日粮中蛋白质的含量增加时，肉鸡机体中需要参与分解利用蛋白质的能量需求提高，进而导致机体中能量以脂肪形式的沉积量出现下降，最终使得肉鸡机体中脂肪的含量下降（邱凯等，2022）。此外，时本利和单安山（2008）研究发现，母代低蛋白质水平日粮还可以改善子代鸡肉的嫩度，3 周龄时，高蛋白组（20.51%）子代胸肌剪切力高于对照组（17.09%）和低蛋白组（13.68%），说明低蛋白组和对照组胸肌的嫩度要好于高蛋白组；6 周龄时，高蛋白组子代腿肌剪切力高于低蛋白组；9 周龄时，高蛋白组子代腿肌剪切力高于低蛋白组与对照组，说明低蛋白组和对照组腿肌嫩度要好于高蛋白组；由于后代饲喂相同水平的日粮，说明母体效应对子代肌肉嫩度的影响大于后期补偿效应。目前，关于低蛋白日粮改善鸡肉嫩度的报道较少，需做更多的研究加以证实。李龙等（2015）认为，品种间的肌内脂肪含量有较大差异，且与肌肉风味呈显著相关。以上研究说明，肉鸡的肉质风味与品种、饲料添加剂及饲养方式有关，可能与饲养水平的相关性不大，或者说肌内脂肪沉积性状与日粮营养水平关系较为复杂，有可能并不是线性相关关系，在实际生产中要针对不同品种及其生长特点设置日粮蛋白质水平。

参考文献

白大洋. 2019. 日粮能量水平对西门塔尔杂交公牛育肥性能、瘤胃发酵及养分代谢的影响. 河北农业大学硕士学位论文.

白扬, 雒帅, 王倩, 等. 2021. 内蒙古放牧和舍饲牛肉矿物质指纹特征. 肉类研究, 35(1): 12-18.

曹山川, 许铭洙, 张莉, 等. 2019. 饲喂模式对猪生长性能、养分消化率和肠道微生物组成的影响. 中国畜牧杂志, 55(1): 101-106.
陈代文, 张克英, 余冰, 等. 2002. 不同饲养方案对猪生产性能及猪肉品质的影响. 四川农业大学学报, 1: 1-6.
陈伶俐. 2020. 饲喂方式对生长育肥猪肉品质及肠道微生物区系的影响. 华中农业大学硕士学位论文.
池越. 2021. 日粮蛋白水平对肉驴生长育肥性能、屠宰性能和肉品质的影响. 内蒙古农业大学硕士学位论文.
杜海涛, 王春阳, 王雪鹏, 等. 2011. 日粮α-亚麻酸水平对断奶至2月龄肉兔生长性能、脂肪酸构成及肝脏相关基因mRNA表达的影响. 畜牧兽医学报, 42(5): 671-678.
杜霞, 周艳, 赵艳丽, 等. 2022. 日粮能量水平对驴肉理化特性和常规营养物质含量的影响. 饲料工业, 43(10): 30-34.
范春鹤. 2010. 日粮能量水平对肉仔鸡生产性能、肉品质及血液生理生化指标影响研究. 内蒙古农业大学硕士学位论文.
方立超, 宋代军, 董国忠, 等. 2001. 日粮营养水平对肉仔鸡睾丸发育的影响. 西南农业大学学报, 23(6): 557-560.
付晓. 2008. 运输和抗应激添加剂对肉仔鸡生理生化指标和肝脏HSP70基因表达及肉质的影响. 甘肃农业大学硕士学位论文.
高良霜, 吴建平, 宋淑珍, 等. 2021. 不同能量水平对阿勒泰羊血清脂质指标及脂肪沉积的影响. 饲料工业, 41(9): 14-23.
顾玲荣, 张治龙, 杨天良, 等. 2022. 放牧和舍饲条件下合作猪屠宰性能及肉品质差异. 家畜生态学报, 43(1): 81-85.
郭秀兰, 唐仁勇, 刘达玉. 2011. 肌内脂肪对猪肉品质的影响及其营养调控作用. 中国畜牧兽医, 38(5): 214-217.
郭永清, 赵宇飞, 张小宇. 2019. 不同饲养方式及密度对猪生长性能及肉品质的影响. 饲料研究, 42(8): 120-123.
哈斯额尔敦, 敖长金, 萨茹丽, 等. 2022. 内蒙古地区不同养殖草食动物背最长肌氨基酸组成及营养价值评价. 肉类研究, 36(4): 1-6.
韩剑众, 桑雨周, 周天琼. 2004. 饲养方式和饲喂水平对鸡肉硫胺素含量及肉质的影响. 中国家禽, 4: 20-22.
黄保华, 石天虹, 刘雪兰, 等. 2009. 饲养密度对黄羽优质肉鸡生产性能和屠宰指标的影响. 饲料工业, 30(3): 25-29.
黄铭逸, 李藏兰, 郑江霞. 2020. 畜禽产品风味与评价技术的研究进展. 中国畜牧杂志, 56(7): 12-17.
霍俊宏, 詹康, 黄秋生, 等. 2021. 不同精粗比日粮对山羊生产性能、血清生化指标和瘤胃发酵的影响. 草业学报, 30(6): 151-161.
蒋守群, 蒋宗勇, 郑春田, 等. 2013. 日粮代谢能和粗蛋白水平对黄羽肉鸡生产性能和肉品质的影响. 中国农业科学, 46(24): 5205-5216.
康萍. 2016. 鸡肉品质与饲养方式的关联性. 畜牧兽医科技信息, 8: 114.
孔令琳. 2019. 饲养模式对雪山鸡屠宰性能、肉品质及肠道微生物的影响. 扬州大学硕士学位论文.
李博. 2019. 全价颗粒饲料对育肥羊生产性能, 消化和肉品质的影响. 山东农业大学硕士学位论文.
李偲奇. 2020. 不同料型日粮对育肥羊生产性能、胃肠道微生物组和代谢组的影响研究. 山东农业大学硕士学位论文.
李宏, 吴建平, 宋淑珍, 等. 2020. 相对饲养水平对阿勒泰羊生长性能、屠宰性能、器官发育及肉品质的影响. 动物营养学报, 32(4): 1927-1935.
李建慧, 苗志强, 杨玉, 等. 2015. 不同饲养方式和饲养密度对肉鸡生长性能及肉品质的影响. 动物营养学报, 27(2): 569-577.
李军, 蒋微, 王永雄. 2021. 日粮添加中草药添加剂对猪肉品质的影响. 中国动物保健, 23(7): 57-58.

李兰会, 张宏鑫, 李潭清, 等. 2008. 宰后肉品 pH 值变化与嫩度的关系. 黑龙江畜牧兽医, 5: 25-26.
李龙, 蒋守群, 郑春田, 等. 2015. 不同品种黄羽肉鸡肉品质比较研究. 中国家禽, 37(21): 6-11.
李鹏. 2014. 不同极限 pH 值牛肉成熟过程中品质变化及变化机制研究. 山东农业大学博士学位论文.
李清兰, 张隽. 2021. 不同饲喂方式对肉牛生长性能、血清生化及胴体性状的影响. 中国饲料, 12: 21-24.
李然然. 2015. 饲养模式和年龄对绒山羊日粮中微量元素消化率和肌肉中含量分布的影响. 内蒙古农业大学硕士学位论文.
李瑞, 侯改凤, 韦良开, 等. 2017. 德氏乳杆菌对育肥猪血脂指标、胆固醇代谢和脂肪沉积相关酶活性及基因 mRNA 表达的影响. 动物营养学报, 29: 3184-3192.
李晓蒙. 2015. 日粮能量和蛋白质水平对荷斯坦奶公牛直线育肥性能及肉品质的影响. 河北农业大学硕士学位论文.
李雪. 2018. 饲养密度对生长猪生长性能、血清指标和免疫功能的影响. 湖南农业大学硕士学位论文.
李铸, 吴锦波, 何世明, 等. 2021. 标准化生产牦牛不同肌肉组织中矿物质元素含量研究. 安徽农业科学, 49(1): 80-82, 97.
廉红霞, 卢德勋, 高民. 2007. 猪生长肥育期背最长肌 LPL 基因表达与肌内脂肪含量相关研究. 畜牧与兽医, 9(12): 17-20.
林厦菁, 苟钟勇, 李龙, 等. 2018. 日粮营养水平对中速型黄羽肉鸡生长性能、胴体品质、肉品质、风味和血浆生化指标的影响. 动物营养学报, 30(12): 4907-4921.
刘虎传, 杨培培, 刘迎春, 等. 2019. 饲养密度对肉鸡生产性能和肉品质影响的研究进展. 山东畜牧兽医, 40(2): 63.
刘明丽. 2020. 饲喂方式对德州驴生长性能、饲料消化率和肉品质的影响. 聊城大学硕士学位论文.
刘树林. 2022. 多组学联合解析亚麻油和亚麻籽促进绒山羊背最长肌中 n-3 多不饱和脂肪酸沉积的机制. 内蒙古农业大学博士学位论文.
刘文营, 田寒友, 邹昊, 等. 2014. 猪肉 pH 值与滴水损失的关系分析. 肉类研究, (9): 3.
刘亚娜, 孙宝忠, 谢鹏, 等. 2016. 甘南牦牛和青海牦牛肉质特性的对比分析. 食品工业科技, 37(1): 71-75.
刘作华, 杨屹云, 孔路军, 等. 2007. 日粮能量水平对生长育肥猪肌内脂肪含量以及脂肪酸合成酶和激素敏感脂酶 mRNA 表达的影响. 畜牧兽医学报, 38(9): 934-941.
刘作华. 2008. 日粮能量水平对猪肌内脂肪沉积的影响及作用机制研究. 四川农业大学博士学位论文.
吕刚. 2011. 不同饲喂方式下肉鸭体脂沉积规律及机制研究. 四川农业大学博士学位论文.
吕志福, 徐英钰. 1994. 敞限饲喂及不同营养水平对三元猪的饲养效果试验. 浙江畜牧兽医, 19(3): 2-3.
马汉军, 赵良, 潘润淑, 等. 2006. 高压和热结合处理对鸡肉 pH、嫩度和脂肪氧化的影响. 食品工业科技, 8: 56-59.
马淑梅, 华登科, 郭艳丽, 等. 2016. 日粮营养水平对黄羽肉鸡生长性能、肉品质和性成熟的影响. 动物营养学报, 28(1): 217-223.
马铁伟, 王强, 王锋, 等. 2016. 营养水平对湖羊生长性能、血清生化指标、屠宰性能和肉品质的影响. 南京农业大学学报, 39(6): 1003-1009.
米文正, 李弊, 刘世康, 等. 1996. 限饲对商品肉猪生产性能影响的研究. 养猪, 3: 24-31.
明丹丹, 张一敏, 董鹏程, 等. 2020. 牛肉肉色的影响因素及其控制技术研究进展. 食品科学, 41(1): 284-291.
钱文熙, 马春晖, 杨星伟, 等. 2006. 舍饲滩羊、小尾寒羊及滩寒 F_1 代羔羊体内氨基酸研究. 中国草食动物, 26(5): 56-57.
钱文熙, 阎宏, 张苏江, 等. 2007. 放牧、舍饲滩羊肉质理化特性研究. 黑龙江畜牧兽医, 3: 37-40.
钱文熙. 2005. 滩羊肉品质研究. 宁夏大学硕士学位论文.
秦文超, 赵城, 魏景坤, 等. 2020. 日粮不同能量水平对肉种鸡产蛋后期胴体品质及肉品质的影响. 黑龙江畜牧兽医, 17: 74-77.
秦鑫, 卢营杰, 苗志强, 等. 2018. 饲养方式和密度对爱拔益加肉鸡生产性能、肉品质及应激的影响. 中国农业大学学报, 23(12): 66-74.
邱凯, 常心雨, 张海军, 等. 2022. 鸡肉品质调控研究进展. 中国家禽, 44(2): 1-9.
饶盛达. 2015. 不同维生素组合和饲养密度对肉鸡生产性能、健康和肉品质的影响研究. 四川农业大学硕士学位论文.
任善茂. 2002. 瘦肉型猪育肥后期两种不同饲喂方式的对比研究. 扬州大学硕士学位论文.
邵金良, 黎其万, 刘宏程, 等. 2008. 山羊肉中氨基酸含量测定及营养分析. 肉类研究, 8: 60-62.
施军平, 陈芝芸, 包剑锋, 等. 2007. 高脂饮食诱导的非酒精性脂肪性肝病大鼠肝组织 PPARα 和 CPT-Ⅰ mRNA 的表达. 浙江中医药大学学报, 31(1): 52-55.
时本利, 单安山. 2008. 母鸡不同蛋白水平日粮对子代鸡肉品质的影响//刘建新. 中国畜牧兽医学会动物营养学分会第十次学术研讨会论文集. 北京: 中国农业科学技术出版社.
宋诗清, 袁霖, 张晓鸣, 等. 2013. 鸡脂的酶解对鸡肉风味前体物形成的影响. 食品科学, 34(11): 168-172.
苏日古嘎. 2013. 育肥模式对绒山羊成年母羊肉品质的影响及其与羔羊肉品质比较研究. 内蒙古农业大学硕士学位论文.
孙菲菲. 2012. 饲喂方式对肉牛生产性能及瘤胃发酵的影响. 青岛农业大学硕士学位论文.
孙福昱, 赵一广, 薛夫光, 等. 2019. 海带粉对饲喂高精料饲粮奶牛瘤胃发酵参数和菌群结构的影响. 动物营养学报, 31(6): 2842-2853.
孙志昶, 韩玲, 李永鹏, 等. 2011. 舍饲与放养饲养方式下蕨麻猪肉的挥发性成分对比. 食品科学, 32(14): 257-260.
汤建平, 蔡辉益, 常文环, 等. 2012. 饲养密度与日粮能量水平对肉仔鸡生长性能及肉品质的影响. 动物营养学报, 24(2): 239-251.
唐鹏, 王尧悦, 王国军, 等. 2018. 日粮能量和蛋白质水平对陕北白绒山羊生长性能、血清生化指标、屠宰性能和肉品质的影响. 动物营养学报, 30(6): 2194-2201.
田金勇. 2020. 放养和舍饲对藏猪肉营养品质的影响. 西藏大学硕士学位论文.
童海兵, 王克华, 窦套存, 等. 2003. 饲料料型对鸡的屠宰性能及其肉品质的影响. 青岛: 全国家禽学术讨论会.
汪尧春. 1996. 饲料营养与猪肉品质. 饲料研究, 8: 13-14.
王东, 陈国顺, 柴明杰, 等. 2020. 低蛋白日粮对杜×民杂交育肥猪生长性能和肉品质的影响. 中国畜牧杂志, 56(11): 146-149.
王杰琼, 李继锋, 云君琰, 等. 2022. 不同精粗比日粮对太行黑山羊生长性能、屠宰性能及肉品质的影响. 饲料研究, 45(1): 11-14.
王丽. 2009. 日粮能量水平和来源对育肥猪骨骼肌脂肪代谢相关基因表达的影响. 四川农业大学硕士学位论文.
王敏. 2020. 放牧与舍饲对肉牛生产性能和肉品质影响的比较研究. 吉林大学博士学位论文.
王思飞. 2018. 日粮精粗比对滩羊肉品质以及体脂和肌肉 CLA 调控的影响. 宁夏大学硕士学位论文.
王维婷, 王东亮, 柳尧波. 2018. 预冷方式对宰后驴肉品质的影响. 黑龙江畜牧兽医, (1): 132-134.
魏凤仙. 2012. 湿度和氨暴露诱导的慢性应激对肉仔鸡生长性能、肉品质、生理机能的影响及其调控机制. 西北农林科技大学博士学位论文.
吴国芳, 周继平, 王磊, 等. 2019. 日粮能量水平对八眉三元杂交猪生长性能、屠宰性能及肉质性状的影响. 家畜生态学报, 40(4): 27-31.
吴荷群, 付秀珍, 陈文武, 等. 2014. 冬季不同舍饲密度对育肥羊屠宰性能及肉品质的影响. 中国畜牧兽医, 41(12): 152-156.

吴涛, 江小帆, 杨发荣, 等. 2022. 日粮中不同藜麦添加水平对芦花鸡肉品质及微量元素的影响. 浙江农业学报, 34(5): 897-907.
吴铁梅. 2013. 不同饲养模式对绒山羊羔羊育肥性能、屠宰性能及肉品质的影响. 内蒙古农业大学硕士学位论文.
吴铁梅. 2016. 自然放牧与舍饲育肥条件下阿尔巴斯白绒山羊脂肪与蛋白质代谢的差异比较研究. 内蒙古农业大学博士学位论文.
席斌, 郭天芬, 杨晓玲, 等. 2019. 对不同品种猪肉中脂肪酸、氨基酸及肌苷酸的比较研究. 饲料研究, 42(7): 31-34.
夏继桥, 何鑫淼, 王兰, 等. 2019. 放养对松辽黑猪生长性能、血清生化指标及肉质营养成分的影响. 黑龙江畜牧兽医, 2: 32-36.
谢小来. 2001. 羔羊育肥全混合日粮配方的优化. 东北农业大学硕士学位论文.
谢跃杰, 贺稚非, 李洪军. 2016. 饲养因素对兔肉脂肪酸组成影响的研究进展. 食品工业科技, 37(1): 387-391.
徐彬, 李绍钰. 2007. 多不饱和脂肪酸的生物学功能以及在养猪生产上的应用研究. 畜禽业, 6: 14-17.
徐晨晨, 刁志成, 曲绪仙, 等. 2018. 不同品系与料型对黄河三角洲肉羊肉品质研究. 中国畜牧杂志, 54(6): 122-127.
徐菁, 姜怀志, 韩迪, 等. 2021. 饲养密度对夏季舍饲辽宁绒山羊生产性能的影响. 黑龙江畜牧兽医, 22: 32-36.
徐良梅, 陈志辉, 李仲玉, 等. 2011. 五味子提取物对高脂系肉仔鸡肉质的影响. 中国饲料, (2): 21-23.
徐振飞, 崔焕先, 梁万鹏, 等. 2022. 不同饲养方式对京星黄鸡103屠宰性能和肉品质的影响. 动物营养学报, 34(7): 4331-4339.
荀文, 王桂瑛, 赵文华, 等. 2021. 基于HS-SPME-GC-MS法比较瓢鸡和盐津乌骨鸡不同部位挥发性风味成分. 核农学报, 35(4): 923-932.
闫俊书, 张惠, 周维仁, 等. 2011. 放牧对不同性别雪山草鸡肌肉营养品质及肌苷酸含量的影响. 江苏农业学报, 27(4): 802-806.
杨景森, 王丽, 蒋宗勇, 等. 2022. 低蛋白氨基酸平衡日粮的应用及其对猪肉品质影响的研究进展. 中国畜牧杂志, 58(10): 1-14.
杨烁, 方桂友, 李忠荣, 等. 2009. 不同饲养方式对肉鸡肌纤维组织学特性及肌肉嫩度影响的研究. 安徽农业科学, 37(27): 13101-13102.
杨小娇, 许静, 宗凯, 等. 2011. 不同温度热应激对肉鸡血液生化指标及肉品质的影响. 家禽科学, 3: 10-14.
叶耀辉. 1998. 限饲对猪皮下各脂肪层脂肪沉积及胴体组成的影响. 福建农业学报, 13(4): 42-45.
于洋. 2020. 三种饲养模式对绒山羊育肥性能、屠宰性能、肉品质与体组织脂肪沉积的影响及其机理. 内蒙古农业大学硕士学位论文.
俞联平, 王汝富, 高占琪, 等. 2013. 种羊生产中全混合日粮应用效果评价. 中国草食动物科学, 33(4): 31-33.
袁建敏. 2017. 肉禽饲养密度应激及营养调控研究进展. 中国家禽, 39(17): 1-5.
袁启志, 陶新, 邓波, 等. 2019. 低蛋白氨基酸平衡日粮在生长育肥猪上的应用研究进展. 黑龙江畜牧兽医, 21: 33-36.
占今舜, 霍俊宏, 胡耀, 等. 2020. 不同精粗比全混合日粮对努比亚山羊肉品质、血清指标和器官发育的影响. 草业学报, 29(10): 139-148.
张成, Ah Kan Razafindrabe Richard Hermann, 陈凯凯, 等. 2017. 饲养方式对白羽番鸭生长性能、屠宰性能、肉品质及血清生化指标的影响. 扬州大学学报(农业与生命科学版), 38(3): 44-49.
张春霞. 2022. 不同粗蛋白水平对西门塔尔牛生长性能、血清生化指标、屠宰性能和肉品质的影响. 饲料研究, 45(4): 16-20.

张会丰, 高广亮, 王海威, 等. 2014. 品种和饲养模式对鸡肉风味性状及其候选基因 mRNA 表达水平的影响. 农业生物技术学报, 22(8): 1018-1026.
张惠. 2012. 饲养方式对雪山草鸡肉品质的影响. 南京农业大学硕士学位论文.
张婧, 于洋, 沈亚军, 等. 2021. 驴肌肉与脂肪组织中脂肪酸与胆固醇含量的分布规律. 饲料研究, 44(8): 92-97.
张婧. 2021. 日粮能量水平对肉驴体组织脂肪酸组成及相关基因表达的影响. 内蒙古农业大学硕士学位论文.
张磊, 武泽众, 周占琴, 等. 2020. 延安地区杂交肉羊屠宰性能和肉品质分析. 畜牧与兽医, 52(5): 29-33.
张丽, 王莉, 周玉春, 等. 2014. 适宜宰后成熟时间提高牦牛肉品质. 农业工程学报, 30(15): 325-331.
张美琦, 李妍, 李树静, 等. 2021. 日粮能量水平对荷斯坦阉牛生产性能、血液指标、屠宰性能及肉品质的影响. 中国农业科学, 54(1): 203-212.
张明, 刁其玉, 赵国琦, 等. 2009. 环境富集和饲养密度对绵羊福利的影响. 中国畜牧兽医, 36(7): 17-20.
张盼, 商鹏, 张博, 等. 2019. 舍饲与放牧条件下藏猪的屠宰性能和肉品质比较. 中国畜牧杂志, 55(3): 107-109.
张瑞, 白云鹏, 贾莉, 等. 2022. 牛至精油对平凉红牛半腱肌肉品质、脂肪酸及挥发性风味物质的影响. 动物营养学报, 34(7): 4452-4463.
张树敏, 金鑫, 陈群, 等. 2005. 放牧对松辽黑猪生长肥育及胴体肉质的影响. 吉林畜牧兽医, (5): 6-7, 9.
张兴, 吴买生, 向拥军, 等. 2017. 日粮不同粗蛋白质水平对湘沙猪配套系母系猪肉质的影响. 养猪, (3): 84-88.
张艳梅, 白晨, 敖长金, 等. 2021. 不同饲养方式对肉羊胴体及肉品质影响的研究进展. 中国畜牧杂志, 57(7): 75-80, 86.
张艳云. 2014. 低能量日粮对肉种鸡产蛋后期子代肉品质的影响. 东北农业大学硕士学位论文.
张莹. 2016. 自然放牧与放牧补饲育肥对呼伦贝尔羔羊与呼杜杂一代羔羊脂肪与蛋白质代谢的影响. 内蒙古农业大学博士学位论文.
张悦, 任勇, 邓超, 等. 2022. 葡萄籽原花青素对生长育肥猪肉品质、抗氧化性能和脂肪酸组成的影响. 中国畜牧杂志, 58(5): 221-228.
张振宇, 梁春年, 姚喜喜, 等. 2021. 日粮不同营养水平对牦牛生产性能、屠宰指标和血清生化指标的影响. 畜牧兽医学报, 52(1): 135-143.
赵楠. 2018. 技术创新是产业发展的原动力: 2018 中国氨基酸与饲料原料应用研讨会侧记. 中国畜牧杂志, 4: 149-156.
赵雪聪. 2015. 驴肉在低温成熟过程中品质变化研究. 河北农业大学硕士学位论文.
赵育国, 史彬林, 闫素梅, 等. 2012. 拴系与散栏饲养方式对肉牛屠宰性能及肉品质的影响. 中国畜牧杂志, 48(9): 60-63.
赵政. 2018. 发酵豆粕对育肥猪生长性能、肉品质和血液生化指标的影响. 养殖与饲料, (7): 34-35.
周光宏. 1999. 肉品学. 北京: 中国农业科技出版社: 29-30.
周凯, 刘春龙, 吴信. 2019. 集约化饲养条件下饲养密度对猪生长性能和健康影响的研究进展. 动物营养学报, 31(1): 57-62.
周力, 侯生珍, 雷云, 等. 2022. 不同精粗比日粮对青海黑藏羊肌肉营养组成的影响. 草业科学, 39(4): 762-769.
周小娟, 朱年华, 张日俊. 2010. 品种、日龄及饲养方式对鸡肉肌苷酸和肌内脂肪含量的影响. 动物营养学报, 22(5): 1251-1256.
周艳, 郑金凤, 郭晓宇, 等. 2020. 饲养方式与品种对羔羊肌肉组织中微量元素含量的影响. 饲料研究, 43(7): 1-5.
周玉青, 李娜, 谢鹏, 等. 2016. 不同饲养模式对青海藏羊肉食用品质和营养成分的影响. 食品科学,

37(19): 249-253.
朱飞, 沈宝发, 张伟良, 等. 1984. 投料方式及激素制剂对猪瘦肉率和肉质的影响. 上海畜牧兽医通讯, 2: 24-25.
朱雯, 徐伟, 韦聪聪, 等. 2020. 日粮蛋白质水平对山羊屠宰性能、肉品质和肌肉氨基酸组成的影响. 动物营养学报, 32(12): 5932-5938.
朱玉萍, 周平, 李蛟龙, 等. 2017. 低蛋白氨基酸平衡日粮添加半胱胺对生长猪肉质和相关基因表达的影响. 畜牧兽医学报, 48(4): 660-668.
邹彩霞. 2009. 生长水牛能量代谢及其需要量研究. 浙江大学博士学位论文.
邹优敬, 黄凌军, 夏中生, 等. 2007. α-亚麻酸对良凤花鸡生产性能、养分利用率及肉品质的影响. 广西农业生物科学, S1: 54-57.
左丽娟. 2009. 不同饲养方式对乌骨鸡生产性能、肉品营养及药物残留的影响研究. 甘肃农业大学硕士学位论文.
Jaume Coma, 梁文雁, 刘逸. 2001. 饲养与肉质. 国外畜牧学(猪与禽), 3: 56-59.
Alvarezs, Oviedo-Rondóne, Sarsoura, et al. 2017. Effect of stocking density on carcass and cut up yields, and meat quality of broilers up to 49d. Poultry Science, 96(1): 14.
Arkfeld E, Benedict E, Berger J, et al. 2014. Sensory characteristics of loins from pigs divergently selected for residual feed intake and fed diets differing in energy. Iowa State University Animal Industry Report 2014.
Bak K H, Bolumar T, Karlsson A H, et al. 2019. Effect of high pressure treatment on the color of fresh and processed meats: A review. Critical Reviews in Food Science and Nutrition, 59(1/4): 228-252.
Barger P M, Kelly D P. 2000. PPAR Signaling in the control of cardiac energy metabolis. Trends in Cardiovascular Medicine, 10(6): 238-245.
Bee G, Gebert S, Messikommer R. 2002. Effect of dietary energy supply and fat source on the fatty acid pattern of adipose and lean tissues and lipogenesis in the pig1. Journal of Animal Science, 80(6): 1564-1574.
Bianchi M, Petracci M, Cavani C. 2009. The influence of linseed on rabbit meat quality. World Rabbit Science, 17(2): 97-107.
Blanco M, Casasús I, Ripoll G, et al. 2017. Is meat quality of forage-fed steers comparable to the meat quality of conventional beef from concentrate-fed bulls? Journal of the Science of Food and Agriculture, 97(14): 4943-4952.
Bruce C R, Hoy A J, Turner N, et al. 2009. Overexpression of carnitine palmitoyltransferase-1 in skeletal muscle is sufficient to enhance fatty acid oxidation and improve high-fat diet-induced insulin resistance. Diabetes: A Journal of the American Diabetes Association, 58(3): 550-558.
Campo M M, Nute G R, Wood J D, et al. 2003. Modelling the effect of fatty acids in odour development of cooked meat *in vitro*: part I-sensory perception. Meat Science, 63(3): 367-375.
Castellini C, Mugnai C, Bosco A D. 2002. Effect of organic production system on broiler carcass and meat quality. Meat Science, 60(3): 219-225.
Cengiz Ö, Köksal B H, Tatlı O, et al. 2015. Effect of dietary probiotic and high stocking density on the performance, carcass yield, gut microflora, and stress indicators of broilers. Poultry Science, 94(10): 2395-2403.
Chang K C. 2007. Key signalling factors and pathways in the molecular determination of skeletal muscle phenotype. Animal, 1(5): 681-698.
Chilliard Y, Bonnet M, Delavaud C, et al. 2001. Leptin in ruminants. Gene expression in adipose tissue and mammary gland, and regulation of plasma concentration. Domestic Animal Endocrinology, 21(4): 271-295.
Choi Y M, Hwang S, Lee K. 2016. Comparison of muscle fiber and meat quality characteristics in different Japanese quail lines. Asian-Australasian Journal of Animal Sciences, 29(9): 1331-1337.
Choi Y M, Oh H K. 2016. Carcass performance, muscle fiber, meat quality, and sensory quality

characteristics of crossbred pigs with different live weights. Korean Journal for Food Science Animal Resources, 36(3): 389-396.

Cortese M, Segato S, Andrighetto I, et al. 2019. The effects of decreasing dietary crude protein on the growth performance, feed efficiency and meat quality of finishing charolais bulls. Animals, 9(11): 906-918.

Dalle Zotte A, Princz Z, Metzger S, et al. 2009. Response of fattening rabbits reared under different housing conditions. 2. Carcass and meat quality. Livestock Science, 122(1): 39-47.

Daza A, Rey A I, Menoyo D, et al. 2007. Effect of level of feed restriction during growth and/or fattening on fatty acid composition and lipogenic enzyme activity in heavy pigs. Animal Feed Science & Technology, 138(1): 61-74.

Dhani S, Ghazi T, Nagiah S, et al. 2020. Fusaric acid alters Akt and ampk signalling in c57bl/6 mice brain tissue. Food and Chemical Toxicology, 138: 111252.

Dozier W A, Thaxton J P, Branton S L, et al. 2005. Stocking density effects on growth performance and processing yields of heavy broilers. Poultry Science, 84(8): 1332-1338.

Ehebauer F, Ghavampour S, Kraus D. 2020. Glucose availability regulates nicotinamide *N*-methyltransferase expression in adipocytes. Life Sciences, 248: 117474.

Engel C L, Ilse B R, Anderson V L. 2013. Finishing beef cattle on totally mixed and self-fed rations. North Dakota Beef Report, 41-44.

Feddes J J, Emmanuel E J, Zuidhoft M J. 2002. Broiler performance, body weight variance, feed and water intake, and carcass quality at different stocking densities. Poultry Science, 81(6): 774-779.

Forrester-Anderson I T, Mcnitt J, Way R, et al. 2006. Fatty acid content of pasture-reared fryer rabbit meat. Journal of Food Composition & Analysis, 19(6-7): 715-719.

Francis S M, Littlejohn R P, Stuart S K, et al. 2000. The effect of restricted feeding on growth hormone(GH) secretory patterns in genetically lean and fat wether lambs. Animal Science, 70(3): 425-433.

Fu Y, Yin J, Zhao N, et al. 2022. Effects of transport time and feeding type on weight loss, meat quality and behavior of broilers. Animal Bioscience, 35(7): 1039-1047.

Gajana C S, Nkukwana T T, Marume U, et al. 2013. Effects of transportation time, distance, stocking density, temperature and lairage time on incidences of pale soft exudative (PSE) and the physico-chemical characteristics of pork. Meat Science, 95(3): 520-525.

Giorgio V, Von Stockum S, Antoniel M, et al. 2013. Dimers of mitochondrial ATP synthase form the permeability transition pore. Proceedings of the National Academy of Sciences of the United States of America, 110(15): 5887-5892.

Goff J P. 2006. Macromineral physiology and application to the feeding of the dairy cow for prevention of milk fever and other periparturient mineral disorders. Animal Feed Science and Technology, 126(3): 237-257.

Gondret F, Lebas F, Bonneau M. 2000. Restricted feed intake during fattening reduces intramuscular lipid deposition without modifying muscle fiber characteristics in rabbits. Journal of Nutrition, 130(2): 228-233.

Gonzalez-Rivas P A, Chauhan S S, Ha M, et al. 2020. Effects of heat stress on animal physiology, metabolism, and meat quality: A review. Meat Science, 162: 108025.

Goo D, Kim J H, Park G H, et al. 2019. Effect of heat stress and stocking density on growth performance, breast meat quality and intestinal barrier function in broiler chickens. Animals, 9: 107.

Gorraiz C, Beriain M, Chasco J, et al. 2002. Effect of aging time on volatile compounds, odor, and flavor of cooked beef from Pirenaica and Friesian bulls and heifers. Journal Food Science, 67(3): 916-922.

Gosmain Y, Dif N, Berbe V, et al. 2005. Regulation of SREBP-1 expression and transcriptional action on HKII and FAS genes during fasting and refeeding in rat tissues. Journal of Lipid Research, 46(4): 697-705.

Guo D, Peng X. 2011. Associative effects of ruminant mixed feeds on the fermentation of rumen. Journal of Hunan Agricultural University, 37(4): 419-424.

Harnack K, Andersen G, Somoza V. 2009. Quantitation of alpha-linolenic acid elongation to eicosapentaenoic and docosahexaenoic acid as affected by the ratio of n6/n3 fatty acids. Nutrition &

Metabolism, 6(1): 8.

Hérica de A C, Vaz R G M V, Silva M C D, et al. 2020. Performance and meat quality of broiler chickens reared on two different litter materials and at two stocking densities. British Poultry Science, 62(2): 396-403.

Jeong S, Kim Y B, Lee J W, et al. 2020. Role of dietary gamma-aminobutyric acid in broiler chickens raised under high stocking density. Animal Nutrition, 6(3): 293-304.

Jiao A R, Diao H, Yu B, et al. 2018. Oral administration of short chain fatty acids could attenuate fat deposition of pigs. PLoS One, 13(5): e0196867.

Kang K, Ma J, Wang H, et al. 2020. High-energy diet improves growth performance, meat quality and gene expression related to intramuscular fat deposition in finishing yaks raised by barn feeding. Veterinary Medicine and Science, 6(4): 755-765.

Karamanlidis G, Garcia-Menendez L, Kolwicz S C, et al. 2014. Promoting PGC-1α-driven mitochondrial biogenesis is detrimental in pressure-overloaded mouse hearts. American Journal of Physiology: Heart & Circulatory Physiology, 307(9): H1307-1316.

Ke R, Xu Q, Li C, et al. 2018. Mechanisms of AMPK in the maintenance of ATP balance during energy metabolism. Cell Biology International, 42(4): 384-392.

Kim G D, Jeong J Y, Jung E Y, et al. 2013. The influence of fiber size distribution of type IIB on carcass traits and meat quality in pigs. Meat Science, 94(2): 267-273.

Klont R E, Hulsegge B, Hoving-Bolink A H, et al. 2001. Relationships between behavioral and meat quality characteristics of pigs raised under barren and enriched housing conditions. Journal of Animal Science, 79(11): 2835-2843.

Kobayashi H, Nakashima K, Ishida A, et al. 2013. Effects of low protein diet and low protein diet supplemented with synthetic essential amino acids on meat quality of broiler chickens. Animal Science Journal, 84(6): 489-495.

Ku M J, Mamuad L, Nam K C, et al. 2021. The effects of total mixed ration feeding with high roughage content on growth performance, carcass characteristics, and meat quality of hanwoo steers. Food Science of Animal Resources, 41(1): 45-58.

Lawson M A. 2004. The role of integrin degradation in post-mortem drip loss in pork. Meat Science, 68: 559-566.

Lebret B, Juin H, Noblet J, et al. 2001. The effects of two methods of increasing age at slaughter on carcass and muscle traits and meat sensory quality in pigs. Journal of Animal Science, 72: 87-94.

Lee S M, Kim J Y, Kim E J. 2012. Effects of stocking density or group size on intake, growth, and meat quality of hanwoo steers (*Bos taurus coreanae*). Asian-Australasian Journal of Animal Sciences, 25(11): 1553.

Li Y H, Li F N, Duan Y H, et al. 2016. Low-protein diet improves meat quality of growing and finishing pigs through changing lipid metabolism, fiber characteristics, and free amino acid profile of the muscle. Journal of Animal Science, 96(8): 3221-3232.

Li Y, Li F, Chen S, et al. 2016. Protein-restricted diets regulate lipid and energy metabolism in skeletal muscle of growing pigs. Journal of Agricultural & Food Chemistry, 64(49): 9412-9420.

Li Y, Li F, Wu L, et al. 2017. Effects of dietary protein restriction on muscle fiber characteristics and mTORC1 pathway in the skeletal muscle of growing-finishing pigs. Journal of Animal Science and Biotechnology, 7(1): 47-58.

Lin J, Puigserver P, Donovan J, et al. 2001. Peroxisome proliferator-activated receptor γ coactivator 1β(PGC-1β), a novel PGC-1-related transcription coactivator associated with host cell factor. Journal of Biological Chemistry, 277(3): 1645-1648.

Lin J, Wu H, Tarr P T, et al. 2002. Transcriptional co-activator PGC-1α drives the formation of slow-twitch muscle fibres. Nature, 418(6899): 797-801.

Liu B Y, Wang Z Y, Yang H M, et al. 2011. Influence of rearing system on growth performance, carcass traits, and meat quality of Yangzhou geese. Poultry Science, 90: 653-659.

Liu S L, Wang X, Li Y H, et al. 2021. Flaxseed oil and heated flaxseed supplements have different effects on

lipid deposition and ileal microbiota in Albas cashmere goats. Animals, 11(3): 790.
Liu Y, Li F, He L, et al. 2015. Dietary protein intake affects expression of genes for lipid metabolism in porcine skeletal muscle in a genotype-dependent manner. British Journal of Nutrition, 113(7): 1069-1077.
Loponte R, Secci G, Mancini S, et al. 2018. Effect of the housing system (free-range vs. open air cages) on growth performance, carcass and meat quality and antioxidant capacity of rabbits. Meat Science, 145: 137-143.
Lu Z, Xu X, Hu X, et al. 2010. PGC-1 α regulates expression of myocardial mitochondrial antioxidants and myocardial oxidative stress after chronic systolic overload. Antioxidants & Redox Signaling, 13(7): 1011-1022.
Maere H D, Chollet S, Brabanter J D, et al. 2018. Influence of meat source, pH and production time on 2 zinc protoporphyrin IX formation as natural colouring agent in nitrite-free 3 dry fermented sausages. Meat Science, 135: 46-53.
Maltin C A, Warkup C C, Matthews K R, et al. 1997. Pig muscle fibre characteristics as a source of variation in eating quality. Meat Science, 47(3-4): 237-248.
McNeel R L, Ding S T, Smith E O, et al. 2000. Effect of feed restriction on adipose tissue transcript concentrations in genetically lean and obese pigs. Journal of Animal Science, 78(4): 934-942.
Meluzzi A, Fabbri C, Folegatti E, et al. 2008. Survey of chicken rearing conditions in Italy: effects of litter quality and stocking density on productivity, foot dermatitis and carcase injuries. British Poultry Science, 49(3): 257-264.
Min Y P, Ryu Y C, Kim C N, et al. 2019. Evaluation of myosin heavy chain isoforms in biopsied longissimus thoracis muscle for estimation of meat quality traits in live pigs. Animals, 10(1): 9.
Miranda M, Pereira V, Carbajales P, et al. 2018. Importance of breed aptitude(beef or dairy)in determining trace element concentrations in bovine muscles. Meat Science, 145: 101-106.
Morales Gómez J F, Antonelo D S, Beline M, et al. 2022. Feeding strategies impact animal growth and beef color and tenderness. Meat Science, 183: 108599.
Nasr M, Alkhedaide A Q, Ramadan A, et al. 2021. Potential impact of stocking density on growth, carcass traits, indicators of biochemical and oxidative stress and meat quality of different broiler breeds. Poultry Science, 100(11): 101442.
O'Sullivan M G, Byrne D V, Jensen M T, et al. 2003. A comparison of warmed-over flavour in pork by sensory analysis, GC/MS and the electronic nose. Meat Science, 65(3): 1125-1138.
Paci G, Preziuso G, D'Agata M, et al. 2013. Effect of stocking density and group size on growth performance, carcass traits and meat quality of outdoor-reared rabbits. Meat Science, 93(2): 162-166.
Pang B, Yu X, Bowker B, et al. 2021. Effect of meat temperature on moisture loss, water properties, and protein profiles of broiler pectoralis major with the woody breast condition. Poultry Science, 100: 1283-1290.
Papadomichelakis G, Karagiannidou A, Anastasopoulos V, et al. 2010. Effect of high dietary digestible fibre content on the fatty acid composition of two muscles in fattening rabbits. Livestock Science, 129(1-3): 159-165.
Pauly C, Spring P, O'doherty J, et al. 2008. Performances, meat quality and boar taint of castrates and entire male pigs fed a standard and a raw potato starch-enriched diet. Animal, 2(11): 1707-1715.
Pereira P M C C, Vicente A F R B. 2013. Meat nutritional composition and nutritive role in the human diet. Meat Science, 93(3): 586-592.
Petracci M, Bianchi M, Cavani C. 2009. Development of rabbit meat products fortified with n-3 polyunsaturated fatty acids. Nutrients, 1(2): 111-118.
Plagemann I, Zelena K, Krings U, et al. 2011. Volatile flavours in raw egg yolk of hens fed on different diets. Journal of the Science of Food & Agriculture, 91(11): 2061-2065.
Ponte P I P, Prates J A M, Crespo J P, et al. 2008. Restricting the intake of a cereal-based feed in free-range-pastured poultry: effects on performance and meat quality. Poultry Science, 87(10): 2032-2042.

Rerat A, Aumaitre A, Vaugelade, et al. 1974. Quantitative variations in the absorption of glucose during digestion of maize starch in the pig. The Proceedings of the Nutrition Society, 33(3): 102A-103A.

Saleh A A, Ebeid T A, Eid Y Z. 2013. The effect of dietary linseed oil and organic selenium on growth performance and muscle fatty acids in growing rabbits. Pakistan Veterinary Journal, 33(4): 450-454.

Schingoethe, David J. 2017. A 100-Year Review: Total mixed ration feeding of dairy cows. Journal of Dairy Science, 100(12): 10143-10150.

Schmolke S A, Li Y Z, Gonyou H W. 2004. Effects of group size on social behavior following regrouping of growing-finishing pigs. Applied Animal Behaviour Science, 88(1-2): 27-38.

Sharma P K, Saikia S, Baruah K K. 2004. Effect of stocking density on growth performance and feed efficiency of Hampshire grower pigs reared under identical feeding and management. The Indian Veterinary Journal, 81(3): 299-301.

Shibata M, Hikino Y, Imanari M, et al. 2019. Comprehensive evaluation of growth performance and meat characteristics of a fattening system combining grazing with feeding rice whole-crop silage in Japanese Black steers. Animal Science Journal, 90(4): 504-512.

Simitzis P E, Kalogeraki E, Goliomytis M, et al. 2012. Impact of stocking density on broiler growth performance, meat characteristics, behavioural components and indicators of physiological and oxidative stress. British Poultry Science, 53(6): 721-730.

Strandvik B. 2011. The omega-6/omega-3 ratio is of importance! Prostaglandins Leukot Essent Fatty Acids, 85(6): 405-406.

Suman S P, Hunt M C, Nair M N, et al. 2014. Improving beef color stability: practical strategies and underlying mechanisms. Meat Science, 98(3): 490-504.

Swatland H J. 2003. Ellipsometry across isolated muscle fibres indicates a refractive contribution to paleness in pork. Meat Science, 63(4): 463-467.

Tejeda J F, Hernández-Matamoros A, Paniagua M, et al. 2020. Effect of free-range and low-protein concentrated diets on growth performance, carcass traits, and meat composition of iberian Pig. Animal, 10(2): 273-285.

Thomas L L, Goodband R D, Tokach M D, et al. 2015. The effects of increasing stocking density on finishing pig growth performance and carcass characteristics. Kansas Agricultural Experiment Station Research Reports, 1(7): 37.

Tian Y, Xie M, Wang W, et al. 2007. Determination of carnosine in Black-Bone Silky Fowl (*Gallus gallus domesticus* Brisson) and common chicken by HPLC. European Food Research and Technology, 226(1): 311-314.

Tous N, Lizardo R, Vila B, et al. 2014. Effect of reducing dietary protein and lysine on growth performance, carcass characteristics, intramuscular fat, and fatty acid profile of finishing barrows. Journal of Animal science, 92(1): 129-140.

Wang D, Zhou L, Zhou H, et al. 2015. Effects of nutritional level of concentrate-based diets on meat quality and expression levels of genes related to meat quality in Hainan black goats. Animal Science Journal, 86(2): 166-173.

Wang H, Li H, Wu F, et al. 2019a. Effects of dietary energy on growth performance, rumen fermentation and bacterial community, and meat quality of Holstein-Friesians bulls slaughtered at different ages. Animals, 9(12): 11232021.

Wang X, Martin G B, Liu S L, et al. 2019b. The mechanism through which dietary supplementation with heated linseed grain increases n-3 long-chain polyunsaturated fatty acid concentration in subcutaneous adipose tissue of cashmere kids. Journal of Animal Science, 97(1): 385-397.

Wang X, Martin G B, Wen Q, et al. 2019c. Linseed oil and heated linseed grain supplements have different effects on rumen bacterial community structures and fatty acid profiles in cashmere kids. Journal of Animal Science, 97(5): 2099-2113.

Wang X, Martin G B, Wen Q, et al. 2020. Palm oil protects α-linolenic acid from rumen biohydrogenation and muscle oxidation in cashmere goat kids. Journal of Animal Science and Biotechnology, 11(1): 100.

Wang X, Wu T M, Yan S M, et al. 2019d. Influence of pasture or total mixed ration on fatty acid composition and expression of lipogenic genes of longissimus thoracis and subcutaneous adipose tissues in Albas White Cashmere Goats. Italian Journal of Animal Science, 18(1): 111-123.

Wang X, Yan S, Shi B, et al. 2018a. Effects of concentrate supplementation on fatty acid composition and expression of lipogenic genes of meat and adipose tissues in grazing lambs. Italian Journal of Animal Science, 1-10.

Wang Y, Zhou J, Wang G, et al. 2018b. Advances in low-protein diets for swine. Journal of Animal Science and Biotechnology, 9(4): 23-36.

Wilhelm A E, Maganhini M B, Hernández-Blazquez F J, et al. 2010. Protease activity and the ultrastructure of broiler chicken PSE (pale, soft, exudative) meat. Food Chemistry, 119(3): 1201-1204.

Wood J D, Lambe N R, Walling G A, et al. 2013. Effects of low protein diets on pigs with a lean genotype. 1. Carcass composition measured by dissection and muscle fatty acid composition. Meat Science, 95(1): 123-128.

Xu Z Q, Wang Z R, Li J K, et al. 2019. The effect of freezing time on the quality of normal and pale, soft and exudative (PSE)-like pork. Meat Science, 152: 1-7.

Yu Y H, Ginsbeig H N. 2004. The role of acyl-CoA: diacylglycerol acyltransferase(DGAT)in energy metabolism. Annals of Medicine, 36: 252-261.

Zechner R, Zimmermann R, Eichmann T O, et al. 2012. FAT SIGNALS-lipases and lipolysis in lipid metabolism and signaling. Cell Metabolism, 15(3): 279-291.

Zeng Z, Chen R, Liu C, et al. 2015. Evaluation of the causality of the low-density lipoprotein receptor gene(LDLR) for serum lipids in pigs. Animal Genetics, 45(5): 665-673.

Zhang C, Wang L, Zhao X H, et al. 2017. Dietary resveratrol supplementation prevents transport-stress-impaired meat quality of broilers through maintaining muscle energy metabolism and antioxidant status. Poultry Science, 96(7): 2219-2225.

Zhang Y R, Zhang L S, Wang Z, et al. 2018. Effects of stocking density on growth performance, meat quality and tibia development of Pekin ducks. Animal Science Journal, 89(6): 925-930.

Zhou X H, Liu Y H, Zhang L Y, et al. 2021. Serine-to-glycine ratios in low-protein diets regulate intramuscular fat by affecting lipid metabolism and myofiber type transition in the skeletal muscle of growing-finishing pigs. Animal Nutrition, 7(2): 384-392.

Zitvogel L, Ayyoub M, Routy B, et al. 2016. Microbiome and anticancer immunosurveillance. Cell, 165(2): 276-287.

第八章　畜禽应激与肉品质

畜牧兽医学界普遍认为，应激是动物机体受到外界或者内部环境的异常刺激后，在没有发生特异的病理损害前所产生的一系列非特异性应答反应的总和。将凡是能引起应激反应的刺激因素称作应激原。几乎畜牧业生产的所有过程动物都可能会出现应激，许多生产环节都可能成为畜禽的应激原。应激原根据性质可以分为物理性应激原（如冷、热、辐射、气流等）、化学性应激原（NH_3、H_2S 等，以及霉菌毒素、重金属离子等）、生物性应激原（细菌、寄生虫、病毒等）以及管理性应激原（断奶、运输、屠宰、驱赶等）。随着人们生活水平的提高和健康意识的增强，畜禽肉品质越来越受到生产者和消费者的关注。畜禽肉品质受品种、日粮营养、养殖环境及饲养管理等多种因素影响，其中导致肉品质下降的主要因素是饲养环境应激和宰前应激。应激是指机体在各种内外环境因素刺激下所出现的全身性的非特异反应，是机体一种非特异适应性保护机制。应激状态下，畜禽体内会发生能量的重分配，以维持生理机能的正常运转，对其自身是一种保护机制。

在畜禽生产中，应激直接关系着畜禽生产的效率和质量。应激的强度、持续的时间和动物机体的状态等，对畜禽动物的生长、繁殖、肉蛋奶品质、抗病力等可产生正面或者负面的差异性影响。应激会导致畜禽脂肪沉积增多，骨骼肌发育受损，严重影响胴体组成和品质。热应激导致畜禽体温升高，呼吸频率和代谢反应加速，增加了 PSE 肉的发生率；运输和屠宰应激是导致畜禽黑干肉和 PSE 肉产生的主要原因，引起肉品质下降；饲粮霉菌毒素可导致动物采食量降低，肠道营养物质吸收障碍，改变机体生理代谢。本章内容主要就冷热应激、屠宰应激、运输应激、饲粮霉菌毒素污染等对畜禽肉品质的影响及导致肉品质改变的机制进行阐述，为生产提供科学的参考依据和指导。

第一节　温热应激与畜禽肉品质

一、温热环境因子

温热环境因子是指直接与畜禽体热调节有关的外界环境因子的总和，包括温度、湿度、空气流动、辐射及热传递等。以温度为核心的温热环境是重要的环境因素，它使畜禽产生炎热、温暖、凉爽和寒冷的感觉，是影响畜禽健康与生产极为重要的外界环境因子。

（一）温度

温度是表示物体冷热程度的物理量，畜禽生产中的温度通常指的是空气温度，空气温度是表示空气冷热程度的物理量，空气温度的变化是太阳到达地球表面的辐射强度、地面的状况及海拔综合作用的结果。畜禽舍内空气热量一部分来自舍外空气和太阳辐射经畜舍结构传递的热量，另一部分来自舍内畜禽的活动、人类的生产过程及机械运转产生的热量。舍内温度是影响畜禽健康和生产力的首要热环境因素。除受舍外温度影响外，舍内温度的变化还取决于畜禽舍外围护结构的保温隔热性能、畜禽散热量、通风量等多种因素。畜禽在不同生理阶段都有适宜的温度范围。为维持体温的恒定，动物机体通过物理性或者化学性调节方式增加或减少散热或产热。过高或过低的温度会使机体散热和产热失调，致使机体产生冷应激或热应激反应，从而影响畜禽的采食量、饲料转化效率、免疫代谢机能、生长与繁殖性能等。

等热区（thermoneutrality）指包括猪在内的恒温动物仅依靠物理性调节（即仅通过增加或减少散热）就可维持体温正常的环境温度范围。将等热区的上、下限温度分别称为上限临界温度（upper critical temperature，UCT）和下限临界温度（lower critical temperature，LCT）。当气温下降，畜禽机体散热量增加时，必须通过提高代谢率增加产热量，以维持体温恒定，这种因低温机体开始提高代谢率的环境温度称为下限临界温度。当气温升高，畜禽机体散热受阻，物理调节不能维持体温恒定，体内蓄热体温升高，体温每升高 1℃，代谢率可提高 10%～20%，这种因高温引起代谢率升高的环境温度称为“过高温度”或“上限临界温度”（Cena，1974；Mount，1975）。影响等热区的因素很多，如畜禽品种、年龄与体重、生产力水平、饲养管理和营养水平等。幼龄仔畜禽体热调节机能发育不完善，同时体形较小，有相对较大的体表散热面积，对低温更敏感，其等热区较窄，下限临界温度较高。随着年龄和体重的增长，下限临界温度降低，等热区增宽。等热区和临界温度在畜禽生产中有重要意义，将环境温度控制在等热区范围内，可保证畜禽生产力得到充分发挥。等热区内，畜禽用于维持体温的能量最少，用于生产的能量最多，因而饲料转化率最高，生产力也最高（Mount，1975）。当舍内环境温度出现冷热极端温度时，高于或低于畜禽的上、下限临界温度时，就会发生温度应激，即热应激和冷应激。温度应激对畜禽生产具有极大的危害，热应激可导致畜禽生产性能、繁殖性能、免疫力下降及行为紊乱，冷应激可导致畜禽抗病力下降、生产性能和繁殖性能下降等。

（二）湿度

空气湿度简称气湿，是表示空气中水汽含量或潮湿程度的物理量。在一定温度下一定体积的空气中含有的水汽越少，则空气越干燥；水汽越多，则空气越潮湿。畜禽舍空气中的水汽主要来自三部分，包括畜禽体表和呼吸道蒸发的水汽（占 70%～75%），通过通风换气带入的舍外空气中的水汽（占 10%～15%），以及暴露的水面（粪尿沟或者地面积存的水）和潮湿地面蒸发的水汽（占 10%～25%）（张保平，2010）。湿度对畜禽生理和生产的影响作用不明显，只有与温度相结合才能发挥作用，高湿度会加重畜禽对高温或者低温的反应。高温高湿条件下不利于动物体温的维持和增加能量代谢，导致机体应激反应（氧化应激、热应激），降低其抗氧化能力和免疫功能（张华文等，2022）。

气湿通常用绝对湿度、相对湿度、饱和湿度等指标来表示。绝对湿度是指一定体积空气中含有的水汽量。绝对湿度可用空气中水汽的分压力（Pa）表示，也可用单位体积空气中水汽的质量（g/m^3）来表示。饱和湿度是指在一定温度和气压下，空气能容纳的水汽量，是个定值，该值为饱和水汽压或饱和湿度。相对湿度是指空气实际水汽压（或绝对湿度）与该温度下的饱和水汽压（或饱和湿度）之比，以百分数（%）表示。相对湿度可直观表示空气中的水汽距离饱和的程度，通常空气湿度用该指标表示。温度升高，相对湿度降低；反之，相对湿度升高。湿度主要是通过影响机体的体热调节来影响畜禽的生产力和健康。在不同的温度情况下，湿度与气流、辐射等其他因素共同对畜禽生产性能产生影响。温度适宜时，湿度对机体无显著影响，而在高温下高湿度会阻碍动物机体蒸发散热，低温下高湿度会促进辐射和传导散热。因此，高温高湿、低温高湿对畜禽的体热调节均有不利的影响。同时高温高湿会促进病原性真菌、细菌和寄生虫的生长繁殖，从而增加畜禽体患病概率；低温高湿容易引起呼吸道疾病、关节炎等疾病。此外，舍内相对湿度也不能低于 40%，低湿容易飘浮灰尘，引发畜禽呼吸道疾病，促进其他疾病的传播。

（三）通风

气流主要指畜禽舍空气因自然或机械动力而产生的运动。常用的状态指标有风速、通风量及风向等。风速是指单位时间内空气在水平方向上移动的距离，常用单位是 m/s。通风量是指每小时畜禽舍内需要更换或吸入的空气量，常用单位是 m^3/h。通风换气的目的主要是改善环境温度，增加舍内空气含氧量，排出舍内多余水汽、微生物、有害气体等。因此，通风是畜禽舍环境控制的第一要素，通常与舍内的温度联系在一起。

空气从高气压地区向低气压地区水平流动，即为气流，被称为“风”。气流主要影响畜禽的对流散热和蒸发散热，其影响程度因风速、温度和湿度不同而有所差异。增大风速有利于动物机体体表水分的蒸发，故风速与体表蒸发散热量成正比，湿度、温度等共同作用影响畜禽的生长性能。在高温时，如果气流温度低于皮肤温度，增加风速有利于对流散热；而在低温时增加风速可能会导致畜禽散热量增加，产生冷应激，增加能量消耗，进而降低生产水平，还会导致幼畜禽发病率和死亡率增加。但是当环境温度高于畜禽体表温度时，畜禽从环境中获得热量，增加空气流量反而会增加热应激。因此，为维持畜禽的最佳生产状态，需在不同季节、不同生理阶段提供适宜的风速。具体的通风量需求可按照换气次数或根据饲养密度所需换气量来计算。

（四）热辐射

热辐射（thermal radiation）是一种物体以电磁辐射的形式把热能向外散发的热传方式。它不依赖任何外界条件而进行，是热的三种传导方式之一。在热辐射传播过程中，可将能量从一个物体传递到另一个物体。热辐射与传导和对流最大的区别在于不需要介质即可直接传递能量，家畜可直接从辐射源以及四周环境中得到热辐射。

关于畜禽舍的热辐射程度，可用黑球温度（black globe temperature，BGT 或 Tg）来表示。黑球温度也叫实感温度，是一个综合的温度，表示在热辐射环境中动物受辐射和对流热综合作用时，温度表示出来的实际感觉。所测的黑球温度值一般比空气温度高一些。凡是温度高于绝对零度的物体都能产生热辐射，成为热辐射源。温度愈高，辐射出的总能量就愈大。畜禽舍内的热辐射源有太阳、墙壁及舍内设施设备等。其中，太阳辐射对动物的作用极其重要，一方面通过光和热直接影响动物的生长、发育、繁殖、健康和分布，另一方面通过影响饲料、土壤和其他生物环境来间接影响动物的生产和健康。

热辐射通过影响机体热平衡而影响畜禽体健康和生产性能。热辐射损伤动物机体后会引起炎症因子、分子伴侣等相关基因的表达量改变。影响畜禽辐射散热的因素有天气条件、太阳高度角、畜禽舍围护结构、下垫面、海拔、畜禽舍朝向、畜禽的姿势与朝向和动物被毛与皮肤等。

二、温热环境因子的互作

热环境各因素（气温、气湿、气流、热辐射等）对畜禽的影响是综合性的，要评定热环境因素对畜禽的影响，必须将各环境因素综合起来分析，而气温是各因素中的核心因素，尤其是对于初期育雏。随着日龄的增加，温度的重要性逐渐降低。

温度、湿度和气流三个因子中任何一个因子都会受到另外两个因子的共同作用。例如，高温、高湿而无风，是最炎热的天气；低温、高湿、风速大，即为最寒冷的天气。湿度和气流会制约湿度带来的不利影响，而如果高温、低湿而有风，或者低温、低湿而无风，高温或低温的作用减弱。

因此，在评定温热环境对畜禽的影响时，需要将温度、湿度和气流三者综合起来共同探讨温热环境对畜禽生理功能和生产性能的影响。综合评定指标中，有效温度（effective temperature，ET）和温湿度指数（temperature-humidity index，THI）为最常见的两种综合评定温热环境的指标，其中 THI 是通过综合温度和湿度来评价夏季环境炎热程度的指标。THI 的数值随着温度、相对湿度的增加而增加（蒲红州等，2015）。畜禽的 THI 计算公式为

$$THI=(1.8Td+32)-(0.55-0.55RH/100)[(1.8Td+32)-58]$$

$$\text{或 } THI=0.4(Td+Tw)+15$$

$$\text{或 } THI=Td-(0.55-0.55RH)(Td-58)$$

$$\text{或 } THI=0.55Ta+0.2Tdp+17.5$$

式中，Ta 为空气温度；Td 为干球温度；Tw 为湿球温度；Tdp 为露点温度；RH 为相对湿度（%）。其中 THI≤74 表示畜禽生长环境适宜；74＜THI≤79 为轻度热应激水平；79＜THI≤83 为中等程度热应激水平；THI＞83 为严重热应激水平。

ET 亦称“实感温度”或“体感温度”，是综合反映温度、湿度和气流三个主要温热因素对畜禽体热调节影响的指标。对于体重较大的畜禽，其 ET 计算公式为

$$ET=0.75Td+0.25Tw$$

而对于体重较小的畜禽，其对 Td 的敏感性略高，ET 计算公式为

$$ET=0.65Td+0.35Tw$$

式中，Td 为干球温度；Tw 为湿球温度。

湿球黑球温度（wet bulb black globe temperature，WBGT）综合了空气温度、风速、空气湿度和热辐射 4 个因素来评价热应激程度。WBGT 是由黑球温度、湿球温度、干球温度三个部分构成的，其计算公式为

$$WBGT=0.7Tw+0.2Tg+0.1Td$$

式中，Td 为干球温度；Tw 为湿球温度；Tg 为黑球温度。

主要气象因素对畜禽的影响可概括为以下五类。

1）高温、高湿、无风（温热的空气环境）：在畜禽舍较密闭和通风不良的夏季，以及运输家畜的车厢和船舱内出现该环境时，机体散热受阻，易热应激，出现疾病，且适于寄生虫的繁殖。

2）高温、低湿、有风（干热的风）：该环境主要出现在内陆的夏季。畜禽机体的水分蒸发量加大，促进了热的散发，也减慢了体内热的产生，当气温接近体温时，机体散热完全由水分蒸发来进行。

3）低温、高湿、有风（湿冷的风）：雨后放牧地以及畜舍保温不良、通风不合理时，易出现该环境。此时，机体散热量显著增加，机体感到过冷，常引发感冒或风湿性疾病，易冷应激，并由于被迫提高产热，饲料消耗增大。

4）低温、高湿、无风（湿冷的空气环境）：该环境常发生于畜舍保温或通风不良时。此时空气凝滞而潮湿污浊，机体处于湿冷的环境，散失热量大，热代谢失调，易冷应激，常引发感冒或幼畜的非细菌性腹泻。

5）低温、低湿、有风（干冷的风）：该环境下，机体主要受到风的影响。干冷的风吹向畜体皮肤毛层的缓冲空气层，使皮肤温度显著降低，其后果与湿冷的空气环境所引起的状况相似。特别是老、弱、病、幼等抵抗力较差的家畜，由于低温的强烈刺激，破坏了机体的热平衡，体况更加恶化，甚至引起疾病和死亡。

三、温热环境应激对畜禽肉品质的影响

影响畜禽肉产品质量的因素很多，如遗传因素、饲养管理、宰前处理和屠宰程序等。这些因素都不同程度地影响着畜禽肉产品质量。其中，高温可严重影响畜禽肉产品的质量，导致畜禽肌肉组织中脂肪过氧化，影响宰后肌肉的剪切力、滴水损失及烹调损失等指标，使畜禽肉产品风味和气味变差，腐败甚至产生有毒有害物质，降低感官品质、嫩度和营养价值，对畜禽的饲养生产造成了巨大损失。

（一）高温对脂肪过氧化的影响

脂肪组织中存在含有不稳定的键结构的不饱和脂肪酸及多不饱和脂肪酸等成分，这些成分在高温及富氧情况下极易被氧化。家禽尤其容易受到氧化反应的影响。高温会加剧禽类氧化应激，导致其肌肉蛋白氧化，保水性差，烹饪过程损失更多、汁液更少、柔软度更差。脂质氧化使肉质风味、颜色、质地、营养价值和可接受性变差，缩短了保质期。此外，自由基会损害肝，改变脂类代谢，从而导致腹部脂肪更多，肌肉脂肪沉积更少。饲养过程中的高温（Altan et al.，2000）或者屠宰前的热暴露（长期或者短期）（Lin et al.，2006）都会诱导氧化应激，导致脂质过氧化，增加肌肉氧化程度，对鸡肉的风味、颜色、质地及营养价值产生不良的影响，进而影响食品安全，乃至危害人类健康（潘晓建等，2007）。因此，控制脂肪组织氧化的速度和程度，对于提高肉鸡肌肉品质是非常必要的。

（二）高温对宰后肌肉 pH 值、肉色及系水力的影响

环境高温极易影响宰后肌肉的肉色、pH 值及系水力，从而导致肉品质量下降，造成经济损失。研究表明宰前高温可促使宰后肉鸡胸肉 pH 值下降，加剧肌肉脂肪氧化、使肌肉肉色 L^*值提高及 a^*值降低（潘晓建等，2007）。30℃/36℃的高温持续 4 周，火鸡肌肉 pH 值显著下降，L^*值升高，滴水损失增加（Owens and Sams，2000）。Debut 等（2003）研究发现，宰前急性高温应激 2h，可显著降低肉鸡腿肌最终 pH 值，使腿肌肉色苍白，烹调损失增加，影响肉品质量（Debut et al.，2003）。屠宰后 24h 内，胴体 pH 值的变化对于肉品质是非常重要的，因为非常低或相对低的 pH 值与胴体的高温一起，将导致蛋白质变性。当蛋白质变性后，肌肉无法保持水分，肉质看起来苍白、柔软、有汁液渗出。正常情况下，屠宰后，肌肉代谢仍将持续一段时间，在宰后这段时间，通过糖酵解过程，糖原转化为低 pH 值的乳酸。发生热应激的禽类，糖酵解加速，导致肌肉 pH 值迅速降低，而由于环境炎热，胴体温度仍很高，因此肉色苍白、保水能力降低、肉质地差。

高温极易导致家禽肉色的改变，其一个主要的特点就是易受环境影响产生 PSE 肉。Barbut（1997）调查发现，在 7 群肉鸡中，胸肌 PSE 肉的发生率在 0%～28%；Owens 等（2000）调查发现，在 2995 只火鸡中，类 PSE 肉的发生率约 40%；而 Owens 和 Sams（2000）研究表明，在 3554 只火鸡中，类 PSE 肉的发生率达到 47%。家禽类 PSE 肉的广泛发生造成了不可挽回的经济损失，高温是产生 PSE 肉的一个重要因素，环境高温极易导致家禽类 PSE 肉的产生，夏季火鸡产生类 PSE 肉的比例显著高于冬季。例如，McCurdy 等（1996）调查发现，在 8 群肉鸡中，胸肌 PSE 肉的发生率在 6%～17%，且夏季发生率较高，Northcutt（1994）对肉鸡进行急性高温处理导致肉鸡肉色苍白，系水力下降，呈现出类 PSE 肉特征。持续高温应激也导致肉鸡胸肌肉色苍白，滴水损失增加（李绍钰等，2000；李军乔等，2009）。

（三）高温对其他肉品质指标的影响

剪切力反映了家禽肉产品的嫩度，剪切力越大嫩度越差。潘晓建等（2008）发现，宰前高温促使宰后肉鸡胸肉 pH 值下降，蛋白质氧化损伤加剧，使肌肉肌原纤维剪切力变大，嫩度变差。在持续高温应激条件下，肉鸡胸肌滴水损失增加，剪切力值升高（李绍钰等，2000）。

热应激导致食源性病原菌（如大肠杆菌和沙门菌）对胴体的污染增加，热应激致使机体肠道完整性受损，导致肠道高通透性（肠漏），造成肠道病原菌感染，削弱机体免疫功能。总的来说，高温对畜禽肉品各项指标均有不同程度的影响（图 8-1），因此调控环境因子以保证畜禽肉品质极为重要。

（四）低温对肉品质指标的影响

根据暴露在寒冷环境中的时间长短不同，可将冷应激分为急性冷应激和慢性冷应激。目前的冷应激研究以急性冷应激为主。

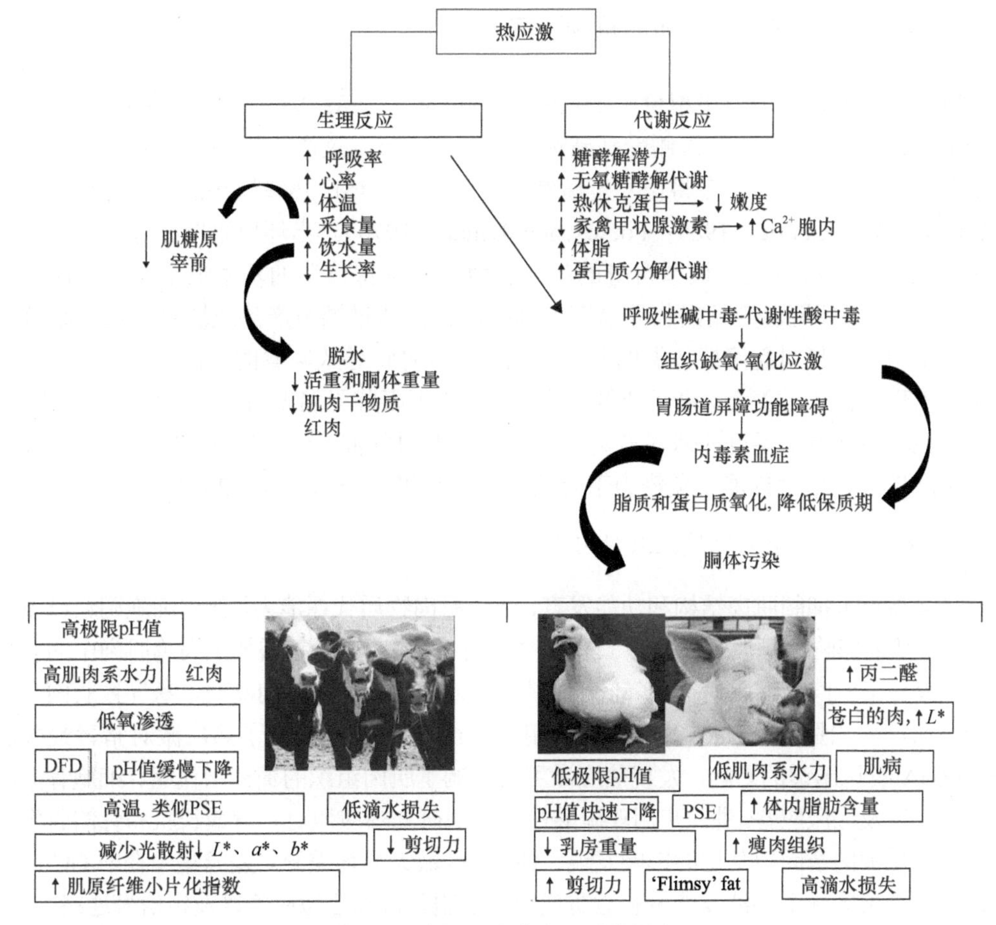

图 8-1　高温对畜禽肉品质的影响

低温导致动物采食量增加，由于胃肠蠕动加快，食物在胃肠停留时间缩短，消化率降低。动物营养物质的摄取量增加，体增热及转化为热能的饲料能增加，饲料报酬降低。低温环境下，由于动物的活动量大，用于产热的饲料能多，养分作为沉积脂肪的比例减少，因而动物胴体瘦肉率较高，脂肪含量减少。低温条件下的这种高瘦肉率是以多消耗饲料为代价的。

在模拟运输过程中，家禽暴露于 0℃以下的温度会对胸部和大腿肌肉代谢物以及肉质参数产生显著影响，其中对大腿肉的影响最大。与对照组鸡的胸肌和大腿肌肉相比，冷应激鸡的鸡胸肉和大腿肉颜色更深、更红、黄色更少，并且具有更高的 pH 值。低温条件下（8℃），鸡腿肉糖酵解潜力不到对照组鸡的一半，鸡胸肉的糖酵解潜力差异则要小得多。大腿肉的 pH 值在对照组和极度冷应激组（–8℃）之间的差异为 0.8 个单位，而鸡胸肉的 pH 值差异仅为 0.2 个单位，鸡胸肉和大腿肉对冷应激反应的差异可能是由于屠宰前这两种肌肉之间的纤维类型差异及其功能差异，与鸡胸肉相比，冷应激鸡大腿黑干肉的发生率更高。

四、温热环境应激影响肉品质的机制研究

恒温动物的体温调节中枢位于下丘脑（Boulant，1998；Van Tienhoven et al.，1979；许云华，2010），下丘脑前腹侧受到破坏会引起机体体温过高。当动物外周温度感受器受到温度变化的刺激时，会将信号传递到下丘脑，对机体产热或散热活动进行调节，维持体温的恒定（Gentle，1989；Poulos and Lende，1970）。当环境温度在等热区时，家禽因属恒温动物可以通过调节自身的产热和散热来维持体温的基本恒定（卢升高和吕军，2004）。当环境温度超出临界温度范围时，机体通过调节产热或散热不足以维持体温的基本恒定，将引起深层体温的明显变化，严重时将导致家禽的直接死亡。当舍内环境温度出现冷热极端温度，高于或低于畜禽的上、下限临界温度时，就会发生温度应激，即热应激和冷应激。温度应激对畜禽生产具有极大的危害，热应激或者冷应激均能导致畜禽生产性能、繁殖性能、免疫力下降及行为紊乱等（杨志强等，2020）。

（一）钙离子介导的温热环境应激对肉质的调控

持续高温可抑制肌肉结构和功能发育，降低肌肉物质代谢能力，促进细胞凋亡以及应激反应，从而影响肉品质。张莹等（2016）发现持续热应激显著增加了肉鸡肌肉中的乳酸含量，改变了肌肉糖酵解途径，降低了肌肉 pH 值，从而降低了肉品质，易导致肌肉亮度增加进而产生白肌肉。Hao 等（2016）用 Illumina 测序法研究了热应激对猪背最长肌 microRNA 表达图谱的影响，发现热应激主要影响了肌肉组织的葡萄糖代谢、细胞骨架结构和功能以及应激应答。进一步用亚硫酸盐测序法研究热应激对猪背最长肌和骨骼肌生成与肉品质相关的基因甲基化的影响发现，GC 岛区域无显著差异。差异集中在非 GC 岛区域，差异显著区域主要涉及能量和脂肪代谢、细胞防御和应激应答以及钙信号通路。

高温降低肌肉品质与其导致的钙离子代谢异常有关。利用肉鸡胸肌卫星细胞开展的体外试验发现，高温可增加肉鸡胸肌卫星细胞内游离钙离子水平、增加细胞内乳酸产生（马京海等，2006）。其原因可能是热应激导致肌肉中钙离子（Ca^{2+}）调控雷诺丁受体（Ryanodine receptor，RYR）和 Ca^{2+}储备蛋白收钙素（Ca^{2+}-storage protein calsequestrin，CASQ）的基因表达（Sporer et al.，2012；韩爱云，2010）。高温可活化肉鸡胸肌卫星细胞肌浆网钙释放通道的 RYR，将肌浆网中的钙离子释放到胞浆中，进而增加细胞内游离钙离子浓度；而高温条件下肉鸡胸肌卫星细胞内钙离子浓度升高，肌浆网 IP3 受体活化释放钙离子的作用不明显（赵春付，2010）。同时，氟烷刺激与热应激能够协同刺激肉鸡胸肌 *RyR* 基因的表达，导致胸肌出现 PSE 肉类现象（Ziober et al.，2010）。

（二）糖皮质激素介导的温热环境应激对肉质的调控

正常生理状态下，糖皮质激素与胴体脂肪含量呈正相关关系，而与胴体瘦肉比例呈负相关关系，但没有观察到其与肌内脂肪含量的关系（Foury et al.，2005）。糖皮质激素促进脂肪合成的代价是降低了蛋白质沉积（Dong et al.，2007）。研究表明，糖皮质激素促进了猪前脂肪细胞的分化（Suryawan et al.，1997）。而该机制较为复杂，已有的研究表明，糖皮质激素刺激脂肪细胞分化与促进 CCAAT 增强子结合蛋白 β（C/EBP-β）的转

录有关，糖皮质激素刺激了 C/EBP-β 在前脂肪细胞中的积聚（Tomlinson et al.，2006）。糖皮质激素促进脂肪细胞分化还与对前脂肪细胞因子 1（Pref-1）的抑制有关，Pref-1 是一含有上皮细胞增殖因子样基团的跨膜蛋白，可抑制细胞的分化。Pref-1 对生脂的抑制作用已在体内与体外研究中得到证实（Wang et al.，2010）。糖皮质激素通过抑制 Pref-1 的表达而促进生脂作用（Smas et al.，1999），Pref-1 可能通过作为糖皮质激素和 cAMP 的感受器，在脂肪前体细胞的分化过程中发挥作用（Pantoja et al.，2008）。

糖皮质激素对机体脂肪沉积的调控还与胰岛素有关，在胰岛素存在的情况下，皮质醇抑制脂肪细胞中的脂肪动员，促进甘油三酯沉积。糖皮质激素对脂肪生成的调控与其受体水平有关。在人类和小鼠腹脂中糖皮质激素受体数量高于其他部位的脂肪组织，是糖皮质激素导致腹部脂肪沉积增强的重要原因（Björntorp and Rosmond，2000）。在猪胚胎发育时期，前脂肪细胞中的糖皮质激素受体数量随胚龄增加，而出生后受体数量显著降低，证明糖皮质激素对前脂肪细胞分化的调控至少部分是通过受体数量而实现的（Chen et al.，1995）。但研究发现，牛肌内、皮下和肾周间隙分离得到的脂肪基质细胞却有相似数量的糖皮质激素受体（Ortiz-Colón et al.，2009），因此，至少在肉牛脂肪组织糖皮质激素受体数量并非脂肪细胞生脂能力的关键因素。而在 3T3-L1 脂肪细胞上的研究发现 274 个与糖皮质激素调控有关的基因含有糖皮质激素受体结合区（GBR），其中含有多个与甘油三酯合成、脂肪代谢、转运及贮存有关的基因（Yu et al.，2010）。对于这一基因网络的研究将有助于深入认识糖皮质激素对脂肪代谢的调控机制。

糖皮质激素对骨骼肌发育的影响与其抑制胰岛素及 IGF-1 的作用有关。糖皮质激素处理会降低循环中 IGF-1 浓度（Lopes et al.，2004）。IGF-1 过表达小鼠能阻止糖皮质激素导致的肌肉萎缩，进一步说明抑制 IGF-1 活性是糖皮质激素导致肌肉萎缩的重要原因之一（Schakman et al.，2005）。在胚胎发育时期，外源激素的导入抑制了 IGF-1 mRNA 水平，影响胎儿骨骼肌发育。此外，在 IGF 结合蛋白 1（*IGFBP-1*）基因上存在糖皮质激素反应元件，表明糖皮质激素在基因转录水平上对 *IGFBP-1* 的表达起着重要的调控作用（Goswami et al.，1994）。

糖皮质激素还可导致组织蛋白质代谢异常。不同组织间糖皮质激素受体（GR）的表达水平与其蛋白质周转速率有关，如肌肉组织中的 GR 受体数量与其蛋白质周转速率均较低（Claus et al.，1996）。糖皮质激素通过抑制骨骼肌蛋白质合成并促进蛋白质分解代谢，抑制骨骼肌的增殖与分化，降低了骨骼肌的质量和肌纤维束横断面积。

而在应激状态下，应激通过肌纤维糖代谢影响肉品质。其中，糖皮质激素诱导的胰岛素耐受抑制了骨骼肌对葡萄糖的摄取（Zhao et al.，2009）。同时，糖酵解型纤维中，应激显著增强了糖原的酵解速率，高强度的应激会加速肌糖原的利用。这一代谢现象与肌肉系水力下降、PSE 肉形成有关（Hambrecht et al.，2005）。多项研究表明，应激状态下，糖皮质激素分泌增加促进了糖异生代谢，使肌纤维中糖原沉积量增加；在肌糖原浓度升高的情况下，糖皮质激素促进了糖原的消耗速率，导致肌肉 pH 值下降，系水力降低（Gao et al.，2008；Lin et al.，2007）。

应激状态的糖皮质激素还可对骨骼肌脂肪代谢产生影响，糖皮质激素与其诱导的胰岛素耐受现象与内脏脂肪沉积有关（Geraert et al.，1996），肾上腺切除可抑制肥胖症的发生，但是在糖皮质激素处理后会发生逆转（Freedman et al.，1986）。DEX 处理哺乳动物干细胞使其脂肪合成与分泌增加（Bartlett and Gibbons，1988），该促进作用也在肉仔鸡试验中得到了证实（Cai et al.，2009）。糖皮质激素对肝脂肪合成和分泌的促进是应激导致体脂肪沉积增加的主要原因。

总而言之，温热环境对肉品质的影响主要是通过应激进行的，其中，钙离子代谢通路的影响可导致肌肉 pH 值下降，系水力降低，而糖皮质激素是另一种十分重要的影响因子，可通过多方面影响肌肉组织蛋白质、脂肪的代谢等，进而影响肉品质。

第二节　运输应激与畜禽肉品质

现代化畜牧业对畜禽的养殖和屠宰具有明确的场地要求。畜禽的屠宰和加工通常有专门的场地，在屠宰前通常会经过装卸、运输与休息、入栏、禁食和宰前致晕等程序，然后才能进行屠宰。在这些过程中，动物面临诸多应激原的刺激，如驱赶、饥饿、颠簸、拥挤、重新混群和陌生环境等，由此导致惊恐、紧张等应激。宰前运输程序带来的应激对肉质的影响是不利的。大量研究表明，屠宰运输对肉品品质有直接影响，因此这些程序也应被视作控制和提高肉品品质的重要环节。

一、畜禽宰前运输与肉品质

（一）宰前运输应激

宰前运输（pre-slaughter transport）应激反应是指在运输途中的禁食/限饲、环境变化（混群、密度、温度以及湿度）、颠簸、心理压力等应激原的综合作用下，动物机体产生的本能的适应性和防御性反应，是影响畜禽肉品质的重要宰前因素之一。应激因素包括装载密度、车厢内小气候、运输时间、动物的大小和生理状态以及其他因素（包括床铺、通风、搬运、设施和车辆设计），这些因素都会对畜禽的健康、损伤恢复、脱水、核心体温、发病率和死亡率以及屠体和肉品质产生不同程度的影响。例如，装载密度过高时畜禽会发生掉膘、擦伤；运输时空气不流通，空间狭小，还会导致畜禽窒息甚至死亡。不合理的运输方式和运输时间易引起畜禽体内水分流失，体重下降；血浆皮质醇、肾上腺素等激素水平升高，乳酸脱氢酶等氧化还原相关酶活性的改变。强烈的应激反应还会导致畜禽糖原损失，使肉 pH 值过高，进而影响肉质，因此，如何安排和选择合理的运输时间和运输方式对于改善肉品质是很重要的。

运输应激强度受畜禽品种、运输距离、运输时间和运输密度等的影响。不同种类的畜禽抵御应激的能力存在差异。家禽对于运输应激的敏感度相对较高，因此运输导致的损失也相对较大。家禽的死亡率随运输距离的延长而显著增加，其中以淘汰蛋鸡和种公鸡最高，其次是肉仔鸡。另有统计显示，运输过程中肉仔鸡的平均死亡率为 0.46%（Nijdam et al.，2004）。家禽的体重大小也是影响运输途中死亡率的主要因素。较轻的体重会降低禽类对热应激的反应程度，随着肉鸡年龄和体重的增加，运输途中死亡风险提升（Caffrey et al.，2017）。

生猪对运输的应激虽不如家禽敏感，但猪只成本较高，一旦发生死淘，会造成较大经济损失。由于装车时人与猪的接触及猪与群体的分离可能会提升装车时猪感受到的压力，猪更容易产生应激，因此在将猪装车前预先分群被视为降低猪压力的一种有效方法。有研究报道，宰前运输过程中猪的死亡率为 0.107%（Malena et al.，2007；Vecerek et al.，2006b）。氟烷基因与猪的应激水平密切相关，也是猪产生 PSE 肉的重要遗传因素。在同样运输条件下，氟烷敏感猪血浆皮质醇等高于氟烷基因携带猪和无氟烷基因猪，运输应激中三者的死亡率分别为 9.2%、0.27%和 0.05%，氟烷敏感猪肉品质下降，易产生 PSE 肉。猪运输途中的死亡率也受到装载密度影响。当装载密度过高时，空气流通以及活动空间将受到严重制约，进而影响散热、空气含氧量以及肢体伸展等动物必需的正常条件，甚至可能窒息，进而引起畜禽高的死亡率；当装载密度过低则会降低运输效率，且在冬天不利于动物保温。不适宜的气候条件会加剧运输导致的畜禽死淘。因而装载密度应当随运输时的外界环境而改变。合理的运输密度和运输温度可以减少畜禽的应激反应，如在炎热的条件下，长途运输的畜禽需要较大的空间，而在冬季可以适当增加运输的密度，以便动物之间相互依靠来抵抗寒冷刺激。有研究表明，在夏季和冬季受热应激和冷应激影响，运输过程中动物的死亡率较高，且死亡率和运输时间呈正相关关系（Vecerek et al.，2006a，2006b）。

（二）宰前运输降低畜禽肉品质

运输应激影响肌肉糖代谢，导致肉品质下降。动物屠宰时肌肉糖原含量及宰后糖原降解的速度显著影响乳酸的生成量，进而影响肌肉 pH 值变化速度和最终 pH 值（Bendall and Swatland，1988；Zhang et al.，2009）。运输应激促使肌肉乳酸含量升高，其 pH 值比未经运输的猪下降得更快，过低的 pH 值引起肌肉蛋白质变性，影响肉的嫩度、滴水损失、肉色等（许文婷，2022）。长时间运输也会增加肌肉糖酵解潜力和肉中乳酸浓度，降低肌肉嫩度和肌肉亮度，增加电导率。运输应激使得糖酵解型纤维居多的背最长肌宰后 24h 的 pH 值和系水力下降，易产生 PSE 肉，而氧化型肌纤维居多的冈上肌宰后的 pH 值较高，易产生黑干肉（Hambrecht et al.，2005）。此外，运输应激可引起腿肌中Ⅱb 型肌纤维类型变化，虽不能确定其转化方向，但长时间运输使肉鸡肌纤维收缩强度显著增加，诱发体内产生过量的自由基从而引发肌肉脂质过氧化反应，丙二醛产量增加从而影响鸡肉品质（Zhang et al.，2009）。

运输应激也会增加食品安全的风险。弯曲杆菌（campylobacter）是一种重要的食源性病原菌，可引起人类急性肠炎、吉兰-巴雷综合征以及反应性关节炎等多种疾病，弯曲杆菌污染的肉类、水、牛奶等常对消费者健康造成威胁。近年有研究表明运输应激增加了肉鸡盲肠及粪便中弯曲杆菌数量，使得肉鸡胴体受弯曲杆菌感染的风险增加，对肉品质安全和公众健康构成潜在危险，而屠宰前断料和休息可降低肉鸡粪便中弯曲杆菌的含量，其机理尚不清楚（Stern et al.，1995；Whyte et al.，2001）。由此可见，运输作为一种不可避免的宰前程序，威胁着畜禽肉产品的质量和安全。因此，在实际生产中，如何安排和选择合理的运输时间和方式对于改善肉品质尤为重要。

二、宰前运输影响肉品质的潜在机制

（一）内分泌变化

应激通过神经-内分泌系统影响机体生理功能，改变机体内稳态平衡。机体存在两大应激应答系统，分别为交感神经-肾上腺髓质系统（SAM）和下丘脑-垂体-肾上腺皮质系统（HPA）（Koolhaas et al.，1999）。交感神经与肾上腺髓质同起源于外胚层。支配肾上腺髓质的内脏大神经，属交感节前纤维，它直接刺激髓质嗜铬细胞释放肾上腺素（Ad）和去甲肾上腺素（NAd），通过血液循环到全身许多组织、器官，引起类似交感神经兴奋的作用。当交感神经兴奋时，肾上腺髓质分泌的 Ad 增加，此时血液中的 NAd 主要来自交感节后纤维，Ad 主要来自肾上腺髓质。NAd 和 Ad 都作用于肾上腺素能受体，二者生理功能基本相同，并且互相补充和配合，使交感神经的生理效应得到延续和加强，增强机体适应环境的能力，称为交感神经-肾上腺髓质系统（刘萍等，2013）。下丘脑-垂体-肾上腺皮质系统轴是一个直接作用和反馈互动的复杂集合，包括下丘脑（脑内的一个中空漏斗状区域）、脑垂体（下丘脑下部的一个豌豆状结构），以及肾上腺（肾上部的一个小圆锥状器官），这三者之间的互动构成了 HPA 轴（夏天一等，2021）。SAM 增强可引起儿茶酚胺的释放，急性应激下，机体儿茶酚胺释放增加，刺激肝腺苷酸环化酶活性，催化 ATP 生成 cAMP（能量流），增加抗体活性，心输出量（心跳增加、心脏收缩增强）和循环血量增加（骨骼肌、皮肤、胃肠道和脾等外周血管收缩加强）。此外，还可引起脂肪分解、肝糖原分解及糖异生作用增强（Siegel，1995）。HPA 轴与 SAM 轴的调节相比，HPA 轴的调节作用广泛而持久（陈浩等，2021），其介导的应激反应主要通过下丘脑释放促肾上腺皮质激素释放因子（corticotrophin releasing factor，CRF），CRF 刺激前垂体产生促肾上腺皮质激素（ACTH），ACTH 刺激肾上腺皮质释放皮质类固醇（corticosteroid），其激活及由此引起的皮质类固醇分泌增加是应激反应的重要特征，其研究报道较多。糖皮质激素广泛参与机体的新陈代谢、能量平衡及免疫功能等（孙玉景等，2022）。Zhang 等（2010）研究报道了夏季运输 3h 后肉鸡血浆中皮质酮类激素水平显著升高并伴随有鸡体重的减少，鸡肉亮度、滴水损失和蒸煮损失的增加，胸大肌中 ATP 含量降低，以及乳酸浓度、糖蛋白及乳酸脱氢酶含量的升高。

研究表明，在运输过程中体内众多激素会发生变化，如 β-内啡肽、ACTH、糖皮质激素、三碘甲腺原氨酸（T_3）、甲状腺素（T_4）以及生殖激素（LH 和 FSH）等。而激素的变化因动物品种、运输距离、季节、性别、年龄、生理状况、性情以及有无运输经历等各有不同。奶牛运输后，血浆中 ACTH 水平显著升高（Dixit et al.，2001），ACTH 可以增强肝（肌）糖原分解，加速糖酵解，影响肉品质。肉仔鸡血浆中皮质酮在短时间运输后显著升高，随运输时间的增加又降至运输前水平，其主要原因是肉仔鸡在长时间的运输过程中产生了适应性（Zhang et al.，2009），这与奶牛（Warriss et al.，1995）、山羊（Kannan et al.，2000）、猪（Pérez et al.，2002；Apple et al.，2005）等在运输过程中糖皮质激素及皮质醇的变化规律相同。

（二）生化代谢

运输应激状态下，机体对能量的需求增加，能量的分配由生产（如生长、泌乳等）转向生存，同时体组织积极分解以提供抵御应激所需的能量和氨基酸。运输应激也会引起血液中某些酶的活性发生变化。如猪血清中肌酸磷酸激酶（CPK）、天冬氨酸转氨酶（AST）和乳酸脱氢酶（LDH）等活性均有不同程度的升高，而 α-羟丁酸脱氢酶的活性有所降低，其中 CPK 是肌细胞特异酶，其活性显著升高是肌细胞膜系统受损的信号（Baldi et al.，1994；Lee et al.，2000）。鸡（Zhang et al.，2009；Yue et al.，2010）、牛（Kent and Ewbank，1983）、山羊（Kannan et al.，2000）和猪（Pérez et al.，2002）等动物在运输初期，应激导致其血糖短时间升高，由于机体加强了机体组织代谢，随着运输时间的增加，能量消耗增加，血糖浓度降低，肝糖原开始分解代偿性补充血糖，加之运输过程中的断料饥饿，糖原分解作用显著降低甚至停止，不足以补充血糖，血糖持续降低直至出现低血糖症状。3h 的运输应激会提升鸡骨骼肌的能量代谢，降低鸡血糖和肌酸浓度，同时显著提高肌肉中的 AMP 浓度和 AMP/ATP，导致鸡肉的 pH 值降低，滴水损失增加，从而影响鸡肉品质。快肌纤维为快速糖酵解纤维，因此，当禽类处于应激状态或感受到运输压力时，促进糖酵解反应的进行，大量的糖酵解产物使得肌肉结构和化学成分发生改变，从而影响肉品质（Zhang et al.，2009）。此外，Zhang 等（2009）发现长时间的断料运输会引起肉鸡血浆中非酯化脂肪酸浓度显著升高，这主要是由于在长期运输过程中机体中血糖已经耗竭，糖原分解作用显著降低，机体动员脂肪组织分解供能，从而引起血浆非酯化脂肪酸浓度升高。

（三）分子机制

有氧代谢的生物机体无时无刻不在遭受活性氧（ROS）的攻击，同时形成自身抗氧化防御体系。当 ROS 的产生速度超出细胞抗氧化防御体系的清除能力时，ROS 就会攻击细胞成分，引发一系列毒性效应，对细胞造成“氧化胁迫”作用。任何引起 ROS 产量增加或削弱体内抗氧化系统的作用均可引发细胞膜脂质过氧化反应（MDA 产量升高），造成细胞损伤，引起机体功能紊乱（Selman et al.，2000；Lata et al.，2004）。研究表明运输应激会导致畜禽体内 ROS 产量高于正常生理状态（Zhang et al.，2010）。长时间运输可引起肉仔鸡腿肌 ROS 产量显著增加，并伴随有脂质氧化产物 MDA 的升高（Zhang et al.，2010），其原因是自由基积累降低抗氧化酶，如 T-SOD 和 GSH-PX 的活性（Zhang et al.，2009），损伤细胞膜，并过度氧化肌肉内大量的多不饱和脂肪酸，使得肉质恶化，营养价值降低。

解偶联蛋白质（uncoupling protein，UCP）是线粒体内膜上一个具有调节质子跨膜转运作用的转运蛋白家族，可驱散质子电化学梯度，使呼吸链和 ATP 的合成解偶联，使产能转化为产热，并提高静息代谢率（Palmieri，1994；Ledesma et al.，2002），因而在适应性产热和新陈代谢中发挥着重要作用。禽解偶联蛋白质（avian uncoupling protein，avUCP）主要在禽类的骨骼肌中表达（Raimbault et al.，2001；Evock-Clover et al.，2002），参与调节机体产热（Dridi et al.，2004）。目前，avUCP 的具体生理功能尚不清楚，多数研究者认为它在禽类机体产热调节中起重要作用，可能参与调控脂肪供能、调节胰岛素分泌、清除机体 ROS 以保护机体免受其损伤，或同时具备多种调节功能（Dulloo and Samec，2001）。有些研究认为，骨骼肌细胞线粒体内膜阴离子载体腺苷转位因子（adenine nucleotide translocator，ANT）和 avUCP 共同参与线粒体内膜上解偶联机制，当其表达量上升时，引发温和的解偶联，清除 ROS，减轻细胞的损伤（Casteilla et al.，2001）。Zhang 等（2010）研究发现，45min 和 3h 的运输应激对肉仔鸡胸肌中 *avUCP* 和 *avANT* mRNA 的表达量无显著影响，但 3h 的长时间运输可引起腿肌中 *avUCP* 表达量显著升高，表明机体清除长时间运输产生的过量 ROS 的作用增加，有助于减轻骨骼肌细胞氧化损伤。

热应激蛋白（heat stress protein，HSP）是所有生物细胞受到应激因素作用而选择性合成的一组高度保守的蛋白质，其主要生物学功能是在应激条件下参与细胞的抗损伤、修复和热耐受过程，保持细胞生命活动（Feder and Hofmann，1999）。室外放养的肉鸡和限饲的肉鸡，对运输应激的耐受力强于笼养和自由采食的肉鸡，这种耐受可能与其脑组织中 HSP70 的高表达量有关。据报道，不同运输时间对二花脸猪背最长肌肉品质及热应激蛋白表达的影响，发现 1h 和 2h 的运输引起背最长肌 pH 值降低，滴水损失和亮度值增加，易产生 PSE 肉。

肌酸（Cr）是肌肉中的一种含氮化合物，可被磷酸化为磷酸肌酸，是肌肉中重要的能量缓冲物质。通常情况下，当肌肉中的 ATP 水平低于阈值时，肌肉中的肌酸可被磷酸化为磷酸肌酸，同时使得 ADP 磷酸化产生 ATP 提供能量，催化肌酸激酶：$PCr + ADP + H \leftrightarrow ATP + Cr$。在禽的饲料中添加 Cr 水合物，可提高肌肉中 Cr 和 PCr 的浓度，能够减少因运输应激诱导的高水平糖酵解反应和快肌纤维肌肉中的乳酸积累，同时提供足够的 ATP 供能，从而缓解因运输应激诱导的肉品质降低（Zhang et al.，2017）。此外，胍基乙酸（GAA）作为 Cr 的天然前体物质，在肾和胰腺中由精氨酸和甘氨酸在甘氨酸脒基转移酶（AGAT）的催化下合成并进入血液循环（Zhang et al.，2019）。到达肝后在 *N*-胍基乙酸甲基转移酶（GAMT）催化下进行 Cr 生物合成，即 *S*-腺苷甲硫氨酸的甲基向 GAA 中转移，最终形成 Cr 和 *S*-腺苷同型半胱氨酸并被运输至肌肉，这一反应能显著提升改善运输应激下肉鸡的能量代谢、生长性能和肌肉发育（Zhang et al.，2017，2019）。

作为动物屠宰前所经历的强度最大、时间较长的应激来源，宰前运输对动物机体的影响也渗透到各个方面，而其作用机理也很可能涵盖了已知的大部分应激信号转导通路。因此，对宰前运输的控制也应当着眼于对多种因素的综合控制。

第三节　屠宰应激与畜禽肉品质

一、屠宰应激的来源

现代畜禽在屠宰前通常需要经过禁食、驱赶/抓捕、装载、运输等环节，在屠宰过程中要经历卸载、吊挂、致晕（致昏）、沥血宰杀等程序，屠宰后胴体要经过浸烫、拔毛、预冷、掏膛、分割、储存、加工和包装等过程。屠宰过程的各个环节均可对畜禽造成应激，并影响肉品质。一方面屠宰前各种因素造成应激、能量消耗、肌糖原减少，屠宰后无氧酵解导致乳酸和 pH 值改变；另一方面屠宰后因加工因素导致脂质过氧化、糖代谢和能量代谢不足等造成肉品质降低。充分理解和筛选适宜的屠宰参数对改善畜禽应激和肉品质具有重要意义。

（一）屠宰方法分类

现代集约化动物屠宰伴随“致晕”过程，致晕又称“致昏”或“击晕”，是任何故意诱导动物在没有痛苦的情况下失去意识和知觉的过程，包括任何导致瞬间死亡的过程，并且这种无意识和失去知觉的状态应该维持到动物死亡。实际生产中致晕不仅可以减轻动物在屠宰过程中的痛苦，还可以实现动物制动，减少死前挣扎造成的胴体损伤、提高屠宰效率、改善工人工作环境。动物在致晕状态下被沥血直至死亡（心脏停搏和脑死亡），完成屠宰环节的第一步。所以畜禽的屠宰方法包含致晕方法和沥血方式。由于同一种动物的沥血方式变化较少，屠宰方法主要表现在不同的致晕方法上。致晕屠宰方法主要分为四大类，即电致晕屠宰（电击晕或电麻）、控制气体致晕屠宰（气体致晕或气体麻醉）、机械致晕屠宰和电磁力致晕屠宰（胥蕾等，2017；Xu et al.，2021b）。电致晕屠宰方法包括传统的水浴电致晕屠宰（一般指头-脚电致晕，或全身电致晕）、（仅）头部电致晕屠宰、头-泄殖腔电致晕屠宰、头-身电致晕屠宰。气体致晕屠宰法又称控制气体致晕屠宰法（CAS，包括致晕-致死），可以分为一阶段的缺氧式（惰性气体+2%以下 O_2）、高碳酸性缺氧、高碳酸性低氧、高碳酸性高氧、一氧化碳致晕、一氧化碳与其他气体混合致晕，以及两阶段致晕-致死法。按氧气含量可分为高氧高 CO_2+缺氧高 CO_2、中氧高 CO_2、缺氧高 CO_2、缺氧以及低气压气体致晕。按致晕步骤又可以分为一阶段、两阶段、多阶段的 CAS。机械致晕屠宰方法主要包括穿刺型束缚插销枪装置屠宰、非穿刺型束缚插销枪装置屠宰、装配自由弹的致晕枪屠宰、粉碎屠宰、颈椎脱位屠宰、头部冲击屠宰等。

（二）屠宰前致晕的生理机制

1. 电致晕的生理机制

电致晕的一般原理是干扰大脑的电活性，如仅头部致晕，由于电流通过心脏导致心脏停搏，所以血液循环停止和大脑缺氧也是导致电致晕和电击致死的原因。电致晕时电场通过大量脑部神经元去极化或超极化影响大脑的电活性，导致癫痫发作；能够产生这种癫痫活动的区域存在于丘脑、皮层和脑干的连接区，癫痫活动从这些区域扩散到大脑别的区域，根据大脑受影响范围的不同可能引起短暂的表面的昏迷或长时间的深沉的昏迷（柴晓峰等，2015）。

电致晕也可能通过神经递质调控家禽大脑的癫痫样活动（一种失去意识的标志）（付晓燕等，2015），大脑受到电击影响后中枢神经系统中的谷氨酸、天冬氨酸、γ-氨基丁酸可以调控癫痫样活性的产生和消失。例如，癫痫发作时脑部的氧气需要量是平时的 2～3 倍，血液循环中不断增加的乳酸进入大脑使脑组织酸化；另外癫痫伴随着神经递质 γ-氨基丁酸释放量的增加，后者通过影响神经细胞膜跨膜离子运动进一步诱发癫痫。以上这些不平衡因素的扩散导致意识的丧失，其他的神经递质如去甲肾上腺素、多巴胺可能会影响癫痫反应；前者可以提高谷氨酸诱导的兴奋，而后者则抑制其兴奋（付晓燕等，2015）。但是由于鸟类没有大脑皮质，其在受到电致晕时大脑不表现出癫痫样活性，这一现象产生的原因以及电致晕后诱导并维持大脑昏迷的机制还未被阐明，但电击引起的单胺类神经递质和抑制性氨基酸的释放在诱导和维持昏迷中发挥着重要的作用（宫桂芬，2016）。

电流强度和频率通过影响神经细胞的兴奋性而影响致晕效率（顾宪红，2011）。神经细胞产生兴奋需要满足两个条件，即刺激时间和刺激强度，二者兼备使刺激达到细胞兴奋阈值，故电致晕的电流强度和作用时间对电致晕起着关键作用。刺激频率如正弦交流波（sine AC）影响细胞传递兴奋的效率，正弦交流波既可在垂直方向，也可在平行方向作用于细胞，而脉冲直流波只能从平行于细胞轴的方向刺激细胞。垂直于细胞轴方向的电场传递比平行的电场传递兴奋更为有效，电流致晕的效果还取决于电流的变化周期（周期=1000ms/频率）。为了使神经元达到持续去极化的阈值，致晕周期需要高于阈值，即频率需要低于某一个值。研究表明，当电流为 200mA 时，90%的肉鸡有效致晕的正弦交流波的周期阈值是 1.25ms（相当于 800Hz），并且不同波形的致晕周期阈值不同。

2. 气体致晕的生理机制

气体致晕的作用机制主要是诱导畜禽产生高碳酸血症（CO_2分压大于 44mmHg，或吸入 CO_2 的浓度达 30%时，产生麻醉）或缺氧晕厥（低氧情况下，大脑皮层受抑制，皮层下中枢机能障碍）。CO_2 致晕的原理是引起血液循环中的高碳酸血症，使脑脊髓液和脑细胞酸化，脑部活性受到抑制，从而使警觉能力和意识下降，甚至死亡。动物吸入的 CO_2 浓度、CO_2 在血液中分压的变化都会导致动脉和中枢化学感受器以及肺部化学感受器受到刺激，从而改变呼吸的速率和深度。最初，呼吸加深加快促进氧气交换排出 CO_2，但是在严重高碳酸血症的情况下神经细胞功能被破坏，导致呼吸减慢、呼吸暂停或窒息。肺部化学感受器虽然对 CO_2 很敏感，但是对缺氧不敏感。CO_2 刺激家禽产生呼吸症状（如气喘）可能是 CO_2 对鼻部上皮组织的刺激造成的直接结果（顾宪红，2011）。

而使用惰性气体如氩气、氮气和低气压致晕的原理是缺氧。由于大脑的氧气储存量很低，而大脑活性的正常维持需要氧气的供给，故而大脑可以在没有受到高碳酸血症影响的情况下失去意识。缺氧也导致神经细胞产生乳酸，并导致神经酸化（黄继超，2015），促进了感觉的消失。

（三）屠宰应激与动物福利

1. 屠宰相关动物福利的评价标准

要达到动物福利的屠宰方法需要满足以下条件：① 致晕导致畜禽以最快的速度失去知觉，受到的痛苦最少；② 致晕诱导的昏迷应该延续到宰杀和死亡；③ 致晕不足或没有被致晕的概率应该接近于零。欧盟委员会条例规定致晕应该在脑电图（electroencephalograph，EEG）仪中出现普遍的癫痫样活性以及心室纤维颤动或者心脏停搏（龙定彪等，2014），但是在昏迷前诱导心脏停搏又引起了伦理上的争议（闵辉辉，

2011)，因此确定昏迷状态发生的概率、速度和延续的时间（即致晕效率）成为研究家禽宰前致晕对动物福利影响的核心，反映这种状态的评价方法包括大脑功能状态、心脏状态、应激状态和行为反应等。

2. 屠宰相关动物福利的评价方法

（1）应激相关激素和基因表达

惊恐、电刺激、缺氧、创伤、失血等均可以引发动物应激反应。这些因素在屠宰过程中都存在疼痛和恐惧带来的行为反应并伴随着经典的物理应激反应，如心率增加伴随血浆中儿茶酚胺以及糖皮质激素水平的增加。不同的致晕方法和致晕参数均可对血液应激指标产生影响（张欣等，2019；Abeyesinghe et al.，2007；Ahn et al.，2003）。致晕导致火鸡血液中应激指标的浓度增加证实了致晕本身对家禽也是一种应激（Ali et al.，2007）。不致晕的对照组血浆皮质酮含量高于低电流和高电流致晕组，暗示适当的致晕方法可以减小肉鸡宰前致晕应激（Ahn et al.，2003），高电流/电压致晕可以降低血液中皮质酮的含量，减少屠宰应激（Alvarado et al.，2007；Alvarado and Sams，2000）。张欣等（2019）研究显示当 CO_2 浓度在 30%～60%时，血浆皮质酮含量不受气体中 CO_2 水平的影响，故低浓度 CO_2（30%、40%）在不加重应激的情况下具有提高肉鸡肉品质的作用。但是在 30%～60% CO_2 浓度范围内致晕对行为反应的影响是明显不同的，说明应激相关激素反映了致晕和宰杀时应激的强弱，而由于血液采集时间的限制（放血初期），未能反映致晕到死亡的应激总和，因此沥血后期的血液中激素浓度的大小才能反映从致晕到死亡的全过程的应激强弱。Xu 等（2018a）研究显示肌肉中的 *JNK1* 和 *p38* 的 mRNA 表达增加可能是电击晕诱导肉鸡肌肉氧化应激增加的一种标志。Xu 等（2021b）建议通过转录组学的方法筛选屠宰应激相关基因作为评价屠宰应激的敏感指标。

（2）大脑 EEG

大脑 EEG 能有效反映动物致晕时大脑的状态，从动物福利的角度上看，达到致晕的最低电流需要能诱导大脑 EEG 产生癫痫样活动、大脑的体感诱发电位（SEP）消失，平稳地诱导麻醉和失去大脑功能是有效致晕的标志。传统的 EEG 感受器是将记录电极提前通过手术埋植进大脑，后来 Prinz（2009）证实用 EEG 夹子也可以有效地探测 EEG，并建议用未致晕的家禽的平均 EEG 作对照。Coenen 等（2009）则进一步通过远程控制观察 EEG。

致晕导致大脑 EEG 发生变化，从大脑频率上 EEG 分为以下几个和意识相关的波段：① α 波反映放松的有意识状态；② β 和 γ（25～60Hz）波为快波，表示有高度警惕或强意识活性；③ δ 波为慢波，伴随着困倦和睡眠，表示缓慢去极化；④零电位脑电波波形平坦，表示大脑缺乏活性，一般认为是脑死亡的特征（柴晓峰等，2015）。从波形特征上看，致晕后 EEG 可能显示出以下特征：自发性脑电波、癫痫样活性、抑制性脑电波、SEP 消失、零电位脑电波。致晕前的正常波形，经过 3s 致晕后，EEG 出现强直期继而活性降到很低，而心电图则先出现心室纤维颤动，继而丧失心脏功能（吴学壮等，2021）。

致晕时大脑 EEG 的明显特征是癫痫样活动，癫痫样活动暗示动物失去了知觉，但是单独观察癫痫样活动并不一定能准确反映知觉状态。例如，在 100mA 致晕时鸡只已经失去 SEP，但是却没有出现癫痫样活动，而在使用低压致晕时，部分鸡只已经恢复 SEP，但是显示具有癫痫样活动（胥蕾等，2017），甚至发生癫痫样活动以前，可能已失去知觉。癫痫样活动的诱发受到电流的波形和频率的影响（闵辉辉，2011），如正弦交流波就比脉冲直流波诱导鸡大脑癫痫样活动的效率高（顾宪红，2011）。

致晕时大脑 EEG 另一个特征是大脑的 SEP 消失，Gregory 实验室的研究提出，有效致晕的标志是 SEP 的消失。如果 SEP 消失后又复出现，则意味着鸡只恢复知觉。利用 SEP 反映大脑功能可能比癫痫样活动更为准确。但是由于个体差异，同样的致晕电流有的鸡显示出 SEP，而有的没有 SEP（武书庚等，2006）。

除通过癫痫样活性的出现和 SEP 的消失反映知觉的丧失之外，如果癫痫脑电波之后紧跟静息电波（或零电位脑电波）或 2～30Hz（或 13～30Hz）频率带的能值降低到致晕前的 10%以下，则认为致晕是有效的（胥蕾等，2017）。

（3）脑皮层电图

采用脑皮层电图也可成功地判别出不同致晕方法对鸭致晕的效率（胥蕾等，2017）。大脑电阻反映了致晕对大脑的损伤，其本质是癫痫和缺血，即反映知觉的丧失。将大脑的电阻和心率换算成相对的细胞外容积值（ECV）再与正常水平进行对比，如果 ECV 发生下降则指示致晕生效，可用 ECV 下降一半的时间指示致晕的效率（胥蕾，2011）。在猪上的研究表明，气体致晕导致猪体感诱发电位和自发皮质电图丧失的时间不同，三种混合气体（氩气浓度为 90%，残余氧浓度为 2%；空气中 30% CO_2 和 60%氩气的混合物，残余氧气为 2%；空气中 80%～90%的 CO_2）平均 SEP 消失时间分别为 15s、17s 和 21s，根据 SEP 消失的时间，发现高浓度 CO_2 致晕猪的过程中，猪将更长时间地忍受呼吸困难，从福利的角度来看，氩气诱导的缺氧似乎是致晕猪的首选，因为能有效地迅速消除大脑反应，而 30% CO_2 和 60%氩气的混合物被认为比使用高浓度 CO_2 更人道，因为大脑失去反应能力的时间与在空气中使用 90%氩气的时间相似（Raj et al.，1997b）。

（4）视觉状态

通过将一系列设备进行组合，在一个黑暗的房间中，人工对动物进行固定，致晕前先做预处理 1min，每隔 300ms 光照刺激一次（闪光），从刺激前 100ms 到刺激后 200ms 记录视觉诱发电位（visual evoked potential，VEP），致晕后的 5min 再一次处理，从而反映家禽在致晕后无意识状态的始末时间。另一项研究表明，在刺激强度为 85dB、95dB 和 105dB nHL 时收集听觉诱发电位（BAEP），在一个黑暗的房间里，对白光闪烁的反应收集 VEP，左右耳和左右眼的反应没有显著差异，所有猪均表现为峰值潜伏期随刺激强度增加而降低，峰值振幅随刺激强度增加而增加的典型模式（Strain et al.，2006）。

（5）心脏状态

通常用心脏停搏（cardiac arrest）和心室纤维颤动（ventricular fibrillation）描述有效致晕后动物的心搏状态，也可以通过心电图记录心率的变化。Wilkins 等（1999）认为可以通过致晕达到心室纤维颤动或致晕后有效地放血以维护动物福利。在使用 120mA、50Hz 的交流水浴电致晕时，大部分的鸡会立即死亡，并导致 EEG 达到静息水平，大脑诱发的电生理活性消失（闵辉辉，2011）。丙酮酸治疗猪心脏骤停的试验表明，诱导心脏骤停只注入氯化钠的猪中，有8只在第一次反休克后，心室颤动转变为无脉性电活动，对随后的反休克无反应，而18只丙酮酸处理猪中只有1只出现无脉性电活动（Cherry et al.，2015）。但是研究发现，即使心脏停搏的家禽大脑也可能处于有意识的阶段，故用心脏停搏评价家禽昏迷的方法受到了质疑（顾宪红，2011）。用大脑昏迷还是心脏停搏作为动物失去意识的依据还有待进一步研究。

（6）行为反应

行为反应的研究包括痛觉反射、呼吸、摆头、瘫倒、惊厥抽搐等，虽然行为反应的观察不能排除主观因素的影响，但是如果将动物在致晕后具体的行为反应与心率和大脑功能变化进行相关分析，则可以较为准确地反映致晕效率。致晕后可以根据以下行为状态反映致晕的有效性：如果具有节律性的呼吸、角膜反射、眨眼反射、瞳孔光反射、自发性眨眼反射、肌肉具有张力、发出受控的鸣叫声则表示家禽致晕无效（未被致晕或致晕后可恢复意识）（Bertram et al.，2002）；如果失去节律性的呼吸，但存在（或不存在）角膜反射、无自发的眨眼反射、失去肌肉张力、身体快速而持续地颤抖、翅膀收紧贴近身体则为有效电致晕（未死亡）的标志（Bertram et al.，2002）；另外眼睛失去痛觉反射、瘫倒和抽搐也是有效致晕的标志。既失去节律性呼吸（即使没有窒息），又无角膜和自主眨眼反射，并且瞳孔扩散，失去肌肉张力、翅膀下垂、无运动且不发出声音则意味着家禽在电或气体致晕后（濒临）死亡（Bertram et al.，2002）。

痛觉反射包括眨眼反射（eye blink reflex）和角膜反射（corneal reflex），由于鸡冠位置的皮肤对刺痛最敏感，致晕后立即用指甲或用针刺鸡冠的前两个突起之间的位置，观察鸡只眨眼反射。角膜反射即通过按压或敲打家禽的眼膜观察眨眼反射，如果发生角膜反射的家禽比例超过30%则认为不能有效致晕（Becerril-Herrera et al.，2009）。但角膜反射或许只能表明动物是活着的，而自发的翅膀拍打、自发的眨眼和对疼痛刺激的反射被视为致晕效率的指标（Bedanova et al.，2007）。Gibson 等（2016）利用 CO_2 激光发生器对家禽鸡冠进行了刺激，鸡冠产生受热疼痛，通过记录刺激到恢复生理反应的时间，可以反映致晕效率。

喘息（gasping）发生的时候脑电图显示鸡只还处于有知觉状态，致晕过程中喘息发生的次数越多、概率越高，意味着家禽承受的痛苦越多（Becerril-Herrera et al.，2009；Bee et al.，2006）。致晕后家禽再次获得节律性呼吸运动可以作为判定致晕后恢复意识的第一阶段的标志（杨勇和马长伟，1989；Bendall，1951）。

摆头常用来反映气体致晕的影响，但不能确定这种行为是家禽受到刺激的反应还是失去知觉的反应。研究认为水浴电致晕中深度呼吸和摆头意味着刺激带来痛苦。致晕后家禽颈部会松弛，所以颈部张力的恢复是苏醒的标志之一（杨勇和马长伟，1989）。

瘫倒（physical collapse）能更好地指示家禽知觉的丧失，因为气体致晕时瘫倒发生的时间与癫痫样活性脑电波，以及抑制性脑电波出现的时间相关联（Bee et al.，2006）。身体恢复平衡，如将家禽正立，左右推动，能平衡站立则是恢复意识的表现（杨勇和马长伟，1989）。

抽搐（convulsion）能较好地指示家禽失去知觉，因为它发生在体感诱发电位消失，以及癫痫波出现之后，此时体感诱发活性已经不再受高级中枢控制，所以该活动成为中枢神经损伤的标志（Bee et al.，2006）。

3. 不同动物福利评价方法的优缺点

通过不同的评价方法来判定动物致晕过程是否符合动物福利的要求，是推动动物福利发展的一个重要手段。行为反应可以间接并且直观地观察到家禽对致晕反应的大小，但是这些行为指示痛苦的程度没有共同标准，而且量化起来很粗略，或者需要大量的样本。心率消失和心脏停搏可以客观地统一标准来衡量不同个体在致晕后是否存活。但对于生存条件下反映昏迷状态应用最广的心室纤维颤动、大脑 EEG 特征波段中的癫痫波及 SEP 消失 3 个指标，在不同个体间其结果有时存在相互矛盾。此外这 3 个指标的测定均需要对动物安装记录电极，每次观察数量有限，另外，虽然可以记录家禽何时能感受到痛苦，但不能记录痛苦的程度，包括致晕本身给家禽带来的痛苦或应激；受神经系统的复杂性和生理机制及实际屠宰的限制，许多问题依然存在，意识状态和死亡是一个渐进的过程，不能分开处理（柴晓峰等，2015）。应激激素的研究在致晕研究中开始较晚，但应激激素的分泌综合了应激大小和作用时间的反应，激素水平的变化包含了致晕本身带来的应激，故而评估应激激素指标具有一定意义，采集沥血后期的血液能更好地反映致晕对屠宰应激的累加效应。尽管如此，激素可以反映应激的大小却不能直接反映是否失去意识，具体多高浓度的激素才意味着失去意识需要研究激素和其他反映动物福利的指标的相关关系。虽然有研究者强调控制气体致晕法整个过程和结果（死亡）都减少了动物痛苦，但是电致晕诱导昏迷或死亡的速度很快（4s 左右），而气体致晕的作用时间较长（一般 2min 以上），同时研究电致晕和气体致晕整个操作过程中激素的变化、EEG 特征波形的振幅和延续时间也许能更好地反映强度和时间的累加效应。

致晕是一种瞬间完成的急性应激，RNA 表达具有快速高效的特点，检测与感觉相关的基因 RNA 水平的变化对评估致晕方法与动物福利的关系具有重要意义，但需要进一步研究。

二、屠宰应激对肉品质的影响

（一）屠宰（致晕）方法对肉品质的影响

1. 电致晕屠宰对肉品质的影响

电致晕一方面提高了血液中儿茶酚胺类激素的释放，另一方面电流直接刺激肌肉造成收缩，从而引发 PSE 肉（Troeger and Woltersdorf，1989）。尽管 CO_2 致晕导致部分肉品质指标比电致晕要好（如初始 pH 值、系水力），但另一些肉品质指标却相反（如亮度值等），所以不能说明哪种致晕方法对肉品质最好（Casteels et al.，1995）。有研究对比了气体致晕和人工电致晕（仅头部或头-胸电致晕）对猪肉品质的影响，结果发现，CO_2 致晕较电致晕显著减少了出现淤血而被剔除的肩部肌肉（Channon et al.，2002；Roth et al.，2007）；与头-胸电致晕方法相比，采用头部电致晕和 CO_2 致晕降低了滴水损失率、减少了肌肉亮度以及肌肉 pH 值下降的速度。此外，有研究发现屠宰前电击处理对肉鸡胸肉的 L^*值变化影响显著（Siqueira et al.，2017；Xu et al.，2018a）。其中，Siqueira 等（2017）报道，300Hz 交流电击晕的肉鸡，其肉的 L^*值较高，胸肌还表现出较低的系水力，相反，650Hz 交流电击晕的肉鸡胸肌呈现出较高的 b^*和 c^*值。武书庚等（2006）对比了直接断颈法、割喉静脉放血法、水浴电麻法（25V/10s）和头部致晕法（12mA）、98% CO_2 致晕法对肉鸡肉品质的影响，研究显示不同的屠宰方法对肉品质有一定的影响，与直接屠宰相比，致晕后屠宰可以改善肉品质。

头部致晕是指在实验室和商业屠宰条件下，可以将肉鸡固定，进行头部致晕、割颈放血和昏迷状态的吊挂，使用这个程序，肉品质比传统水浴电致晕更好（Lambooij et al.，2014）。目前商业条件下家禽的控制气体致晕法（含低压致晕法）和头部致晕法的成本都普遍高于传统水浴电致晕。

在猪上的研究显示，头-背部以及头-胸部致晕诱导的心脏停搏消除了放血前猪恢复知觉的风险，而且通常可降低踢腿反应，提高工人工作的安全性，并让后续操作变得更为容易。与头部致晕相比，由于能够快速诱导心脏停搏，头-背部或头-胸部致晕电击被认为是致晕猪较为人道主义的方法，头-背部致晕在电压太高的情况下可能导致椎骨破裂，电致晕常常导致各种动物出现血斑而降低肉的价值（Wotton et al.，1992；Channon et al.，2002）。与传统的直接刺杀心脏放血屠宰相比，采用电压 80V、电流 1.25A 电击头颈部，电击晕 3s，电击晕后放血方式对生长育肥猪的应激更小，并显著影响血液生化指标，进而改善猪肉亮度值和滴水损失率（龙定彪等，2014）。与仅头部电致晕相比，头-胸电致晕降低了胸最长肌的硬度，但是滴水损失率更高；而与头-胸人工电致晕方法相比，采用仅头部电致晕和 CO_2 致晕降低了滴水损失率、减弱了肌肉的亮度以及肌肉 pH 值下降的速度（Channon et al.，2002）。与电致晕相比，CO_2 致晕显著减少了肩部由于出现淤血而被剔除的肉，屠宰后 40min，电致晕的猪胸最长肌 pH 值低于 CO_2 致晕及头部致晕的猪（Channon et al.，2002）。

2. 气体致晕对肉品质的影响

从操作上看，CAS 消除了电致晕系统需要活禽卸载、吊挂过程产生的骨折、淤血等胴体损伤，并且改善了致晕过程中的肌肉出血问题。此外，高碳酸血症气体致晕加速了屠宰后胴体的僵直过程，改善了早期剔骨（屠宰后 4h 之内）的肉品质，但是对于生产肥肝的鸭和鹅，CAS 可能不如电致晕。大量研究表明，CAS 与电致晕相比减少了胴体骨折、肌肉渗血点的概率或肉品质的缺陷，而且肌肉纤维结构完整性更好，肌肉嫩度更高（Raj et al.，1992，1997b；Raj and Gregory，1994；Poole and Fletcher，1998；Tserveni-Gousi et al.，1999；Turcsán et al.，2001；Channon et al.，2002；Iwamoto et al.，2002；Bianchi et al.，2006）。但也有研究报道 CAS 导致翅膀骨骼损伤的概率更高，肉色更淡，熟肉率更低，并造成鹅的肥肝因淤血剔除的比例增高，有损商业价值（Raj et al.，1992，1997a），或认为两种方法对胴体品质和肉品质没有一致的影响（Raj et al.，1992；Northcutt et al.，1998）。吴学壮等（2021）研究发现，与未经致晕颈部放血相比，CO_2 致晕后降低了指示应激反应的血清肌酸激酶活性和皮质醇含量，气体致晕口腔放血法延缓了储存期中菌落数的增加，有利于肉品的冷藏保鲜。

CAS 与电致晕对比试验中，电致晕参数往往是高电流强度（120mA 以上）或低频率（如 50Hz）或二者的结合（欧洲电致晕方式），这些方式本身就会对胴体品质造成较大影响。在这种条件下，部分研究认为气体致晕比高电流和高电压的电致晕更有利于肉品质，但是并不能说明气体致晕方法比电致晕方法更优越。研究发现与高电流致晕相比，CAS 加速了僵直发展，导致早期剔骨的肌肉剪切力值降低；但当与低压致晕对比时，CAS 却没有显示出任何加速僵直发展的优势，甚至导致屠宰后 5h 剔骨的胸肉硬度增加（Poole and Fletcher，1998）。

传统的水浴电致晕（电击晕）由于存在动物福利的问题，以及动物福利与肉品质的矛盾，推动了屠宰致晕方法的研究。目前控制气体致晕法成为大规模集约化屠宰场的首要选择，其中多阶段逐步增加 CO_2 或逐步缺氧的低气压致晕系统在胴体和肉品质方面具有优势，但低气压致晕系统在确保动物无痛苦地死亡方面还未得到足够认可。另外，整栋密封禽舍使用控制气体致晕-致死家禽，可以快速有效而人道地大规模扑杀患病家禽，控制疫情的蔓延。但是由于占地面积大、运行费用较高，控制气体致晕法对于小规模和零散的屠宰场暂时不适用。

3. 机械致晕对肉品质的影响

柴晓峰等（2015）研究显示在双耳与双眼十字交叉点用高压气枪击晕西门塔尔肉牛，与非击晕对照组相比，气枪击晕屠宰能够显著缓解肉牛的宰前应激，改善了以屠宰 72h 后背最长肌剪切力、压力失水率、汁液损失率、肌纤维密度为特征的肉品质。屠宰用击晕枪主要应用于屠宰过程中将动物（牛、羊和猪等）击晕，以防止屠宰应激造成的肉品质降低，主要包括穿透式气动击晕枪和非穿透式击晕枪。人们在反刍动物上使用击晕枪致晕的忧虑进一步增加，因为它可能导致牛海绵状脑病朊病毒从脑部扩散到胴体的可食部位，并危及操作人员的安全（Gregory，2005）。只要心脏在跳动，脑部均匀的物质就可能在压力的作用下流到窦房结，然后被血流带到心脏，滞留在肺部毛细血管床，最后通过血流进入肌肉。但是，从脑部释放的可溶性蛋白却会被过滤掉。头部的枪击穿刺会导致脑部的物质直接喷射到操作人员的身上。一方面工人在处理中枢神经系统物质时，接触到胴体分割时从脑脊液和脊髓浸渍物中扩散出来的气溶胶很危险，另一方面采用束缚插销枪致晕以及现行的屠宰条件和程序都可能导致大脑组织和脑脊液中特定的风险物质在屠宰场中扩散，造成设备、地表、废水以及可食用的胴体与人类食物链的污染。当前还不确定从大脑带到肺部和胴体可食用部分的物质达到何种程度才会对消费者的健康造成风险。如果具有亚临床牛海绵状脑病感染的动物进入了这一程序，牛海绵状脑病朊病毒将会得到相似的分布，威胁到操作人员和消费者的健康（Prendergast et al.，2003）。在英国和美国曾研究过一些改进方法，但由于操作太复杂或不够可靠而没有被采用。非穿刺性插销枪也会对某些动物造成大脑损伤，故而如果评估的结论是不能继续使用束缚式插销枪致晕，那么电致晕可能会取而代之（Gregory，2005）。

我国小规模屠宰场和小农贸市场较多，出于人道主义考虑，头部电致晕和手持式机械致晕具有应用前景。另外，机械致晕可以作为流水线上致晕失败的个体的补充致晕手段，以及在没有更有效的致晕条件的落后地区使用。

（二）屠宰（致晕）参数对肉品质的影响

电致晕和气体致晕参数对肉品质也有显著的影响。适宜的电压、电流强度、致晕时间、电击频率、电流波形、致晕气体的浓度、气体气压等可以减轻电致晕造成的胴体缺陷和避免胴体评级降低，提高放血效率、改善肉品质。

1. 位置

动物身体接触电流的位置对心脏以及大脑受到的有效电流具有很大影响，故而对致晕效率、应激和肉品质产生影响。研究表明，干电极接触哺乳动物的头部和胸部，以及翅膀接触水浴电击晕槽的深度等都会直接对应激和肉品质造成影响。改变致晕装置的形状、水浴槽的高度和盛水的深度都可以对动物肉品质进行调节。

2. 波形

Simonovic 和 Grashorn（2009）对比了相等的有效致晕条件（70～600Hz，100～200mA）下交流电和直流电（分别为 AC 和 DC）的效果，认为直流波比交流波致晕的肉仔鸡放血量更高，翅尖骨折和出血的数量更少，对肉品质的影响很小。

3. 电流/电压

高电压或电流虽然致晕效率高，但是存在胴体损伤多、放血效率低等问题。相反，降低电流强度和电压使放血效率增加，胴体缺陷降低，但致晕效率也下降（Wilkins et al.，1999；Contreras and Beraquet，2001；Raj et al.，2006）。

随着电压的上升，肉仔鸡骨折和出血等胴体损伤更多，肉质更硬，肌肉极限 pH 值、系水力降低，亮度值升高（Gregory and Wotton，1989；Gregory and Wilkins，1990；Contreras and Beraquet，2001；ChongNam et al.，2003）。但是过低电压（0～23V AC）或过高电压（103～193V AC）都导致放血效率降低，胴体损伤概率升高，评级降低（Ali et al.，2007）；而中等电压如 53～63V（Ali et al.，2007）或 40V（Contreras and Beraquet，2001）具有最大的放血量和最小的胴体损伤。

同电压的作用规律相似，在保证致晕效率的基础上低电流强度致晕可能比高电流致晕更有利于提高肉品质，电压作用的实质也许是相应的电流强度的作用（Raj，1998），高电流强度（如＞130mA）导致胴体品质更差，对僵直推迟的程度更高，但对最终肉品质的影响报道不一致（Gregory and Wotton，1989；Papinaho and Fletcher，1995，1996；Craig and Fletcher，1997；Poole and Fletcher，1998）。

4. 频率

使用高频率致晕可能给放血效率、胴体品质以及肉品质带来有利影响，但具体参数的报道结果不一致。Turcsan 等（2003）通过对不同频率和电压组合致晕方式的研究发现，高频电致晕（350Hz）降低了肝血管和毛细管残留血液造成的肝重损失，对肥肝鹅具有相当大的优势。更高的频率（500Hz、1400Hz、1500Hz）特别显著地减少了肉仔鸡和火鸡胴体外部缺陷尤其是胸肌中的出血点，而且提高了放血速率（Wilkins et al.，1998；Wilkins and Wotton，2002），降低了肉仔鸡胸肌的剪切力以及腿肌的烹煮损失（Xu et al.，2011）；而其他报道认为，50～350Hz 或 50～600Hz 的频率没有对胴体和肉品质造成影响（Gregory et al.，1991；Sante et al.，2000）。Xu 等（2018a）的研究表明，屠宰前电击晕使得整体肉色随着电击晕电压增加而变差。然而，随着贮藏时间延长，65V（1000Hz）、86mA 的电击晕的肉色比 150V（60Hz）、130mA 的肉色要红。160Hz 电击可以使肌肉的剪切力值升高，低电击频率和高电流可以使屠宰后早期剔骨时肌肉收缩更强，肉更坚韧（Xu et al.，2021b）。但是当电流不低于 67mA 时，高频（1000Hz）击晕肉鸡有利于改善烹煮后的肉产量和肉品质（Xu et al.，2018a）。

5. 气体组分和比例

大多数气体致晕参数的研究是有关动物福利的，而与肉品质相关的研究比较少。CO_2 浓度在 30%以上时，高 CO_2 浓度导致肌肉亮度值（Kang and Sams，1999）和剪切力更高（Fleming et al.，1991）。在 5 种商业化应用的家禽气体致晕/气体窒息方法中，氩气加缺氧的方法由于造成严重的胴体抽搐，以及氩气昂贵而逐步不被看好（Gregory，2005）。而氩气和 CO_2 诱导的高碳酸血症缺氧致晕导致肉仔鸡翅膀骨折的概率高于 CAS（McKeegan et al.，2007a，2007b）。为了达到良好的加工品质，猪肉 pH 值应该在 5.6～5.8，采用高浓度 CO_2 致晕导致猪肉的 pH 值更接近这一范围（Nowak et al.，2007）。在气体致晕方面，40% CO_2 和 79% CO_2 致晕同样可使胸肌的 L^* 值增加，b^* 值降低。但是 40% CO_2 致晕加剧了贮藏期间的氧化应激和肉脂质过氧化，从而使得肉质变差（Xu et al.，2018b）。

屠宰应激造成了肌肉糖原的过度消耗，可能会因此无法产生大量的乳酸以及达到理想的 pH 值而导致肉品腐败，缩短货架期，与较高浓度的 CO_2（90%）致晕相比，电致晕或者降低 CO_2 浓度（80%）并缩短致晕时间导致曼彻加（Manchega）乳山羊肉中微生物含量升高（Bórnez et al.，2009）。

6. 时间

家禽的控制气体致晕法、家畜的高浓度 CO_2 气体致晕或高电流强度的电致晕，或延长致晕时间都会导致动物在放血之前死亡，故而可能影响肉品质。

7. 沥血

沥血的位置常见的有心脏、喉部和口腔。有效的放血方法需要保证动物在放血导致的死亡之前不能恢复知觉以减少动物应激和维护动物福利。放血的位置影响血液的流速和放血效率，进而影响血液在肌肉中的残留。此外，切断家禽食管、气管和血管（三管）的沥血方法，可能增加食管和气管中微生物等对胴体的污染。要改善这一影响，需要加强后续胴体的清洗消毒。沥血的时间也影响胴体和肌肉中的血液残留量。残留的血液会对肌肉腥味和储存期间的颜色变化产生影响。其中，血液中血红蛋白中的铁元素在储存期间的氧化对蛋白质氧化和脂质氧化起到重要作用。一般来说要保证足够的沥血时间和高效的放血速度，以减少血液残留和腥味以及色变。但国外的部分研究认为，提高血液残留量有助于增加肉的风味。不同地区观点的差异可能取决于不同地区消费者对风味的评价标准差异。

三、屠宰应激影响肉品质的机制

（一）生理反应

胸部和腿部是由多块肌肉构成的，动物受到刺激时，不同的肌肉之间（如胸大肌与胸小肌、外展肌与内收肌）可能同时产生收缩和舒张，即离心收缩，这种相拮抗的力量会导致肌纤维过度收缩和细胞膜损伤，最终造成肌肉出血、骨骼脱臼或骨折，如家禽可能发生胸肌出血、胸骨脱臼或骨折、叉骨和乌喙骨破碎。

在水浴电致晕中以下原因可以导致肌肉的收缩：①对中枢神经系统的刺激，或高级中枢对脑干和脊髓的抑制被解除；②对脊髓运动神经元的刺激；③直接对肌肉的刺激。在气体致晕的情况下，高级中枢对脑干和脊髓的抑制将被解除。收缩反应的程度受到致晕参数（电流强度、波形、频率、气体组分等）的影响。例如，通过高浓度的CO_2（＞60%）或氩气（90%）诱导的急性致晕会导致严重的痉挛而造成胴体和肉品质的损伤。

电致晕减弱了大脑对脊髓的抑制，使阵挛阶段出现踢腿反射（Channon et al.，2002），导致猪肉中的瘀斑多于气体致晕（Channon et al.，2000）。高电压头-背部电致晕能够诱导猪的脊椎压缩性骨折、血污并降低肉品质。尽管随着电极位置往前安放发生脊椎压缩性骨折的概率有降低的趋势，但是没有哪个位置能达到100%诱导心脏停搏并完全消除骨折；相反，发生踢腿反射的概率和严重性随着电极靠近尾部而降低；电极放置在尾部的致晕不仅能导致猪的死亡，而且能产生良好的胴体和肉品质（Wotton et al.，1992）。

虽然在很多应激情况下，儿茶酚胺类激素可以很好地反映动物应激程度，但是在致晕条件下反映应激大小却存在不一致的报道。有研究发现气体致晕导致两种儿茶酚胺的含量都要比电致晕更低（约1/10）（Hambrecht et al.，2004）。在家禽中，据报道儿茶酚胺类激素与屠宰前的致晕应激有一致的变化。而对于猪的研究发现肾上腺素和去甲肾上腺素不能反映在气体致晕情况下猪受到屠宰应激的大小（Nowak et al.，2007），血中高浓度的儿茶酚胺主要是由致晕技术本身造成的，而在应激方面的指示作用较小（Nowak et al.，2007）。相反，血液乳酸含量在致晕期间或致晕前很短的时间内可以评估屠宰应激的大小（Nowak et al.，2007）。

电阻值是对完整的肌肉细胞内在联系的估计，该值可以指示PSE肉的产生。强烈的肌肉收缩（喘气反应）会导致肌肉超微结构的损伤、肌肉电阻值及系水能力的降低。CO_2致晕猪的时间为70s时，由于没有及时诱导心脏停搏，后腿反应较为强烈，电阻值低于30，可能会产生PSE肉（Nowak et al.，2007）；致晕还会造成血压急速上升，在肌肉强烈收缩的带动下造成毛细血管破裂，导致肌内出血。

（二）糖代谢

1. 屠宰应激通过糖代谢对畜禽肉品质造成的影响

缺氧诱发的致晕或控制气体致晕会导致鸡只出现翅膀拍打活动，加速了屠宰后早期肌肉 pH 值下降速度。其原因可能是缺氧在细胞水平上刺激了 ATP 的降解，加速了无氧酵解。另外在缺氧致晕的环境下，翅膀拍打加速了糖酵解。与纯粹的氩气诱导的缺氧相比，CO_2 阻止了僵直的发展。CO_2 导致僵直受阻的具体原因还不清楚，可能是 CO_2 引起的酸中毒降低了骨骼肌纤维收缩力，以及减少了 ATP 消耗（Harkema and Meyer，1997）。CO_2 酸中毒能够激活钾离子通道、阻止钙离子通道、增加线粒体内膜上 ATP 合成所需的膜电位，并直接或通过使肌浆网失活而阻止糖酵解酶类的释放。从理论上讲，激活钾离子、阻止钙离子将诱导肌肉产生松弛，而增加 ATP 膜电位、阻止糖酵解将使 ATP 和糖原保留在肌肉中。宰前致晕可以通过影响肌肉活性而改变临死前肌肉中的能量含量以及屠宰后能量消耗的速度，从而影响肉品质。

尽管过去的几个世纪人们从基因、管理和品质指标等方面进行了大量工作，但 PSE 猪肉的概率还是很高，这对肉品产业造成了重大的损失（Scheffler and Gerrard，2007）。在致晕的初始阶段，动物在 CO_2 的作用之下发生伸颈、喘气、跳跃以及吼叫等反应，这些应激同样会对肉品质造成影响。Velarde 等（2000）对采用不同致晕方法的屠宰场进行了对比，发现电致晕屠宰场 PSE 肉的概率、腰部肌肉苍白度、腰部和腿部的淤血点概率都显著高于气体致晕的屠宰场。CO_2 并不能降低 PSE 猪肉的比例，但是有的观点认为 CO_2 致晕系统的宰前处理方式降低了应激，可能导致肉品质更高。电致晕导致屠宰后羔羊肉 45min 时的 pH 值高于气体致晕组，但是随后其下降速度可能更快，导致屠宰后 1 天差异不显著，而屠宰后 7 天 pH 值更高（Linares et al.，2007）。为了达到良好的加工品质，猪大腿肌肉的 pH 值应该在 5.6～5.8，采用 80% CO_2 致晕 70s 的猪，屠宰后其肌肉的 pH 低于该范围，而 90% CO_2 的猪接近这一范围（Nowak et al.，2007）。

Scheffler 和 Gerrard（2007）总结了 PSE 肉产生的机制。动物屠宰后，pH 值下降的速度太快和程度过高均显著损害了新鲜肉的品质。在 pH 值快速下降的猪肉中，糖酵解产生大量的热量，导致胴体冷却延迟，以致在屠宰后 1h 之内 pH 值快速下降到 6.0 以下并达到终点 pH 值（5.3～5.7）。低 pH 值导致在较高的温度下发生僵直，大约 20%的肌浆蛋白和肌纤维蛋白发生降解（Honikel and Kim，1986），肌球蛋白头部的长度降低，导致不同厚度的肌丝交联在一起，更多的水被挤出肌肉（Offer et al.，1989）。肌浆蛋白的沉淀增加促使猪肉颜色苍白，而肌纤维蛋白的降解造成系水能力的降低，从而造成 PSE 肉（Joo et al.，1999）。相反，若 pH 值异常下降到 5.3～5.5，则出现“酸肉”。异常低的 pH 值导致肌纤维蛋白的净电荷降低，肌丝相互吸引靠近，将肌丝网中的水分挤出（Irving and Millman，1989）。另外，肌浆蛋白的可溶性随着极限 pH 值的下降而降低，导致猪肉苍白（Joo et al.，1999）。电致晕和气体致晕导致不同纤维类型肌纤维中的糖原代谢速度不同。电致晕优先消耗ⅡB 型纤维中的糖原，而气体致晕则优先消耗ⅡA 型纤维中的糖原，导致电致晕对ⅡB 型纤维内糖原耗竭速度快于气体致晕；在Ⅰ型纤维中，屠宰后 4h 的肌纤维结构显示气体致晕的鸡比电致晕的更完整（Iwamoto et al.，2002）。

调节糖酵解酶的相对浓度对屠宰后肌肉糖酵解起着重要作用。限速酶根据细胞能量的状态发生活性的改变，从而影响糖酵解通路的流动。葡萄糖-6-磷酸酶的活性在屠宰后60min发生下降，随后又发生增加，可见糖原分解和糖酵解的不平衡，在屠宰后不同的阶段可能存在不同的限速酶（Scheffler and Gerrard，2007）。糖酵解代谢物质的量、调控糖酵解活性的酶、调节酶的基因信号通路以及不同纤维类型都是影响pH值和肉品质的重要因素。

2. 屠宰应激中的糖代谢调控基因和通路

（1）氟烷基因和*RN*基因

带有氟烷（halothane，*HAL*）基因的猪对应激的敏感性高、瘦肉率高和应激死亡率高。氟烷基因有两个位点：正常的显性基因*N*和突变的隐性基因*n*。含氟烷基因的猪品种在致晕屠宰后内在和感官上的肉品质降低（Casteels et al.，1995；Channon et al.，2000）。该畜种的应激症状和人类恶性高热症（MH）相似，在接触到麻醉剂氟烷时表现为代谢高、体温高以及肌肉僵直的症状。*HAL*基因导致肌肉不能够正常地调控细胞质的钙离子浓度。在MH敏感猪中，钙离子的释放通道对刺激其开放的因素高度敏感，造成钙离子通道开放时间延长，钙离子释放增加，而肌肉收缩张力增加。应激和兴奋会刺激猪产生恶性高热症状，导致有氧代谢和无氧代谢加强，能量耗竭，肌肉pH值下降太快并导致PSE肉的形成。含有氟烷基因的杂合子（Nn）的猪比含显性纯合子（NN）的猪致晕屠宰后肌浆蛋白和肌纤维蛋白的可溶性更低、pH值下降更快、猪肉苍白和滴水损失率更大，成熟后嫩度更低。另外，在减小对Nn猪的应激处理并结合CO_2致晕的情况下或加大致晕前应激可能导致ATP的大量消耗，造成黑干肉的产生（Channon et al.，2000）。

汉普夏猪的一个点突变造成*RN*基因的产生，该基因具有两个等位基因：野生型的隐性等位基因（rn^+）和显性等位基因（RN^-）。RN^-基因型猪的肌糖原水平几乎是其他畜种的2倍多（Sayre et al.，1963），糖酵解潜力高达180μmol/g肌肉以上（Le Roy et al.，2000）。由于较高的糖原储存和糖酵解潜力，屠宰后肌肉pH值下降的程度加大，极限pH值较低、肉色苍白、系水力降低、加工产量降低。虽然对这种基因型和致晕过程的关系研究很少，但是致晕和屠宰应激对糖代谢的影响势必影响屠宰后的肉品质。

为了与高温度条件下pH值下降的速度加快造成的PSE肉区分，生产中把这种情况称为汉普夏效应（Hampshire effect）。对*HAL*和*RN*突变体，以及二者组合（*HAL*/*RN*突变）的研究发现，*HAL*突变体代谢加快，表现为屠宰后0min和30min时ATP降低，屠宰后早期糖原快速降解，乳酸快速堆积，而*RN*突变型由于糖原水平高，糖酵解潜力大大升高（Copenhafer et al.，2006）。

（2）AMPK信号通路

从20世纪到现在，科学家对致晕和糖代谢关系的研究几乎只深入到生理生化代谢的层面。近年来，部分屠宰前应激的研究（如运输应激）将注意力放在了调节屠宰后肌肉糖酵解的分子机制上。研究显示AMPK能在心肌失血和缺氧的老鼠骨骼肌中被激活。在低氧环境下AMP∶ATP快速增加，导致AMP与AMPK结合，更利于受到上游激酶

AMPK 磷酸化的作用（Kim et al.，2001）。AMPK 可监控肌纤维的能量水平，并防止高能磷酸的耗竭。AMPK 受到磷酸肌酸和 ATP 的变构阻抑，而被 5′-AMP 激活。因此随着肌肉收缩对 ATP 的消耗，AMPK 被激活，激发脂肪酸氧化以及葡萄糖摄入的相关蛋白进行磷酸化（Winder，2001）。激活的 AMPK 可以通过两个途径影响糖酵解。一方面，AMPK 激活磷酸化酶激酶，后者激活糖原磷酸化酶，促进糖原分解。另一方面，AMPK 能够将磷酸果糖激酶 2 磷酸化，后者则催化 2,6-二磷酸果糖的形成，间接地增加糖酵解通路的流量，调节肉品质（Kim et al.，2004）。

Shen 等（2006）发现与非运输的猪和运输后休息的猪相比，运输应激以最快的速度导致 AMPK 的活性达到最高点，是因为细胞质内 AMP 浓度的升高可能激活了 AMPK，因为运输应激，（AMP+IMP）：ATP 升高。研究发现，屠宰后早期 AMPK 的活性与商业条件下 PSE 肉的产生具有联系，认为 *HAL* 猪的肌肉中快速的糖酵解与屠宰后早期 AMPK 活性增加有关（Shen et al.，2006）。Shen 和 Du（2005）通过研究野生型和 *AMPK* 基因敲除型老鼠，发现屠宰后肌肉糖酵解部分受到死前活肌肉中 AMPK 磷酸化状态的影响。不过 AMPK 的磷酸化可能不是 AMPK 调节肌肉能量平衡的唯一途径（Scheffler and Gerrard，2007）。

（三）能量代谢

动物屠宰后血液循环停止，导致脂肪酸和氧气供应停止。在磷酸肌酸被耗尽后，肌肉只能靠无氧酵解分解自身的糖原和葡萄糖提供 ATP。所以动物临死前肌肉的能量含量以及屠宰后能量消耗的速度和程度极大地决定了肌肉中乳酸含量、pH 值、蛋白酶的活性以及僵直的发展，最终对肉品质造成影响（Lawrie，1998）。

屠宰后的肌肉仍然需要 ATP 维持肌肉的收缩和舒展、钙离子的释放和螯合以及正常离子梯度。但是肌肉中的 ATP 含量只够维持几次收缩，产生 ATP 最有效的方式是线粒体的氧化代谢。在活肌肉中磷酸肌酸是维持 ATP 稳定最快的方式，在肌酸激酶的作用下能很快地通过 ADP 磷酸化产生 ATP。另外，肌酸激酶可以催化 2 个 ADP 生成一分子的 ADP 和 ATP。当氧气足够的时候磷酸肌酸能够满足能量供应的需求，肌肉中的氧气浓度受到限制时（如肌肉收缩速度加快、失血、屠宰放血及动物死亡），肌肉则只能通过无氧酵解的方式补充或提供所需的能量。由于屠宰后肌肉的 ATP 周转速度很高，当 70% 的磷酸肌酸被消耗时，ATP 的浓度快速降低（Bendall，1951）。肌肉松弛状态的维持也需要一定浓度的 ATP。随着磷酸肌酸和氧气的消耗，肌糖原需要通过无氧酵解的途径将 ADP 转化为 ATP，以阻止肌动球蛋白形成不可逆的交联。当 ATP 分解的速度超过了糖酵解的合成速度，ATP 含量降低，肌动球蛋白交联，导致肌小节缩短、肌肉张力增加，表明僵直的到来。当 ATP 被消耗掉后，僵直完成，于是肌动球蛋白的交联无法断裂，肌肉相对地失去了延展性。肉在储存过程中通过成熟过程，肌纤维蛋白降解、结构完整性被打破，肌肉张力逐渐降低，延展性得到部分恢复。

Bertram 等（2002）通过 ^{31}P-核磁共振光谱学的方法研究了 CO_2 气体致晕、电致晕、束缚式插销枪致晕或氯胺酮麻醉致晕方法对猪屠宰后肌肉能量代谢和系水力以及 pH 值的影响。其中束缚式插销枪致晕导致屠宰后磷的代谢物（如磷酸肌酸、无机磷酸盐和

ATP）的降解速度最快，电致晕居中，CO_2气体致晕最低。屠宰后很短一段时间内，pH值下降的速度取决于肌肉磷酸肌酸的水平；不同致晕方法导致屠宰后初始阶段的磷酸肌酸含量不同，而对磷酸肌酸降解速度的影响非常相似，使得磷酸肌酸含量的显著差异一直维持到降解作用结束。

（四）脂质代谢

1. 屠宰应激通过脂质代谢对畜禽肉品质造成的影响

动物屠宰后血液循环停止还引发了另一个问题，即肌肉组织缺少肝中的抗氧化酶的补充，最后将难以抵挡不断增加的氧自由基的攻击，造成脂质过氧化。宰前运输和电致晕应激导致肉仔鸡胸肌和腿肌脂质过氧化程度增高（Young et al.，2003），其原因之一可能是不同致晕方式和放血方式影响血红蛋白含量（Alvarado et al.，2007）。与电致晕相比，高浓度的CO_2可能推迟脂质过氧化的过程，降低脂质过氧化程度（Linares et al.，2007；Bórnez et al.，2009）。致晕时间足够长的时候，CO_2浓度造成的差异会减小，但是当CO_2浓度较低的时候，降低致晕时间则不足以克服脂质过氧化（Bórnez et al.，2009）。

2. 屠宰应激中的脂质过氧化调节机制

（1）解偶联蛋白调控活性氧的产生

ROS主要通过线粒体中电子传递链的复合物Ⅰ和复合物Ⅱ产生，另外ROS还可以通过过氧化物酶体过氧化氢酶、细胞质黄嘌呤氧化酶和生物膜NADPH氧化酶产生（Kramer and Goodyear，2007）。控制线粒体ROS产生的主要原因是呼吸链的氧化还原状态，而呼吸链受到线粒体内膜跨膜质子梯度（ΔpH）和膜电位（Δψm）的控制（Brookes，2005）。于是，减少ROS形成的一个潜在的方式即通过质子漏降低膜电位（Brookes，2005），而质子漏可以由解偶联蛋白（Skulachev，1996）和AMP/ANT通路调节。另一个调节ROS产生的机制是通过PGC-1α（过氧化物酶体增殖物激活受体γ共激活因子-1α），该蛋白可以保护细胞免于受到严重的氧化应激的损害（St-Pierre et al.，2006）。生物膜的磷脂片段受到活性氧的袭击后引发脂质过氧化的连锁反应。在运动、电刺激、热应激（McArdle et al.，2001；Patwell et al.，2004；Mujahid et al.，2007；Lin et al.，2006）或其他代谢率升高（Brookes et al.，1998）的情况下，骨骼肌中活性氧的产量会增加。其中，屠宰致晕过程能导致肉品中脂质过氧化的程度发生改变（Linares et al.，2007；Bórnez et al.，2009），从而影响肉品质。

（2）MAPK通路

肌肉收缩可以诱发ROS的产生而引起氧化应激。运动能够激活骨骼肌中的MAPK和NF-κB信号通路分别参与肌肉中的氧化应激反应，另外体外研究表明，肌肉的收缩还可以通过刺激MAPK从上游调控NF-κB的活性来间接调节氧化应激（Kramer and Goodyear，2007）。在骨骼肌中MAPK家族蛋白包含ERK1和ERK2（ERK1/2）、p38 MAPK、c-Jun氨基末端蛋白激酶（JNK）、ERK5四种不同的信号分子。在成肌细胞中，H_2O_2能以一种剂量依赖型方式强烈地激活ERK、JNK和p38 MAPK（Kefaloyianni et al.，

2006）。其中 p38 MAPK 包含的 p38α、p38β、p38γ 以及 p38δ 四种亚型能够在高强度收缩的肌肉中被激活，如未适应的抵抗性运动诱发的收缩（Kramer and Goodyear，2007）。MAPK 被激活后能够参与骨骼肌氧化还原状态的转录调节。MAPK 各条通路的激活程度受到细胞因子、生长因子、细胞氧化应激，以及肌肉收缩刺激的类型、持续时间和强度的影响（Kramer and Goodyear，2007）。但是也有研究表明高强度反复地运动会提高骨骼肌的适应性，增强抵抗氧化应激的能力，导致运动诱导的 MAPK 活性降低（Wretman et al.，2001）。研究表明，电致晕和气体致晕分别能够诱导家禽骨骼肌的阵挛性收缩和强直性收缩运动，电致晕和气体致晕也可以不同程度地改变肉仔鸡骨骼肌中 ROS 的相对浓度。但是电致晕和气体致晕过程是否通过影响 MAPK 信号通路调节了骨骼肌的氧化应激和脂质过氧化进而影响肉品质未见报道。

（3）Nrf2/ECH-ARE 信号通路

动物体通过一相反应清除异源物质，该反应受到细胞色素 p450 单加氧酶系统的调节，可以通过氧化和还原反应进行异源物质的修饰。一相反应往往产生亲电子物质，而且亲电子活性很高，从而对 DNA 和蛋白质造成有害的修饰。一相代谢产物（亲电子物质）可以通过抗氧化反应元件（ARE）或亲电子反应元件（EpRE）(Friling et al.，1990；Rushmore and Pickett，1990）在转录水平上激活二相酶（二相解毒酶），如亚铁血红素加氧酶-1、γ-谷氨酰半胱氨酸合成酶、硫氧还蛋白还原酶、谷胱甘肽-*S*-转移酶（GST）和 NADH、苯醌氧化还原酶（NQO-1）以及神经因子诱导蛋白（VGF）等的基因表达。二相促使亲电子物质和许多亲水基团（如谷胱甘肽和葡萄糖醛酸）结合，被代谢为有害程度更低的或无害的物质。

NF-E2 相关因子 2（核因子相关因子 2，nuclear factor-erythroid 2-related factor 2，Nrf2）属于 Cap ‘n’ Collar 家族的转录因子，具有碱性亮氨酸拉链，是 ARE 调节基因转录依赖的主要反式激活因子，在调控细胞对抗氧化应激中发挥着关键作用（Mann et al.，2007）。该基因在家禽上又被称为 *ECH*（chicken erythroid-derived CNC-homology factor）。研究发现 Nrf2 不仅调控亲电子诱导的二相酶的基因表达，而且在氧化应激情况下还调节许多抗氧化酶基因的表达（Kobayashi and Yamamoto，2006）。在静息状态下，Nrf2 的 N 端 Neh2 结构域和 Kelch 样环氧氯丙烷相关蛋白-1（kelch-like ECH-associated protein-1，Keap1，或 INrf2）偶联，与胞浆肌动蛋白结合被锚定于胞浆中蛋白体的附近，因为容易被降解，使 Nrf2 活性受到抑制。在氧化应激或异源物质应激增加的情况下，胞浆 GSH 含量降低，氧自由基增多，一方面 Nrf2 第 40 位 Ser 可以被 PKC、AKt、PI3K 和 MAPK 磷酸化，另一方面 Keap1 蛋白半胱氨酸残基被氧化，导致 Nrf2 和 Keap1 解偶联，促使 Nrf2 能稳定地存在，磷酸化的 Nrf2 转入细胞核与其他含有亮氨酸拉链结构的转录因子家族蛋白结合，形成的复合物与抗氧化元件 ARE 结合，促进二相酶和抗氧化基因（如 *HO-1*、*Prx-1*、*Trx*、*xCT*）的表达（Mann et al.，2007），并刺激其他抗氧化防御系统抗氧化能力的提高（Zhu et al.，2007）。

电击晕的一般作用机理是通过大量脑部神经元去极化、超极化干扰大脑的电活性，使动物陷入长时间的深度昏迷或短暂的浅度昏迷（胥蕾等，2017）。此外，电致晕也可能通过抑制性氨基酸的释放或单胺类神经递质诱导维持昏迷（Xu et al.，2021b）。动物死后不久，向肌肉供应 ATP 的唯一途径是无氧糖酵解。糖酵解的程度和速度会影响酸碱度下降的程度和速度，从而决定肉质性状（Beeet al.，2006）。Xu 等（2011）的研究表明，160Hz 电击下的肉仔鸡肌肉中的糖原和乳酸含量较高而导致肉的剪切力值升高，且糖原和乳酸含量与糖酵解速率、肉苍白度和系水力有关。低电频率和高电流导致屠宰后早期肌肉中 ATP 残留较高，导致剔骨时肌肉收缩更强（Xu et al.，2020）。Huang 等（2014）的研究显示不致晕和中等强度的致晕显著降低了低场核磁共振（NMR）横向弛豫时间 1（T21，结合水），增加了弛豫时间 2（T22，不易流动水）。无电晕和中强度电压致晕的肌肉的肌节长度与低强度电压致晕和高强度电压致晕相比更长（Huang et al.，2014）。而不同的电击晕参数还会影响活性氧（ROS）的产量、肌肉中有丝分裂原激活蛋白激酶-核因子 E2 相关因子 2-抗氧化反应元件（MAPK-Nrf2-ARE）抗氧化信号通路、抗氧化酶的活性，共同影响脂质氧化程度（Xu et al.，2011，2018a，2020）。不同浓度的 CO_2 击晕也可通过影响肌肉抗氧化酶活性而影响肉鸡的肌肉脂质氧化水平（Xu et al.，2018b）。

四、调控屠宰应激对肉品质影响的营养措施

在生产过程中，选择结合交流电或直流电的 650Hz 电击晕或者当电流不太低（>50V，67mA）时，高电击晕频率（400Hz 和 1000Hz）可以改善肉质（Siqueira et al.，2017；Xu et al.，2011）。此外，79% CO_2 击晕也可以改善肉鸡的肌肉品质（Xu et al.，2018b）。屠宰前 3 周在饲料中添加 200IU/kg 维生素 E 可以改善电击晕后的肉鸡肌肉在 0～6 日储存期的脂质氧化稳定性（Xu et al.，2021a），并且屠宰前连续 3 周在饲粮中添加 200IU/kg 维生素 E 可以通过增加肌肉中的维生素 E 沉积，改善屠宰后肌肉脂质氧化，延长货架期（胥蕾，2011）。日粮中添加抗坏血酸、α-生育酚和牛至油可以减少运输和电致晕应激诱导的胸肌和腿肌中的过氧化物含量（Young et al.，2003）。很多研究表明，α-生育酚是很好的抗应激抗氧化维生素，但为了改善屠宰应激造成的肌肉脂质过氧化，在屠宰前什么阶段添加 α-生育酚能起到很好的抗氧化效果却不清楚。另外，在屠宰应激条件下 α-生育酚的作用机制也有待研究。

宰前应激导致细胞完整性受到破坏（Young et al.，2003，2005），变得易于受到活性氧的攻击，导致肌肉脂质过氧化程度增加。饲料中添加多不饱和脂肪酸使血浆中乳酸脱氢酶活性降低，表明多不饱和脂肪酸有保护细胞膜完整性的作用；但是可能受到多不饱和脂肪酸氧化不稳定性的影响，高多不饱和脂肪酸日粮导致肌肉过氧化氢酶的活性提高，增强了对过氧化氢酶抗氧化的需求（Young et al.，2003，2005）。不饱和脂肪酸在组织中的量增加导致血清乳酸脱氢酶活性降低，表明细胞完整性增加。屠宰后过氧化氢酶的活性随着多不饱和脂肪酸水平的增加而升高。但是，抗氧化状态的提高不能消除烹煮后的肉中被加速的脂质过氧化，另外伴随肌肉组织中多不饱和脂肪酸含量的增高，宰前应激诱导的氧化程度增加。

五、调控屠宰应激对肉品质影响的管理措施

屠宰工艺过程是获得畜禽原料肉的一种加工和处理方法，屠宰环节中提高肉类质量

的重要方法不仅涉及对动物的屠宰处理方法，而且包括屠宰中降低胴体微生物污染的措施（杨勇和马长伟，2006）。

（一）宰杀前镇静处理

动物在应激和骚动的情况下屠宰会导致碱性僵直，表现为肉质粗糙、干燥而且颜色深暗。故而在屠宰前实施镇静对应激和肉品质具有改善作用。在击昏家禽之前用由聚氯乙烯或帆布制成的摩擦杆对家禽胸部进行摩擦能起到最有效的镇静作用（方荟君，1989）。

（二）适宜的屠宰致晕方法

当电压（电流）太高时会导致致晕应激大、肉品质下降问题，为了保证足够的致晕效率，可以通过增加接触槽的长度来增加致晕时间长度，此外还可检查和补给水槽中的食盐浓度，通常维持 0.1%的食盐浓度有利于提高致晕效率（方荟君，1989）。过度致晕会使心脏停搏而导致放血不充分形成胴体、肝和肌肉的淤血，因此，保证刀子锋利只割断动静脉而不割伤气管、食管和脊髓（方荟君，1989）对提高肉品质降低微生物污染具有重要作用。

（三）适宜的屠宰致晕参数

减弱致晕前动物捕捉、运输、撵等应激，可以降低猪产生 PSE 肉的概率（Channon et al.，2000）。如果适当调低致晕的电压/电流，并升高频率可能对优化家禽致晕参数有利。例如，低电流强度和高频率的组合导致骨折概率、胸肌出血和屠宰后肌肉褪色情况更少（Raj et al.，2001）。此外，Contreras 和 Beraquet（2001）发现低电流强度与高频率组合导致放血量最高（73.1%）并且胴体的损伤最小。电流强度和频率的互作影响屠宰后肉仔鸡肉色、嫩度和极限 pH 值。研究表明，在电流强度不太低（50V，67mA 以上）的情况下采用高频率（400Hz 和 1000Hz）致晕具有降低胸肌剪切力的效果；但当电流强度较低时，高频率导致肌肉剪切力增加（Xu et al.，2011）。除了电致晕参数，在致晕有效的前提下降低致晕时间可能对提高肉的嫩度更有利（Young et al.，1996；Young and Buhr，1997）。

将鸡束缚致晕时减少了腿部肌肉的出血点，但同时减少了放血量，并增加了肉的硬度（Lambooij et al.，1999b）。割断颈部两侧的动脉和静脉可以防止鸡只死前恢复知觉，减轻屠宰后 1～3 天的肌肉氧化程度（McNeal and Fletcher，2003；McNeal et al.，2003；Alvarado et al.，2007）。冷却时间过短将导致胸肉硬度升高（Craig et al.，1999）。电致晕后热剔骨导致肉的硬度更高（Contreras and Beraquet，2001），剔骨时间的延迟可以显著降低剪切力，尤其是高电流致晕后，若将剔骨时间延迟到屠宰后 2h 和 4～6h 以后可以改善硬度（Papinaho and Fletcher，1996；Kim et al.，1988；Alvarado and Sams，2000；McNeal and Fletcher，2003；McNeal et al.，2003）。电刺激加速了屠宰后能量耗竭和僵直的发展，缓解了早期剔骨造成的肌肉变硬问题，尤其是在高电流强度致晕的情况下更有效（Craig et al.，1999；Sams，1999）。

（四）宰杀后处理

热水清洗胴体法（Bosilevac et al.，2006；Castillo et al.，1998）、蒸汽抽吸灭菌法可以有效抑制微生物的生长，且后者还可以使畜禽的胴体表面迅速降温，避免了胴体表面温度升高（Dorsa et al.，1996；杨勇和马长伟，2006）。利用乳酸、乙酸、柠檬酸、琥珀酸等有机酸及磷酸三钠、酸化次氯酸钠、氧化电位水、Nisin 溶液以及电子束（electron beam）照射进行胴体处理也获得了控制微生物生长较好的效果。此外，多种方法联用可以使降低微生物污染的效果进一步提高（杨勇和马长伟，2006）。例如，重复高温快速干燥+水洗、蒸汽喷射+乳酸喷雾清洗、蒸汽喷射抽吸+取内脏前水冲洗+有机酸溶液冲洗+热水冲洗+取内脏后水冲洗+有机酸溶液冲洗多种方法结合、1.5% 乳酸和 Nisin（500IU/mL）混合溶液对胴体喷雾清洗、Nisin 溶液浸泡胴体（抑制 G^+菌）+细菌素混合物 Microgard 处理（抑制 G^-菌）+混合有机酸溶液浸渍、碱性氧化电位水+酸性氧化电位水+有机酸溶液（或 TSP 溶液）+次氯酸浸泡等多重抗菌措施处理等联合过程处理方案，可显著降低微生物污染，延长肉品的货架期（杨勇和马长伟，2006）。

参 考 文 献

柴晓峰, 郑世学, 谢鹏, 等. 2015. 击晕屠宰对肉牛血液理化指标和肉品质的影响. 黑龙江畜牧兽医, 476(8): 46-49, 169.

陈浩, 敖日格乐, 王纯洁, 等. 2021. 慢性冷热应激对放牧西门塔尔牛抗氧化功能及 HPA 轴、SAM 轴激素分泌的影响. 中国兽医学报, 41(1): 117-123.

方荟君. 1989. 屠宰参数对禽肉品质的影响. 粮油加工与食品机械, (2): 25-26.

付晓燕, 熊光权, 吴文锦, 等. 2015. 电击晕对肉鸭屠宰品质的影响. 食品科技, (7): 142-145.

宫桂芬. 2016. 中国家禽生产现状及发展趋势. 兽医导刊, (1): 5-7.

顾宪红. 2011. 动物福利和畜禽健康养殖概述. 家畜生态学报, 32(6): 1-5.

韩爱云. 2010. 热应激对肉鸡淋巴细胞钙信号转导的影响及铬的调控作用. 中国农业科学院博士学位论文.

黄继超. 2015. 电击晕对宰后鸡肉品质的影响及相关机理研究. 南京农业大学博士学位论文.

李军乔, 王振旗, 张敏红, 等. 2009. 热应激对肉仔鸡热应激蛋白转录的影响. 饲料研究, (12): 32-34.

李绍钰, 张敏红, 张子仪, 等. 2000. 热应激对肉用仔鸡生产性能及生理生化指标的影响. 华北农学报, 15(3): 140-144.

刘萍, 诸毅晖, 张元庆, 等. 2013. 针刺对交感-肾上腺髓质系统的调节作用//中国针灸学会学术年会. 第四届中医药现代化国际科技大会针灸研究与国际化分会论文集. 成都: 成都中医药大学针灸推拿学院: 132-133.

龙定彪, 杨飞云, 肖融, 等. 2014. 屠宰方式对育肥猪血液生化指标及肉品质的影响研究. 中国畜牧杂志, 50(11): 69-72.

卢升高, 吕军. 2004. 环境生态学. 杭州: 浙江大学出版社.

马京海, 张敏红, 郑姗姗, 等. 2006. 日循环高温对肉鸡线粒体活性氧产生量、钙泵活性及胸肌品质的影响. 畜牧兽医学报, 37(12): 1304-1311.

闵辉辉. 2011. 不同电压击昏对宰后鸡肉品质的影响. 南京农业大学硕士学位论文.

潘晓建, 彭增起, 周光宏, 等. 2008. 宰前热应激对肉鸡胸肉氧化损伤和蛋白质功能特性的影响. 中国农业科学, 41(6): 1778-1785.

潘晓建, 文利, 彭增起, 等. 2007. 宰前热应激对肉鸡胸肉 pH、氧化和嫩度、肉色及其关系的影响. 江西农业学报, 19(5): 91-95.
蒲红州, 陈磊, 张利娟, 等. 2015. 湿热环境对自由采食生长育肥猪采食行为的影响. 动物营养学报, 27(5): 1370-1376.
孙玉景, 吴建华, 任建国, 等. 2022. 糖皮质激素在脓毒症治疗中研究进展. 中国老年学杂志, 42(17): 4365-4369.
魏凤仙. 2012. 湿度和氨暴露诱导的慢性应激对肉仔鸡生长性能、肉品质、生理机能的影响及其调控机制. 西北农林科技大学博士学位论文.
吴学壮, 宋盛亮, 凌敏, 等. 2021. 屠宰方法对肉鸡肉品质、肌肉化学组成和货架期的影响. 中国畜牧杂志, 57(5): 242-245.
武书庚, 齐广海, 苗燕, 等. 2006. 屠宰致晕法对肉仔鸡肌肉品质的影响. 当代畜禽养殖业, (11): 37-41.
夏天一, 江建, 陈宏翔, 等. 2021.下丘脑-垂体-肾上腺皮质轴与银屑病的发病机制. 皮肤科学通报, 38(2): 181-185, 9.
胥蕾. 2011. 致晕方法影响肉仔鸡肉品质的机理及脂质过氧化调控. 中国农业科学院博士学位论文.
胥蕾, 张海军, 王志跃, 等. 2017. 家禽宰前致晕的进展: I 国际新标准. 中国畜牧杂志, 53: 100-105.
许文婷. 2022. 运输应激对畜禽的影响及解决方法. 养殖与饲料, 21(6): 127-129.
许云华. 2010. 体温调节机制研究进展. 连云港师范高等专科学校学报, 27(2): 96-98.
杨勇, 马长伟. 2006. 屠宰过程中改良畜禽肉品质的研究进展. 肉类研究, (2): 40-44.
杨志强, 刘李萍, 张峥臻, 等. 2020. 环境温度应激对奶牛的影响. 中国奶牛, (7): 13-17.
张保平. 2010. 环境对猪生产性能的影响//中国畜牧兽医学会养猪学分会. 中国畜牧兽医学会养猪学分会第五次全国会员代表大会暨养猪业创新发展论坛论文集. 桂林.
张华文, 边会龙, 史怀平, 等. 2022. 湿度对奶山羊健康与生产性能的影响及应对措施. 中国乳业, (2): 36-44.
张敏. 2016. 美国联邦人道屠宰管理制度评析. 当代畜牧, (4): 79-82.
张欣, 罗招运, 胥蕾, 等. 2019. 屠宰前不同二氧化碳浓度的混合气体致晕对肉鹅肝脏颜色、脂质氧化及抗氧化能力的影响. 动物营养学报, 31(4): 174-181.
张莹, 张中岳, 贾光强, 等. 2016. 慢性热应激对肉鸡肌肉中能量代谢与脂质氧化及肌纤维类型影响//中国畜牧兽医学会动物营养学分会. 中国畜牧兽医学会动物营养学分会第十二次动物营养学术研讨会论文集. 武汉.
赵春付. 2010. 高温对肉鸡胸肌卫星细胞肌浆网钙调节及肉品质的影响. 中国农业科学院硕士学位论文.
Spence J. 2015. 活禽屠宰中的动物福利要求. 中国动物检疫, (10): 63-66.
Abeyesinghe S M, McKeegan D E F, McLeman M A, et al. 2007. Controlled atmosphere stunning of broiler chickens. I. Effects on behaviour, physiology and meat quality in a pilot scale system at a processing plant. British Poultry Science, 48: 406-423.
Ahn C, Chae H, Yoo Y, et al. 2003. The effect of different electrical stunning methods on meat quality in broilers. Korean Journal for Food Science of Animal Resources, 23: 221-226.
Al-Aqil A, Zulkifli I. 2009. Changes in heat shock protein 70 expression and blood characteristics in transported broiler chickens as affected by housing and early age feed restriction. Poultry Science, 88(7): 1358-1364.
Ali A S A, Lawson M A, Tauson A H, et al. 2007. Influence of electrical stunning voltages on bleed out and carcass quality in slaughtered broiler chickens. European Poultry Science, 71: 35-40.
Altan Ö, Altan A, Cabuk M, et al. 2000. Effects of heat stress on some blood parameters in broilers. Turkish Journal of Veterinary & Animal Sciences, 24(2): 145-148.
Alvarado C Z, Richards M P, O'Keefe S F, et al. 2007. The effect of blood removal on oxidation and shelf life of broiler breast meat. Poultry Science, 86: 156-161.
Alvarado C Z, Sams A R. 2000. Rigor mortis development in turkey breast muscle and the effect of electrical

stunning. Poultry Science, 79: 1694-1698.

Amirouche A, Durieux A C, Banzet S, et al. 2009. Down-regulation of Akt/mammalian target of rapamycin signaling pathway in response to myostatin overexpression in skeletal muscle. Endocrinology, 150(1): 286-294.

Anastasov M I, Wotton S B. 2012. Survey of the incidence of post-stun behavioural reflexes in electrically stunned broilers in commercial conditions and the relationship of their incidence with the applied water-bath electrical parameters. Animal Welfare, 21(2): 247-256.

Apple J K, Kegley E B, Maxwell Jr C V, et al. 2005. Effects of dietary magnesium and short-duration transportation on stress response, postmortem muscle metabolism, and meat quality of finishing swine. Journal of Animal Science, 83(7): 1633-1645.

Authie E, Berg C, Bøtner A, et al. 2014. Scientific opinion on the use of low atmosphere pressure system (LAPS) for stunning poultry. EFSA Journal, 12(7): 3745.

Baldi A, Bontempo V, Cheli F, et al. 1994. Hormonal and metabolic responses to the stress of transport and slaughterhouse procedures in clenbuterol-fed pigs. Journal of Veterinary Medicine Series A, 41(3): 189-196.

Barbut S. 1997. Problem of pale soft exudative meat in broiler chickens. British Poultry Science, 38(4): 355-358.

Bartlett S M, Gibbons G F. 1988. Short-and longer-term regulation of very-low-density lipoprotein secretion by insulin, dexamethasone and lipogenic substrates in cultured hepatocytes. A biphasic effect of insulin. Biochemical Journal, 249(1): 37-43.

Becerril-Herrera M, Alonso-Spilsbury M, Lemus-Flores C, et al. 2009. CO_2 stunning may compromise swine welfare compared with electrical stunning. Meat Science, 81: 233-237.

Becker B A, Mayes H F, Hahn G L, et al. 1989. Effect of fasting and transportation on various physiological parameters and meat quality of slaughter hogs. Journal of Animal Science, 67(2): 334-341.

Bedanova I, Voslarova E, Chloupek P, et al. 2007. Stress in broilers resulting from shackling. Poultry Science, 86: 1065-1069.

Bee G, Biolley C, Guex G, et al. 2006. Effects of available dietary carbohydrate and preslaughter treatment on glycolytic potential, protein degradation, and quality traits of pig muscles. Journal of Animal Science, 84: 191-203.

Bendall J R. 1951. The shortening of rabbit muscles during rigor mortis: its relation to the breakdown of adenosine triphosphate and creatine phosphate and to muscular contraction. The Journal of Physiology, 114: 71-88.

Bendall J R, Swatland H J. 1988. A review of the relationships of pH with physical aspects of pork quality. Meat Science, 24(2): 85-126.

Berg C, Raj M. 2015. A review of different stunning methods for poultry—Animal welfare aspects (stunning methods for poultry). Animals, 5(4): 1207-1219.

Bertol T M, Ellis M, Ritter M J, et al. 2005. Effect of feed withdrawal and handling intensity on longissimus muscle glycolytic potential and blood measurements in slaughter weight pigs. Journal of Animal Science, 83: 1536-1542.

Bertram H C, Stødkilde-Jørgensen H, Karlsson A H, et al. 2002. Post mortem energy metabolism and meat quality of porcine M. longissimus dorsi as influenced by stunning method—A 31P NMR spectroscopic study. Meat Science, 62: 113-119.

Beyssen C, Babile R, Fernandez X. 2004. The effect of current intensity during 'head-only' electrical stunning on brain function in force-fed ducks. Animal Research, 53: 155-161.

Bianchi M, Petracci M, Cavani C. 2006. Gas stunning and quality characteristics of turkey breast meat. Verona: EPC 2006-12th European Poultry Conference.

Björntorp P, Rosmond R. 2000. Obesity and cortisol. Nutrition, 16(10): 924-936.

Bórnez R, Linares M B, Vergara H. 2009. Microbial quality and lipid oxidation of Manchega breed suckling lamb meat: Effect of stunning method and modified atmosphere packaging. Meat Science, 83: 383-389.

Bosilevac J M, Nou X, Barkocy-Gallagher G A, et al. 2006. Treatments using hot water instead of lactic acid

reduce levels of aerobic bacteria and Enterobacteriaceae and reduce the prevalence of *Escherichia coil* O157: H7 on preevisceration beef carcasses. Journal of Food Protection, 69(8): 1808-1813.
Boulant J A. 1998. Hypothalamic neurons: mechanisms of sensitivity to temperature a. Annals of the New York Academy of Sciences, 856(1): 108-115.
Brookes P S, Buckingham J A, Tenreiro A M, et al. 1998. The proton permeability of the inner membrane of liver mitochondria from ectothermic and endothermic vertebrates and from obese rats: correlations with standard metabolic rate and phospholipid fatty acid composition. Comparative Biochemistry and Physiology Part B: Biochemistry and Molecular Biology, 119(2): 325-334.
Brookes P S. 2005. Mitochondrial H^+ leak and ROS generation: an odd couple. Free Radical Biology and Medicine, 38(1): 12-23.
Buhr R J. 2009. Why poultry should be stunned at slaughter and the welfare advantages and challenges of electrical and gas stunning. World Poultry Science Association, Proceedings of the 19th European Symposium on Quality of Poultry Meat, 13th European Symposium on the Quality of Eggs and Egg Products, Turku, Finland, 1-8.
Caffrey N P, Dohoo I R, Cockram M S. 2017. Factors affecting mortality risk during transportation of broiler chickens for slaughter in Atlantic Canada. Preventive Veterinary Medicine, 147: 199-208.
Cai Y, Song Z, Zhang X, et al. 2009. Increased *de novo* lipogenesis in liver contributes to the augmented fat deposition in dexamethasone exposed broiler chickens (*Gallus gallus domesticus*). Comparative Biochemistry and Physiology Part C: Toxicology & Pharmacology, 150(2): 164-169.
Cassens R, Carpenter C, Eddinger T. 1984. An analysis of microstructural factors which influence the use of muscle as a food. Food Structure, 3(1): 2.
Casteels M, Van Oeckel M J, Boschaerts L, et al. 1995. The relationship between carcass, meat and eating quality of three pig genotypes. Meat Science, 40: 253-269.
Casteilla L, Rigoulet M, Pénicaud L. 2001. Mitochondrial ROS metabolism: modulation by uncoupling proteins. IUBMB Life, 52(3-5): 181-188.
Castillo A, Lucia L M, Goodson K J, et al. 1998. Use of hot water for beef carcass decontamination. Journal of Food Protection, 61(1): 19-25.
Cena K. 1974. Radiative heat loss from animals and man//Monteith J L, Mount L E. Heat Loss from Animals and Man: Assessment and Control. London: Butterworths.
Channon H A, Payne A M, Warner R D. 2000. Halothane genotype, pre-slaughter handling and stunning method all influence pork quality. Meat Science, 56: 291-299.
Channon H A, Payne A M, Warner R D. 2002. Comparison of CO_2 stunning with manual electrical stunning (50 Hz) of pigs on carcass and meat quality. Meat Science, 60: 63-68.
Chen N X, White B D, Hausman G J. 1995. Glucocorticoid receptor binding in porcine preadipocytes during development. Journal of Animal Science, 73(3): 722-727.
Cherry B H, Nguyen A Q, Hollrah R A, et al. 2015. Pyruvate stabilizes electrocardiographic and hemodynamic function in pigs recovering from cardiac arrest. Experimental Biology and Medicine (Maywood), 240(12): 1774-1784.
Cho J E, Fournier M, Da X, et al. 2010. Time course expression of Foxo transcription factors in skeletal muscle following corticosteroid administration. Journal of Applied Physiology, 108(1): 137-145.
ChongNam A, HyunSeok C, YoungMo Y, et al. 2003. The effect of different ES methods on meat quality in broilers. Korean Journal for Food Science of Animal Resources, 23: 221-226.
Claus R, Raab S, Dehnhard M. 1996. Glucocorticoid receptors in the pig intestinal tract and muscle tissue. Journal of Veterinary Medicine Series A, 43(1-10): 553-560.
Coenen A M, Lankhaar J, Lowe J C, et al. 2009. Remote monitoring of electroencephalogram, electrocardiogram, and behavior during controlled atmosphere stunning in broilers: implications for welfare. Poultry Science, 88(1): 10-19.
Coenen A M L, Drinkenburg W, Hoenderken R, et al. 1995. Carbon dioxide euthanasia in rats: oxygen supplementation minimizes signs of agitation and asphyxia. Lab Animal, 29: 262-268.
Commission E. 2012. Study on Various Methods of Stunning for Poultry. Brussel: European Commission.

Contreras C C, Beraquet N J. 2001. Electrical stunning, hot boning, and quality of chicken breast meat. Poultry Science, 80: 501-507.

Copenhafer T L, Richert B T, Schinckel A P, et al. 2006. Augmented postmortem glycolysis does not occur early postmortem in AMPKγ3-mutated porcine muscle of halothane positive pigs. Meat Science, 73(4): 590-599.

Craig E W, Fletcher D L. 1997. A comparison of high current and low voltage electrical stunning systems on broiler breast rigor development and meat quality. Poultry Science, 76: 1178-1181.

Craig E W, Fletcher D L, Papinaho P A. 1999. The effects of antemortem electrical stunning and postmortem electrical stimulation on biochemical and textural properties of broiler breast meat. Poultry Science, 78: 490-494.

Debut M, Berri C, Baéza E, et al. 2003. Variation of chicken technological meat quality in relation to genotype and preslaughter stress conditions. Poultry Science, 82(12): 1829-1838.

Dixit V D, Marahrens M, Parvizi N. 2001. Transport stress modulates adrenocorticotropin secretion from peripheral bovine lymphocytes. Journal of Animal Science, 79(3): 729-734.

Dong H, Lin H, Jiao H C, et al. 2007. Altered development and protein metabolism in skeletal muscles of broiler chickens (*Gallus gallus domesticus*) by corticosterone. Comparative Biochemistry and Physiology Part A: Molecular & Integrative Physiology, 147(1): 189-195.

Dorsa W J, Cutter C N, Siragusa G R, et al. 1996. Microbial decontamination of beef and sheep carcasses by steam, hot water spray washes, and a steam-vacuum sanitizer. Journal of Food Protection: 59(2): 127-135.

Drewniak E E, Baush E R, Davis L L. 1955. Carbon dioxide immobilization of turkeys before slaughter. USDA Circular 958, Washington, DC.

Dridi L, Tankovic J, Petit J C. 2004. CdeA of Clostridium difficile, a new multidrug efflux transporter of the MATE family. Microbial Drug Resistance, 10(3): 191-196.

Dulloo A G, Samec S. 2001. Uncoupling proteins: their roles in adaptive thermogenesis and substrate metabolism reconsidered. British Journal of Nutrition, 86(2): 123-139.

Earley B, Sporer K B, Gupta S. 2017. Invited review: Relationship between cattle transport, immunity and respiratory disease. Animal, 11(3): 486-492.

Elias R J, Kellerby S S, Decker E A. 2008. Antioxidant activity of proteins and peptides. Critical Reviews in Food Science and Nutrition, 48(5): 430-441.

European Commission. 2013. Report from the commission to the European parliament and the council on the various stunning methods for poultry. NM(2013)915 final. Brussel: European Commission.

Evock-Clover C M, Poch S M, Richards M P, et al. 2002. Expression of an uncoupling protein gene homolog in chickens. Comparative Biochemistry and Physiology Part A: Molecular & Integrative Physiology, 133(2): 345-358.

Faucitano L, Saucier L, Correa J A, et al. 2006. Effect of feed texture, meal frequency and pre-slaughter fasting on carcass and meat quality, and urinary cortisol in pigs. Meat Science, 74(4): 697-703.

Feder M E, Hofmann G E. 1999. Heat-shock proteins, molecular chaperones, and the stress response: evolutionary and ecological physiology. Annual Review of Physiology, 61(1): 243-282.

Fleming B K, Froning G W, Beck M M, et al. 1991. The effect of carbon dioxide as a preslaughter stunning method for turkeys. Poultry Science, 70(10): 2201-2206.

Fosoul S S A S, Azarfar A, Gheisari A, et al. 2018. Energy utilisation of broiler chickens in response to guanidinoacetic acid supplementation in diets with various energy contents. British Journal of Nutrition, 120(2): 131-140.

Foury A, Devillers N, Sanchez M P, et al. 2005. Stress hormones, carcass composition and meat quality in Large White × Duroc pigs. Meat Science, 69(4): 703-707.

Freedman M R, Horwitz B A, Stern J S. 1986. Effect of adrenalectomy and glucocorticoid replacement on development of obesity. American Journal of Physiology-Regulatory, Integrative and Comparative Physiology, 250(4): R595-R607.

Friling R S, Bensimon A, Tichauer Y, et al. 1990. Xenobiotic-inducible expression of murine glutathione

S-transferase Ya subunit gene is controlled by an electrophile-responsive element. Proceedings of the National Academy of Sciences, 87(16): 6258-6262.

Gao J, Lin H, Song Z G, et al. 2008. Corticosterone alters meat quality by changing pre-and postslaughter muscle metabolism. Poultry Science, 87(8): 1609-1617.

Gentle M J. 1989. Cutaneous sensory afferents recorded from the nervus intramandibularis of *Gallus gallus* var. *domesticus*. Journal of Comparative Physiology A, 164(6): 763-774.

Geraert P A, Padilha J C, Guillaumin S. 1996. Metabolic and endocrine changes induced by chronic heatexposure in broiler chickens: growth performance, body composition and energy retention. British Journal of Nutrition, 75(2): 195-204.

Gerritzen M A, Lambooij E, Reimert H G, et al. 2006. Susceptibility of duck and turkey to severe hypercapnic hypoxia. Poultry Science, 85: 1055-1061.

Gerritzen M A, Reimert H G M, Hindle V A, et al. 2013. Multistage carbon dioxide gas stunning of broilers. Poultry Science, 92(1): 41-50.

Gibson T J, Taylor A H, Gregory N G. 2016. Assessment of the effectiveness of head only and back-of-the-head electrical stunning of chickens. British Poultry Science, 57(3): 295-305.

Gilson H, Schakman O, Combaret L, et al. 2007. Myostatin gene deletion prevents glucocorticoid-induced muscle atrophy. Endocrinology, 148(1): 452-460.

Girasole M, Chirollo C, Ceruso M, et al. 2015. Optimization of stunning electrical parameters to improve animal welfare in a poultry slaughterhouse. Italian Journal of Food Safety, 4(3): 4175-4576.

Girasole M, Marrone R, Anastasio A, et al. 2016. Effect of electrical water bath stunning on physical reflexes of broilers: evaluation of stunning efficacy under field conditions. Poultry Science, 95(5): 1205-1210.

Goswami R, Lacson R, Yang E, et al. 1994. Functional analysis of glucocorticoid and insulin response sequences in the rat insulin-like growth factor-binding protein-1 promoter. Endocrinology, 134(2): 736-743.

Goumon S, Faucitano L. 2017. Influence of loading handling and facilities on the subsequent response to pre-slaughter stress in pigs. Livestock Science, 200: 6-13.

Gray J I, Gomaa E A, Buckley D J. 1996. Oxidative quality and shelf life of meats. Meat Science, 43(Supplement 1): 111-123.

Gregory N G, Wilkins L J, Wotton S B. 1991. Effect of electrical stunning frequency on ventricular fibrillation, downgrading and broken bones in broilers, hens and quails. The British Veterinary Journal, 147: 71-77.

Gregory N G, Wilkins L J. 1990. Broken bones in chickens: Effect of stunning and processing in broilers. British Poultry Science, 31: 53-58.

Gregory N G, Wotton S B. 1986. Effect of slaughter on the spontaneous and evoked activity of the brain. British Poultry Science, 27: 195-205.

Gregory N G, Wotton S B. 1987. Effect of electrical stunning on the electroencephalogram in chickens. The British Veterinary Journal, 143: 175-183.

Gregory N G, Wotton S B. 1989. Effect of electrical stunning on somatosensory evoked potentials in chickens. The British Veterinary Journal, 145: 159-164.

Gregory N G, Wotton S B. 1990. Effect of stunning on spontaneous physical activity and evoked activity in the brain. British Poultry Science, 31: 215-220.

Gregory N G. 2001. Profiles of currents during electrical stunning. Australian Veterinary Journal, 79: 844-845.

Gregory N G. 2005. Recent concerns about stunning and slaughter. Meat Science, 70: 481-491.

Grilli C, Loschi A R, Rea S, et al. 2015. Welfare indicators during broiler slaughtering. British Poultry Science, 56(1): 1-5.

Haensch F, Nowak B, Hartung J. 2009. Comparison of blood parameters of slaughter turkeys after different stunning methods. Sustainable Animal Husbandry: Prevention is Better Than Cure, 1: 397-399.

Hambrecht E, Eissen J J, Newman D J, et al. 2005. Preslaughter handling effects on pork quality and glycolytic potential in two muscles differing in fiber type composition. Journal of Animal Science, 83(4):

900-907.

Hambrecht E, Eissen J J, Nooijen R I J, et al. 2004. Preslaughter stress and muscle energy largely determine pork quality at two commercial processing plants. Journal of Animal Science, 82: 1401-1409.

Hansch F, Nowak B, Hartung J. 2009. Evaluation of a gas stunning equipment used for turkeys under slaughterhouse conditions. Livestock Science, 124: 248-254.

Hao Y, Liu J R, Zhang Y, et al. 2016. The micro RNA expression profile in porcine skeletal muscle is changed by constant heat stress. Animal Genetics, 47(3): 365-369.

Harkema S J, Meyer R A. 1997. Effect of acidosis on control of respiration in skeletal muscle. American Journal of Physiology-Cell Physiology, 272(2): C491-C500.

Hartmann H, Siegling-Vlitakis C, Wolf K, et al. 2009. Different CO_2-stunning procedures and post mortem obtained lung lesions in response to the corneal reflex and parameters in blood of slaughtered pigs. Berliner und Münchener Tierrztliche Wochenschrift, 122: 333-340.

Henckel P, Karlsson A, Jensen M T, et al. 2002. Metabolic conditions in porcine longissimus muscle immediately pre-slaughter and its influence on peri- and post mortem energy metabolism. Meat Science, 62: 145-155.

Hindle V A, Lambooij E, Reimert H G M, et al. 2010. Animal welfare concerns during the use of the water bath for stunning broilers, hens, and ducks. Poultry Science, 89: 401-412.

Honikel K O, Kim C J. 1986. Causes of the development of PSE pork. Fleischwirtschaft, 66: 349-353.

Huang J C, Huang M, Yang J, et al. 2014. The effects of electrical stunning methods on broiler meat quality: Effect on stress, glycolysis, water distribution, and myofibrillar ultrastructures. Poultry Science, 93(8): 2087-2095.

Ingram D L, Mount L E. 2012. Man and Animals in Hot Environments. Berlin: Springer Science & Business Media.

Irving T C, Millman B M. 1989. Changes in thick filament structure during compression of the filament lattice in relaxed frog sartorius muscle. Journal of Muscle Research & Cell Motility, 10(5): 385-394.

Iwamoto H, Ooga T, Moriya T, et al. 2002. Comparison of the histological and histochemical properties of skeletal muscles between carbon dioxide and electrically stunned chickens. British Poultry Science, 43: 551-559.

Johnson A K, Sadler L J, Gesing L M, et al. 2010. Effects of facility system design on the stress responses and market losses of market weight pigs during loading and unloading. The Professional Animal Scientist, 26(1): 9-17.

Joo S T, Kauffman R G, Kim B C, et al. 1999. The relationship of sarcoplasmic and myofibrillar protein solubility to colour and water-holding capacity in porcine longissimus muscle. Meat Science, 52(3): 291-297.

Kang I S, Sams A R. 1999. A comparison of texture and quality of breast fillets from broilers stunned by electricity and carbon dioxide on a shackle line or killed with carbon dioxide. Poultry Science, 78: 1334-1337.

Kannan G, Heath J L, Wabeck C J, et al. 1998. Elevated plasma corticosterone concentrations influence the onset of rigor mortis and meat color in broilers. Poultry Science, 77: 322-328.

Kannan G, Terrill T H, Kouakou B, et al. 2000. Transportation of goats: effects on physiological stress responses and live weight loss. Journal of Animal Science, 78(6): 1450-1457.

Kaspar J W, Niture S K, Jaiswal A K. 2009. Nrf2: INrf2 (Keap1) signaling in oxidative stress. Free Radical Biology and Medicine, 47: 1304-1309.

Kefaloyianni E, Gaitanaki C, Beis I. 2006. ERK1/2 and p38-MAPK signalling pathways, through MSK1, are involved in NF-kappaB transactivation during oxidative stress in skeletal myoblasts. Cellular Signalling, 18: 2238-2251.

Kent J E, Ewbank R. 1983. The effect of road transportation on the blood constituents and behaviour of calves. I. Six months old. British Veterinary Journal, 139(3): 228-235.

Kim J W, Fletcher D L, Campion D R. 1988. Research note: effect of electrical stunning and hot boning on Broiler Breast meat characteristics. Poultry Science, 67: 674-676.

Kim J, Solis R S, Arias E B, et al. 2004. Postcontraction insulin sensitivity: relationship with contraction protocol, glycogen concentration, and 5′ AMP-activated protein kinase phosphorylation. Journal of Applied Physiology, 96(2): 575-583.

Kim J, Yoon M Y, Choi S L, et al. 2001. Effects of stimulation of AMP-activated protein kinase on insulin-like growth factor 1- and epidermal growth factor-dependent extracellular signal-regulated kinase pathway. The Journal of Biological Chemistry, 276(22): 19102-19110.

Kobayashi M, Yamamoto M. 2006. Nrf2–Keap1 regulation of cellular defense mechanisms against electrophiles and reactive oxygen species. Advances in Enzyme Regulation, 46(1): 113-140.

Kohler I, Meier R, Busato A, et al. 1999. Is carbon dioxide (CO_2) a useful short acting anaesthetic for small laboratory animals? Laboratory Animals , 33: 155-161.

Koolhaas J M, Korte S M, De Boer S F, et al. 1999. Coping styles in animals: current status in behavior and stress-physiology. Neuroscience & Biobehavioral Reviews, 23(7): 925-935.

Kotula A W, Drewniak E E, Davis L L. 1957. Effect of carbon dioxide immobilization on the bleeding of chickens. Poultry Science, 36: 585-589.

Kramer H F, Goodyear L J. 2007. Exercise, MAPK, and NF-κB signaling in skeletal muscle. Journal of Applied Physiology, 103(1): 388-395.

Küchenmeister U, Nürnberg K, Fiedler I, et al. 1999. Cell injury and meat quality of pig in the time period post mortem from two genotypes susceptible or resistant to malignant hyperthermia. European Food Research and Technology, 209(2): 97-103.

Kumagai M, Kondo T, Ohta Y, et al. 2001. Size and composition changes in diaphragmatic fibers in rats exposed to chronic hypercapnia. Chest, 119: 565-571.

Lambooij E, Anil H, Butler S R, et al. 2011. Transcranial magnetic stunning of broilers: a preliminary trial to induce unconsciousness. Animal Welfare, 20(3): 407-412.

Lambooij E, Gerritzen M A, Engel B, et al. 1999a. Behavioural responses during exposure of broiler chickens to different gas mixtures. Applied Animal Behaviour Science, 62: 255-265.

Lambooij E, Pieterse C, Hillebrand S J, et al. 1999b. The effects of captive bolt and electrical stunning, and restraining methods on broiler meat quality. Poultry Science, 78: 600-607.

Lambooij E, Reimert H G, Verhoeven M T, et al. 2014. Cone restraining and head-only electrical stunning in broilers: effects on physiological responses and meat quality. Poultry Science, 93(3): 512-518.

Lambooij E, Reimert H G, Workel L D, et al. 2012. Head-cloaca controlled current stunning: assessment of brain and heart activity and meat quality. British Poultry Science, 53(2): 168-174.

Langley B, Thomas M, Bishop A, et al. 2002. Myostatin inhibits myoblast differentiation by down-regulating MyoD expression. Journal of Biological Chemistry, 277(51): 49831-49840.

Lata H, Ahuja G K, Narang A P, et al. 2004. Effect of immobilisation stress on lipid peroxidation and lipid profile in rabbits. Indian Journal of Clinical Biochemistry, 19(2): 1-4.

Lawrie R A. 1998. The Conversion of muscle to meat. *In*: Lawrie R A. Lawrie's Meat Science. 6th ed. Cambridge: Woodhead Publishing Limited: 97-117.

Le Roy P, Elsen J M, Caritez J C, et al. 2000. Comparison between the three porcine RN genotypes for growth, carcass composition and meat quality traits. Genetics Selection Evolution, 32: 1-22.

Ledesma A, de Lacoba M G, Rial E. 2002. The mitochondrial uncoupling proteins. Genome Biology, 3(12): 3015.1-3015.9.

Lee J R, Kim D H, Hur T Y, et al. 2000. The effect of stocking density in transit on the meat quality and blood profile of slaughter pig. Korean Journal of Animal Science, 42(5): 669-676.

Lee Y B, Hargus G L, Webb J E, et al 1979. Effect of electrical stunning on post-mortem biochemical changes and tenderness in broiler breast muscles. Journal of Food Science, 44: 1121-1122.

Leeuw T, Pette D. 1993. Coordinate changes in the expression of troponin subunit and myosin heavychain isoforms during fast-to-slow transition of low-frequency-stimulated rabbit muscle. European Journal of Biochemistry, 213: 1039-1046.

Lin H, Decuypere E, Buyse J. 2006. Acute heat stress induces oxidative stress in broiler chickens. Comparative Biochemistry and Physiology Part A: Molecular & Integrative Physiology, 144(1): 11-17.

Lin H, Sui S J, Jiao H C, et al. 2007. Effects of diet and stress mimicked by corticosterone administration on early postmortem muscle metabolism of broiler chickens. Poultry Science, 86(3): 545-554.

Linares M B, Berruga M I, Bórnez R, et al. 2007. Lipid peroxidation in lamb meat: Effect of the weight, handling previous slaughter and modified atmospheres. Meat Science, 76: 715-720.

Lines J A, Raj A B, Wotton S B, et al. 2011. Head-only electrical stunning of poultry using a waterbath: a feasibility study. British Poultry Science, 52(4): 432-438.

Lines J A, Wotton S B, Barker R, et al. 2011. Broiler carcass quality using head-only electrical stunning in a waterbath. British Poultry Science, 52(4): 439-445.

Longo N, Ardon O, Vanzo R, et al. 2011. Disorders of creatine transport and metabolism. American Journal of Medical Genetics Part C: Seminars in Medical Genetics, 157C(1): 72-78.

Lopes S O, Claus R, Lacorn M, et al. 2004. Effects of dexamethasone application in growing pigs on hormones, *N*-retention and other metabolic parameters. Journal of Veterinary Medicine Series A, 51(3): 97-105.

Ma K, Mallidis C, Bhasin S, et al. 2003. Glucocorticoid-induced skeletal muscle atrophy is associated with upregulation of myostatin gene expression. American Journal of Physiology-Endocrinology and Metabolism, 285(2): E363-E371.

Ma X, Lin Y, Jiang Z, et al. 2010. Dietary arginine supplementation enhances antioxidative capacity and improves meat quality of finishing pigs. Amino Acids, 38(1): 95-102.

Malena M, Voslářová E, Kozák A, et al. 2007. Comparison of mortality rates in different categories of pigs and cattle during transport for slaughter. Acta Veterinaria Brno, 76(8): 109-116.

Mann G E, Niehueser-Saran J, Watson A, et al. 2007. Nrf2/ARE regulated antioxidant gene expression in endothelial and smooth muscle cells in oxidative stress: implications for atherosclerosis and preeclampsia. Acta Physiologica Sinica, 59: 117-127.

Martoft L, Stødkilde-Jørgensen H, Forslid A, et al. 2003. CO_2 induced acute respiratory acidosis and brain tissue intracellular pH: a 31P NMR study in swine. Laboratory Animals, 37: 241-247.

McArdle A, Pattwell D, Vasilaki A, et al. 2001. Contractile activity-induced oxidative stress: cellular origin and adaptive responses. American Journal of Physiology-Cell Physiology, 280: C621-C627.

Mccurdy R, Barbut S, Quinton M. 1996. Seasonal effect on pale soft exudative(PSE)occurrence in young turkey breast meat. Food Research International, 29(3-4): 363-366.

McKeegan D E F, Abeyesinghe S M, McLeman M A, et al. 2007b. Controlled atmosphere stunning of broiler chickens. II. Effects on behaviour, physiology and meat quality in a commercial processing plant. British Poultry Science, 48: 430-442.

McKeegan D E F, McIntyre J A, Demmers T G M, et al. 2007a. Physiological and behavioural responses of broilers to controlled atmosphere stunning: implications for welfare. Animal Welfare, 16: 409-426.

McKeegan D E F, McIntyre J, Demmers T G M, et al. 2006. Behavioural responses of broiler chickens during acute exposure to gaseous stimulation. Applied Animal Behaviour Science, 99: 271-286.

Mckeegan D E F, Sandercock D A, Gerritzen M A. 2013. Physiological responses to low atmospheric pressure stunning and the implications for welfare. Poultry Science, 92(4): 858-868.

McNeal W D, Fletcher D L, Buhr R J. 2003. Effects of stunning and decapitation on broiler activity during bleeding, blood loss, carcass, and breast meat quality. Poultry Science, 82: 163-168.

McNeal W D, Fletcher D L. 2003. Effects of high frequency electrical stunning and decapitation on early rigor development and meat quality of broiler breast meat. Poultry Science, 82: 1352-1355.

Mohan Raj A B, Wotton S B, Gregory N G. 1992. Changes in the somatosensory evoked potentials and spontaneous electroencephalogram of hens during stunning with a carbon dioxide and argon mixture. The British Veterinary Journal, 148: 147-156.

Mouchoniere M, Le Pottier G, Fernandez X. 1999. The effect of current frequency during waterbath stunning on the physical recovery and rate and extent of bleed out in turkeys. Poultry Science, 78: 485-489.

Mouchonière M, Le Pottier G, Fernandez X. 2000. Effect of current frequency during electrical stunning in a water bath on somatosensory evoked responses in turkey's brain. Research in Veterinary Science, 69: 53-55.

Mount L. 1975. The assessment of thermal environment in relation to pig production. Livestock Production Science, 2(4): 381-392.

Mozo J, Emre Y, Bouillaud F, et al. 2005. Thermoregulation: what role for UCPs in mammals and birds? Bioscience Reports, 25(3-4): 227-249.

Mujahid A, Pumford N R, Bottje W, et al. 2007. Mitochondrial oxidative damage in chicken skeletal muscle induced by acute heat stress. The Journal of Poultry Science, 44(4): 439-445.

Nagy J, Popelka P, Korimova J, et al. 2004. The influence of stunning electrical current on the quality of broiler chickens. Meso, 6: 38-42.

Nijdam E, Arens P, Lambooij E, et al. 2004. Factors influencing bruises and mortality of broilers during catching, transport, and lairage. Poultry Science, 83(9): 1610-1615.

Nijdam E, Delezie E, Lambooij E, et al. 2005. Comparison of bruises and mortality, stress parameters, and meat quality in manually and mechanically caught broilers. Poultry Science, 84: 467-474.

Norman B, Sabina R L, Jansson E. 2001. Regulation of skeletal muscle ATP catabolism by AMPD1 genotype during sprint exercise in asymptomatic subjects. Journal of Applied Physiology, 91: 258-264.

Northcutt J K, Foegeding E A, Edens F W. 1994. Water-holding properties of thermally preconditioned chicken breast and leg meat. Poultry Science, 73(2): 308-316.

Nowak B, Mueffling T V, Hartung J. 2007. Effect of different carbon dioxide concentrations and exposure times in stunning of slaughter pigs: Impact on animal welfare and meat quality. Meat Science, 75: 290-298.

Offer G, Knight P, Jeacocke R, et al. 1989. The structural basis of the water-holding, appearance and toughness of meat and meat products. Food Structure, 8(1): 17.

OIE. 2016. Terrestrial Animal Health Code. Paris: OIE. http: //www.oie.int/fileadmin/Home/eng/Health_standards/tahc/current/chapitre_aw_slaughter.pdf[2016-06-15]

Ortiz-Colón G, Grant A C, Doumit M E, et al. 2009. Bovine intramuscular, subcutaneous, and perirenal stromal-vascular cells express similar glucocorticoid receptor isoforms, but exhibit different adipogenic capacity. Journal of Animal Science, 87(6): 1913-1920.

Owens C M, Hirschler E M, McKee S R, et al. 2000. The characterization and incidence of pale, soft, exudative turkey meat in a commercial plant. Poultry Science, 79(4): 553-558.

Owens C M, Sams A R. 2000. The influence of transportation on turkey meat quality. Poultry Science, 79(8): 1204-1207.

Palmieri F. 1994. Mitochondrial carrier proteins. FEBS Letters, 346(1): 48-54.

Pantoja C, Huff J T, Yamamoto K R. 2008. Glucocorticoid signaling defines a novel commitment state during adipogenesis *in vitro*. Molecular Biology of the Cell, 19(10): 4032-4041.

Papinaho P A, Fletcher D L. 1995. Effect of stunning amperage on broiler breast muscle rigor development and meat quality. Poultry Science, 74: 1527-1532.

Papinaho P A, Fletcher D L. 1996. The effects of stunning amperage and deboning time on early rigor development and breast meat quality of broilers. Poultry Science, 75: 672-676.

Papinaho P A, Fletcher D L, Buhr R J. 1995. Effect of electrical stunning amperage and peri-mortem struggle on broiler breast rigor development and meat quality. Poultry Science, 74: 1533-1539.

Patwell D M, McArdle A, Morgan J E, et al. 2004. Release of reactive oxygen and nitrogen species from contracting skeletal muscle cells. Free Radical Biology and Medicine, 37(7): 1064-1072.

Perai A H, Kermanshahi H, Nassiri M H, et al. 2014. Effects of supplemental vitamin C and chromium on metabolic and hormonal responses, antioxidant status, and tonic immobility reactions of transported broiler chickens. Biological Trace Element Research, 157(3): 224-233.

Pérez M P, Palacio J, Santolaria M P, et al. 2002. Effect of transport time on welfare and meat quality in pigs. Meat Science, 61(4): 425-433.

Poole G H, Fletcher D L. 1998. Comparison of a modified atmosphere stunning-killing system to conventional electrical stunning and killing on selected broiler breast muscle rigor development and meat quality attributes. Poultry Science, 77: 342-347.

Poulos D A, Lende R A. 1970. Response of trigeminal ganglion neurons to thermal stimulation of oral-facial regions. II. Temperature change response. Journal of Neurophysiology, 33(4): 518-526.

Prendergast D M, Sheridan J J, Daly D J, et al. 2003. Dissemination of central nervous system tissue from the brain and spinal cord of cattle after captive bolt stunning and carcass splitting. Meat Science, 65: 1201-1209.

Prinz S. 2009. Electrical stunning of broiler chickens. World Poult. Sci. Association, Proceedings of the 19th European Symposium on Quality of Poultry Meat, 13th European Symposium on the Quality of Eggs and Egg Products, Turku, Finland, 1-8.

Raimbault S, Dridi S, Denjean F, et al. 2001. An uncoupling protein homologue putatively involved in facultative muscle thermogenesis in birds. The Biochemical Journal, 353(Pt 3): 441-444.

Raj A B M. 1994. An investigation into the batch killing of turkeys in their transport containers using mixtures of gases. Research in Veterinary Science, 56: 325-331.

Raj A B M. 2006. Recent developments in stunning and slaughter of poultry. World's Poultry Science Journal , 62: 467-484.

Raj A B M, Gregory N G, Wilkins L J. 1992. Survival rate and carcase downgrading after the stunning of broilers with carbon dioxide-argon mixtures. The Veterinary Record, 130: 325-328.

Raj A B M, Gregory N G, Wotton S B. 2001. Changes in the somatosensory evoked potentials and spontaneous electroencephalogram of hens during stunning in argon-induced anoxia. The British Veterinary Journal, 147: 322-330.

Raj A B M, Grey T C, Audsely A R, et al. 1990. Effect of electrical and gaseous stunning on the carcase and meat quality of broilers. British Poultry Science, 31: 725-733.

Raj A B M, Johnson S P, Wotton S B, et al. 1997b. Welfare implications of gas stunning pigs: 3. The time to loss of somatosensory evoked potentials and spontaneous electrocorticogram of pigs during exposure to gases. The Veterinary Journal, 153(3): 329-339.

Raj A B M, Nute G R. 1995. Effect of stunning method and filleting time on sensory profile of turkey breast meat. British Poultry Science, 36: 221-227.

Raj A B M, O'Callaghan M. 2004a. Effects of electrical water bath stunning current frequencies on the spontaneous electroencephalogram and somatosensory evoked potentials in hens. British Poultry Science, 45: 230-236.

Raj A B M, O'Callaghan M. 2004b. Effect of amount and frequency of head-only stunning currents on the electroencephalogram and somatosensory evoked potentials in broilers. Animal Welfare, 13: 159-170.

Raj A B M, O'Callaghan M, Hughes S I. 2006. The effects of amount and frequency of pulsed direct current used in water bath stunning and of slaughter methods on spontaneous electroencephalograms in broilers. Animal. Welfare, 15: 19-24.

Raj A B M, Wilkins L J, Richardson R I, et al. 1997a. Carcase and meat quality in broilers either killed with a gas mixture or stunned with an electric current under commercial processing conditions. British Poultry Science, 38: 169-174.

Raj M. 1998. Welfare during stunning and slaughter of poultry. Poultry Science, 77: 1815-1819.

Raj M, Gregory N G. 1993. Time to loss of somatosensory evoked potentials and onset of changes in the spontaneous electroencephalogram of turkeys during gas stunning. The Veterinary Record, 133: 318-320.

Raj M, Gregory N G. 1994. An evaluation of humane gas stunning methods for turkeys. The Veterinary Record, 135: 222-223.

Rosenvold K, Andersen H J. 2003. The significance of pre-slaughter stress and diet on colour and colour stability of pork. Meat Science, 63: 199-209.

Roth B, Imsland A, Gunnarsson S, et al. 2007. Slaughter quality and rigor contraction in farmed turbot (*Scophthalmus maximus*); a comparison between different stunning methods. Aquaculture, 272: 754-761.

Rushmore T H, Pickett C B. 1990. Transcriptional regulation of the rat glutathione S-transferase Ya subunit gene. Characterization of a xenobiotic-responsive element controlling inducible expression by phenolic antioxidants. Journal of Biological Chemistry, 265(24): 14648-14653.

Sams A R. 1999. Meat quality during processing. Poultry Science, 78(5): 798-803.
Sante V, Le Pottier G, Astruc T, et al. 2000. Effect of stunning current frequency on carcass downgrading and meat quality of turkey. Poultry Science, 79: 1208-1214.
Savenije B, Lambooij E, Gerritzen M A, et al. 2002a. Development of brain damage as measured by brain impedance recordings, and changes in heart rate, and blood pressure induced by different stunning and killing methods. Poultry Science, 81: 572-578.
Savenije B, Lambooij E, Pieterse C. 2000. Electrical stunning and exsanguination decrease the extracellular volume in the broiler brain as studied with brain impendance recordings. Poultry Science, 79: 1062-1066.
Savenije B, Schreurs F J, Winkelman-Goedhart H A, et al. 2002b. Effects of feed deprivation and electrical, gas, and captive needle stunning on early postmortem muscle metabolism and subsequent meat quality. Poultry Science, 81: 561-571.
Sayre R N, Briskey E J, Hoekstra W G. 1963. Comparison of muscle characteristics and post-mortem glycolysis in three breeds of swine. Journal of Animal Science, 22(4): 1012-1020.
Schakman O, Gilson H, de Coninck V, et al. 2005. Insulin-like growth factor-I gene transfer by electroporation prevents skeletal muscle atrophy in glucocorticoid-treated rats. Endocrinology, 146(4): 1789-1797.
Schakman O, Gilson H, Thissen J P. 2008. Mechanisms of glucocorticoid-induced myopathy. The Journal of Endocrinology, 197(1): 1-10.
Scheffler T L, Gerrard D E. 2007. Mechanisms controlling pork quality development: The biochemistry controlling postmortem energy metabolism. Meat Science, 77(1): 7-16.
Schilling M W, Radhakrishnan V, Vizzier-Thaxton Y, et al. 2015. Sensory quality of broiler breast meat influenced by low atmospheric pressure stunning, deboning time and cooking methods. Poultry Science, 94(6): 1379-1388.
Schwartzkopf-Genswein K S, Faucitano L, Dadgar S, et al. 2012. Road transport of cattle, swine and poultry in North America and its impact on animal welfare, carcass and meat quality: A review. Meat Science, 92(3): 227-243.
Selman C, McLaren J S, Himanka M J, et al. 2000. Effect of long-term cold exposure on antioxidant enzyme activities in a small mammal. Free Radical Biology and Medicine, 28(8): 1279-1285.
Shen Q W, Du M. 2005. Role of AMP-activated protein kinase in the glycolysis of postmortem muscle. Journal of the Science of Food and Agriculture, 85: 2401-2406.
Shen Q W, Means W J, Thompson S A, et al. 2006. Pre-slaughter transport, AMP-activated protein kinase, glycolysis, and quality of pork loin. Meat Science, 74: 388-395.
Sheng X Q, Huang K X, Xu H B. 2005. Influence of alloxan-induced diabetes and selenite treatment on blood glucose and glutathione levels in mice. Journal of Trace Elements in Medicine and Biology, 18: 261-267.
Shimizu N, Yoshikawa N, Ito N. 2011. Crosstalk between glucocorticoid receptor and nutritional sensor mTOR in skeletal muscle. Cell Metabolism, 13(2): 170-182.
Shimshony A, Chaudry M M. 2005. Slaughter of animals for human consumption. Revue Scientifique et Technique-Office International des Épizooties, 24: 693-710.
Siegel H S. 1995. Stress, strains and resistance. British Poultry Science, 36(1): 3-22.
Simonovic S, Grashorn M A. 2009. Effect of different electrical stunning conditions on meat quality in broilers. World Poultry science. Association, Proceedings of the 19th European Symposium on Quality of Poultry Meat, 13th European Symposium on the Quality of Eggs and Egg Products, Turku, Finland, 1-9.
Siqueira T S, Borges T D, Rocha R M M, et al. 2017. Effect of electrical stunning frequency and current waveform in poultry welfare and meat quality. Poultry Science, 96(8): 2956-2964.
Skulachev V P. 1991. Fatty acid circuit as a physiological mechanism of uncoupling of oxidative phosphorylation. FEBS Letters, 294(3): 158-162.
Skulachev V P. 1996. Role of uncoupled and non-coupled oxidations in maintenance of safely low levels of

oxygen and its one-electron reductants. Quarterly Reviews of Biophysics, 29(2): 169-202.
Smas C M, Chen L, Zhao L, et al. 1999. Transcriptional repression of pref-1by glucocorticoids promotes 3T3-L1 adipocyte differentiation. Journal of Biological Chemistry, 274(18): 12632-12641.
Sporer K R, Zhou H R, Linz J E, et al. 2012. Differential expression of calcium-regulating genes in heat-stressed turkey breast muscle is associated with meat quality. Poultry Science, 91(6): 1418-1424.
Stern N J, Clavero M R S, Bailey J S, et al. 1995. *Campylobacter* spp. in broilers on the farm and after transport. Poultry Science, 74(6): 937-941.
St-Pierre J, Drori S, Uldry M, et al. 2006. Suppression of reactive oxygen species and neurodegeneration by the PGC-1 transcriptional coactivators. Cell, 127(2): 397-408.
Strain G M, Tedford B L, Gill M S. 2006. Brainstem auditory evoked potentials and flash visual evoked potentials in Vietnamese miniature pot-bellied pigs. Research in Veterinary Science, 80(1): 91-95.
Suryawan A, Swanson L V, Hu C Y, et al. 1997. Insulin and hydrocortisone, but not triiodothyronine, are required for the differentiation of pig preadipocytes in primary culture. Journal of Animal Science, 75(1): 105-111.
Terlouw C, Bourguet C, Deiss V. 2016. Consciousness, unconsciousness and death in the context of slaughter. Part I. Neurobiological mechanisms underlying stunning and killing. Meat Science, 118: 133-146.
Thomas M, Langley B, Berry C, et al. 2000. Myostatin, a negative regulator of muscle growth, functions by inhibiting myoblast proliferation. Journal of Biological Chemistry, 275(51): 40235-40243.
Tomlinson J J, Boudreau A, Wu D, et al. 2006. Modulation of early human preadipocyte differentiation by glucocorticoids. Endocrinology, 147(11): 5284-5293.
Tossenberger J, Rademacher M, Németh K, et al. 2016. Digestibility and metabolism of dietary guanidino acetic acid fed to broilers. Poultry Science, 95(9): 2058-2067.
Troeger K, Woltersdorf W. 1989. Measuring stress in pigs during slaughter. Fleischwirtschaft, 69: 373-376.
Tserveni-Gousi A S, Raj A B, O'Callaghan M. 1999. Evaluation of stunning/killing methods for quail (*Coturnix japonica*): bird welfare and carcase quality. British Poultry Science, 40(1): 35-39.
Turcsán Z S, Szigeti J, Varga L, et al. 2001. The effects of electrical and controlled atmosphere stunning methods on meat and liver quality of geese. Poultry Science, 80: 1647-1651.
Turcsan Z, Varga L, Szigeti J, et al. 2003. Effects of electrical stunning frequency and voltage combinations on the presence of engorged blood vessels in goose liver. Poultry Science, 82: 1816-1819.
Turner P V, Kloeze H, Dam A, et al. 2012. Mass depopulation of laying hens in whole barns with liquid carbon dioxide: evaluation of welfare impact. Poultry Science, 91(7): 1558-1568.
Van Tienhoven A, Scott N R, Hillman P E. 1979. The hypothalamus and thermoregulation: a review. Poultry Science, 58(6): 1633-1639.
Vecerek V, Grbalova S, Voslarova E, et al. 2006a. Effects of travel distance and the season of the year on death rates of broilers transported to poultry processing plants. Poultry Science, 85(11): 1881-1884.
Vecerek V, Malena M, Malena M, et al. 2006b. The impact of the transport distance and season on losses of fattened pigs during transport to the slaughterhouse in the Czech Republic in the period from 1997 to 2004. Veterinarni Medicina, 51(1): 21.
Velarde A, Gispert M, Faucitano L, et al. 2000. The effect of stunning method on the incidence of PSE meat and haemorrhages in pork carcasses. Meat Science, 55: 309-314.
Von Holleben K, Von Wenzlawowicz M, Eser E, et al. 2012. Licensing poultry N_2 gas-stunning systems with regard to animal welfare: investigations under practical conditions. Animal Welfare, 21(1): 103-111.
Voslářová E, Chloupek P, Steinhauser L, et al. 2010. Influence of housing system and number of transported animals on transport-induced mortality in slaughter pigs. Acta Veterinaria Brno, 79(9): 79-84.
Wang X F, Zhu X D, Li Y J, et al. 2015. Effect of dietary creatine monohydrate supplementation on muscle lipid peroxidation and antioxidant capacity of transported broilers in summer. Poultry Science, 94(11): 2797-2804.
Wang X, Li J, Cong J, et al. 2017. Preslaughter transport effect on broiler meat quality and post-mortem glycolysis metabolism of muscles with different fiber types. Journal of Agricultural and Food Chemistry, 65(47): 10310-10316.

Wang X, Lin H, Song Z, et al. 2010. Dexamethasone facilitates lipid accumulation and mild feed restriction improves fatty acids oxidation in skeletal muscle of broiler chicks (*Gallus gallus domesticus*). Comparative Biochemistry and Physiology Part C: Toxicology & Pharmacology, 151(4): 447-454.

Warriss P D, Brown S N, Knowles T G, et al. 1995. Effects on cattle of transport by road for up to 15 hours. The Veterinary Record, 136(13): 319-323.

Webster A B, Fletcher L. 2001. Reactions of laying hens and broilers to different gases used for stunning poultry. Poultry Science, 80: 1371-1377.

Wei F X, Hu X F, Sa R N, et al. 2014. Antioxidant capacity and meat quality of broilers exposed to different ambient humidity and ammonia concentrations. Genetics and Molecular Research, 13(2): 3117-3127.

Wenzlawowicz M V, Holleben K V. 2001. Assessment of stunning effectiveness according to the present scientific knowledge on electrical stunning of poultry in a water bath. Arch Geflügelkd, 65: 193-198.

Whyte P, Collins J D, McGill K, et al. 2001. The effect of transportation stress on excretion rates of campylobacters in market-age broilers. Poultry Science, 80(6): 817-820.

Wilkins L J, Gregory N G, Wotton S B, et al. 1998. Effectiveness of electrical stunning applied using a variety of waveform-frequency combinations and consequences for carcase quality in broiler chickens. British Poultry Science, 39: 511-518.

Wilkins L J, Gregory N G, Wotton S B. 1999. Effectiveness of different electrical stunning regimens for turkeys and consequences for carcase quality. British Poultry Science, 40: 478-484.

Wilkins L J, Wotton S B. 2002. Effect of frequency of the stunning current waveform on carcase and meat quality of turkeys processed in a commercial plant in the UK. British Poultry Science, 43: 231-237.

Winder W W. 2001. Energy-sensing and signaling by AMP-activated protein kinase in skeletal muscle. Journal of Applied Physiology, 91(3): 1017-1028.

Wotton S B, Anil M H, Whittington P E, et al. 1992. Pig slaughtering procedures: Head-to-back stunning. Meat Science, 32: 245-255.

Wotton S, Sparrey J. 2002. Stunning and slaughter of ostriches. Meat Science, 60: 389-394.

Wretman C, Lionikas A, Widegren U, et al. 2001. Effects of concentric and eccentric contractions on phosphorylation of MAPKerk1/2 and MAPKp38 in isolated rat skeletal muscle. The Journal of Physiology, 535(1): 155-164.

Xing T, Gao F, Tume R K, et al. 2019. Stress effects on meat quality: a mechanistic perspective. Comprehensive Reviews in Food Science and Food Safety, 18(2): 380-401.

Xu L, Wang J, Zhang H, et al. 2021a. Vitamin E supplementation enhances lipid oxidative stability via increasing vitamin e retention, rather than gene expression of MAPK-Nrf2 signaling pathway in muscles of broilers. Foods, 10: 2555.

Xu L, Yang H, Wan X, et al. 2021b. Effects of high-frequency electrical stunning current intensities on pre-slaughter stunning stress and meat lipid oxidation in geese. Animals, 11: 2376.

Xu L, Zhang H J, Wan X L, et al. 2020. Evaluation of pre-slaughter low-current/high-frequency electrical stunning on lipid oxidative stability, antioxidant enzyme activity and gene expression of mitogen-activated protein kinase/nuclear factor erythroid 2-related factor 2 (MAPK/Nrf2) signalling pathway in thigh muscle of broilers. International Journal of Food Science & Technology, 55(3): 953-960.

Xu L, Zhang H J, Yue H Y, et al. 2018a. Low-current & high-frequency electrical stunning increased oxidative stress, lipid peroxidation, and gene transcription of the mitogen-activated protein kinase/ nuclear factor-erythroid 2-related factor 2/antioxidant responsive element (MAPK/Nrf2/ARE) signaling pathway in breast muscle of broilers. Food Chemistry, 242: 491-496.

Xu L, Zhang H J, Yue H Y, et al. 2018b. Gas stunning with CO_2 affected meat color, lipid peroxidation, oxidative stress, and gene expression of mitogen-activated protein kinases, glutathione s-transferases, and Cu/Zn-superoxide dismutase in the skeletal muscles of broilers. Journal of Animal Science and Biotechnology, 9: 37.

Xu L, Zhang L, Yue H Y, et al. 2011. Effect of electrical stunning current and frequency on meat quality, plasma parameters, and glycolytic potential in broilers. Poultry Science, 90: 1823-1830.

Young J F, Rosenvold K, Stagsted J, et al. 2003. Significance of preslaughter stress and different tissue PUFA levels on the oxidative status and stability of porcine muscle and meat. Journal of Agricultural and Food Chemistry, 51: 6877-6881.

Young J F, Rosenvold K, Stagsted J, et al. 2005. Significance of vitamin E supplementation, dietary content of polyunsaturated fatty acids, and preslaughter stress on oxidative status in pig as reflected in cell integrity and antioxidative enzyme activities in porcine muscle. Journal of Agricultural and Food Chemistry, 53: 745-749.

Young J F, Stagsted J, Jensen S K, et al. 2003. Ascorbic acid, alpha-tocopherol, and oregano supplements reduce stress-induced deterioration of chicken meat quality. Poultry Science, 82: 1343-1351.

Young L L, Buhr R J. 1997. Effects of stunning duration on quality characteristics of early deboned chicken fillets. Poultry Science, 76: 1052-1055.

Young L L, Northcutt J K, Lyon C E. 1996. Effect of stunning time and polyphosphates on quality of cooked chicken breast meat. Poultry Science, 75: 677-681.

Yu C Y, Mayba O, Lee J V, et al. 2010. Genome-wide analysis of glucocorticoid receptor binding regions in adipocytes reveal gene network involved in triglyceride homeostasis. PLoS One, 5(12): e15188.

Yue H Y, Zhang L, Wu S G, et al. 2010. Effects of transport stress on blood metabolism, glycolytic potential, and meat quality in meat-type yellow-feathered chickens. Poultry Science, 89(3): 413-419.

Zhang C, Luo J, Yu B, et al. 2015. Dietary resveratrol supplementation improves meat quality of finishing pigs through changing muscle fiber characteristics and antioxidative status. Meat Science, 102: 15-21.

Zhang C, Wang L, Zhao X H, et al. 2017. Dietary resveratrol supplementation prevents transport-stress-impaired meat quality of broilers through maintaining muscle energy metabolism and antioxidant status. Poultry Science, 96(7): 2219-2225.

Zhang L, Li J L, Wang X F, et al. 2019. Attenuating effects of guanidinoacetic acid on preslaughter transport-induced muscle energy expenditure and rapid glycolysis of broilers. Poultry Science, 98(8): 3223-3232.

Zhang L, Wang X, Li J, et al. 2017. Creatine monohydrate enhances energy status and reduces glycolysis via inhibition of AMPK pathway in pectoralis major muscle of transport-stressed broilers. Journal of Agricultural and Food Chemistry, 65(32): 6991-6999.

Zhang L, Yue H Y, Wu S G, et al. 2010. Transport stress in broilers. II. Superoxide production, adenosine phosphate concentrations, and mRNA levels of avian uncoupling protein, avian adenine nucleotide translocator, and avian peroxisome proliferator-activated receptor-γ coactivator-1α in skeletal muscles. Poultry Science, 89(3): 393-400.

Zhang L, Yue H Y, Zhang H J, et al. 2009. Transport stress in broilers: I. Blood metabolism, glycolytic potential, and meat quality. Poultry Science, 88(10): 2033-2041.

Zhao J P, Lin H, Jiao H C, et al. 2009. Corticosterone suppresses insulin-and NO-stimulated muscle glucose uptake in broiler chickens (*Gallus gallus domesticus*). Comparative Biochemistry and Physiology Part C: Toxicology & Pharmacology, 149(3): 448-454.

Zhu J, Dong C H, Zhu J K. 2007. Interplay between cold-responsive gene regulation, metabolism and RNA processing during plant cold acclimation. Current Opinion in Plant Biology, 10(3): 290-295.

Ziober I L, Paião F G, Marchi D F, et al. 2010. Heat and chemical stress modulate the expression of the alpha-RYR gene in broiler chickens. Genetics and Molecular Research, 9(2): 1258-1266.

Zivotofsky A Z, Strous R D. 2012. A perspective on the electrical stunning of animals: are there lessons to be learned from human electro-convulsive therapy (ECT)? Meat Science, 90(4): 956-961.

第九章　畜禽肉品质安全与卫生

第一节　霉菌毒素与畜禽产品

霉菌毒素（mycotoxin）一词最早在1960年被使用，当时有10万只火鸡因食用被黄曲霉次生代谢物污染的饲料而死亡。霉菌毒素是霉菌进入生长末期，细胞不再分裂，初生代谢物如蛋白质、类脂、碳水化合物、核酸等累积到一定程度后，通过一系列复杂的生物合成途径而产生的一类有毒的次级代谢产物。由于霉菌的生存环境广泛，任何农作物包括谷物、饲草等，在田间生长、收获、运输、储藏及加工过程中皆可受到霉菌毒素的污染。我国霉菌毒素污染严重，《中国粮食发展报告》指出，我国谷物霉菌毒素阳性率高达90%以上，由霉变造成的损失高达2100万t，直接经济损失为180亿～240亿元/年，间接损失超过1000亿元/年。霉菌毒素的毒性主要包括肝肾毒性、免疫毒性、生殖毒性、胚胎毒性以及致畸性和致癌性。动物采食霉菌毒素后不仅损伤动物肝，降低动物免疫力、繁殖性能、饲料转化效率，霉菌毒素及其代谢产物还能残留于肉、蛋、奶等产品中，危害人体健康。因此霉菌毒素不仅影响饲料粮安全，而且也关乎人民“菜篮子”安全。国内外大量研究表明，霉菌毒素对畜禽肉品质有着直接影响。因此，有效控制和解决霉菌毒素对粮食和饲料的污染，对改善动物生产性能和提高人类食品安全有非常重要的意义。

霉菌毒素根据其影响的器官可分为肝毒素、肾毒素、神经毒素和免疫毒素，根据其影响细胞的方式可分为致畸原、诱变原、致癌物和过敏原，根据其化学来源可分为聚酮类和氨基酸衍生物。目前，霉菌毒素普遍按照产生毒素的霉菌名称来命名与分类。至今，已鉴定到400多种霉菌毒素，其中在各种食品与饲料中广泛存在且危害较大的霉菌毒素有黄曲霉毒素B1（AFB1）、玉米赤霉烯酮（ZEN）、呕吐毒素（DON）、伏马菌素、赭曲霉毒素A（OTA）、T-2毒素以及烟曲霉毒素等。

黄曲霉毒素最早于20世纪60年代初被发现，主要是曲霉属中的黄曲霉（*Aspergillus flavus*）、寄生曲霉（*A. parasiticus*）、特异曲霉（*A. nomius*）等在适宜的生长条件下产生的有毒次级代谢产物。玉米、花生及饼粕最易被黄曲霉污染而产生黄曲霉毒素。此外，麦类、糠麸类饲料、高粱、甘薯、大豆粕、酒糟等均可被黄曲霉毒素污染。黄曲霉毒素是一类化学结构相似的化合物，其基本结构都具有二呋喃环和环香豆素（氧杂萘邻酮），其中，二呋喃环为黄曲霉毒素的基本毒性结构，环香豆素与致癌有关。根据化学结构的不同，衍生物有20多种，容易污染饲料的黄曲霉毒素主要有4种，即黄曲霉毒素B1、黄曲霉毒素B2、黄曲霉毒素G1和黄曲霉毒素G2。黄曲霉毒素毒性大小的顺序依次为黄曲霉毒素B1＞黄曲霉毒素M1＞黄曲霉毒素G1＞黄曲霉毒素B2＞黄曲霉毒素G2＞黄曲霉毒素M2。其中，黄曲霉毒素B1的毒性最强，是氰化钾毒性的100倍，是砒霜毒性的 68 倍。黄曲霉毒素具有热稳定性，裂解温度在 280℃以上，在低温–40℃以下也不能被破坏。黄曲霉毒素被动物摄入后，迅速由胃肠道吸收，经门静脉进入肝，在摄食后的 0.5～1h 后，肝内毒素浓度达到最高水平。动物饲粮中 AFB1 含量超过 20ng/g 时，便可在肝等内脏及畜产品中残留，其中在肉类产品中检出率较高。

玉米赤霉烯酮，又称 F-2 毒素，是由禾谷镰刀菌（*Fusarium graminearum*）等菌种产生的有毒代谢产物。玉米赤霉烯酮是一种二羟基苯甲酸类植物雌激素化合物。玉米赤霉烯酮最初是从有赤霉病的玉米中分离出来的，共有 15 种以上的衍生物。玉米赤霉烯酮主要污染玉米，其次是大麦、小麦、燕麦、高粱和干草，在啤酒、大豆及豆制品、花生和木薯中也可检出。玉米赤霉烯酮具有类雌激素作用，其毒性为雌激素的 1/10，可与子宫内雌激素受体不可逆地结合，影响母畜的生殖系统，严重的可导致母畜流产、产死胎和产木乃伊胎。玉米赤霉烯酮在不同动物的蓄积部位有所不同，猪主要蓄积在肝，鸡主要蓄积在肝和肌肉，牛则主要蓄积在肝和胆汁。

赭曲霉毒素主要是由赭曲霉（*A. ochraceus*）、疣孢青霉（*Penicillium verrucosum*）和炭黑曲霉（*A. carbonarius*）产生的结构相似的次级代谢产物。赭曲霉毒素是异香豆素连接到 β-苯丙氨酸的一系列衍生物，包括赭曲霉毒素 A、赭曲霉毒素 B、赭曲霉毒素 C 等共 7 种结构类似的化合物，其中以赭曲霉毒素 A 的毒性最大。赭曲霉毒素 A 是稳定的无色结晶化合物，赭曲霉毒素在动物体内代谢速度较慢，肉中检出率较高，无论饲粮中赭曲霉毒素含量有多少，其均会转移到动物源性食品中，特别是肾，赭曲霉毒素在组织内残留量依次为肾＞肝＞肌肉＞脂肪。

呕吐毒素也称为脱氧雪腐镰刀菌烯醇，属单端孢霉烯族化合物。呕吐毒素主要由禾谷镰刀菌、尖孢镰刀菌、串珠镰刀菌、粉红镰刀菌、雪腐镰刀菌等产生，由于其可以引起动物呕吐，故名为呕吐毒素。呕吐毒素广泛存在于玉米、小麦、大麦和燕麦中。研究发现，单端孢霉烯族毒素的代谢速度快，肉中基本没有残留。

一、霉菌毒素在畜禽产品中的污染现状

受霉菌毒素污染风险较高的食品包括谷物、大米、豆类、咖啡、葡萄酒、鸡蛋和肉品。尽管针对霉菌毒素污染防控业界已付出巨大努力，但要彻底解除霉菌毒素危害，仍任重而道远。

目前对肉品中霉菌毒素的研究主要集中在 OTA 和 AFB1，尽管研究表明肉品中 AFB1 的污染可以忽略不计，但在近十几年的研究中发现，玉米和配合饲料中 AFB1 的污染极其普遍（Pleadin et al.，2015），这是引起肉品 AFB1 污染的重要途径。AFB1 和 OTA 污染是由生产控制和储存不当造成的，因此需要做好霉菌毒素防控和监测。目前，监管机构还没有对肉、内脏和肉品中霉菌毒素的最高水平作出限量规定。家庭烹饪、烘焙可以适当地降低霉菌毒素的水平，其中，OTA 的含量可减少 20%～30%，说明了预防霉菌毒素污染的重要性。Markov 等（2013）调查了肉品中桔青霉素的发生率，发现桔青霉素的含量较低，浓度接近于所用分析技术的最低检测范围。然而，由于桔青霉素的发生与气候有关，桔青霉素在肉品中的发生和危害需要进一步研究。另外，肉品中桔青

霉素和 OTA 同时发生的情况也应引起高度重视。

（一）肉品中常见的产毒霉菌

曲霉属、镰刀菌属、青霉菌属、链格孢属和麦角菌属等霉菌都能产生霉菌毒素。赭曲霉、花斑曲霉、北欧青霉、疣孢青霉、短密青霉、产黄青霉和波兰青霉在一定的环境和基质条件下会产生有毒的霉菌毒素，常存在于腊肠、干腌火腿和其他肉制品中，对消费者健康构成潜在风险（Perrone et al.，2015）。曲霉属是亚热带和热带国家常见的食品污染物，通常需要在较高温度条件下才能达到最佳生长状态。干腌肉是在低温下加工的，所以曲霉菌的污染率小于青霉菌。*Aspergillus westerdijkiae* 可产生大量的 OTA，在动物源性高盐产品，如干火腿中具有较高的卫生风险，但在干腌香肠和火腿等肉制品中很少发现这种霉菌（Vipotnik et al.，2017）。在埃及开展的一项研究中，两家制造商加工的肉品中最常见的霉菌种类是黑曲霉、黄曲霉和产黄青霉。黄曲霉是一种空气传播的腐生真菌，是最重要的产毒菌种之一，在埃及阿斯由特地区两家公司肉品中所分离到的霉菌中，黄曲霉占 10%（Ismail and Zaky，1999）。在意大利进行的研究表明，干腌肉中的主要霉菌是青霉菌，特别是纳地青霉以及少量的黄青霉属（Ferrara et al.，2016）。

有害霉菌及其毒素问题在肉类行业中日益严重，因此需要更好地了解霉菌污染与生产和加工阶段之间的关系，以尽量减少霉菌和霉菌毒素进入食物链。

（二）肉品中常见的霉菌毒素

霉菌毒素的危害，取决于霉菌毒素的暴露程度，尤其与人类食用受污染的食品有关（Comi and Iacumin，2013）。据估计，全球约有 50 亿人口会暴露于霉菌毒素。然而推算评估食品中霉菌毒素对全球经济影响的公式是极其困难的（Hussein and Brasel，2001）。因此，霉菌毒素常被视为全球公共卫生问题，香料、农作物、肉类和奶制品是食品中霉菌毒素的主要来源。危害最大的是黄曲霉毒素和 OTA，这些霉菌毒素造成的经济和社会危害包括人类和动物的死亡或疾病、兽医和医疗费用、动物生产力下降，以及由污染造成的粮食和饲料损失。可利用农业知识和公共卫生措施，如适当的产品加工和储存，来减少霉菌毒素所带来的危害。研究表明，摄入的黄曲霉毒素会与 DNA 结合改变基因编码，促进肝癌的发生。1993 年，国际癌症研究机构将霉菌毒素分为 1 级（已证实）、2A 级（潜在）和 2B 级（可能）致癌物。OTA 的肝肾毒性和三致作用（致畸、致癌、致突变）也已经得到越来越多的数据支撑，证实其对人类健康存在巨大威胁（高婧等，2022）。

目前已鉴定的400多种霉菌毒素中，只有10～15 种霉菌毒素在食物中发生率较高，造成的公共危害较大，如黄曲霉毒素、呕吐毒素、麦角碱、伏马菌素、赭曲霉毒素、棒曲霉素、玉米赤霉烯酮和单端孢霉烯族毒素。OTA 和黄曲霉毒素可由干腌肉制品中相关的霉菌产生（Asefa et al.，2011）。在意大利腊肠中发现了 OTA，埃及腊肠中发现了 AFB1。在德国的血肠、肝香肠，丹麦的帕尔玛火腿和西班牙的干伊比利亚火腿中检测到了 OTA。在开罗的一项研究发现，与新鲜肉类和罐装肉类相比，汉堡包和香肠中的霉菌数量最高，这可能与汉堡包中添加了被 AFB1 污染的香料有关（Darwish et al.，

2014)。在人类直接或间接接触霉菌毒素的不同途径中，如摄入受污染的肉制品，应考虑到人与动物饲料的关系。

二、肉品中霉菌毒素的污染途径

人们通过食物链而受到霉菌毒素危害，霉菌毒素可以通过直接或间接污染进入食品或饲料加工行业（de Rocha et al.，2014）。

动物源性产品，如肉类和肉制品，一方面是动物摄入霉变饲料产生霉菌毒素残留（间接途径），另一方面是肉品生产过程中使用了受霉菌污染的香料混合物（直接途径）（Turner et al.，2015）。例如，制备火腿时，在肉类和肉品中检测到 OTA，OTA 来自肉品加工过程中霉菌毒素的污染或源于动物采食了发霉的饲料而引起的间接污染（Lippolis et al.，2016）。此外，霉菌毒素能抵抗动物消化系统中的分解代谢，导致霉菌毒素能够在肉品中持续存在。

传统肉制品如发酵香肠、干挂肉片、培根、意式腌肉和火腿等深受世界范围内人们的喜爱，消费者对这些产品的质量和安全性要求越来越高。人们对这些营养丰富肉品的消费越来越多，霉菌毒素污染不同类型肉品的案例不断出现，需要进一步研究霉菌毒素的潜在污染途径。在生产过程中，肉品质量和安全不仅归因于不同的家庭食谱，还与卫生和环境的差异而导致的特定微生物生长有关（Asefa et al.，2010；Zadravec et al.，2020）。

（一）香料中的霉菌毒素污染

加工食品产量和肉类需求的增加是香料消费快速增长的主要原因，许多传统和非传统的香料被用于肉制品的生产，以提供独特的风味。红椒、白胡椒、黑胡椒、甜椒、辣椒、芥末、大蒜、月桂和肉桂是世界上最常用的香料。香料受到霉菌污染主要是因为生产方式滞后、过程控制缺乏和霉菌及毒素减控技术缺乏（黄晓德等，2018）。香料主要从热带和亚热带气候的发展中国家进口，高温、暴雨和潮湿的气候可促进霉菌生长，加剧了霉菌毒素污染。有些香料特别容易受到产毒霉菌和霉菌毒素的影响。香料中最常见的霉菌是曲霉属和青霉菌属（Bokhari，2007）。例如，红辣椒中含有曲霉孢子，会在发酵的香肠内过度生长。Janković 等（2013）分析了 15 种香料中喜旱霉菌的发生情况，发现黑胡椒和白胡椒受霉菌污染最严重。另外，香料通常放在露天的地面晾干，恶劣的户外卫生进一步促进了霉菌的生长和霉菌毒素的产生。Pickova 等（2020）发现，辣椒、肉豆蔻和辣椒粉的问题最大，黄曲霉毒素、OTA 和其他真菌毒素的含量经常超过欧盟限量标准。然而，与黄曲霉毒素和 OTA 相比，对香料中可能存在的其他毒素的研究还不够。在开放式市场购买的香料通常比超市中的香料受到霉菌毒素污染要严重得多（Jalili and Jinap，2012）。辣椒粉和黑胡椒中的 AFB1 含量较高，分别达到 155.7μg/kg 和 75.8μg/kg。同样，辣椒粉和黑胡椒中 OTA 的含量分别高达 177.4μg/kg 和 79.0μg/kg。Pleadin 等（2015）发现，用于干发酵香肠调味的红辣椒粉中的 OTA 含量高达 8.11μg/kg。火腿样本中，OTA 含量较高与胡椒经常被曲霉污染有关，黑曲霉会产生 OTA。然而一些研究表明，香料也会抑制霉菌的生长从而降低肉品中 OTA 的污染（Zadravec et al.，2020）。

（二）霉菌毒素通过携带效应转移

谷物和饲料极易被霉菌毒素污染。研究表明，动物源食品中存在的霉菌毒素可能源自农场动物采食了霉菌毒素污染的饲料（Pleadin et al.，2013），这种影响被定义为不良化合物从污染的饲料转移至动物源食品，这一过程的背景和机制、转移效率和由此产生的人类健康风险值得深入研究。关于霉菌毒素转移至动物源食品，目前只阐明了霉菌毒素的活性。在许多情况下，计算转移的标准化参数仍然不存在，而且由于试验设计的不同，不同的试验通常无法进行比较（Völkel，2011）。

不同组织部位霉菌毒素的转移效率不同，骨骼肌低于 1%，血清和脂肪组织的霉菌毒素转移效率较高。由于肝和肾的解毒作用，因此其转移效率也较高。一旦被宿主吸收，霉菌毒素首先进入血液，并达到可以被检出的浓度。Völkel（2011）证明转移效率不仅在毒素类型和动物宿主之间存在差异，而且同一宿主不同组织之间也存在差异。动物采食被霉菌毒素污染的饲料或原料会引起酶和微生物转化，导致肠道代谢产物的形成。这些代谢物会被吸收进入血液，然后通过尿液和粪便排出体外，但它们的残留物可以残留在可食用的器官和肌肉中（Adegbeye et al.，2020）。玉米赤霉烯酮、单端孢霉烯族毒素和伏马菌素等霉菌毒素的残留较少，通常对公共卫生安全影响不大（Fink-Gremmels and Merwe，2019）。

OTA 是动物源食品中最为常见的霉菌毒素。OTA 在农场动物中具有很高的生物利用度和较长的半衰期，会在动物肉品和器官中残留。OTA 是否转移至牛肉一直存在争议，因为瘤胃微生物会把 OTA 转化为毒性较小的赭曲霉毒素 α。牛肉中没有检测到 OTA 残留，但这可能只适用于消化系统发育良好的成年牛（Völkel，2011），对于犊牛而言，霉菌毒素的转移率与单胃动物相似。家禽对 OTA 相对耐受，因为鸟类比哺乳动物排泄 OTA 的速度更快，所以减少了毒素积累的机会。肉鸡体内 OTA 的半衰期显著低于猪（4.1h vs. 150h），因此肉鸡全身 OTA 暴露较低。Milićević 等（2011）证明，与其他动物来源肉品相比，经鸡肉产品的 OTA 摄入量相对于人类总 OTA 摄入量微不足道。猪是对 OTA 最为敏感的物种，饲料中污染的 OTA 能够在猪体内组织中被检测到。因此，应该对猪血液和组织中 OTA 的含量进行检测，从而评估 OTA 给动物和人类健康带来的风险。

不同组织中的 OTA 含量主要取决于暴露时间、剂量和摄入途径。在肉类及其副产品，特别是肾和全血中检测到 OTA，这可能与当地传统肉制品的特殊加工方式有关，如午餐肉和香肠等肉品中都添加了猪血或血浆。

根据 2006 年欧洲食品安全局研究报告，食用猪内脏中 OTA 的平均污染水平在 0.17～0.20μg/kg。猪采食含有 200μg OTA/kg 的饲料，肾、肝和肌肉组织中 OTA 的含量分别为（9.6±2.7）μg/kg、（6.3±1.7）μg/kg 和（1.9±0.6）μg/kg，脂肪组织中 OTA 的含量最低，为（1.1±0.6）μg/kg（Rossi et al.，2006）。90 日龄猪采食含有 100μg/kg OTA 的饲料，肝、肌肉和肺中 OTA 的含量分别为 7.9μg/kg、2.7μg/kg 和 16.2μg/kg。40 日龄猪每天摄入 0.68mg OTA，导致烟熏火腿中 OTA 含量为 1.255～5.645μg/kg，进一步说明了 OTA 具有残留效应（Dall'Asta et al.，2010）。Perši 等（2014）研究了猪连续 30 天摄入 300μg/kg OTA 日粮后组织和肉品中 OTA 的残留情况，结果表明，

OTA 在肾、肺、肝、血液、脾、心脏和脂肪组织中的浓度较高。熟肉制品中，OTA 平均浓度较高的分别为黑香肠[（14.02±2.75）μg/kg]、肝香肠[（13.77±3.92）μg/kg]、肉酱[（9.33±2.66）μg/kg]。

迄今为止，在牛奶、猪组织和鸡蛋中均发现了黄曲霉毒素残留。AFB1 会在猪体内残留，肝、肌肉和脂肪组织中能检测到 AFB1。饲料中添加硅酸铝等吸附剂会降低黄曲霉毒素 M1 在肝、肾和肌肉组织中的含量，而 AFB1 仅在肌肉组织中含量降低，在肝和肾中的残留并没有减少（Beaver et al.，1990）。

相对而言，对桔青霉素等霉菌毒素的残留相关研究较少，桔青霉素对人类健康的危害主要是通过摄入受污染的植物源产品。Meerpoel 等（2020）研究表明，饲料中的桔青霉素可转移到猪的食用组织中，但转移效率较低，保持在 0.1%～2%。猪连续 3 周采食含有 1mg/kg 桔青霉素的饲料，对肾、肝、空肠或十二指肠没有显著的毒性作用，但线粒体损伤会引起氧化应激，这是桔青霉素毒害作用的关键机制。

（三）肉品表面的霉菌产生霉菌毒素

产霉菌毒素的霉菌适宜在植物和动物源基质上生长，尤其是在温暖、相对湿度较高的环境中。常见的产毒菌属有曲霉属、青霉菌属、镰刀菌属、麦角菌属、链格孢属、茎点霉属和葡萄穗霉属（Binder et al.，2007）。在肉品成熟过程中，干腌肉制品表面长满了霉菌。由于成熟时间较长，且传统的家庭环境缺乏微生物过滤器和压力屏障，温度和空气相对湿度无法控制，从而加剧了霉菌的过度生长。肉品表面霉菌的适宜生长条件为温度 10～45℃、pH 值 1.5～10、有氧条件、盐含量 20%（Hamad，2012）。霉菌中的酶会单独或与肉品填充物中的内源酶共同参与发酵和成熟，但也会因产生霉菌毒素而污染肉品（Iacumin et al.，2011）。在干发酵香肠和熏火腿漫长的成熟过程中，肉品表面过度生长的霉菌会产生霉菌毒素（Pleadin et al.，2017；Zadravec et al.，2020）。肉品表面过度生长的霉菌大多是青霉菌和曲霉菌，主要的产毒霉菌有赭曲霉、杂色曲霉、青霉菌，常见于意大利腊肠和干腌火腿中（Perrone et al.，2015）。

OTA 主要由赭曲霉产生，而桔青霉素主要由桔青霉产生。疣状青霉菌能够产生 OTA 和桔青霉素，因此这两种霉菌毒素可能同时存在于各种食物中。北欧青霉菌是蛋白质食物中的一种污染物，这种霉菌可以在低温下生长，特别是盐含量＞5%时，所以经常从冷冻的蛋白质食品中分离出北欧青霉菌，如干腌火腿、意大利腊肠和咸鱼。肉品中大量存在霉菌毒素的情况并不少见，因为肉制品外壳开裂促使霉菌毒素扩散到产品内部。

Matrella 等（2006）发现，40% OTA 阳性的干腌火腿中，OTA 的平均浓度为 4.06μg/kg，最高浓度为 28.4μg/kg，成熟过程中受到 OTA 产毒菌污染会造成 OTA 含量超标。Pietri 等（2006）分析了意大利北部的猪肉产品，发现 17%的干腌火腿中 OTA 含量较高，OTA 浓度超过 1.0μg/kg，同样，只有直接的产毒菌污染才会造成如此高浓度的 OTA 污染，这归因于疣状假单胞菌的污染。在 110 多个不同的意大利火腿样品中，有 84 个样品表面的 OTA 浓度为 0.53μg/kg，32 个样品内层的 OTA 浓度低于 0.1μg/kg。Iacumin 等（2009）调查了意大利北部干香肠中 OTA 的发生率，发现香肠外部受到大量 OTA 污染（3～

18μg/kg），而香肠内部 OTA 含量降低，说明了完好的肠衣可以避免 OTA 污染。Roncada 等（2020）发现，25%的意大利手工萨拉米香肠表面存在 OTA，其浓度超过 1μg/kg。肉品表面霉菌毒素的发生与表面受到霉菌污染有密切的联系。

三、肉品中霉菌毒素污染的防控措施

食品和饲料中存在的霉菌毒素严重威胁经济和人类健康，会造成人和动物发病或死亡。欧盟允许食品中含有黄曲霉毒素的最大限量，特别是规定的 AFB1 和黄曲霉毒素总水平的限量标准，不适用于肉类、内脏和肉制品。欧盟委员会也规定了食品中 OTA 的最大限量，但同样也不适用于肉类、内脏和肉制品。此外，肉类、内脏和肉制品中桔青霉素、杂色曲霉素和环匹阿尼酸的限量标准尚未建立。丹麦对猪肾中 OTA 的最高限量是 10μg/kg，爱沙尼亚对猪肝中 OTA 的最高限量标准是 10μg/kg，罗马尼亚对猪肾、肝和肉类中 OTA 的最高限量标准是 5μg/kg，斯洛伐克对肉类中 OTA 的最高限量标准是 5μg/kg，而意大利对猪肉和肉品中 OTA 含量的指导值为 1μg/kg。许多国家缺乏管理这一领域的立法，但生产商应该意识到肉品受到霉菌毒素污染的可能性，并通过危害分析与关键控制点程序系统控制霉菌毒素，以判断肉品霉菌毒素污染情况。

众所周知，肉制品的生产技术，如热处理、腌制、干燥、成熟以及储存，并不能显著减少肉品中霉菌毒素的含量（Bullerman and Bianchini，2007）。因此，要防止肉品中霉菌毒素的发生，关键是控制和防止使用受霉菌毒素污染的原材料。必须有效地控制霉菌生长，因为霉菌的生长会严重损坏肉品的感官特性（Ockerman et al.，2000）。由于基质的水活度影响霉菌毒素的产生能力，因此可以通过控制水活度和调节干燥的成熟温度来防止霉菌毒素的产生。例如，水活度为 0.99 时，霉菌毒素的产量显著高于水活度为 0.97 或 0.95 时的产量（Asefa et al.，2011）。

霉菌污染防控对策如下。

1）加大行业环节整合。通过现代供应订单、合作基地、产地加工模式促进腌制肉品生产、加工环节的整合，从而增强各环节人员质量控制意识，避免或降低当前因养殖、加工分离，产业链上下游脱节严重等导致的霉菌污染风险。

2）建立和完善产业链过程防控技术。通过体系衔接、溯源技术建立涵盖生产基地、加工企业、流通销售整个过程的产业链过程防控技术。

3）研发霉菌及毒素消减技术和霉菌污染防控技术。例如，在肉品成熟过程中，应不断地用刷子或水冲洗产品表面的霉菌，从而防止过度发霉。制造商通常会在干燥和成熟时清洗干腌肉制品，以去除可见的霉菌菌落。研究发现，经刷洗处理的干发酵香肠外表面的 OTA 浓度低于分析方法的检测阈值。用刷、洗或气压去除霉变层后，在熟透的香肠表面喷洒米粉也是常用的方法。Iacumin 等（2009）建议发酵香肠的表面应先刷后洗，以降低 OTA 浓度，减轻对消费者的危害。为了防止肉品在成熟过程中表面过度发霉，肉品之间应保持足够的距离，使气流通畅。肉品熟化应在熟化室中进行，熟化室配有微生物过滤器以便提供新鲜空气。在进气和催熟前，催熟室表面应涂上杀菌剂涂层，入口应设置压力屏障。不受控制的肉制品生产主要发生在农村家庭，因为受外部因素影响较大，促使表面有毒霉菌的生长，从而导致肉制品受到污染。欧洲国家对某些类型干腌肉制品进行的研究仅解决了部分表面霉菌和霉菌毒素污染的问题。此外，与霉菌形成相关的理化参数如水活度、pH 值、水分和盐含量尚未得到充分研究。在一些传统的肉品生产地区，气候条件下的霉菌流行情况也有待研究。因此，如何防止肉品霉菌毒素污染应当引起足够重视。

第二节　重金属与畜禽肉品质安全

重金属（heavy metal，HM）是指原子序数大于 20，原子密度大于 $5g/cm^3$ 的元素，且必须表现出金属的性质（Sarmistha et al.，2021）。符合定义的 54 种元素均可称为重金属。根据人与动物的营养需要分为必需金属元素和非必需金属元素。根据环境中元素含量可将其分为微量元素和痕量元素。钴（Co）、铜（Cu）、铁（Fe）、锰（Mn）、钼（Mo）、镍（Ni）、硒（Se）、锌（Zn）等金属属于必需微量元素。必需微量元素是各种生化和生理功能所必需的营养物质，这些微量营养素供应不足会导致各种缺乏性疾病或综合征，但过量也会导致人或动物中毒。其他金属如铝（Al）、锑（Sb）、砷（As）、钡（Ba）、铍（Be）、铋（Bi）、镉（Cd）、镓（Ga）、锗（Ge）、金（Au）、铟（In）、铅（Pb）、锂（Li）、汞（Hg）、镍（Ni）、铂（Pt）、银（Ag）、锶（Sr）、碲（Te）、铊（Tl）、锡（Sn）、钛（Ti）、钒（V）、铀（U）为非必需痕量金属元素，无确定的生物学功能（Tchounwou et al.，2012）。其中，汞（水银）、镉、铅、铬以及类金属砷等生物毒性显著的重金属元素因可导致机体产生过量的活性氧（ROS）和氧化应激，并致癌，而被列为具有威胁公共健康的五大重金属元素。重金属性质稳定，半衰期长，难以被生物降解，相反却能在食物链的生物放大作用下，大量地富集，通过饲料或环境最后进入动物和人体。重金属在动物和人体内能和蛋白质及酶等发生强烈的相互作用，使它们失去活性，也可能在动物和人体的某些器官中累积，损伤不同器官系统，造成慢性中毒。

近年来，与这些金属造成的环境污染有关的生态和全球公共卫生问题日益受到关注。虽然重金属是自然中存在的元素，遍布地壳，但大多数环境污染和人类接触是由人类活动造成的，环境中已报道的重金属来源包括地质、工业、农业、制药、家庭废水和大气来源。工业来源包括炼油厂的金属加工、发电厂的燃煤、石油燃烧、核电站和高压线路、塑料、纺织、微电子、木材防腐和造纸加工厂。环境污染也可以通过金属腐蚀、大气沉积、金属离子的土壤侵蚀和重金属的浸出、沉积物再悬浮以及从水资源到土壤和地下水的金属蒸发等途径发生。矿山、铸造厂、冶炼厂等点源式区域的环境污染非常突出。自然现象如风化和火山爆发也被报道为重金属污染的重要原因。

在畜禽动物的饲养过程中，会使用一些含有重金属添加剂（Cu、Zn 等）的饲料来提升畜禽生长速度、提高饲料吸收效率、预防和控制疾病（刘鹏等，2019），但是添加在饲料中的重金属在动物体内的利用率很低，其中 95%以上的 Cu、Zn 会随畜禽粪便和尿液进入环境中（何增明，2011）。然而，大部分规模化以下的养殖场几乎不会建立污染处理设施，这样会导致排放的畜禽养殖废弃物中的重金属含量超过施用肥料标准限定，如果直接作为肥料，不仅会对土壤造成严重污染，还会被农作物吸收富集，人食用这样的农作物后，重金属元素就会进入人体内并对健康产生危害，严重影响其资源化利用效率（Wang et al.，2018）。由于重金属潜在危害大，具有污染范围易扩散、生物半衰期长、难降解、易富集、沿食物链放大等特点，畜禽养殖废弃物的处理及资源化利用技术的研发已成为当前农村环境治理的重要内容（沈杭，2018）。

一、镉与畜禽肉品质安全

镉（cadmium，Cd），密度 8.65g/cm^3，重有色金属元素，单质为银白色金属，熔点 321℃，沸点 767℃，原子序数 48，是相对的稀有元素。镉化学性质活泼，无单质形式存在，主要存在于锌矿石或硫镉矿中，高温下镉与卤素反应激烈，形成卤化镉。也可与硫直接化合，生成硫化镉。镉可溶于酸，但不溶于碱。镉的氧化态为+1、+2。氧化镉和氢氧化镉的溶解度均很小，它们溶于酸，但不溶于碱。镉可形成多种配离子，如 $Cd(NH_3)$、Cd(CN)、CdCl 等。锌矿石中含镉为 0.1%～0.3%，土壤含镉为 0.01～2mg/kg，大气中镉的浓度为 0.003～0.6μg/m^3，镉在海水中含量为 0.024～0.25μg/m^3，在工业城市附近水域及沿海地区镉含量高。在自然环境中，镉主要以正二价形式存在，金属镉本身无毒，但其蒸气有毒，其化合物中以镉的氧化物毒性最大，而且属于累积性的。镉的毒性较大，被镉污染的空气和食物对人体危害严重，可造成细胞氧化损伤，引起 DNA 断裂，破坏细胞内物质，降低酶活。同时，镉在土壤中具有较强的活性，极易被作物吸收，含镉的矿山废水污染的河水及河两岸的土壤、粮食、牧草，通过植物或动物进入人体，且在人及动物体内代谢较慢，即使饮用水中镉浓度低至 0.1mg/L，也能在人体（特别是妇女）组织中积聚，潜伏期可长达 10～30 年，且早期不易觉察。人体内镉的生物学半衰期为 20～40 年。世界卫生组织（WHO）将镉作为优先研究的食品污染物，联合国环境规划署（UNEP）和国际劳动卫生重金属委员会把镉列为第 6 位危害人体健康的有毒物质。近年来，由于饲料原料的污染，饲料产品中镉超标事件时有发生。日本因镉中毒曾出现“骨痛病”。欧盟将镉列为高危害有毒物质和可致癌物质并予以规管。2019 年 7 月 23 日，镉及镉化合物被列入《有毒有害水污染物名录（第一批）》。

（一）镉对动物性食品的污染及危害

镉通过饲料、水、空气等进入动物体内，对动物生长有明显的毒害作用。动物消化道的吸收率一般在 10%以下，呼吸道的吸收率为 10%～40%。进入体内的镉大部分蓄积于肾和肝中，其次为皮肤、甲状腺、骨骼、睾丸和肌肉组织。已有许多研究表明，镉可到达动物的生殖系统，并蓄积在肉、蛋、奶等动物性食品中。镉在动物体内的含量与动物所食植物污染程度、种类、部位以及动物年龄有关。矿物饲料添加剂镉含量高，加工不完全的含锌矿物质饲料原料可能含有高浓度的镉，导致添加剂预混料和配合饲料中镉含量严重超标。在配合饲料生产过程中，使用表面镀镉的设备器皿时，因酸性饲料将镉溶出，也可造成饲料的镉污染。另外，“三废”（废水、废气、废渣）、含镉化肥等亦是镉的污染来源。镉被人或动物吸收后主要与金属硫蛋白结合，存储于肝、肾、肺、睾丸、脑和骨骼及血液系统中。长期摄入低浓度的镉会引起人或动物慢性中毒，且具有致癌、致畸、致突变作用。同时，镉可通过受污染的动物性食品危及人类健康。

近几十年来，鲜肉类、肉制品、蔬菜和鱼类的重金属污染以前所未有的速度增加，而镉污染问题尤为突出（Bortey-Sam et al.，2015）。在2015～2017年中国33个省份肉制品重金属调研分析研究报告中发现，在被检的肉制品中镉检出率100%，而肉制品重金属含量较高的地区主要集中在内蒙古和陕西等地，这些地区均为矿物高度开发地区（Wang et al.，2019）。因此，对肉类中潜在有毒金属的监测和严格控制非常重要，尤其要高度重视矿物高度开发地区肉制品有毒金属的检测。研究表明，牛（Farmer and Farmer，2000）、绵羊（MacLachlan et al.，2016）和马（Liu，2003）肉中均存在镉残留物。Tang等（2019）研究发现，镉会引起鸡胸肉氧化损伤和炎症反应，并且提高鸡胸肉的滴水损失，降低鸡胸肉45min和1h pH值，导致肉品质降低。Okoye和Ugwu（2010）报道，受环境污染影响，羊肉中的镉含量超标，导致羊肉品质下降。肉制品富含蛋白质和必需氨基酸，还含有微量元素等重要微量营养素，是人类膳食中营养价值高的成分之一，有益于人体健康，深受消费者喜爱，但是镉的污染会导致肉制品的营养流失。研究发现，镉会降低肉中不同氨基酸含量，如缬氨酸、亮氨酸、精氨酸和脯氨酸，导致肉品质降低和营养流失。

（二）镉的限量标准

镉容易在海洋生物中蓄积，其次为畜禽的内脏，镉可到达生殖系统，污染畜禽的肉、蛋、奶等动物性食品。因此，我国及欧盟和世界其他国家对畜禽养殖环节和动物性食品中的镉做了严格的限量规定。我国畜禽生产环节及动物性食品中镉的限量标准见表9-1，畜产品中镉污染限量标准见表9-2。

表9-1　镉限量标准（中国）（张娟，2020）

污染项目	国标类型	污染具体类型	污染限量标准	
水/（mg/L）	《生活饮用水卫生标准》	饮用水	≤0.005	
	（GB 5749—2006）*	环境水	Ⅰ类/Ⅱ～Ⅳ类/Ⅴ类	≤0.001/0.005/0.01
土壤/（mg/kg）	《土壤环境质量 农用地土壤污染风险管控标准（试行）》（GB 15618—2018）	水田	pH≤5.5/5.5<pH≤6.5/6.5<pH≤7.5/pH>7.5	≤0.3/0.4/0.6/0.8
饲料原料/（mg/kg）	《饲料卫生标准》（GB 13078—2017）	植物性饲料原料	≤1	
		水生软体动物及其副产品	≤0.75	
		其他动物源性饲料原料	≤2	
		石粉	≤0.75	
		其他矿物质饲料原料	≤2	
		添加剂预混合饲料	≤5	
饲料产品/（mg/kg）	《饲料卫生标准》（GB 13078—2017）	浓缩饲料	≤1.25	
		精料补充料（除犊牛、羔羊外）	≤1	
		配合饲料（除虾、蟹、海参、贝类、水产外）	≤0.5	
食品/（mg/kg）	《食品安全国家标准》	蛋及蛋制品	≤0.05	

*. 该标准已于2023年4月1日废止，请读者参考GB 5749—2022

表 9-2 畜产品中镉污染限量标准 （单位：mg/kg）

畜产品	《食品安全国家标准 食品中污染物限量》（GB 2762—2017）	欧盟委员会发布条例限量（EU）No. 488/2014
肉类（畜禽内脏除外）	≤0.1	≤0.05
畜禽肝	≤0.5	≤0.5
畜禽肾	≤1.0	≤1.0
肉制品（肝制品、肾制品除外）	≤0.1	
肝制品	≤0.5	
肾制品	≤1.0	
鱼类	≤0.1	≤0.05
甲壳类	≤0.5	

世界卫生组织（WHO）1972 年建议，镉的日允许量应为“无”，而暂定允许每周摄入量为每个成人 0.4～0.5mg，或每千克体重 0.0083mg。1988 年 FAO/WHO 提出成年人镉暂定每周耐受摄入量（PTWI）为每千克体重 0.007mg。我国食品卫生标准规定肉及肉制品、蛋及蛋制品等限量（以 Cd 计）标准分别为 0.1mg/kg、0.05mg/kg。欧盟标准更严格，肉类镉的最高残留限量（MRL）为 0.05mg/kg。我国及欧盟畜禽肝、畜禽肾的限量标准相同，分别为 0.5mg/kg 和 1.0mg/kg。

二、铅与畜禽肉蛋奶品质安全

铅（lead，Pb），密度 11.3437g/cm^3，重有色金属元素，单质为柔软的蓝灰色金属，熔点 327.46℃，沸点 1740℃，原子序数为 82，原子量为 207.2，是原子量最大的非放射性元素。铅主要氧化态为+2、+4，常见含铅的物质包括密陀僧（PbO）、黄丹（Pb_2O_3）、铅丹（Pb_3O_4）、铅白[$Pb(OH)_2 \cdot 2PbCO_3$]、硫酸铅（$PbSO_4$）等。常温下空气中，铅表面易生成一层氧化铅或碱式碳酸铅，使铅失去光泽且防止进一步氧化。铅易和卤素、硫化合生成 $PbCl_4$、PbI_2、PbS 等。与稀硫酸反应放出氢并生成难溶的 $PbSO_4$ 覆盖层，使反应中止。但易溶于热的浓硫酸生成 $Pb(HSO_4)_2$ 并放出 SO_2。与稀硝酸或浓硝酸反应均可生成硝酸铅[$Pb(NO_3)_2$]。在有氧存在条件下可溶于乙酸等有机酸，生成可溶性的铅盐。与强碱溶液缓慢地反应放出氢气生成亚铅酸盐。在有氧气条件下，与水反应生成难溶的 $Pb(OH)_2$。自然界主要以方铅矿（PbS）及白铅矿（$PbCO_3$）的形式存在，也存在于铅矾（$PbSO_4$）中，偶然也有本色铅。铅矿中常杂有锌、银、铜等元素。铅及其化合物的用途广，冶金、蓄电池、印刷、颜料、油漆、釉料、焊锡等作业均可接触铅及其化合物。大多数铅盐不溶于水，只有硝酸盐[$Pb(NO_3)_2$]和乙酸盐[$Pb(CH_3COO)_2$]例外。严重铅中毒会引起腹泻与呕吐，但铅中毒通常是慢性的，症状是腹痛、肌肉痛、贫血及神经与大脑损伤。儿童尤其易从汽车排放的废气中吸入过量的铅。儿童血液中铅的半衰期为 25～35 天，软组织中铅的半衰期为 30～40 天，骨骼内的铅半衰期约为 10 年。地壳中，铅的含量为 14mg/kg，煤炭中铅含量为 2～370mg/kg，土壤、水、空气与食品中均含有微量的铅，居民区大气中铅的日平均最高容许浓度为

0.000 07mg/mL，地面水中最高容许浓度为 0.1mg/L。2019 年 7 月 23 日，铅被列入《有毒有害水污染物名录（第一批）》。

（一）铅对动物性食品的污染及危害

铅是最常见的导致动物中毒的重金属之一，是一种公认的具有高毒性的重金属，它可以沉积在土壤和水资源中，这是牲畜饮食中铅污染的来源。煤炭及含铅汽油的燃烧产生的“三废”是环境和食品中铅的主要来源。水生生物的浓缩是造成铅对食品污染的另一主要原因。在农业上，使用含铅杀虫剂，汽车尾气导致的大气铅污染，食品加工、贮藏及运输过程中使用的容器、包装材料等均可导致食品铅污染。铅主要从呼吸系统和消化系统吸收，也可以从皮肤吸收（Neathery et al.，1987）。摄入体内的铅主要分布在肝、肾中，其次为脾、肺、脑和肌肉组织，95%的铅均会转移至骨骼中。铅可到达动物的生殖系统，蓄积在动物性食品肉、蛋、奶中，对人类健康造成极大威胁。铅及其化合物均具有一定毒性，毒性大小由体液内溶解度的大小决定。难溶于水的化合物毒性小于易溶于水的化合物。有机铅化合物的毒性大于无机铅。铅的生物蓄积会导致机体组织和器官的多种毒性作用。铅污染可能导致人类和畜禽的许多健康问题，包括肾病、肝病、神经系统疾病、呼吸系统疾病和生殖障碍等（Papanikolaou et al.，2005；Nakade et al.，2015）。铅会损伤动物细胞，包括生长、增殖、分化、损伤修复过程和细胞凋亡（Balali-Mood et al.，2021）。此外，铅还会引起 ROS 产生、抗氧化防御减弱、酶失活和氧化应激（Patrick，2006）。铅对特定的大分子可选择性结合，如铅与氨基乙酰丙酸脱水酶和铁螯合酶相互作用（Balali-Mood et al.，2021）。铅与某些蛋白质的反应，诱导氧化应激和 DNA 损伤被认为是其致癌性的重要原因。铅不能在体内代谢，主要通过尿液排出（Hossain et al.，2014）。

接触铅会导致机体生理功能发生变化。研究发现，家畜对铅日粮可耐受摄入剂量为 360μg/kg，最大可耐受剂量为 30 000μg/kg（Fox，1987）。动物的最大耐受水平是基于动物组织中铅浓度的考虑和有限的采食时间。铅中毒对家畜的影响包括铅在组织（特别是肝、肾和骨骼）中的积累、采食量下降、生长减缓、瘤胃停滞、腹泻、虚弱、肌肉震颤、贫血、唾液分泌过多、失明、兴奋过度等，严重时可导致死亡（Fox，1987）。

对于哺乳动物和禽类，铅可以大量积累在骨骼中（Agrawal，2012）。由于形成的铅-磷酸盐络合物稳定性强，因此铅在骨骼中的沉积高度持久。虽然骨头不是鸡肉的可食用部分，但骨头的变化可以作为铅暴露和家禽健康的重要指标。对禽类的研究表明，随着骨骼中铅浓度的增加，会导致骨质疏松症和骨质脆弱（Álvarez-Lloret et al.，2014）。肾中铅含量最高，因为铅通过肾小球过滤浓缩；肝负责解毒各种代谢物，因此被认为是动物软组织中最大的铅库（Papanikolaou et al.，2005）。肝中较高的血量也可能是铅含量较高的原因。蛋鸡肌肉中铅含量明显低于内脏中铅含量，这可能是因为肌肉细胞充满了肌动蛋白和肌球蛋白，它们对铅的亲和力相对较低（Goering，1993）。

Phillips 等（2010）研究发现，5～25mg/kg 的铅会影响猪的生长、胴体组成和繁殖。随着日粮中铅含量的增加，组织中的铅浓度随之增加，铅暴露最敏感的组织是肾、肝、毛发和牙齿。Wang 等（2019）在 2015～2017 年，对我国主要肉制品生产省份进行了 5 种重金属（镉、铅、砷、铬、汞）含量的分析，发现肉制品中重金属含量较高的地区主要是内蒙古、陕西、青海和西藏。鉴于我国部分地区肉制品中某些重金属含量较高，为了保障食品安全，需加强全国肉制品中重金属的检测，尤其是铬和铅的监测。

（二）铅的限量标准

动物性食品中的铅含量见表 9-3。我国《食品安全国家标准　食品中污染物限量》（GB 2762—2017）规定铅的 MRL（以 Pb 计）见表 9-4。

表 9-3　动物性食品中的铅含量　（单位：mg/kg）

食品名称	铅含量	食品名称	铅含量
猪排	0.16	乳粉	0.41
牛肾	0.35	蛋	0.00～0.15
熟碎肉	0.15～0.18	奶	0.02～0.14
羔羊排骨	0.15	干鱼	1.31～1.64
鲜牛肝	0.29～0.40	小虾	0.31～0.45
熟香肠	0.16～1.60	牡蛎	0.41
羔羊骨髓	0.37	贝类	3.00
牛颈肉	0.20	大红虾	2.50
牛骨髓	0.07	鲜鱼	0.54
家禽肉	<0.30		

表 9-4　食品中铅污染限量　（单位：mg/kg）

食品名称	GB 2762—2017
乳及乳制品（生乳、巴氏杀菌乳、灭菌乳、发酵乳、调制乳、乳粉、非脱盐乳清粉除外）	≤0.3
生乳、巴氏杀菌乳、灭菌乳、发酵乳、调制乳	≤0.05
畜禽肉类	≤0.2
鱼类、甲壳类	≤0.5
畜禽内脏、肉制品	≤0.5
蛋及蛋制品（皮蛋、皮蛋肠除外）	≤0.50
皮蛋、皮蛋肠	≤0.5

三、汞与畜禽肉品质安全

汞（mercury，Hg），在化学元素周期表中位于第 6 周期、第ⅡB 族，原子序数 80，俗称水银，是常温常压下唯一以液态存在的金属，密度 13.59g/cm^3。汞是银白色闪亮的重质液体，熔点–38.86℃（101 325Pa 大气压），沸点 356.72℃（101 325Pa 大气压），化学性质稳定，甲基汞的半衰期为 40～50 天，乙基汞的半衰期 6 天左右，不溶于酸也不溶于碱。汞常温下即可蒸发，汞蒸气和汞的化合物多有剧毒（慢性），为非必需元素。与银类似，汞也可以与空气中的硫化氢反应。汞具有恒定的体积膨胀系数，其金属活跃性低于锌和镉，且不能从酸溶液中置换出氢。一般汞化合物的化合价是+1 或+2，+4 价的汞化合物只有四氟化汞，而+3 价的汞化合物不存在。最危险的汞有机化合物是二甲基汞[$(CH_3)_2Hg$]，仅几微升（$10^{-9}m^3$ 或 $10^{-6}dm^3$ 或 $10^{-3}cm^3$）二甲基汞接触皮肤即可致死。2017 年 8 月 16 日起，《关于汞的水俣公约》对中国正式生效，其中明确说明“自 2026 年 1 月 1 日起，禁止生产含汞体温计和含汞血压计”。2017 年 10 月 27 日，世界卫生组织国际癌症研究机构公布了致癌物清单，汞和无机汞化合物被列入 3 类致癌物清单中。2019 年 7 月 23 日，汞及汞化合物被列入《有毒有害水污染物名录（第一批）》。

汞是自然生成的元素，天然的汞是汞的 7 种同位素的混合物。汞微溶于水，在有空气存在时溶解度增大，见于空气、水和土壤中，广泛存在于各类环境介质和食物链（尤其是鱼类）中。一般动物植物中均含有微量的汞。汞可以在生物体内积累，很容易被皮肤以及呼吸道和消化道吸收。水俣病是汞中毒的一种类型。汞破坏中枢神经系统，对口、黏膜和牙齿均有不良影响。长时间暴露在高汞环境中可以导致脑损伤和死亡。尽管汞沸点很高，但在室内温度下饱和的汞蒸气已经达到了中毒剂量的数倍。汞剂对消化道有腐蚀作用，对肾、毛细血管均有损害作用。

（一）汞对动物性食品的污染及危害

汞是全球环境中毒性最高的重金属之一。天然汞有三种形式：元素汞、无机汞和有机汞。环境中的汞污染主要是工业生产和含汞农药的使用。工业生产，如金属汞及其化合物在仪表、医药、化工、印染、造纸、冶金、涂料等工业产生的“三废”可直接污染大气、水体和土壤，进而污染饲料及动物性食品。土壤中汞的本底浓度为 0.03～0.3mg/kg；大气中为 0.1～1.0ng/kg；水中汞的本底浓度，内陆地下水为 0.1μg/kg，海水为 0.03～2μg/kg，泉水在 80μg/kg 以上，湖水、河水不超过 0.1μg/kg。另外，汞在鱼体内可发生甲基化反应，能将无机汞转化为毒性更强的甲基汞。汞（Ⅱ）是一种无机形式，可对人体健康造成严重的不利影响，还可通过还原硫酸盐水生细菌转化为亲脂性有机化合物甲基汞（Clarkson，1992；Farina et al.，2013）。环境中的汞均可通过自然界的生物链得到浓缩，并最终通过食物链到达动物和人体内。主要食物链有：①陆生动物食物链：土壤汞—植物—动物（或人）—人；②水生动物食物链：水中甲基汞—浮游生物—浮游植物—甲壳类和草食鱼类—杂食鱼类—人。

动物性食品中的汞主要以甲基汞的形态存在，而植物性食品中主要以无机汞的形态存在。无机汞及其转化的有机汞很容易被动物和植物吸收，主要通过食物链进入人体，摄入的汞经胃肠道吸收后积累到不同的人体组织和器官中（Rebelo and Caldas，2016）。如果器官中的汞含量超过正常水平，其毒性将对神经、肾、运动、免疫和生殖系统等生物系统造成长期的不良影响。健康问题的症状包括记忆缺陷、疲劳增加、肌肉力量下降、血浆肌酐水平的脑损伤、肾衰竭和各种运动障碍等（Ou et al.，2015；Buck et al.，2016；

Driscoll et al.，2013）。

甲基汞通过食物链和食物网进行生物放大，对鱼类产品的安全构成威胁（Lavoie et al.，2014；Lepak et al.，2016）。汞污染的水及水中的藻类和浮游生物等均对鱼的产量、品质及繁殖产生影响，且肉食性鱼类体内汞的蓄积量高于同一环境中的草食性鱼类。除了鱼类，水禽和鸟类体内也容易蓄积汞。水禽生活在水生和陆地生态系统中，它们容易受到环境中的水、饲料和土壤的汞污染。以鸭为例，公众对鸭肉的兴趣在过去 10 年里迅速增加（Faten et al.，2014），尤其是亚洲国家，食用鸭肉和鸭蛋的消费者数量迅速增加。一方面，鸭肉具有独特的风味，另一方面，鸭肉和鸭蛋具有较高的氨基酸和脂肪酸含量。然而，在传统的养殖系统中，鸭类很容易受到汞污染。鸭的饲料来自甲壳动物、软体动物和海洋中的小鱼，这些原料可能是鸭肉和鸭蛋汞污染的主要来源之一。虾等甲壳动物是制作鱼、鸭饲料以提高其生产力的主要原料之一。被污染的水体中的汞在虾等甲壳动物中积累，然后进入食物链和食物网，影响水禽肉产品及蛋制品的安全，最终在人体内累积，威胁人类健康（Susanti et al.，2017）。

鱼粉是重要的蛋白质饲料，被广泛地应用于猪等家畜及鸡、鸭等家禽饲料中。研究表明，家禽组织中汞积累量与摄入鱼粉中的汞浓度相关（Björnberg et al.，2003）。雌禽卵中的汞浓度与母体内部组织中的汞浓度呈正相关关系（Ackerman et al.，2016）。汞暴露可加剧蛋鸡的氧化应激，增加卵泡闭锁率，降低产蛋率，增加组织汞蓄积。Neathery 等（1974）研究发现，奶牛肾中汞的量最大，牛奶中可检测到汞。

（二）汞的限量标准

动物性食品中汞的含量见表 9-5。我国食品卫生标准 GB 2762—2017 规定汞的 MRL（以 Hg 计）为：畜禽肉类≤0.05mg/kg，鱼肉≤1.00mg/kg，蛋类≤0.05mg/kg，肉食性鱼类及其制品≤1.00mg/kg，乳类≤0.01mg/kg（表 9-6）。1973 年 FAO/WHO 暂定成人 PTWI 为 0.3mg（以 60kg 体重计，0.005mg/kg），其中，甲基汞不得超过 0.2mg（以 60kg 体重计，0.0033mg/kg）。

表 9-5　汞在动物性食品中的含量　（单位：mg/kg）

食品名称	汞含量	食品名称	汞含量
牛肉	0.002～0.074	鸡蛋白	0.41
鳟	0.022～0.130	全奶	0.091～0.099
牡蛎	0.068	鸡蛋黄	0.061～0.091
蛤	0.020～0.110	鹿肉	0.005～0.023
蟹	0.060～0.150	牛肉	0.002～0.074
金枪鱼	0.033～0.860	猪肾	0.041
鲤	0.011	猪脑	0.026
鲭	0.020～0.140	火腿	0.005～0.048
鲑	0.140～0.550	鳕	0.024～0.110
海虾	0.080～0.2000	比目鱼	0.037～0.064
鲥	0.060		

表 9-6　食品中汞污染限量　（单位：mg/kg）

食品名称	中国 GB 2762—2017	欧盟（EC）No. 629/2008
生乳、巴氏杀菌乳、灭菌乳、调制乳、发酵乳	≤0.01	—
畜禽肉类	≤0.05	≤0.05
肉食性鱼类及其制品	≤1.00	≤1.00
鲜蛋	≤0.05	—

四、砷与畜禽肉品质安全

砷（arsenic，As），俗称砒，是一种非金属元素但属于类金属，密度5.727g/cm^3，在化学元素周期表中位于第4周期、第ⅤA 族，原子序数33，单质以灰砷、黑砷和黄砷这三种同素异形体的形式存在。单质砷为银灰色发亮的块状固体，质硬而脆，不溶于水，溶于硝酸和王水，熔点817℃（28大气压），沸点613℃（升华）。砷蒸气具有一股难闻的大蒜臭味。砷的化合价为+3和+5。砷的存在形式分为有机砷和无机砷，有机砷化合物绝大多数有毒，有些还有剧毒。另外，有机砷及无机砷中又分别分为三价砷（As_2O_3）（砒霜）及五价砷（$NaAsO_3$），砷也常以硫化物（As_2S_2、AsS_3）及其盐类（砷酸铅等）形式存在，在生物体内砷价数可互相转变。砷元素广泛地存在于自然界，共有数百种砷矿物已被发现。砷与其化合物被运用在农药、除草剂、杀虫剂、合金冶炼、颜料等工业，还常常作为杂质存在于原料、废渣、半成品及成品中。2017年10月27日，世界卫生组织国际癌症研究机构公布的致癌物清单，砷和无机砷化合物在一类致癌物清单中。2019年7月23日，砷及砷化合物被列入《有毒有害水污染物名录（第一批）》。

（一）砷对动物性食品的污染及危害

砷以复杂多样的形式广泛存在于水、土、生物圈等自然环境中及各种动植物体内（Pizarro et al.，2003）。一般认为，砷的生物学功能如下：①参与蛋白质代谢。②影响血清碱性磷酸酶、γ-谷氨酸转移肽酶的活性。③刺激造血器官，小剂量时能使骨髓造血机能活跃，促使红细胞和血色素新生，改善皮肤营养，兴奋神经系统；大剂量时则抑制造血机能。④防止硒中毒，砷还是碘、汞、铅的拮抗剂。⑤使肠壁变薄，从而有利于营养物质的吸收。⑥能有效抑制肠道寄生虫，降低肠道细菌数量。⑦砷属致癌类金属，会破坏 DNA 合成和修复（Clancy et al.，2012）。

砷对各种动物均有毒性。砷化物的药理和毒理作用本质上是相同的，砷能杀死细菌和寄生虫，对宿主也有毒害作用。三价砷能与酶蛋白分子上的 2 个巯基或羟基结合形成稳定的络合物或环状化合物，抑制组织中大量巯基依赖酶系，使其活性受到抑制甚至失活，从而影响细胞的正常代谢。五价砷在许多生化反应中还能取代磷酸，但生成的产物易水解，使氧化磷酸化过程偶联，氧化迅速，从而干扰细胞线粒体内氧化磷酸化反应，直接影响细胞的能量代谢。砷还能干扰染色体基因的正常功能，使染色体发生异常并致癌，具有生殖与发育毒性。

砷主要分布于肝、肾、皮肤、毛发、肺和消化器官。由于胎盘对砷化物无阻碍作用，故母体砷也会给胎儿带来直接影响，甚至引起流产、死胎。砷排泄途径主要是通过尿和粪，也可以经肝和乳汁排出。毛发中的砷不易排出，砷的生物学半衰期为280天。

砷具有很强的毒性和致癌性，会对与其接触的环境介质乃至人类造成严重的影响，国际癌症研究机构已于1980年将无机砷正式确认为人类致癌物（袁慧等，2000）。

砷的主要来源为“三废”污染，海水砷含量为2～30μg/kg，而工业城市毗邻的沿海水域可达140～1000μg/kg，在冶炼厂附近的污泥中高达290～980mg/kg，因此，这些地区生长的作物和水生生物均可受到污染。农药、药物和饲料添加剂是砷的另一个来源。使用含砷农药，如防治水稻纹枯病的稻脚青，田间除草剂亚砷酸钠等。动物饲料里使用的有机砷用于抑制病原微生物，促进生长，改善动物外观与畜产品颜色。饲料中阿散酸、洛克沙生等有机砷试剂在动物体内残留，随粪便排出，污染水及土壤。食品加工过程使用的添加剂含砷过高是砷的来源之一。而海水中的砷通过食物链富集，可将砷浓缩3300倍。

目前饲料的促生长剂中普遍存在砷元素（姚丽贤等，2013）。适量的砷制剂可以调节机体代谢、促进机体生长，对于养殖鸡有明显的增重作用，并能通过抑制球虫卵等方式提高鸡球虫感染后的成活率（蒋媛婧，2014；蒋媛婧等，2013；潘穗花和梁玲，1998；陈继兰等，1994）。除此之外，适量的砷制剂能提高鸡的产蛋率（袁涛等，2010；聂新志等，2008）。因此，一些中小规模畜禽养殖户在饲料中添加砷促生长剂。过量的砷摄入会导致呼吸系统、神经系统和心血管系统疾病，严重者会引起皮肤癌、肺癌和膀胱癌等癌症（Hirata and Toshimitsu，2005）。如果肉类或食品中含有超剂量的砷，人食用后会引发急性食物中毒，甚至危及生命。含砷的饲料进入鸡体内会对鸡肉中砷元素的含量产生一定的影响，进而可能通过食物链对人的健康造成威胁（游伟和万发春，2007）。

有研究表明，摄入无机砷可增加高血压、贫血、慢性支气管炎、自发性流产、脑血管病变、2型糖尿病、肺癌、膀胱癌以及结肠癌等疾病的患病风险（王米等，2012）。对于非职业接触人群，砷暴露主要来自受污染的饮用水、食物和空气（龙井等，2003）。砷在人体内的毒性和迁移率无机砷大于有机砷，表现为亚砷酸盐＞砷酸盐＞有机砷（Cullen and Reimer，1989）。

Rebelo和Caldas（2016）发现，哺乳不是一种有效的砷排泄途径，母乳中的砷含量远低于尿液中的砷水平（平均为438μg/L），因此，食用母乳不会摄入过量砷。

（二）砷的限量标准

正常动物性食品中含有微量的砷，其中含量因地区和品种而异，海产品中砷含量较高，部分食品中的砷含量见表9-7。FAO/WHO规定人无机砷的最大可耐受日摄入量（PMTDE）为0.002mg/kg，人每周无机砷的可耐受摄入量为0.015mg/kg。我国GB 2762—2017规定砷的MRL见表9-8。

表 9-7　砷在动物性食品中的含量　（单位：mg/kg）

食品名称	砷含量	食品名称	砷含量
牡蛎	3.96	虾	1.50
小鲨鱼	4.13	大海虾	174.00
鱿鱼	16.58	乌贼	2.67
蛤蜊	2.52	螃蟹	3.88

表 9-8　食品中砷污染限量　（单位：mg/kg）

食品名称	中国 GB 2762—2017	欧盟（EC）No. 629/2008
生乳、巴氏杀菌乳、灭菌乳、调制乳、发酵乳	≤0.1	—
		—
乳粉	≤0.5	—
畜禽肉类	≤0.5	—
鱼类及其制品	≤0.10（无机砷）	—

五、铬与畜禽肉品质安全

铬（chromium，Cr）原子序数为 24，在元素周期表中属 ⅥB 族。单质为钢灰色金属，是自然界硬度最大的金属，属于过渡金属元素。铬在地壳中的含量为 0.01%，居第 17 位。呈游离态的自然铬罕见，自然界中主要以铬铁矿（$FeCr_2O_4$）形式存在。铬由氧化铬用铝还原，或由铬铵矾或铬酸经电解制得。铬的密度 7.19g/cm^3（固体），熔点 1907℃，沸点 2761℃。铬的天然化合物很稳定，不易溶于水，溶于稀盐酸、稀硫酸，还原较困难。铬具有亲氧性和亲铁性，以亲氧性较强，只有在还原和硫的逸度较高的情况下才显示亲硫性。在内生作用条件下铬一般呈三价。与 Cr^{3+}、Al^{3+}和 Fe^{3+}的半径相接近，故它们之间可以呈广泛的类质同象。在表生带强烈氧化条件下（碱性介质），Cr^{3+}氧化成 Cr^{6+}形式的铬酸根离子，使不活动的铬离子变成易溶的铬阴离子发生迁移。遇极化性很强的离子（如 Cu、Pb 等），则形成难溶的铬酸性矿物。

在自然界中已发现的含铬矿物有 50 余种，分别属于氧化物类、铬酸盐类和硅酸盐类。此外还有少数氢氧化物、碘酸盐、氮化物和硫化物。其中，氮化铬和硫化铬矿物只见于陨石中。具有工业价值的铬矿物均属于铬尖晶石类矿物，它们的化学通式为 $(Mg, Fe^{2+})(Cr, Al, Fe^{3+})_2O_4$ 或 $(Mg, Fe^{2+})O(Cr, Al, Fe^{3+})_2O_3$，其 Cr_2O_3 含量为 18%～62%。有工业价值的铬矿物，其 Cr_2O_3 含量一般均在 30%以上。

（一）铬对动物性食品的污染及危害

铬是人体和动物必需的微量元素。适量的三价铬对人体和动物有益，而六价铬有毒。人体对无机铬的吸收利用率极低，不到 1%；人体对有机铬的利用率可达 10%～25%。铬在天然食品中的含量较低，均以三价的形式存在。铬的生理功能是与其他控制代谢的物质一起配合起作用，如激素、胰岛素、各种酶类、细胞的基因物质（DNA

和 RNA）等。铬作为一种必需的微量营养元素在所有胰岛素调节活动中起重要作用，它能帮助胰岛素促进葡萄糖进入细胞内，是重要的血糖调节剂。在血糖调节中，特别是对糖尿病患者有着重要的作用。它有助于生长发育，并对血液中的胆固醇浓度也有控制作用，缺乏时可能会导致心脏疾病。当缺乏铬时，很容易表现出糖代谢失调，如不及时补充，便会患糖尿病，诱发冠状动脉硬化导致心血管疾病，严重的会导致白内障、失明、尿毒症等并发症。铬还是葡萄糖耐量因子的组成成分，它可促进胰岛素在体内充分地发挥作用。

含铬量比较高的食物主要是一些粗粮，另外胡椒以及动物的肝、牛肉、鸡蛋、红糖、乳制品等都是含铬元素比较高的食品。铬的最好来源是肉类，尤其是肝和其他内脏，是生物有效性高的铬的来源。啤酒酵母、未加工的谷物、麸糠、坚果类、乳酪也可提供较多的铬；软体动物、海藻、红糖、粗砂糖中铬的含量高于白糖。家禽、鱼类和精制的谷类食物含铬较少。长期食用精制食品和大量的精糖，可促进体内铬的排泄增加，因此造成铬缺乏。铬的丰富来源有干酪、蛋白质类和肝。良好来源有苹果皮、香蕉、牛肉、啤酒、面包、红糖、黄油、鸡肉、玉米粉、面粉、土豆、植物油和全麦。一般来源有胡萝卜、青豆、柑橘、菠菜和草莓。微量来源有大部分的水果和蔬菜、牛奶及糖。

进入人体的铬被积存在人体组织中，代谢和被清除的速度缓慢。铬进入血液后，主要与血浆中的球蛋白、白蛋白、γ-球蛋白结合。六价铬还可透过红细胞膜，15min 内约有 50%的六价铬进入细胞，进入红细胞后与血红蛋白结合。铬的代谢物主要从肾排出，少量经粪便排出。六价铬对人主要是慢性毒害作用，可以通过消化道、呼吸道、皮肤和黏膜侵入人体，在体内主要积聚在肝、肾和内分泌腺中。通过呼吸道进入的则易积存在肺部。六价铬有强氧化作用，所以慢性中毒往往以局部损害开始逐渐发展。经呼吸道侵入人体时，开始侵害上呼吸道，引起鼻炎、咽炎和喉炎、支气管炎。

铬的毒性与其存在的价态有关，六价铬比三价铬毒性高 100 倍，并易被人体吸收且在体内蓄积，三价铬和六价铬可以相互转化。天然水不含铬；海水中铬的平均浓度为 0.05μg/L；饮用水中更低。铬的污染源有含铬矿石的加工、金属表面处理、皮革鞣制、印染等排放的污水。铬与其他重金属一样，可由土壤、水、空气进入生物体，再通过食物链进入食品动物或人类体内。海水中的微量铬可经水生生物浓缩，使海产品体内铬含量高。各种海洋生物中铬的含量通常为 50～500μg/kg，它们对铬的浓缩系数，海藻为 60～12 000，无脊椎动物为 2～9000，鱼类为 2000。畜禽对铬也有浓缩作用，但浓缩作用远比海洋生物小，一般畜禽肉含铬不超过 0.5mg/kg。容器也是铬的污染来源之一，但摄入人和动物体内的铬主要来源于食品和饲料。从饮水和空气中摄入的量较少。

适量铬的添加有利于动物改善肉品质。在育肥羔羊的饲粮中添加 0.2mg/kg 和 0.4mg/kg 的有机铬（蛋氨酸铬），随着饲粮有机铬水平的提高，育肥羔羊的肌肉形态和腿周长呈线性增加。肾脂肪随铬添加量的增加线性降低。随着饲粮有机铬水平的升高，背最长肌粗灰分含量线性降低，剪切力增加（Moreno-Camarena et al.，2015）。0.75g/（d·只）和 1.5g/（d·只）的蛋氨酸铬被分别加入舍饲滩羊的高、低精料饲粮中。研究发现，低精料饲粮组滩羊背膘厚度、皮下脂肪厚度、肌内脂肪含量和后腿肉比重随蛋氨酸铬添加剂量的增加而线性降低，但肌肉 pH 值则线性升高。高精料饲粮组滩羊肋肉比重、腰肉比重以及肌肉剪切力和 pH 值随蛋氨酸铬添加剂量的增加而线性升高，而肌内脂肪含量和肌肉 a^*值则线性降低（金亚东等，2021）。

1 日龄肉鸡日粮中分别添加酵母铬 0.2mg/kg、吡啶甲酸铬 0.2mg/kg 或蛋氨酸铬 0.1mg/kg（Ⅰ）、0.2mg/kg（Ⅱ）、0.6mg/kg（Ⅲ）（以 Cr^{3+}计），研究发现：①酵母铬和蛋氨酸铬（Ⅱ）能显著降低胸肌纤维密度；酵母铬显著降低了腿肌纤维面积；蛋氨酸铬（Ⅰ）能显著降低胸肌和腿肌肌纤维面积。②吡啶甲酸铬能显著降低胸肌蛋白质量浓度，蛋氨酸铬（Ⅱ）能显著降低胸肌粗脂肪含量（唐利华等，2013）。200μg/kg 和 400μg/kg 吡啶甲酸铬被添加于 14 日龄肉鸡饲粮中，发现铬的添加显著增加了胸肌中粗蛋白的含量和锌与铁的残留，显著降低了胸肌的粗脂肪含量（Untea et al.，2019）。源于丙酸铬（CrPro）、吡啶甲酸铬（CrPic）和三氯化铬（$CrCl_3$）的 0.4mg/kg、2.0mg/kg 铬添加于 0～3 周龄肉仔鸡日粮中，发现不同铬源影响了肉仔鸡胸肌肉色，显著影响了胸肌亮度和红度，其中以 $CrCl_3$ 提高亮度和 CrPro 提高红度效果较好（李娜等，2015），而添加 0.2mg/kg CrPro 有降低腹脂率的趋势，但提高了肉鸡肝中 Cr 沉积及胸肌 24h pH 值（徐蔼宣等，2021）。

（二）铬的限量标准

正常食品中铬含量较少，鱼、肉、蛋一般含量 0.1～0.5mg/kg，蔬菜水果通常铬含量低于 0.5mg/kg，海藻铬含量 1.1～3.4mg/kg。关于食品中铬的限量标准，世界卫生组织、日本、美国和中国均在水质标准中指定了六价铬不得超过 0.05mg/L。欧洲委员会规定，食品中的三价铬应小于 1mg/kg，六价铬应小于 0.05mg/kg。世界卫生组织推荐，铬的 PTWI 为 0.14～3.5mg，每人每日为 0.2～0.5mg。我国食品卫生标准 GB 2762—2017 规定的铬的 MRL（以 Cr^{3+}计）见表 9-9。畜禽肉及肉制品≤1.00mg/kg，水产动物及其制品≤2.00mg/kg，液体乳≤0.30mg/kg，而乳粉则≤2.0mg/kg。

表 9-9　畜产品中铬污染限量　（单位：mg/kg）

食品名称	中国 GB 2762—2017
畜禽肉及肉制品	≤1.00
水产动物及其制品	≤2.00
生乳、巴氏杀菌乳、灭菌乳、调制乳	≤0.30
乳粉	≤2.0

第三节　抗营养因子与肉品质

在畜禽养殖中，抗营养因子（ANF）通常被认为会阻碍动物对营养物质的吸收，影响动物正常的生长发育和繁殖，甚至使动物产生不良反应，但近些年随着研究的深入，一些抗营养因子也被报道能够影响畜禽肉品质，但其对肉品质的影响不能一概而论。

一、植酸

（一）植酸概述

植酸是从植物籽粒中提取的一种有机磷化合物，又被称作肌醇六磷酸，是肌醇磷酸酯的混合物，分子式为$C_6H_{18}O_{24}P_6$，分子量为660.08。植酸含有12个可以电离的质子，能与饲料中的金属阳离子螯合，产生不溶性的植酸盐，从而降低生物利用度。植酸以植酸盐的形式广泛存在于植物体内，特别是禾谷类的籽实中，约占油籽、豆类、谷物等植物干重的1%～5%，占种子总磷的50%～90%。谷物中的植酸含量受多种因素的影响，如植物的生理状态、品种、部位、土壤、气候和地理位置等。

（二）植酸的抗营养作用

植酸的抗营养作用与其含有的12个可以电离的质子相关，所以植酸呈强酸性，并具有螯合能力，可以与金属阳离子、蛋白质和氨基酸等结合。

谷物籽实中的磷大部分以植酸磷的形式存在，但单胃动物和家禽等体内缺少降解植酸所需要的酶，所以植酸磷不易被消化吸收，而最终通过粪便排出动物体外，降低了动物对磷的利用率。植酸在动物胃肠的消化过程中，可以与食糜中的Zn、Ca、Mg和Fe等矿物元素螯合，形成不被动物吸收的不溶性复合物，降低畜禽对矿物质的利用率。当消化道内的pH值低于蛋白质的等电点时，蛋白质带正电，易与带负电的植酸形成不溶性复合物。当pH值大于蛋白质等电点时，此时蛋白质带负电，与多价金属阳离子和植酸形成不溶的三元复合物。畜禽胃肠道内的内源性消化酶也是植酸的结合对象，消化酶可以与植酸形成植酸盐-蛋白质复合物。因此植酸可以降低动物对饲料中的氨基酸和蛋白质的消化率，进而对动物的生长性能等方面造成负面影响。

（三）植酸的生物活性

已有一些研究报道了植酸可能具有抗病、抗氧化和抗菌等有益于健康的生物活性。植酸的一个重要生物活性就是其抗氧化特性，植酸可以通过螯合重金属离子，减少因重金属离子引起的自由基以及膜脂过氧化。植酸也可以与铁离子螯合，抑制氧化基团的产生，也可降低铁离子催化的脂类过氧化。植酸具有抗细胞增殖的作用，可降低白血病T细胞的活力，因此，它可以成为治疗癌症的潜在辅助剂。植酸已被发现可以缓解多种疾病，如结肠癌、乳腺癌、糖尿病和肾结石等，并且还具有一定的抗菌活性（侯伟峰等，2012）。

（四）植酸对肉品质的影响

Harbach等（2007）报道，通过在饲粮中添加含有植酸的玉米胚芽粉，可以抑制屠宰后猪背最长肌的脂质氧化，有利于保持肉品质。Pacheco等（2012）的结果也与之相似。Costa等（2011）发现，日粮中的植酸可以抑制脂质过氧化，保持肉质，延长肉制品的货架期。也有报道，在日粮中加入植酸对育肥猪肉质的影响，但并未发现日粮中植酸对肉品质有明显的影响。植酸还会对肉类及其衍生产品（熟香肠、意大利香肠和火腿等）储存过程中的风味、颜色和营养价值等产生影响。聂乾忠等（2012）用植酸钠等抗氧化剂处理冷却的獭兔兔肉，结果表明植酸钠可以有效地抑制兔肉的脂质氧化，延缓酸败异味的产生，有利于保持兔肉的品质。Park 等（2004）研究发现，无论是否经过辐照，植酸均可以改善牛肉和猪肉中的脂质过氧化，提高肉色，有效抑制储存过程中血红素铁的损失和高铁肌红蛋白的形成。

Stodolak 等（2007）向牛肉和猪肉的匀浆中加入植酸后发现，植酸可以有效地降低牛肉和猪肉中脂质氧化产物的积累，抑制高铁血红蛋白的形成。Canan 等（2021）将米糠纯化植酸添加到–18℃保存的去骨鸡肉中，抑制了肌肉的脂质氧化，降低了温热异味和血红素色素氧化，从而保持了去骨鸡肉的肉色，延长了保质期。植酸对肉品质的影响与其作为天然的抗氧化剂密切相关。植酸通过与 Fe^{3+}配位结合，阻止了 H_2O_2 与螯合的 Fe^{3+}反应，避免了羟基自由基的产生，抑制了 Fe^{2+}到 Fe^{3+}的氧化，进而抑制了脂质的过氧化。植酸通过抑制脂质过氧化，清除氧化自由基，进而使肌红蛋白向高铁肌红蛋白的转化过程被抑制，改善了肉色。因此，植酸作为肉类储存的保鲜剂，已被广泛地应用在肉类加工和储存中。

（五）植酸酶对肉品质的影响

植酸的去除现有酶解、浸泡、发芽、发酵、脱壳和辐照等多种方法，其中利用酶来水解植酸是最有效可行的方法。植酸酶可以催化植酸及植酸盐水解成肌醇和无机磷酸盐，现已知有三种类型，分别为酸性、中性或碱性植酸酶。植物、动物和微生物体内均可产生植酸酶。在单胃动物消化道中有效发挥作用的植酸酶主要是酸性植酸酶。植酸酶可以将肌醇六磷酸（IP6）降低成 IP5、IP4、IP3、IP2、IP1 和肌醇。植酸酶的活性导致植酸释放出磷酸盐，减少了饲料中需要补充的磷的含量。韩进诚等（2011）研究发现，日粮中添加植酸酶降低了肉仔鸡鸡胸肉的黄度值和持水力。李桂明等（2008）研究报道，日粮添加植酸酶后会对 21 日龄鸡肉的肉色产生负面影响，降低鸡肉的肉色指标。Attia 等（2016）在肉鸡的日粮中添加植酸酶后，并没有发现植酸酶会对肉品质相关指标造成影响。da Silva 等（2019）未发现日粮中植酸酶的添加会对育肥猪的肉品质造成影响。Dang 和 Kim（2021）的研究也报道了日粮中植酸酶添加不会对生长育肥猪的肉品质相关指标造成影响。因此，植酸酶对畜禽肉品质的影响仍需要进一步研究。

二、棉酚

（一）棉酚概述

棉酚是一种黄色多酚羟基双萘醛类化合物，对碱、热和光均不稳定，易被氧化，可溶于甲醇、乙醇、丁醇和乙酸乙酯等有机溶剂，难溶于甘油、环己烷、苯和轻汽油等，不溶于水和低沸点石油醚，化学式为 $C_{30}H_{30}O_8$，相对分子质量为 518.55，多为黄色结晶的有害多酚物质，为棉花所特有的抗营养因子，分为游离棉酚和结合棉酚。结合棉酚是游离棉酚在动物体内与蛋白质或氨基酸结合形成的稳定化合物，通常情况没有毒性，不被动物吸收。游离棉酚分子中含有较多的高活性的酚羟基，所以具有较高的毒性。动物摄入过多的游离棉酚会引起机体组织和器官的损伤，特别是雄性生殖系统。棉酚的另外一种分类是分为左旋棉酚和右旋棉酚，左旋棉酚的毒性要远远大于右旋棉酚，甚至某些右旋棉酚完全没有毒性。棉酚作为棉花中的抗营养因子，对人和动物有害，从而限制了棉花加工副产品，如棉籽和棉籽粕在动物饲料中的应用。

（二）棉酚的抗营养作用

粗加工的棉籽粕中含有大量棉酚，若长期将其直接作为鱼类、牛、羊和家禽等各类动物的饲料，棉酚将会在动物体内蓄积，引发动物慢性中毒。中毒后的动物或其制品一旦被人食用，则会对人体造成损害。棉酚对畜禽的抗营养作用与其结构上的活性醛基和羟基有关，摄入后会对心脏、肝、肾等实质性器官造成损伤，还可损害雄性动物的生殖系统，延缓动物的生长，影响免疫能力，严重的甚至造成死亡。棉酚在体内会造成ROS的积聚，造成氧化应激，抑制抗氧化酶的活性，引起炎症反应，并诱导细胞凋亡。动物棉酚中毒后会表现出食欲减退、胃肠炎、腹泻、血尿和呼吸不畅等多种症状。当产蛋禽摄入过多棉酚后，除了引起相关的中毒反应，还会使蛋品质受到影响。在鸡卵黄中的棉酚会与铁离子结合成红褐色的复合物，使卵黄颜色加深。

（三）棉酚的生物活性

现有对棉酚生物活性的报道主要集中在棉酚的抗肿瘤和降低生育能力上。棉酚对前列腺癌、胃癌、肺癌、肝癌、结肠癌和淋巴癌等具有辅助治疗作用。棉酚可能通过作用于线粒体，抑制凋亡蛋白的过度表达，干预信号传导通路，达到抗增殖和抗肿瘤的作用。棉酚可诱导雄性动物睾丸组织内的NO过量，进而对睾丸组织内的各种细胞造成损伤，并引起精子质量下降。棉酚还被报道具有一定的抗菌、抗寄生虫、抗病毒、降低血浆胆固醇和治疗糖尿病等作用。

（四）棉酚对肉品质影响的研究现状

Paim 等（2019）通过饲喂公羔羊含较高棉酚的全棉籽发现，棉酚可以抑制羔羊背最长肌的脱氢酶活性，并增加与肌肉快肌纤维相关的蛋白质丰度，增强快肌纤维功能。同时，do Prado（2014）也发现，饲喂全棉籽的羔羊肌肉中的不饱和脂肪酸含量降低。Miyaki 等（2021）发现，内洛尔牛采食棉籽时会改变肌肉脂肪酸的组成，降低肌肉中必需脂肪酸的含量，并对牛肉的风味产生不良影响。李坤等（2012）研究发现，用含不同水平棉酚的饲粮饲喂肥育阉牛时，高水平的棉酚会降低牛肉的肌内脂肪含量，肉亮度L^*值、红度值a^*、黄度值b^*均有所升高，牛肉肉色变差。但 Gomes 等（2016）在公牛日粮中加入不同剂量富含棉酚的全棉籽，结果表明全棉籽添加在公牛的日粮中不会对其肉品质造成影响。Rhee 等（2001）将棉籽粕添加到碎牛肉中，碎肉加温后冷藏，结果表明含有棉酚的棉籽粕是熟肉的高效抗氧化剂，但是抗氧化活力与棉酚水平没有显著相关性。目前，绝大多数研究认为动物饲喂棉酚含量较高的饲粮会对其肉质产生不利影响，所以应尽量减少使用含有棉酚的饲料原料。

（五）棉酚对肉品质影响的作用机制

棉酚对肉质的负面影响与其抗营养作用有关，棉酚在体内可与某些蛋白质结合，使某些脱氢酶失去活性，降低肌肉中的脂肪酸含量，改变脂肪酸组成。另一可能的机制是棉酚增强了肌肉中快肌纤维的功能，使肌肉的pH值下降，从而增加滴水损失，对肉质产生不利影响。肉色降低的原因可能是体内棉酚与血红蛋白结合，造成动物贫血，导致肉色水平降低。

（六）棉酚的去除及其对肉品质的影响

棉酚作为饲料原料中的抗营养因子，对动物有害，需要去除后才可饲喂动物，传统的脱毒方法大致为物理处理、化学处理和微生物处理。物理处理包括浸泡、干热、蒸煮、膨化等，使棉酚在高温、高水分的情况下与氨基酸和蛋白质相互作用，形成结合棉酚从而降低毒性；化学处理包括氧化处理法、萃取法和碱处理法等，如硫酸亚铁中的Fe^{2+}可以与游离棉酚中的醛基发生反应，生成棉酚-铁络合物，降低棉酚的毒性。由于棉酚是酚类物质，因此具有一定的酸性，能够与碱性物质发生反应生成盐。近些年的研究发现，某些真菌和细菌可通过发酵来降解饲料原料中的棉酚，微生物发酵法不仅可以去除棉籽饼（粕）中的游离棉酚，而且还可以增加酶类、有机酸、氨基酸等，提高棉籽饼（粕）的饲喂价值。发酵底物的灭菌处理可以使部分游离棉酚与氨基酸和蛋白质结合形成结合棉酚。当棉籽粕被微生物发酵时，游离棉酚也可与微生物分泌到胞外的氨基酸和蛋白质形成结合棉酚。

孙焕林（2015）通过饲喂给黄羽肉鸡枯草芽孢杆菌发酵的棉粕后发现，黄羽肉鸡屠宰45min后的肌肉pH值和脂肪含量上升，肌肉的失水率、滴水损失和剪切力降低。何涛（2008）以发酵棉粕代替日粮中的豆粕后，未发现发酵棉粕对肉鸡肉品质有显著的影响。王永强等（2017）在黄羽肉鸡的基础日粮中分别添加3%、6%和9%发酵棉籽粕，结果表明肌肉中的亚油酸、亚麻酸、多不饱和脂肪酸、风味氨基酸和游离氨基酸含量提高。

三、单宁

（一）单宁概述

单宁广泛存在于植物中，是天然的有机酚类化合物，化学式为$C_{76}H_{52}O_{46}$，又称为单宁酸，通常被认为是一种抗营养因子，可分为水解单宁和缩合单宁。缩合单宁是由儿茶素、表儿茶素、没食子儿茶素和表没食子儿茶素按照一定比例聚合而成的，在酶和酸碱等条件的作用下不易水解，具有较强的抗营养作用，可分为儿茶素单宁和原花青素。水解单宁是以D-葡萄糖为核心的酚酸聚酯类化合物，易水解成葡萄糖和没食子酸。另外还存在一种复杂单宁，其同时具有缩合单宁和水解单宁两种结构单元。单宁可与蛋白质结合，生成难溶物，也可与胰蛋白酶、淀粉酶等消化酶相互作用，抑制酶的活性。

（二）单宁的抗营养作用

单宁味道苦涩，当畜禽日粮中含有较多的单宁时，单宁与糖蛋白、唾液蛋白作用产生涩味，影响日粮的适口性，降低动物的采食量，进而影响动物的生长性能。单宁可与蛋白质结合形成不溶的大分子物质，降低动物对蛋白质的消化，亦可以与胃肠道中的消化酶结合，抑制其活性，影响营养物质消化率。此外，饲料中的矿物元素如钙、铁、锌等也可与单宁络合成难溶的螯合物，降低矿物元素的利用率。日粮中的单宁含量过高时也可影响动物对维生素的吸收。

（三）单宁的生物活性

通常认为单宁是一种抗营养因子，但近年来随着对单宁研究的深入，发现单宁具有多种生物活性，合理利用这些生物活性可以促进动物的生长发育和健康。

单宁可通过凝固的蛋白质在肠道表面形成保护膜，从而达到消炎和减少渗出的作用。单宁也可刺激肠道收敛，减弱肠蠕动，延缓食糜在消化道内通过的速度，使水分被充分吸收，从而减少腹泻。单宁在改善肠道损伤、维持肠道屏障方面也具有一定的作用。单宁可以通过干扰细菌对营养物质的吸收和代谢，以及单宁自氧化产生的过氧化氢降低细菌细胞膜的通透性来达到抑制细菌、真菌和微生物的目的。单宁可通过靶向抑制病毒反转录酶，抑制病毒的复制；抑制病毒侵入细胞和细胞核；促使病毒蛋白质变性，发挥抗病毒功能。单宁结构中的羟基可以清除自由基，发挥抗氧化作用，并且羟基的数量越多，抗氧化性能就越好。高分子量的缩合单宁和水解单宁比简单酚类物质表现出更强的抗氧化活性。

（四）单宁对肉品质影响的研究现状

Frutos 等（2020）指出，单宁可以调节瘤胃的脂质代谢，从而改善牛奶和肉中的脂肪酸组成，提高某些有益脂肪酸的浓度。这也与刘洪波和施兆红（2020）的研究结果相似，山羊采食富含单宁的木本植物后，肉中的多不饱和脂肪酸含量增加，并改善了肉质储存时的氧化稳定性。侯海锋等（2016）在肉仔鸡的基础日粮中分别添加了0.05%、0.10%、0.15%和0.20%的水解单宁酸，发现水解单宁酸可以显著减缓屠宰45min后肌肉中的pH值下降，改善肉质。Kafle 等（2021）发现，饲喂富含单宁的花生皮可以改善山羊肌肉的肉色，增加肌内脂肪含量，但会使脂质更易氧化。Buyse 等（2021）发现，日粮中添加板栗单宁可以提高肉鸡肌肉肉色，降低剪切力和滴水损失。Biondi 等（2019）发现，饲喂添加单宁的日粮可以降低羊肉中腐败菌的数量，保证羊肉品质，延长保质期。但其他几项研究报告未发现饲粮单宁水平会对畜禽肉品质造成显著影响。丁鑫（2019）在湖羊的基础日粮中分别添加0.0%、0.3%和0.6%的栗木单宁，结果表明日粮添加栗木单宁可以降低湖羊肌肉的 b^* 值、剪切力和失水率，但是对滴水损失和蒸煮损失没有显著影响。唐青松等（2021）研究报道，日粮中添加缩合单宁可以降低肉仔鸡肌肉的45min和24h的 b^* 值，但是对其他指标没有显著的影响。Costa 等（2021）从金合欢中提取缩合单宁添加到肉羊的日粮中，结果表明肌肉pH值增加，而颜色参数值、单不饱和脂肪酸含量和嫩度下降，水分含量、剪切力和肌肉亮度（L^*）、奇数链脂肪酸和多不饱和脂肪酸/脂肪酸呈线性增加趋势。

（五）单宁对肉品质影响的作用机制

对于反刍动物而言，单宁可以调节瘤胃脂质代谢，从而改变肉类中的脂肪含量和组成。单宁可以使肉色变浅，这可能是因为高浓度单宁与血红素铁的结合减少了体内的肌红蛋白和血红蛋白。单宁可能通过其结构上的羟基清除自由基，还原 Fe^{3+}，来抑制脂质的氧化，发挥抗氧化作用，进而对肉品质产生影响。单宁的抗氧化能力可能还有助于抑制脱氧肌红蛋白的 Fe^{2+} 与氧结合，从而妨碍脱氧肌红蛋白向高铁肌红蛋白的转变。高铁肌红蛋白含量的增加会造成肌肉颜色暗沉或者褐色。单宁可以提高钙蛋白酶的活性从而有助于增加肌肉的保水能力，降低滴水损失。

单宁是一组庞大、多样且复杂的酚类化合物，可能对动物营养和健康有害、无害或有益，具体取决于多种因素，包括单宁的来源、摄入量、动物物种、基础日粮和饲养环境等。因此，使用某一特定类型单宁所得到的实验结果不能直接类推到其他类型单宁，需要进一步地研究来了解单宁的作用机制及效果。

四、异黄酮

（一）异黄酮概述

异黄酮主要存在于豆科植物中，是植物的次生代谢产物，为芳香族含氧杂环化合物，主要以结合型糖苷和游离型糖苷的形式存在，因与动物雌激素相似所以被称为植物雌激素。大豆异黄酮是目前研究最广泛、最深入的一类异黄酮。大豆异黄酮是豆科植物中 12 种天然异黄酮的总称，其中 97%左右为以 β-葡萄糖苷形式存在的糖苷及其衍生物。大豆异黄酮游离型糖苷要比结合型糖苷更易被动物吸收，并且游离型糖苷拥有更高的抗氧化活性和类雌激素活性。大豆异黄酮作为饲料添加剂可以提高畜禽的生产性能、增强机体抗氧化能力、改善肠道健康、调节激素分泌、提高机体免疫力，是潜在的抗生素替代品。

（二）异黄酮的抗营养作用

多酚类物质可以与生物大分子结合，并与金属离子螯合。异黄酮在较高浓度下，其结构上的羟基会螯合铁和锌等金属元素，并减少机体对这类营养物质的吸收。异黄酮也可与蛋白质结合使其沉淀，同时可以与消化道内的各种消化酶结合抑制其活性，降低机体对营养物质的利用率。虽然异黄酮作为一种抗营养因子，但其具有较多的生物活性，有益于动物的生长发育，所以现有研究主要集中在异黄酮的正面作用上。

（三）异黄酮的生物活性

异黄酮特别是大豆异黄酮已被证明具有多种生物活性，将其添加到畜禽的日粮中有利于动物的健康生长及生产。大豆异黄酮可以促进动物生长，提高饲料转化效率，并改善动物的免疫系统。大豆异黄酮结构上的羟基可以向自由基提供氢离子，从而清除自由基。大豆异黄酮中羟基的位置和数量决定了其清除自由基的能力。大豆异黄酮上的多酚结构可以与金属离子螯合形成金属配合物，这种金属配合物具有更强的清除自由基的能力，可以增强大豆异黄酮的抗氧化能力。大豆异黄酮还可增强机体内的抗氧化酶活性，促进抗氧化酶体系清除自由基和活性氧，发挥抗氧化作用。大豆异黄酮作为植物激素可通过多种途径对动物生育繁殖造成影响，如通过与雌激素受体结合，模拟雌激素发挥作用。除此之外，大豆异黄酮还可以应用于食品、药品开发，具有预防乳腺癌和前列腺癌等激素依赖性癌症、骨质疏松、心血管疾病、糖尿病以及缓解更年期相关症状等功效，因此得到广泛关注。

（四）异黄酮对肉品质影响的研究现状

Gou 等（2020）在日粮中添加了亚麻油与大豆异黄酮后发现，异黄酮提高了肌肉中脂肪代谢相关基因的表达，并且可以有效地沉积 n-3 多不饱和脂肪酸，从而改善肉品质，这与异黄酮的抗氧化作用密切相关。王一冰等（2021）研究发现，饲喂大豆异黄酮的 91～115 日龄清远麻鸡的胸肌亮度（L^*）值显著降低，屠宰 45min 后胸肌 pH 值下降减缓，肌肉中肌苷酸与谷氨酸含量明显提高，肌内脂肪含量也明显提高。另有研究结果表明，大豆异黄酮可促进中国本土猪肌肉中的脂肪合成基因表达，促进肌内脂肪的沉积。Dabbou 等（2018）发现，苜蓿黄酮可以提高兔肉的氧化稳定性，并对肉色有轻微的影响。Jiang 等（2014）在肉鸡的日粮中分别添加了 0mg/kg、10mg/kg、20mg/kg、40mg/kg 和 80mg/kg 的异黄酮饲喂三周后屠宰冷藏，结果表明冷藏肉鸡肌肉的 a^*值显著提高，L^*值显著降低，肉色保持良好。异黄酮还有助于肌肉持水力的提高，降低乳酸和丙二醛含量，提高抗氧化酶的活性。姜义宝等（2011）通过饲喂肉鸡含红车轴草异黄酮的日粮发现能减少储存第 6 天肌肉中的丙二醛含量，降低滴水损失和剪切力，改善肌肉的品质。

（五）异黄酮对肉品质影响的作用机制

大豆异黄酮的结构决定了其抗氧化活性，大豆异黄酮结构主链上的羟基可以为自由基提供氢离子，从而清除自由基，起到抗氧化的作用。异黄酮是较强的抗氧化剂，通过清除和抑制自由基、超氧阴离子和脂质过氧自由基的产生和启动或通过激活抗氧化酶，如超氧化物歧化酶、过氧化氢酶、谷胱甘肽过氧化物酶和谷胱甘肽还原酶来保护细胞。异黄酮的抗氧化活性有助于保护多不饱和脂肪酸免受氧化，进而影响肌肉中的脂肪酸组成。大豆异黄酮可影响骨骼肌细胞中葡萄糖的转运和摄取。大豆苷元和染料木素处理可以增加 PGC-1α 的表达，进而促进线粒体的生物合成。大豆异黄酮与哺乳动物的雌激素在结构上相似，两者在功能上也具有相似性，因此可以促进肌肉蛋白的合成，抑制蛋白质的降解。

现有的研究结果已经表明，异黄酮对畜禽肉品质的调控可能通过自身的抗氧化能力和促进脂肪沉积等发挥作用。关于异黄酮对动物生产的应用仍然需要更多的研究，不同的异黄酮和不同的物种都有可能造成异黄酮的作用效果出现偏差。

五、皂苷

（一）皂苷概述

皂苷是一种普遍存在于陆地高等植物和海洋低等生物中的一类比较复杂的糖苷化合物，主要由糖的半缩醛羟基和非糖部分苷元组成，分为三萜皂苷和甾体皂苷，是许多植物提取物的主要有效活性成分。三萜皂苷是自然界存在最广泛的皂苷，主要存在于五加科、豆科、远志科及葫芦科等植物中，大部分三萜皂苷呈酸性，少数呈中性。根据皂苷苷元上连接的糖链数目，分为单糖链皂苷、双糖链皂苷及三糖链皂苷。皂苷在多种植物提取物中被发现，如人参皂苷、三七皂苷、苜蓿皂苷和柴胡皂苷等，并充当有效活性成分。

（二）皂苷的抗营养作用

皂苷具有苦味，这是限制皂苷添加在日粮中的首要因素，当日粮中的皂苷浓度过高时会带来苦涩味，刺激畜禽的口腔，降低动物的采食量，进而对动物的生长繁殖造成影响。皂苷还具有极强的毒性，主要是其具有溶血性，溶血原因为皂苷与胆固醇结合生成不溶性分子复合物，破坏红细胞的渗透性引发红细胞破裂，造成动物贫血症。此外，皂苷会降低动物对营养物质的消化吸收并降低酶的活性，进而通过抑制胰蛋白酶和糜蛋白酶等消化酶来影响蛋白质的消化率。

（三）皂苷的生物活性

虽然大豆皂苷传统上被认为是一种抗营养因子，但是近些年的研究发现皂苷具有许多生物活性，具有抗菌、抗炎、抗氧化、抗肿瘤和降低胆固醇等作用。不同来源的皂苷在消化道内可与胆汁酸相互作用形成较大的混合胶束，从而促进胆固醇的排泄增加，最终导致血清胆固醇水平降低。皂苷的降胆固醇活性也与其抑制胰脂肪酶活性相关，胰脂肪酶活性降低延缓了消化道对食糜中脂肪的吸收，从而降低了胆固醇在血液中的水平。皂苷对免疫系统具有刺激作用，可以促进抗体的产生，而且对炎症等特异性免疫也有影响，可能是因为皂苷在动物体内诱导了白介素和干扰素等因子的产生。皂苷在体内具有良好的抗氧化活性，可通过提高机体内的抗氧化酶体系来清除自由基，减轻脂质过氧化的损伤。

（四）皂苷对肉品质影响的研究现状

Liu 等（2021）通过饲喂羔羊苜蓿皂苷而改善了羔羊的肉品质，包括肌内脂肪含量、n-3 多不饱和脂肪酸含量和滴水损失等指标，宰后 45min 时，肌肉的 L^*与 a^*值显著提高，高铁肌红蛋白比例显著降低。在 Bera 等（2019）的研究中，饲粮中添加 150mg/kg 皂苷显著降低了肉仔鸡的肌肉胆固醇、脂肪含量和脂质氧化速度，显著改善了肉鸡肌肉的抗氧化性能，改善了肉品质。Benamirouche 等（2020）发现，在日粮中添加丝兰提取物（富含皂苷）能够提高肉鸡胸肌和腿肌的 pH 值，降低硬脂酸和饱和脂肪酸的比例，提高亚油酸和多不饱和脂肪酸的含量。Galli 等（2020）也发现，丝兰提取物可以增强肉鸡肌肉的抗氧化能力，抑制脂质的过氧化。Dang 和 Kim（2020）在日粮中添加皂苷饲喂育肥猪后发现，肌肉的持水力上升，滴水损失下降。Brogna 等（2014）饲喂羔羊含皂苷的日粮后发现，皂苷处理抑制了羔羊肌肉的脂质过氧化，并且降低了肌肉中乳酸和胆固醇的含量。在 Mandal 等（2014）的研究中，饲喂黑孟加拉山羊高含量皂苷的饲粮并不会对包括共轭亚油酸在内的肌肉脂肪酸含量和组成造成任何影响。Nasri 等（2011）在绵羊采食后口服含有皂苷的水溶液，没有发现口服皂苷水溶液会对绵羊的肌肉成分造成任何影响。皂苷在消化道内会抑制胰脂肪酶的活性，减慢对脂质的吸收，影响脂质在肌肉内的沉积。虽然皂苷具有多种生物活性，在饲料添加剂方面具有极大的潜力，但是皂苷的效果与其来源和添加水平密切相关，高剂量可能导致负面影响，低剂量则会降低作用效果。

（五）皂苷对肉品质影响的作用机制

皂苷对肉品质影响的作用机制与其抗氧化活性密切相关，皂苷的抗氧化活性可以抑制脂质的氧化，进而改善肌肉的持水力，减少滴水损失等。肌肉中抗氧化能力升高可以保护线粒体功能，避免自由基攻击，从而降低肌红蛋白氧化并提高肉色稳定性。

皂苷可通过上调 *SOD2* 基因的表达，提高肌肉组织中抗氧化酶的活力，抑制 Fe^{2+}氧化成 Fe^{3+}，进而阻止肌红蛋白向高铁肌红蛋白的转化，改善肌肉的外观，增强肉色指标。皂苷可使肌肉线粒体中 ATP 酶的活性提高、细胞色素酶的活力提高及细胞色素酶基因的表达上调，激活和提高整个电子传递链及氧化磷酸化的反应速率，从而使更多高铁肌红蛋白发生还原反应改善肉色。皂苷可通过提高机体的抗氧化水平及能量代谢水平，保持动物机体的健康。

六、抗性淀粉

（一）抗性淀粉概述

抗性淀粉一般是指不易被人类小肠胰腺淀粉酶消化进入大肠的这部分淀粉，主要依靠微生物发酵产生挥发性短链脂肪酸。抗性淀粉是一种具有相对较低的分子量（1.2×10^5Da）的 α-1,4-D-葡聚糖线性分子。抗性淀粉分布比较广泛，主要存在于谷物类植物中，谷实类饲料中含量较高。受加工制备和储存等因素影响，抗性淀粉在植物淀粉中一般没有固定的比例，但在土豆淀粉和玉米淀粉中含量较高。抗性淀粉根据不同的来源和抗酶解性可分为五类：RS1、RS2、RS3、RS4 和 RS5。

RS1：物理包埋淀粉，指那些因细胞壁的屏蔽作用或蛋白质的隔离作用而不能被淀粉酶接近的淀粉。

RS2：抗性淀粉颗粒，指天然具有抗消化性的淀粉。

RS3：回生淀粉或老化淀粉，是指煮熟后而又冷却形成的淀粉。

RS4：化学修饰淀粉，主要是通过改变淀粉的功能结构而导致化学性质变化再重新聚合的淀粉。

RS5：“V”型淀粉，是直链淀粉和极性脂质分子复合而成的一类淀粉，主要由高直链淀粉高温糊化而成，并且更加容易回生。

（二）抗性淀粉的抗营养作用

抗性淀粉具有紧凑的分子结构可以对抗酶的水解，因此在体内消化道不会被水解成葡萄糖，很难被畜禽消化吸收，并且具有和其他膳食纤维相似的性质和生物活性。抗性淀粉可以抑制脂肪生成酶的活性，并加快肠胃的排空，影响机体对蛋白质、脂肪和糖类的吸收。抗性淀粉含量高的饲粮易使动物产生饱腹感，降低动物的采食量。这与影响食欲的胃肠激素、胰高血糖素样肽和肽 YY（PYY）密切相关。胰高血糖素样肽-1（GLP-1）是经食物刺激后由肠道 L 细胞分泌的一种肠肽类激素，肽 YY 具有抑制食欲产生饱腹感的生理作用。抗性淀粉可以提高血液中胰高血糖素样肽和肽 YY 的浓度，降低食欲增强饱腹感。

（三）抗性淀粉的生物活性

抗性淀粉为多糖类物质，可以缓解血糖水平的变化，增加胰岛素的分泌，对于治疗糖尿病具有一定的作用。抗性淀粉可以降低正常及 2 型糖尿病葡萄糖依赖性促胰岛素多肽 mRNA 在空肠和回肠的表达，利于血糖平稳。抗性淀粉在结肠发酵的过程中，可以通过促进胆汁酸释放减少脂肪的合成与吸收，从而降低血液中胆固醇的含量。此外抗性淀粉能够加强脂质代谢，发酵产生的短链脂肪酸会加速肠道的排空而减少脂肪和胆汁酸的吸收时间，而且短链脂肪酸也可通过转化成酮体和其他代谢产物进一步调节脂质代谢，降低体内的甘油三酯和胆固醇含量。抗性淀粉还可以影响蛋白质和矿物质的吸收。抗性淀粉为肠道细菌提供碳源，促进微生物合成自身蛋白，减少了蛋白质发酵产生的酚、胺类和吲哚类等物质。抗性淀粉产生的 SCFA 能够增加肠道内的酸度，从而增加无机盐形成可溶物的概率，促进上皮细胞主动吸收或者扩散吸收。同时 SCFA 具有一定的刺激作用，这种作用导致了盲肠壁结构的扩大，增加了肠壁的面积，提高了无机盐的吸收。抗性淀粉也是益生元的一种，肠道内微生物的数量及菌群分布都会受到抗性淀粉的影响，能够使双歧杆菌、乳酸菌、链球菌等益生菌的数量增加，并减少肠球菌、大肠埃希菌的数量。SCFA 可以降低肠道内的 pH 值，从而抑制腐生菌的生长，对肠道及机体健康起到保健作用。

（四）抗性淀粉对肉品质影响的研究现状

在袁博（2015）的研究中，含抗性淀粉较多的土豆淀粉可以有效地降低育肥猪背最长肌的剪切力，增加熟肉率，提高肌肉嫩度，并且增加肌肉中多不饱和脂肪酸的含量。方令东（2015）通过饲喂育肥猪含生土豆淀粉的日粮发现，育肥猪肌肉的滴水损失有降低趋势，大理石纹评分有增加趋势，但对其他指标没有显著的影响。李艳娇（2016）通过饲喂育肥猪三种类型的淀粉（蜡质玉米淀粉、非蜡质玉米淀粉、豌豆淀粉）发现，抗性淀粉含量较高的豌豆淀粉可以提高屠宰 45min 后的肌肉 pH 值，降低滴水损失，背最长肌中不易流动水的比例和肌浆蛋白溶解度提高。与之相似，在刘文等（2015）的研究中，饲喂豌豆淀粉的羔羊在 4 个时期（21d、35d、56d 和 77d）虽然背最长肌、pH 值、滴水损失、嫩度、屠宰率和眼肌面积没有显著变化，但均为豌豆淀粉组滴水损失最低，并且熟肉率最优。Doti 等（2014）并未发现不同类型的淀粉对畜禽的肉品质有显著的影响。Yu 等（2020）通过饲喂育肥猪豌豆淀粉发现屠宰后肌肉 pH 值、大理石纹分数、肌内脂肪和磷酸肌苷含量增加，并显著降低了剪切力和滴水损失。豌豆淀粉还增加了肌肉中风味氨基酸、DHA、EPA 和 n-3 多不饱和脂肪酸的比例，此外豌豆淀粉还上调了脂肪生成基因和肌球蛋白重链 mRNA 的表达水平。

（五）抗性淀粉对肉品质影响的作用机制

抗性淀粉在体内不易被消化，而在后肠部分被微生物发酵产生短链脂肪酸，短链脂肪酸会促进肠胃的排空，妨碍脂肪组织中脂肪的沉积，但不影响肌肉组织中的脂肪沉积。抗性淀粉可能通过上调与脂肪沉积相关基因的表达促进肌肉组织中脂肪的沉积，提高肌内脂肪含量，进而影响大理石纹的评分。关于抗性淀粉对脂肪沉积相关基因表达的影响，可能是抗性淀粉来源不同导致了不同的结果，这仍需要进一步的研究确定。肌肉中多不饱和脂肪酸的增加可能是因为抗性淀粉改变了肠道微生物区系及其代谢产物，降低了微生物加氢活性，促进了多不饱和脂肪酸的吸收和在肌肉中的沉积。肌肉中风味氨基酸浓度的增加可能是由于抗性淀粉中直链淀粉水平较高，进而增加了小肠粗蛋白的消化和氨基酸的吸收，但是其详细机制仍需要进一步的研究。抗性淀粉可以通过提高背最长肌中 MyHC Ⅰ 和 MyHC Ⅱa 的表达水平，降低 MyHC Ⅱb 的表达水平，促进快肌纤维向慢肌纤维的转化，进而影响肌肉 pH 值、剪切力、系水力和蒸煮损失等肉质指标来改善肉质。

七、阿拉伯木聚糖

（一）阿拉伯木聚糖概述

阿拉伯木聚糖又被称为戊聚糖，是植物组织中半纤维素的主要组成之一，是一种非淀粉多糖，是植物细胞壁重要的组成部分，主要存在于大麦、小麦等谷物中，分为水溶性阿拉伯木聚糖和不可溶性阿拉伯木聚糖。不可溶性阿拉伯木聚糖在细胞壁中与木质素、纤维素、蛋白质、β-葡聚糖等成分以共价或非共价键连接，约占阿拉伯木聚糖含量的 90%。阿拉伯木聚糖的水解产物有阿拉伯低聚木糖和阿魏酸低聚木糖，以及木糖、阿魏酸等支链水解产物。这些低聚糖和支链水解产物进一步发挥不同的益生作用，其理化性质及生理功能与其支链、取代基等结构及相对分子质量密切相关。

（二）阿拉伯木聚糖的抗营养作用

阿拉伯木聚糖在单胃动物机体内难以被消化，尽管阿拉伯木聚糖可以在后肠被微生物发酵，但能量利用率较低。阿拉伯木聚糖可以增强食糜的黏度，使肠道的机械性混合严重受阻，导致食糜混合不均匀，进而妨碍食糜内蛋白质、脂肪和糖等营养物质的吸收。阿拉伯木聚糖可与消化酶和底物等物质结合，进而妨碍酶与底物接触并发生反应，降低营养物质的利用率。阿拉伯木聚糖也可使内源性蛋白质、脂类和电解质等分泌，从而降低它们在体内的潴留。阿拉伯木聚糖还可与肠道内胆酸结合，使胆酸呈束缚状态，导致胆固醇及其前体吸收减少，从而影响脂类吸收微团的形成。

（三）阿拉伯木聚糖的生物活性

阿拉伯木聚糖具有抗氧化活性，这主要与其分解产物阿魏酸有关。阿魏酸可以增加机体抗氧化酶的活性，清除机体内的自由基。阿拉伯木聚糖由于其黏度较高，因此可以阻碍脂质的吸收，进而降低胆固醇，达到降血脂的目的。阿拉伯木聚糖作为益生元，能够促进肠道有益菌的增殖，改善肠道菌群数量及结构，产生短链脂肪酸，尤其是较高浓度的丁酸，同时降低作为结肠癌诱发因子的葡萄糖苷酶、葡萄糖醛酸酶和尿激酶等微生物代谢酶的活性，因此能够显著预防结肠癌的发生。

（四）阿拉伯木聚糖对肉品质影响的研究现状

程宝晶等（2015）使用不同水溶性阿拉伯木聚糖含量的小麦日粮饲喂肉仔鸡，发现肉仔鸡的腹脂率与日粮中阿拉伯木聚糖的含量呈显著负相关关系。在肉仔鸡中，腹脂率过高不仅会影响饲料转化效率，而且不利于肌肉的加工，降低肉鸡胴体品质。宋凯和单安山（2008）的研究也表明，饲粮中添加阿拉伯木聚糖可以增加肉仔鸡肌肉的持水力，增强剪切力，但显著降低了鸡肉中的脂肪含量，降低了肌肉 pH 值，并且显著降低了胸肌和腿肌中的肉色值。

（五）阿拉伯木聚糖对肉品质影响的作用机制

畜禽肌肉的脂肪含量降低与阿拉伯木聚糖的抗营养作用相关，阿拉伯木聚糖的高黏性降低了机体对脂肪的消化吸收，阻碍了消化酶与底物的接触，并且还增加了内源性脂肪的消耗，进而降低了肌肉内的脂肪含量。阿拉伯木聚糖对肉品质影响的报道较少，其具体的作用机制还有待进一步研究。

八、β-葡聚糖

（一）β-葡聚糖概述

β-葡聚糖是一类非淀粉多糖，是谷物类植物细胞壁的主要成分，在细菌和真菌中也有分布。β-葡聚糖具有高度的黏稠性，不易被猪和禽类等消化吸收，导致谷物类饲料利用率下降，所以被认为是抗营养因子。β-葡聚糖是一种重要的谷物膳食纤维组分，存在于胚乳细胞壁中，是由 D-葡萄糖单体间经 β-1,3-糖苷键和 β-1,4-糖苷键混合连接的多糖，在大麦（2.5%～11.3%）、燕麦（2.2%～7.8%）中含量最高，黑麦（1.2%～2.0%）和小麦（0.4%～1.4%）中含有少量 β-葡聚糖。β-葡聚糖也是酵母细胞壁中主要的功能性复合多糖之一。由于葡萄糖主链中支化程度的变化，葡聚糖聚合物在链长和物理化学性质方面具有显著的多样性。β-葡聚糖作为非淀粉多糖，其很多性质与阿拉伯木聚糖相似，如黏性、降血脂、调节肠道微生物区系、产生短链脂肪酸等。

（二）β-葡聚糖的抗营养作用

与阿拉伯木聚糖相似，β-葡聚糖同样也具有较高的黏性，可减缓食糜在消化道内的通过速度，影响食欲，进而降低动物的采食量。β-葡聚糖降低动物采食量的同时，其黏性使肠道对食糜的机械性混合受阻，食糜混合不均匀，阻碍营养物质的消化吸收。食糜黏性的增加会促进肠道的运动，而消化道运动增强又会导致内源性的脂质、氨基酸、蛋白质和水等营养物质的分泌。形成谷物胚乳细胞壁的β-葡聚糖和阿拉伯木聚糖可阻碍酶与营养物质接触，如果β-葡聚糖和阿拉伯木聚糖等不被水解，则消化酶难以接触到胚乳中的淀粉、蛋白质和脂质等营养物质，起到营养屏障的作用。非淀粉多糖如β-葡聚糖和阿拉伯木聚糖等具有能量稀释剂的作用，可直接影响饲料的表观代谢能值，而且含量越高其代谢能值越低，几乎呈线性变化。

（三）β-葡聚糖的生物活性

近些年的研究已经发现，β-葡聚糖可作为益生元对畜禽发挥多种有益作用，被证明具有提高动物免疫力、促进动物生长、抗氧化和降低血糖等功能。

β-葡聚糖是一种非特异性的免疫调节剂，可以通过激活免疫细胞、促进细胞因子生成、激活补体系统和促进抗体产生等作用，调控免疫系统，提高动物免疫应答能力，维持动物健康。一般从酵母细胞壁中提取的β-1,3/1,6-葡聚糖可以有效地激活免疫系统，但从燕麦和大麦中提取的含有β-1,4 链或β-1,3 链但缺少β-1,6 连接的葡聚糖缺乏或仅有很弱的免疫激活活性。β-葡聚糖通过其黏性降低畜禽对脂肪和糖类等营养物质的吸收，从而可以间接达到降低胆固醇和血糖含量的目的。β-葡聚糖具有良好的抗氧化活性，当日粮中添加β-葡聚糖时，机体中的抗氧化酶活性提高，自由基被清除，但是β-葡聚糖的抗氧化机制尚不清楚，可能与其所含有的糖链与蛋白质形成不同功能结构域有关。β-葡聚糖可调节肠道微生物菌群，增加有益菌如乳酸杆菌和双歧杆菌的相对丰度，减少沙门菌和大肠杆菌的数量。

（四）β-葡聚糖对肉品质的影响

杜建等（2018）的研究中报道，饲粮添加 100mg/kg β-葡聚糖不仅可以提高生长育肥猪的生长性能，而且可以提高肌肉的 pH 值，降低滴水损失，显著改善肉色，增加肌苷酸的含量，并且可以改善饱和脂肪酸和单不饱和脂肪酸的组成，改善肉的风味，提高肉品质。另外两项研究也发现，β-葡聚糖可以降低肉仔鸡的滴水损失和蒸煮损失，从而改善肉质。武晓红等（2017）的研究指出，酵母多糖饲喂的肉鸡肌肉 pH 值显著上升，降低了滴水损失，但对肉色没有影响。马吉锋等（2021）通过在日粮中加入富含β-葡聚糖的酵母细胞壁发现，滩羊肌肉系水力、熟肉率无明显变化，但是显著降低了肌肉的剪切力，表明β-葡聚糖可以提高肌肉的嫩度。牟文静（2020）以肉兔为实验动物，饲喂酵母多糖后并未发现其对肉品质相关指标有改善作用。Cho 等（2013）的研究结果表明，饲粮中添加 0.1% β-葡聚糖能降低肉鸡肌肉的滴水损失。Zhang 等（2012）的研究结果表明，基础饲粮中添加 1g/kg β-葡聚糖未显著影响肉仔鸡胸肌 pH 值。史酉川等（2019）的研究结果表明，啤酒酵母对生长獭兔的肉品质没有显著影响，仅滴水损失随啤酒酵母剂量的增加有下降的趋势。刘英丽等（2020）饲喂肉鸡低分子量和高分子量的葡聚糖后发现，无论低分子量还是高分子量的葡聚糖对肉鸡腓肠肌的肉质均无明显影响，高分子量葡聚糖降低了腓肠肌的亮度（L^*）。在房大琳（2020）的研究中，日粮添加 β-葡聚糖对肉鸡肉品质中的滴水损失、蒸煮损失和肉色亮度、黄度、红度这些指标均没有显著影响。Moon 等（2016）也未发现 β-葡聚糖会对鸡肉肉质相关参数造成影响。

（五）β-葡聚糖对肉品质影响的作用机制

β-葡聚糖改善肉品质可能与其作为益生元相关。β-葡聚糖可通过微生物发酵产生挥发性脂肪酸，改变肌肉中多不饱和脂肪酸和单不饱和脂肪酸的比例。β-葡聚糖可能通过促进消化道的发育来增加机体对蛋白质、氨基酸等营养物质的吸收，进而促进氨基酸在肌肉中的沉积，改善其风味。肌内脂肪含量的增加可能是因为 β-葡聚糖仅使脂肪组织中的脂肪减少，而对肌肉组织的脂肪没有影响。

九、粗纤维

（一）粗纤维概述

粗纤维是植物细胞壁的组成成分，包括纤维素、半纤维素和木质素等，是一个相对较广泛的概念。纤维素是存在于植物细胞壁中的结构性多糖，是葡萄糖通过 β-1,4-糖苷键结合起来的高分子不溶性均一多糖，可在消化道内吸收大量的水分，是评价日粮纤维营养价值的重要依据。半纤维素是由 2～4 个不同糖基组成的杂多糖，种类很多，主要包括葡聚糖、阿拉伯木聚糖、葡甘露聚糖及半乳甘露聚糖等，不同种类的半纤维素的水溶性也不同，但是大多数不溶于水。木质素是由苯基丙烷结构通过醚键和碳碳键连接而成的高分子芳香族化合物，不属于多糖，主要起维持植物细胞壁韧性的作用，不溶于水，几乎不被生物化学分解。粗纤维是反刍动物重要的能量来源。反刍动物由于其瘤胃中存在大量的微生物，并且这些微生物可以产生大量分解粗纤维的水解酶，因此粗纤维类饲料可以成为反刍动物主要的日粮成分。但是在单胃动物的消化道中没有如此强大的微生物区系，仅在后肠被微生物部分发酵产生挥发性脂肪酸。

（二）粗纤维的抗营养作用

粗纤维在消化道中可以吸收水分，吸水后体积膨胀，能够填充消化道，使动物产生饱腹感，降低采食量。粗纤维含量较高会加快食糜在消化道内的通过速度，从而降低机体对能量、蛋白质、氨基酸和碳水化合物等物质的吸收，使排出体外的营养物质增加。粗纤维具有阳离子交换作用，可以与金属离子结合降低畜禽对矿物质的利用率。饲粮中粗纤维水平与其有效能值呈负相关关系，日粮中的粗纤维水平越高，则有效能值越低。

（三）粗纤维的生物活性

粗纤维是反刍动物重要的能量来源，在反刍动物的瘤胃内，粗纤维经微生物发酵可产生大量挥发性脂肪酸，满足动物 70%～80%的能量需求。粗纤维在动物大肠内经微生物发酵所产生的挥发性脂肪酸，可为动物提供 10%～30%所需的维持能量。粗纤维可刺激胃肠道的发育，随着饲粮中粗纤维水平的增加，动物胃肠道的重量也随之增加，其原因可能是饲粮粗纤维水平较高降低了其能量浓度，动物采食量增加，从而刺激了消化道的发育。另一个原因是粗纤维发酵产生的挥发性脂肪酸促进了小肠内绒毛的发育。粗纤维因其具有黏性所以可以吸附某些有害毒素，并在肠道表面形成保护层，使毒素不与肠黏膜直接接触。粗纤维会增强胃肠道的蠕动，减少排空的时间，从而避免了便秘的发生。日粮中的粗纤维可以促进消化道中微生物区系的稳定，粗纤维发酵使消化道的 pH 值降低，进而抑制有害菌的增殖。

（四）粗纤维对肉品质影响的研究现状

已有较多研究探讨了粗纤维对畜禽肉品质的影响。彭涵等（2019）以含 2.5%、5%、7%和 9%粗纤维的日粮分别饲喂肉鸡，发现饲喂肉鸡 9%粗纤维含量日粮，鸡胸肉肉色显著改善，肌内脂肪含量显著增加。邢荷岩（2018）以深县猪作为实验猪，饲喂不同水平（8%、10%、12%）的粗纤维饲粮，发现肉色随粗纤维含量的增加而增加，嫩度也随之增加，但大理石纹评分降低，并且肌肉粗蛋白含量增加而粗脂肪含量减少。杨海天（2019）对不同遗传基础育肥猪饲喂高粗纤维的饲粮也得到了相似的结果，育肥猪的肌肉品质、肌肉营养成分及肌肉脂肪酸组成有所改善。但另有研究并未发现饲喂高粗纤维日粮可以改善动物肉品质的相关指标。杨桂芹等（2015）发现，16%的粗纤维水平可以显著降低兔肉的滴水损失，但对其他指标没有显著影响。在张秋华等（2014）的研究中，育肥猪的日粮分别包含 2.5%、7.5%、12.5%的粗纤维水平，发现 12.5%粗纤维含量的日粮提高了育肥猪背最长肌的 a^*值，降低了肌肉的 b^*值，改善了背最长肌的肉色，但降低了背最长肌 pH 值，提高了肌肉的蒸煮损失，降低了肌内脂肪含量，不利于肉品质的改善。郭建凤等（2015）以含低、中、高三个水平的粗纤维日粮饲喂烟台黑猪发现，a^*值、干物质和肌内脂肪含量都以低粗纤维水平组最高，酪氨酸、苯丙氨酸和亚油酸含量都以高粗纤维水平组最高。唐倩等（2015）以圩猪为实验猪，在生长期饲喂粗纤维水平分别为 58.0g/kg、64.3g/kg 和 70.9g/kg 的饲粮，在育肥期饲喂粗纤维水平分别为 58.0g/kg、64.3g/kg 和 70.9g/kg 的饲粮，发现饲喂高粗纤维日粮的圩猪肌肉的 a^*值、pH 值和单不饱和脂肪酸含量提高，总必需氨基酸和总非必需氨基酸含量也高于低粗纤维日粮组，表明日粮中高粗纤维水平有助于改善猪肉的肉质。

（五）粗纤维对肉品质影响的作用机制

饲粮粗纤维含量过高会降低营养物质在机体内的吸收效率，这也解释了为什么畜禽的脂肪含量会降低。粗纤维可能通过提高宰后早期背最长肌肌酸激酶活性，促进宰后早期磷酸肌酸分解提供 ATP，进而延缓宰后糖酵解，提高 pH 值，进而改善肉质。饲粮中高水平粗纤维可提高背最长肌肌球蛋白重链 MyHCⅠ和 MyHCⅡa 的 mRNA 表达量，促进快肌纤维向慢肌纤维的转化。肌肉中脂肪酸的组成与其摄入的脂肪酸相关，肌肉中单不饱和脂肪酸含量的提高可能与粗纤维在后肠被微生物发酵产生挥发性短链脂肪酸有关。粗纤维在肠道消化后会分解成多糖和低聚糖，而低聚糖可为消化道的有益菌提供营养物质，被微生物发酵产生挥发性脂肪酸，维护肠道微生态，发挥对肉品质潜在的影响作用。

十、甘露聚糖

（一）甘露聚糖概述

甘露聚糖是植物体中一类常见的半纤维素多糖，在一些真菌和细菌的细胞壁中可发现。分类上，可将甘露聚糖分为 4 个子家族，分别为纯甘露聚糖、半乳甘露聚糖、葡甘露聚糖、半乳葡甘露聚糖。在植物中，甘露聚糖多以 α-1,4-糖苷键结合而成。在酵母细胞壁中，甘露聚糖多是以 β-1,3-葡聚糖为主链，少量 β-1,6-葡聚糖为分支的多糖，其中 β-1,3 键占比大于 85%，大部分甚至全部的残基具有 α-1,2 或 α-1,3 链连接的含有 2～5 个甘露糖残基的侧链。甘露聚糖来源广泛、经济、安全，是一种潜在且高效的抗生素替代品。

（二）甘露聚糖的抗营养作用

甘露聚糖作为非淀粉多糖的一种，其抗营养作用与 β-葡聚糖和阿拉伯木聚糖基本相似。甘露聚糖会增加食糜的黏度，降低食糜在消化道内的通过速度，从而降低动物的采食量。食糜黏度的增加还会影响消化道的机械混合，使食糜不能充分混合，一方面减少了动物消化酶与饲料中各种营养物质的接触机会，另一方面由于 β-甘露聚糖是表层带负电荷的活性物质，在溶液中极易与带相反电荷的养分物质结合，从而影响养分的吸收。β-甘露聚糖还能吸附 Ca^{2+}、Zn^{2+}和 Na^{+}等金属离子及有机质，降低对矿物质的利用率。β-甘露聚糖与消化酶和胆盐结合，可降低消化酶的活性，并使胆酸呈束缚状态，导致胆固醇等脂类和类酯吸收减少，同时也影响脂类吸收微团的形成，影响脂肪的消化吸收。未消化的 β-甘露聚糖等非淀粉多糖可与消化道后段微生物菌群相互作用，造成厌氧发酵，产生大量毒素，抑制动物生长，还可造成胃肠功能紊乱。β-甘露聚糖也具有能量稀释剂的作用，影响饲料中的消化能值。

（三）甘露聚糖的生物活性

甘露聚糖可以通过调节抗氧化相关酶活性、提高自由基清除能力、消除脂质过氧化反应、螯合金属离子抑制其诱导的过氧化反应等机制发挥抗氧化作用。甘露聚糖清除自由基的能力远高于其他膳食纤维，甘露聚糖的降解产物甘露寡糖的抗氧化能力更强。甘露聚糖可以调节脂质代谢，具有降低血清胆固醇的功效，减少肥胖的发生。甘露寡糖经微生物发酵产生短链脂肪酸，降低消化道的 pH 值，促进双歧杆菌和乳酸菌等有益菌大量繁殖。甘露聚糖通过诱导抗炎适应性免疫，减少过敏、炎症性肠病、自身免疫性疾病和炎症反应来提高动物的自身免疫调控机能。

（四）甘露聚糖对肉品质影响的研究现状

甘露聚糖是一种非淀粉多糖，主要来自酵母细胞的细胞壁，作为天然的益生元，在改善动物健康和生产性能方面有积极的作用，但是甘露聚糖的有益作用不仅仅只是局限在生产性能方面，还包括肉类的质量和安全。Biswas 等（2021）在肉鸡的基础日粮中添加0.1%和0.2%的甘露寡糖后发现，0.2%甘露寡糖处理可以减少肉鸡腹部脂肪的沉积，抑制腿肌和胸肌的脂质氧化。Cheng等（2018）发现，肉鸡的基础日粮中添加0.1%甘露寡糖可以增强热应激条件下胸肌的抗氧化性能，并减少48h胸肌滴水损失。与上述结果相似，Dev等（2020）通过饲喂联合添加甘露聚糖和嗜酸乳杆菌的日粮发现，肉鸡体内的脂质过氧化被显著抑制。Attia等（2014）也发现，饲粮中添加甘露寡糖可以显著提高肌肉的持水力，改善肉的嫩度。

（五）甘露聚糖对肉品质影响的作用机制

甘露聚糖作为天然的抗氧化剂，可以抑制肌肉中的脂质氧化，保护不饱和脂肪酸，改善肉产品的风味。肌肉的滴水损失、持水力和其氧化状态密切相关，因为脂质的过氧化会损害细胞膜的完整性，从而降低肉的保水力，影响肉的嫩度。甘露聚糖可以促进肠道的生长发育并增加营养物质的吸收和利用，有助于提高抗氧化剂相关的分子合成，间接影响肉品质。

十一、大豆球蛋白

（一）大豆球蛋白概述

大豆球蛋白是大豆中主要的抗营养因子之一，是引起动物过敏和腹泻的主要成分，具有很强的免疫原性和热稳定性，在高温下也难以降解和失活。大豆球蛋白由6个亚基组成，分子量为350kDa。每个亚基可通过二硫键连接酸性肽链（35～37kDa）和碱性肽链（20kDa），6个酸性亚基（A1、A2、A3、A4、A5、A6）和6个碱性亚基（B1、B2、B3、B4、B5、B6）形成两个稳定的环状六角形结构。

（二）大豆球蛋白的抗营养作用

大豆球蛋白作为大豆中的主要过敏原和免疫原能够引起仔猪、犊牛等幼龄动物的过敏反应。大豆球蛋白可以使血清及肠道匀浆液中IgE抗体浓度升高，血清中大豆球蛋白特异性抗体免疫球蛋白G1（IgG1）以及Th2型细胞因子白细胞介素-4和白细胞介素-10水平升高，小肠肥大细胞数量和组胺释放增加，导致过敏幼龄动物生长性能下降并发生过敏性腹泻。大豆球蛋白还会影响动物的肠道发育，引起绒毛高度的急剧下降、绒毛的严重脱落、肠黏膜淋巴细胞增生和隐窝细胞有丝分裂加快，调控仔猪肠道黏膜损伤与修复，调控转运通道基因的表达，改变肠道的正常组织形态，从而降低了动物的生长性能。

（三）大豆球蛋白的生物活性

大豆球蛋白已被报道具有预防心血管疾病、高血压和冠心病的效果，可通过多种机制对心血管疾病进行调控，从而降低疾病的发生率。大豆球蛋白可增加大鼠血浆高密度脂蛋白胆固醇（HDL-C）的数量，减少促动脉粥样硬化因子的数量，表明大豆球蛋白可作为一种功能性化合物改善血浆脂蛋白的分布，在降低心脏病风险中起重要作用。大豆球蛋白被胰蛋白酶水解后可产生三种不同的肽，并且在体外均具有降低胆固醇的作用。

（四）大豆球蛋白对肉品质的影响

在 Osman 等（2020）的研究中，日粮中添加大豆球蛋白可以提高肉鸡鸡胸肉的持水力，并且随大豆球蛋白添加剂量的增加，持水力也相应增加。López-Díaz 等（2003）研究报道，大豆球蛋白在凝胶模型系统中增强了 PSE 猪肉中肌原纤维蛋白的功能，其机制可能是通过增加蛋白质系统之间 PSE 肌动球蛋白-大豆球蛋白的凝胶化和保水性。Li 等（2016）研究了大豆球蛋白碱性多肽对冷藏猪肉感官和理化特性的影响，发现随着大豆球蛋白碱性多肽含量的增加，冷冻猪肉的 pH 值和总活菌数下降，但是感官评分增加。

（五）大豆球蛋白对肉品质影响的作用机制

大豆球蛋白可能通过改变肌肉中的结构成分来改善肌肉的持水力，进而改善肉品质。通过妨碍肠道的发育，降低动物对营养物质的吸收，从而影响蛋白质和脂质等在肌肉中的沉积。

十二、大豆低聚糖

（一）大豆低聚糖概述

大豆低聚糖是大豆籽粒中可溶性糖类的总称，含量为 10%左右，主要由蔗糖（双糖）、棉籽糖（三糖）和水苏糖（四糖）组成。棉籽糖和水苏糖是在蔗糖结构中的葡萄糖以 α-1,6-糖苷键分别结合了一分子和二分子的半乳糖，它们均属于非还原性糖。因为动物消化系统中不存在分解 α-1,6-糖苷键的酶，故不能被机体消化吸收和利用。此外，还含有少量其他糖类如葡萄糖、果糖、松醇、毛蕊花糖、半乳糖松醇等。大豆低聚糖具有良好的热稳定性，即使加热到 140℃，短时间内也不会分解，并且在酸性条件下残存率也较高。

（二）大豆低聚糖的抗营养作用

由于动物肠道内缺乏棉籽糖和水苏糖的水解酶，水苏糖和棉籽糖不能被消化吸收，直接进入大肠经微生物作用后生成 CO_2、H_2、CH_4 等气体，引发一系列胀气现象。大豆低聚糖尤其是棉籽糖和水苏糖可能会引起小肠紊乱，增加挥发性脂肪酸和生物胺总含量。挥发性脂肪酸含量增加促使微生物活动增多，从而导致生物胺等有害代谢产物的持续形成。而生物胺在肠道中的大量形成可能会引起局部、全身生理功能和肠道蠕动的改变，导致营养利用率降低和不良肠道干扰。

（三）大豆低聚糖的生物活性

大豆低聚糖可以促进双歧杆菌的生长繁殖，改变肠道微生物区系。由于动物肠道内缺乏半乳糖苷酶，水苏糖、棉籽糖不能被消化酶分解，因而机体不能直接利用大豆低聚糖，但它可以被肠道内的双歧杆菌充分利用。双歧杆菌是人体肠道内的有益菌种，其细胞壁可黏附于肠黏膜的上皮细胞，阻止致病菌的入侵，抑制致病菌的生长。大豆低聚糖可以直接作用于脾淋巴细胞和 NK 细胞，促进脾淋巴细胞的转化，提高 NK 细胞的杀伤活性。另外，大豆低聚糖还可以通过增殖肠道内双歧杆菌间接对肠道免疫细胞产生刺激，提高肠道免疫球蛋白 A 含量，诱导免疫反应，增强机体免疫力。长期摄入大豆球蛋白还能加快肠道中有毒物质的排出，避免有毒物质进入血液对机体造成负面影响。大豆低聚糖可以在肠道内大量增殖双歧杆菌，而双歧杆菌能自身合成或促进合成 VB_1、VB_6、VB_{12}、烟酸和叶酸等。双歧杆菌还能通过抑制某些维生素分解菌来保障维生素供应，如能通过抑制分解 VB_1 的解硫胺素芽孢杆菌的生长来调节 VB_1 的供应。双歧杆菌可以有效缓解乳糖不耐受症状，使乳糖转化为乳酸，通过调节肠道 pH 值和结肠发酵能力起到改善消化的作用，提高各种营养素的利用率。

（四）大豆低聚糖对肉品质影响的研究现状

张振红等（2013）在肉鸡的基础日粮中分别添加 0.08%、0.15%、0.20%、0.25%和 0.30%的大豆低聚糖后，发现大豆低聚糖可以提高鸡肉的 pH 值，并且系水力也有所提高，但是与未添加组没有显著差异。Suthama 等（2018）在肉鸡日粮中分别添加 0.15%和 0.30%的大豆低聚糖，发现肉鸡肌肉中蛋白质沉积增加，但脂肪沉积和肉类胆固醇含量降低，对改善肉品质具有一定作用。Perryman（2012）研究报道，用低寡糖豆粕和超低寡糖豆粕饲喂肉鸡不会对肌肉肉质相关指标造成影响。Tavaniello 等（2018）在鸡卵内注射棉籽糖家族寡糖发现，棉籽糖组鸡肉表现出较低的红度值，而亮度值和黄度值没有显著差异，饱和脂肪酸、多不饱和脂肪酸和 n-3 脂肪酸含量较高，单不饱和脂肪酸含量较低，肌肉胆固醇含量不受影响。

参考文献

陈大伟, 高玉时, 唐修君, 等. 2014. 铅、镉联合暴露对蛋鸡生产性能、蛋品质及鸡蛋中微量元素含量的影响. 动物营养学报, 26(6): 1616-1623.

陈继兰, 赵玲, 侯永生, 等. 1994. 砷制剂对肉仔鸡的促生长效果试验. 中国饲料, (9): 23-24.

程宝晶, 陈志辉, 李仲玉, 等. 2015. 不同水溶性阿拉伯木聚糖含量小麦日粮对肉仔鸡生长性能、屠体性状和血液生化指标的影响. 中国饲料, (14): 22-25, 39.

代腊, 朱莎, 孙涛, 等. 2012. 饲料中镉含量对蛋鸡生产性能及抗氧化功能的影响. 中国畜牧杂志, 48(3): 35-40.

刁有祥, 张雨梅. 2011. 动物性食品卫生理化检验. 北京: 中国农业出版社.

丁鑫. 2019. 不同栗木单宁水平日粮对湖羊公羔生产性能和肉品质的影响. 兰州大学硕士学位论文.

杜建, 陈代文, 余冰, 等. 2018. β-葡聚糖对生长育肥猪生长性能、胴体性能和肉品质的影响. 动物营养学报, 30(9): 3634-3642.

方令东. 2015. 生土豆淀粉对猪生长性能、胴体品质及后肠微生物代谢的影响. 南京农业大学硕士学位论文.

房大琳. 2020. β-1, 3-葡聚糖对肉仔鸡生产性能、免疫性能和肠道功能的影响. 沈阳农业大学硕士学位论文.

高婧, 刘惠卿, 张真真, 等. 2022. 赭曲霉毒素 A 的产生、毒性机制与生物合成研究进展. 微生物学通报, 50(3): 1265-1280.

郭建凤, 刘雪萍, 王彦平, 等. 2015. 不同粗纤维水平饲粮对烟台黑猪肥育性能及胴体肉品质的影响. 养猪, (2): 49-53.

韩进诚, 瞿红侠, 姚军虎, 等. 2011. 1α-羟基维生素 D_3 和植酸酶对 22～42 日龄肉鸡生长性能、胫骨发育和肉品质的影响. 动物营养学报, 23(1): 102-111.
何涛. 2008. 棉籽粕的发酵脱毒及其在肉仔鸡中的应用研究. 中国农业科学院硕士学位论文.
何增明. 2011. 猪粪堆肥中钝化剂对重金属形态转化及其生物有效性的影响研究. 湖南农业大学博士学位论文.
侯海锋, 刘彦慈, 马可为, 等. 2016. 水解单宁酸对肉仔鸡生产性能、屠宰性能及肉品质的影响. 今日畜牧兽医, (2): 51-53.
侯伟峰, 谢晶, 蓝蔚青, 等. 2012. 植酸对大肠杆菌抑菌机理的研究. 江苏农业学报, 28(2): 443-447.
黄晓德, 钱骅, 朱羽尧, 等. 2018. 香辛料霉菌污染现状及防控对策. 中国野生植物资源, 37(5): 66-68.
姜义宝, 杨玉荣, 王成章, 等. 2011. 红车轴草异黄酮对肉鸡生产性能及肉品质的影响. 草业科学, 28(11): 2032-2036.
蒋媛婧. 2014. 饲料砷污染对产蛋鸡的危害作用及其在机体和蛋中的残留. 浙江大学硕士学位论文.
蒋媛婧, 袁超, 宋华慧, 等. 2013. 饲料砷污染对蛋鸡生产性能、蛋品质及抗氧化性能的影响. 动物营养学报, 25(11): 2720-2726.
金亚东, 贾柔, 周玉香, 等. 2021. 饲粮精料水平和蛋氨酸铬添加剂量对舍饲滩羊生长性能、屠宰性能、肉品质和脂肪沉积的影响. 动物营养学报, 33(2): 888-899.
李桂明, 计成, 赵丽红, 等. 2008. 植酸酶对肉鸡生产性能与胴体品质的影响. 饲料工业, 29(2): 18-21.
李坤, 赵红波, 宋恩亮, 等. 2012. 全棉籽对阉牛育肥性能、胴体性状及肉质的影响. 畜牧兽医学报, 43(10): 1582-1588.
李磊, 赖心田, 张毅杰, 等. 2008. 用免疫学方法调查分析腊肉制品赭曲霉毒素 A 及其风险评估. 中国卫生检验杂志, 18(8): 1605-1606.
李娜, 郑灿财, 肖芳, 等. 2015. 饲粮铬对 0～3 周龄肉仔鸡生长和胴体性能及肉品质的影响. 中国畜牧杂志, 51(3): 42-47.
李艳娇. 2016. 日粮淀粉水平与类型对育肥猪生长和肉品质的影响及其作用机制研究. 南京农业大学博士学位论文.
刘洪波, 施兆红. 2020. 富含单宁的木本植物对山羊肌肉氧化稳定性的影响. 中国饲料, (4): 83-86.
刘鹏, 柴立元, 闵小波, 等. 2019. 畜禽粪便重金属的赋存特征及去除技术进展. 中国沼气, 37(1): 15-21.
刘文, 赵芳芳, 张爱忠, 等. 2015. 直/支链淀粉比对育肥羔羊生长发育及肉质的影响. 黑龙江畜牧兽医, (19): 1-5.
刘英丽, 李治利, 马全朝, 等. 2020. 不同水平和分子大小的 β-葡聚糖对肉鸡生长性能、健康和肉质的影响. 中国饲料, (6): 67-71.
龙井, 朴凤玉, 孟繁艳, 等. 2003. 绿色饲料添加剂中的抗生素对鸡肉中总砷量的影响. 农业科技通讯, (3): 20-21.
马吉锋, 赵东琪, 张建勇, 等. 2021. 酵母细胞壁多糖对滩羊生长性能、免疫及抗氧化指标的影响. 饲料工业, 42(13): 17-23.
牟文静. 2020. 酵母细胞壁对肉兔生产性能、屠宰指标和免疫功能的影响. 沈阳农业大学硕士学位论文.
聂乾忠, 夏延斌, 曾晓楠. 2012. 三种天然抗氧化剂对冷鲜兔肉保鲜效果研究. 食品与机械, 28(5): 155-158.
聂新志, 蒋宗勇, 周桂莲, 等. 2008. 有机砷制剂在畜牧生产中的应用及其危害. 饲料博览(技术版), (8): 33-35.
潘穗花, 梁玲. 1998. 有机胂制剂康乐 1、康乐 3 饲养黄羽肉鸡的效果. 中国饲料, (9): 15-16.
彭涵, 陈家磊, 熊霞, 等. 2019. 饲粮纤维水平对大恒优质肉鸡生产性能、屠宰性能和肉品质的影响. 中国家禽, 41(14): 39-43.
上海第一医学院, 中国医学科学院卫生研究所. 1978. 食品毒理学. 北京: 人民卫生出版社.
沈杭. 2018. 生物炭对猪粪及城市污泥好氧堆肥过程的影响及其理化性质变化. 西南大学硕士学位论文.
史酉川, 吴峰洋, 崔嘉, 等. 2019. 啤酒酵母对生长獭兔生长性能、毛皮质量、屠宰性能和肉品质的影响.

动物营养学报, 31(3): 1360-1366.

宋凯, 单安山. 2008. 不同小麦日粮对肉仔鸡肉质、脂肪酸合成酶 mRNA 与脂蛋白脂肪酶 mRNA 表达的影响. 动物营养学报, 20(1): 69-74.

孙焕林. 2015. 枯草芽孢杆菌发酵棉粕对黄羽肉鸡生产性能、免疫性能和肉品质的影响研究. 石河子大学硕士学位论文.

唐利华, 方热军, 周汝顺, 等. 2013. 不同铬源对肉鸡肌肉品质及氨基酸含量的影响. 浙江大学学报(农业与生命科学版), 39(1): 111-118.

唐倩, 杨小婷, 李吕木, 等. 2015. 日粮粗纤维水平对圩猪生长性能、肉品质及血液生化指标的影响. 西北农林科技大学学报(自然科学版), 43(8): 10-18.

唐青松, 肖明飞, 易宏波, 等. 2021. 饲粮添加缩合单宁对肉鸡生长性能、肉品质、免疫功能、抗氧化功能及肠道形态的影响. 动物营养学报, 33(6): 3228-3236.

王米, 姚秀娟, 孟新宇, 等. 2012. 有机砷对鸡肉组织、蔬菜、土壤中总砷残留规律的研究. 北京: 中国毒理学会兽医毒理学与饲料毒理学学术讨论会暨兽医毒理专业委员会第 4 次全国代表大会.

王一冰, 邝智祥, 张盛, 等. 2021. 3 种添加剂对 91～115 日龄清远麻鸡生长性能、抗氧化性能和肉品质的影响. 中国畜牧兽医, 48(8): 2787-2796.

王永强, 张晓羊, 刘建成, 等. 2017. 嗜酸乳杆菌发酵棉籽粕对黄羽肉鸡肌肉营养成分和风味特性的影响. 动物营养学报, 29(12): 4419-4432.

武晓红, 李旺, 王生滨, 等. 2017. 不同酵母多糖水平对肉鸡屠体性状及肉品质的影响. 江苏农业科学, 45(5): 164-167.

邢荷岩. 2018. 不同粗纤维水平饲粮对深县猪生长育肥期生产性能、血清生化指标和肉质性状的影响研究. 河北农业大学硕士学位论文.

徐蔼宣, 杨建, 陈志勇, 等. 2021. 饲粮中添加共轭亚油酸和铬对热应激肉鸡生长性能、胴体性能、肉品质及脂肪沉积的影响. 动物营养学报, 33(3): 1418-1429.

杨桂芹, 孙佳易, 郭东新, 等. 2015. 饲粮纤维源及粗纤维水平对肉兔颗粒饲料质量、生长性能和肉品质的影响. 动物营养学报, 27(10): 3084-3093.

杨海天. 2019. 日粮纤维水平对不同遗传基础育肥猪生长性能及肉品质的影响. 吉林农业大学硕士学位论文.

姚丽贤, 黄连喜, 蒋宗勇, 等. 2013. 动物饲料中砷、铜和锌调查及分析. 环境科学, 34(2): 732-739.

游伟, 万发春. 2007. 应尽早下决心在饲料中禁用有机砷制剂: “饮鸩止渴”的财富不能要! 中国动物保健, (9): 50, 53.

袁博. 2015. 不同来源淀粉对育肥猪生长性能、胴体性能及其肉品质的影响. 西北农林科技大学硕士学位论文.

袁慧, 陈竞峰, 向建洲, 等. 2000. 畜禽配合饲料中砷的污染量及其分析报告. 湖南饲料, (3): 2-3.

袁涛, 管恩平, 何桂华, 等. 2010. 砷制剂作为畜禽促生长剂的作用及其危害分析. 中国家禽, 32(22): 51-53.

张娟. 2020. 饲粮镉对蛋鸡的毒性效应及其组织蓄积规律研究. 四川农业大学硕士学位论文.

张秋华, 杨在宾, 杨维仁, 等. 2014. 饲粮粗纤维水平对育肥猪生产性能和胴体性能及肉品质的影响. 中国畜牧杂志, 50(9): 36-40.

张振红, 马可为, 黄仁录. 2013. 大豆低聚糖对肉鸡屠宰性能及肉品质的影响. 饲料研究, (6): 54-55.

Abedi A S, Nasseri E, Esfarjani F, et al. 2020. A systematic review and meta-analysis of lead and cadmium concentrations in cow milk in Iran and human health risk assessment. Environmental Science and Pollution Research International, 27(10): 10147-10159.

Ackerman J T, Eagles-Smith C A, Herzog M P, et al. 2016. Maternal transfer of contaminants in birds: Mercury and selenium concentrations in parents and their eggs. Environmental Pollution, 210: 145-154.

Adegbeye M J, Reddy P R K, Chilaka C A, et al. 2020. Mycotoxin toxicity and residue in animal products:

prevalence, consumer exposure and reduction strategies—A review. Toxicon, 177: 96-108.

Aggarwal M, Naraharisetti S B, Sarkar S N, et al. 2009. Effects of subchronic coexposure to arsenic and endosulfan on the erythrocytes of broiler chickens: a biochemical study. Archives of Environmental Contamination and Toxicology, 56(1): 139-148.

Agrawal A. 2012. Toxicity and fate of heavy metals with particular reference to developing foetus. Advances in Life Sciences, 2(2): 29-38.

Álvarez-Lloret P, Rodríguez-Navarro A B, Romanek C S, et al. 2014. Effects of lead shot ingestion on bone mineralization in a population of red-legged partridge (*Alectoris rufa*). Science of the Total Environment, 466-467: 34-39.

Asefa D T, Gjerde R O, Sidhu M S, et al. 2009. Moulds contaminants on Norwegian dry-cured meat products. International Journal of Food Microbiology, 128(3): 435-439.

Asefa D T, Kure C F, Gjerde R O, et al. 2010. Fungal growth pattern, sources and factors of mould contamination in a dry-cured meat production facility. International Journal of Food Microbiology, 140(2/3): 131-135.

Asefa D T, Kure C F, Gjerde R O, et al. 2011. A HACCP plan for mycotoxigenic hazards associated with dry-cured meat production processes. Food Control, 22(6): 831-837.

Attia Y A, Abd Al-Hamid A E, Ibrahim M S, et al. 2014. Productive performance, biochemical and hematological traits of broiler chickens supplemented with propolis, bee pollen, and mannan oligosaccharides continuously or intermittently. Livestock Science, 164: 87-95.

Attia Y A, Bovera F, Abd El-Hamid A E, et al. 2016. Effect of zinc bacitracin and phytase on growth performance, nutrient digestibility, carcass and meat traits of broilers. Journal of Animal Physiology and Animal Nutrition, 100(3): 485-491.

Balali-Mood M, Naseri K, Tahergorabi Z, et al. 2021. Toxic mechanisms of five heavy metals: mercury, lead, chromium, cadmium, and arsenic. Frontiers in Pharmacology, 12: 643972.

Beaver R W, Wilson D M, James M A, et al. 1990. Distribution of aflatoxins in tissues of growing pigs fed an aflatoxin-contaminated diet amended with a high affinity aluminosilicate sorbent. Veterinary and Human Toxicology, 32(1): 16-18.

Benamirouche K, Baazize-Ammi D, Hezil N, et al. 2020. Effect of probiotics and *Yucca schidigera* extract supplementation on broiler meat quality. Acta Scientiarum-Animal Sciences, 42: e48066.

Bera I, Tyagi P K, Mir N A, et al. 2019. Dietary supplementation of saponins to improve the quality and oxidative stability of broiler chicken meat. Journal of Food Science and Technology, 56(4): 2063-2072.

Binder E M, Tan L M, Chin L J, et al. 2007. Worldwide occurrence of mycotoxins in commodities, feeds and feed ingredients. Animal Feed Science and Technology, 137(3/4): 265-282.

Biondi L, Randazzo C L, Russo N, et al. 2019. Dietary supplementation of tannin-extracts to lambs: effects on meat fatty acids composition and stability and on microbial characteristics. Foods, 8(10): 469.

Biswas A, Mohan N, Dev K, et al. 2021. Effect of dietary mannan oligosaccharides and fructo-oligosaccharides on physico-chemical indices, antioxidant and oxidative stability of broiler chicken meat. Scientific Reports, 11: 20567.

Björnberg K A, Vahter M, Petersson-Grawé K, et al. 2003. Methyl mercury and inorganic mercury in Swedish pregnant women and in cord blood: influence of fish consumption. Environmental Health Perspectives, 111(4): 637-641.

Bogs C, Battilani P, Geisen R. 2006. Development of a molecular detection and differentiation system for ochratoxin A producing Penicillium species and its application to analyse the occurrence of *Penicillium nordicum* in cured meats. International Journal of Food Microbiology, 107(1): 39-47.

Bokhari F M. 2007. Spices mycobiota and mycotoxins available in Saudi Arabia and their abilities to inhibit growth of some toxigenic fungi. Mycobiology, 35(2): 47-53.

Bortey-Sam N, Nakayama S M M, Ikenaka Y, et al. 2015. Human health risks from metals and metalloid via consumption of food animals near gold mines in Tarkwa, Ghana: Estimation of the daily intakes and target hazard quotients (THQs). Ecotoxicology and Environmental Safety, 111: 160-167.

Brogna D M R, Tansawat R, Cornforth D, et al. 2014. The quality of meat from sheep treated with tannin-and

saponin-based remedies as a natural strategy for parasite control. Meat Science, 96(2): 744-749.
Buck K A, Varian-Ramos C W, Cristol D A, et al. 2016. Blood mercury levels of zebra finches are heritable: implications for the evolution of mercury resistance. PLoS One, 11(9): e0162440.
Bullerman L B, Bianchini A. 2007. Stability of mycotoxins during food processing. International Journal of Food Microbiology, 119(1/2): 140-146.
Buyse K, Delezie E, Goethals L, et al. 2021. Chestnut tannins in broiler diets: performance, nutrient digestibility, and meat quality. Poultry Science, 100(12): 101479.
Cabana G, Rasmussen J B. 1994. Modelling food chain structure and contaminant bioaccumulation using stable nitrogen isotopes. Nature, 372(6503): 255-257.
Cabana G, Rasmussen J B. 1996. Comparison of aquatic food chains using nitrogen isotopes. Proceedings of the National Academy of Sciences of the United States of America, 93(20): 10844-10847.
Cabañero A I, Madrid Y, Cámara C. 2005. Effect of animal feed enriched with Se and clays on Hg bioaccumulation in chickens: *in vivo* experimental study. Journal of Agricultural and Food Chemistry, 53(6): 2125-2132.
Canan C, Kalschne D L, Ongaratto G C, et al. 2021. Antioxidant effect of rice bran purified phytic acid on mechanically deboned chicken meat. Journal of Food Processing and Preservation, 45(9): e15716.
Cheng Y F, Du M F, Xu Q, et al. 2018. Dietary mannan oligosaccharide improves growth performance, muscle oxidative status, and meat quality in broilers under cyclic heat stress. Journal of Thermal Biology, 75: 106-111.
Chirinos-Peinado D M, Castro-Bedriñana J I. 2020. Lead and cadmium blood levels and transfer to milk in cattle reared in a mining area. Heliyon, 6(3): e03579.
Cho J H, Zhang Z F, Kim I H. 2013. Effects of single or combined dietary supplementation of β-glucan and kefir on growth performance, blood characteristics and meat quality in broilers. British Poultry Science, 54(2): 216-221.
Clancy H A, Sun H, Passantino L, et al. 2012. Gene expression changes in human lung cells exposed to arsenic, chromium, nickel or vanadium indicate the first steps in cancer. Metallomics, 4(8): 784-793.
Clarkson T W. 1992. Principles of risk assessment. Advances in Dental Research, 6(1): 22-27.
Comi G, Iacumin L. 2013. Ecology of moulds during the pre-ripening and ripening of San Daniele dry cured ham. Food Research International, 54(1): 1113-1119.
Costa E I D S, Ribeiro C V D M, Silva T M, et al. 2021. Effect of dietary condensed tannins inclusion from Acacia mearnsii extract on the growth performance, carcass traits and meat quality of lambs. Livestock Science, 253: 104717.
Cullen W R, Reimer K J. 1989. Arsenic speciation in the environment. Chemical Reviews, 89(4): 713-764.
da Costa M C R, da Silva C A, Bridi A M, et al. 2011. Lipid stability of ham and fresh sausages of pigs treated with diets containing high levels of phytic acid. Semina: Ciências Agrárias, 32(4Sup1): 1863-1872.
da Rocha M E B, Freire F C, Maia F E, et al. 2014. Mycotoxins and their effects on human and animal health. Food Control, 36(1): 159-165.
da Silva C A, Callegari M A, Dias C P, et al. 2019. Increasing doses of phytase from *Citrobacter braakii* in diets with reduced inorganic phosphorus and calcium improve growth performance and lean meat of growing and finishing pigs. PLoS One, 14(5): e0217490.
Dabbou S, Gasco L, Rotolo L, et al. 2018. Effects of dietary alfalfa flavonoids on the performance, meat quality and lipid oxidation of growing rabbits. Asian-Australasian Journal of Animal Sciences, 31(2): 270-277.
Dall'Asta C, Galaverna G, Bertuzzi T, et al. 2010. Occurrence of ochratoxin A in raw ham muscle, salami and dry-cured ham from pigs fed with contaminated diet. Food Chemistry, 120(4): 978-983.
Dang D X, Kim I H. 2020. Effects of dietary supplementation of *Quillaja* saponin on growth performance, nutrient digestibility, fecal gas emissions, and meat quality in finishing pigs. Journal of Applied Animal Research, 48(1): 397-401.
Dang D X, Kim I H. 2021. Effects of supplementation of high-dosing *Trichoderma reesei* phytase in the corn-wheat-soybean meal-based diets on growth performance, nutrient digestibility, carcass traits, faecal

gas emission, and meat quality in growing-finishing pigs. Journal of Animal Physiology and Animal Nutrition, 105(3): 485-492.

Darwish W S, Ikenaka Y, Nakayama S M, et al. 2014. An overview on mycotoxin contamination of foods in Africa. The Journal of Veterinary Medical Science, 76(6): 789-797.

Dev K, Mir N A, Biswas A, et al. 2020. Dietary synbiotic supplementation improves the growth performance, body antioxidant pool, serum biochemistry, meat quality, and lipid oxidative stability in broiler chickens. Animal Nutrition, 6(3): 325-332.

do Prado P T, Viana P, Brandão E, et al. 2014. Carcass traits and fatty acid profile of meat from lambs fed different cottonseed by-products. Small Ruminant Research, 116(2-3): 71-77.

do Prado P T, Viana P, van Tilburg M F, et al. 2019. Feeding effects of cottonseed and its co-products on the meat proteome from ram lambs. Scientia Agricola, 76(6): 463-472.

Donoghue D J, Hairston H, Cope C V, et al. 1994. Incurred arsenic residues in chicken eggs. Journal of Food Protection, 57(3): 218-223.

Doti S, Suárez-Belloch J, Latorre M A, et al. 2014. Effect of dietary starch source on growth performances, digestibility and quality traits of growing pigs. Livestock Science, 164: 119-127.

Driscoll C T, Mason R P, Chan H M, et al. 2013. Mercury as a global pollutant: Sources, pathways, and effects. Environmental Science & Technology, 47(10): 4967-4983.

El-Leboudy M. 2015. Levels of cadmium and lead in raw cow and buffalos milk samples collected from local markets of El-Behera Governorate. Alexandria Journal of Veterinary Sciences, 47(1): 129.

Farina M, Avila D S, da Rocha J B T D, et al. 2013. Metals, oxidative stress and neurodegeneration: a focus on iron, manganese and mercury. Neurochemistry International, 62(5): 575-594.

Farmer A A, Farmer A M. 2000. Concentrations of cadmium, lead and zinc in livestock feed and organs around a metal production centre in eastern Kazakhstan. The Science of the Total Environment, 257(1): 53-60.

Faten S, Hassan M, Amira M, et al. 2014. Heavy metals residues in some chicken meat products. Benha Veterinary Medical Journal, 27(2): 256-263.

Ferrara M, Magistà D, Lippolis V, et al. 2016. Effect of *Penicillium nordicum* contamination rates on ochratoxin A accumulation in dry-cured salami. Food Control, 67: 235-239.

Fink-Gremmels J, Merwe D. 2019. Mycotoxins in the food chain: contamination of foods of animal origin // Smulders F J M, Rietjens I M C M, Rose M D. Chemical Hazards in Foods of Animal Origin. Wageningen: Wageningen Academic Publishers.

Fox M R. 1987. Assessment of cadmium, lead and vanadium status of large animals as related to the human food chain. Journal of Animal Science, 65(6): 1744-1752.

Frutos P, Hervás G, Natalello A, et al. 2020. Ability of tannins to modulate ruminal lipid metabolism and milk and meat fatty acid profiles. Animal Feed Science and Technology, 269: 114623.

Galli GM, Griss LG, Boiago MM, et al. 2020. Effects of curcumin and yucca extract addition in feed of broilers on microorganism control (anticoccidial and antibacterial), health, performance and meat quality. Research in Veterinary Science, 132: 156-166.

Goering P L. 1993. Lead-protein interactions as a basis for lead toxicity. NeuroToxicology, 14(2-3): 45-60.

Gomes V S, Mano S B, Freitas M Q, et al. 2016. Meat characteristics of cattle fed diets containing whole cottonseed. Arquivo Brasileiro De Medicina Veterinária e Zootecnia, 68(4): 1069-1076.

Gou Z Y, Cui X Y, Li L, et al. 2020. Effects of dietary incorporation of linseed oil with soybean isoflavone on fatty acid profiles and lipid metabolism-related gene expression in breast muscle of chickens. Animal, 14(11): 2414-2422.

Grawé K P, Oskarsson A. 2000. Cadmium in milk and mammary gland in rats and mice. Archives of Toxicology, 73(10): 519-527.

Guerra M C, Renzulli C, Antelli A, et al. 2002. Effects of trivalent chromium on hepatic CYP-linked monooxygenases in laying hens. Journal of Applied Toxicology, 22(3): 161-165.

Hamad S H. 2012. Factors affecting the growth of microorganisms in food // Bhat R, Alias A K, Paliyath G. Progress in Food Preservation. Hoboken: John Wiley & Sons, Ltd.

Harbach A P R, da Costa M C R, Soares A L, et al. 2007. Dietary corn germ containing phytic acid prevents pork meat lipid oxidation while maintaining normal animal growth performance. Food Chemistry, 100(4): 1630-1633.

Harding G, Dalziel J, Vass P. 2018. Bioaccumulation of methylmercury within the marine food web of the outer Bay of Fundy, Gulf of Maine. PLoS One, 13(7): e0197220.

Hirata S, Toshimitsu H. 2005. Determination of arsenic species and arsenosugars in marine samples by HPLC-ICP-MS. Applied Organometallic Chemistry, 383(3): 454-460.

Hossain M A, Mostofa M, Alam M N, et al. 2014. The ameliorating effects of garlic (*Allium sativum*) against lead (Pb) Intoxication on body weight, dressing percentages, feed consumption and feed conversion ratio in lead induced broiler chickens. Bangladesh Journal of Veterinary Medicine, 12(1): 1-7.

Huang W, Gao L, Shan X J, et al. 2011. Toxicity testing of waterborne mercury with red sea bream (*Pagrus major*) embryos and larvae. Bulletin of Environmental Contamination and Toxicology, 86(4): 398-405.

Hussein H S, Brasel J M. 2001. Toxicity, metabolism, and impact of mycotoxins on humans and animals. Toxicology, 167(2): 101-134.

Iacumin L, Chiesa L, Boscolo D, et al. 2009. Moulds and ochratoxin A on surfaces of artisanal and industrial dry sausages. Food Microbiology, 26(1): 65-70.

Iacumin L, Milesi S, Pirani S, et al. 2011. Ochratoxigenic mold and ochratoxin a in fermented sausages from different areas in northern Italy: occurrence, reduction or prevention with ozonated air. Journal of Food Safety, 31(4): 538-545.

Ismail M A, Zaky Z M. 1999. Evaluation of the mycological status of luncheon meat with special reference to aflatoxigenic moulds and aflatoxin residues. Mycopathologia, 146(3): 147-154.

Jalili M, Jinap S. 2012. Natural occurrence of aflatoxins and ochratoxin a in commercial dried chili. Food Control, 24(1/2): 160-164.

Janković V, Borovic B, Velebit B, et al. 2013. Comparative mycological analysis of spices used in meat industry. Technologija Mesa, 54(1): 33-38.

Jiang S Q, Jiang Z Y, Zhou G L, et al. 2014. Effects of dietary isoflavone supplementation on meat quality and oxidative stability during storage in Lingnan yellow broilers. Journal of Integrative Agriculture, 13(2): 387-393.

Kafle D, Lee J H, Min B R, et al. 2021. Carcass and meat quality of goats supplemented with tannin-rich peanut skin. Journal of Agriculture and Food Research, 5: 100159.

Króliczewska B, Zawadzki W, Dobrzanski Z, et al. 2004. Changes in selected serum parameters of broiler chicken fed supplemental chromium. Journal of Animal Physiology and Animal Nutrition, 88(11/12): 393-400.

Larsen J C. 2006. Opinion of the scientific panel on contaminants in the food chain on a request from the commission related to ochratoxin a in food: question no efsa-q-2005-154.

Lavoie R A, Baird C J, King L E, et al. 2014. Contamination of mercury during the wintering period influences concentrations at breeding sites in two migratory piscivorous birds. Environmental Science & Technology, 48(23): 13694-13702.

Lepak J M, Hooten M B, Eagles-Smith C A, et al. 2016. Assessing potential health risks to fish and humans using mercury concentrations in inland fish from across western Canada and the United States. Science of the Total Environment, 571: 342-354.

Li H Y, Li S L, Yang H G, et al. 2019. L-proline alleviates kidney injury caused by AFB1 and AFM1 through regulating excessive apoptosis of kidney cells. Toxins, 11(4): 226.

Li S H, Muhammad I, Yu H X, et al. 2019. Detection of aflatoxin adducts as potential markers and the role of curcumin in alleviating AFB1-induced liver damage in chickens. Ecotoxicology and Environmental Safety, 176: 137-145.

Li Y Q, Hao M, Yang J, et al. 2016. Effects of glycinin basic polypeptide on sensory and physicochemical properties of chilled pork. Food Science and Biotechnology, 25(3): 803-809.

Lindemann M D, Wood C M, Harper A F, et al. 1995. Dietary chromium picolinate additions improve gain: feed and carcass characteristics in growing-finishing pigs and increase litter size in reproducing sows.

Journal of Animal Science, 73(2): 457-465.
Lippolis V, Ferrara M, Cervellieri S, et al. 2016. Rapid prediction of ochratoxin A-producing strains of *Penicillium* on dry-cured meat by MOS-based electronic nose. International Journal of Food Microbiology, 218: 71-77.
Liu C, Xu C C, Qu Y H, et al. 2021. Effect of alfalfa (*Medicago sativa* L.) saponins on meat color and myoglobin reduction status in the longissimus thoracis muscle of growing lambs. Animal Science Journal, 92(1): e13556.
Liu Z P. 2003. Lead poisoning combined with cadmium in sheep and horses in the vicinity of non-ferrous metal smelters. The Science of the Total Environment, 309(1/2/3): 117-126.
Lloyd K E, Fellner V, McLeod S J, et al. 2010. Effects of supplementing dairy cows with chromium propionate on milk and tissue chromium concentrations. Journal of Dairy Science, 93(10): 4771-4780.
López-Díaz J A, Rodríguez-Romero A, Hernández-Santoyo A, et al. 2003. Effects of soy glycinin addition on the conformation and gel strength of two pork myosin types. Journal of Food Science, 68(9): 2724-2729.
Ma W Q, Gu Y, Lu J Y, et al. 2014. Effects of chromium propionate on egg production, egg quality, plasma biochemical parameters, and egg chromium deposition in late-phase laying hens. Biological Trace Element Research, 157(2): 113-119.
Ma Y, Shi Y Z, Wu Q J, et al. 2020. Effects of varying dietary intoxication with lead on the performance and ovaries of laying hens. Poultry Science, 99(9): 4505-4513.
MacLachlan D J, Budd K, Connolly J, et al. 2016. Arsenic, cadmium, cobalt, copper, lead, mercury, molybdenum, selenium and zinc concentrations in liver, kidney and muscle in Australian sheep. Journal of Food Composition and Analysis, 50: 97-107.
Mandal G P, Roy A, Patra A K. 2014. Effects of feeding plant additives rich in saponins and essential oils on the performance, carcass traits and conjugated linoleic acid concentrations in muscle and adipose tissues of Black Bengal goats. Animal Feed Science and Technology, 197: 76-84.
Markov K, Pleadin J, Bevardi M, et al. 2013. Natural occurrence of aflatoxin B_1, ochratoxin A and citrinin in Croatian fermented meat products. Food Control, 34(2): 312-317.
Matrella R, Monaci L, Milillo M A, et al. 2006. Ochratoxin A determination in paired kidneys and muscle samples from swines slaughtered in southern Italy. Food Control, 17(2): 114-117.
Meerpoel C, Vidal A, Tangni E K, et al. 2020. A study of carry-over and histopathological effects after chronic dietary intake of citrinin in pigs, broiler chickens and laying hens. Toxins, 12(11): 719.
Milićević D, Jovanović M, Matekalo-Sverak V, et al. 2011. A survey of spontaneous occurrence of ochratoxin A residues in chicken tissues and concurrence with histopathological changes in liver and kidneys. Journal of Environmental Science and Health. Part C, Environmental Carcinogenesis & Ecotoxicology Reviews, 29: 159-175.
Miyaki S, Vinhas Ítavo L C, Toledo Duarte M, et al. 2021. The effect of dietary oilseeds on physico-chemical characteristics, fatty acid profile and sensory aspects of meat of young zebu cattle. Food Science and Technology, 42: e21421.
Moon S H, Lee I, Feng X, et al. 2016. Effect of dietary beta-glucan on the performance of broilers and the quality of broiler breast meat. Asian-Australasian Journal of Animal Sciences, 29(3): 384-389.
Moreno-Camarena L, Domínguez-Vara I, Bórquez-Gastelum J, et al. 2015. Effects of organic chromium supplementation to finishing lambs diet on growth performance, carcass characteristics and meat quality. Journal of Integrative Agriculture, 14(3): 567-574.
Muhammad I, Wang X H, Li S H, et al. 2018. Curcumin confers hepatoprotection against AFB1-induced toxicity via activating autophagy and ameliorating inflammation involving Nrf2/HO-1 signaling pathway. Molecular Biology Reports, 45(6): 1775-1785.
Najarnezhad V, Jalilzadeh-Amin G, Anassori E, et al. 2015. Lead and cadmium in raw buffalo, cow and ewe milk from west Azerbaijan, Iran. Food Additives & Contaminants: Part B, 8(2): 123-127.
Nakade U P, Garg S K, Sharma A, et al. 2015. Lead-induced adverse effects on the reproductive system of rats with particular reference to histopathological changes in uterus. Indian Journal of Pharmacology, 47(1): 22-26.

Nasri S, Ben Salem H, Vasta V, et al. 2011. Effect of increasing levels of *Quillaja saponaria* on digestion, growth and meat quality of Barbarine lamb. Animal Feed Science and Technology, 164(1-2): 71-78.

Neathery M W, Miller W J, Gentry R P, et al. 1974. Cadmium-109 and methyl mercury-203 metabolism, tissue distribution, and secretion into milk of cows. Journal of Dairy Science, 57(10): 1177-1183

Neathery M W, Miller W J, Gentry R P, et al. 1987. Influence of high dietary lead on selenium metabolism in dairy calves. Journal of Dairy Science, 70(3): 645-652.

Neathery M W, Miller W J. 1975. Metabolism and toxicity of cadmium, mercury, and lead in animals: a review. Journal of Dairy Science, 58(12): 1767-1781.

Newsholme P, Cruzat V F, Keane K N, et al. 2016. Molecular mechanisms of ROS production and oxidative stress in diabetes. The Biochemical Journal, 473(24): 4527-4550.

O'Bryhim J R, Adams D H, Spaet J L Y, et al. 2017. Relationships of mercury concentrations across tissue types, muscle regions and fins for two shark species. Environmental Pollution, 223: 323-333.

Ockerman H W, Sánchez F J C, Crespo F L. 2000. Influence of molds on flavor quality of Spanish ham. Journal of Muscle Foods, 11(4): 247-259.

Okoye C O B, Ugwu J N. 2010. Impact of environmental cadmium, lead, copper and zinc on quality of goat meat in Nigeria. Bulletin of the Chemical Society of Ethiopia, 24(1): 133-138.

Osman A, Bin-Jumah M, Abd El-Hack M E, et al. 2020. Dietary supplementation of soybean glycinin can alter the growth, carcass traits, blood biochemical indices, and meat quality of broilers. Poultry Science, 99(2): 820-828.

Ou L B, Chen C, Chen L, et al. 2015. Low-level prenatal mercury exposure in North China: An exploratory study of anthropometric effects. Environmental Science & Technology, 49(11): 6899-6908.

Pacheco G D, Lozano A P, Vinokurovas S L, et al. 2012. Utilização do farelo de gérmen de milho desengordurado, Como fonte de fitato, associado à fitase em rações de suínos: efeitos sobre a qualidade da carne e da linguiça tipo frescal. Semina: Ciências Agrárias, 33(2): 819-828.

Paim T P, Viana P, Tilburg M F, et al. 2019. Feeding effects of cottonseed and its co-products on the meat proteome from ram lambs. Scientia Agricola, 76: 463-472.

Papanikolaou N C, Hatzidaki E G, Belivanis S, et al. 2005. Lead toxicity update. A brief review. Medical Science Monitor: International Medical Journal of Experimental and Clinical Research, 11(10): RA329-RA336.

Park H R, Ahn H J, Kim J H, et al. 2004. Effects of irradiated phytic acid on antioxidation and color stability in meat models. Journal of Agricultural and Food Chemistry, 52(9): 2572-2576.

Patrick L. 2006. Lead toxicity part II: the role of free radical damage and the use of antioxidants in the pathology and treatment of lead toxicity. Alternative Medicine Review: A Journal of Clinical Therapeutic, 11(2): 114-127.

Pechova A, Pavlata L. 2007. Chromium as an essential nutrient: a review. Veterinární Medicína, 52: 1-18.

Perrone G, Samson R A, Frisvad J C, et al. 2015. *Penicillium salamii*, a new species occurring during seasoning of dry-cured meat. International Journal of Food Microbiology, 193: 91-98.

Perryman K. 2012. Nutrient Digestibility, Growth Performance, and Carcass Characteristics of Broilers Fed Diets Formulated with Low Oligosaccharide Soybean Meals. Auburn University ProQuest Dissertations & Theses.

Perši N, Pleadin J, Kovačević D, et al. 2014. Ochratoxin A in raw materials and cooked meat products made from OTA-treated pigs. Meat Science, 96(1): 203-210.

Phillips C, Győri Z, Kovács B. 2010. The effect of adding cadmium and lead alone or in combination to the diet of pigs on their growth, carcase composition and reproduction. Journal of the Science of Food and Agriculture, 83(13): 1357-1365.

Pickhardt P C, Fisher N S. 2007. Accumulation of inorganic and methylmercury by freshwater phytoplankton in two contrasting water bodies. Environmental Science & Technology, 41(1): 125-131.

Pickova D, Ostry V, Malir J, et al. 2020. A review on mycotoxins and microfungi in spices in the light of the last five years. Toxins, 12(12): 789.

Pietri A, Bertuzzi T, Gualla A, et al. 2006. Occurrence of ochratoxin a in raw ham muscles and in pork products from northern Italy. Italian Journal of Food Science, 18(1): 99-106.

Pilarczyk R, Wójcik J, Czerniak P, et al. 2013. Concentrations of toxic heavy metals and trace elements in raw milk of Simmental and Holstein-Friesian cows from organic farm. Environmental Monitoring and Assessment, 185(10): 8383-8392.

Piva A, Meola E, Paolo G P, et al. 2003. The effect of dietary supplementation with trivalent chromium on production performance of laying hens and the chromium content in the yolk. Animal Feed Science and Technology, 106: 149-163.

Pizarro I, Gómez M, Cámara C, et al. 2003. Arsenic speciation in environmental and biological samples. Analytica Chimica Acta, 495(1/2): 85-93.

Pleadin J, Kovačević D, Perši N, et al. 2015. Ochratoxin A contamination of the autochthonous dry-cured meat product "Slavonski Kulen" during a six-month production process. Food Control, 57: 337-384.

Pleadin J, Perši N, Kovačević D, et al. 2013. Ochratoxin A in traditional dry-cured meat products produced from sub-chronic-exposed pigs. Food Additives & Contaminants. Part A, Chemistry, Analysis, Control, Exposure & Risk Assessment, 30(10): 1827-1836.

Pleadin J, Vulić A, Perši N, et al. 2015. Annual and regional variations of aflatoxin B1 levels seen in grains and feed coming from Croatian dairy farms over a 5-year period. Food Control, 47: 221-225.

Pleadin J, Zadravec M, Brnić D, et al. 2017. Moulds and mycotoxins detected in the regional speciality fermented sausage 'slavonski kulen' during a 1-year production period. Food Additives & Contaminants. Part A, Chemistry, Analysis, Control, Exposure & Risk Assessment, 34(2): 282-290.

Qu K C, Li H Q, Tang K K, et al. 2020. Selenium mitigates cadmium-induced adverse effects on trace elements and amino acids profiles in chicken pectoral muscles. Biological Trace Element Research, 193(1): 234-240.

Rahimi E. 2013. Lead and cadmium concentrations in goat, cow, sheep, and buffalo milks from different regions of Iran. Food Chemistry, 136(2): 389-391.

Rebelo F M, Caldas E D. 2016. Arsenic, lead, mercury and cadmium: Toxicity, levels in breast milk and the risks for breastfed infants Author links open overlay panel. Environmental Research, 151(nov.): 671-688.

Rhee K S, Ziprin Y A, Calhoun M C. 2001. Antioxidative effects of cottonseed meals as evaluated in cooked meat. Meat Science, 58(2): 117-123.

Roncada P, Altafini A, Fedrizzi G, et al. 2020. Ochratoxin A contamination of the casing and the edible portion of artisan salamis produced in two Italian regions. World Mycotoxin Journal, 13(4): 553-562.

Rossi A L, Sardi A, Zaghini, et al. 2006. Diete contaminate da micotossine nel suino: effetti *in vivo* e al macello. Suinicoltura, 10: 131-134.

Sahin K, Onderci M, Sahin N, et al. 2002. Effects of dietary chromium picolinate and ascorbic acid supplementation on egg production, egg quality and some serum metabolites of laying hens reared under a low ambient temperature (6℃). Archiv Fur Tierernahrung, 56(1): 41-49.

Sahin K, Ozbey O, Onderci M, et al. 2002. Chromium supplementation can alleviate negative effects of heat stress on egg production, egg quality and some serum metabolites of laying Japanese quail. The Journal of Nutrition, 132(6): 1265-1268.

Sarmistha S R, Paulami P, Pratik T, et al. 2021. Chapter 6-Polyamines, metallothioneins, and phytochelatins—Natural defense of plants to mitigate heavy metals. Studies in Natural Products Chemistry, 69: 227-261.

Skalická M, Koréneková B, Naď P, et al. 2008. Influence of chromium and cadmium addition on quality of Japanese quail eggs. Acta Veterinaria Brno, 77(4): 503-508.

Starvin A M, Rao T P. 2004. Removal and recovery of mercury (II) from hazardous wastes using 1-(2-thiazolylazo)-2-naphthol functionalized activated carbon as solid phase extractant. Journal of Hazardous Materials, 113(1-3): 75-79.

Stodolak B, Starzyńska A, Czyszczoń M, et al. 2007. The effect of phytic acid on oxidative stability of raw and cooked meat. Food Chemistry, 101(3): 1041-1045.

Susanti A I, Sahiratmadja E, Winarno G, et al. 2017. Low hemoglobin among pregnant women in midwives practice of primary health care, Jatinangor, Indonesia: iron deficiency anemia or β-thalassemia trait? Anemia, 2017: 6935648.

Susanti R, Widiyastuti K, Yuniastuti A, et al. 2020. Feed and water management may influence the heavy metal contamination in domestic ducks from central java, Indonesia. Water, Air, and Soil Pollution, 231(4): 1-11.

Suthama N, Pramono Y B, Sukamto B. 2018. Improvement of broiler meat quality due to dietary inclusion of soybean oligosaccharide derived from soybean meal extract. IOP Conference Series: Earth and Environmental Science, 102(1): 012009.

Tang K K, Li H Q, Qu K C, et al. 2019. Selenium alleviates cadmium-induced inflammation and meat quality degradation via antioxidant and anti-inflammation in chicken breast muscles. Environmental Science and Pollution Research, 26(23): 23453-23459.

Tavaniello S, Maiorano G, Stadnicka K, et al. 2018. Prebiotics offered to broiler chicken exert positive effect on meat quality traits irrespective of delivery route. Poultry Science, 97(8): 2979-2987.

Tchounwou P B, Yedjou C G, Patlolla A K, et al. 2012. Heavy metal toxicity and the environment. Experientia Supplementum, 101: 133-164.

Turner N W, Bramhmbhatt H, Szabo-Vezse M, et al. 2015. Analytical methods for determination of mycotoxins: an update (2009-2014). Analytica Chimica Acta, 901: 12-33.

Untea A E, Panaite T D, Dragomir C, et al. 2019. Effect of dietary chromium supplementation on meat nutritional quality and antioxidant status from broilers fed with *Camelina*-meal-supplemented diets. Animal, 13(12): 2939-2947.

Vipotnik Z, Rodríguez A, Rodrigues P. 2017. *Aspergillus westerdijkiae* as a major ochratoxin A risk in dry-cured ham based-media. International Journal of Food Microbiology, 241: 244-251.

Völkel I. 2011. The carry-over of mycotoxins in products of animal origin with special regard to its implications for the european food safety legislation. Food and Nutrition Sciences, 2(8): 852-867.

Vreman K, van der Veen N G, van der Molen E J, et al. 1986. Transfer of cadmium, lead, mercury and arsenic from feed into milk and various tissues of dairy cows: chemical and pathological data. Netherlands Journal of Agricultural Science, 34(2): 129-144.

Wang M, Liu R, Lu X, et al. 2018. Heavy metal contamination and ecological risk assessment of swine manure irrigated vegetable soils in Jiangxi Province, China. Bulletin of Environmental Contamination and Toxicology, 100: 634-640.

Wang S J, Li Q, Gao Y N, et al. 2021. Influences of lead exposure on its accumulation in organs, meat, eggs and bone during laying period of hens. Poultry Science, 100(8): 101249.

Wang X L, Zhang Y, Geng Z, et al. 2019. Spatial analysis of heavy metals in meat products in China during 2015-2017. Food Control, 104: 174-180.

Yu M, Li Z M, Rong T, et al. 2020. Different dietary starch sources alter the carcass traits, meat quality, and the profile of muscle amino acid and fatty acid in finishing pigs. Journal of Animal Science and Biotechnology, 11: 78.

Zadravec M, Vahčić N, Brnić D, et al. 2020. A study of surface moulds and mycotoxins in Croatian traditional dry-cured meat products. International Journal of Food Microbiology, 317: 108459.

Zhang S M, Sun X M, Liao X D, et al. 2018. Dietary supplementation with chromium picolinate influences serum glucose and immune response of brown-egg laying hens. Biological Trace Element Research, 185(2): 448-455.

Zhang Z F, Zhou T X, Ao X, et al. 2012. Effects of β-glucan and *Bacillus subtilis* on growth performance, blood profiles, relative organ weight and meat quality in broilers fed maize-soybean meal based diets. Livestock Science, 150(1-3): 419-424.